フィードバック制御理論

——安定化と最適化——

Ph.D. 志水　清孝 著

コ ロ ナ 社

ま え が き

本書の内容は「安定化フィードバック制御ならびに最適化フィードバック制御の理論」である。制御目的の根幹は安定化と最適化であり，その制御方式の本質はフィードバックということである。したがって，この本は制御問題の最も基本的な課題を取り扱っているといえる。線形システムの制御についてはすでに多くのテキストが出版されているので，本書では主として非線形システムのフィードバック制御を考える。この本は理論を主体に書かれているが，各章のテーマはみな具体的に制御則のシンセシスが可能であり，実際に応用可能なものばかりである。

本書の内容構成は以下のようになっている。1 章ではフィードバック制御の概要を述べる。2〜7 章は安定化フィードバック制御，8〜11 章は最適化フィードバック制御についての記述である。最後の 12 章では PID 制御とその拡張である P·SPR·D+I 制御を解説する。各章とも，主としてレギュレータ問題と設定点サーボ問題にテーマを絞り，ロバスト制御，適応制御などは割愛した。

以下，2 章以降の内容を簡単に紹介しよう。2 章では非線形制御システムの基礎理論として，まず非線形システムの線形化ならびに可安定性について説明する。つぎに非線形システムの性質として標準形と零ダイナミクス，最小位相系，厳密線形化などを解説し，状態フィードバックと高ゲイン出力フィードバックについて記述する。さらに，入出力安定性に関して L_p 安定を解説し，フィードバック系の入出力安定と小ゲイン定理を述べる。

3 章では非線形システムの安定性理論であるリアプノフ定理を紹介し，リアプノフ直接法に基づく安定化制御について述べる。また，リアプノフ直接法の一般化である LaSalle の不変性原理を説明する。さらに，最近の話題である制御リアプノフ関数やバックステッピング法を紹介する。

4章では，システムの消散性と受動性を定義し，受動性理論に基づく非線形システムの安定化制御について考える。すなわち，受動性判別のためのKalman-Yakubovich-Popov特性やフィードバック系のL_p安定を与える受動定理やポポフの定理などを紹介する。

5章では，直接勾配降下制御と呼ばれる関数空間における勾配降下法に基づく一般非線形システムの安定化制御法について述べる。直接勾配降下制御は最も一般性のある制御方式だが，簡便でわかりやすく，広く応用できる。

6章は中心多様体理論に基づく漸近安定化制御の話である。よく知られているように，線形化システムが虚軸上に固有値を有するシステムは，その線形化システムからは局所的にも安定性すら論じることができない。しかし，中心多様体理論の導入によって，このようないわゆるクリティカルケースの安定化を解析できる。ここでは，中心多様体写像を用いて，標準の非線形レギュレータ問題ならびに非線形サーボ問題（非線形出力レギュレーション問題）を解く。

以上，2〜6章は状態フィードバックを前提に論じたが，7章は出力フィードバックによる安定化制御を考察する。初めに線形多変数システムの出力フィードバックによる任意固有値配置問題を考え，つぎにアフィン非線形システムの安定化制御のための高ゲイン出力フィードバック定理を述べる。

本書の後半では，非線形システムの最適化フィードバック制御について解説する。従来の最適制御の理論と計算法はほとんど開ループ系における最適制御入力を時間関数としてシンセシスするものであったが，ここでは制御入力を状態の関数として与える最適状態フィードバック制御則の研究に限って述べる。

8章では，前段として，古典的な変分法に基づく最適制御理論を簡単に述べる。そして，ポントリャーギンの最小原理を紹介する。また制御入力に関する評価汎関数の勾配関数を導出し，直接的に最適性条件を誘導する理論を述べる。

9章では，一般非線形システムにおける最適化フィードバック制御の最重要理論であるハミルトン-ヤコビ方程式について述べる。ハミルトン-ヤコビ方程式はBellmanのダイナミックプログラミング（動的計画法）から誘導される。そして，ハミルトン-ヤコビ方程式の解である値関数を使って最適化フィードバック制御則を陽的に表現することができる。また，最適制御の基本的な必要条件であるハミルトン-ヤコビの正準系を誘導する。

10 章では，線形システムの線形 2 次形（LQ）最適レギュレータ問題と，そのリカッチ方程式に基づく最適化フィードバック制御則のシンセシスを説明する。

11 章では，非線形最適レギュレータ問題に対する定常ハミルトン-ヤコビ方程式の解析を行い，その可解性と安定化解の性質を解説する。また，ニューラルネットによるハミルトン-ヤコビ方程式の近似解法を述べる。

最後の 12 章では，現場で広く利用されている PID 制御を現代制御論の立場から論じる。従来からよく知られているスカラ系（1 入力 1 出力システム）の PID 制御の話は割愛して，主として線形多変数システムと非線形システムの PID 制御ならびに P·SPR·D+I 制御による安定化を解説する。ここでは，従来の P, I, D 機能に SPR（strict positive real; 強正実）機能を追加することによって，安定化機能を大幅に改善できることを示す。そして，線形多変数システムの PID 制御による固有値配置や P·SPR·D+I 制御による漸近安定化，さらに時間遅れシステムの P·SPR·D+I 制御やアフィン非線形システムの P·SPR·D 制御による安定化などを解説する。

以上が非線形システムの「安定化フィードバック制御ならびに最適化フィードバック制御の理論」のあらすじである。本書は理工学部専門課程と大学院の学生，ならびに第一線の制御技術者を対象に書かれた専門書である。内容的にかなり高度ではあるが，全般に自己充足的な記述になっており，微分方程式と線形代数の基礎知識ならびに線形制御理論の初等的な知識があれば理解できるように配慮されている。また，ほとんどの定理に証明を与えた。非線形制御全般を解説した和書は少ないので，現代制御論を活用して非線形システムの制御の研究・開発・応用を志す人々の参考書になれば幸いである。

本書の執筆にあたり，多々ご協力いただいた慶應義塾大学理工学部システム制御研究室の学生諸君ならびにコロナ社の諸氏に深く感謝の意を表します。

2013 年 9 月

たまプラーザにて　　志水　清孝

目　　　次

1.　フィードバック制御とは

2.　非線形制御システムの基礎理論

3.　リアプノフの安定理論に基づく安定化制御

4.　受動性理論に基づく安定化制御

5.　直接勾配降下制御

6.　中心多様体に基づく安定化制御

7.　出力フィードバックによる安定化制御

8.　最適制御の基礎理論

9.　最適制御とハミルトン-ヤコビ方程式

10. 線形最適レギュレータ問題とリカッチ方程式

11. 非線形最適レギュレータとハミルトン-ヤコビ方程式

12. PID制御とP·SPR·D+I制御

1 フィードバック制御とは

1.1 フィードバック制御系の構成

システムの制御とは，システムをうまく操作することによってシステムの応答を「所望の値」に一致させることである。一般にシステムに入ってくる量（つまり変数）を入力，システムから出ていく量（変数）を出力と呼ぶ。システムを制御するとき操作できる量を**操作量**（manipulated variable）または**制御入力**（controlling input）といい，この入力によって決まるシステムの応答を**制御量**（controlled variable）または**制御出力**（controlled output）という。また，人為的に操作できないものを**外乱**（disturbance）という。

制御の基本的な目的は，システムの出力が**目標値**（reference）にできるだけ一致するようにシステムの入力の値を決めることである。システムの出力を時間的に変化する目標値に追従させるような制御を**追従制御**（tracking control）といい，どのような外乱が入ってきても，システムの出力を時間的に一定な目標値に一致させるような制御を**定値制御**（ constant-value control; regulation control）という。一般に機械を意のままに動かしたいサーボ系では追従制御が行われ，外乱が入ってきたり，制御対象の動特性が変化しても出力を一定値に保つことが望まれるプロセス制御では定値制御を行うことが多い。

自動制御のおもな目的は，以下の 4 点に絞られる[3)†]。

(a) 制御対象の安定化

---

† 肩付き番号は章末の引用・参考文献を示す。

(b)　出力の目標値への追従（定常状態および過渡状態）

(c)　外乱の影響の抑制

(d)　特性変動による影響の抑制

これらの目的を達成するために，いろいろな制御方式が考案されている。

目標値が与えられたとき，これを達成する制御入力を与える装置を**制御器**（controller）あるいは**補償器**（compensator）という。制御器は出力または状態を情報として利用し，望ましい制御入力を生成する。

実際の制御システムにおいては，**図 1.1** に示すように，制御入力（操作量）は制御器で生成される制御信号に基づき操作器（アクチュエータ）で作り出される。制御器は，制御対象（プラント）と操作器に関する知識のもとで，要求されるやり方で制御出力を目標値に一致させるための制御信号を決定し，操作器に伝える。制御信号は目標値と制御出力（制御量）の差，すなわち**偏差**（error）に基づいて決定される。

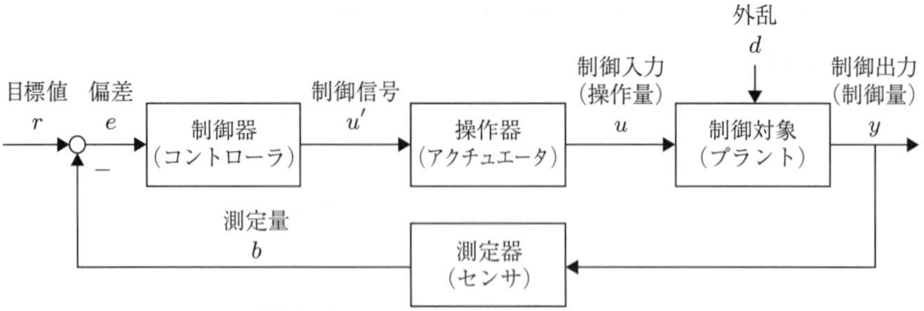

図 1.1　フィードバック制御系

制御対象の出力 $y(t)$ を測定し，この $y(t)$ の関数として目標値と制御出力が一致するように制御入力 $u(t)$ を決める方式を，一般的に**フィードバック制御**（feedback control）という。システムにおいては，目標値 $r(t)$ が変わったり，外乱 $d(t)$ が加わったり，システムのパラメータが変動したりするが，出力 $y(t)$ を測定し，これを用いて制御入力 $u(t)$ を決めれば，自動制御を実行できる。

目標値に制御出力を一致させるということは，言い換えると偏差を零にするということである。フィードバック制御は偏差を零にするように制御信号を作っているので，目標値を突変して偏差が生じたり，外乱で制御信号が乱されても，けっきょくは偏差を零にすることができる。

本書はおもに制御の立場から自動制御を論じるので，操作器は制御器から見た制御対象の一部と考え，また測定器（センサ）を省略して，標準的な制御系として，**図 1.2** のような直結フィードバック制御系を考える。これは**直列補償法**（series compensation）と呼ばれる。

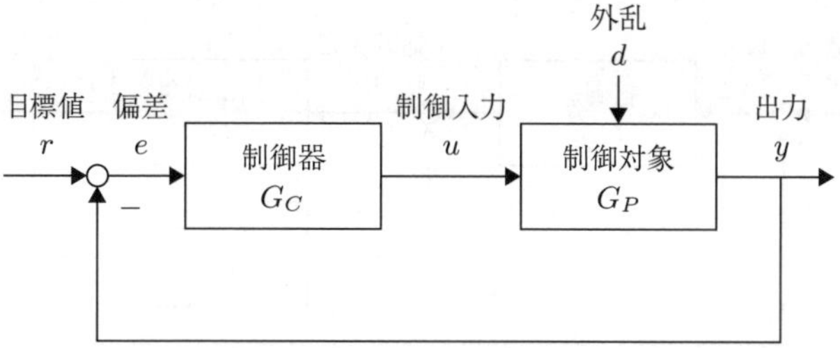

図 1.2　直列補償法（直結フィードバック制御系）

フィードバック制御系の基本構成は，図 1.2 のような制御対象に直列に制御器が配置された直列補償法と，**図 1.3** に示すような，制御器が内側ループに配置された**フィードバック補償法**（feedback compensation）である。ここで G_P は制御対象を表す作用素であり，G_C は制御器の作用素である。制御器 G_C としてどのような機能のものを選び，そのパラメータをどのように調整するかが制御系設計の課題となる。

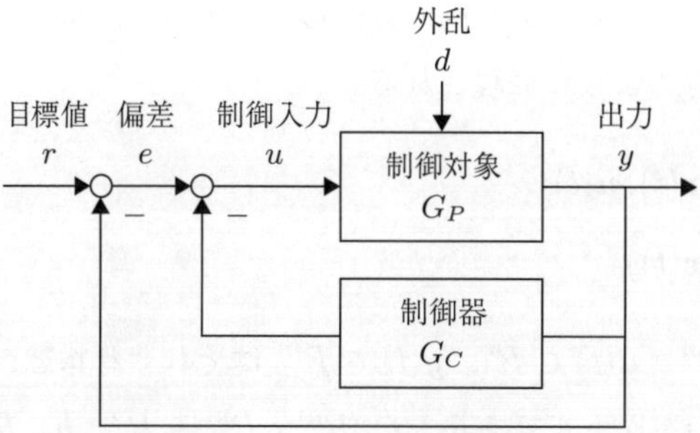

図 1.3　フィードバック補償法

よく用いられるフィードバック制御系の構成法として，直列補償法のほかに**直列フィードバック補償法**（series-feedback compensation）と呼ばれるものがある（**図 1.4** 参照）。これは，まず制御器 G_{C2} によって制御対象の特性を局所的に修正しておき，その上で，制御器 G_{C1} によってシステム全体をうまく制御している。

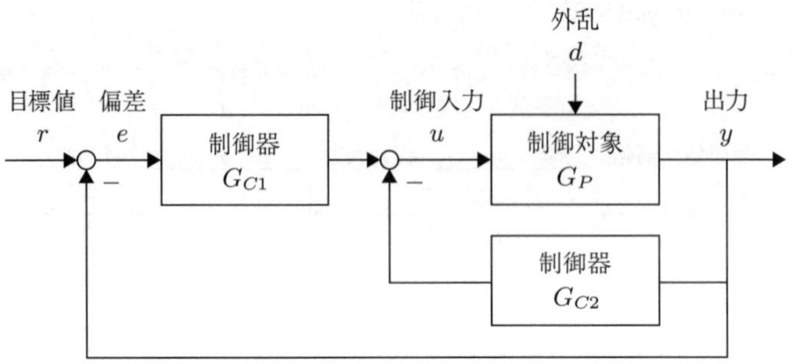

図 1.4　直列フィードバック補償法

以上のように，フィードバック制御とは，基本的には図 1.2 のような直結フィードバック構造を前提として，(a)〜(d) の多面的な要求をなんとか満足するように制御器を設計する方式のことである。

1.2　状態フィードバック制御と出力フィードバック制御

制御対象（プラント）である動的非線形システムは，状態方程式と出力方程式によって，つぎのように表現される。

$$\dot{\boldsymbol{x}}(t) = \boldsymbol{f}(\boldsymbol{x}(t), \boldsymbol{u}(t)) \tag{1.1}$$

$$\boldsymbol{y}(t) = \boldsymbol{h}(\boldsymbol{x}(t)) \tag{1.2}$$

ここで $\boldsymbol{x}(t) \in R^n$，$\boldsymbol{u}(t) \in R^r$，$\boldsymbol{y}(t) \in R^m$ はそれぞれ状態ベクトル，制御入力ベクトル，出力ベクトルであり，$\boldsymbol{f} : R^n \times R^r \to R^n$，$\boldsymbol{h} : R^n \to R^m$ は滑らかな関数とする。

線形システムの場合には，プラントはつぎのようになる。

$$\dot{\boldsymbol{x}}(t) = A\boldsymbol{x}(t) + B\boldsymbol{u}(t) \tag{1.3}$$

$$\boldsymbol{y}(t) = C\boldsymbol{x}(t) \tag{1.4}$$

つぎに制御装置についてであるが，制御器への情報として状態 $\boldsymbol{x}(t)$ を用いるときは**状態フィードバック制御**といい，出力 $\boldsymbol{y}(t)$ を用いるときは**出力フィードバック制御**という。

状態フィードバック制御では制御入力を

$$\boldsymbol{u}(t) = \boldsymbol{\alpha}(\boldsymbol{x}_r(t) - \boldsymbol{x}(t)) \tag{1.5}$$

のように与える（**図 1.5** 参照）。$\boldsymbol{x}_r(t)$ は状態 $\boldsymbol{x}(t)$ の目標値で，$\boldsymbol{\alpha}\ : R^n \to R^r$ はフィードバック制御則を表す関数である。フィードバック制御則が線形の場合は

$$\boldsymbol{u}(t) = K(\boldsymbol{x}_r(t) - \boldsymbol{x}(t)) \tag{1.6}$$

となる。ここで $K \in R^{r\times n}$ はフィードバックゲイン行列である。

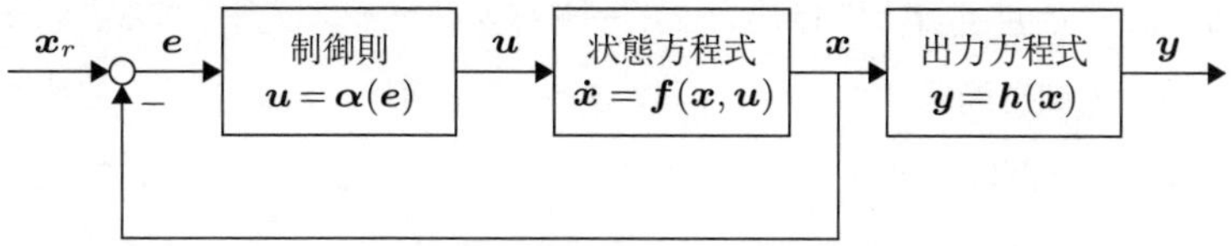

図 1.5 状態フィードバック制御

一般性を失うことなく，システムの平衡点である原点へ状態を遷移させ，閉ループ系（フィードバック系）を安定化したいときには，式 (1.5) または式 (1.6) は

$$\boldsymbol{u}(t) = \boldsymbol{\alpha}(\boldsymbol{x}(t)) \tag{1.7}$$

$$\boldsymbol{u}(t) = -K\boldsymbol{x}(t) \tag{1.8}$$

で与えられる。

このような状態フィードバックによって，状態 $\boldsymbol{x}(t)$ を目標状態へ近づけることができ，閉ループ系（フィードバック系）を安定化させることができる。

しかし，状態 $\boldsymbol{x}(t)$ は実際には測定できないことが多く，このような場合には測定可能な出力 $\boldsymbol{y}(t)$ に基づく出力フィードバック制御

$$\boldsymbol{u}(t) = \boldsymbol{\beta}(\boldsymbol{r}(t) - \boldsymbol{y}(t)) \tag{1.9}$$

を行う。ここで $\boldsymbol{r}(t)$ は出力の目標値であり，$\boldsymbol{\beta} : R^m \to R^r$ は出力フィードバック制御則を与える関数である（**図 1.6** 参照）。

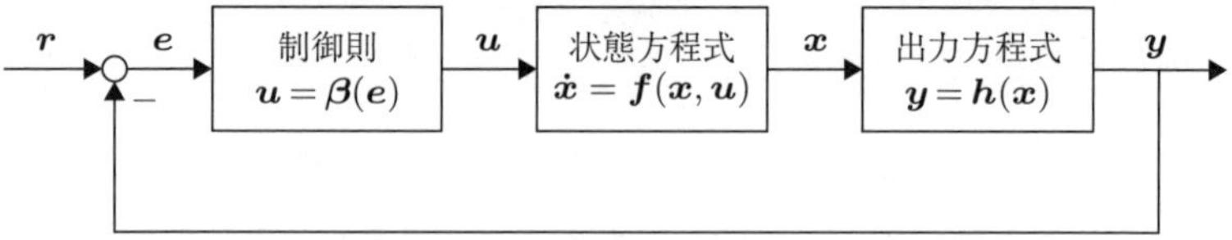

図 1.6　出力フィードバック制御

制御則が線形の場合は

$$\boldsymbol{u}(t) = F(\boldsymbol{r}(t) - \boldsymbol{y}(t)) \tag{1.10}$$

となる。ここで $F \in R^{r \times m}$ は出力フィードバックゲイン行列である。しかしながら，多くの制御問題において，関数 $\boldsymbol{\beta}$ や F を適切に決めても，静的な出力フィードバックだけによって閉ループ系を安定化させることは一般には難しい。

そこで，出力 $\boldsymbol{y}(t)$ から制御入力 $\boldsymbol{u}(t)$ を決めるために，しばしばつぎのような**動的補償器**（dynamic compensator）または**動的制御器**（dynamic controller）が用いられる。

$$\frac{d\boldsymbol{z}(t)}{dt} = \boldsymbol{\alpha}(\boldsymbol{z}(t), \boldsymbol{e}(t)) \tag{1.11}$$

$$\boldsymbol{u}(t) = \boldsymbol{\beta}(\boldsymbol{z}(t), \boldsymbol{e}(t)) \tag{1.12}$$

ここで，$\boldsymbol{z}(t)$ は動的補償器の内部状態，$\boldsymbol{e}(t) = \boldsymbol{r}(t) - \boldsymbol{y}(t)$ は偏差を表し，$\boldsymbol{\alpha} : R^p \times R^m \to R^p$，$\boldsymbol{\beta} : R^p \times R^m \to R^r$ は滑らかな関数とする。$\boldsymbol{\alpha}, \boldsymbol{\beta}$ は制

御目的を達成できるような適当な関数形を与えなければならないが，ニューラルネットで近似する研究も行われている。

特に動的制御器が線形の場合には，式 (1.11), (1.12) は

$$\dot{\boldsymbol{z}}(t) = D\boldsymbol{z}(t) + E\boldsymbol{e}(t) \tag{1.13}$$

$$\boldsymbol{u}(t) = F\boldsymbol{z}(t) + G\boldsymbol{e}(t) \tag{1.14}$$

で与えられる。ここで，D, E, F, G はパラメータ行列である。追従制御や定値制御において閉ループ系を安定化するためには，動的制御器のパラメータ D, E, F, G の値を適切に決めなければならない。

さて，通常のフィードバック制御では，目標値との偏差信号 $\boldsymbol{e}(t)$ を情報として制御器は構成される。しかし，目標値への追従制御が主目的の場合，目標値信号と出力信号を独立に利用して制御則を構成するほうが自由度が多く，制御性能の改善が図れる。

その場合，動的制御器 (1.11), (1.12) は

$$\frac{d\boldsymbol{z}(t)}{dt} = \boldsymbol{\alpha}(\boldsymbol{z}(t), \boldsymbol{y}(t), \boldsymbol{r}(t)) \tag{1.15}$$

$$\boldsymbol{u}(t) = \boldsymbol{\beta}(\boldsymbol{z}(t), \boldsymbol{y}(t), \boldsymbol{r}(t)) \tag{1.16}$$

のように与えられる。また式 (1.15), (1.16) は二つに分割して

$$\dot{\boldsymbol{z}}_1(t) = \boldsymbol{\alpha_1}(\boldsymbol{z}_1(t), \boldsymbol{r}(t)) \tag{1.17}$$

$$\dot{\boldsymbol{z}}_2(t) = \boldsymbol{\alpha_2}(\boldsymbol{z}_2(t), \boldsymbol{y}(t)) \tag{1.18}$$

$$\boldsymbol{u}(t) = \boldsymbol{\beta_1}(\boldsymbol{z}_1(t), \boldsymbol{r}(t)) + \boldsymbol{\beta_2}(\boldsymbol{z}_2(t), \boldsymbol{y}(t)) \tag{1.19}$$

とも与えられるが，これは 1.4 節で述べるフィードバック+フィードフォワード制御方式である。

これらの動的制御器はいろいろな関数近似法，例えばニューラルネットによって構成できる[5)]。

1.3　P I D 制 御

プロセス制御などの現場においては，状態は測定できず，利用できる情報は出力値とその時間微分値，ならびにその積分値に限られている場合が多い。これら三つの情報のみに基づくフィードバック制御方式は **PID 制御**[†]と呼ばれる。

PID 制御は目標値と出力値の偏差信号

$$\boldsymbol{e}(t) = \boldsymbol{r}(t) - \boldsymbol{y}(t) \tag{1.20}$$

に基づき，制御入力をつぎのように計算する制御方式である。

$$\boldsymbol{u}(t) = K_P\boldsymbol{e}(t) + K_I\int_0^t \boldsymbol{e}(\tau)d\tau + K_D\dot{\boldsymbol{e}}(t) \tag{1.21}$$

ここで $K_P, K_I, K_D \in R^{r\times m}$ は PID 制御器の調整パラメータ行列である。

PID 制御 (1.21) によって目標値 $\boldsymbol{r}(t)$ への追従制御を行うことができる。また，$\boldsymbol{r}(t) \equiv \boldsymbol{0}$ ならば，閉ループ系の安定化制御を目的とした調節（regulation）を行うことができる。そのような問題はしばしば**レギュレータ問題**（regulator problem）と呼ばれる。このとき式 (1.21) はつぎのようになる。

$$\boldsymbol{u}(t) = -K_P\boldsymbol{y}(t) - K_I\int_0^t \boldsymbol{y}(\tau)d\tau - K_D\dot{\boldsymbol{y}}(t) \tag{1.22}$$

しかし，望ましい制御成績を得るためには，制御対象（プラント）の特性に合わせて PID パラメータ行列 K_P, K_I, K_D の値を調整（チューニングという）する必要がある。

PID 制御 (1.21) は一応最も一般的な形だが，P，I，D の組み合わせによって P 制御，PI 制御，PD 制御，PID 制御などの型（タイプ）がある。

ところで，出力と制御入力が複数ある多変数システムが制御対象の場合には，いわゆるクロス制御器で全体システムを相互干渉のない部分システムの集合に非干渉化し，個々の部分システムごとに対してスカラ系の PID 制御を実施する

† PID とは比例（proportional），積分（integral），微分（derivative）の頭文字を表す。

非干渉化 PID 制御が研究されている。そのような非干渉化による分散型 PID 制御においては，K_P, K_I, K_D は対角行列となる。

残念なことに，一般的な多変数システムの PID 制御の研究はあまり行われていない。したがって，出力情報のみに基づく実際的な制御方式として，将来の研究が期待される。

ところで，状態方程式に基づく現代制御論では扱いにくい積分動作は，つぎのような新しい状態変数 $\boldsymbol{z}(t) \in R^m$ を導入して拡大系を考えることにより解消される。

$$\boldsymbol{z}(t) = \int_0^t \boldsymbol{e}(\tau)d\tau \tag{1.23}$$

式 (1.23) を時間微分すると

$$\dot{\boldsymbol{z}}(t) = \boldsymbol{e}(t) \tag{1.24}$$

を得る。したがって，PID 制御は拡大系状態方程式 (1.3), (1.24) ならびに出力方程式 (1.2) と偏差信号 (1.20) のもとで，つぎのように与えられる。

$$\boldsymbol{u}(t) = K_P\boldsymbol{e}(t) + K_I\boldsymbol{z}(t) + K_D\dot{\boldsymbol{e}}(t) \tag{1.25}$$

これは，レギュレータ問題の場合には

$$\dot{\boldsymbol{z}}(t) = -\boldsymbol{y}(t) \tag{1.26}$$

$$\boldsymbol{u}(t) = -K_P\boldsymbol{y}(t) + K_I\boldsymbol{z}(t) - K_D\dot{\boldsymbol{y}}(t) \tag{1.27}$$

となる。

さて，PID 制御は，プロセス制御において主として線形スカラ系のプラントに対して実施されている（図 **1.7** 参照）。プロセス制御の場合，プラントの時定数は比較的長いものが多く，伝達関数を「1 次遅れとむだ時間」を用いて

$$G_P(s) = \frac{Ke^{-Ls}}{Ts+1} \tag{1.28}$$

と近似して考える。また，プロセス制御の特徴はプラントの動特性の変動や外乱が存在することである。

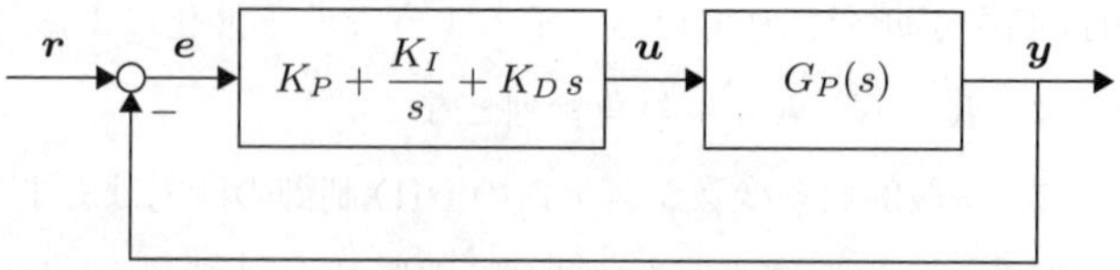

図 1.7　PID 制御系

一般に，定常特性の改善には PI 制御が，また過渡特性の改善には PD 制御が効果的である。PI と PD を併用した PID 制御は，定常特性と過渡特性の両方を改善する効果をもつ。

目標値のステップ状変化に対する K_P, K_I, K_D 値の調整を考えよう。古典的な PID 制御の調整法として，Ziegler-Nichols 法，C-H-R 法，北森法など多くの方法が提案されている（文献 1), 4), 6) などを参照)。

ところで，目標値がステップ状に変化した場合，PID 制御は D 動作によって制御入力の急激な変化を招くが，これは実際の制御では望ましくない。そこで，D 動作は減衰特性（すなわち安定性）の改善を目的としている点を考慮して，D 動作は出力にのみ働かせた**図 1.8** のような **PI+D 制御**†，すなわち

$$\boldsymbol{u}(t) = K_P\boldsymbol{e}(t) + K_I\int_0^t \boldsymbol{e}(\tau)d\tau - K_D\dot{\boldsymbol{y}}(t) \tag{1.29}$$

が提案されている。

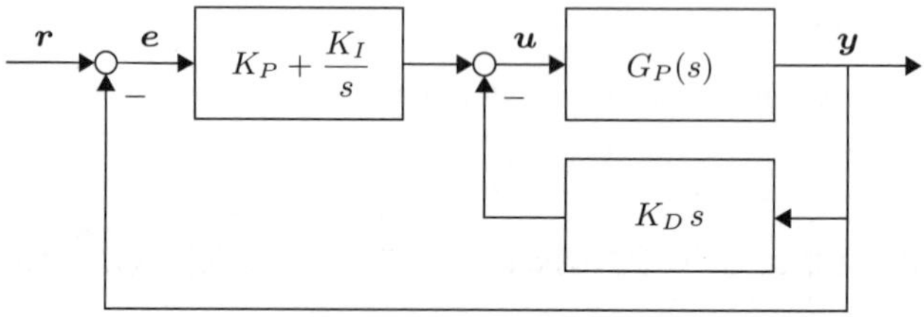

図 1.8　PI+D 制御系

また，P 動作と D 動作は出力に働き，I 動作のみが偏差に働くようにしたものが，**図 1.9** に示すような **I+PD 制御**

† PI+D 制御は微分先行型 PID 制御とも呼ばれる。

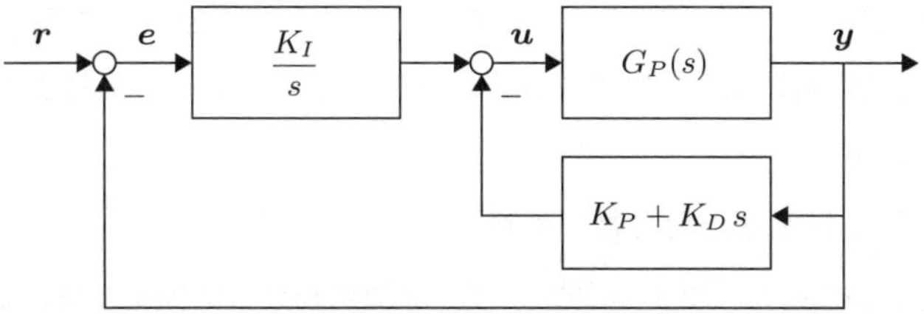

図 **1.9**　I+PD 制御系

$$\boldsymbol{u}(t) = K_I \int_0^t \boldsymbol{e}(\tau) d\tau - K_P \boldsymbol{y}(t) - K_D \dot{\boldsymbol{y}}(t) \tag{1.30}$$

である。制御の現場では制御信号が滑らかな動きをすることが重要なので，I+PD 制御がよく用いられる。これらの方式に関しては文献 1),6) が詳しい。

ところで PID 制御の自由度を増やして，拡張された PID 制御ともいうべき P·SPR·D 制御ならびに P·SPR·D+I 制御が提案されている。SPR は strict positive real（強正実）の略で，P，D，I モードに SPR モードを追加することによりフィードバック制御系の安定化機能が強化される。P·SPR·D 制御または P·SPR·D+I 制御によって，線形多変数システムならびに時間遅れシステムやアフィン非線形システムの安定化制御が容易になる。

1.4　フィードフォワード制御系

フィードバック制御方式以外のもう一つの基本的な制御方式は**フィードフォワード制御**（feedforward control）[3] と呼ばれ，**図 1.10** のようになる。

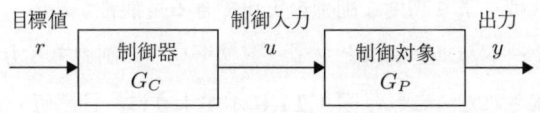

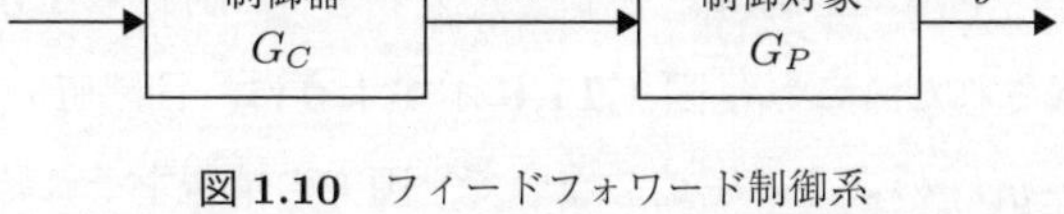

図 **1.10**　フィードフォワード制御系

制御対象の特性が 100% わかっていて外乱もない理想的な状況では，制御出力（制御量）が目標値に一致するように制御入力（操作量）を逆算すれば，完全な制御を実行することができる。しかしこのとき，理想的には $G_P \circ G_C \fallingdotseq 1$ になるように制御器 G_C をデザインしなければならないので，逆システムを構築する必要がある。単に

(a)　目標値に対する出力応答の整形

だけを考えるのならば，フィードフォワード制御が比較的簡単ではあるが，この場合は外乱にまったく対応できないし，不安定系を安定化することもできない。

1.5　フィードバック＋フィードフォワード制御法（2 自由度制御系）[3),2),6)]

制御のおもな目的は，出力 $y(t)$ を目標値 $r(t)$ に追従させることである。そのために，図 1.2 に示したように，目標値信号 $r(t)$ とフィードバック信号である出力 $y(t)$ の偏差 $e(t) = r(t) - y(t)$ のみを唯一の情報として，これを一つの制御器 G_C で処理する方式がある。このことによって

(i)　外乱の影響の抑制

(ii)　制御対象の特性変動による影響の抑制

(iii)　不安定システムを安定化

などをなんとか実現できる。

ところがフィードバック制御方式だけでは，目標値に対する応答性能も外乱に対する応答性能もともに満足化しなければならないというような複数の設計仕様への対応が難しい。そのため，このような欠点を克服する方式が望まれる。

ところで，目標値信号 $r(t)$ とフィードバック信号 $y(t)$ をそれぞれ別の情報として利用すれば，より高度な制御を実現できる可能性がある。そのような方式として，フィードバック制御とフィードフォワード制御をともに含む 2 自由度制御系が考案された。これは**図 1.11** に示すように，目標値 $r(t)$ と出力 $y(t)$ の情報を $r(t) - y(t)$ のように圧縮しないで，両方の情報をそれぞれ独自に利用し，制御入力 $u(t)$ を決定する方式である。

ところで，図 1.11 は最も一般的な表現であるが，フィードバック＋フィードフォワード制御方式には以下の 2 通りが考えられる（**図 1.12**，**図 1.13** 参

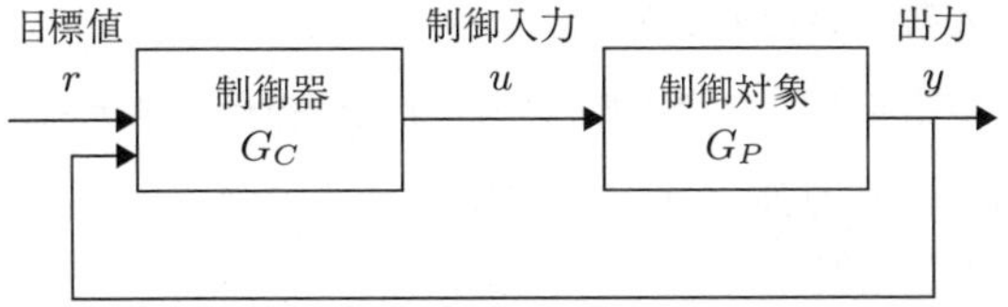

図 1.11　一般的な 2 自由度制御系

図 1.12　フィードバック＋フィードフォワード制御法（直列）

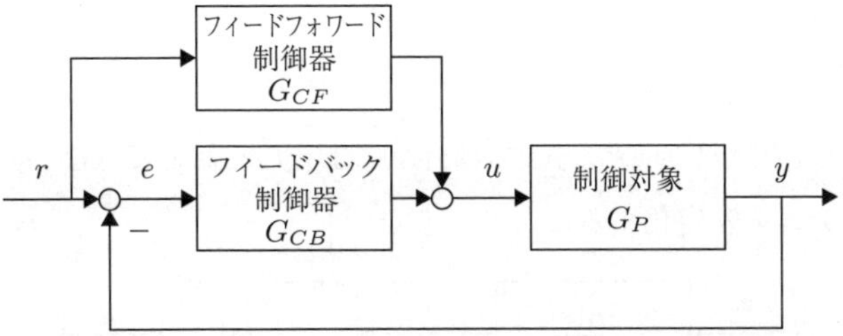

図 1.13　フィードバック＋フィードフォワード制御法（並列）

照)。図 1.12 では，フィードフォワード制御器 G_{CF} が，フィードバック制御器 G_{CB} を前向き経路（forward path）にもつ閉ループ系と直列に配置されている。一方，図 1.13 では，フィードフォワード制御器 G_{CF} がフィードバック制御器 G_{CB} と並列に配置されている。これらの方式は制御のために二つの制御器 G_{CF} と G_{CB} を指定できる自由度をもつので，**2 自由度制御系**と呼ばれる。これに対して，図 1.2 の直列補償法は一つの制御器 G_C しか指定できないので，1 自由度制御系と呼ばれる。

2 自由度制御系の設計法（線形システムの場合）

図 1.11 の 2 自由度制御系といっても，非線形システムの場合は，具体的にどのようにすればよいのかは明らかではない。一般的な動的制御器 (1.15), (1.16)

の設計はたいへん難しい仕事である。

そこで，ここでは重ね合わせの原理が成り立つ線形システムに特化して，文献3),1),6)に基づいて見通しの良い形で設計する2自由度制御系の構成について考えよう。

望ましい目標値応答をもつ伝達関数 $G_D(s)$ が与えられたとき，制御系の $r(t)$ から $y(t)$ までの伝達関数 $G_{yr}(s)$ を単にこれに一致させるためには，**図 1.14** に示すように

$$u(s) = \frac{G_D(s)}{G_P(s)} r(s) \tag{1.31}$$

とすれば十分である。ここで $G_P(s)$ は制御対象の伝達である。この単純なフィードフォワード制御によって

(iv)　所望の目標値応答の整形

は達成できる。しかし，この方法では外乱にまったく対応できないのみならず，不安定システムを安定化することもできない。

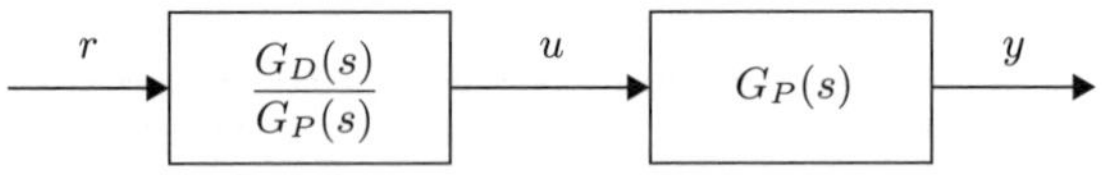

図 1.14　目標値に対する所望応答の実現

そこで，フィードバック＋フィードフォワード制御方式では，フィードバック制御に(i),(ii),(iii)の役割をもたせ，フィードフォワード制御に(iv)の役割を担わせる。

まず，所望の目標値応答を容易に設定できるように，図1.14より $G_D(s)$ を設計パラメータとしてフィードフォワード制御

$$u_F(s) = \frac{G_D(s)}{G_P(s)} r(s) \tag{1.32}$$

を考える。このとき，外乱 $d(s)$ がなければ明らかに

$$y(s) = G_D(s) r(s) \tag{1.33}$$

が成り立つ。さらに，外乱やモデル化誤差などのために誤差が生じた場合に備えて，所望の出力 $G_D(s)r(s)$ と実際の出力 $y(s)$ の偏差に基づくフィードバック制御

$$u_B(s) = G_{CB}(s)\left\{G_D(s)r(s) - y(s)\right\} \tag{1.34}$$

を考える。そして，式 (1.32) と式 (1.34) を加算した

$$u(s) = u_F(s) + u_B(s) \tag{1.35}$$

によって制御入力を定めることにしよう。

この制御系のブロック線図は**図 1.15** のようになり，これが (i)〜(iv) を同時に実現するのに適した制御系の構成になっている。理由は以下のとおりである。制御対象のモデル化誤差や外乱が存在しない場合には式 (1.33) が成り立ち，$G_{CB}(s)$ の入力は零となる。したがって，$G_{CB}(s)$ の選び方に関係なく，制御系の $r(s)$ から $y(t)$ までの伝達関数は $G_{yr}(s) = G_D(s)$ となり，(iv) が容易に実現できる。一方，制御対象のモデル化誤差や外乱が存在して $y(s) \neq G_D(s)r(s)$ となるときには，$G_{CB}(s)$ がそのフィードバック効果を示し，(i)〜(iii) を実現するのに役に立つ。このとき $G_D(s)$ はフィードフォワード項なので，(i)〜(iii) には関係しない。

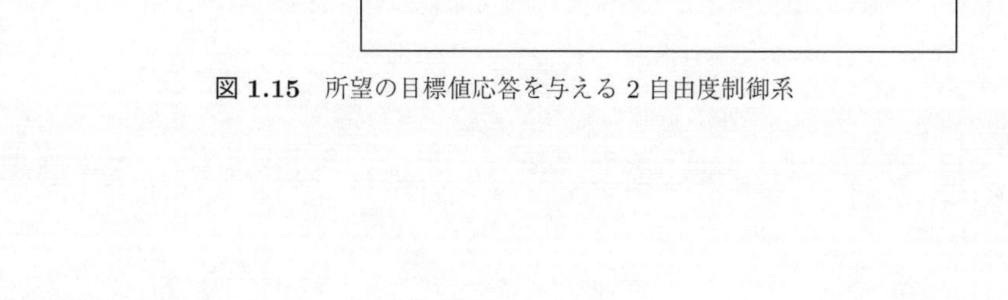

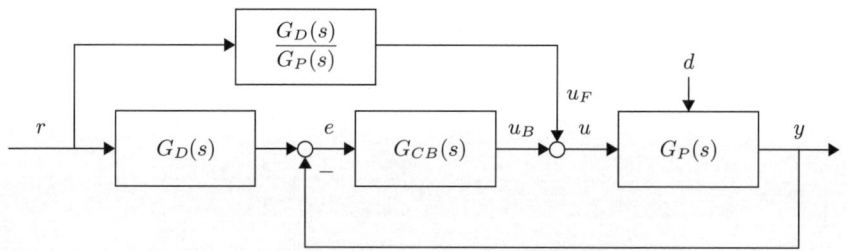

図 1.15　所望の目標値応答を与える 2 自由度制御系

引用・参考文献

1) 片山：フィードバック制御の基礎（新版）, 朝倉書店 (2002)
2) B. C. Kuo and F. Golnaraghi: Automatic Control Systems, Chap. 10, J. Wiley & Sons (2003)
3) 杉江, 藤田：フィードバック制御入門, 1 章, 9 章, コロナ社 (1999)
4) 須田 編著：PID 制御, 朝倉書店 (1992)
5) 志水：ニューラルネットワークと制御, コロナ社 (2002)
6) 吉川：古典制御論, 8 章, 昭晃堂 (2004)

2 非線形制御システムの基礎理論

本章では非線形制御で利用される基礎理論を紹介する。内容は非線形システムの可安定性，相対次数，標準形（ノーマルフォーム）と零ダイナミクス，高ゲイン出力フィードバック，入出力写像の L_p 安定性，フィードバック系の小ゲイン定理などである。線形システムの制御に関する基礎的な用語や概念については参考書 20), 16) などを参照していただきたい。

2.1 非線形システムの可安定性とフィードバック制御

2.1.1 非線形システムの可安定性

まず，線形システムの可安定性について述べる。つぎのような線形システム

$$\dot{\boldsymbol{x}}(t) = A\boldsymbol{x}(t) + B\boldsymbol{u}(t) \tag{2.1}$$

を考える。ここで，$\boldsymbol{x}(t) \in R^n$，$\boldsymbol{u}(t) \in R^r$ はそれぞれ状態と制御入力であり，A は $(n \times n)$ 行列，B は $(n \times r)$ 行列である。

行列 $A - BK$ の固有値の実数部がすべて負となるような，つまり $A - BK$ が漸近安定であるような状態フィードバック制御則

$$\boldsymbol{u}(t) = -K\boldsymbol{x}(t) \tag{2.2}$$

が存在するとき，$\{A, B\}$ は**可安定**（stabilizable）であるという。可安定性の必要十分条件はつぎの (S1)～(S3) で与えられる[1),7),17)]。

(S1) $(r \times n)$ 行列 K を適当に選ぶことによって，方程式 $|\lambda I-(A-BK)|=0$ のすべての根 λ の実数部が負となるようにすることができる。

(S2) 任意の $\lambda \in C$，$\mathrm{Re}\,[\lambda] \geqq 0$ に対して $\mathrm{rank}\,[\,\lambda I - A,\ B] = n$ となる（C は複素数体を表す）。

(S3) A, B は正則変換によって

$$\widehat{A} = T^{-1}AT = \begin{bmatrix} \widehat{A}_{11} & \widehat{A}_{12} \\ O & \widehat{A}_{22} \end{bmatrix},\quad \widehat{B} = T^{-1}B = \begin{bmatrix} \widehat{B}_1 \\ O \end{bmatrix}$$

と変換したとき，$\{\widehat{A}_{11},\ \widehat{B}_1\}$ は可制御，$\widehat{A}_{22}$ は漸近安定な行列となる。ただし，$\mathrm{rank}\,[\,\lambda I - A,\ B] = n_c < n$ のとき，$\widehat{A}_{11} \in R^{n_c \times n_c}$，$\widehat{A}_{22} \in R^{(n-n_c)\times(n-n_c)}$ である（変換行列 T の求め方は文献 10),21) を参照)。

条件 (S2) は可制御性の条件に似ているが，複素数 λ の範囲が異なる。つまり，可安定のためには，負の実数部をもつ λ に対して $\mathrm{rank}\,[\,\lambda I - A,\ B] = n$ は成立しなくてもよい。これは，システムの漸近安定な部分は不可制御でもよく，不安定な部分が可制御であれば可安定性が成立することを意味している。

条件 (S3) において，行列 A, B がこのように変換できるということは，システムに可制御部と不可制御部が存在するということである。可制御な部分は状態フィードバック $\boldsymbol{u} = -K\boldsymbol{x}$ で安定化できるが，不可制御な部分はまったく変更できない。したがって，不可制御な部分がもともと漸近安定でなければ全体を漸近安定にすることはできない。逆にその部分さえ漸近安定であれば，全体は安定化可能である。これが条件 (S3) が意味するところである。

$\mathrm{rank}\,[\,\lambda I - A,\ B] = n$ を満たす A の固有値を可制御な固有値（極）といい，$\mathrm{rank}\,[\,\lambda I - A,\ B] < n$ を満たす固有値を不可制御な固有値（極）という。この場合，可制御な極は状態フィードバック $\boldsymbol{u} = -K\boldsymbol{x}$ によって任意に設定できるが，不可制御な極は移動できない。

つぎに，非線形システムの可安定性，つまり漸近安定化可能性について述べる。ここでは非線形システムの線形化システムからわかる局所的な可安定性を

考察する[†]。

さて，一般非線形システム

$$\dot{\boldsymbol{x}}(t) = \boldsymbol{f}(\boldsymbol{x}(t), \boldsymbol{u}(t)) \tag{2.3}$$

を考える。ここで $\boldsymbol{x}(t) \in R^n$，$\boldsymbol{u}(t) \in R^r$ はそれぞれ状態と制御入力である。

問題は平衡点 $(\boldsymbol{x}_e, \boldsymbol{u}_e) = (\mathbf{0}, \mathbf{0})$ の近傍で定義され，この平衡点を保持する滑らかな状態フィードバック則

$$\boldsymbol{u}(t) = \boldsymbol{\alpha}(\boldsymbol{x}(t)), \quad \boldsymbol{\alpha}(\mathbf{0}) = \mathbf{0} \tag{2.4}$$

を見つけることである。つまり，閉ループ系

$$\dot{\boldsymbol{x}}(t) = \boldsymbol{f}(\boldsymbol{x}(t), \boldsymbol{\alpha}(\boldsymbol{x}(t))) \tag{2.5}$$

が $\boldsymbol{x}_e = \mathbf{0}$ の近傍で局所的に漸近安定となるような $\boldsymbol{u}(t) = \boldsymbol{\alpha}(\boldsymbol{x}(t))$ を見つけたい。このような問題を本書では局所的漸近安定化問題と呼ぶ。

初めに，この問題の可解性は $\boldsymbol{x}_e = \mathbf{0}$ の近傍での線形化システムの性質に依存することを述べる。

$\boldsymbol{x} = \mathbf{0}$ で平衡点をもつシステムの線形近似は $\boldsymbol{f}(\boldsymbol{x}, \boldsymbol{u}) = \boldsymbol{f}(\boldsymbol{x}, \boldsymbol{\alpha}(\boldsymbol{x}))$ をテーラー展開することによって得られる。式 (2.5) の線形化システムは

$$\dot{\boldsymbol{x}}(t) = A\boldsymbol{x}(t) + B\boldsymbol{u}(t) \tag{2.6}$$

となる。ここで

$$A \triangleq \left[\frac{\partial \boldsymbol{f}(\boldsymbol{x}, \boldsymbol{u})}{\partial \boldsymbol{x}}\right]_{\substack{\boldsymbol{x}=\mathbf{0} \\ \boldsymbol{u}=\mathbf{0}}}, \quad B \triangleq \left[\frac{\partial \boldsymbol{f}(\boldsymbol{x}, \boldsymbol{u})}{\partial \boldsymbol{u}}\right]_{\substack{\boldsymbol{x}=\mathbf{0} \\ \boldsymbol{u}=\mathbf{0}}}$$

である。

† 本節で取り上げる概念は文献 5) の Proposition 4.4.1 に基づくが，文献 5) では，$\dot{\boldsymbol{x}} = \boldsymbol{f}(\boldsymbol{x}) + G(\boldsymbol{x})\boldsymbol{u}$ のようなアフィン非線形システムに対して記述されている。非線形システムの可制御性に関しては文献 4), 11), 12) などを参照されたい。

【定理 2.1】　線形化システム (2.6) が可安定（漸近安定化可能）と仮定する。つまり $\{A, B\}$ が可制御か，あるいは $\{A, B\}$ が可制御でない場合は，不可制御な固有値（極）は実数部が負（漸近安定な極）であると仮定する。このとき，$\boldsymbol{u}(t) = \boldsymbol{\alpha}(\boldsymbol{x}(t))$ を施した閉ループ系 (2.5) の線形化システムが漸近安定になるような滑らかな非線形状態フィードバック制御則 (2.4) は，少なくとも局所的には，元の非線形システム (2.3) を漸近安定化することができる（十分性）。

もし $\{A, B\}$ が可制御でなく実数部が正の不可制御な固有値が存在するならば，元の非線形システムはまったく安定化不可能である。

（証明）　線形化システム (2.6) が可安定（漸近安定化可能）と仮定する。$\boldsymbol{u} = \boldsymbol{\alpha}(\boldsymbol{x})$ を施した閉ループ系 (2.5) をテーラー展開すると

$$
\begin{aligned}
\dot{\boldsymbol{x}} &= \boldsymbol{f}(\boldsymbol{x}, \boldsymbol{\alpha}(\boldsymbol{x}))\big|_{\boldsymbol{x}=\boldsymbol{0}} \\
&\quad + \left\{ \left[\frac{\partial \boldsymbol{f}(\boldsymbol{x}, \boldsymbol{\alpha}(\boldsymbol{x}))}{\partial \boldsymbol{x}} \right]_{\boldsymbol{x}=\boldsymbol{0}} + \left[\frac{\partial \boldsymbol{f}(\boldsymbol{x}, \boldsymbol{\alpha}(\boldsymbol{x}))}{\partial \boldsymbol{u}} \frac{\partial \boldsymbol{\alpha}(\boldsymbol{x})}{\partial \boldsymbol{x}} \right]_{\boldsymbol{x}=\boldsymbol{0}} \right\} \boldsymbol{x} \\
&\quad + O(\|\boldsymbol{x}\|^2)
\end{aligned}
$$

となり，その線形化システムは

$$
\dot{\boldsymbol{x}} = \left\{ \left[\frac{\partial \boldsymbol{f}(\boldsymbol{x}, \boldsymbol{\alpha}(\boldsymbol{x}))}{\partial \boldsymbol{x}} \right]_{\boldsymbol{x}=\boldsymbol{0}} + \left[\frac{\partial \boldsymbol{f}(\boldsymbol{x}, \boldsymbol{\alpha}(\boldsymbol{x}))}{\partial \boldsymbol{u}} \frac{\partial \boldsymbol{\alpha}(\boldsymbol{x})}{\partial \boldsymbol{x}} \right]_{\boldsymbol{x}=\boldsymbol{0}} \right\} \boldsymbol{x}
$$

となる（$\boldsymbol{\alpha}(\boldsymbol{0}) = \boldsymbol{0}$ に注意）。つまり

$$
\dot{\boldsymbol{x}} = (A - BK)\boldsymbol{x}, \qquad K \triangleq -\left[\frac{\partial \boldsymbol{\alpha}(\boldsymbol{x})}{\partial \boldsymbol{x}} \right]_{\boldsymbol{x}=\boldsymbol{0}} \tag{2.7}
$$

である。

このとき，$\{A, B\}$ が可制御であるか，あるいは $\{A, B\}$ が可制御でないなら不可制御な固有値は実数部が負である場合，そのすべての固有値の実数部を負にすることができる。そして，線形化システム (2.7) のすべての固有値が複素開左半平面に存在するならば（線形化システム (2.7) が漸近安定ならば），

第 1 近似における安定性原理[†] によって，$\boldsymbol{u} = \boldsymbol{\alpha}(\boldsymbol{x})$ を施した非線形システムの閉ループ系は，$\boldsymbol{x}_e = \boldsymbol{0}$ の近傍で局所的に漸近安定である（十分性)。

逆に，線形化システムは実数部が正の不可制御な固有値をもつと仮定する。$\boldsymbol{u} = \boldsymbol{\alpha}(\boldsymbol{x})$ は滑らかな状態フィードバック則としよう。このとき，対応する閉ループ系の線形化システムは

$$\dot{\boldsymbol{x}} = \left[\frac{\partial \boldsymbol{f}(\boldsymbol{x}, \boldsymbol{\alpha}(\boldsymbol{x}))}{\partial \boldsymbol{x}}\right]_{\boldsymbol{x}=\boldsymbol{0}} \boldsymbol{x} = \left(A + B\left[\frac{\partial \boldsymbol{\alpha}(\boldsymbol{x})}{\partial \boldsymbol{x}}\right]_{\boldsymbol{x}=\boldsymbol{0}}\right)\boldsymbol{x}$$

となり（$\boldsymbol{\alpha}(\boldsymbol{0}) = \boldsymbol{0}$ に注意)，関数 $\boldsymbol{\alpha}(\boldsymbol{x})$ がなにであっても実数部が正の固有値をもつ。それゆえ，ふたたび第 1 次近似における安定性原理より，非線形システムの閉ループ系は $\boldsymbol{x}_e = \boldsymbol{0}$ の近傍で不安定である。 □

【定理 2.2】 線形化システム (2.6) が可安定（漸近安定化可能）と仮定する。つまり $\{A, B\}$ が可制御か，あるいは $\{A, B\}$ が可制御でない場合は，不可制御な固有値（極）は実数部が負（漸近安定な極）であると仮定する。このとき，線形化システム (2.6) を漸近安定化する任意の線形状態フィードバック則

$$\boldsymbol{u}(t) = -K\boldsymbol{x}(t) \tag{2.9}$$

---

† **[第 1 近似における安定性原理]**[5)] 非線形システム

$$\dot{\boldsymbol{x}}(t) = \boldsymbol{f}(\boldsymbol{x}(t)) \tag{2.8}$$

を考える。ここで $\boldsymbol{x}(t) \in R^n$；$\boldsymbol{f}$ は C^k（$k \geqq 2$）級である。また，$\boldsymbol{x}_e = \boldsymbol{0}$ は一般性を失うことなくこの微分方程式の平衡点，すなわち $\boldsymbol{0} = \boldsymbol{f}(\boldsymbol{0})$ であるとする。このとき，$\boldsymbol{x}_e = \boldsymbol{0}$ における線形化システムの性質から，$\boldsymbol{x} = \boldsymbol{0}$ の漸近安定性をある程度知ることができる。

$$F \triangleq \left[\frac{\partial \boldsymbol{f}(\boldsymbol{x})}{\partial \boldsymbol{x}}\right]_{\boldsymbol{x}=\boldsymbol{0}}$$

としよう。つぎのことがいえる。

(i) もし F のすべての固有値が複素開左半平面に存在するならば，$\boldsymbol{x}_e = \boldsymbol{0}$ はシステム (2.8) の局所的に漸近安定な平衡点である（十分性，3.4 節のリアプノフの間接法を参照)。

(ii) 一つもしくはそれ以上の F の固有値が複素開右半平面に存在するならば，$\boldsymbol{x}_e = \boldsymbol{0}$ はシステム (2.8) の不安定平衡点である。

は，少なくとも局所的には，元の非線形システム (2.3) も漸近安定化することができる（十分性）。

もし $\{A, B\}$ が可制御でなく実数部が正の不可制御な固有値（極）が存在するならば，元の非線形システムはまったく安定化不可能である。

(証明)　線形化システムが漸近安定化可能と仮定する。K は，$A-BK$ のすべての固有値の実数部が負になるような任意の行列としよう。このとき，状態フィードバック $\boldsymbol{u}=-K\boldsymbol{x}$ を非線形システムに施した閉ループ系

$$\dot{\boldsymbol{x}}=\boldsymbol{f}(\boldsymbol{x},-K\boldsymbol{x}) \tag{2.10}$$

の線形化システム

$$\begin{aligned}\dot{\boldsymbol{x}}&=\left\{\left[\frac{\partial \boldsymbol{f}(\boldsymbol{x},-K\boldsymbol{x})}{\partial \boldsymbol{x}}\right]_{\boldsymbol{x}=\boldsymbol{0}}+\left[\frac{\partial \boldsymbol{f}(\boldsymbol{x},-K\boldsymbol{x})}{\partial \boldsymbol{u}}\frac{\partial -K\boldsymbol{x}}{\partial \boldsymbol{x}}\right]_{\boldsymbol{x}=\boldsymbol{0}}\right\}\boldsymbol{x}\\&=(A-BK)\boldsymbol{x}\end{aligned}$$

のすべての固有値が複素開左半平面に存在する。それゆえ，第 1 近似における安定性原理より，非線形システムの閉ループ系は $\boldsymbol{x}_e=\boldsymbol{0}$ の近傍で局所的に漸近安定である。

逆に，線形化システムは実数部が正の不可制御な固有値をもつと仮定する。$\boldsymbol{u}=\boldsymbol{\alpha}(\boldsymbol{x})$ は滑らかな状態フィードバック制御則としよう。このとき，対応する閉ループ系の線形化システムは

$$\dot{\boldsymbol{x}}=\left[\frac{\partial \boldsymbol{f}(\boldsymbol{x},\boldsymbol{\alpha}(\boldsymbol{x}))}{\partial \boldsymbol{x}}\right]_{\boldsymbol{x}=\boldsymbol{0}}\boldsymbol{x}=\left(A+B\left[\frac{\partial \boldsymbol{\alpha}(\boldsymbol{x})}{\partial \boldsymbol{x}}\right]_{\boldsymbol{x}=\boldsymbol{0}}\right)\boldsymbol{x}$$

となり，関数 $\boldsymbol{\alpha}(\boldsymbol{x})$ がなにであっても実数部が正の固有値をもつ。それゆえ，ふたたび第 1 次近似における安定性原理より，非線形システムの閉ループ系は $\boldsymbol{x}_e=\boldsymbol{0}$ の近傍で不安定である。　□

2.1.2　連続状態フィードバック制御則による安定化可能性

ふたたび，一般非線形システム

$$\dot{\boldsymbol{x}}(t) = \boldsymbol{f}(\boldsymbol{x}(t), \boldsymbol{u}(t)) \tag{2.11}$$

を考える。ここで，$\boldsymbol{x}(t) \in R^n$ は状態，$\boldsymbol{u}(t) \in R^r$ は制御入力である。制御対象 (2.11) を平衡点 $(\boldsymbol{x}_e, \boldsymbol{u}_e) = (\boldsymbol{0}, \boldsymbol{0})$ の近傍で線形化すれば

$$\dot{\boldsymbol{x}}(t) = A\boldsymbol{x}(t) + B\boldsymbol{u}(t) \tag{2.12}$$

となる。ここで

$$A \triangleq \left[\frac{\partial \boldsymbol{f}(\boldsymbol{x}, \boldsymbol{u})}{\partial \boldsymbol{x}}\right]_{\substack{\boldsymbol{x}=\boldsymbol{0}\\ \boldsymbol{u}=\boldsymbol{0}}}, \quad B \triangleq \left[\frac{\partial \boldsymbol{f}(\boldsymbol{x}, \boldsymbol{u})}{\partial \boldsymbol{u}}\right]_{\substack{\boldsymbol{x}=\boldsymbol{0}\\ \boldsymbol{u}=\boldsymbol{0}}}$$

である。

本節では，非線形システムを安定化する連続状態フィードバック制御則が存在するための必要条件を示す Brockett の定理を紹介する。

【定理 2.3】(Brockett の定理)[1)]　非線形システム (2.11) を考える。ただし，$\boldsymbol{f}(\boldsymbol{0}, \boldsymbol{0}) = \boldsymbol{0}$ であり，平衡点 $(\boldsymbol{x}_e, \boldsymbol{u}_e) = (\boldsymbol{0}, \boldsymbol{0})$ の近傍で $\boldsymbol{f} : R^n \times R^r \to R^n$ は連続微分可能であるとする。このとき，$(\boldsymbol{x}_e, \boldsymbol{u}_e) = (\boldsymbol{0}, \boldsymbol{0})$ を局所的に漸近安定化できる連続微分可能な状態フィードバック則

$$\boldsymbol{u}(t) = \boldsymbol{\alpha}(\boldsymbol{x}(t))$$

が存在するための必要条件は，つぎのとおりである。

(i)　平衡点 $\boldsymbol{x}_e = \boldsymbol{0}$ の近傍 N 内のすべての初期状態 $\boldsymbol{\xi} \in N$ に対して

$$\dot{\boldsymbol{x}}(t) = \boldsymbol{f}(\boldsymbol{x}(t), \boldsymbol{u}_{\boldsymbol{\xi}}(t)), \quad \boldsymbol{x}(0) = \boldsymbol{\xi}$$

の解 $\boldsymbol{x}(t)$ が $t \to \infty$ のとき $\boldsymbol{x}_e = \boldsymbol{0}$ へ収束するような制御入力 $\boldsymbol{u}_{\boldsymbol{\xi}}(t)$（$0 \leqq t < \infty$）が存在する。

(ii)　線形化システムの固有値（極）で実数部が正のものがあるとき，それは可制御な固有値（極）でなくてはならない。すなわち，線形化システムを $\dot{\boldsymbol{x}}(t) = A\boldsymbol{x}(t) + B\boldsymbol{u}(t)$ とした場合，以下が成り立つ。

$$\operatorname{rank}\,[\lambda I - A, B] = n, \quad \forall\lambda \in C, \quad \operatorname{Re}[\lambda] > 0$$

(iii)　$\Gamma : (\boldsymbol{x}, \boldsymbol{u}) \mapsto \boldsymbol{f}(\boldsymbol{x}, \boldsymbol{u})$ で定義される写像

$$\Gamma \ : \ R^n \times R^r \to R^n$$

は $(\boldsymbol{x}_e, \boldsymbol{u}_e) = (\boldsymbol{0}, \boldsymbol{0})$ の近傍で全射写像でなくてはならない。すなわち，任意の微小ベクトル $\boldsymbol{\varepsilon} \in R^n$ に対して $\boldsymbol{f}(\boldsymbol{x}, \boldsymbol{u}) = \boldsymbol{\varepsilon}$ を満たす実数解 $(\boldsymbol{x}, \boldsymbol{u})$ が存在する。

(証明)

(i)　式 (2.11) の漸近安定な平衡点 $\boldsymbol{x}_e$ の近傍から出発する解は，$t \to \infty$ のとき，その平衡点 $\boldsymbol{x}_e$ に漸近安定化されなければならないので，条件 (i) は明らかに必要である。

(ii)　非線形システム (2.11) の線形化システムはつぎのようになる。

$$\dot{\boldsymbol{x}} = A\boldsymbol{x} + B\boldsymbol{u}$$

ただし

$$A \triangleq \left[\frac{\partial \boldsymbol{f}(\boldsymbol{x}, \boldsymbol{u})}{\partial \boldsymbol{x}}\right]_{\substack{\boldsymbol{x}=\boldsymbol{0} \\ \boldsymbol{u}=\boldsymbol{0}}}, \quad B \triangleq \left[\frac{\partial \boldsymbol{f}(\boldsymbol{x}, \boldsymbol{u})}{\partial \boldsymbol{u}}\right]_{\substack{\boldsymbol{x}=\boldsymbol{0} \\ \boldsymbol{u}=\boldsymbol{0}}}$$

である。ここで $\boldsymbol{\alpha}(\boldsymbol{0}) = \boldsymbol{0}$ を満たす非線形フィードバック則 $\boldsymbol{u} = \boldsymbol{\alpha}(\boldsymbol{x})$ を考える。このとき，式 (2.11) の閉ループ系は

$$\dot{\boldsymbol{x}} = \boldsymbol{f}(\boldsymbol{x}, \boldsymbol{\alpha}(\boldsymbol{x})) \tag{2.13}$$

となり

$$\begin{aligned} \dot{\boldsymbol{x}} = {} & \boldsymbol{f}(\boldsymbol{x}, \boldsymbol{\alpha}(\boldsymbol{x}))\Big|_{\boldsymbol{x}=\boldsymbol{0}} \\ & + \left\{ \left[\frac{\partial \boldsymbol{f}(\boldsymbol{x}, \boldsymbol{\alpha}(\boldsymbol{x}))}{\partial \boldsymbol{x}}\right]_{\boldsymbol{x}=\boldsymbol{0}} + \left[\frac{\partial \boldsymbol{f}(\boldsymbol{x}, \boldsymbol{\alpha}(\boldsymbol{x}))}{\partial \boldsymbol{u}} \frac{\partial \boldsymbol{\alpha}(\boldsymbol{x})}{\partial \boldsymbol{x}}\right]_{\boldsymbol{x}=\boldsymbol{0}} \right\} \boldsymbol{x} \\ & + O(\|\boldsymbol{x}\|^2) \end{aligned}$$

であるから，その線形化システムはつぎのようになる。

$$\dot{\boldsymbol{x}} = (A - BK)\boldsymbol{x}, \quad K \triangleq - \left[\frac{\partial \boldsymbol{\alpha}(\boldsymbol{x})}{\partial \boldsymbol{x}}\right]_{\boldsymbol{x}=\boldsymbol{0}} \tag{2.14}$$

まず，連続フィードバック則ということは，K が有界，つまり $-\partial\boldsymbol{\alpha}(\boldsymbol{x})/\partial\boldsymbol{x}$ が $\boldsymbol{x}_e=\boldsymbol{0}$ で有界であることを意味している。

一般の非線形システム $\dot{\boldsymbol{x}}=\boldsymbol{f}(\boldsymbol{x})$ が $\boldsymbol{x}_e=\boldsymbol{0}$ の近傍で漸近安定である場合には，その線形化システムの固有値は実数部が負であるか，あるいは条件付きで虚軸上に極をもつことができるけれども[†1]，実数部が正の固有値があってはならない[†2]。したがって，式 (2.14) からわかるように非線形の閉ループ系 (2.13) が $\boldsymbol{x}_e=\boldsymbol{0}$ の近傍で漸近安定であるためには，その線形化システム (2.12) の実数部が正の固有値は可制御であることが必要である。これが定理の条件 (ii) である。

(iii) もし，$\boldsymbol{x}_e=\boldsymbol{0}$ が

$$\dot{\boldsymbol{x}}=F(\boldsymbol{x})$$

の漸近安定な平衡点ならば，$\boldsymbol{x}\neq\boldsymbol{x}_e$ で正，かつ $\boldsymbol{x}=\boldsymbol{x}_e=\boldsymbol{0}$ で零となる連続微分可能なリアプノフ関数 $V(\boldsymbol{x})$ が存在する（リアプノフの安定性理論については 3 章を参照）。そして，レベル集合 $V^{-1}(\boldsymbol{c})$ をもつ[19)]。$V^{-1}(\boldsymbol{c})$ のコンパクト性は，$V^{-1}(\boldsymbol{c})$ 上で

$$\left\|\frac{\partial V(\boldsymbol{x})}{\partial\boldsymbol{x}}\right\|<\frac{1}{\delta}\,,\quad \frac{\partial V(\boldsymbol{x})}{\partial\boldsymbol{x}}F(\boldsymbol{x})<-\delta$$

---

†1 文献 8) および 6 章の中心多様体理論を参照。線形化システムの虚軸上の固有値は必ずしも可制御でなくてもよく，可制御であるべきものと，不可制御のまま放っておいても非線形システムとして安定であればよいものとがある。例えば[11)]

$$\dot{\boldsymbol{x}}=\begin{bmatrix}-x_1^2\\-x_2^3\end{bmatrix}+\begin{bmatrix}1\\0\end{bmatrix}u\ \Rightarrow\ \dot{\boldsymbol{x}}=\begin{bmatrix}0&0\\0&0\end{bmatrix}\boldsymbol{x}+\begin{bmatrix}1\\0\end{bmatrix}u$$

で，線形化システムは二つの原点極をもつ。一方，$\dot{x}_1=-x_1^2$ は不安定，$\dot{x}_2=-x_2^3$ は漸近安定である。この場合，$-x_2^3$ を線形化した結果生じた原点極は不可制御であるが，非線形システムとして安定なので，例えば，$u=-x_1+x_1^2$ として x_1 だけを安定化しておけば，全体も安定化される。この例からわかるように，線形化システムの虚軸上の極は全部可制御である必要はない。非線形システムとして不安定なものだけが可制御であればよい。このような判定をする条件が定理の条件 (iii) である。

†2 線形化システムにおいて，正の実数部をもつ固有値が存在するとき，その平衡点は不安定であるというリアプノフの主張に基づく（p.21 の脚注，第 1 近似における安定性原理を参照）。

を満足する $\boldsymbol{c}$ と $\delta > 0$ が存在することを意味する。これは，もし $\|\boldsymbol{\varepsilon}\|$ が十分に小さいならば，$\dot{\boldsymbol{x}} = F(\boldsymbol{x}) + \boldsymbol{\varepsilon}$ に関係するベクトル場は $V^{-1}(\boldsymbol{c})$ 上で内部に向いていることを意味する。

$t = 0$ で $\boldsymbol{x}$ を通る $\dot{\boldsymbol{x}} = F(\boldsymbol{x}) + \boldsymbol{\varepsilon}$ の解を $t = 1$ で評価すると，集合 $\{\boldsymbol{x} \mid V(\boldsymbol{x}) \leqq c\}$ のそれ自体の中への連続写像を得る。Lefschetz の不動点公式を適用すると，この写像は不動点をもち，それは $\dot{\boldsymbol{x}} = F(\boldsymbol{x}) + \boldsymbol{\varepsilon}$ の平衡点でなくてはならないことがわかる。つまり，これは十分に小さい任意の $\boldsymbol{\varepsilon}$ に対して $F(\boldsymbol{x}) = \boldsymbol{\varepsilon}$ が解けることを意味する。したがって，もし $F(\boldsymbol{x}) = \boldsymbol{f}(\boldsymbol{x}, \boldsymbol{\alpha}(\boldsymbol{x}))$ が平衡点として $\boldsymbol{x}_e$ をもち，かつ $\boldsymbol{x}_e$ が漸近安定ならば，そのとき任意の小さい $\boldsymbol{\varepsilon}$ に対して $\boldsymbol{f}(\boldsymbol{x}, \boldsymbol{u}) = \boldsymbol{\varepsilon}$ が解をもつことが明らかに必要である。 □

2.2 相　対　次　数

2.2.1 一般非線形システムの相対次数

制御対象として，つぎのような一般非線形システムを考える。

$$\dot{\boldsymbol{x}}(t) = \boldsymbol{f}(\boldsymbol{x}(t), \boldsymbol{u}(t)), \quad \boldsymbol{x}(0) = \boldsymbol{x}_0 \tag{2.15}$$

$$\boldsymbol{y}(t) = \boldsymbol{h}(\boldsymbol{x}(t)) \tag{2.16}$$

ただし $\boldsymbol{x}(t) \in R^n$ は状態ベクトル，$\boldsymbol{y}(t) \in R^m$ は出力，$\boldsymbol{u}(t) \in R^r$ は制御入力とする。

$\boldsymbol{y}(t)$ の各成分 $y_i(t)$（$i = 1, 2, \cdots, m$）を考え，$y_i(t)$ を t に関して l 回微分したものを $y_i^{(l)}(t)$ とする。これは $h_i(\boldsymbol{x}(t))$ を t に関して l 回微分して得られる $\boldsymbol{x}, \boldsymbol{u}, \dot{\boldsymbol{u}}, \ddot{\boldsymbol{u}}, \cdots, \boldsymbol{u}^{(l-1)}$ の関数を表す。このとき，$\boldsymbol{x} = \boldsymbol{x}_0$ の近傍において $y_i(t)$ の相対次数 q_i はつぎのように定義される。

【定義 2.1】（一般非線形システムの場合）

$$\text{(i)} \quad \frac{\partial y_i^{(l)}(t)}{\partial \boldsymbol{u}(t)} = \boldsymbol{0}\ ,\ l = 1, 2, \cdots, q_i - 1 \qquad \text{(ii)} \quad \frac{\partial y_i^{(q_i)}(t)}{\partial \boldsymbol{u}(t)} \neq \boldsymbol{0}$$

を満たす q_i（$i=1,2,\cdots,m$）を $\boldsymbol{y}(t)\in R^m$ の各成分 $y_i(t)$（$i=1,2,\cdots,m$）の**相対次数**（relative degree）という。

この定義は，出力 $y_i(t)$ を時間 t で相対次数 q_i 回微分したときに初めて $y_i^{(q_i)}(t)$ の中に $\boldsymbol{u}(t)$ が陽に現れることを意味している。つまり，q_i-1 以下の $l=1,2,\cdots,q_i-1$ に対する $y_i^{(l)}(t)$ には $\boldsymbol{u}(t)$ は陽に現れない。

システム (2.15), (2.16) の $\boldsymbol{y}(t)$ の各成分 $y_i(t)$ を時間 t で微分すると

$$\dot{y}_i(t)=\frac{\partial h_i(\boldsymbol{x}(t))}{\partial \boldsymbol{x}}\dot{\boldsymbol{x}}(t)=\frac{\partial h_i(\boldsymbol{x}(t))}{\partial \boldsymbol{x}}\boldsymbol{f}(\boldsymbol{x}(t),\boldsymbol{u}(t)) \tag{2.17}$$

となる。もしこの式が $\boldsymbol{u}(t)$ を陽に含むならば $\dfrac{\partial \dot{y}_i(t)}{\partial \boldsymbol{u}(t)}\neq \boldsymbol{0}$ となり，$y_i(t)$ の相対次数は 1 となる。そのとき $\dot{y}_i(t)$ は $\boldsymbol{x}(t)$ と $\boldsymbol{u}(t)$ の関数として

$$\dot{y}_i(t)=\beta_i^1(\boldsymbol{x}(t),\boldsymbol{u}(t))$$

のように表すことができる。もし式 (2.17) が $\boldsymbol{u}(t)$ を陽に含まないならば，$\dot{y}_i(t)$ は $\boldsymbol{x}(t)$ のみの関数として

$$\dot{y}_i(t)=\alpha_i^1(\boldsymbol{x}(t))$$

のように表される。この式を t に関して微分すると

$$\ddot{y}_i(t)=\frac{\partial \alpha_i^1(\boldsymbol{x}(t))}{\partial \boldsymbol{x}}\dot{\boldsymbol{x}}(t)=\frac{\partial \alpha_i^1(\boldsymbol{x}(t))}{\partial \boldsymbol{x}}\boldsymbol{f}(\boldsymbol{x}(t),\boldsymbol{u}(t)) \tag{2.18}$$

となる。この式が $\boldsymbol{u}(t)$ を陽に含むならば $\dfrac{\partial \ddot{y}_i(t)}{\partial \boldsymbol{u}(t)}\neq \boldsymbol{0}$ となり，$y_i(t)$ の相対次数は 2 となる。そのとき $\ddot{y}_i(t)$ は $\boldsymbol{x}(t)$ と $\boldsymbol{u}(t)$ の関数として

$$\ddot{y}_i(t)=\beta_i^2(\boldsymbol{x}(t),\boldsymbol{u}(t))$$

のように表すことができる。式 (2.18) が $\boldsymbol{u}(t)$ を陽に含まないならば，$\ddot{y}_i(t)$ は $\boldsymbol{x}(t)$ のみの関数として，つぎのように表される。

$$\ddot{y}_i(t)=\alpha_i^2(\boldsymbol{x}(t))$$

以下同様に繰り返せば，各成分 $y_i(t)$（$i=1,2,\cdots,m$）を t で相対次数 q_i 回微分した $y_i^{(q_i)}(t)$ は，$\boldsymbol{x}(t)$ と $\boldsymbol{u}(t)$ の関数としてつぎのように表せる。

$$\begin{bmatrix} y_1^{(q_1)}(t) \\ \vdots \\ y_i^{(q_i)}(t) \\ \vdots \\ y_m^{(q_m)}(t) \end{bmatrix} = \begin{bmatrix} \beta_1^{q_1}(\boldsymbol{x}(t),\boldsymbol{u}(t)) \\ \vdots \\ \beta_i^{q_i}(\boldsymbol{x}(t),\boldsymbol{u}(t)) \\ \vdots \\ \beta_m^{q_m}(\boldsymbol{x}(t),\boldsymbol{u}(t)) \end{bmatrix} \tag{2.19}$$

また q_i-1 回微分値 $y_i^{(q_i-1)}(t)$ は $\alpha_i^{q_i-1}(x(t))$（$i=1,\ 2,\ \cdots,\ m$）と表せる。このとき，もし

$$\mathrm{rank}\begin{bmatrix} \dfrac{\partial\beta_1^{q_1}(\boldsymbol{x}(t),\boldsymbol{u}(t))}{\partial\boldsymbol{u}} \\ \vdots \\ \dfrac{\partial\beta_i^{q_i}(\boldsymbol{x}(t),\boldsymbol{u}(t))}{\partial\boldsymbol{u}} \\ \vdots \\ \dfrac{\partial\beta_m^{q_m}(\boldsymbol{x}(t),\boldsymbol{u}(t))}{\partial\boldsymbol{u}} \end{bmatrix} = r$$

が成り立つならば，陰関数定理より式 (2.19) の $\boldsymbol{u}(t)$ に関する逆写像が存在して

$$\boldsymbol{u}(t) = \eta(\boldsymbol{x}(t), y_1^{(q_1)}(t),\cdots,y_i^{(q_i)}(t),\cdots,y_m^{(q_m)}(t)) \tag{2.20}$$

と書き表すことができる。ここでは式 (2.20) を**逆ダイナミクス**と呼ぶことにする。式 (2.20) で表される $\boldsymbol{u}(t)$ は，現在の状態が $\boldsymbol{x}(t)$ のとき，$\boldsymbol{y}(t)\in R^m$ の各成分 $y_i(t)$ に関する相対次数 q_i 回微分値を $y_i^{(q_i)}(t)$ にするような入力であると考えることができる。

2.2.2 アフィン非線形システムの相対次数

つぎにアフィン非線形システムを考える。ただし，入力と出力の数は同じとする。

$$\dot{\boldsymbol{x}}(t) = \boldsymbol{f}(\boldsymbol{x}(t)) + G(\boldsymbol{x}(t))\boldsymbol{u}(t),\quad \boldsymbol{x}(t)\in R^n,\quad \boldsymbol{u}(t)\in R^m \tag{2.21}$$

$$\boldsymbol{y}(t) = \boldsymbol{h}(\boldsymbol{x}(t)), \quad \boldsymbol{y}(t) \in R^m \tag{2.22}$$

初めに，スカラ系の**相対次数**（relative degree）を定義する。

【定義 2.2】（1 入力 1 出力システムの場合）　1 入力 1 出力の場合のシステム (2.21), (2.22) が $\boldsymbol{x} = \boldsymbol{x}_0$ 近傍において相対次数 q をもつとは，$\boldsymbol{x} = \boldsymbol{x}_0$ の近傍においてつぎが成り立つことである。

$$\text{(i)} \quad \frac{\partial y^{(l)}(t)}{\partial u(t)} = 0, \quad l < q \qquad \text{(ii)} \quad \frac{\partial y^{(q)}(t)}{\partial u(t)} \neq 0$$

この定義は，出力 $y(t)$ を時間 t で相対次数 q 回微分したときに初めて $y^{(l)}(t)$ の中に $u(t)$ が陽に現れることを意味している。

定義 2.2 は 1 入力 1 出力の場合であるが，多入力多出力の場合は m 個の相対次数をもち，つぎのように定義される[5),14)]。

【定義 2.3】（多入力多出力システムの場合）　システム (2.21), (2.22) が相対次数 $\{q_1, q_2, \cdots, q_m\}$ をもつとは，つぎのようなことである。

(i)　$\boldsymbol{x} = \boldsymbol{x}_0$ の近傍において，すべての $l < q_i$ に対して

$$\frac{\partial y_i^{(l)}(t)}{\partial u_j(t)} = 0, \quad \forall\, 1 \leqq j \leqq m$$

となる。

(ii)　$\boldsymbol{x} = \boldsymbol{x}_0$ において，$(m \times m)$ 行列

$$R = \left[\frac{\partial y_i^{(q_i)}(t)}{\partial u_j(t)} \right]_{1 \leqq i, j \leqq m}$$

が正則である。

アフィン非線形システムの相対次数の定義は，$\boldsymbol{x} = \boldsymbol{x}_0$ 近傍においての局所的な考え方である。

2.3　標準形（ノーマルフォーム）と零ダイナミクス

2.3.1　標準形（ノーマルフォーム）[5),14),9)]

つぎのような１入力１出力のアフィン非線形システム

$$\dot{\boldsymbol{x}}(t) = \boldsymbol{f}(\boldsymbol{x}(t)) + \boldsymbol{g}(\boldsymbol{x}(t))u(t), \quad \boldsymbol{x}(t) \in R^n, \ \ u(t) \in R \tag{2.23}$$

$$y(t) = h(\boldsymbol{x}(t)), \quad y(t) \in R \tag{2.24}$$

を考える。

システム (2.23), (2.24) は $\boldsymbol{x} = \boldsymbol{x}_0$ において相対次数が q であるとする。そのとき，非線形システム (2.23), (2.24) を座標変換

$$\begin{bmatrix} \boldsymbol{\xi} \\ \boldsymbol{\eta} \end{bmatrix} = T(\boldsymbol{x}), \ \ \boldsymbol{\xi} \in R^q, \ \boldsymbol{\eta} \in R^{n-q} \tag{2.25}$$

つまり

$$[\xi_1, \cdots, \xi_q, \ z_{q+1}, \cdots, z_n] = [T_1(\boldsymbol{x}), T_2(\boldsymbol{x}), \cdots, T_n(\boldsymbol{x})]$$

によって，**標準形（ノーマルフォーム）**に変換できる。ただし，$\boldsymbol{f}(\boldsymbol{x}_0) = \boldsymbol{0}$, $T(\boldsymbol{x}_0) = \begin{bmatrix} \boldsymbol{0} \\ \boldsymbol{0} \end{bmatrix}$ とする。$T(\boldsymbol{x})$ の q 個の要素はつぎのように決める。

$$\begin{aligned}
\xi_1 &= T_1(\boldsymbol{x}) = y = h(\boldsymbol{x}) \\
\xi_2 &= T_2(\boldsymbol{x}) = \dot{y} = \frac{\partial h(\boldsymbol{x})}{\partial \boldsymbol{x}} \boldsymbol{f}(\boldsymbol{x}) \\
\xi_3 &= T_3(\boldsymbol{x}) = \ddot{y} = \frac{\partial}{\partial \boldsymbol{x}} \left(\frac{\partial h(\boldsymbol{x})}{\partial \boldsymbol{x}} \boldsymbol{f}(\boldsymbol{x}) \right) \boldsymbol{f}(\boldsymbol{x}) \\
&\vdots \\
\xi_q &= T_q(\boldsymbol{x}) = y^{(q-1)} \\
&= \underbrace{\frac{\partial}{\partial \boldsymbol{x}} \left(\frac{\partial}{\partial \boldsymbol{x}} \left(\cdots \frac{\partial}{\partial \boldsymbol{x}} \right.\right.}_{q-2} \left(\frac{\partial h(\boldsymbol{x})}{\partial \boldsymbol{x}} \underbrace{\left.\left.\left. \boldsymbol{f}(\boldsymbol{x}) \right) \boldsymbol{f}(\boldsymbol{x}) \cdots \right) \boldsymbol{f}(\boldsymbol{x}) \right)}_{q-2} \boldsymbol{f}(\boldsymbol{x})
\end{aligned} \tag{2.26}$$

そうすると，$\boldsymbol{\xi}$ の部分は相対次数の定義より

$$
\begin{aligned}
\dot{\xi}_1 &= \xi_2 \\
&\vdots \\
\dot{\xi}_{q-1} &= \xi_q \\
\dot{\xi}_q &= \underbrace{\frac{\partial}{\partial \boldsymbol{x}}\left(\frac{\partial}{\partial \boldsymbol{x}}\left(\cdots \frac{\partial}{\partial \boldsymbol{x}}\right.\right.}_{q-1}\left(\frac{\partial h(\boldsymbol{x})}{\partial \boldsymbol{x}}\underbrace{\left.\left.\left.\boldsymbol{f}(\boldsymbol{x})\right)\boldsymbol{f}(\boldsymbol{x})\cdots\right)\boldsymbol{f}(\boldsymbol{x})\right)}_{q-1}\boldsymbol{f}(\boldsymbol{x}) \\
&\quad + \underbrace{\frac{\partial}{\partial \boldsymbol{x}}\left(\frac{\partial}{\partial \boldsymbol{x}}\left(\cdots \frac{\partial}{\partial \boldsymbol{x}}\right.\right.}_{q-1}\left(\frac{\partial h(\boldsymbol{x})}{\partial \boldsymbol{x}}\underbrace{\left.\left.\left.\boldsymbol{f}(\boldsymbol{x})\right)\boldsymbol{f}(\boldsymbol{x})\cdots\right)\boldsymbol{f}(\boldsymbol{x})\right)}_{q-1}\boldsymbol{g}(\boldsymbol{x})u
\end{aligned}
\tag{2.27}
$$

となる。$\left\{\dfrac{\partial T_1(\boldsymbol{x}_0)}{\partial \boldsymbol{x}}, \cdots, \dfrac{\partial T_q(\boldsymbol{x}_0)}{\partial \boldsymbol{x}}\right\}$ は線形独立なので（文献 14）の Proposition A.3 参照），残りの $n-q$ 個の座標 $\boldsymbol{\eta}$ は，$\dfrac{\partial T(\boldsymbol{x}_0)}{\partial \boldsymbol{x}}$ が正則になるように選べば，局所的に可逆な座標変換を実現できる。座標変換の結果，元のアフィン非線形システム (2.23), (2.24) は

$$
\begin{aligned}
\dot{\xi}_1 &= \xi_2 \\
\dot{\xi}_2 &= \xi_3 \\
&\vdots \\
\dot{\xi}_{q-1} &= \xi_q \\
\dot{\xi}_q &= a(\boldsymbol{\xi}, \boldsymbol{\eta}) + b(\boldsymbol{\xi}, \boldsymbol{\eta})u \\
\dot{\boldsymbol{\eta}} &= \boldsymbol{q}(\boldsymbol{\xi}, \boldsymbol{\eta}) + \boldsymbol{\gamma}(\boldsymbol{\xi}, \boldsymbol{\eta})u
\end{aligned}
\tag{2.28}
$$

$$
y = \xi_1 \tag{2.29}
$$

となる。ここで関数 $\boldsymbol{q}: R^q \times R^{(n-q)} \to R^{(n-q)}$ と $\boldsymbol{\gamma}: R^q \times R^{(n-q)} \to R^{(n-q)}$ は座標変換 $T(\boldsymbol{x})$ によって決まる。また

$$a(\boldsymbol{\xi},\boldsymbol{\eta}) = \underbrace{\frac{\partial}{\partial \boldsymbol{x}}\left(\frac{\partial}{\partial \boldsymbol{x}}\left(\cdots\frac{\partial}{\partial \boldsymbol{x}}\right.\right.}_{q-1}\left(\frac{\partial h(\boldsymbol{x})}{\partial \boldsymbol{x}}\underbrace{\left.\left.\boldsymbol{f}(\boldsymbol{x})\right)\boldsymbol{f}(\boldsymbol{x})\cdots\right)\boldsymbol{f}(\boldsymbol{x})\Big)}_{q-1}\boldsymbol{f}(\boldsymbol{x})$$

$$b(\boldsymbol{\xi},\boldsymbol{\eta}) = \underbrace{\frac{\partial}{\partial \boldsymbol{x}}\left(\frac{\partial}{\partial \boldsymbol{x}}\left(\cdots\frac{\partial}{\partial \boldsymbol{x}}\right.\right.}_{q-1}\left(\frac{\partial h(\boldsymbol{x})}{\partial \boldsymbol{x}}\underbrace{\left.\left.\boldsymbol{f}(\boldsymbol{x})\right)\boldsymbol{f}(\boldsymbol{x})\cdots\right)\boldsymbol{f}(\boldsymbol{x})\Big)}_{q-1}\boldsymbol{g}(\boldsymbol{x})$$

である。ここで $\boldsymbol{x} = T^{-1}(\boldsymbol{\xi},\boldsymbol{\eta})$ とおいた。このようなシステム (2.28), (2.29) を**標準形**（**ノーマルフォーム**）と呼ぶ。特別な仮定が成り立つ場合には $\boldsymbol{\gamma}(\boldsymbol{\xi},\boldsymbol{\eta}) \equiv \boldsymbol{0}$ となり，その結果 $\dot{\boldsymbol{\eta}} = \boldsymbol{q}(\boldsymbol{\xi},\boldsymbol{\eta})$ となるように座標変換を行うことができる[5)]。

そこで，フィードバック変換

$$u = b(\boldsymbol{\xi},\boldsymbol{\eta})^{-1}(-a(\boldsymbol{\xi},\boldsymbol{\eta}) + v) \tag{2.30}$$

を施すと

$$\begin{aligned}
\dot{\xi}_1 &= \xi_2 \\
\dot{\xi}_2 &= \xi_3 \\
&\ \vdots \\
\dot{\xi}_{q-1} &= \xi_q \\
\dot{\xi}_q &= v
\end{aligned} \tag{2.31}$$

$$\begin{aligned}
\dot{\boldsymbol{\eta}} &= \boldsymbol{q}(\boldsymbol{\xi},\boldsymbol{\eta}) + \boldsymbol{\gamma}(\boldsymbol{\xi},\boldsymbol{\eta})b(\boldsymbol{\xi},\boldsymbol{\eta})^{-1}(-a(\boldsymbol{\xi},\boldsymbol{\eta}) + v) \\
y &= \xi_1
\end{aligned} \tag{2.32}$$

となる。このような変換は**厳密線形化**（exact linearization）と呼ばれる[5)]。

以上のことは多入力多出力システムの場合にも同様に実行できる。つぎのようなシステムを考える。

$$\dot{\boldsymbol{x}}(t) = \boldsymbol{f}(\boldsymbol{x}(t)) + G(\boldsymbol{x}(t))\boldsymbol{u}(t), \quad \boldsymbol{x}(t) \in R^n, \ \ \boldsymbol{u}(t) \in R^m \tag{2.33}$$

$$\boldsymbol{y}(t) = \boldsymbol{h}(\boldsymbol{x}(t)), \quad \boldsymbol{y}(t) \in R^m \tag{2.34}$$

1 入力 1 出力システムの場合と同様に，$T(\boldsymbol{x})$ の成分を出力 y_i とその $(q_i - 1)$ 個の微分係数に関連づける。

$$
\begin{aligned}
\xi_1^i &= T_1^i(\boldsymbol{x}) = y_i \\
\xi_2^i &= T_2^i(\boldsymbol{x}) = \dot{y}_i = \frac{\partial h_i(\boldsymbol{x})}{\partial \boldsymbol{x}} \boldsymbol{f}(\boldsymbol{x}) \\
&\vdots \\
\xi_{q_i}^i &= T_{q_i}^i(\boldsymbol{x}) = y_i^{(q_i-1)} \\
&= \underbrace{\frac{\partial}{\partial \boldsymbol{x}} \left(\frac{\partial}{\partial \boldsymbol{x}} \left(\cdots \frac{\partial}{\partial \boldsymbol{x}} \right.\right.}_{q_i-2} \left(\frac{\partial h_i(\boldsymbol{x})}{\partial \boldsymbol{x}} \underbrace{\left. \left. \boldsymbol{f}(\boldsymbol{x}) \right) \boldsymbol{f}(\boldsymbol{x}) \cdots \right) \boldsymbol{f}(\boldsymbol{x}) \right)}_{q_i-2} \boldsymbol{f}(\boldsymbol{x})
\end{aligned}
\tag{2.35}
$$

その結果，最終的に式 (2.33), (2.34) は

$$
\begin{aligned}
\dot{\xi}_1^i &= \xi_2^i \\
&\vdots \\
\dot{\xi}_{q_i-1}^i &= \xi_{q_i}^i \qquad (2.36) \\
\dot{\xi}_{q_i}^i &= a_i(\boldsymbol{\xi}, \boldsymbol{\eta}) + \sum_{j=1}^{m} b_{ij}(\boldsymbol{\xi}, \boldsymbol{\eta}) u_j \\
\dot{\boldsymbol{\eta}} &= \boldsymbol{q}(\boldsymbol{\xi}, \boldsymbol{\eta}) + \Gamma(\boldsymbol{\xi}, \boldsymbol{\eta}) \boldsymbol{u} \\
y_i &= \xi_1^i \qquad (2.37) \\
& i = 1, 2, \cdots, m
\end{aligned}
$$

に変換できる。ただし

$$
\begin{aligned}
&\boldsymbol{\xi}^i = \left[\xi_1^i, \cdots, \xi_{q_i}^i\right]^T, \qquad \boldsymbol{\xi} = \left[\boldsymbol{\xi}^{1T}, \cdots, \boldsymbol{\xi}^{rT}\right]^T, \\
&\boldsymbol{\eta} = [T_{q+1}(\boldsymbol{x}) \cdots T_n(\boldsymbol{x})]^T, \\
&a_i(\boldsymbol{\xi}, \boldsymbol{\eta}) = \underbrace{\frac{\partial}{\partial \boldsymbol{x}} \left(\frac{\partial}{\partial \boldsymbol{x}} \left(\cdots \frac{\partial}{\partial \boldsymbol{x}} \right.\right.}_{q_i-1} \left(\frac{\partial h_i(\boldsymbol{x})}{\partial \boldsymbol{x}} \underbrace{\left. \left. \boldsymbol{f}(\boldsymbol{x}) \right) \boldsymbol{f}(\boldsymbol{x}) \cdots \right) \boldsymbol{f}(\boldsymbol{x}) \right)}_{q_i-1} \boldsymbol{f}(\boldsymbol{x}), \\
&\qquad 1 \leqq i \leqq m \\
&b_{ij}(\boldsymbol{\xi}, \boldsymbol{\eta}) = \underbrace{\frac{\partial}{\partial \boldsymbol{x}} \left(\frac{\partial}{\partial \boldsymbol{x}} \left(\cdots \frac{\partial}{\partial \boldsymbol{x}} \right.\right.}_{q_i-1} \left(\frac{\partial h_i(\boldsymbol{x})}{\partial \boldsymbol{x}} \underbrace{\left. \left. \boldsymbol{f}(\boldsymbol{x}) \right) \boldsymbol{f}(\boldsymbol{x}) \cdots \right) \boldsymbol{f}(\boldsymbol{x}) \right)}_{q_i-1} g_j(\boldsymbol{x}), \\
&\qquad 1 \leqq i, j \leqq m
\end{aligned}
\tag{2.38}
$$

である。ここで $\boldsymbol{x} = T^{-1}(\boldsymbol{\xi}, \boldsymbol{\eta})$ とおいた。以上のようなシステム (2.36), (2.37) を**標準形**（**ノーマルフォーム**）という。

特別な仮定が成り立つ場合には $\Gamma(\boldsymbol{\xi}, \boldsymbol{\eta}) \equiv O$ となり，その結果 $\dot{\boldsymbol{\eta}} = \boldsymbol{q}(\boldsymbol{\xi}, \boldsymbol{\eta})$ となるように座標変換することができる[5)]。

さらに

$$B(\boldsymbol{\xi}, \boldsymbol{\eta}) \stackrel{\triangle}{=} [\ b_{ij}(\boldsymbol{\xi}, \boldsymbol{\eta})\ ]$$

のようにおく。

$$[\ b_{ij}(\boldsymbol{\xi}, \boldsymbol{\eta})\ ] = \left[\frac{\partial y_i^{(q_i)}}{\partial u_j} \right]_{1 \leqq i,j \leqq m} \tag{2.39}$$

なので[14)]，相対次数の定義より $B(\boldsymbol{\xi}, \boldsymbol{\eta})$ は正則である。ゆえに，逆行列 $B(\boldsymbol{\xi}, \boldsymbol{\eta})^{-1}$ が $\boldsymbol{x} = \boldsymbol{x}_0$ の近傍で存在する。ただし，$\boldsymbol{a}(\boldsymbol{0}, \boldsymbol{0}) = \boldsymbol{0}$，$B(\boldsymbol{0}, \boldsymbol{0}) \neq O$ とする。

そこで，$(\boldsymbol{\xi}, \boldsymbol{\eta}) = (\boldsymbol{0}, \boldsymbol{0})$ の近傍でフィードバック変換

$$\boldsymbol{u} = B(\boldsymbol{\xi}, \boldsymbol{\eta})^{-1}(-\boldsymbol{a}(\boldsymbol{\xi}, \boldsymbol{\eta}) + \boldsymbol{v}) \tag{2.40}$$

を施すと，式 (2.36), (2.37) は

$$\begin{aligned} \dot{\xi}_1^i &= \xi_2^i \\ &\ \vdots \\ \dot{\xi}_{q_i-1}^i &= \xi_{q_i}^i \\ \dot{\xi}_{q_i}^i &= v_i \end{aligned} \tag{2.41}$$

$$\begin{aligned} \dot{\boldsymbol{\eta}} &= \boldsymbol{q}(\boldsymbol{\xi}, \boldsymbol{\eta}) + \Gamma(\boldsymbol{\xi}, \boldsymbol{\eta}) B(\boldsymbol{\xi}, \boldsymbol{\eta})^{-1}(-\boldsymbol{a}(\boldsymbol{\xi}, \boldsymbol{\eta}) + \boldsymbol{v}) \\ y_i &= \xi_1^i \\ &\quad i = 1, 2, \cdots, m \end{aligned} \tag{2.42}$$

となる。以上のように，座標変換とフィードバック変換を利用すると，各出力 $y_i = \xi_1^i$ は q_i 個の積分器を通して，新しい入力 v_i によって制御ができる。式 (2.31) や式 (2.41) の $\boldsymbol{\xi}$ の部分システムは，状態フィードバック $\boldsymbol{v} = -K\boldsymbol{\xi}$ によって漸近安定化することができる。

2.3.2 零ダイナミクス[5),14),15)]

相対次数の概念は，入出力線形化，非干渉化，出力追従問題などに対して役に立つ。しかし，これらの設計法は $\boldsymbol{\eta}$ に関する部分システム

$$\dot{\boldsymbol{\eta}} = \boldsymbol{q}(\boldsymbol{\xi}, \boldsymbol{\eta}) + \Gamma(\boldsymbol{\xi}, \boldsymbol{\eta})\boldsymbol{u} \tag{2.43}$$

の性質に依存する。

式 (2.43) の性質として注目すべきものが，零ダイナミクスである。**零ダイナミクス**とは「出力 $\boldsymbol{y}$ が $\boldsymbol{0}$ であり続けるような状態が満足すべき微分方程式」と定義される。これを具体的に解析すると以下のようになる。

$$\boldsymbol{\xi}_q = [\xi^1_{q_1}, \cdots, \xi^m_{q_m}]^T \tag{2.44}$$

とおくと，式 (2.36) の上半分は

$$\dot{\boldsymbol{\xi}}_q = \boldsymbol{a}(\boldsymbol{\xi}, \boldsymbol{\eta}) + B(\boldsymbol{\xi}, \boldsymbol{\eta})\boldsymbol{u} \tag{2.45}$$

となる。$\boldsymbol{y} \equiv \boldsymbol{0}$ であるためには，$\boldsymbol{y}$ の時間微分がすべて零でなければならない。すなわち，$\boldsymbol{\xi}_q = \boldsymbol{0}$ である必要がある。さらに，初期条件は $\boldsymbol{\xi}(0) = \boldsymbol{0}$ でなければならない。特に注意する点は $\dot{\boldsymbol{\xi}}_q = \boldsymbol{0}$ でなければならない点である。ゆえに式 (2.45) から制御入力は

$$\boldsymbol{u} = -B^{-1}(\boldsymbol{\xi}, \boldsymbol{\eta})\boldsymbol{a}(\boldsymbol{\xi}, \boldsymbol{\eta}) \tag{2.46}$$

でなければならない。$\boldsymbol{\xi} = \boldsymbol{0}$ を代入すると

$$\boldsymbol{u} = -B^{-1}(\boldsymbol{0}, \boldsymbol{\eta})\boldsymbol{a}(\boldsymbol{0}, \boldsymbol{\eta}) \tag{2.47}$$

を得る。式 (2.36), (2.37) に $\boldsymbol{\xi} = \boldsymbol{0}$ と式 (2.47) を代入すると

$$\begin{aligned} \dot{\xi}^i_1 &= 0 \\ &\vdots \\ \dot{\xi}^i_{q_i-1} &= 0 \\ \dot{\xi}^i_{q_i} &= 0 \end{aligned} \tag{2.48}$$

$$
\begin{aligned}
\dot{\boldsymbol{\eta}} &= \boldsymbol{q}(\boldsymbol{0},\boldsymbol{\eta}) - \Gamma(\boldsymbol{0},\boldsymbol{\eta})B^{-1}(\boldsymbol{0},\boldsymbol{\eta})\boldsymbol{a}(\boldsymbol{0},\boldsymbol{\eta}) \\
y_i &= 0 \qquad (2.49) \\
&\quad i = 1, 2, \cdots, m
\end{aligned}
$$

となる。このとき出力 $\boldsymbol{y}$ は零であり続ける。また，式 (2.43) は自律システム

$$
\dot{\boldsymbol{\eta}} = \boldsymbol{q}(\boldsymbol{0},\boldsymbol{\eta}) - \Gamma(\boldsymbol{0},\boldsymbol{\eta})B^{-1}(\boldsymbol{0},\boldsymbol{\eta})\boldsymbol{a}(\boldsymbol{0},\boldsymbol{\eta}) \overset{\triangle}{=} \boldsymbol{f}_{\mathrm{zd}}(\boldsymbol{\eta}) \qquad (2.50)
$$

となる。

このようにして，システム (2.33), (2.34) の出力が零であり続ける解は式 (2.50) を満足しなければならないことがわかる。システム (2.50) を**零ダイナミクス**という。また，零ダイナミクスが漸近安定なとき，システム (2.33), (2.34) は**最小位相**であるといい，零ダイナミクスが安定なとき**弱最小位相**であるという。

さて，実際にはあとで相対次数が 1 の場合の結果が必要になることが多いので，以下に求めておく。

相対次数 1 の場合，正則変換

$$
\begin{bmatrix} \boldsymbol{\xi}_1 \\ \boldsymbol{\eta} \end{bmatrix} = \begin{bmatrix} \boldsymbol{h}(\boldsymbol{x}) \\ \widetilde{T}(\boldsymbol{x}) \end{bmatrix} = \begin{bmatrix} \boldsymbol{h} \\ \widetilde{T} \end{bmatrix}(\boldsymbol{x})
$$

によって，システム (2.33), (2.34) は式 (2.36), (2.37) より

$$
\begin{aligned}
\dot{\boldsymbol{\xi}}_1 &= \boldsymbol{a}(\boldsymbol{\xi}_1,\boldsymbol{\eta}) + B(\boldsymbol{\xi}_1,\boldsymbol{\eta})\boldsymbol{u} \\
\dot{\boldsymbol{\eta}} &= \boldsymbol{q}(\boldsymbol{\xi}_1,\boldsymbol{\eta}) + \Gamma(\boldsymbol{\xi}_1,\boldsymbol{\eta})\boldsymbol{u} \\
\boldsymbol{y} &= \boldsymbol{\xi}_1
\end{aligned}
$$

と変換できる。さらに $(\widetilde{T} \circ G)(\boldsymbol{x}) = \boldsymbol{0}$ になるように $\widetilde{T}(\boldsymbol{x})$ を選ぶと $\Gamma(\boldsymbol{\xi},\boldsymbol{\eta}) \equiv O$ となり，座標変換の結果，システム (2.33), (2.34) は

$$
\dot{\boldsymbol{\xi}}_1 = \boldsymbol{a}(\boldsymbol{\xi}_1,\boldsymbol{\eta}) + B(\boldsymbol{\xi}_1,\boldsymbol{\eta})\boldsymbol{u}, \quad \dot{\boldsymbol{\eta}} = \boldsymbol{q}(\boldsymbol{\xi}_1,\boldsymbol{\eta}) \qquad (2.51)
$$

$$
\boldsymbol{y} = \boldsymbol{\xi}_1 \qquad (2.52)
$$

という形に変換できる。ここで $\boldsymbol{a}(\boldsymbol{0},\boldsymbol{0}) = \boldsymbol{0}$，$B(\boldsymbol{0},\boldsymbol{0}) \neq O$ である。出力 $\boldsymbol{y}$ が

零を持続するためには（$\boldsymbol{y} \equiv \boldsymbol{0}$ であるためには），$\boldsymbol{\xi}_1 = \boldsymbol{0}$ であることが必要である。そのために，制御入力は

$$\boldsymbol{u} = -B^{-1}(\boldsymbol{\xi}_1, \boldsymbol{\eta})\boldsymbol{a}(\boldsymbol{\xi}_1, \boldsymbol{\eta}) \tag{2.53}$$

にとる必要がある。式 (2.51), (2.52) に $\boldsymbol{\xi}_1 = \boldsymbol{0}$ と式 (2.53) を代入すると

$$\dot{\boldsymbol{\xi}}_1 = \boldsymbol{0} \tag{2.54a}$$

$$\dot{\boldsymbol{\eta}} = \boldsymbol{q}(\boldsymbol{0}, \boldsymbol{\eta}) \tag{2.54b}$$

$$\boldsymbol{y} = \boldsymbol{0} \tag{2.55}$$

となり，式 (2.54b) が零ダイナミクスである。そして，零ダイナミクスが漸近安定のとき，システムは最小位相であるといわれる。

さて，式 (2.52) の出力 $\boldsymbol{y}$ が零を持続するためには，制御入力 $\boldsymbol{u}$ を $\boldsymbol{\xi}_1 \equiv \boldsymbol{0}$ となるように選ばなくてはならない。フィードバック制御

$$\boldsymbol{u} = B^{-1}(\boldsymbol{\xi}_1, \boldsymbol{\eta})\left(-\boldsymbol{a}(\boldsymbol{\xi}_1, \boldsymbol{\eta}) - K\boldsymbol{\xi}_1\right) \tag{2.56}$$

を施すと，式 (2.51), (2.52) は

$$\dot{\boldsymbol{\xi}}_1 = -K\boldsymbol{\xi}_1, \quad \dot{\boldsymbol{\eta}} = \boldsymbol{q}(\boldsymbol{\xi}_1, \boldsymbol{\eta}) \tag{2.57}$$

$$\boldsymbol{y} = \boldsymbol{\xi}_1 \tag{2.58}$$

となるので，$\dot{\boldsymbol{\xi}}_1 = -K\boldsymbol{\xi}_1$ が漸近安定となる K を用いれば，$\boldsymbol{\xi}_1$ に関しては $\boldsymbol{0}$ に漸近安定化することができる。また，$\boldsymbol{y} = \boldsymbol{\xi}_1$ なので出力の漸近安定化も同時に達成される。$\boldsymbol{\xi}_1$ が $\boldsymbol{0}$ に収束すれば，零ダイナミクスが漸近安定なので $\boldsymbol{\eta}$ も $\boldsymbol{0}$ に収束する。

2.3.3 最小位相系の状態フィードバックによる局所的漸近安定化[2),5),6)]

アフィン非線形システム (2.23), (2.24) は，2.3.1 項で述べたように，適当な仮定のもとでつぎのような標準形に変換できた。

$$\dot{\xi_1} = \xi_2$$

$$
\begin{aligned}
\dot{\xi}_2 &= \xi_3 \\
&\vdots \\
\dot{\xi}_{q-1} &= \xi_q \\
\dot{\xi}_q &= a(\boldsymbol{\xi}, \boldsymbol{\eta}) + b(\boldsymbol{\xi}, \boldsymbol{\eta})\, u \\
\dot{\boldsymbol{\eta}} &= \boldsymbol{q}(\boldsymbol{\xi}, \boldsymbol{\eta})
\end{aligned}
\tag{2.59}
$$

$$
y = \xi_1 \tag{2.60}
$$

ここでフィードバック変換

$$
u = b^{-1}(\boldsymbol{\xi}, \boldsymbol{\eta})\left(-a(\boldsymbol{\xi}, \boldsymbol{\eta}) + v\right) \tag{2.61}
$$

を施すと，次式を得る。

$$
\begin{aligned}
\dot{\xi}_1 &= \xi_2 \\
\dot{\xi}_2 &= \xi_3 \\
&\vdots \\
\dot{\xi}_{q-1} &= \xi_q \\
\dot{\xi}_q &= v \\
\dot{\boldsymbol{\eta}} &= \boldsymbol{q}(\boldsymbol{\xi}, \boldsymbol{\eta})
\end{aligned}
\tag{2.62}
$$

$$
y = \xi_1 \tag{2.63}
$$

ここで

$$
A_\xi = \begin{bmatrix} 0 & 1 & 0 & \cdots & 0 \\ 0 & 0 & 1 & \cdots & 0 \\ \cdot & \cdot & \cdot & \cdots & \cdot \\ \cdot & \cdot & \cdot & \cdots & 1 \\ 0 & 0 & 0 & \cdots & 0 \end{bmatrix}, \quad \boldsymbol{b} = \begin{bmatrix} 0 \\ 0 \\ \vdots \\ 0 \\ 1 \end{bmatrix}
$$

とおくと，式 (2.62) は

$$\begin{aligned}\dot{\boldsymbol{\xi}} &= A_\xi \boldsymbol{\xi} + \boldsymbol{b} v \\ \dot{\boldsymbol{\eta}} &= \boldsymbol{q}(\boldsymbol{\xi}, \boldsymbol{\eta})\end{aligned} \tag{2.64}$$

と書け，状態フィードバック

$$v = -\boldsymbol{k}\boldsymbol{\xi}, \quad \boldsymbol{k} = (k_1, \cdots, k_q) \tag{2.65}$$

を施すと，閉ループ系は

$$\begin{aligned}\dot{\boldsymbol{\xi}} &= (A_\xi - \boldsymbol{b}\boldsymbol{k})\boldsymbol{\xi} \\ \dot{\boldsymbol{\eta}} &= \boldsymbol{q}(\boldsymbol{\xi}, \boldsymbol{\eta})\end{aligned} \tag{2.66}$$

となる。ここで

$$(A_\xi - \boldsymbol{b}\boldsymbol{k}) = \begin{bmatrix} 0 & 1 & 0 & \cdots & 0 \\ 0 & 0 & 1 & \cdots & 0 \\ \cdot & \cdot & \cdot & \cdots & \cdot \\ \cdot & \cdot & \cdot & \cdots & 1 \\ -k_1 & -k_2 & -k_3 & \cdots & -k_q \end{bmatrix}$$

であるから，もし $A_\xi - \boldsymbol{b}\boldsymbol{k}$ の特性方程式

$$p(\lambda) = \lambda^q + k_q \lambda^{q-1} + \cdots + k_2 \lambda + k_1 = 0 \tag{2.67}$$

のすべての解が負の実数部を有するならば，$A_\xi - \boldsymbol{b}\boldsymbol{k}$ は漸近安定である。式 (2.65) を式 (2.61) に代入すると

$$u = b^{-1}(\boldsymbol{\xi}, \boldsymbol{\eta})(-a(\boldsymbol{\xi}, \boldsymbol{\eta}) - \boldsymbol{k}\boldsymbol{\xi}) \tag{2.68}$$

となる。このときつぎの定理が成り立つ。

【定理 2.4】 システム (2.59), (2.60) の零ダイナミクスが局所的に漸近安定であると仮定する。また，特性方程式 (2.67) のすべての解の実数部が負であると仮定する。このとき，状態フィードバック制御則 (2.68) は平衡点 $(\boldsymbol{\xi}, \boldsymbol{\eta}) = (\mathbf{0}, \mathbf{0})$ を局所的に漸近安定化する。

（証明）　脚注の補助定理† と $\dot{\boldsymbol{\eta}} = \boldsymbol{q}(\boldsymbol{0}, \boldsymbol{\eta})$ が局所的に漸近安定であることから明らかである。 □

この定理から，最小位相系は状態フィードバックで局所的に漸近安定化できることがわかった。明らかに定理 2.4 は定理 2.1 よりも強い結果を与えている。定理 2.1 がよりどころとしている第 1 近似における安定性原理からは，零ダイナミクスの線形近似

$$Q = \left[\frac{\partial \boldsymbol{q}\,(\boldsymbol{\xi}, \boldsymbol{\eta})}{\partial \boldsymbol{\xi}}\right]_{(\boldsymbol{\xi}, \boldsymbol{\eta}) = (\boldsymbol{0}, \boldsymbol{0})}$$

が虚軸上の固有値をもつ場合にはなにもいえないが，定理 2.4 は Q の固有値で実数部が零のものがあるときにも成立する。すなわち，アフィン非線形システムの漸近安定化のためには，その線形化システムが漸近安定である必要はない。

また，線形化システムの不可制御な固有値は（もしあるならば），零ダイナミクスの線形近似行列 Q の固有値に対応していることがわかる[5)]。したがって，定理 2.4 が述べていることは，かりに零ダイナミクスの線形化システムに不可制御な虚軸上の固有値があったとしても，元の非線形システムが最小位相ならば，状態フィードバック則 (2.68) によって平衡点 $(\boldsymbol{\xi}, \boldsymbol{\eta}) = (\boldsymbol{0}, \boldsymbol{0})$ を局所的に漸近安定化できるということである。

状態フィードバック則 (2.68) を元の状態 $\boldsymbol{x}$ の関数として陽に表現するためには，$\begin{bmatrix} \boldsymbol{\xi} \\ \boldsymbol{\eta} \end{bmatrix} = T(\boldsymbol{x})$ で逆変換すればよい。

ここで興味深いのは

(1)　制御入力 u が完全に元の状態ベクトル $\boldsymbol{x}$ の関数として陽に表現される

---

†　**【補助定理 2.1】**[18)]　システム

$$\dot{\boldsymbol{\xi}} = \boldsymbol{f}(\boldsymbol{\xi})$$
$$\dot{\boldsymbol{\eta}} = \boldsymbol{g}(\boldsymbol{\xi}, \boldsymbol{\eta})$$

を考える。ここで，$\boldsymbol{\xi} = \boldsymbol{0}$ は $\boldsymbol{f}(\boldsymbol{\xi})$ に関しての局所的に漸近安定な平衡点であり，$\boldsymbol{\eta} = \boldsymbol{0}$ は $\boldsymbol{g}(\boldsymbol{0}, \boldsymbol{\eta})$ に関しての局所的に漸近安定な平衡点である。このとき，$(\boldsymbol{\xi}, \boldsymbol{\eta}) = (\boldsymbol{0}, \boldsymbol{0})$ はこのシステムの局所的漸近安定な平衡点である。

こと

(2) もし零ダイナミクスが漸近安定になるような仮想的な出力 y を選択することができれば（仮想的な出力 y は実際の測定可能な出力変数とは異なってもよい），線形化システムが可安定でない固有値をもついわゆる臨界問題でも平衡点 $\boldsymbol{x}=\boldsymbol{0}$ を局所的に漸近安定化することができること

である。

2.3.4 高ゲイン出力フィードバックによる局所的漸近安定化[5)]

局所的安定化のための一手法として，**高ゲインフィードバック**（high gain feedback）が知られている。零ダイナミクスが第1近似において漸近安定という強い仮定のもとで，非線形システムは出力フィードバックによって局所的に漸近安定化することができる。つぎの定理によって，相対次数が1の場合には，静的な線形フィードバックで非線形システムは漸近安定化される。

【定理 2.5】 アフィン非線形システム (2.23), (2.24) は，$\boldsymbol{x}=\boldsymbol{0}$ で相対次数1であり，零ダイナミクスは第1近似において漸近安定，つまり

$$Q=\left[\ \frac{\partial \boldsymbol{q}(\boldsymbol{\xi},\boldsymbol{\eta})}{\partial \boldsymbol{\eta}}\ \right]_{(\boldsymbol{\xi},\boldsymbol{\eta})=(\boldsymbol{0},\boldsymbol{0})}$$

の固有値は負の実数部をもつと仮定する。また，$\boldsymbol{f}(\boldsymbol{0})=\boldsymbol{0}$，$h(\boldsymbol{0})=0$ とする。そして閉ループ系

$$\dot{\boldsymbol{x}}=\boldsymbol{f}(\boldsymbol{x})+\boldsymbol{g}(\boldsymbol{x})u \tag{2.69}$$

$$y=h(\boldsymbol{x}) \tag{2.70}$$

$$u=-ky \tag{2.71}$$

を考える。ここで

$$\begin{cases} k>0, & \dfrac{\partial h(\boldsymbol{0})}{\partial \boldsymbol{x}}\boldsymbol{g}(\boldsymbol{0})>0\ \text{のとき} \\ k<0, & \dfrac{\partial h(\boldsymbol{0})}{\partial \boldsymbol{x}}\boldsymbol{g}(\boldsymbol{0})<0\ \text{のとき} \end{cases}$$

である。このとき，十分大きい定数 k_0 が存在して $|k| > k_0$ なるすべての k に対して式 (2.69)〜(2.71) の平衡点 $\boldsymbol{x}_e = \boldsymbol{0}$ が漸近安定となる。

(証明)　省略。文献 5) の Proposition 4.7.1 を参照（特異摂動法を用いて証明されている）。 □

【注意 2.1】　定理 2.5 は，相対次数 1 ですべての零点が複素左半平面にある最小位相の伝達関数の根軌跡は，十分大きいループゲインに対してすべて複素左半平面に存在するというよく知られた結果を非線形システムへ一般化したものである。

線形システムの高ゲインフィードバックについては，5.3 節ならびに 7.2 節の系 7.1 を参照されたい。また，非線形多変数システムへの一般化については 7.2 節で述べる。

2.4　入出力安定性

本節では，入出力関係によって表現されたシステムに対して，信号の集合（L_p 空間）を用いて，L_p 安定性と呼ばれる入出力安定性を定義する。そして，フィードバック系（閉ループ系）ともども L_p 安定であるための条件を述べる。本節の 2.4.1〜2.4.3 項は優れた参考書 4) に基づいて書かれている。

2.4.1　入出力写像，L_p 空間，拡張 L_p 空間，因果性 [18),13),8),4),3)]

システムの入出力写像は作用素 G を用いて

$$\boldsymbol{y} = G\boldsymbol{u} \tag{2.72}$$

と表現される。ここで，$\boldsymbol{u}, \boldsymbol{y}$ は時間区間 $[0, \infty)$ 上で定義された入力信号と出力信号であり，有限次元のベクトルである。作用素 G は，時間 $[0, \infty)$ で加えたいろいろな入力信号を，区間 $[0, \infty)$ 上の出力信号に移す写像である。$\boldsymbol{u}, \boldsymbol{y}$ はそれぞれ有限次元の線形ノルム空間 U, Y の要素とし，入出力写像は $G : U \to Y$ で与えられる。また，作用素 G は因果的であると仮定する。

入出力安定性とは，ある集合に属するすべての信号をシステムに加えたとき，対応する出力信号がどのような集合に属するかによって定義される。その準備として，**L_p 空間**と**拡張 L_p 空間**と呼ばれる信号の集合を定義する。

【定義 2.4】（L_p 空間と L_p ノルム）　各 $p \in \{1, 2, \cdots\}$ に対して

$$\int_0^\infty \mid f(t) \mid^p dt < \infty \tag{2.73}$$

を満たすすべての可測関数 $f : R^+ \to R$ からなる集合を L_p（または $L_p(0, \infty)$）空間という。また，$p = \infty$ に対して

$$\sup_{t \in [0,\infty)} \mid f(t) \mid < \infty \tag{2.74}$$

を満たすすべての可測関数 $f : R^+ \to R$ からなる集合を L_∞（または $L_\infty(0, \infty)$）空間という。

集合 L_p, $p \in \{1, 2, \cdots, \infty\}$，つまり L_p 空間は線形ノルム空間であり，L_p 空間上のノルムは

$$\mid f \mid_{L_p} \triangleq \left(\int_0^\infty \mid f(t) \mid^p dt \right)^{\frac{1}{p}}, \quad p \in \{1, 2, \cdots\} \tag{2.75}$$

$$\mid f \mid_{L_\infty} \triangleq \sup_{t \in [0,\infty)} \mid f(t) \mid \tag{2.76}$$

で与えられる。これは **L_p ノルム**と呼ばれる。

L_p 空間に属する任意の信号は加法とスカラ倍の演算について閉じており，L_p ノルムでもってその信号の大きさを測ることができる。式 (2.75), (2.76) のような L_p ノルムの定義された L_p 空間はバーナッハ空間（完備な線形ノルム空間）であることが知られている。

【定義 2.5】（拡張 L_p 空間）　$f : R^+ \to R$ とする。このとき，任意の $T \in [0, \infty)$ に対して関数 $f_T : R^+ \to R$ を

$$f_T(t) = \begin{cases} f(t), & 0 \leqq t \leqq T \\ 0, & t > T \end{cases} \tag{2.77}$$

と定義する。ここで f_T を f の区間 $[0, T]$ への**打ち切り作用素**（truncation operator）と呼ぶ。このとき，各 $p = 1, 2, \cdots, \infty$ に対して，すべての $T \in [0, \infty)$ で $f_T \in L_p$ となる可測関数 $f : R^+ \to R$ のすべてから構成される集合 L_{pe} を定義し，これを**拡張 L_p 空間**と呼ぶ。

明らかに $L_p \subset L_{pe}$ であり，拡張 L_p 空間は L_p 空間を部分空間として含む線形空間であるが，ノルム空間ではない。また $| f_T |$ は T の増加関数であり，$f \in L_p$ のときはいつでも次式が成り立つ。

$$| f |_{L_p} = \lim_{T \to \infty} | f_T |_{L_p} \tag{2.78}$$

多入力多出力系を扱うためには，任意の有限次元線形空間 ν とそのノルム $\| \cdot \|_\nu$ を考えて

$$\int_0^\infty \| \boldsymbol{f}(t) \|_\nu^p \, dt < \infty, \quad p = 1, 2, \cdots, \infty \tag{2.79}$$

であるような，すべての可測関数 $\boldsymbol{f} : R^T \to \nu$ から成り立つ集合を $L_p(\nu)$ と表す。このとき，ノルム

$$\| \boldsymbol{f} \|_{L_p} \triangleq \left(\int_0^\infty \| \boldsymbol{f}(t) \|_\nu^p \, dt \right)^{\frac{1}{p}} \tag{2.80}$$

を定義することによって，$L_p(\nu)$ は任意の $p \in \{1, 2, \cdots, \infty\}$ に対してバーナッハ空間となる。

拡張 $L_p(\nu)$ 空間も定義 2.5 と同様に定義される。つまり $\boldsymbol{f} : R^+ \to \nu$ に対して打ち切り作用素 $\boldsymbol{f}_T : R^+ \to \nu$ を定義し，すべての $T \in [0, \infty)$ について $\boldsymbol{f}_T \in L_p(\nu)$ となる可測関数 $\boldsymbol{f} : R^+ \to \nu$ のすべてから構成される集合 $L_{pe}(\nu)$ を拡張 $L_p(\nu)$ 空間と呼ぶ。

L_2 の場合は特別である。この場合には，式 (2.75) で与えられたノルム $| f |_{L_2}$ は内積

$$\langle f, g\rangle = \int_0^\infty f(t)g(t)dt \tag{2.81}$$

$$|\, f\,|_{L_2} = \langle f, f\rangle^{\frac{1}{2}}$$

と関連づけられる。それゆえ L_2 はヒルベルト空間（内積の定義された完備な線形ノルム空間）である。同様に，$\mathcal{V}$ を内積 $\langle\ ,\ \rangle_{\mathcal{V}}$ の定義された有限次元の線形ノルム空間とすれば，$L_2(\mathcal{V})$ は $\boldsymbol{f}, \boldsymbol{g} \in L_2(\mathcal{V})$ について，内積

$$\langle \boldsymbol{f}, \boldsymbol{g}\rangle = \int_0^\infty \langle \boldsymbol{f}(t), \boldsymbol{g}(t)\rangle_{\mathcal{V}} dt \tag{2.82}$$

の定義されたヒルベルト空間になる。

有限時刻で発散しない任意の信号 f は，すべての $p \in \{1, 2, \cdots, \infty\}$ の L_{pe} 空間に含まれる。実際，おのおのの $T \in [0, \infty)$ に対して

$$\sup_{t\in[0,\infty)} |f_T(t)| \leqq k(T)$$

を満たす正数 $k(T)$ が存在し，$f_T \in L_\infty$ である。したがって $f \in L_{\infty e}$ である。また $p \neq \infty$ については

$$\int_0^\infty |f_T(t)|^p dt = \int_0^T |f(t)|^p dt \leqq Tk(T)^p$$

より $f_T \in L_p$ であり，$f \in L_{pe}$ である。このことにより，工学的な問題においては，扱うべき信号のほとんどが L_{pe} 空間に属すると考えてよい。

そこで本書では，式 (2.72) のシステム G は，L_{pe} 空間の入力信号から L_{pe} 空間の出力信号への作用素であると仮定する。以下では，このことを $G : L_{pe} \to L_{pe}$ と書く。

ここで，U をノルム $\|\cdot\|_U$ の定義された r 次元線形ノルム空間，Y を $\|\cdot\|_Y$ の定義された m 次元線形ノルム空間とする。そして，入力信号の空間と出力信号の空間をそれぞれ $L_{pe}(U)$ と $L_{pe}(Y)$ とし，つぎの入出力写像を考える。

$$G : L_{pe}(U) \to L_{pe}(Y) \tag{2.83}$$

ここで因果性を定義しよう。因果性とは，おのおのの時刻 T に対して，時刻

T での出力 $\boldsymbol{y}$ が時刻 T までの入力によって定まり，時刻 T 以後の入力には依存しない性質である。この因果性を打ち切り作用素を用いて定義すると，つぎのようになる。

【定義 2.6】　式 (2.72) で表されるシステム $G : L_{pe}(U) \to L_{pe}(Y)$ に対して

$$(G(\boldsymbol{u}))_T = (G(\boldsymbol{u}_T))_T, \quad \forall T \in [0, \infty),\ \forall \boldsymbol{u} \in L_{pe}(U) \tag{2.84}$$

が成り立つとき，システムは**因果的**（causal）であるという。

【補助定理 2.2】　$G : L_{pe}(U) \to L_{pe}(Y)$ が因果的であるための必要十分条件は

$$\boldsymbol{u}, \boldsymbol{v} \in L_{pe}(U),\ \boldsymbol{u}_T = \boldsymbol{v}_T \Rightarrow (G(\boldsymbol{u}))_T = (G(\boldsymbol{v}))_T, \quad \forall T \in [0, \infty)$$

である。

（証明）　省略　□

この補助定理は，二つの入力 $\boldsymbol{u}, \boldsymbol{v}$ が区間 $[0, T]$ 上で等しいとき，その対応した出力もこの区間上で等しいならば，G は因果的であるといっている。

2.4.2　L_P 安定性 [18),13),4),8)]

入出力安定の基本的な定義として，L_p 安定と有限ゲイン L_p 安定について述べる。

【定義 2.7】　$G : L_{pe}(U) \to L_{pe}(Y)$ とする。このとき，もし

$$\boldsymbol{u} \in L_p(U) \Rightarrow G(\boldsymbol{u}) \in L_p(Y) \tag{2.85}$$

が成り立つならば，システム G は **L_p 安定**であるという。つまり，G は部分集合 $L_p(U) \subset L_{pe}(U)$ を部分集合 $L_p(Y) \subset L_{pe}(Y)$ へ写像する。

【定義 2.8】[13)]　写像 $G : L_{pe}(U) \to L_{pe}(Y)$ は，すべての $T \in [0, \infty)$ に対して

$$\|G(\boldsymbol{u})_T\|_{L_p} \leqq \gamma_p \|\boldsymbol{u}_T\|_{L_p} + \beta_p, \quad \forall \boldsymbol{u} \in L_{pe}(U) \tag{2.86}$$

となるような γ_p と β_p が存在するとき，**有限ゲイン L_p 安定**という。もし式 (2.86) で β_p を零にとることができるならば，G は零バイアスの有限ゲイン L_p 安定という。

もし G が有限ゲイン L_p 安定ならば，それは自動的に L_p 安定である。実際，$\boldsymbol{u} \in L_p(U)$ と仮定し，式 (2.86) で $T \to \infty$ にすると，式 (2.86) から

$$\|G(\boldsymbol{u})\|_{L_p} \leqq \gamma_p \|\boldsymbol{u}\|_{L_p} + \beta_p, \quad \forall \boldsymbol{u} \in L_p(U) \tag{2.87}$$

となるが，これはすべての $\boldsymbol{u} \in L_p(U)$ に対して $G(\boldsymbol{u}) \in L_p(Y)$ を意味する。

L_p 安定性は，L_p 空間に属するどのような入力信号をシステムに加えても，出力信号は L_p 空間に属し，その大きさは L_p ノルムで測るとき入力信号を γ_p 倍した値より大きくならないことを意味する。このように考えれば，γ_p の値は L_p 安定性の強さの程度を示すものといえる[4)]。

非線形システムの場合も含めて状態方程式で表現されたシステムの L_p 安定性を考えるときには，初期状態を $\boldsymbol{x}_0 = \boldsymbol{0}$ と設定する。また，初期状態が $\boldsymbol{x}(0) \neq \boldsymbol{0}$ のときも，式 (2.86) による有限ゲイン L_p 安定性の定義を用いれば評価できる。

L_p 安定性は，時間 $[0, \infty)$ 上での入出力信号の関係に関するものである。つぎの定理は，システムの因果性によって，L_p 安定ならば任意の有限な時間区間 $[0, T]$ においても L_p 安定に相当する関係が保たれることを示す。この事実は，2.4.4 項の小ゲイン定理などを証明する際に用いられる。

【定理 2.6】 $G : L_{pe}(U) \to L_{pe}(Y)$ は因果的であり，式 (2.87) を満たすとする。このとき，G は式 (2.86) を満たし，有限ゲイン L_p 安定である。

(証明) $\boldsymbol{u} \in L_{pe}(U)$ としよう。すると，定義 2.5 より $\boldsymbol{u}_T \in L_p(U)$ であり，式 (2.87) より

$$\|G(\boldsymbol{u}_T)\|_{L_p} \leqq \gamma_p \|\boldsymbol{u}_T\|_{L_p} + \beta_p$$

である。G は因果的だから，$(G(\boldsymbol{u}_T))_T = (G(\boldsymbol{u}))_T$ が成り立ち，したがって

$$\|(G(\boldsymbol{u}))_T\|_{L_p} = \|(G(\boldsymbol{u}_T))_T\|_{L_p} \leqq \|G(\boldsymbol{u}_T)\|_{L_p} \leqq \gamma_p \|\boldsymbol{u}_T\|_{L_p} + \beta_p \tag{2.88}$$

となり，式 (2.86) を満たす。 □

2.4.3 入出力安定性と内部安定性

入力 $\boldsymbol{u}(t)$ が恒等的に零である自由システムの平衡点の安定性は，内部安定性と呼ばれる。ここでは入出力安定性と内部安定性との関係を示す。

アフィン非線形システム

$$\dot{\boldsymbol{x}} = \boldsymbol{f}(\boldsymbol{x}) + G(\boldsymbol{x})\boldsymbol{u}, \quad \boldsymbol{x}(0) = \boldsymbol{x}_0 \tag{2.89}$$

$$\boldsymbol{y} = \boldsymbol{h}(\boldsymbol{x}), \quad t \geqq 0 \tag{2.90}$$

を考える。ここで，$\boldsymbol{x} \in R^n$，$\boldsymbol{u} \in R^r$，$\boldsymbol{y} \in R^m$ とする。ただし $\boldsymbol{f}(\boldsymbol{x})$, $G(\boldsymbol{x})$, $\boldsymbol{h}(\boldsymbol{x})$ は C^1 級であり，$\boldsymbol{f}(\boldsymbol{0}) = \boldsymbol{0}$，$\boldsymbol{h}(\boldsymbol{0}) = \boldsymbol{0}$ と仮定する。信号のノルムが正数 c 以下である信号全体をつぎのように定義する。

$$L_\infty^c(U) = \{\boldsymbol{u} \mid \sup_{t \in [0,\infty)} \|\boldsymbol{u}(t)\|_U \leqq c\} \tag{2.91}$$

また，零に収束する信号全体を C_0 とおく。

【定理 2.7】 $\boldsymbol{u} = \boldsymbol{0}$ のとき，システム (2.89) の原点が漸近安定とする。このとき，以下のことが成り立つ。

(i) 十分小さい正数 c に対して，$\boldsymbol{x}_0 = \boldsymbol{0}$ のもとで入力信号 $\boldsymbol{u} \in L_\infty^c(U)$ を加えると，対応する状態は $\boldsymbol{x} \in L_\infty(X)$ であり，出力信号も $\boldsymbol{y} \in L_\infty(Y)$ となる。

(ii) (i) において，入力信号を $\boldsymbol{u} \in L_\infty^c(U) \cap C_0$ とすると，$\boldsymbol{x} \in L_\infty(X) \cap C_0$ であり，$\boldsymbol{y} \in L_\infty(Y) \cap C_0$ となる。

(証明) 省略。文献 4) を参照。 □

この定理が示すように，原点が漸近安定のとき，入力信号 $\boldsymbol{u}$ が十分に小さいならば，出力信号 $\boldsymbol{y}$ は有界となる。さらに，$\boldsymbol{u}$ が零に収束するならば，$\boldsymbol{y}$ も零に収束する。しかし，非線形システムの場合には，かりに原点が大域的漸近安定であっても，$\boldsymbol{u} \in L_\infty(U)$ ならば $\boldsymbol{y} \in L_\infty(Y)$ であるとは限らない。

一般に非線形システムの原点が漸近安定であっても，L_p 安定であるとは限らない。しかし，指数安定の場合には，原点近傍ではつねに L_p 安定であることが導ける[4)]。

2.4.4 フィードバック系（閉ループ系）の入出力安定性と小ゲイン定理[13)]

いままでは開ループ系の入出力安定性を述べてきたが，つぎに**図 2.1** のような標準的なフィードバック系（閉ループ系）の安定性について考える。

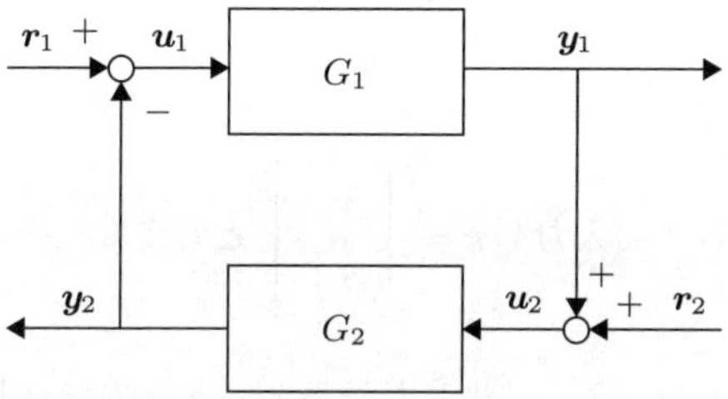

図 2.1　フィードバック系（閉ループ系）

ここで $G_1 : L_{pe}(U_1) \to L_{pe}(Y_1)$，$G_2 : L_{pe}(U_2) \to L_{pe}(Y_2)$ は入出力写像であり，$U_1 = Y_2 =: R_1$，$U_2 = Y_1 =: R_2$ である。さらに $r_1 \in L_{pe}(R_1)$，$r_2 \in L_{pe}(R_2)$ は閉ループ系への外部入力（信号）である。

したがって，閉ループ系は

$$\boldsymbol{u}_1 = \boldsymbol{r}_1 - \boldsymbol{y}_2, \quad \boldsymbol{u}_2 = \boldsymbol{r}_2 + \boldsymbol{y}_1 \tag{2.92}$$

$$\boldsymbol{y}_1 = G_1(\boldsymbol{u}_1), \quad \boldsymbol{y}_2 = G_2(\boldsymbol{u}_2) \tag{2.93}$$

あるいはもっと簡潔に

$$\boldsymbol{u} = \boldsymbol{r} - F\boldsymbol{y}, \quad \boldsymbol{y} = G(\boldsymbol{u}) \tag{2.94}$$

のように記述される。ここで

$$\boldsymbol{u} = \begin{bmatrix} \boldsymbol{u}_1 \\ \boldsymbol{u}_2 \end{bmatrix}, \quad \boldsymbol{y} = \begin{bmatrix} \boldsymbol{y}_1 \\ \boldsymbol{y}_2 \end{bmatrix}, \quad \boldsymbol{r} = \begin{bmatrix} \boldsymbol{r}_1 \\ \boldsymbol{r}_2 \end{bmatrix}$$

$$F = \begin{bmatrix} O & I_{r_1} \\ -I_{r_2} & O \end{bmatrix}, \quad G = \begin{bmatrix} G_1 & O \\ O & G_2 \end{bmatrix}$$

であり，$\dim U_i = r_i$，$\dim Y_i = m_i$，$r_2 = m_1$，$r_1 = m_2$ である。

式 (2.94) から $\boldsymbol{y}$ を消去すると

$$\boldsymbol{u} = \boldsymbol{r} - FG(\boldsymbol{u}) \tag{2.95}$$

を得る。また，$\boldsymbol{u}$ を消去すると次式を得る。

$$\boldsymbol{y} = G(\boldsymbol{r} - F\boldsymbol{y}) \tag{2.96}$$

さて，このシステムへの入力を $\boldsymbol{r} = \begin{bmatrix} \boldsymbol{r}_1 \\ \boldsymbol{r}_2 \end{bmatrix}$ と考える。そして，$\boldsymbol{y} = \begin{bmatrix} \boldsymbol{y}_1 \\ \boldsymbol{y}_2 \end{bmatrix}$，$\boldsymbol{u} = \begin{bmatrix} \boldsymbol{u}_1 \\ \boldsymbol{u}_2 \end{bmatrix}$ は，入力によって生じた結果という意味で出力と考える。このシステムにおいて $\boldsymbol{r}_1, \boldsymbol{r}_2$ が $L_p(R_1), L_p(R_2)$ の要素であれば，$\boldsymbol{u}_1, \boldsymbol{u}_2, \boldsymbol{y}_1, \boldsymbol{y}_2$ は少なくとも L_{pe} の要素であると仮定しておく。そうすれば，閉ループ系の安定性は，$\boldsymbol{r}$ から $\boldsymbol{y}$ ならびに $\boldsymbol{u}$ への写像の安定性ということになる。つまり，$\boldsymbol{r}$ から $\boldsymbol{y}$ への写像ならびに $\boldsymbol{r}$ から $\boldsymbol{u}$ への写像がともに L_p 安定のとき，閉ループ系は L_p 安定であると定義される。しかし，簡単な議論によって $\boldsymbol{r}$ から $\boldsymbol{y}$ への写像の L_p 安定性と，$\boldsymbol{r}$ から $\boldsymbol{u}$ への写像の L_p 安定性が等価であること，ならびに両者の有限ゲイン L_p 安定性が等価であることが証明できる[13)]ので，実際はどちらかだけを検証すればよい。

最後に**小ゲイン定理**（small gain theorem）を説明する。

【定義 2.9】　$G : L_{pe}(U) \to L_{pe}(Y)$ は有限ゲイン L_p 安定とする。このとき，G の L_p ゲインはつぎのように定義される。

$$\gamma_p(G) \stackrel{\triangle}{=} \inf\{\gamma_p | \ \exists \beta_p \quad \text{such that eqn.(2.86) holds.}\}$$

フィードバック系の安定性は，システムの L_p ゲインによって，つぎのように特徴づけられる。

【定理 2.8】[13)] 図 2.1 の閉ループ系を考える。$p \in \{1, 2, \cdots, \infty\}$ に対して

$$G_1 : L_{pe}(U_1) \to L_{pe}(Y_1),\quad G_2 : L_{pe}(U_2) \to L_{pe}(Y_2)$$

はゲイン $\gamma_p(G_1), \gamma_p(G_2)$ をもつ有限ゲイン L_p 安定と仮定する。このとき

$$\gamma_p(G_1)\gamma_p(G_2) < 1 \tag{2.97}$$

が成り立つならば，閉ループ系は有限ゲイン L_p 安定である。そして有限ゲイン L_p 安定ならば，自動的に L_p 安定である。

【注意 2.2】 式 (2.97) は小ゲイン条件として知られている。これは，G_1, G_2 が安定のとき，「ループゲイン」が小さい（つまり 1 以下）ならば，閉ループ系も安定となることを示している。したがって，小ゲイン条件はナイキストの安定定理から得られる知識の一般化である。しかし，小ゲイン定理は一つの十分条件にすぎないことに注意しよう。また，小ゲイン定理はシステムのロバスト性を意味する。小ゲイン定理は，小ゲイン条件が満足される限り，すべての入出力写像に対して閉ループ系は安定であることを意味する。

（証明） $\gamma_p(G_1), \gamma_p(G_2)$ の定義 2.9 と式 (2.97) より，$\gamma_{1p} \cdot \gamma_{2p} < 1$ となる $\gamma_{1p}, \gamma_{2p}, \beta_{1p}, \beta_{2p}$ が存在し，すべての $T \geqq 0$ に対して

$$\left.\begin{aligned} \|G_1(\boldsymbol{u}_1)_T\|_{L_p} &\leqq \gamma_{1p}\|\boldsymbol{u}_{1T}\|_{L_p} + \beta_{1p}, \quad \forall \boldsymbol{u}_1 \in L_{pe}(U_1) \\ \|G_2(\boldsymbol{u}_2)_T\|_{L_p} &\leqq \gamma_{2p}\|\boldsymbol{u}_{2T}\|_{L_p} + \beta_{2p}, \quad \forall \boldsymbol{u}_2 \in L_{pe}(U_2) \end{aligned}\right\} \tag{2.98}$$

が成り立つ。$\boldsymbol{u}_{1T} = \boldsymbol{r}_{1T} - (G_2(\boldsymbol{u}_2))_T$ なので

$$\begin{aligned} \|\boldsymbol{u}_{1T}\|_{L_p} &\leqq \|\boldsymbol{r}_{1T}\|_{L_p} + \|(G_2(\boldsymbol{u}_2))_T\|_{L_p} \\ &\leqq \|\boldsymbol{r}_{1T}\|_{L_p} + \gamma_{2p}\|\boldsymbol{u}_{2T}\|_{L_p} + \beta_{2p} \end{aligned}$$

となり，$\|\boldsymbol{u}_{2T}\|_{L_p}$ に対しても $\boldsymbol{u}_{2T} = \boldsymbol{r}_{2T} - (G_1(\boldsymbol{u}_1))_T$ なので，同様にして

$$\|\boldsymbol{u}_{2T}\|_{L_p} \leqq \|\boldsymbol{r}_{2T}\|_{L_p} + \gamma_{1p}\|\boldsymbol{u}_{1T}\|_{L_p} + \beta_{1p}$$

が成り立つ。これら二つの不等式を結合し，$\gamma_{2p} \geqq 0$ を用いると

$$\|\boldsymbol{u}_{1T}\|_{L_p} \leqq \gamma_{1p}\gamma_{2p}\|\boldsymbol{u}_{1T}\|_{L_p} + \left(\|\boldsymbol{r}_{1T}\|_{L_p} + \gamma_{2p}\|\boldsymbol{r}_{2T}\|_{L_p} + \beta_{2p} + \gamma_{2p}\beta_{1p}\right)$$

となる。$\gamma_{1p} \cdot \gamma_{2p} < 1$ だから，これは

$$\|\boldsymbol{u}_{1T}\|_{L_p} \leqq (1-\gamma_{1p}\gamma_{2p})^{-1}\left(\|\boldsymbol{r}_{1T}\|_{L_p} + \gamma_{2p}\|\boldsymbol{r}_{2T}\|_{L_p} + \beta_{2p} + \gamma_{2p}\beta_{1p}\right) \tag{2.99}$$

を意味する。それゆえ式 (2.99) より

$$\begin{aligned}\|\boldsymbol{y}_{1T}\|_{L_p} &= \|G_1(\boldsymbol{u}_1)_T\|_{L_p} \\ &\leqq (1-\gamma_{1p}\gamma_{2p})^{-1}\gamma_{1p}(\|\boldsymbol{r}_{1T}\|_{L_p} + \gamma_{2p}\|\boldsymbol{r}_{2T}\|_{L_p} \\ &\qquad + \beta_{2p} + \gamma_{2p}\beta_{1p}) + \beta_{1p}\end{aligned} \tag{2.100}$$

を得る。同様にして

$$\begin{aligned}\|\boldsymbol{u}_{2T}\|_{L_p} &\leqq (1-\gamma_{1p}\gamma_{2p})^{-1}(\|\boldsymbol{r}_{2T}\|_{L_p} + \gamma_{1p}\|\boldsymbol{r}_{1T}\|_{L_p} \\ &\qquad + \beta_{1p} + \gamma_{1p}\beta_{2p})\end{aligned} \tag{2.101}$$

$$\begin{aligned}\|\boldsymbol{y}_{2T}\|_{L_p} &= \|G_2(\boldsymbol{u}_2)_T\|_{L_p} \\ &\leqq (1-\gamma_{1p}\gamma_{2p})^{-1}\gamma_{2p}(\|\boldsymbol{r}_{2T}\|_{L_p} + \gamma_{1p}\|\boldsymbol{r}_{1T}\|_{L_p} \\ &\qquad + \beta_{1p} + \gamma_{1p}\beta_{2p}) + \beta_{2p}\end{aligned} \tag{2.102}$$

を得る。したがって

$$\gamma_p = 2(1-\gamma_{1p}\gamma_{2p})^{-1}(1+\gamma_{1p})(1+\gamma_{2p})$$

$$\beta_p = 2(1-\gamma_{1p}\gamma_{2p})^{-1}\{(1+\gamma_{2p})\beta_{1p} + (1+\gamma_{1p})\beta_{2p}\}$$

とおくと，式 (2.100), (2.102) より

$$\left\|\begin{bmatrix}\boldsymbol{y}_{1T}\\ \boldsymbol{y}_{2T}\end{bmatrix}\right\|_{L_p} \leqq \|\boldsymbol{y}_{1T}\|_{L_p} + \|\boldsymbol{y}_{2T}\|_{L_p}$$

$$\leqq \gamma_p \left\| \begin{bmatrix} \boldsymbol{r}_{1T} \\ \boldsymbol{r}_{2T} \end{bmatrix} \right\|_{L_p} + \beta_p, \quad \forall \begin{bmatrix} \boldsymbol{r}_1 \\ \boldsymbol{r}_2 \end{bmatrix} \in L_{pe}(R_1 \times R_2) \qquad (2.103)$$

を満たす非負数 γ_p と β_p が存在し，閉ループ系の有限ゲイン L_p 安定が示せた。 □

線形システムの入出力安定性については，L_2 ゲイン特性を周波数領域で解釈した概念である有界実性，有界実補題など多くの結果が知られている。興味ある読者は文献 4) などを参照されたい。

引用・参考文献

1) R. W. Brockett: Asymptotic Stability and Feedback Stabilization, in R. W. Brockett, R. Millman and H. Sussman, eds.: Differential Geometric Control Theory, pp. 181–208, Birkhauser (1983)

2) C. I. Byrnes and A. Ishidori: Asymptotic Stabilization of Minimum Phase Nonlinear Systems, IEEE Trans. Autom. Contr.†, Vol. AC-36, No. 10 (1981)

3) 平井, 池田：非線形制御システムの解析, オーム社 (1986)

4) 井村：システム制御のための安定論, コロナ社 (2000)

5) A. Isidori: Nonlinear Control Systems, 3rd edition, Springer-Verlag (1995)

6) 石島, 島, 石動, 山下, 三平, 渡辺：非線形システム論, 1 章, 計測自動制御学会 (1993)

7) 片山：線形システムの最適制御, 近代科学社 (1999)

8) H. Khalil: Nonlinear Systems, 3rd ed., Prentice Hall (2002)

9) M. Krstić, I. Kanellakopoulos and P. Kokotović: Nonlinear and Adaptive Control Design, J. WiIey & Sons (1995)

10) 嘉納ほか：動的システムの解析と制御, コロナ社 (1995)

11) 美多：非線形制御入門 —— 劣駆動ロボットの技能制御論, 昭晃堂 (2000)

12) H. Nijmeijer and A. van der Schaft: Nonlinear Dynamical Control Systems, Springer-Verlag (1990)

13) A. van der Schaft: L_2–Gain and Passivity Techniques in Nonlinear Control, Springer-Verlag (1996)

† IEEE Transactions on Automatic Control

14) R. Sepulchre, M. Jankovic and P. V. Kokotovic: Constructive Nonlinear Control, Springer-Verlag (1997)

15) 島, 山下, 川村, 石動, 渡邊, 横道：非線形システム制御論, コロナ社 (1997)

16) 志水, 大森：線形制御理論入門, 培風館 (2003)

17) 須田：線形システム理論, pp. 192–193, 朝倉書店 (1993)

18) M. Vidyasagar: Nonlinear System Analysis (second ed.), Prentice Hall International Editions (1993)

19) F. W. Wilson Jr.: The Structure of the Level Surface of a Lyapunov Function, J. of Differential Equations, Vol. 4, pp. 323–329 (1967)

20) 吉川, 井村：現代制御論, 昭晃堂 (1994)

21) K. Zhou, J. Doyle, K. Gluver 著, 劉, 羅 訳：ロバスト最適制御, コロナ社 (1997)

3 リアプノフの安定理論に基づく安定化制御

本章では，一般的な非線形時不変の微分方程式で表されるシステムに対して安定性の定義を与え，リアプノフの直接法（あるいは第 2 の方法）と呼ばれる安定判別法などについて述べる。

3.1 安定性の定義 [14),17),5),22)]

微分方程式

$$\dot{\boldsymbol{x}}(t) = \boldsymbol{f}(\boldsymbol{x}(t), \boldsymbol{u}(t)) \tag{3.1}$$

で記述される動的システムにおいて，入力 $\boldsymbol{u}(t)$ が恒等的に零である自由システムの場合（入力が確定した関数として与えられる場合も含める）の解軌道や平衡点の安定性は内部安定性と呼ばれる。ここでは内部安定性を考える。

その場合，われわれは初期状態に対するシステムの応答を調べることになるので，入力を零またはある時間関数に固定すると，そのようなシステムを表す微分方程式は

$$\dot{\boldsymbol{x}}(t) = \boldsymbol{f}(\boldsymbol{x}(t), t) \tag{3.2}$$

となる。ここで，$\boldsymbol{x}(t) \in R^n$ は状態ベクトルである。微分方程式 (3.2) は，任意の初期時刻 t_0 と初期状態 $\boldsymbol{x}(t_0) = \boldsymbol{x}_0$ に対して唯一解をもつと仮定し，その解を $\boldsymbol{x}(t; \boldsymbol{x}_0, t_0)$ と表示する。また，意味が明らかなときには，記述簡略化のため単に $\boldsymbol{x}(t)$ と書く。

自由システム (3.2) において，すべての時刻 t で

$$\boldsymbol{x}(t;\boldsymbol{x}_e,t_0)\equiv\boldsymbol{x}_e$$

が成り立つ状態 $\boldsymbol{x}_e$ を**平衡状態**（あるいは**平衡点**）と呼ぶ。平衡状態は式 (3.2) の定数解だから，すべての t で $\dot{\boldsymbol{x}}(t)=\boldsymbol{0}$ であり

$$\boldsymbol{f}(\boldsymbol{x}_e,t)=\boldsymbol{0} \tag{3.3}$$

を満たす。この式は非線形時変方程式だから，定数解をつねにもつとは限らない。また，もつ場合も唯一とは限らない。

さて，内部安定性は，平衡状態のまわりのシステムの挙動を表す概念である。平衡状態 $\boldsymbol{x}_e$ のまわりのシステムの挙動を考える場合，$\boldsymbol{x}_e$ が状態空間の原点で $\boldsymbol{x}_e=\boldsymbol{0}$ であるとしても，なんら一般性を失わない。もし $\boldsymbol{x}_e\neq\boldsymbol{0}$ ならば

$$\widetilde{\boldsymbol{x}}=\boldsymbol{x}-\boldsymbol{x}_e$$

という座標変換を行い，関数 $\boldsymbol{f}$ を

$$\widetilde{\boldsymbol{f}}(\widetilde{\boldsymbol{x}},t)\stackrel{\triangle}{=}\boldsymbol{f}(\widetilde{\boldsymbol{x}}+\boldsymbol{x}_e,t)$$

と変換すると，式 (3.2) はつぎのようになる。

$$\dot{\widetilde{\boldsymbol{x}}}(t)=\widetilde{\boldsymbol{f}}(\widetilde{\boldsymbol{x}}(t),t)$$

この微分方程式は原点 $\widetilde{\boldsymbol{x}}=\boldsymbol{0}$ が平衡状態で，解の挙動は式 (3.2) と同じである。

通常用いられている「安定性」の意味は，動的システムの平衡点の性質に関するものである。すなわち，初期状態 $\boldsymbol{x}_0$ を平衡状態 $\boldsymbol{x}_e$ の近くにとったとき，$\boldsymbol{x}(t;\boldsymbol{x}_0,t_0)$ がその時刻以降 $\boldsymbol{x}_e$ の近くに留まっている，あるいは $\boldsymbol{x}_e$ にしだいに収束する性質のことである。

さて，平衡状態が $\boldsymbol{x}_e$ である自由システム (3.2) において，以下では自律システムに限定してリアプノフの安定理論を説明する。非自律システムについては文献 5), 21) を参照していただきたい。

自律システムにおける安定性　微分方程式 (3.2) の右辺が t を陽に含まない，すなわち自由システムが時不変のとき，式 (3.2) と式 (3.3) は

$$\dot{\boldsymbol{x}}(t) = \boldsymbol{f}(\boldsymbol{x}(t)), \quad \text{ただし } \boldsymbol{f}(\boldsymbol{x}_e) = \boldsymbol{0} \tag{3.4}$$

となる。これを**自律システム**（autonomous system）という。自律システムでは時間軸の平行移動によって解軌道が変化しない。また，一般性を失うことなく $t_0 = 0$ とすることができる。自律システムにおける安定性の定義は，つぎのようになる（**図 3.1**, **図 3.2** を参照）。

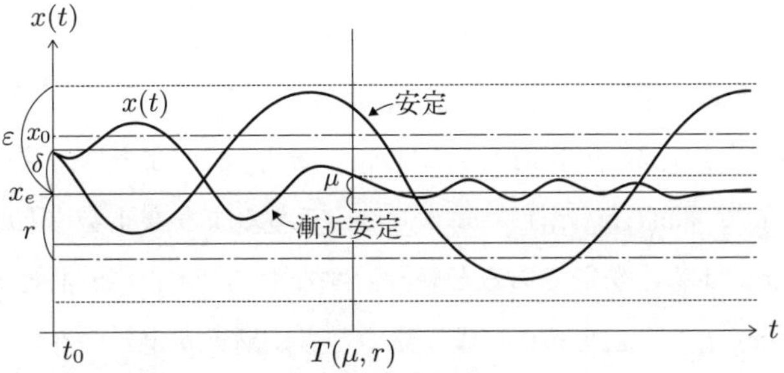

図 **3.1**　安定な軌道

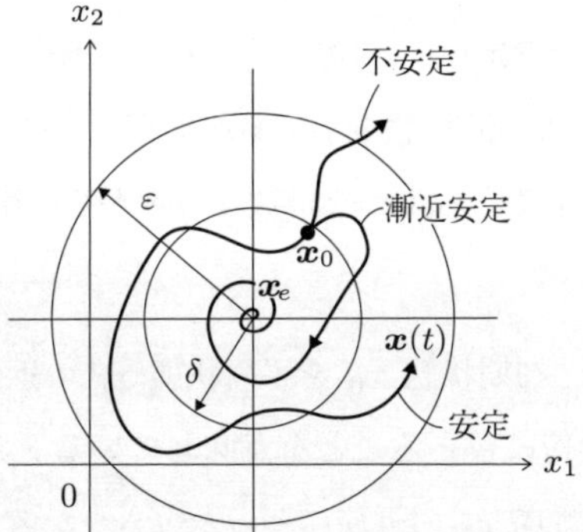

図 **3.2**　安定性の定義

【定義 3.1】（安定）　任意の正数 ε に対してある正数 $\delta(\varepsilon)$ が存在して

$$\|\boldsymbol{x}_0 - \boldsymbol{x}_e\| < \delta$$

なる任意の初期状態 $\boldsymbol{x}_0$ について，すべての $t \geqq t_0$ で

$$\|\boldsymbol{x}(t; \boldsymbol{x}_0, t_0) - \boldsymbol{x}_e\| < \varepsilon$$

が成り立つとき，平衡状態 $\boldsymbol{x}_e$ は安定であるという。

安定性に加えて，解が時間とともに平衡状態 $\boldsymbol{x}_e$ に収束するとき，漸近安定という。

【定義 3.2】（漸近安定）　平衡状態 $\boldsymbol{x}_e$ が安定であり，さらにある正数 r と，任意の（小さな）正数 μ に対して，$\|\boldsymbol{x}_0 - \boldsymbol{x}_e\| < r$ ならば，すべての $t \geqq t_0 + T(\mu, r)$ で $\|\boldsymbol{x}(t; \boldsymbol{x}_0, t_0) - \boldsymbol{x}_e\| < \mu$ であるような正数 $T(\mu, r)$ が存在するとき，$\boldsymbol{x}_e$ は漸近安定であるという。すなわち $\|\boldsymbol{x}_0 - \boldsymbol{x}_e\| < r$ であれば $\lim_{t \to +\infty} \|\boldsymbol{x}(t; \boldsymbol{x}_0, t_0) - \boldsymbol{x}_e\| = 0$ が成り立つとき，漸近安定という。

さらに，いかなる初期状態 $\boldsymbol{x}_0$ に対しても漸近安定のとき，大域的漸近安定という。

【定義 3.3】（大域的漸近安定）　平衡状態 $\boldsymbol{x}_e$ が安定であり，さらに任意の正数 μ に対して，いかなる初期状態 $\boldsymbol{x}_0$ をとっても，すべての $t \geqq t_0 + T(\mu)$ で $\|\boldsymbol{x}(t; \boldsymbol{x}_0, t_0) - \boldsymbol{x}_e\| < \mu$ であるような正数 $T(\mu)$ が存在するとき，$\boldsymbol{x}_e$ は大域的漸近安定である。

定義 3.1 の安定とは，初期状態 $\boldsymbol{x}_0$ を平衡状態 $\boldsymbol{x}_e$ の近傍にとったとき，システムの軌道が $\boldsymbol{x}_e$ の近傍に留まることを意味している。定義 3.2 の漸近安定とは，初期状態 $\boldsymbol{x}_0$ を平衡点 $\boldsymbol{x}_e$ の近傍にとったとき，システムの軌道が $\boldsymbol{x}_e$ の近傍に留まるだけではなく，$\boldsymbol{x}_e$ に収束していくことを意味している。定義 3.3 の大域的漸近安定とは，初期状態 $\boldsymbol{x}_0$ をどこにとっても，システムの軌道は $\boldsymbol{x}_e$ に収束していくことをいっている。定義 3.1～3.3 より，安定，漸近安定，大域的

漸近安定の順で安定性に関する性質が強くなっている。また，安定でない，つまり定義 3.1 を満たさない平衡点は不安定であるという。

3.2 リアプノフの安定判別法（リアプノフの直接法）

3.2.1 リアプノフの安定定理[14),16),5),9),21)]

自律システムに対する**リアプノフの直接法**（Lyapunov's direct method）と呼ばれる安定判別法を説明する。リアプノフの直接法は物理系の平衡点の近傍において，エネルギーがつねに減少しているならば，この平衡点は安定であるという観察に基づいている。したがって，安定性の確認は，そのようなエネルギー関数を見つけることによってなされる。

一般的な安定性条件[17)]　初めに，多少概念的にはなるが，一般的な安定性の判別条件を述べる。$\boldsymbol{x}_e$ を与えられた動的システムの平衡状態とする。このとき，$\boldsymbol{x}_e$ を含む状態空間の領域 Ω で定義されたスカラ値関数 $V(\boldsymbol{x})$ で，つぎの三つの条件を満たすものを**リアプノフ関数**（Lyapunov function）といい，もしリアプノフ関数が存在すれば，与えられたシステムは安定であることが確認できる。

(i)　$V(\boldsymbol{x})$ は連続である。

(ii)　$V(\boldsymbol{x})$ は $\boldsymbol{x}_e$ において唯一の最小値をもつ。

(iii)　Ω 内のすべての軌道に対し，$V(\boldsymbol{x})$ の値は時間とともに増加しない。

関数 $V(\boldsymbol{x})$ を図に描く方法は，**図 3.3** に示すように，状態空間内の等高線で表すことである。中心点は平衡状態 $\boldsymbol{x}_e$ であり，それは $V(\boldsymbol{x})$ の最小点である。図 (b) の閉曲線は $V(\boldsymbol{x})$ の等高線で，$\boldsymbol{x}_e$ から離れるほど $V(\boldsymbol{x})$ の値は増加する。システムの軌道に沿って $V(\boldsymbol{x})$ の値が増加しないという条件 (iii) は，軌道がつねに中心の方向に向かって等高線を横断し，けっして外向きにはならないことを意味している。

$V(\boldsymbol{x})$ が $\boldsymbol{x}_e$ で最小になるという条件 (ii) は，そのグラフが $\boldsymbol{x}_e$ で最小点をもつことを意味している。リアプノフやその後の多くの研究者は，それ以外にも

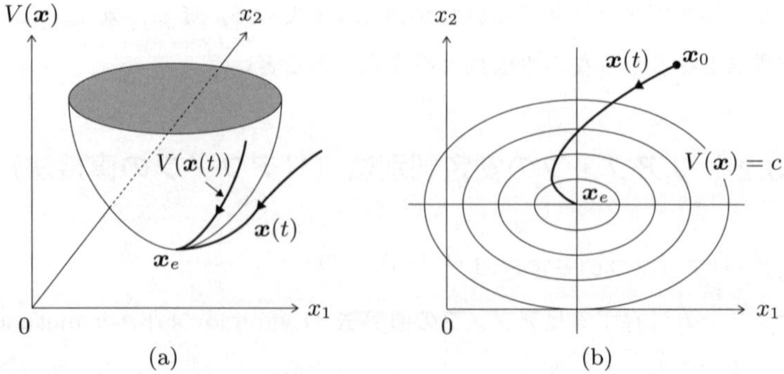

図 3.3　$V(\boldsymbol{x})$ のグラフと等高線

最小値が 0 になることを条件としたが，この条件は必要ではないし，便利であるとも限らない。重要なことは $\boldsymbol{x}_e$ が唯一の最小点であることである。

さて，つぎの微分方程式（自律システム）

$$\dot{\boldsymbol{x}}(t) = \boldsymbol{f}(\boldsymbol{x}(t)) \tag{3.5}$$

と $\boldsymbol{f}(\boldsymbol{x}_e) = \boldsymbol{0}$ を満たす平衡状態 $\boldsymbol{x}_e$ を考える。$\boldsymbol{x}(t)$ を式 (3.5) の軌道とすると，$V(\boldsymbol{x}(t))$ は軌道に沿った対応する V の値を表す。V の値が増加しないためには，すべての t について $dV(\boldsymbol{x}(t))/dt \leqq 0$ でなければならない。微分の連鎖律を用いると

$$\dot{V}(\boldsymbol{x}(t)) = \frac{\partial V(\boldsymbol{x}(t))}{\partial x_1}\dot{x}_1(t) + \frac{\partial V(\boldsymbol{x}(t))}{\partial x_2}\dot{x}_2(t) + \cdots + \frac{\partial V(\boldsymbol{x}(t))}{\partial x_n}\dot{x}_n(t)$$

となる。それゆえ，システム方程式 (3.5) を代入すると

$$\begin{aligned}\dot{V}(\boldsymbol{x}(t)) = {} & \frac{\partial V(\boldsymbol{x}(t))}{\partial x_1}f_1(\boldsymbol{x}(t)) + \frac{\partial V(\boldsymbol{x}(t))}{\partial x_2}f_2(\boldsymbol{x}(t)) \\ & + \cdots + \frac{\partial V(\boldsymbol{x}(t))}{\partial x_n}f_n(\boldsymbol{x}(t))\end{aligned}$$

を得る。ベクトル記号を用いてこれを

$$\dot{V}(\boldsymbol{x}(t)) = V_{\boldsymbol{x}}(\boldsymbol{x}(t))\boldsymbol{f}(\boldsymbol{x}(t))$$

と表現する。したがって，$V(\boldsymbol{x}(t))$ が与えられたシステムの軌道に沿って増加しないという条件は，Ω 内のすべての $\boldsymbol{x}(t)$ について

$$\dot{V}(\boldsymbol{x}(t)) = V_{\boldsymbol{x}}(\boldsymbol{x}(t))\boldsymbol{f}(\boldsymbol{x}(t)) \leqq 0 \tag{3.6}$$

という条件式に置き換えられる。

リアプノフの安定判別法のためには，正定値関数の概念が重要である。

【定義 3.4】 $V(\boldsymbol{x}_e) = 0$ で，かつすべての $\boldsymbol{x} \neq \boldsymbol{x}_e$ について

$$V(\boldsymbol{x}) > 0 \tag{3.7}$$

となるとき，スカラ値関数 $V(\boldsymbol{x})$ は**正定**であるという†。

また，$V(\boldsymbol{x}) \geqq 0$ のとき，$V(\boldsymbol{x})$ は**準正定**，$V(\boldsymbol{x}) < 0$ のときは**負定**という。

【定義 3.5】 $\alpha(p)$ は連続で，かつ p に関して非減少関数で $\alpha(0) = 0$ とする。$V(\boldsymbol{x}_e) = 0$ で，かつすべての $\boldsymbol{x}$ について

$$V(\boldsymbol{x}) \geqq \alpha(\|\boldsymbol{x} - \boldsymbol{x}_e\|) \tag{3.8}$$

が成り立つような $\alpha(p)$ が存在するとき，かつそのときに限りスカラ値関数 $V(\boldsymbol{x})$ は正定である。

定義 3.4 と定義 3.5 とは等価である。このことはつぎのようにして確認できる。$\alpha(\|\boldsymbol{x} - \boldsymbol{x}_e\|)$ 自体が正定値関数だから，十分性（式 (3.8) → 式 (3.7)）は明らかである。それゆえ必要性を証明する。すなわち，$V(\boldsymbol{x}) > 0$ のとき式 (3.8) が成立するような $\alpha(p)$ が存在することを示す。十分大きい δ に対して

$$\alpha(p) = \min_{\boldsymbol{x}} V(\boldsymbol{x}), \quad p \leqq \|\boldsymbol{x} - \boldsymbol{x}_e\| \leqq \delta \tag{3.9}$$

とおくと，$\alpha(0) = 0$ であり，かつ α は連続な非減少関数である。$V(\boldsymbol{x})$ は連続で $\boldsymbol{x} \neq \boldsymbol{x}_e$ では非零だから，明らかに任意の $p > 0$ に対して $\alpha(p) > 0$ である。式 (3.7) が成り立つとき式 (3.9) が成立するので，$p = \|\boldsymbol{x} - \boldsymbol{x}_e\|$ とすると式 (3.8) つまり $V(\boldsymbol{x}) \geqq \alpha(\|\boldsymbol{x} - \boldsymbol{x}_e\|)$ が成り立つ。

---

† 通常は，$V(0) = 0$ かつ $V(x) > 0$，$\forall x \neq 0$ のとき正定という。しかし，任意の平衡点 x_e のリアプノフ安定性を論じるためには，このように定義しておくのが便利である。本節の記述は，$\boldsymbol{x}_e = \boldsymbol{0}$ とおけばすべて通常の表現になる。

定義 3.4 は正定性の自然な表現であるが，定義 3.5 による表現はリアプノフの定理を証明する上で好都合な解析的表現である。

一方，$V(\boldsymbol{x}_e)=0$ で $V(\boldsymbol{x})$ が連続のとき，$V(\boldsymbol{x}_e)=0$ で，かつすべての $\boldsymbol{x}$ で

$$V(\boldsymbol{x}) \leqq \alpha'(\|\boldsymbol{x}-\boldsymbol{x}_e\|) \tag{3.10}$$

となるような非減少関数 $\alpha'(p)$（$\alpha'(0)=0$）が存在する。

これはつぎのようにして確認できる。

$$\alpha'(p)=\max_{\boldsymbol{x}} V(\boldsymbol{x}), \quad \|\boldsymbol{x}-\boldsymbol{x}_e\| \leqq p \tag{3.11}$$

とおくと，$\alpha'(0)=0$ であり，かつ $\alpha'(p)$ は連続な非減少関数である。$V(\boldsymbol{x})$ は連続で $\boldsymbol{x} \neq \boldsymbol{x}_e$ では非零だから，明らかに任意の $p>0$ に対して $\alpha'(p)>0$ である。$V(\boldsymbol{x}) \leqq \alpha'(p)$ はつねに成立しているので，$p=\|\boldsymbol{x}-\boldsymbol{x}_e\|$ とおけば式 (3.10) が成り立つ。

さて，以下では自律システム

$$\dot{\boldsymbol{x}}(t)=\boldsymbol{f}(\boldsymbol{x}(t)), \quad ただし\ \boldsymbol{f}(\boldsymbol{x}_e)=\boldsymbol{0} \tag{3.12}$$

に対してリアプノフの直接法を説明する。自律システム (3.12) の平衡状態 $\boldsymbol{x}_e$ の安定性に関する**リアプノフの安定定理**[14)] は以下のとおりである。

【定理 3.1】（リアプノフ）　自律システム (3.12) の平衡状態 $\boldsymbol{x}_e$ は，その近傍 Ω において，つぎの条件を満たす連続微分可能なスカラ値関数 $V(\boldsymbol{x})$ が存在するとき，**安定**である。

(i)　$V(\boldsymbol{x})$ が正定である†。

(ii)　Ω 内の任意の軌道に対して $\dot{V}(\boldsymbol{x})$ は準負定である。

【注意 3.1】　(i) の $V(\boldsymbol{x})$ が正定であるという言明を「$V(\boldsymbol{x})$ は $\boldsymbol{x}_e$ において

---

† $V(\boldsymbol{x})$ が正定とは，定義 3.4 により，$V(\boldsymbol{x}_e)=0$ かつ $\boldsymbol{x} \neq \boldsymbol{x}_e$ のとき $V(\boldsymbol{x})>0$ となることを意味する。原点に平衡点 $\boldsymbol{x}_e$ を平行移動せず，リアプノフ関数は平衡点からの偏差の関数 $V(\boldsymbol{x})=\overline{V}(\boldsymbol{x}-\boldsymbol{x}_e)$ を用いているので，通常の正定の定義とは少し異なることに注意しよう。

唯一の最小点をもつ」と言い換えても，定理は成り立つ。このことについての詳細はルーエンバーガー[17)]を参照されたい。

(証明)　定義 3.1 に基づき，任意の正数 ε に対して正数 $\delta(\varepsilon)$ が存在し，$\|\boldsymbol{x}_0 - \boldsymbol{x}_e\| < \delta$ のとき $\|\boldsymbol{x}(t;\boldsymbol{x}_0,t_0) - \boldsymbol{x}_e\| < \varepsilon$ が成り立つことを示す。まず $V(\boldsymbol{x})$ の正定性より

$$\alpha(\|\boldsymbol{x} - \boldsymbol{x}_e\|) \leqq V(\boldsymbol{x}) \tag{3.13}$$

となるような非減少関数 $\alpha(\cdot)$ が存在する。

また，$V(\boldsymbol{x}_e) = 0$ で $V(\boldsymbol{x})$ は連続だから，式 (3.10) のところで述べたように

$$V(\boldsymbol{x}) \leqq \alpha'(\|\boldsymbol{x} - \boldsymbol{x}_e\|) \tag{3.14}$$

となるような非減少関数 $\alpha'(\cdot)$ が存在する。このとき，任意の正数 ε に対して

$$\alpha'(\delta) < \alpha(\varepsilon) \tag{3.15}$$

となるような正数 $\delta(\varepsilon)$ を選ぶことができる（図 **3.4** 参照）。そして，そのような δ に対して $\|\boldsymbol{x}_0 - \boldsymbol{x}_e\| < \delta$ を満たす初期状態 $\boldsymbol{x}_0$ を考えると

$$V(\boldsymbol{x}_0) \leqq \alpha'(\|\boldsymbol{x}_0 - \boldsymbol{x}_e\|) \leqq \alpha'(\delta) \tag{3.16}$$

が成り立つ。

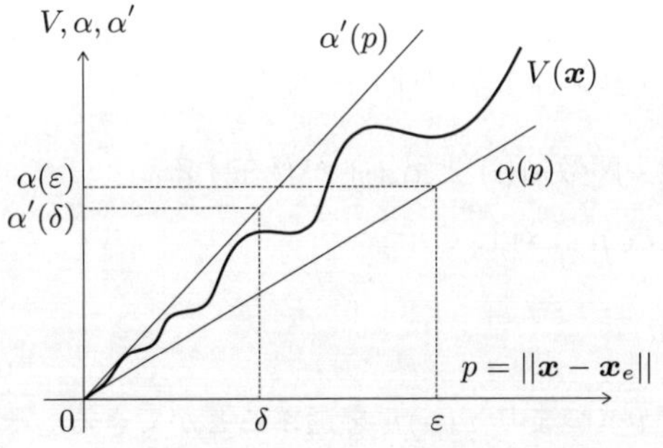

図 **3.4**　安定性の証明

そこで，上のような δ に対して初期状態 $\boldsymbol{x}_0$ を $\|\boldsymbol{x}_0 - \boldsymbol{x}_e\| < \delta$ となるようにとり，その解を $\boldsymbol{x}(t) \triangleq (\boldsymbol{x}(t; \boldsymbol{x}_0, t_0))$ とすると，$\dot{V}(\boldsymbol{x})$ の準負定性より

$$V(\boldsymbol{x}(t)) - V(\boldsymbol{x}_0) = \int_{t_0}^{t} \dot{V}(\boldsymbol{x}(\tau))d\tau \leqq 0, \quad \forall t \geqq t_0$$

であるから，$V(\boldsymbol{x}(t)) \leqq V(\boldsymbol{x}_0)$ が成り立つ。したがって，式 (3.13), (3.15), (3.16) より

$$\alpha(\|\boldsymbol{x}(t) - \boldsymbol{x}_e\|) < \alpha(\varepsilon)$$

を得るが，$\alpha(\cdot)$ は非減少関数だから，$\|\boldsymbol{x}_0 - \boldsymbol{x}_e\| < \delta$ のとき，すべての $t \geqq t_0$ で $\|\boldsymbol{x}(t) - \boldsymbol{x}_e\| < \varepsilon$ となる。 □

【定理 3.2】（リアプノフ）　自律システム (3.12) の平衡状態 $\boldsymbol{x}_e$ はその近傍 Ω において，つぎの条件を満たす連続微分可能なスカラ値関数 $V(\boldsymbol{x})$ が存在するならば，**漸近安定**である。

(i)　$V(\boldsymbol{x})$ が正定である。

(ii)　Ω 内の任意の軌道に対して $\dot{V}(\boldsymbol{x})$ が負定である。

（証明）　平衡状態 $\boldsymbol{x}_e$ の安定性は定理 3.1 より明らかである。そこで，$\boldsymbol{x}_e$ へ収束することを証明しよう。

$V(\boldsymbol{x})$ は正定，また $V(\boldsymbol{x}_e) = 0$ であり $V(\boldsymbol{x})$ は連続だから，式 (3.8) と式 (3.10) で示したように

$$\alpha(\|\boldsymbol{x} - \boldsymbol{x}_e\|) \leqq V(\boldsymbol{x}) \leqq \alpha'(\|\boldsymbol{x} - \boldsymbol{x}_e\|) \tag{3.17}$$

となるような非減少関数 $\alpha(\cdot)$ と $\alpha'(\cdot)$ が存在する。

また，任意の正数 μ に対して

$$\alpha'(\nu) < \alpha(\mu) \tag{3.18}$$

となるような正数 ν（つまり $\nu(\mu)$）を選ぶことができる。そして任意の正数 r に対して $\|\boldsymbol{x}_0 - \boldsymbol{x}_e\| < r$ なる初期状態 $\boldsymbol{x}_0$ を考える。明らかに式 (3.17) の右半分と $\alpha'(\cdot)$ の非減少性より次式が成り立つ。

$$V(\boldsymbol{x}_0) \leqq \alpha'(\|\boldsymbol{x}_0 - \boldsymbol{x}_e\|) \leqq \alpha'(r) \tag{3.19}$$

さて，もし $\|\boldsymbol{x}_0 - \boldsymbol{x}_e\| < r$ なる $\boldsymbol{x}_0$ より出発する解 $\boldsymbol{x}(t)$ が $\|\boldsymbol{x} - \boldsymbol{x}_e\| < \nu$ で定義される平衡点 $\boldsymbol{x}_e$ の近傍にけっして入ってこない（つまり $\|\boldsymbol{x}(t) - \boldsymbol{x}_e\| \geqq \nu$）と仮定すれば，$\dot{V}(\boldsymbol{x})$ の負定性から

$$\begin{aligned} V(\boldsymbol{x}) &= V(\boldsymbol{x}_0) + \int_{t_0}^{t} \dot{V}(\boldsymbol{x}(\tau))d\tau \\ &\leqq \alpha'(r) - \int_{t_0}^{t} \gamma(\|\boldsymbol{x}(\tau) - \boldsymbol{x}_e\|)d\tau \\ &\leqq \alpha'(r) - \gamma(\nu)(t - t_0) \end{aligned} \tag{3.20}$$

が成り立つ。ここで $\gamma(\cdot)$ は定義 3.5 の意味で負定性を定義する関数である†。しかし，この不等式は $t \geqq t_0 + \alpha'(r)/\gamma(\nu)$ のとき $V(\boldsymbol{x}(t)) \leqq 0$ となり，$V(\boldsymbol{x}(t))$ の正定性（つまり $0 < \alpha(\nu) \leqq \alpha(\|\boldsymbol{x}(t) - \boldsymbol{x}_e\|) \leqq V(\boldsymbol{x}(t))$）に矛盾する。したがって，$t_0 \leqq t \leqq t_0 + \alpha'(r)/\gamma(\nu)$ 内のある時刻 $\bar{t}$ で，解 $\boldsymbol{x}(t)$ は必ず $\|\boldsymbol{x}(\bar{t}) - \boldsymbol{x}_e\| < \nu$ となるはずである。

定理 3.1 の安定性の証明を $\boldsymbol{x}(\bar{t})$ を初期条件として繰り返せば，$\|\boldsymbol{x}(\bar{t}) - \boldsymbol{x}_e\| < \nu$ のとき，これはすべての $t \geqq \bar{t}$ で $\|\boldsymbol{x}(t) - \boldsymbol{x}_e\| < \mu$ となることを意味する。$T = \alpha'(r)/\gamma(\nu)$ は r と $\nu(\mu)$ によって決まり，以上の議論は任意の r と μ に対して成立するから，平衡状態 $\boldsymbol{x}_e$ は漸近安定である。 □

定理 3.1，定理 3.2 の証明において明らかなように，自律システムの安定性，漸近安定性は初期時刻 t_0 に依存しない。

自律システムの漸近安定性については，つぎの LaSalle の定理によって導関数 $\dot{V}(\boldsymbol{x})$ に関する条件を弱めることができる[15)]。

【定理 3.3】（LaSalle） 定理 3.2 における条件 (ii) の代わりにつぎの条件が成り立てば，式 (3.12) の平衡状態 $\boldsymbol{x}_e$ は**漸近安定**である。

(ii)′ $\dot{V}(\boldsymbol{x})$ が準負定であって，しかも $\boldsymbol{x} \neq \boldsymbol{x}_e$ なる解 $\boldsymbol{x}(t)$ に沿っては $\dot{V}(\boldsymbol{x})$ が恒等的には零にならない。

† 定義 3.5 と同様にして，$\dot{V}(x)$ が負定ならば，$\dot{V}(x_e) = 0$ で $\dot{V}(x) \leqq -\gamma(\|x - x_e\|)$ となるような非減少関数 $\gamma(p)$（$\gamma(0) = 0$）が存在する。

(証明)　$V(\boldsymbol{x})$ の正定性と $\dot{V}(\boldsymbol{x})$ の準負定性より

$$-V(\boldsymbol{x}_0) \leqq \int_{t_0}^{t} \dot{V}(\boldsymbol{x}(\tau))d\tau \leqq 0$$

なる関係が成り立つ。この関係式は準負定の $\dot{V}(\boldsymbol{x}(t))(\leqq 0)$ の積分値がいかなる $t \geqq t_0$ に対しても下に有界であることを示している。したがって，$t \to \infty$ では $\dot{V}(\boldsymbol{x}(t)) \to 0$ でなければならない。一方，条件 (ii)$'$ により $\dot{V}(\boldsymbol{x}(t)) = 0$ が恒等的に成り立つのは $\boldsymbol{x}(t) = \boldsymbol{x}_e$ のときに限られる。したがって，$t \to \infty$ では $\boldsymbol{x}(t; \boldsymbol{x}_0, t_0) \to \boldsymbol{x}_e$ となる。 □

【定理 3.4】　定理 3.2（または定理 3.3）のリアプノフ関数 $V(\boldsymbol{x})$ がすべての $\boldsymbol{x}$ に対して存在し，しかもさらに

(iii)　$\|\boldsymbol{x} - \boldsymbol{x}_e\| \to +\infty$ のとき，$V(\boldsymbol{x}) \to +\infty$

なる性質を有するとき，自律システム (3.12) の平衡状態 $\boldsymbol{x}_e$ は**大域的漸近安定**である。

(証明)　省略 □

3.2.2　線形システムに対するリアプノフの安定定理

つぎの線形時不変系を考えよう。

$$\dot{\boldsymbol{x}}(t) = A\boldsymbol{x}(t) \tag{3.21}$$

A が正則のとき，平衡状態 $\boldsymbol{x}_e$ は原点 $\boldsymbol{x} = \mathbf{0}$ に限られる。このとき，線形システムにおいて原点が漸近安定とは，大域的漸近安定を意味する。

リアプノフの安定定理を線形システムに適用してみよう。この場合には，リアプノフの安定定理は，原点が漸近安定であるための必要十分条件を与える。

【定理 3.5】（線形システムのリアプノフの安定定理）　線形システム (3.21) の原点 $\boldsymbol{x} = \mathbf{0}$ が漸近安定であるための必要十分条件は，任意に与えられた正定行列 $Q > 0$ に対して，リアプノフ方程式

$$A^T P + PA = -Q \tag{3.22}$$

を満たす一意的な正定解 $P > 0$ が存在することである。

(証明)　［十分性］ 式 (3.22) を満たす正定行列 P と Q が存在するとする。

リアプノフ関数として $V(\boldsymbol{x}) = \boldsymbol{x}^T P \boldsymbol{x}$ を選ぶ。このとき

$$V(\boldsymbol{x}) > 0, \quad \forall \boldsymbol{x} \neq 0$$

が成り立ち，$V(\boldsymbol{x})$ は正定である。また，$\dot{V}(\boldsymbol{x})$ は

$$\begin{aligned}\dot{V}(\boldsymbol{x}) &= \dot{\boldsymbol{x}}^T P \boldsymbol{x} + \boldsymbol{x}^T P \dot{\boldsymbol{x}} \\ &= \boldsymbol{x}^T (A^T P + PA) \boldsymbol{x} \\ &= -\boldsymbol{x}^T Q \boldsymbol{x} < 0, \quad \forall \boldsymbol{x} \neq 0\end{aligned}$$

となり，負定である。したがって，定理 3.2 より原点は漸近安定である。さらに $\| \boldsymbol{x} \| \to \infty$ のとき，$V(\boldsymbol{x}) \to \infty$ だから，原点は大域的に漸近安定でもある。

［必要性］ $M = \int_0^\infty e^{A^T t} Q e^{At} dt$ とおく。このとき，次式が成り立つ。

$$\begin{aligned}A^T M + MA &= \int_0^\infty (A^T e^{A^T t} Q e^{At} + e^{A^T t} Q e^{At} A) dt \\ &= \int_0^\infty \frac{d}{dt} (e^{A^T t} Q e^{At}) dt = \left[e^{A^T t} Q e^{At} \right]_0^\infty\end{aligned}$$

原点は漸近安定だから $\lim_{t \to \infty} e^{At} = 0$ であり

$$A^T M + MA = -Q$$

となる。M は式 (3.22) の解なので，以後 M を P とおく。

Q は正定なので

$$\int_0^\infty \boldsymbol{x}^T(t) Q \boldsymbol{x}(t; \overline{W}) dt > 0$$

が成り立つ。式 (3.22) を代入すると

$$-\int_0^\infty \boldsymbol{x}^T(t) (A^T P + PA) \boldsymbol{x}(t; \overline{W}) dt > 0$$

となる。したがって

$$-\int_0^\infty \frac{d}{dt}(\boldsymbol{x}^T(t)P\boldsymbol{x}(t;\overline{W}))dt = -\left[\boldsymbol{x}^T(t)P\boldsymbol{x}(t;\overline{W})\right]_0^\infty > 0$$

が成り立つ。$\lim_{t\to\infty} \boldsymbol{x}(t;\overline{W}) \to 0$ より，$\boldsymbol{x}^T(0)P\boldsymbol{x}(0) > 0$ を得る。$\boldsymbol{x}(0)$ は任意の値をとるので

$$P = \int_0^\infty e^{A^T t} Q e^{At} dt$$

は正定である。

つぎに

$$\int_0^\infty e^{A^T t} Q e^{At} dt$$

以外にも解があるものとして，それを $\overline{P}$ とおくと

$$A^T\overline{P} + \overline{P}A = -Q$$

が成り立つ。このとき

$$\begin{aligned}\int_0^\infty e^{A^T t} Q e^{At} dt &= \int_0^\infty e^{A^T t}(-A^T\overline{P} - \overline{P}A)e^{At} dt \\ &= \int_0^\infty \frac{d}{dt}(-e^{A^T t}\overline{P}e^{A^T t})dt = \left[-e^{A^T t}\overline{P}e^{A^T t}\right]_0^\infty = \overline{P}\end{aligned}$$

となり，つまり $P = \overline{P}$ となった。ゆえに解は一意である。　□

リアプノフ方程式 (3.22) は

$$A^TP + PA < 0$$

とも書き，これはリアプノフ不等式とも呼ばれる。

つぎに，可検出性を応用してリアプノフの安定定理を改良した結果を述べる(文献 11),8) を参照)。この定理は，出力フィードバックによる安定化制御を考えるとき重要である。

【定理 3.6】 $\{A, C\}$ を可検出† とする。A が漸近安定であるための必要十分条件は，リアプノフ方程式

$$A^T P + PA = -C^T C \tag{3.23}$$

を満たす一意的な準正定解 $P \geqq 0$ が存在することである。

（証明） ［必要性］ A が安定ならば，定理 3.5 と同様にして，$P \geqq 0$ の存在を証明できる。

［十分性］ 対偶をとって証明する。A が安定でないとすると，不安定な固有値 λ^+ が存在して，次式が成り立つ。

$$A\boldsymbol{\xi} = \lambda^+ \boldsymbol{\xi}, \quad \mathrm{Re}[\lambda^+] \geqq \mathbf{0}, \quad \boldsymbol{\xi} \neq \mathbf{0} \tag{3.24}$$

このとき，式 (3.23) の前から $\boldsymbol{\xi}^*$（* は共役転置を表す），後ろから $\boldsymbol{\xi}$ をかけると

$$\boldsymbol{\xi}^* A^T P \boldsymbol{\xi} + \boldsymbol{\xi}^* PA\boldsymbol{\xi} = -\boldsymbol{\xi}^* C^T C \boldsymbol{\xi}$$

となる。これから，$(2\mathrm{Re}[\lambda^+])\boldsymbol{\xi}^* P \boldsymbol{\xi} = -\boldsymbol{\xi}^* C^T C \boldsymbol{\xi}$ となる。

---

† **［可検出性］**[8)] システム $\dot{\boldsymbol{x}}(t) = A\boldsymbol{x}(t)$，$\boldsymbol{x}(0) = \boldsymbol{x}_0$，$\boldsymbol{y}(t) = C\boldsymbol{x}(t)$ を考える。$\boldsymbol{y}(t) = Ce^{At}\boldsymbol{x}_0$ において $\boldsymbol{y}(t) = \mathbf{0}$（$t \geqq 0$）のとき，$\boldsymbol{x}_0 = \mathbf{0}$ あるいは $\lim_{t\to\infty} \boldsymbol{x}(t) = \mathbf{0}$ が成立するならば，$\{A, C\}$ は**可検出**という。または，$A \in R^{n\times n}$，$C \in R^{m\times n}$ のとき，行列 $A - GC$ が漸近安定であるような $G \in R^{n\times m}$ が存在するならば，$\{A, C\}$ は可検出という。つぎの三つの性質は等価である[8),22)]。

(1) $\{A, C\}$ は可検出である。

(2) すべての $\mathrm{Re}[\lambda] \geqq 0$ なる複素数 λ に対して，つぎの関係が成り立つ。

$$\mathrm{rank}\begin{bmatrix} A - \lambda I \\ C \end{bmatrix} = n$$

(3) A, C を正則変換 T によって

$$\overline{A} = TAT^{-1} = \begin{bmatrix} \overline{A}_{11} & O \\ \overline{A}_{21} & \overline{A}_{22} \end{bmatrix}, \quad \overline{C} = CT^{-1} \begin{bmatrix} \overline{C}_1 & O \end{bmatrix}$$

と変換したとき，$\{\overline{A}_{11}, \overline{C}_1\}$ は可観測，かつ $\overline{A}_{22}$ は漸近安定な行列である。ただし，可観測行列 Q が $\mathrm{rank}\, Q = n_c < n$ であったとき，$\overline{A}_{11} \in R^{n_c \times n_c}$，$\overline{A}_{22} \in R^{(n-n_c)\times(n-n_c)}$ である。

一方，仮定から $P \geqq 0$，$\mathrm{Re}[\lambda^+] \geqq 0$ だから，$C\boldsymbol{\xi} = 0$ を得る。これと式 (3.24) から

$$A\boldsymbol{\xi} = \lambda^+\boldsymbol{\xi}, \quad C\boldsymbol{\xi} = 0, \quad \mathrm{Re}[\lambda^+] \geqq 0, \quad \boldsymbol{\xi} \neq \mathbf{0}$$

となる。これは $\{A, C\}$ の可検出性に矛盾する。 □

3.2.3 リアプノフ関数の構成法（Zubov の方法）

ここではリアプノフ関数を構成するための Zubov の方法[28),4),18),12)]について述べる。平衡状態 $\boldsymbol{x}_e$ の漸近安定性に関するリアプノフの定理 3.2 は，平衡状態の近傍が存在し，その領域から出発するいかなる解も平衡状態に収束することを保証している。しかし，この定理はそのような近傍の存在を示しているだけであって，その近傍がどれくらいの広がりをもっているかについてはなんら定量的評価を与えていない。漸近安定領域の推定を与えるためには，つぎのような認識が役に立つ。

> 自律システム (3.12) に対し，連続微分可能なスカラ値関数 $V(\boldsymbol{x})$ が存在し，平衡状態 $\boldsymbol{x}_e$ を含む領域 $\Re = \{\boldsymbol{x} | V(\boldsymbol{x}) \langle R,\ R \rangle 0\}$ が有界で，$\Re$ において
>
> (i) $V(\boldsymbol{x})$ が正定である。
>
> (ii) $\dot{V}(\boldsymbol{x})$ が負定である。
>
> が成り立つならば，$\Re$ は漸近安定領域の部分集合である。

この領域 $\Re$ を**漸近安定部分領域**と呼ぶ。この部分領域がリアプノフ関数 $V(\boldsymbol{x})$ によって異なることは明らかである。また，リアプノフ関数 $V_1(\boldsymbol{x}), V_2(\boldsymbol{x})$ から求まる漸近安定部分領域をそれぞれ $\Re_1, \Re_2$ とすると，$\Re_1$ と $\Re_2$ の和集合 $\Re_1 \cup \Re_2$ もまた漸近安定部分領域となる。

Zubov の逐次近似法[18),12)]　さて，Zubov の方法は，解軌道に沿ったリアプノフ関数の導関数を指定した後リアプノフ関数自体を求めるというもので

あり，理論上は平衡点の漸近安定領域を正確に与えることができる。以下では，自律システム (3.12) の $\boldsymbol{x}_e$ が漸近安定であるとし，その漸近安定領域を D，境界を ∂D と表す。

リアプノフ関数 $V(\boldsymbol{x})$ のシステム (3.12) の解軌道に沿った導関数を

$$\dot{V}(\boldsymbol{x}) = -K_1(\boldsymbol{x}) \tag{3.25}$$

とおく。ただし，$K_1(\boldsymbol{x})$ は正定値関数とする。

つぎに偏微分方程式

$$\sum_{i=1}^{n} \frac{\partial V(\boldsymbol{x})}{\partial x_i} f_i(\boldsymbol{x}) = -K_1(\boldsymbol{x}) \tag{3.26}$$

を解き，解 $V(\boldsymbol{x})$ を求めると，つぎの定理が成り立つ。

【定理 3.7】　自律システム (3.12) の平衡点 $\boldsymbol{x}_e$ が漸近安定であり，その漸近安定領域が有界集合 D であるとする。このとき $\boldsymbol{x}_e$ を含む有界集合 A が存在し，A においてつぎの性質を満たすリアプノフ関数が存在するならば，A は D に一致する。

(i)　$V(\boldsymbol{x})$ は正定である。

(ii)　式 (3.26) を満たす正定値関数 $K_1(\boldsymbol{x})$ が存在する。

(iii)　$\boldsymbol{x} \to \partial A$ のとき $V(\boldsymbol{x}) \to \infty$ である。

なお，$\|\boldsymbol{x} - \boldsymbol{x}_e\| \to \infty$ のとき $V(\boldsymbol{x}) \to +\infty$ ならば，$D = R^n$，すなわち平衡点 $\boldsymbol{x}_e$ は大域的漸近安定である。

（証明）　省略。文献 28), 24) を参照。　□

この定理は，まずリアプノフ関数の導関数を定めて偏微分方程式 (3.26) を解くことにより，漸近安定性とその領域が求まることを意味している。しかし，理論的にはそうであっても，実際に式 (3.26) を解くことは一般にきわめて難しい。より実際的な方法は，定理 3.7 を修正した，つぎの定理に基づく逐次近似法である。

【定理 3.8】　自律システム (3.12) の平衡点 $\boldsymbol{x}_e$ が漸近安定であり，有界な漸近安定領域を D とする。このとき，正定値関数 $K_2(\boldsymbol{x})$ に対して

$$\sum_{i=1}^{n} \frac{\partial v(\boldsymbol{x})}{\partial x_i} f_i(\boldsymbol{x}) = -K_2(\boldsymbol{x})(1 - v(\boldsymbol{x})) \tag{3.27}$$

を満たすリアプノフ関数 $v(\boldsymbol{x})$ が $\boldsymbol{x}_e$ を含むある領域 A において存在し

$$\boldsymbol{x} \to \partial A \quad \text{のとき} \quad v(\boldsymbol{x}) \to 1$$

となる場合，$A = D$ となる。

(証明)　式 (3.27) に $v(\boldsymbol{x}) = 1 - e^{-V(\boldsymbol{x})}$ なる関係を代入すれば導かれる。 □

さて，偏微分方程式 (3.26), (3.27) は一般には容易に解けないので，近似的に解くことを考えよう。ただし，以下では記述簡単化のため一般性を失うことなく平衡点は原点（$\boldsymbol{x}_e = \boldsymbol{0}$）と仮定する。まず，システム (3.12) の非線形特性が状態変数 $\boldsymbol{x}$ の各成分について，べき級数展開（多くの場合，有限次）で表されるものとする。すなわち，微分方程式 (3.12) の右辺の線形部分を分離して

$$\dot{\boldsymbol{x}}(t) = A\boldsymbol{x}(t) + \boldsymbol{p}(\boldsymbol{x}) \qquad (\boldsymbol{f}(\boldsymbol{0}) = \boldsymbol{0}) \tag{3.28}$$

とする。ここで，$A \in R^{n \times n}$ は $\boldsymbol{x}_e$ で式 (3.12) を線形化した項の係数行列であり，$\boldsymbol{p}(\boldsymbol{x})$ は変数 x_i の 2 次以上のべきを含むべき級数展開である。

つぎに，式 (3.27) において $K_2(\boldsymbol{x})$ を正定 2 次形式とし，リアプノフ関数としてべき展開形

$$v(\boldsymbol{x}) = v_2(\boldsymbol{x}) + v_3(\boldsymbol{x}) + \cdots \tag{3.29}$$

を用いる。ここで，$v_i(\boldsymbol{x})$ は変数 x_j（$j = 1, \cdots, n$）に対する i 次斉次代数式である†。

式 (3.28), (3.29) を関係式 (3.27) に代入すると

† 例えば $n = 2$，$\boldsymbol{x} = (x_1, x_2)^T$ のとき

$$v_2(\boldsymbol{x}) = a_{11}x_1^2 + a_{12}x_1x_2 + a_{22}x_2^2$$
$$v_3(\boldsymbol{x}) = b_{11}x_1^3 + b_{12}x_1^2x_2 + b_{21}x_1x_2^2 + b_{22}x_2^3$$

$$\frac{\partial v(\boldsymbol{x})}{\partial \boldsymbol{x}}A\boldsymbol{x} = -K_2(\boldsymbol{x})(1-v(\boldsymbol{x})) - \frac{\partial v(\boldsymbol{x})}{\partial \boldsymbol{x}}\boldsymbol{p}(\boldsymbol{x}) \tag{3.30}$$

となる。このとき，右辺の $\partial v_i/\partial x_j$ が $(i-1)$ 次の斉次代数式となることから，両辺の等べきの等式を低次より順に求めることによって，$v_2, v_3, v_4, \cdots$ が求まる。つまり，両辺の等べきの項を比較することにより

$$\frac{\partial v_2(\boldsymbol{x})}{\partial \boldsymbol{x}}A\boldsymbol{x} = -K_2(\boldsymbol{x}) \tag{3.31}$$

$$\frac{\partial v_m(\boldsymbol{x})}{\partial \boldsymbol{x}}A\boldsymbol{x} = R_m(\boldsymbol{x}), \quad m = 3, 4, \cdots \tag{3.32}$$

となる。ここで，$R_m(\boldsymbol{x})$ は式 (3.30) の右辺の m 次斉次代数式である。

式 (3.31), (3.32) がリアプノフ関数を求める漸化式である。したがって，第 m 項までの和

$$v^{(m)}(\boldsymbol{x}) \triangleq v_2(\boldsymbol{x}) + \cdots + v_m(\boldsymbol{x}) \tag{3.33}$$

によって，漸近安定部分領域

$$D^{(m)} = \{\boldsymbol{x} \,|\, 0 \leqq v^{(m)}(\boldsymbol{x}) < 1\}$$

を求めることができる。しかしながら，$D^{(m)} \subset D^{(m+1)}$ は一般には成り立たないことに注意する。

3.3　不変集合の安定性とリアプノフの直接法の一般化

ここでは，不変集合の概念 [16),17),4),5),9)] を導入することにより，一般化されたリアプノフの安定性理論について述べる。これは時不変システムのときにだけ成り立つ。リアプノフ関数 $V(\boldsymbol{x})$ を見つけることができたが，$\dot{V}(\boldsymbol{x})$ がある $\boldsymbol{x}$ では $\dot{V}(\boldsymbol{x}) < 0$ となるものの $\dot{V}(\boldsymbol{x}) = 0$ となるときもある場合には，定理 3.1 より安定性が確認できるのみであり，それ以上のことはいえない。しかしながら，不変集合の概念を導入すると，同じリアプノフ関数により漸近安定性を結論できることが多い。そこで，不変集合を用いてリアプノフ関数の概念を拡張する。まず，不変集合の定義を述べよう。

【定義 3.6】　集合 Ω がシステムの**不変集合**であるとは，$t = t_0$ で $\boldsymbol{x}_0 \in \Omega$ から出発する解 $\boldsymbol{x}(t; \boldsymbol{x}_0, t_0)$ が $t \geqq t_0$ においてもつねに Ω に属することである（平衡点やリミットサイクルは不変集合である）。

【定理 3.9】（LaSalle の不変性原理）　$V(\boldsymbol{x})$ を連続微分可能なスカラ値関数とする。コンパクト集合 $\Omega_s \triangleq \{\boldsymbol{x} | V(\boldsymbol{x}) \leqq s\}$ をシステム (3.5) に関する不変集合と定義し，Ω_s の中では $\dot{V}(\boldsymbol{x}) \leqq 0$ と仮定する。集合 Ω_E を，$\dot{V}(\boldsymbol{x}) = 0$ を満たす Ω_s の点のすべてからなる集合，つまり $\Omega_E \triangleq \{\boldsymbol{x} | \dot{V}(\boldsymbol{x}) = 0,\ \boldsymbol{x} \in \Omega_s\}$ とし，Ω_E 内の最大の不変集合を Ω_M とする。このとき，Ω_s のすべての軌道は $t \to \infty$ のとき Ω_M に収束する。

（証明）　$\dot{V}(\boldsymbol{x}(t)) \leqq 0$ の条件より，V は時間に関して非増加関数となる。それゆえ，$t = 0$ で Ω_s の中から出発する任意の軌道が Ω_s の外へ出ることはない。$\boldsymbol{x}(t)$ に沿って $V(\boldsymbol{x}(t))$ は単調非増加で，また Ω_s が有界であることから，$t \to \infty$ のとき，上から単調に $V(\boldsymbol{x}(t)) \to s_\infty$（$s_\infty < s$）となる。つまり，$\boldsymbol{x}(t)$ は Ω_s 内の集合 Ω_{s_∞} に収束する。$\Omega_{s_\infty} \subset \Omega_s$ であり，Ω_{s_∞} 上では $\dot{V}(\boldsymbol{x}) = 0$ である。したがって Ω_{s_∞} は Ω_E に含まれる。また，Ω_{s_∞} は Ω_E に含まれる不変集合だから，Ω_{s_∞} は Ω_M の中にある。よって，$t \to \infty$ のとき，軌道 $\boldsymbol{x}(t)$ は Ω_M に収束する。　□

この定理は，システムの解析上きわめて強力な道具である。これはリアプノフの安定定理を特別な場合として含むだけでなく，しばしばそれ以上の結果をもたらす。

定理 3.9 は，スカラ値関数 $V(\boldsymbol{x}(t))$ が下限をもち，$\boldsymbol{x}(t)$ において $\dot{V}(\boldsymbol{x}(t)) \leqq 0$ がつねに成り立てば $\dot{V}(\boldsymbol{x}) = 0$ の点に収束することをいっている。リアプノフの定理とは異なり，ここでは $V(\boldsymbol{x})$ が正定値関数であることを仮定していない。この定理はリアプノフの安定定理を含んでいることになる。定理 3.9 において，集合 Ω_M が 1 点になるとき，Ω_s の中から始まる軌道は $t \to \infty$ のとき，この点に収束することになる。このことを定理の形で与えておく。

【系 3.1】（LaSalle の不変性原理に基づく漸近安定性） $V(\boldsymbol{x})$ は平衡点 $\boldsymbol{x}_e = \boldsymbol{0}$ を含むコンパクト集合 $\Omega_s \triangleq \{\boldsymbol{x}|V(\boldsymbol{x}) \leqq s\}$ 上で定義された連続微分可能な正定値関数であり，$\dot{V}(\boldsymbol{x}(t)) \leqq 0$ とする。さらに，$\Omega_E \triangleq \{\boldsymbol{x}|\dot{V}(\boldsymbol{x}) = 0,\ \boldsymbol{x} \in \Omega_s\}$ とし，$\boldsymbol{x}(t) \equiv \boldsymbol{0}$ 以外の解で Ω_E に留まり続ける解はないと仮定する。このとき，$\boldsymbol{x}_e = \boldsymbol{0}$ は漸近安定であり，Ω_s のすべての軌道は $t \to \infty$ のとき平衡点 $\boldsymbol{x}_e = \boldsymbol{0}$ に収束する。

（証明） 定理 3.9 において集合 Ω_M が平衡点 $\boldsymbol{x}_e$ のみであることからいえる。 □

3.4 線形化システムに基づくリアプノフ安定判別法（リアプノフの間接法）

ここでは，線形化システムの原点の安定性と元の非線形システムの原点の安定性の関係を述べる。自律システム

$$\dot{\boldsymbol{x}}(t) = \boldsymbol{f}(\boldsymbol{x}(t)),\quad \boldsymbol{x}(0) = \boldsymbol{x}_0 \tag{3.34}$$

を考える。ただし $\boldsymbol{f}(\boldsymbol{x})$ は連続微分可能であり，$\boldsymbol{f}(\boldsymbol{0}) = \boldsymbol{0}$ と仮定する。$\boldsymbol{f}(\boldsymbol{0}) = \boldsymbol{0}$ に注目して $\boldsymbol{f}(\boldsymbol{x})$ を原点近傍でテーラー展開すると

$$\boldsymbol{f}(\boldsymbol{x}) = F\boldsymbol{x} + \boldsymbol{g}(\boldsymbol{x}),\quad F \triangleq \left.\frac{\partial \boldsymbol{f}(\boldsymbol{x})}{\partial \boldsymbol{x}}\right|_{\boldsymbol{x}=\boldsymbol{0}}$$

を得る。ここで，$F\boldsymbol{x}$ はテーラー展開の 1 次項，$\boldsymbol{g}(\boldsymbol{x})$ は 2 次以上の高次項を表しており，$\displaystyle\lim_{\|\boldsymbol{x}\|\to 0} \frac{\|\boldsymbol{g}(\boldsymbol{x})\|}{\|\boldsymbol{x}\|} = 0$，つまり十分小さい正数 r に対して $\|\boldsymbol{x}\| < r$ のとき

$$\|\boldsymbol{g}(\boldsymbol{x})\| \leqq k \|\boldsymbol{x}\| \tag{3.35}$$

を満たす正数 k が存在する。原点近傍では $\|\boldsymbol{x}\|\,\delta(\boldsymbol{x}) \simeq 0,\ \displaystyle\lim_{\boldsymbol{x}\to\boldsymbol{0}} \delta(\boldsymbol{x}) = 0$ なので，元の非線形システム (3.34) の状態 $\boldsymbol{x}(t)$ は，原点近傍では，つぎの線形システム

$$\dot{\boldsymbol{x}}(t) = F\boldsymbol{x}(t),\quad F = \frac{\partial \boldsymbol{f}(\boldsymbol{0})}{\partial \boldsymbol{x}} \tag{3.36}$$

の状態 $\boldsymbol{x}(t)$ と同じような動きをすると予想される。実際，つぎのような定理を得る[9)]。

【定理 3.10】　線形化システム (3.36) の原点が漸近安定，つまり F のすべての固有値が複素開左半平面に存在するならば，非線形システム (3.34) の原点は漸近安定である。

(証明)　F が漸近安定であるとき，つまり F のすべての固有値が複素開左半平面にあるとき

$$PF + F^T P = -I$$

を満たす正方行列 P が存在する。この P によりリアプノフ関数を

$$V(\boldsymbol{x}) = \boldsymbol{x}^T P \boldsymbol{x}$$

と定め，その時間微分をシステム (3.34) に沿って計算すると

$$\begin{aligned}\dot{V}(\boldsymbol{x}) &= \boldsymbol{x}^T P \dot{\boldsymbol{x}} + \dot{\boldsymbol{x}}^T P \boldsymbol{x} \\ &= \boldsymbol{x}^T P(F\boldsymbol{x} + \boldsymbol{g}(\boldsymbol{x})) + (F\boldsymbol{x} + \boldsymbol{g}(\boldsymbol{x}))^T P \boldsymbol{x} \\ &= -\boldsymbol{x}^T \boldsymbol{x} + 2\boldsymbol{x}^T P \boldsymbol{g}(\boldsymbol{x})\end{aligned}$$

を得る。式 (3.35) から十分小さい r に対して $\| \boldsymbol{x} \| < r$ のとき

$$\| \boldsymbol{g}(\boldsymbol{x}) \| \leqq k \| \boldsymbol{x} \| = \frac{1}{4 \| P \|} \| \boldsymbol{x} \|$$

とすることができる。これから $\| 2\boldsymbol{x}^T P \boldsymbol{g}(\boldsymbol{x}) \| \leqq \dfrac{1}{2}\boldsymbol{x}^T \boldsymbol{x}$ が成立し，したがって $\| \boldsymbol{x} \| < r$ のとき

$$\dot{V}(\boldsymbol{x}) \leqq -\frac{1}{2}\boldsymbol{x}^T \boldsymbol{x}$$

であり，非線形システム (3.34) の平衡点 $\boldsymbol{x}_e = \boldsymbol{0}$ は漸近安定である。　□

この定理より，非線形システムの安定性を判別するためには，リアプノフ関数を探すことなく，線形化システムの安定性を調べれば十分である。この安定

判別の方法は**リアプノフの間接法**と呼ばれる。定理 3.10 は 2.1 節で述べた第 1 次近似における安定性の原理と同じである。

この定理 3.10 は，漸近安定を指数安定へ拡張することができる（文献 6) の定理 4.8 を参照)。

3.5 制御リアプノフ関数

与えられたシステムの安定性を解析することよりも，リアプノフ関数を用いて所望の安定特性をもつ閉ループ制御系を設計したいことのほうが多い。そのために，ここでは**制御リアプノフ関数**（**cLf**）[10] と呼ばれるリアプノフ関数の概念の一般化を行う。

問題はつぎのような動的システム

$$\dot{\boldsymbol{x}}(t) = \boldsymbol{f}(\boldsymbol{x}(t), \boldsymbol{u}(t)), \quad \boldsymbol{x}(t) \in R^n,\ \boldsymbol{u}(t) \in R^r \tag{3.37}$$

$$\boldsymbol{f}(\boldsymbol{x}_e, \boldsymbol{u}_e) = \boldsymbol{0} \tag{3.38}$$

に対して状態フィードバック $\boldsymbol{u}(t) = \boldsymbol{\alpha}(\boldsymbol{x}(t))$ を設計することである。ここで $\boldsymbol{u}_e$ は平衡状態 $\boldsymbol{x}_e$ に対応した制御入力である。このとき，閉ループ系

$$\dot{\boldsymbol{x}}(t) = \boldsymbol{f}(\boldsymbol{x}(t), \boldsymbol{\alpha}(\boldsymbol{x}(t))) \tag{3.39}$$

の平衡点 $\boldsymbol{x} = \boldsymbol{x}_e$ が漸近安定となるような状態フィードバック制御則 $\boldsymbol{u}(t) = \boldsymbol{\alpha}(\boldsymbol{x}(t))$ を求めたい。そのために，まず，リアプノフ関数として正定な $V(\boldsymbol{x})$ を選び，式 (3.39) の解に沿って $\dot{V}(\boldsymbol{x}) \leqq -\rho(\boldsymbol{x})$（$\rho(\boldsymbol{x})$ は正定値関数）となるようにしなければならない。それゆえ，すべての $\boldsymbol{x} \in R^n$ に対して

$$V_{\boldsymbol{x}}(\boldsymbol{x})\boldsymbol{f}(\boldsymbol{x}, \boldsymbol{\alpha}(\boldsymbol{x})) \leqq -\rho(\boldsymbol{x}) \tag{3.40}$$

が満たされるような $\boldsymbol{\alpha}(\boldsymbol{x})$ を見つけなければならない。これはたいへん難しい仕事である。安定化制御則 $\boldsymbol{\alpha}(\boldsymbol{x})$ は存在するかもしれないが，不適切な $V(\boldsymbol{x})$ と $\rho(\boldsymbol{x})$ を選択してしまうと，式 (3.40) は満たされない。適切な $V(\boldsymbol{x})$ と $\rho(\boldsymbol{x})$ を選ぶことができるシステムは，制御リアプノフ関数をもつといわれる。

【定義 3.7】　連続微分可能なスカラ値関数 $V(\boldsymbol{x})$ が正定で，$\|\boldsymbol{x}-\boldsymbol{x}_e\| \to +\infty$ のとき $V(\boldsymbol{x}) \to +\infty$ となり，つぎの条件を満たすとき，$V(\boldsymbol{x})$ はシステム (3.37) に対する**制御リアプノフ関数**という。

$$\inf_{\boldsymbol{u}\in R^r} \{V_{\boldsymbol{x}}(\boldsymbol{x})\boldsymbol{f}(\boldsymbol{x},\boldsymbol{u})\} < 0, \quad \forall \boldsymbol{x} \neq \boldsymbol{x}_e \tag{3.41}$$

この定義は，つぎのように解釈できる。すなわち，どのような $\boldsymbol{x}$ に対してもそのエネルギー関数である $V(\boldsymbol{x})$ の時間微分が負になるような $\boldsymbol{u}$ が存在することから，そのような $\boldsymbol{u}$ を加え続けることによって，$V(\boldsymbol{x})$ をつねに減少させることができ，結果として安定性が得られる。このような制御リアプノフ関数が見つかれば，$\boldsymbol{x}_e$ は安定化できる。

制御リアプノフ関数を獲得する手段として，状態フィードバックを用いる場合を考えよう。状態フィードバック制御則として $\boldsymbol{u}(t) = \boldsymbol{\alpha}(\boldsymbol{x}(t))$ を与えるものとする。そして，制御リアプノフ関数，すなわち定義 3.7 を満たす関数 $V : R^n \to R$ をとる。その V が式 (3.41) を満たせばよい。そのためには，$V(\boldsymbol{x})$ の式 (3.37) に沿った時間微分

$$\dot{V}(\boldsymbol{x}(t)) = V_{\boldsymbol{x}}(\boldsymbol{x}(t))\boldsymbol{f}(\boldsymbol{x}(t),\boldsymbol{u}(t))$$

が負定になるような $\boldsymbol{u}(t) = \boldsymbol{\alpha}(\boldsymbol{x}(t))$ を決めなければならない。よって，問題は

$$V_{\boldsymbol{x}}(\boldsymbol{x})\boldsymbol{f}(\boldsymbol{x},\boldsymbol{\alpha}(\boldsymbol{x})) \leqq -\rho(\boldsymbol{x}) \qquad (\rho(\boldsymbol{x})\ \text{は正定値関数}) \tag{3.42}$$

となるような $\boldsymbol{\alpha}(\boldsymbol{x})$ を選ぶことに帰着する。しかし，そのような $\boldsymbol{\alpha}(\boldsymbol{x}(t))$ を見つけることは容易ではない。

Artstein[1)] は，式 (3.41) の条件が，式 (3.40) を満たす制御則が存在するための必要条件であるだけでなく十分条件でもあること，すなわち，制御リアプノフ関数が存在することは大域的漸近安定性が得られることと等価であることを示した。また，Sontag[23)] は，アフィン非線形システムに対して安定化制御則 $\boldsymbol{\alpha}(\boldsymbol{x})$ を与える公式を導出した。

つぎのアフィン非線形システムを考える。

$$\dot{\boldsymbol{x}} = \boldsymbol{f}(\boldsymbol{x}) + \boldsymbol{g}(\boldsymbol{x})u, \quad \boldsymbol{f}(\boldsymbol{0}) = \boldsymbol{0} \tag{3.43}$$

制御リアプノフ関数の不等式 (3.42) は

$$V_{\boldsymbol{x}}(\boldsymbol{x})\boldsymbol{f}(\boldsymbol{x}) + V_{\boldsymbol{x}}(\boldsymbol{x})\boldsymbol{g}(\boldsymbol{x})\alpha(\boldsymbol{x}) \leqq -\rho(\boldsymbol{x}) \tag{3.44}$$

となる。ここで，もし $V(\boldsymbol{x})$ が式 (3.43) に対する制御リアプノフ関数ならば，一つの特別な安定化制御則 $\alpha(\boldsymbol{x})$ は，Sontag の公式[23] より次式で与えられる。

$$\begin{aligned} u &= \alpha_s(\boldsymbol{x}) \\ &= \begin{cases} -\dfrac{V_{\boldsymbol{x}}(\boldsymbol{x})\boldsymbol{f}(\boldsymbol{x}) + \sqrt{(V_{\boldsymbol{x}}(\boldsymbol{x}))^2 + (V_{\boldsymbol{x}}(\boldsymbol{x})\boldsymbol{g}(\boldsymbol{x}))^4}}{V_{\boldsymbol{x}}(\boldsymbol{x})\boldsymbol{g}(\boldsymbol{x})}, & V_{\boldsymbol{x}}(\boldsymbol{x})\boldsymbol{g}(\boldsymbol{x}) \neq 0 \\ 0, & V_{\boldsymbol{x}}(\boldsymbol{x})\boldsymbol{g}(\boldsymbol{x}) = 0 \end{cases} \end{aligned} \tag{3.45}$$

式 (3.44) が成り立つためには

$$V_{\boldsymbol{x}}(\boldsymbol{x})\boldsymbol{g}(\boldsymbol{x}) = 0 \ \Rightarrow \ V_{\boldsymbol{x}}(\boldsymbol{x})\boldsymbol{f}(\boldsymbol{x}) < 0$$

でなければならない。そして式 (3.45) より

$$\rho(\boldsymbol{x}) = \sqrt{(V_{\boldsymbol{x}}(\boldsymbol{x})\boldsymbol{f}(\boldsymbol{x}))^2 + (V_{\boldsymbol{x}}(\boldsymbol{x})\boldsymbol{g}(\boldsymbol{x}))^4} > 0, \quad \forall \boldsymbol{x} \neq \boldsymbol{0} \tag{3.46}$$

となる。

【例題 3.1】[10]　スカラシステム

$$\dot{x} = x^3 + x^2 u \tag{3.47}$$

を考える。制御リアプノフ関数

$$V(x) = \frac{1}{2}x^2$$

を採用し，x^3 の項があるので $\rho(x) = c_1 x^4$ （$c_1 > 0$）とする。

$$\dot{V}(x, u) = x\left[x^3 + x^2 u\right] = -c_1 x^4 \tag{3.48}$$

を u に関して解き，つぎの制御則を得る。

$$u = \alpha(x) = -(1+c_1)x, \quad c_1 > 0 \tag{3.49}$$

式 (3.49) を式 (3.47) に代入した閉ループ系 $\dot{x} = -c_1 x^3$ は，大域的漸近安定である。

一方，Sontag の公式 (3.45) から

$$u = \alpha_s(x) = -x\left(1 + \sqrt{1+x^4}\right) \tag{3.50}$$

を得る。これは $\rho(x) = x^4\sqrt{1+x^4}$ のもとで式 (3.44) を満足する。明らかに，この制御則は式 (3.49) よりも面倒である。

3.6　バックステッピング法[10)]

一般に制御リアプノフ関数を見つけることは非常に難しい。バックステッピング法は，システムをいくつかのサブシステムに分割して，再帰的に制御リアプノフ関数および対応する制御則を求める設計法である。対象となるシステムはアフィン非線形システムまでと限られており，一般非線形システムには適用できないが，制御リアプノフ関数を直接求めるための数少ない方法論の一つとして価値がある。よって，ここでその基本的な部分について述べる。

基本的にバックステッピング法では，**図 3.5** に示すように，1 本のフィードフォワードパス以外はすべてフィードバックパスであるようなシステムを扱う。このようなシステムは図 3.5 の S_1, S_2, S_3 のように分けることができる。図 3.5

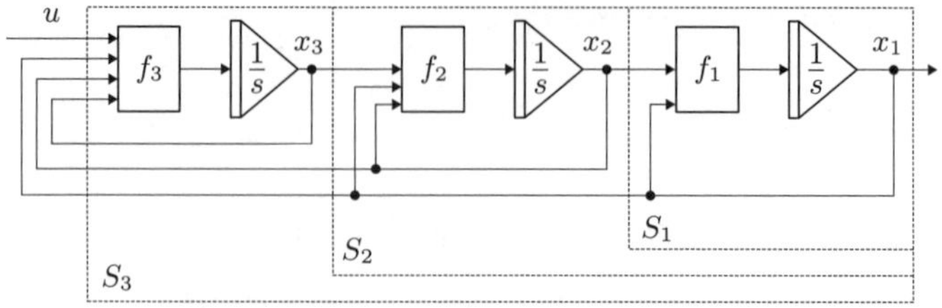

図 3.5　バックステッピング法で扱うシステム

のシステムを例にとって，バックステッピング法を解説する。

バックステッピング法は，まずサブシステム S_1 だけを安定化することを考え，それから S_2, S_3 と順に安定化していく。

とはいえ，順に安定化していくことはそれほど単純な作業ではない。なぜなら，S_1 を安定化しようと思っても，S_1 に直接制御入力を加えることはできないからである。S_2 にしても同様である。

そのため，まず x_2 を仮想的に制御入力のように考え，それを操作して S_1 の安定化を試み，その仮想的な制御入力と実際の状態 x_2 の差が縮まるように S_2 を制御する。しかし，S_2 も直接制御することはできないから，x_3 を仮想的に制御入力と考えて制御則を求める。すると今度は S_3 を制御しなければならないが，これは実際の制御入力を用いることができるので，もはや仮想的な制御ではなくなる。

このように順々に仮想的な制御則を求めていくと，最終的には本物の制御入力 u に行き当たる。ここで初めて，いままで仮想的に求めてきた制御則が現実のものとなり，安定性が保証される。

実際には制御入力が積分器を伝わって $S_3 \to S_2 \to S_1$ という順に安定化されていくのに，制御則の計算は $S_1 \to S_2 \to S_3$ という順で行った。このような過程がバックステッピング法の名前の由来である。

つぎのような **Strict-feedback システム**を考える。ただし，$k < n$ である。

$$
\begin{aligned}
\dot{x}_1 &= f_1(x_1, \cdots, x_k) + g_1(x_1, \cdots, x_k)x_{k+1} \\
\dot{x}_2 &= f_2(x_1, \cdots, x_k) + g_2(x_1, \cdots, x_k)x_{k+1} \\
&\vdots \\
\dot{x}_k &= f_k(x_1, \cdots, x_k) + g_k(x_1, \cdots, x_k)x_{k+1} \\
\dot{x}_{k+1} &= f_{k+1}(x_1, \cdots, x_k, x_{k+1}) + g_{k+1}(x_1, \cdots, x_k, x_{k+1})x_{k+2} \\
\dot{x}_{k+2} &= f_{k+2}(x_1, \cdots, x_k, x_{k+1}, x_{k+2}) + g_{k+2}(x_1, \cdots, x_k, x_{k+1}, x_{k+2})x_{k+3} \\
&\vdots
\end{aligned}
$$

$$
\begin{aligned}
\dot{x}_{n-1} &= f_{n-1}(x_1, x_2, \cdots, x_k, x_{k+1}, \cdots, x_{n-1}) \\
&\quad + g_{n-1}(x_1, x_2, \cdots, x_k, x_{k+1}, \cdots, x_{n-1}) x_n \\
\dot{x}_n &= f_n(x_1, x_2, \cdots, x_k, x_{k+1}, \cdots, x_{n-1}, x_n) \\
&\quad + g_n(x_1, x_2, \cdots, x_k, x_{k+1}, \cdots, x_{n-1}, x_n) u
\end{aligned}
\tag{3.51}
$$

$\dot{x}_k$ の式までは通常アフィン非線形システムの形式であるが，それ以降は一つずつ変数が増えていく階段状の構造である。制御入力 u は $\dot{x}_n$ の式にのみ含まれている。

まず，後の記述のためにいくつかの記号を導入しておく。この連立微分方程式の上から i 本目までの式を抜き出してできるサブシステムを S_i と呼ぶことにする。例えば，サブシステム S_3 は

$$
\begin{aligned}
\dot{x}_1 &= f_1(x_1, \cdots, x_k) + g_1(x_1, \cdots, x_k) x_{k+1} \\
\dot{x}_2 &= f_2(x_1, \cdots, x_k) + g_2(x_1, \cdots, x_k) x_{k+1} \\
\dot{x}_3 &= f_3(x_1, \cdots, x_k) + g_3(x_1, \cdots, x_k) x_{k+1}
\end{aligned}
\tag{3.52}
$$

なるシステムを指すものとする。また，ベクトル $\boldsymbol{x}^i$ $(1 \leqq i \leqq n)$ を

$$
\boldsymbol{x}^i \triangleq \begin{bmatrix} x_1 \\ \vdots \\ x_i \end{bmatrix} \in R^i
$$

と定義する。

$k \leqq j \leqq n$ なる j について，ベクトル関数 $\boldsymbol{f}^j(x_1, \cdots, x_j) = \boldsymbol{f}^j(\boldsymbol{x}^j)$ および $\boldsymbol{g}^j(x_1, \cdots, x_j) = \boldsymbol{g}^j(\boldsymbol{x}^j)$ をつぎのように定義する。

$$
\boldsymbol{f}^j(x_1,\cdots,x_j) = \boldsymbol{f}^j(\boldsymbol{x}^j) \triangleq \begin{bmatrix} f_1(x_1,\cdots,x_k) + g_1(x_1,\cdots,x_k)x_{k+1} \\ \vdots \\ f_k(x_1,\cdots,x_k) + g_k(x_1,\cdots,x_k)x_{k+1} \\ f_{k+1}(x_1,\cdots,x_k,x_{k+1}) + g_{k+1}(x_1,\cdots,x_k,x_{k+1})x_{k+2} \\ \vdots \\ f_{j-1}(x_1,x_2,\cdots,x_k,x_{k+1},\cdots,x_{j-1}) + g_{j-1}(x_1,x_2,\cdots,x_k,x_{k+1},\cdots,x_{j-1})x_j \\ f_j(x_1,\cdots,x_k,x_{k+1},\cdots,x_j) \end{bmatrix}
$$

$$
\boldsymbol{g}^j(x_1,\cdots,x_j) = \boldsymbol{g}^j(\boldsymbol{x}^j) \triangleq \begin{bmatrix} 0 \\ \vdots \\ 0 \\ g_j(x_1,\cdots,x_k,\cdots,x_j) \end{bmatrix}
$$

この記号を用いると，サブシステム S_j ($k \leqq j \leqq n$) は

$$
\dot{\boldsymbol{x}}^j = \boldsymbol{f}^j(\boldsymbol{x}^j) + \boldsymbol{g}^j(\boldsymbol{x}^j)x_{j+1}
$$

と書ける。また

$$
\boldsymbol{f}^{j+1}(\boldsymbol{x}^{j+1}) = \begin{bmatrix} \boldsymbol{f}^j(\boldsymbol{x}^j) + \boldsymbol{g}^j(\boldsymbol{x}^j)x_{j+1} \\ f_{j+1}(x_1,\cdots,x_{j+1}) \end{bmatrix}
$$

と書けることに注意する。

バックステッピング法を用いて制御リアプノフ関数および対応する制御則を求める計算は，以下に述べるような性質を利用して行う。

つぎの仮定が成り立つとする。

【仮定 3.1】　ある j ($k \leqq j \leqq n-1$) に対して

$$
\frac{\partial V_j(\boldsymbol{x}^j)}{\partial \boldsymbol{x}^j}(\boldsymbol{f}^j(\boldsymbol{x}^j) + \boldsymbol{g}^j(\boldsymbol{x}^j)\alpha_j(\boldsymbol{x}^j)) \leqq -\rho_j(\boldsymbol{x}^j) \tag{3.53}
$$

（ただし $\rho_j(\boldsymbol{x}^j)$ は正定値関数）

を満たす正定値関数 $V_j(\boldsymbol{x}^j)$ および関数 $\alpha_j(\boldsymbol{x}^j)$ が存在する。

この仮定は，サブシステム S_j における x_{j+1} が，もし制御入力だったならば，あるフィードバック制御則 $x_{j+1} = \alpha_j(\boldsymbol{x}^j)$ によって V_j を**制御リアプノフ関数**にすることができる（つまりサブシステム S_j を安定化できる）ことを意味する。この観点から，このような $\alpha_j(\boldsymbol{x}^j)$ を S_j に対する**安定化関数**と呼ぶ。

さて，上記の $V_j(\boldsymbol{x}^j)$ を用いてつぎのような正定値関数 $V_{j+1}(\boldsymbol{x}^{j+1})$ を定義する。

$$V_{j+1}(\boldsymbol{x}^{j+1}) = V_j(\boldsymbol{x}^j) + \frac{1}{2}(x_{j+1} - \alpha_j(\boldsymbol{x}^j))^2 \tag{3.54}$$

ある関数 $\alpha_{j+1}(\boldsymbol{x}^{j+1})$ をとり，つぎの値を計算する。

$$\begin{aligned}
&\frac{\partial V_{j+1}(\boldsymbol{x}^{j+1})}{\partial \boldsymbol{x}^{j+1}}(\boldsymbol{f}^{j+1}(\boldsymbol{x}^{j+1}) + \boldsymbol{g}^{j+1}(\boldsymbol{x}^{j+1})\alpha_{j+1}(\boldsymbol{x}^{j+1})) \\
&\quad = \left[\frac{\partial V_{j+1}(\boldsymbol{x}^{j+1})}{\partial \boldsymbol{x}^j} \quad \frac{\partial V_{j+1}(\boldsymbol{x}^{j+1})}{\partial x_{j+1}}\right] \\
&\qquad \times \left[\begin{array}{c} \boldsymbol{f}^j(\boldsymbol{x}^j) + \boldsymbol{g}^j(\boldsymbol{x}^j)x_{j+1} \\ f_{j+1}(x_1, \cdots, x_{j+1}) + g_{j+1}(x_1, \cdots, x_{j+1})\alpha_{j+1}(\boldsymbol{x}^{j+1}) \end{array}\right] \\
&\quad = \frac{\partial V_j(\boldsymbol{x}^j)}{\partial \boldsymbol{x}^j}(\boldsymbol{f}^j(\boldsymbol{x}^j) + \boldsymbol{g}^j(\boldsymbol{x}^j)x_{j+1}) + (x_{j+1} - \alpha_j(\boldsymbol{x}^j)) \\
&\qquad \times \biggl(f_{j+1}(x_1, \cdots, x_{j+1}) + g_{j+1}(x_1, \cdots, x_{j+1})\alpha_{j+1}(\boldsymbol{x}^{j+1}) \\
&\qquad\qquad - \frac{\partial \alpha_j(\boldsymbol{x}^j)}{\partial \boldsymbol{x}^j}(\boldsymbol{f}^j(\boldsymbol{x}^j) + \boldsymbol{g}^j(\boldsymbol{x}^j)x_{j+1})\biggr)
\end{aligned} \tag{3.55}$$

となる。ここで，最右辺第 1 項の x_{j+1} を $\alpha_j(\boldsymbol{x}^j) + (x_{j+1} - \alpha_j(\boldsymbol{x}^j))$ と置き換えると式 (3.55) は

$$\begin{aligned}
&\frac{\partial V_j(\boldsymbol{x}^j)}{\partial \boldsymbol{x}^j}\Bigl(\boldsymbol{f}^j(\boldsymbol{x}^j) + \boldsymbol{g}^j(\boldsymbol{x}^j)(\alpha_j(\boldsymbol{x}^j) + (x_{j+1} - \alpha_j(\boldsymbol{x}^j)))\Bigr) \\
&\qquad + (x_{j+1} - \alpha_j(\boldsymbol{x}^j))\Bigl(f_{j+1}(x_1, \cdots, x_{j+1}) \\
&\qquad\qquad + g_{j+1}(x_1, \cdots, x_{j+1})\alpha_{j+1}(\boldsymbol{x}^{j+1}) \\
&\qquad\qquad - \frac{\partial \alpha_j(\boldsymbol{x}^j)}{\partial \boldsymbol{x}^j}(\boldsymbol{f}^j(\boldsymbol{x}^j) + \boldsymbol{g}^j(\boldsymbol{x}^j)x_{j+1})\Bigr)
\end{aligned}$$

$$
\begin{aligned}
&= \frac{\partial V_j(\boldsymbol{x}^j)}{\partial \boldsymbol{x}^j}\Big(\boldsymbol{f}^j(\boldsymbol{x}^j) + \boldsymbol{g}^j(\boldsymbol{x}^j)\alpha_j(\boldsymbol{x}^j)\big) + (x_{j+1} - \alpha_j(\boldsymbol{x}^j)\Big) \\
&\quad \times \Bigg(\frac{\partial V_j(\boldsymbol{x}^j)}{\partial \boldsymbol{x}^j}\boldsymbol{g}^j(\boldsymbol{x}^j) + f_{j+1}(x_1, \cdots, x_{j+1}) \\
&\qquad\qquad + g_{j+1}(x_1, \cdots, x_{j+1})\alpha_{j+1}(\boldsymbol{x}^{j+1}) \\
&\qquad\qquad - \frac{\partial \alpha_j(\boldsymbol{x}^j)}{\partial \boldsymbol{x}^j}(\boldsymbol{f}^j(\boldsymbol{x}^j) + \boldsymbol{g}^j(\boldsymbol{x}^j)x_{j+1})\Bigg) \qquad (3.56)
\end{aligned}
$$

となる。すると，式 (3.53) より第 1 項は負定となるので

$$
\begin{aligned}
&\frac{\partial V_{j+1}(\boldsymbol{x}^{j+1})}{\partial \boldsymbol{x}^{j+1}}\Big(\boldsymbol{f}^{j+1}(\boldsymbol{x}^{j+1}) + \boldsymbol{g}^{j+1}(\boldsymbol{x}^{j+1})(\alpha_{j+1}(\boldsymbol{x}^{j+1})\Big) \\
&\quad \leqq -\rho_j(\boldsymbol{x}^j) + (x_{j+1} - \alpha_j(\boldsymbol{x}^j))\Bigg(\frac{\partial V_j(\boldsymbol{x}^j)}{\partial \boldsymbol{x}^j}\boldsymbol{g}^j(\boldsymbol{x}^j) \\
&\qquad + f_{j+1}(x_1, \cdots, x_{j+1}) + g_{j+1}(x_1, \cdots, x_{j+1})\alpha_{j+1}(\boldsymbol{x}^{j+1}) \\
&\qquad - \frac{\partial \alpha_j(\boldsymbol{x}^j)}{\partial \boldsymbol{x}^j}(\boldsymbol{f}^j(\boldsymbol{x}^j) + \boldsymbol{g}^j(\boldsymbol{x}^j)x_{j+1})\Bigg) \qquad (3.57)
\end{aligned}
$$

が成り立つ。ここで $\alpha_{j+1}(\boldsymbol{x}^{j+1})$ が式 (3.57) 右辺の第 2 項を負定にするような関数だったとするとつぎのようになる。

$$
\begin{aligned}
&\frac{\partial V_{j+1}(\boldsymbol{x}^{j+1})}{\partial \boldsymbol{x}^{j+1}}\Big(\boldsymbol{f}^{j+1}(\boldsymbol{x}^{j+1}) + \boldsymbol{g}^{j+1}(\boldsymbol{x}^{j+1})\alpha_{j+1}(\boldsymbol{x}^{j+1})\Big) \leqq -\rho_{j+1}(\boldsymbol{x}^{j+1}) \\
&\quad \text{（ただし，} \rho_{j+1}(\boldsymbol{x}^{j+1}) \text{ は正定値関数）} \qquad (3.58)
\end{aligned}
$$

このことは，サブシステム S_j に関する（仮想的な）制御リアプノフ関数が得られているならば，適当な $\alpha_{j+1}(\boldsymbol{x}^{j+1})$ を求めることによって S_{j+1} に関する制御リアプノフ関数が求まることを意味している。このとき $\alpha_{j+1}(\boldsymbol{x}^{j+1})$ はサブシステム S_{j+1} に対する安定化関数である。

ところが，式 (3.57) のような変形を行うことによって，そのような $\alpha_{j+1}(\boldsymbol{x}^{j+1})$ を求めることが容易になっている。負定性を阻害する可能性のある要素がすべて同じ項に括られたからである。

このように安定化関数が容易に求まることが，バックステッピング法による設計のキーポイントである。

そこでつぎの仮定をおくと，順次 $S_k, S_{k+1}, \cdots, S_n$ に関するリアプノフ関数を求められることになる。

【仮定 3.2】　$k = k, k+1, \cdots, n$ に対して

$$\frac{\partial V_k(\boldsymbol{x}^k)}{\partial \boldsymbol{x}^k}(\boldsymbol{f}^k(\boldsymbol{x}^k) + \boldsymbol{g}^k(\boldsymbol{x}^k)\alpha_k(\boldsymbol{x}^k)) \leqq -\rho_k(\boldsymbol{x}^k) \tag{3.59}$$

$(\rho_k(\boldsymbol{x}^k)$ は正定値関数$)$

を満たす正定値関数 $V_k(\boldsymbol{x}^k)$ および関数 $\alpha_k(\boldsymbol{x}^k)$ が存在する。

ところで，S_n はシステム全体のことであるから，これに関する制御リアプノフ関数が求められたということは，システム全体を安定化できたことを意味する。そして，最終的に求められた安定化関数 $\alpha_n(\boldsymbol{x}^n)$ は，式 (3.42) を満たす制御則そのものである。これを用いて制御を行えば，システムは漸近安定となる。

Strict-feedback システム以外の場合　バックステッピング法を適用できるシステムとしては，ほかに「階段状」の構造をもつが各微分方程式がアフィンになっていない Pure-feedback システムや，いくつかの状態をまとめたブロックが階段状になっている Block strict-feedback システムなどがある。これらに対するバックステッピング法は Strict-feedback システムの場合ほど簡単ではないが，考え方および基本的手順は本節で述べたものと同様である。それらに対する適用法は，文献 10) を参照されたい。

それ以外のシステムでも，適当な非線形変換を施すことによってバックステッピングが適用できる形に変換できるものがある。いくつかの条件を満たしたアフィン非線形システムは，上記の階段状のシステムに変換できることが示されている[10)]。

【例題 3.2】　van der Pol モデル

$$\dot{x}_1 = x_2 \tag{3.60a}$$

$$\dot{x}_2 = -x_1 + \varepsilon(1 - x_2^2)x_2 + u \tag{3.60b}$$

に対してバックステッピングを用いて設計を行う。式 (3.51) における k は，ここでは 1 となる。まず，サブシステム S_1 に対する安定化関数 $\alpha_1(x_1)$ を求める。

制御リアプノフ関数の候補として

$$V(x_1) = \frac{1}{2}x_1^2$$

をとると，この時間微分は

$$\dot{V}(x_1) = x_1\dot{x}_1 = x_1x_2 \tag{3.61}$$

である。これを負定にすればよいので，$\alpha(x_1)$ としては，例えば

$$x_2 = \alpha(x_1) = -kx_1, \quad k > 0 \tag{3.62}$$

のように選べる。これを用いてシステム全体に対するリアプノフ関数を

$$V_a(x_1, x_2) = V(x_1) + \frac{1}{2}\bigl(x_2 - \alpha(x_1)\bigr)^2 \tag{3.63}$$

とおくと，その時間微分は

$$\begin{aligned}
\dot{V}_a(x_1, x_2) &= \frac{\partial V(x_1)}{\partial x_1}x_2 + (x_2 - \alpha(x_1)) \\
&\quad \times \left(-x_1 + \varepsilon(1 - x_2^2)x_2 + u - \frac{\partial \alpha(x_1)}{\partial x_1}x_2\right) \\
&= \frac{\partial V(x_1)}{\partial x_1}\alpha(x_1) + (x_2 - \alpha(x_1)) \\
&\quad \times \left(-x_1 + \varepsilon(1 - x_2^2)x_2 + u - \frac{\partial \alpha(x_1)}{\partial x_1}x_2 + \frac{\partial V(x_1)}{\partial x_1}\right) \\
&= -kx_1^2 + (x_2 + kx_1)\left[\varepsilon(1 - x_2^2)x_2 + u + kx_1x_2\right]
\end{aligned} \tag{3.64}$$

となる。これより u のフィードバック制御則は

$$u = -\varepsilon(1 - x_2^2)x_2 - kx_1x_2 - c(x_2 + kx_1), \quad c > 0 \tag{3.65}$$

のように選べる。これを加えると，$V_a(x_1, x_2)$ は

$$V_a(x_1, x_2) = -kx_1^2 - c(x_2 + kx_1)^2 \leqq -\rho(x_1, x_2) \tag{3.66}$$

となり（$\rho(x_1, x_2)$ は正定値関数），システム (3.60), (3.65) は漸近安定である。

つぎに，積分器バックステッピング法について述べる。

【仮定 3.3】 アフィン非線形システム

$$\dot{\boldsymbol{x}} = \boldsymbol{f}(\boldsymbol{x}) + \boldsymbol{g}(\boldsymbol{x})u, \quad \boldsymbol{f}(\boldsymbol{0}) = \boldsymbol{0} \tag{3.67}$$

を考える。このとき，連続微分可能なフィードバック制御則

$$u = \alpha(\boldsymbol{x}), \quad \alpha(\boldsymbol{0}) = \boldsymbol{0} \tag{3.68}$$

と半径方向に非有界で滑らかな正定値関数 $V(\boldsymbol{x})$ が存在して

$$V_{\boldsymbol{x}}(\boldsymbol{x})\{\, \boldsymbol{f}(\boldsymbol{x}) + \boldsymbol{g}(\boldsymbol{x})\alpha(\boldsymbol{x}) \,\} \leqq -\rho(\boldsymbol{x}) \tag{3.69}$$

が成り立つ。ただし，$\rho(\boldsymbol{x})$ は正定値関数である。

この仮定のもとで，制御則 (3.68) によって $\boldsymbol{x} = \boldsymbol{0}$ は式 (3.67) の大域的漸近安定な平衡点となる。

【定理 3.11】（積分器バックステッピング）[10]　アフィン非線形システム (3.67) に積分器を付加して

$$\dot{\boldsymbol{x}} = \boldsymbol{f}(\boldsymbol{x}) + \boldsymbol{g}(\boldsymbol{x})\zeta \tag{3.70a}$$

$$\dot{\zeta} = u \tag{3.70b}$$

とする。そして，式 (3.70a) は $\zeta \in R$ をその制御入力として仮定 3.3 を満足するとする。このとき

$$V_a(\boldsymbol{x}, \zeta) = V(\boldsymbol{x}) + \frac{1}{2}(\zeta - \alpha(\boldsymbol{x}))^2 \tag{3.71}$$

は全体システム (3.70a), (3.70b) の制御リアプノフ関数である。すなわち，フィードバック制御則 $u = \alpha_a(\boldsymbol{x}, \zeta)$ が存在して，$\boldsymbol{x} = \boldsymbol{0}$，$\zeta = 0$ は式 (3.70a), (3.70b) の大域的漸近安定な平衡点である。そのようなある一つの制御則は

$$u = -c(\zeta - \alpha(\boldsymbol{x})) + \alpha_{\boldsymbol{x}}(\boldsymbol{x})(\boldsymbol{f}(\boldsymbol{x}) + \boldsymbol{g}(\boldsymbol{x})\zeta) - V_{\boldsymbol{x}}(\boldsymbol{x})\boldsymbol{g}(\boldsymbol{x}), \quad c > 0 \tag{3.72}$$

である。

（証明）　式 (3.70a), (3.70b) を 2 段階の Strict-feedback システムと考え，$\boldsymbol{x}^1 = \boldsymbol{x}$，$x^2 = \zeta$ とみなしてバックステッピング法を適用する。

式 (3.70a) に対する連続微分可能なフィードバック則 (安定化関数) を $\zeta = \alpha(\boldsymbol{x})$ とし，制御リアプノフ関数を $V(\boldsymbol{x})$ とすると，仮定 3.3 より

$$V_{\boldsymbol{x}}(\boldsymbol{x})\{\ \boldsymbol{f}(\boldsymbol{x}) + \boldsymbol{g}(\boldsymbol{x})\alpha(\boldsymbol{x})\ \} \leqq -\rho(\boldsymbol{x})$$

が成り立つ。全体システム (3.70a), (3.70b) に対する制御リアプノフ関数

$$V_a(\boldsymbol{x},\zeta) = V(\boldsymbol{x}) + \frac{1}{2}(\zeta - \alpha(\boldsymbol{x}))^2 \tag{3.73}$$

を式 (3.70a), (3.70b) に沿って微分し，式 (3.68) を考慮すると

$$\begin{aligned}
\dot{V}_a(\boldsymbol{x},\zeta) &= V_{\boldsymbol{x}}(\boldsymbol{x})\{\boldsymbol{f}(\boldsymbol{x}) + \boldsymbol{g}(\boldsymbol{x})\zeta\ \} + (\zeta - \alpha(\boldsymbol{x}))(\dot{\zeta} - \dot{\alpha}(\boldsymbol{x}))\\
&= V_{\boldsymbol{x}}(\boldsymbol{x})\{\boldsymbol{f}(\boldsymbol{x}) + \boldsymbol{g}(\boldsymbol{x})(\alpha(\boldsymbol{x}) + \zeta - \alpha(\boldsymbol{x}))\ \}\\
&\quad +(\zeta - \alpha(\boldsymbol{x}))\Big\{u - \alpha_{\boldsymbol{x}}(\boldsymbol{x})\{\ \boldsymbol{f}(\boldsymbol{x}) + \boldsymbol{g}(\boldsymbol{x})\zeta\ \}\Big\}\\
&= V_{\boldsymbol{x}}(\boldsymbol{x})\{\ \boldsymbol{f}(\boldsymbol{x}) + \boldsymbol{g}(\boldsymbol{x})\alpha(\boldsymbol{x})\ \}\\
&\quad +(\zeta - \alpha(\boldsymbol{x}))\Big\{u - \alpha_{\boldsymbol{x}}(\boldsymbol{x})\{\boldsymbol{f}(\boldsymbol{x}) + \boldsymbol{g}(\boldsymbol{x})\zeta\ \} + V_{\boldsymbol{x}}(\boldsymbol{x})\boldsymbol{g}(\boldsymbol{x})\Big\}\\
&\leqq -\rho(\boldsymbol{x}) + (\zeta - \alpha(\boldsymbol{x}))\Big\{u - \alpha_{\boldsymbol{x}}(\boldsymbol{x})\{\ \boldsymbol{f}(\boldsymbol{x}) + \boldsymbol{g}(\boldsymbol{x})\zeta\ \}\\
&\qquad\qquad + V_{\boldsymbol{x}}(\boldsymbol{x})\boldsymbol{g}(\boldsymbol{x})\Big\}
\end{aligned} \tag{3.74}$$

となる。ここで，式 (3.74) の最右辺第 2 項を負定にするような制御入力 u は，なにであっても

$$\dot{V}_a(\boldsymbol{x},\zeta) \leqq -\rho_a(\boldsymbol{x},\zeta) \leqq -\rho(\boldsymbol{x}) \tag{3.75}$$

とする。ただし $\rho_a(\boldsymbol{x},\zeta)$ は正定値関数である。それゆえ，定理 3.4 あるいは LaSalle-Yoshizawa の定理[26] より $\boldsymbol{x} = \boldsymbol{0}$，$\zeta = 0$ は大域的漸近安定である。

そのようなある一つの u は，例えば

$$u = -c(\zeta - \alpha(\boldsymbol{x})) + \alpha_{\boldsymbol{x}}(\boldsymbol{x})\{\ \boldsymbol{f}(\boldsymbol{x}) + \boldsymbol{g}(\boldsymbol{x})\zeta\ \} - V_{\boldsymbol{x}}(\boldsymbol{x})\boldsymbol{g}(\boldsymbol{x}),\ \ c > 0$$

である。実際，式 (3.74) を式 (3.73) に代入すると

$$\dot{V}_a(\boldsymbol{x},\zeta) \leqq -\rho(\boldsymbol{x}) - c(\zeta - \alpha(\boldsymbol{x}))^2 \leqq 0, \quad \forall(\boldsymbol{x},\zeta) \neq (\boldsymbol{0},0)$$

となる。 □

定理 3.11 は仮定 3.3 の $\rho(\boldsymbol{x})$ が準正定値関数の場合へも一般化できる[10)]。

【注意 3.2】　式 (3.72) のように u を選ぶことは簡単ではあるが，必ずしも望ましいことではない。それは，有益な非線形項も消去してしまうからである。要は式 (3.74) の最右辺第 2 項を負にするような u を選べばよいのだから，自由度は相当ある。バックステッピング法の重要な点は，フィードバック制御則 (3.72) の特別な形によるのではなく，むしろ幅広いフィードバック則の選択によって不等式 (3.74) が成り立ち，時間微分が負定になるようなリアプノフ関数の構成法にある。

3.7　最小位相システムの状態フィードバックによる大域的漸近安定化

本節では 1 入力 1 出力のアフィン非線形システム

$$\dot{\boldsymbol{x}}(t) = \boldsymbol{f}(\boldsymbol{x}(t)) + \boldsymbol{g}(\boldsymbol{x}(t))u(t) \tag{3.76}$$

$$y(t) = h(\boldsymbol{x}(t)) \tag{3.77}$$

の平衡点 $\boldsymbol{x}_e = \boldsymbol{0}$ を大域的に漸近安定化する状態フィードバック制御則を考える。ここで $\boldsymbol{x}(t) \in R^n$ は状態ベクトル，$u(t) \in R$ は制御入力，$y(t) \in R$ は出力である。このシステムは大域的な相対次数 $q < n$ をもつと仮定する。

さて，適当な仮定のもとで，システム (3.76), (3.77) は，2.3 節でも述べたように，座標変換とフィードバック変換によって

$$\begin{aligned}
\dot{\xi}_1 &= \xi_2 \\
&\ \vdots \\
\dot{\xi}_{q-1} &= \xi_q \\
\dot{\xi}_q &= v \\
\dot{\boldsymbol{\eta}} &= \boldsymbol{q}(\boldsymbol{\xi}, \boldsymbol{\eta})
\end{aligned} \tag{3.78}$$

$$y \quad = \xi_1 \tag{3.79}$$

あるいはもっと特殊化された形として，つぎの形に変換できる[2),7)]。

$$\begin{aligned} \dot{\xi}_1 &= \xi_2 \\ \dot{\xi}_2 &= \xi_3 \\ &\ \vdots \\ \dot{\xi}_q &= v \end{aligned} \tag{3.80}$$

$$\begin{aligned} \dot{\boldsymbol{\eta}} &= \boldsymbol{q}(\xi_1, \boldsymbol{\eta}) \\ y &= \xi_1 \end{aligned} \tag{3.81}$$

システム (3.80), (3.81) の大域的漸近安定化定理を与えるために，まずつぎの補助定理を用意する[7)]。

【補助定理 3.1】 大域的最小位相のつぎのようなシステムを考える。

$$\dot{\xi} = v, \quad \dot{\boldsymbol{\eta}} = \boldsymbol{q}(\xi, \boldsymbol{\eta}) \tag{3.82}$$

ここで $\boldsymbol{\eta}(0, \mathbf{0}) = \mathbf{0}$ であり，零ダイナミクスは大域的漸近安定，すなわち滑らかで正定かつプロパー†なスカラ値関数 $V(\boldsymbol{\eta})$ が存在し

$$V_{\boldsymbol{\eta}}(\boldsymbol{\eta})\boldsymbol{q}(0, \boldsymbol{\eta}) < 0, \quad \forall \boldsymbol{\eta} \neq \mathbf{0}$$

と仮定する。このとき滑らかな状態フィードバック則 $v = v(\xi, \boldsymbol{\eta})$, $v(0, \mathbf{0}) = 0$ と滑らかで正定かつプロパーなスカラ値関数 $W(\xi, \boldsymbol{\eta})$ が存在し

$$\begin{bmatrix} W_{\xi}(\xi, \boldsymbol{\eta}), \ W_{\boldsymbol{\eta}}(\xi, \boldsymbol{\eta}) \end{bmatrix} \begin{bmatrix} v(\xi, \boldsymbol{\eta}) \\ \boldsymbol{q}(\xi, \boldsymbol{\eta}) \end{bmatrix} < 0, \quad \forall (\xi, \boldsymbol{\eta}) \neq (0, \mathbf{0})$$

が成立する。

(証明) $\boldsymbol{q}(\xi, \boldsymbol{\eta})$ は滑らかな関数 $\boldsymbol{p}(\xi, \boldsymbol{\eta})$ を用いて

† リアプノフ関数 $V(\boldsymbol{x})$ は $V(\mathbf{0}) = 0$, $V(\boldsymbol{x}) > 0$, $\forall \boldsymbol{x} \neq \mathbf{0}$ のとき正定といい，任意の $\alpha > 0$ に対して $V^{-1}([0, \alpha]) = \{\boldsymbol{x} \in R^n | 0 \leqq V(\boldsymbol{x}) \leqq \alpha\}$ がコンパクトのときプロパーという。

$$\boldsymbol{q}(\xi,\boldsymbol{\eta}) = \boldsymbol{q}(0,\boldsymbol{\eta}) + \boldsymbol{p}(\xi,\boldsymbol{\eta})\xi$$

の形に書ける†。ここで $\boldsymbol{q}(0,\boldsymbol{\eta})$ は零ダイナミクスを記述するものであり，仮定より大域的漸近安定な平衡点 $\boldsymbol{\eta} = \boldsymbol{0}$ をもち，正定かつプロパーなスカラ値関数 $V(\boldsymbol{\eta})$ で

$$V_{\boldsymbol{\eta}}(\boldsymbol{\eta})\boldsymbol{q}(0,\boldsymbol{\eta}) < 0, \quad \forall\boldsymbol{\eta} \neq \boldsymbol{0}$$

となるものが存在する。

さて，正定かつプロパーなリアプノフ関数

$$W(\xi,\boldsymbol{\eta}) = V(\boldsymbol{\eta}) + \frac{1}{2}\xi^2 \tag{3.83}$$

を考え，入力 v を

$$v = -\xi - V_{\boldsymbol{\eta}}(\boldsymbol{\eta})\boldsymbol{p}(\xi,\boldsymbol{\eta}) \tag{3.84}$$

と選ぶと

$$\begin{aligned}
&\begin{bmatrix} W_\xi(\xi,\boldsymbol{\eta}), \ W_{\boldsymbol{\eta}}(\xi,\boldsymbol{\eta}) \end{bmatrix} \begin{bmatrix} v \\ \boldsymbol{q}(\xi,\boldsymbol{\eta}) \end{bmatrix} \\
&\quad = \xi(-\xi - V_{\boldsymbol{\eta}}(\boldsymbol{\eta})\boldsymbol{p}(\xi,\boldsymbol{\eta})) + V_{\boldsymbol{\eta}}(\boldsymbol{\eta})(\boldsymbol{q}(0,\boldsymbol{\eta}) + \boldsymbol{p}(\xi,\boldsymbol{\eta})\xi) \\
&\quad = -\xi^2 + V_{\boldsymbol{\eta}}(\boldsymbol{\eta})\boldsymbol{q}(0,\boldsymbol{\eta}) < 0, \quad \forall(\xi,\boldsymbol{\eta}) \neq (0,\boldsymbol{0})
\end{aligned} \tag{3.85}$$

となる。したがって，リアプノフの安定定理 3.2 から，フィードバック則 (3.84) すなわち $v = v(\xi,\boldsymbol{\eta})$ は，$(\xi,\boldsymbol{\eta}) = (0,\boldsymbol{0})$ を大域的に漸近安定化する。　□

つぎの定理が成り立つ[7)]。

【定理 3.12】　適当な仮定のもとでシステム (3.76), (3.77) は標準形 (3.80), (3.81) に変換されるものとする。ここで $\boldsymbol{q}(\boldsymbol{0},\boldsymbol{0}) = \boldsymbol{0}$ であり，さらに滑らかで正定かつプロパーなスカラ値関数 $V(\boldsymbol{\eta})$ が存在し

---

† 差 $\overline{\boldsymbol{q}}(\xi,\boldsymbol{\eta}) = \boldsymbol{q}(\xi,\boldsymbol{\eta}) - \boldsymbol{q}(0,\boldsymbol{\eta})$ は滑らかな関数で $\xi = 0$ で $\boldsymbol{0}$ となり，$\overline{\boldsymbol{q}}(\xi,\boldsymbol{\eta})$ は

$$\overline{\boldsymbol{q}}(\xi,\boldsymbol{\eta}) = \int_0^1 \frac{\partial \boldsymbol{q}(s\xi,\boldsymbol{\eta})}{\partial s} ds = \int_0^1 \left[\frac{\partial \boldsymbol{q}(\boldsymbol{\zeta},\boldsymbol{\eta})}{\partial \boldsymbol{\zeta}}\right]_{\boldsymbol{\zeta}=s\xi} \xi ds$$

と書ける。

$$V_{\boldsymbol{\eta}}(\boldsymbol{\eta})\boldsymbol{q}(\mathbf{0},\boldsymbol{\eta}) < 0, \quad \forall\boldsymbol{\eta} \neq \mathbf{0}$$

が成立して，大域的な最小位相システムであると仮定する。このとき，$(\boldsymbol{\xi},\boldsymbol{\eta}) = (\mathbf{0},\mathbf{0})$ を大域的に漸近安定化する滑らかな状態フィードバック制御則が存在する。すなわち，滑らかな状態フィードバック則 $v = v(\boldsymbol{\xi},\boldsymbol{\eta})$，$v(\mathbf{0},\mathbf{0}) = 0$ と滑らかな正定かつプロパーなスカラ値関数 $W(\boldsymbol{\xi},\boldsymbol{\eta})$ が存在して

$$\begin{bmatrix} W_{\boldsymbol{\xi}}(\boldsymbol{\xi},\boldsymbol{\eta}), \ W_{\boldsymbol{\eta}}(\boldsymbol{\xi},\boldsymbol{\eta}) \end{bmatrix} \begin{bmatrix} v(\boldsymbol{\xi},\boldsymbol{\eta}) \\ \boldsymbol{q}(\boldsymbol{\xi},\boldsymbol{\eta}) \end{bmatrix} < 0, \quad \forall(\boldsymbol{\xi},\boldsymbol{\eta}) \neq (\mathbf{0},\mathbf{0})$$

が成り立つ。

（証明）　相対次数 $q = 1$ の場合，つまり

$$\dot{\xi}_1 = v$$
$$\dot{\boldsymbol{\eta}} = \boldsymbol{q}(\xi_1,\boldsymbol{\eta})$$

を考えると，補助定理 3.1 の証明で示したように

$$v = -\xi_1 - V_{\boldsymbol{\eta}}(\boldsymbol{\eta})\boldsymbol{p}(\xi_1,\boldsymbol{\eta})$$

によって平衡点 $(\xi_1,\boldsymbol{\eta}) = (0,\mathbf{0})$ は大域的に漸近安定となる。

つぎに $q = 2$ の場合，つまり

$$\dot{\xi}_1 = \xi_2$$
$$\dot{\xi}_2 = v$$
$$\dot{\boldsymbol{\eta}} = \boldsymbol{q}(\xi_1,\boldsymbol{\eta})$$

を考える。ここで状態 ξ_2 を入力とみなした部分システム

$$\dot{\xi}_1 = \xi_2$$
$$\dot{\boldsymbol{\eta}} = \boldsymbol{q}(\xi_1,\boldsymbol{\eta}) = \boldsymbol{q}(0,\boldsymbol{\eta}) + \boldsymbol{p}(\xi_1,\boldsymbol{\eta})\xi_1$$

は，相対次数 1 の，定理の仮定を満たす大域的最小位相システムであり，補助定理 3.1 からフィードバック則

$$\xi_2 = -\xi_1 - V_{\boldsymbol{\eta}}(\boldsymbol{\eta})\boldsymbol{p}(\xi_1, \boldsymbol{\eta})$$

によって $(\xi_1, \boldsymbol{\eta}) = (0, \mathbf{0})$ の大域的漸近安定化が可能である。

そこで，全体システム

$$\dot{\xi}_2 = v$$

$$\dot{\xi}_1 = \xi_2 = -\xi_1 - V_{\boldsymbol{\eta}}(\boldsymbol{\eta})\boldsymbol{p}(\xi_1, \boldsymbol{\eta})$$

$$\dot{\boldsymbol{\eta}} = \boldsymbol{q}(\xi_1, \boldsymbol{\eta}) = \boldsymbol{q}(0, \boldsymbol{\eta}) + \boldsymbol{p}(\xi_1, \boldsymbol{\eta})\xi_1$$

を考えると，このときの零ダイナミクス，つまり第 2 式，第 3 式は，大域的に漸近安定なので大域的最小位相であり，補助定理 3.1 から全体システムの原点 $(\xi_2, \xi_1, \boldsymbol{\eta}) = (0, 0, \mathbf{0})$ を大域的に漸近安定化するフィードバック制御則 $v(\xi_2, \xi_1, \boldsymbol{\eta})$ が存在する。

同様のことを繰り返すことによって定理を証明することができる。　□

【例題 3.3】[2)]　補助定理 3.1 を適用して，つぎのシステムに対して安定化制御器をデザインしてみよう。

$$\dot{x}_1 = -x_1 + x_1^2 x_2$$

$$\dot{x}_2 = u$$

$\eta(x_2, x_1) = -x_1 + p(x_1)x_2$ なので，$p(x_1) = x_1^2$ である。零ダイナミクスのリアプノフ関数として

$$V(x_1) = \frac{1}{2}x_1^2$$

を選び，式 (3.84) よりフィードバック制御則を $u = -x_2 - x_1^3$ とする。ここで全体システムのリアプノフ関数として

$$W(x_2, x_1) = \frac{1}{2}(x_1^2 + x_2^2)$$

を選ぶと

$$\dot{W}(x_2, x_1) = x_2(-x_2 - x_1^3) + x_1(-x_1 + x_1^2 x_2) = -(x_2^2 + x_1^2) \leqq 0$$

となる。したがって，リアプノフの定理より，フィードバック制御則 $u = -x_2 - x_1^3$ は原点を大域的に漸近安定化する。

3.8　ニューラルネットによる非線形安定化制御器の近似構成

リアプノフの直接法を応用した非線形システムの安定化制御に関しては，多くの研究がある。しかし，一般には安定性を保証するリアプノフ関数を見つけることは困難である。

本節では非線形システムの安定化制御器を多層ニューラルネットで近似し，リアプノフの安定定理を満足するようにニューラルネットの結合重みの値を決定する手法を述べる。

非線形システム

$$\dot{\boldsymbol{x}}(t) = \boldsymbol{f}(\boldsymbol{x}(t), \boldsymbol{u}(t)), \quad \boldsymbol{x}(0) = \boldsymbol{x}_0 \tag{3.86}$$

を考える。ここで $\boldsymbol{x}(t) \in R^n$ は状態ベクトル，$\boldsymbol{u}(t) \in R^r$ は制御入力ベクトルである。このシステムの平衡状態は

$$\boldsymbol{0} = \boldsymbol{f}(\boldsymbol{x}_e, \boldsymbol{u}_e) \tag{3.87}$$

を満たす。式 (3.87) は $n + r$ 個の変数と n 個の式なので，r 個の変数を任意の所望値として設定することができる。その結果，残りの n 個の変数は従属的に決まる。そのようにして決められた $(\boldsymbol{x}_e, \boldsymbol{u}_e)$ を $(\boldsymbol{x}_d, \boldsymbol{u}_d)$ としよう。

目的は所望の平衡状態 $(\boldsymbol{x}_d, \boldsymbol{u}_d)$ へ漸近収束させる安定化制御器を状態フィードバック制御則

$$\boldsymbol{u}(t) = \boldsymbol{\beta}(\boldsymbol{x}(t)), \quad \boldsymbol{u}_d = \boldsymbol{\beta}(\boldsymbol{x}_d) \tag{3.88}$$

によって構成することである。リアプノフの安定定理は与えられたシステムの安定性を分析する方法である。所望の平衡点において閉ループ系を安定化するためには，制御リアプノフ関数（3.5 節参照）の概念が非常に有力であり，われわれは閉ループ系

$$\dot{\boldsymbol{x}}(t) = \boldsymbol{f}(\boldsymbol{x}(t), \boldsymbol{\beta}(\boldsymbol{x}(t))) \tag{3.89}$$

における所望の平衡点 $\boldsymbol{x}_d$ が漸近安定になるように，状態フィードバック制御則 $\boldsymbol{\beta}(\boldsymbol{x}(t))$ を設計することを試みる。2.1 節で述べたように，つねに連続関数の状態フィードバック制御則が存在するとは限らないが，ここでは連続な制御則が存在すると仮定する。

閉ループ系 (3.89) の漸近安定性を論じるために，以下の定理を用意する。

【定理 3.13】　閉ループ系

$$\dot{\boldsymbol{x}}(t) = \boldsymbol{f}(\boldsymbol{x}(t), \boldsymbol{\beta}(\boldsymbol{x}(t)))$$

を考える。$\boldsymbol{x}_d$ を所望の平衡点とし，Ω をその近傍とする。このとき，つぎの条件を満たす連続微分可能なスカラ値関数 $V(\boldsymbol{x})$, $\rho(\boldsymbol{x})$ が存在するならば，所望の平衡点 $\boldsymbol{x}_d$ は漸近安定である。

(i)　$V(\boldsymbol{x})$ が正定（つまり $V(\boldsymbol{x}_d) = 0$ かつ $\boldsymbol{x} \neq \boldsymbol{x}_d$ のとき $V(\boldsymbol{x}) > 0$）であり，$\rho(\boldsymbol{x})$ が正定（つまり $\rho(\boldsymbol{x}_d) = 0$ かつ $\boldsymbol{x} \neq \boldsymbol{x}_d$ のとき $\rho(\boldsymbol{x}) > 0$）である。

(ii)　以下が成り立つ。

$$\frac{dV(\boldsymbol{x})}{dt} = V_{\boldsymbol{x}}(\boldsymbol{x})\boldsymbol{f}(\boldsymbol{x}, \boldsymbol{\beta}(\boldsymbol{x})) \leqq -\rho(\boldsymbol{x}), \quad \forall \boldsymbol{x} \in \Omega$$

（証明）　$\widetilde{\boldsymbol{f}}(\boldsymbol{x}) \triangleq \boldsymbol{f}(\boldsymbol{x}, \boldsymbol{\beta}(\boldsymbol{x}))$ とおくとき，$\dot{\boldsymbol{x}} = \widetilde{\boldsymbol{f}}(\boldsymbol{x})$ に対するリアプノフ安定定理 3.2 より明らかである。　□

ここで，システム (3.86) が与えられたとき，つぎのようなリアプノフ関数候補を考える。

$$V(\boldsymbol{x}) = \frac{1}{2}(\boldsymbol{x}_d - \boldsymbol{x})^T Q_1 (\boldsymbol{x}_d - \boldsymbol{x}) + \frac{1}{2}(\boldsymbol{u}_d - \boldsymbol{u})^T R_1 (\boldsymbol{u}_d - \boldsymbol{u}) \tag{3.90}$$

ただし，$Q_1 > 0$，$R_1 > 0$ とする。式 (3.90) に式 (3.88) を代入すると

$$V(\boldsymbol{x}) = \frac{1}{2}(\boldsymbol{x}_d - \boldsymbol{x})^T Q_1 (\boldsymbol{x}_d - \boldsymbol{x}) + \frac{1}{2}(\boldsymbol{u}_d - \boldsymbol{\beta}(\boldsymbol{x}))^T R_1 (\boldsymbol{u}_d - \boldsymbol{\beta}(\boldsymbol{x})) \tag{3.91}$$

となる。ここで $V(\boldsymbol{x}) > 0,\ \forall \boldsymbol{x} \neq \boldsymbol{x}_d$ が成り立つことから，$V(\boldsymbol{x})$ は正定値関数である。さらに

$$\rho(\boldsymbol{x}) = (\boldsymbol{x}_d - \boldsymbol{x})^T Q_2 (\boldsymbol{x}_d - \boldsymbol{x}) + (\boldsymbol{u}_d - \boldsymbol{\beta}(\boldsymbol{x}))^T R_2 (\boldsymbol{u}_d - \boldsymbol{\beta}(\boldsymbol{x})) \tag{3.92}$$

となる。ただし，$Q_2 > 0$，$R_2 \geqq 0$ とすると，この $\rho(\boldsymbol{x})$ も正定値関数といえる。

このとき，つぎのような不等式

$$\begin{aligned} \frac{dV(\boldsymbol{x})}{dt} &= -(\boldsymbol{x}_d - \boldsymbol{x})^T Q_1 \boldsymbol{f}(\boldsymbol{x}, \boldsymbol{\beta}(\boldsymbol{x})) - (\boldsymbol{u}_d - \boldsymbol{\beta}(\boldsymbol{x}))^T R_1 \boldsymbol{\beta}_{\boldsymbol{x}}(\boldsymbol{x}) \boldsymbol{f}(\boldsymbol{x}, \boldsymbol{\beta}(\boldsymbol{x})) \\ &\leqq -(\boldsymbol{x}_d - \boldsymbol{x})^T Q_2 (\boldsymbol{x}_d - \boldsymbol{x}) - (\boldsymbol{u}_d - \boldsymbol{\beta}(\boldsymbol{x}))^T R_2 (\boldsymbol{u}_d - \boldsymbol{\beta}(\boldsymbol{x})) \end{aligned} \tag{3.93}$$

を満たす $\boldsymbol{\beta}(\boldsymbol{x})$ を見つければ，定理 3.13 を満たす。けっきょく，安定化制御器の設計問題は

$$\begin{aligned} F(\boldsymbol{x}) \overset{\triangle}{=} & -(\boldsymbol{x}_d - \boldsymbol{x})^T Q_1 \boldsymbol{f}(\boldsymbol{x}, \boldsymbol{\beta}(\boldsymbol{x})) \\ & -(\boldsymbol{u}_d - \boldsymbol{\beta}(\boldsymbol{x}))^T R_1 \boldsymbol{\beta}_{\boldsymbol{x}}(\boldsymbol{x}) \boldsymbol{f}(\boldsymbol{x}, \boldsymbol{\beta}(\boldsymbol{x})) + (\boldsymbol{x}_d - \boldsymbol{x})^T Q_2 (\boldsymbol{x}_d - \boldsymbol{x}) \\ & +(\boldsymbol{u}_d - \boldsymbol{\beta}(\boldsymbol{x}))^T R_2 (\boldsymbol{u}_d - \boldsymbol{\beta}(\boldsymbol{x})) \leqq 0, \quad \forall \boldsymbol{x} \in \Omega \end{aligned} \tag{3.94}$$

となるような $\boldsymbol{\beta}(\boldsymbol{x})$ を求める問題ということになる。しかし，かりにそのような $\boldsymbol{\beta}(\boldsymbol{x})$ が存在するとしても，それを解析的に求めることは非常に困難である。この $\boldsymbol{\beta}(\boldsymbol{x})$ をニューラルネットを用いて近似的に構成する方法が，文献 20), 21) に与えられている。そこでは式 (3.94) を解くために min-max 計画法[19)] が用いられている。

線形システムの状態フィードバックによる安定化制御については，本書では割愛する。線形システムの状態フィードバックならびに出力フィードバックによる安定化制御については，多くのテキスト[25),13),3),27),22)] が出版されている。

引用・参考文献

1) Z. Artstein: Stabilization with Relaxed Controls, Nonlinear Analysis, Vol. TMA-7, pp. 1163–1173 (1983)
2) C. I. Byrnes and A. Isidori: Asymptotic Stabilization of Minimum Phase Nonlinear Systems, IEEE Trans. Autom. Contr., Vol. AC-36, pp. 1122–1137 (1991)
3) 古田, 佐野：基礎システム理論, コロナ社 (1978)
4) W. Hahn: Stability of Motion, Springer-Verlag (1967)
5) 平井, 池田：非線形制御システムの解析, オーム社 (1986)
6) 井村：システム制御のための安定論, コロナ社 (2000)
7) A. Isidori: Nonlinear Control Systems (Third edition), Springer-Verlag (1995)
8) 片山：線形システムの最適制御（デスクリプタシステム入門）, 近代科学社 (1999)
9) H. K. Khalil: Nonlinear Systems, 3rd edition, Prentice-Hall (2002)
10) M. Krstić, I. Kanellakopoulos and P. Kokotović: Nonlinear and Adaptive Control Design, J. Wiley & Sons (1995)
11) V. Kucěra: A Contribution to Matrix Quadratic Equation, IEEE Trans. Autom. Contr., Vol. AC-17, No. 3 (1972)
12) 国松, 浜田：集中・分布システムの安定論, 実教出版 (1988)
13) T. Kailath: Linear Systems, Prentice-Hall (1980)
14) A. M. Lyapunov: Stability of Motion, Academic Press (1966)
15) J. P. LaSalle: Stability Theory for Ordinary Differential Equations, J. of Differential Equations, Vol. 4, pp. 57–65 (1968)
16) J. LaSalle and S. Lefschetz: Stability by Lyapunov's Direct Method, Academic Press (1961), J. ラ サール, S. レフシェッツ 著, 山本 訳：リアプノフの方法による安定性理論, 産業図書 (1975)
17) D. G. ルーエンバーガー 著, 山田, 生天目 訳：動的システム入門（理論・モデル・応用）, HBJ 出版局 (1985)
18) S. G. Margolis and W. G. Vogt: Control Engineering Applications of Zubov's Construction Procedure for Lyapunov Functions, IEEE Trans. Autom. Contr., Vol. AC-8, No. 4 (1963)
19) K. Shimizu, Y. Ishizuka and J. F. Bard: Nondifferentiable and Two-Level

Mathematical Programming, Kluwer Academic Publishers (1997)
20) 志水, 伊藤：リアプノフ直接法による非線形システムのニューラル安定化制御器の設計, 計測自動制御学会論文集, Vol. 35, No. 4 (1999)
21) 志水：ニューラルネットと制御, コロナ社 (2002)
22) 志水, 大森：線形制御理論入門, 培風館 (2003)
23) E. D. Sontag: Mathematical Control Theory: Deterministic Finite Dimensional Systems, Springer-Verlag (1990)
24) J. L. Willems: Stability Theory of Dynamical Systems, Helson (1970)
25) W. M. Wonham: Linear Multivariable Control: a Geometric Approach, 2nd edition, Springer-Verlag (1979)
26) T. Yoshizawa: Stability Theory by Lyapunov's Second Method, The Mathematical Society of Japan (1966)
27) 吉川, 井村：現代制御論, 昭晃堂 (1994)
28) V. I. Zubov: Mathematical Methods for the Study of Automatic Control Systems, Pergamon Press (1962)

4 受動性理論に基づく安定化制御

受動性理論は，文献 2) をきっかけに非線形システムの解析および制御の道具として注目され，数多くの研究成果が発表されている[21),4),5),16),17),12)]。

4.1 消散性と受動性[16), 17)]

状態空間表現された非線形システム

$$\Sigma \ : \quad \begin{aligned} \dot{\boldsymbol{x}}(t) &= \boldsymbol{f}(\boldsymbol{x}(t), \boldsymbol{u}(t)) \\ \boldsymbol{y}(t) &= \boldsymbol{h}(\boldsymbol{x}(t)) \end{aligned} \tag{4.1}$$

を考える[†]。$\boldsymbol{x}(t) \in R^n$ は初期条件 $\boldsymbol{x}(0)$ と制御入力 $\boldsymbol{u}(t) \in R^m$ によって一意に決定される場合とする。さらに，入力 $\boldsymbol{u}(t)$ と出力 $\boldsymbol{y}(t) \in R^m$ の次元は同じであり，$\boldsymbol{f}(\boldsymbol{0}, \boldsymbol{0}) = \boldsymbol{0}$，$\boldsymbol{h}(\boldsymbol{0}) = \boldsymbol{0}$ と仮定する。

システム Σ は，つぎの三つの特殊なケースも含んでいる。

- 入力に関して線形なシステム（アフィン非線形システム）

$$\Sigma_a \ : \quad \begin{aligned} \dot{\boldsymbol{x}} &= \boldsymbol{f}(\boldsymbol{x}) + G(\boldsymbol{x})\boldsymbol{u} \\ \boldsymbol{y} &= \boldsymbol{h}(\boldsymbol{x}) \end{aligned} \tag{4.2}$$

- 静的な非線形システム

$$\boldsymbol{y} = \boldsymbol{\psi}(\boldsymbol{x}) \tag{4.3}$$

† 出力方程式は $\boldsymbol{y} = \boldsymbol{h}(\boldsymbol{x}, \boldsymbol{u})$，$\boldsymbol{y} = \boldsymbol{h}(\boldsymbol{x}) + \boldsymbol{j}(\boldsymbol{x})\boldsymbol{u}$，$\boldsymbol{y} = C\boldsymbol{x} + D\boldsymbol{u}$ のように一般化しても，本章の内容はほとんど拡張でき成立する。

● 線形システム

$$\Sigma_l \ : \quad \begin{aligned} \dot{\boldsymbol{x}} &= A\boldsymbol{x} + B\boldsymbol{u} \\ \boldsymbol{y} &= C\boldsymbol{x} \end{aligned} \tag{4.4}$$

消散性も受動性も，外部から供給されるエネルギーだけで内部のエネルギーが増加する性質を表し，それぞれ以下のように定義される。

【定義 4.1】（消散性; dissipativity） 関数 $s : R^m \times R^m \to R$ は局所的に可積分であると仮定する。つまり

$$\int_{t_0}^{t_1} |s(\boldsymbol{u}(t), \boldsymbol{y}(t))| \ dt < \infty, \quad \forall t_1 \geqq t_0 \tag{4.5}$$

である。ここで，この $s(\boldsymbol{u}, \boldsymbol{y})$ は**供給率**（supply rate）と呼ばれる。また，X を R^n の原点を含む連結な部分集合とする。このとき，すべての $\boldsymbol{x}_0 \in X$ に対して $S(\boldsymbol{x}) \geqq 0$，かつすべての $\boldsymbol{x}_0$ と $t_1 \geqq t_0$ およびすべての入力 $\boldsymbol{u}$ に対して

$$S(\boldsymbol{x}(t_1)) - S(\boldsymbol{x}(t_0)) \leqq \int_{t_0}^{t_1} s(\boldsymbol{u}(t), \boldsymbol{y}(t))dt, \boldsymbol{x}(t_0) = \boldsymbol{x}_0 \tag{4.6}$$

を満足するような**蓄積エネルギー関数**（storage function）と呼ばれる C^0 級の準正定値関数 $S : X \to R$, $S(\boldsymbol{0}) = 0$ が存在するとき，Σ は供給率 $s(\boldsymbol{u}, \boldsymbol{y})$ に関して X で**消散的**（dissipative）であるという（ただし，$\boldsymbol{x}(t_1)$ は初期条件 $\boldsymbol{x}(t_0) = \boldsymbol{x}_0$ と入力 $\boldsymbol{u}_{[t_0,\ t_1]}$ のもとでの時刻 t_1 における Σ の状態を表す）。また，式 (4.6) を**消散不等式**（dissipation inequality）と呼ぶ。

$S(\boldsymbol{x})$ はシステム Σ が状態 $\boldsymbol{x}$ で蓄積しているエネルギー，また $s(\boldsymbol{u}, \boldsymbol{y})$ は外部からシステム Σ に供給されるパワーとみなせる。つまり，$\displaystyle\int_{t_0}^{t_1} s(\boldsymbol{u}(t), \boldsymbol{y}(t))\, dt$ はシステム外部から供給されたエネルギーである。そうすれば，この不等式は状態の遷移（$\boldsymbol{x}(t_0) \to \boldsymbol{x}(t_1)$）中にシステムの外部から供給されたエネルギー（式 (4.6) の右辺）がすべて内部での蓄積エネルギーの変化（$S(\boldsymbol{x}(t_1)) - S(\boldsymbol{x}(t_0))$）にはならず，一部はシステム内で消散することを表している。別の表現をすれば，状態の遷移後，システム内部に蓄積されるエネルギーは，遷移前に有していたエネルギーと遷移中に外から供給されたエネルギーとの和以下であり，その差が内部で消費されたことになる。

もし，蓄積エネルギー関数 $S(\boldsymbol{x})$ が微分可能であるならば，式 (4.6) は

$$\dot{S}(\boldsymbol{x}(t)) \leqq s(\boldsymbol{u}(t), \boldsymbol{y}(t)) \tag{4.7}$$

と書くことができる。式 (4.7) を**微分形式の消散不等式**と呼ぶ。

つぎに供給率 $s(\boldsymbol{u}, \boldsymbol{y})$ を $\boldsymbol{u}^T\boldsymbol{y}$ とすると，興味深い諸々の結果が得られる。

【定義 4.2】（受動性; passivity）　システム Σ が供給率

$$s(\boldsymbol{u}(t), \boldsymbol{y}(t)) = \boldsymbol{u}(t)^T\boldsymbol{y}(t) \tag{4.8}$$

に関して消散的であるとき，**受動的**（passive）であるという。

つまり，システム Σ が受動的であるとは，C^0 級の準正定値関数

$$S : X \to R \quad (S(\mathbf{0}) = 0)$$

が存在して，任意の $\boldsymbol{x}_0 = \boldsymbol{x}(t_0)$，$\boldsymbol{u}$ に対して

$$S(\boldsymbol{x}(t_1)) - S(\boldsymbol{x}(t_0)) \leqq \int_{t_0}^{t_1} \boldsymbol{u}(t)^T\boldsymbol{y}(t)\,dt \tag{4.9}$$

が成り立つことである。$S(\boldsymbol{x})$ がプロパーで C^1 級の正定値関数ならば，これは

$$\dot{S}(\boldsymbol{x}(t)) \leqq \boldsymbol{u}(t)^T\boldsymbol{y}(t) \tag{4.10}$$

と等価である。

特に蓄積エネルギー関数 $S(\boldsymbol{x})$ をもつ受動的システムにおいて

$$S(\boldsymbol{x}(t_1)) - S(\boldsymbol{x}(t_0)) \leqq \int_{t_0}^{t_1} \boldsymbol{u}(t)^T\boldsymbol{y}(t)dt - \int_{t_0}^{t_1} \rho(\boldsymbol{x}(t))dt$$

が成り立つとき，システムは**強受動的**（strictly passive）であるという。ここで $\rho(\boldsymbol{x})$ は正定値関数である。

Σ が消散的であれば，利用可能蓄積エネルギー $S_a(\boldsymbol{x})$ はつぎのように定義できる。

$$S_a(\boldsymbol{x}) = \sup_{\boldsymbol{u}, T \geqq 0} \left\{ -\int_0^T s(\boldsymbol{u}(t), \boldsymbol{y}(t))\,dt \;\middle|\; \boldsymbol{x}(0) = \boldsymbol{x},\ \forall\, t \in [0, T],\ \boldsymbol{x}(t) \in X \right\} \tag{4.11}$$

$S_a(\boldsymbol{x})$ は初期条件 $\boldsymbol{x}(0)=\boldsymbol{x}$ を $\boldsymbol{x}(T)$ に移す際にシステム Σ の入出力部から外部へ取り出しうる最大のエネルギーを表している。それゆえ $S_a(\boldsymbol{x})$ は**利用可能蓄積エネルギー**（available storage）と呼ばれる。

Σ が与えられた供給率 $s(\boldsymbol{u},\boldsymbol{y})$ に関して消散的であるかどうかを決めることは重要な問題である。つぎの定理は，これに対して理論的な解答を与える[17)]。

【定理 4.1】（利用可能蓄積エネルギーの性質）　システム Σ が X において供給率 $s(\boldsymbol{u},\boldsymbol{y})$ に関して消散的であるための必要十分条件は，すべての $\boldsymbol{x}\in X$ に対して利用可能蓄積エネルギー $S_a(\boldsymbol{x})$ が有限である（$\exists K<\infty$ such that $S_a(\boldsymbol{x})<K$）ことである。さらに，$S_a(\boldsymbol{x})$ はそれ自体，蓄積エネルギー関数であり，$S(\boldsymbol{x})$ を同じ供給率 $s(\boldsymbol{u},\boldsymbol{y})$ に関する蓄積エネルギー関数とするならば

$$0\leqq S_a(\boldsymbol{x})\leqq S(\boldsymbol{x}),\quad \forall\,\boldsymbol{x}\in X \tag{4.12}$$

が成り立つ。

（証明）　［十分性］ $S_a(\boldsymbol{x})<\infty$ であるとする。$S_a(\boldsymbol{x})$ は零要素（$T=0$ のとき）を含む値の集合の上限なので，$S_a(\boldsymbol{x})\geqq 0$ は明らかである。ここで，与えられた入力関数 $\boldsymbol{u}:[t_0,t_1]\to R^m$ と，それに対応する状態 $\boldsymbol{x}(t_1)$ に対して $S_a(\boldsymbol{x}(t_0))$ と $S_a(\boldsymbol{x}(t_1))-\int_{t_0}^{t_1}s(\boldsymbol{u}(t),\boldsymbol{y}(t))dt$ を比較する。$S_a(\boldsymbol{x})$ は式 (4.11) ですべての $\boldsymbol{u}$ に対する上限として与えられるので

$$S_a(\boldsymbol{x}(t_0))\geqq S_a(\boldsymbol{x}(t_1))-\int_{t_0}^{t_1}s(\boldsymbol{u}(t),\boldsymbol{y}(t))dt \tag{4.13}$$

がただちに導かれる。

同様の議論は，$S_a(\boldsymbol{x}(t_0))+\int_{t_0}^{t_1}s(\boldsymbol{u}(t),\boldsymbol{y}(t))dt$ が $S_a(\boldsymbol{x}(t_1))$ より小さな値をとり得ないことを示すことによって行うこともできる。実際，状態が $\boldsymbol{x}(t_0)$ にあるときに，システムから $S_a(\boldsymbol{x}(t_0))$ を取り出す際，まず $\boldsymbol{u}$ によって生成される軌道に沿ってシステムを $\boldsymbol{x}(t_1)$ まで遷移させ，それから $\boldsymbol{x}(t_1)$ において $S_a(\boldsymbol{x}(t_1))$ を取り出すことも可能であり，これより式 (4.13) を導くことができる。したがって，$S_a(\boldsymbol{x})$ は蓄積エネルギー関数であり，このことは Σ が供給率 $s(\boldsymbol{u},\boldsymbol{y})$ に関して消散的であることを証明している。

［必要性］ Σ が消散的であるとする。このとき，すべての $\boldsymbol{u}$ に対して

$$S(\boldsymbol{x}(0)) + \int_0^T s(\boldsymbol{u}(t), \boldsymbol{y}(t))dt \geqq S(\boldsymbol{x}(T)) \geqq 0$$

を満たす $S(\boldsymbol{x}) \geqq 0$ が存在するが，これは

$$S(\boldsymbol{x}(0)) \geqq \sup\left\{-\int_0^T s(\boldsymbol{u}(t), \boldsymbol{y}(t))dt\right\} = S_a(\boldsymbol{x}(0)) \tag{4.14}$$

を表しているので，$S_a(\boldsymbol{x})$ は有限である。 □

蓄積エネルギー関数 $S(\boldsymbol{x})$ は存在しても一意ではないが，存在すればその中で最小の要素が式 (4.11) の $S_a(\boldsymbol{x})$ で与えられる。

受動性とは，実際は回路網内部にエネルギーの発生源がないことを示し，回路網内部のエネルギー全体としては通常減少することを表している。受動的なシステムは供給されたエネルギーをつねに消費し，外部にエネルギーを戻さないシステムのことである。

利用可能蓄積エネルギー $S_a(\boldsymbol{x})$ はそれ自体蓄積エネルギーであり，そして他の蓄積エネルギーは $S(\boldsymbol{x}) \geqq S_a(\boldsymbol{x})$ を満足しなければならない。これは式 (4.6) を下記のように書き換えることで確認できる。

$$S(\boldsymbol{x}(0)) \geqq S(\boldsymbol{x}(0)) - S(\boldsymbol{x}(T)) \geqq -\int_0^T s(\boldsymbol{u}(t), \boldsymbol{y}(t))dt, \quad \forall\, \boldsymbol{u},\ \forall\, T \geqq 0$$

また，これから

$$S(\boldsymbol{x}(0)) \geqq \sup_{\boldsymbol{u}, T \geqq 0}\left\{-\int_0^T s(\boldsymbol{u}(t), \boldsymbol{y}(t))dt\right\} = S_a(\boldsymbol{x}(0))$$

が得られる。この式は式 (4.14) である。簡単にいうと，消散システム Σ では，内部に蓄積されたエネルギー以上にはエネルギーを外部に取り出せないことを意味している。

【注意 4.1】[16)]　蓄積エネルギー関数 $S(\boldsymbol{x})$ がある点 $\boldsymbol{x}_0 \in X$ で最小値をとるならば，$S(\boldsymbol{x}) - S(\boldsymbol{x}_0)$ も蓄積エネルギー関数であり，$\boldsymbol{x}_0$ において零をとることに注意する。さらにこの場合，時刻 t_0 で状態 $\boldsymbol{x}_0$ から始まる任意の運動は，

（$S(\boldsymbol{x})$ を $S(\boldsymbol{x})-S(\boldsymbol{x}_0)$ と置き換えた）消散不等式よりすべての $\boldsymbol{x}_0$，$t_1 \geqq t_0$ とすべての $\boldsymbol{u}$ に対して

$$\int_{t_0}^{t_1} s(\boldsymbol{u}(t), \boldsymbol{y}(t))\, dt \geqq 0, \quad \boldsymbol{x}(t_0) = \boldsymbol{x}_0$$

を満たすことがわかる。これはしばしば消散性の定義として受け取られる。対応して，受動性も

$$\int_{t_0}^{t_1} \boldsymbol{u}(t)^T \boldsymbol{y}(t)\, dt \geqq 0, \quad \boldsymbol{x}(t_0) = \boldsymbol{x}_0$$

と定義される。しかし，この定義には，エネルギーが最小値をとる状態が存在しなければならず，しかもその状態を前もって知る必要があるという欠点がある。

受動的なシステムの例を示す。

【例題 4.1】　比例積分器（PI コントローラ）

$$y(t) = k_P u(t) + k_I \int_0^t u(\tau) d\tau, \quad k_P, k_I > 0$$

を状態空間表現でモデル化すると

$$\dot{x}(t) = u(t), \quad x(0) = x_0$$
$$y(t) = k_P u(t) + k_I x(t)$$

と書ける。このシステムは受動的であり，蓄積エネルギー関数

$$S(x(t)) = \frac{1}{2} x(t)^2$$

をもっている。実際

$$\dot{S}(x(t)) = k_I x(t)\dot{x}(t) = k_I \frac{1}{k_I}(y(t) - k_P u(t))u(t)$$
$$= y(t)u(t) - k_P u(t)^2 \leqq y(t)u(t)$$

となるので，式 (4.7) すなわち $\dot{S}(x(t)) \leqq y(t)u(t)$ を満足している。

4.2　受動的システムの並列（フィードフォワード）接続とフィードバック接続

二つの受動的なシステムを並列（フィードフォワード）接続（**図 4.1** 参照）とフィードバック接続（**図 4.2** 参照）した場合を考える。

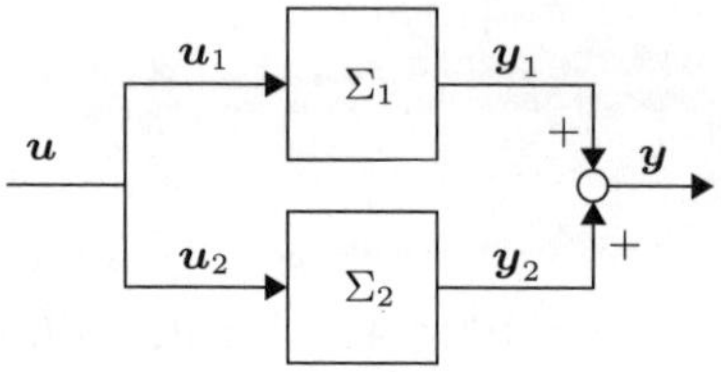

図 **4.1**　並列（フィードフォワード）接続

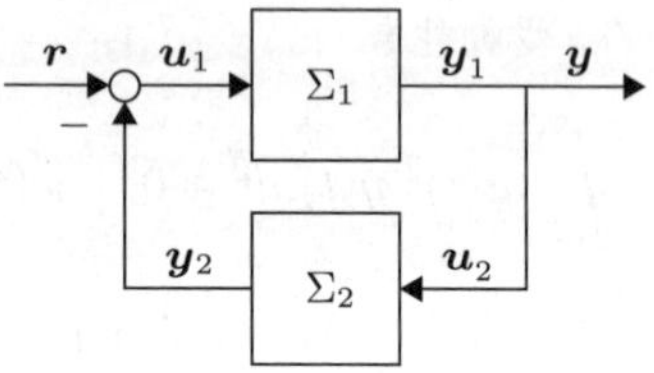

図 **4.2**　フィードバック接続

システム Σ_1, Σ_2 は式 (4.1) の形で表現されるとする。このとき，つぎの定理が成り立つ。

【定理 4.2】（受動的システムの接続）[17)]　　システム Σ_1 と Σ_2 はともに受動的であると仮定する。このとき並列（フィードフォワード）接続されたシステムもフィードバック接続されたシステムも受動的である。

（証明）　　Σ_1 と Σ_2 の受動性から

$$S_i(\boldsymbol{x}_i(t_1)) - S_i(\boldsymbol{x}_i(t_0)) \leqq \int_{t_0}^{t_1} \boldsymbol{u}_i{}^T \boldsymbol{y}_i dt, \quad i = 1, 2$$

を満たす $S_1(\boldsymbol{x}_1), S_2(\boldsymbol{x}_2)$ が存在する。$\boldsymbol{x} = (\boldsymbol{x}_1, \boldsymbol{x}_2)$，$S(\boldsymbol{x}) = S_1(\boldsymbol{x}_1) + S_2(\boldsymbol{x}_2)$ を定義し，$S(\boldsymbol{x})$ は準正定値関数であることに注意する。並列接続の場合，$\boldsymbol{u}_1 = \boldsymbol{u}_2 = \boldsymbol{u}$，$\boldsymbol{y} = \boldsymbol{y}_1 + \boldsymbol{y}_2$ なので

$$S(\boldsymbol{x}(t_1)) - S(\boldsymbol{x}(t_0)) \leqq \int_{t_0}^{t_1} \left(\boldsymbol{u}_1{}^T \boldsymbol{y}_1 + \boldsymbol{u}_2{}^T \boldsymbol{y}_2\right) dt = \int_{t_0}^{t_1} \boldsymbol{u}^T \boldsymbol{y} dt$$

となり，証明できた。フィードバック接続の場合

$$S(\boldsymbol{x}(t_1)) - S(\boldsymbol{x}(t_0)) \leqq \int_{t_0}^{t_1} \left(\boldsymbol{u}_1{}^T \boldsymbol{y}_1 + \boldsymbol{u}_2{}^T \boldsymbol{y}_2\right) dt$$

に $\boldsymbol{u}_1 = \boldsymbol{r} - \boldsymbol{y}_2$，$\boldsymbol{u}_2 = \boldsymbol{y}_1 = \boldsymbol{y}$ を代入すると

$$S(\boldsymbol{x}(t_1)) - S(\boldsymbol{x}(t_0)) \leqq \int_{t_0}^{t_1} \boldsymbol{r}^T \boldsymbol{y} dt$$

となり，フィードバック接続は受動的であることが証明できた。 □

つぎに，二つのシステム Σ_1 と Σ_2 を接続したとき，一方が受動的でない場合になにが起こるかを考えてみよう。もし一方の受動性を強くしたら，全体が受動的になるだろうか。そのようなことは出力フィードバック受動的と入力フィードフォワード受動的という用語を定義し，受動性の過剰分と不足分という概念を導入することによって解析できる[17)]。

【定義 4.3】 システム Σ がある $\rho \in R$ に対して

$$s(\boldsymbol{u}(t), \boldsymbol{y}(t)) = \boldsymbol{u}(t)^T \boldsymbol{y}(t) - \rho \boldsymbol{y}(t)^T \boldsymbol{y}(t)$$

に関して消散的であるとき，Σ は**出力フィードバック受動的**であるといい，OFP(ρ) と書く。また，システム Σ がある $\nu \in R$ に対して

$$s(\boldsymbol{u}(t), \boldsymbol{y}(t)) = \boldsymbol{u}^T(t) \boldsymbol{y}(t) - \nu \boldsymbol{u}(t)^T \boldsymbol{u}(t)$$

に関して消散的であるとき，Σ は**入力フィードフォワード受動的**であるといい，IFP(ν) と書く。

定義 4.3 では，OFP(ρ)，IFP(ν) ともに $\rho, \nu > 0$ のとき過剰な受動性をもっていて，ρ, ν が大きいほど受動性が強いことを示している。逆に，$\rho, \nu < 0$ のときは受動性に多少の不足があり，ρ，ν が零に近いほど受動性までの不足分が少ないことを示している。

さて，上で提起した問題に戻り，二つのシステム Σ_1, Σ_2 を接続したときの全体の受動性を検討しよう。例えば図 4.1 の並列接続において，Σ_2 に受動性の不足がある場合でも，Σ_2 の受動性の不足分を Σ_1 のフィードフォワード接続によって保証し，全体を受動的にすることができる。

また，図 4.2 のフィードバック接続において Σ_1 の受動性に不足がある場合

でも，Σ_1 の受動性の不足分を Σ_2 のフィードバック接続によって保証し，全体を受動的にすることができる。詳しくは文献 16), 17), 14) を参照されたい。

4.3 リアプノフの安定性と受動性

4.3.1 リアプノフの安定性

リアプノフの安定性とは，システムの性質ではなく，システムのある一つの解の性質を考えることである。

一般的な非線形システム

$$\dot{\boldsymbol{x}}(t) = \boldsymbol{f}(\boldsymbol{x}(t)) \tag{4.15}$$

を考える。ここで $\boldsymbol{x}(t) \in R^n$，$\boldsymbol{f} : R^n \to R^n$ は局所リプシッツ連続であるとする。そして，初期条件 $\boldsymbol{x}(0) = \boldsymbol{x}_0$ から始まる式 (4.15) の解を $\boldsymbol{x}(t; \boldsymbol{x}_0)$ と書く。

ここでは平衡点の安定性について考察する。平衡点とは定数の解（不変な解），つまり $\boldsymbol{x}(t; \boldsymbol{x}_e) \equiv \boldsymbol{x}_e$ であり，$\boldsymbol{f}(\boldsymbol{x}_e) = \boldsymbol{0}$ となる解 $\boldsymbol{x}_e$ のことである。平衡点 $\boldsymbol{x}_e$ の安定性は，3.1 節でも述べたが，つぎのように定義することができる。

【定義 4.4】（平衡点の安定性）

- すべての $\varepsilon > 0$ に対して $\delta(\varepsilon) > 0$ が存在して

$$\|\boldsymbol{x}_0 - \boldsymbol{x}_e\| < \delta \ \Rightarrow \ \|\boldsymbol{x}(t; \boldsymbol{x}_0) - \boldsymbol{x}_e\| < \varepsilon\,, \quad \forall\, t \geqq 0 \tag{4.16}$$

  が成り立つとき，式 (4.15) の平衡点 $\boldsymbol{x}_e$ は**安定**であるという。

- $r(\boldsymbol{x}_e) > 0$ が存在して

$$\|\boldsymbol{x}_0 - \boldsymbol{x}_e\| < r(\boldsymbol{x}_e) \ \Rightarrow \ \lim_{t\to\infty} \|\boldsymbol{x}(t; \boldsymbol{x}_0) - \boldsymbol{x}_e\| = 0 \tag{4.17}$$

  が成り立つとき，式 (4.15) の平衡点 $\boldsymbol{x}_e$ は**吸引的**（attractive）であるという。

- 安定かつ吸引的であるとき，式 (4.15) の平衡点 $\boldsymbol{x}_e$ は**漸近安定**であるという。

- 安定でないとき，式 (4.15) の解 $\boldsymbol{x}_e$ は**不安定**であるという。

定義 4.4 の安定性の性質は，平衡点 $\boldsymbol{x}_e$ に十分近い初期条件に関するものであり，局所的である。もし $\boldsymbol{x}_e$ が吸引的であるならば，$\boldsymbol{x}_e$ は吸引域をもっている。すなわちここで $t \to \infty$ のとき

$$\boldsymbol{x}(t;\boldsymbol{x}_0) \to \boldsymbol{x}_e \ , \quad \forall\, \boldsymbol{x}_0 \in X_0 \tag{4.18}$$

が成り立つ初期条件 $\boldsymbol{x}_0$ の集合 X_0 を吸引域と呼ぶ。

【定義 4.5】（平衡点の大域的安定性）

- $\boldsymbol{x}_e$ が安定で，式 (4.15) のすべての解が有界であるとき，$\boldsymbol{x}_e$ は**大域的に安定**であるという。
- $\boldsymbol{x}_e$ が漸近安定で，その吸引域が R^n であるとき，$\boldsymbol{x}_e$ は**大域的に漸近安定**であるという。

さらに，局所的な安定性の性質として指数安定性は重要である。

【定義 4.6】（指数安定性）　正定数 α, γ, r が存在して

$$\|\boldsymbol{x}_0 - \boldsymbol{x}_e\| < r \ \Rightarrow \ \|\boldsymbol{x}(t;\boldsymbol{x}_0) - \boldsymbol{x}_e\| \leqq \ \gamma \exp(-\alpha t)\|\boldsymbol{x}_0 - \boldsymbol{x}_e\| \tag{4.19}$$

が成り立つとき，$\boldsymbol{x}_e$ は**局所的に指数安定**であるという。

記述の簡単のため，以下では一般性を失うことなく，平衡点が原点（$\boldsymbol{x}_e = \boldsymbol{0}$）のときの安定性を調べることにする。

リアプノフの直接法の目的は，$\boldsymbol{x}(t;\boldsymbol{x}_0)$ の性質（安定性）を $\boldsymbol{f}(\boldsymbol{x})$ と正定値関数 $V(\boldsymbol{x})$ との関係から決定することであった。さらに，大域的な結果は，$V(\boldsymbol{x})$ の半径方向に非有界の性質，つまり

$$V(\boldsymbol{x}) \to \infty, \qquad \|\boldsymbol{x}\| \to \infty \ \text{のとき} \tag{4.20}$$

という性質から得ることができた。すでに 3 章で述べたように，リアプノフの安定性理論はつぎのように要約できる。

【定理 4.3】（リアプノフの安定定理）　$\boldsymbol{x}_e = \boldsymbol{0}$ は式 (4.15) の平衡点であり，$\boldsymbol{f}$ は局所的にリプシッツ連続であるとする。スカラ値関数 $V : R^n \to R$ は C^1 級で，正定かつ半径方向に非有界であり，$\dot{V}(\boldsymbol{x})$ が準負定，つまりすべての $\boldsymbol{x} \neq \boldsymbol{0}$ について

$$\dot{V}(\boldsymbol{x}) = V_{\boldsymbol{x}}(\boldsymbol{x})\boldsymbol{f}(\boldsymbol{x}) \leqq 0 \tag{4.21}$$

が成り立つものとする。このとき，$\boldsymbol{x}_e = \boldsymbol{0}$ は大域的に安定であり，式 (4.15) のすべての解は $\dot{V}(\boldsymbol{x}) = 0$ であるような集合 $\Omega_e \triangleq \{\boldsymbol{x} \in R^n | \dot{V}(\boldsymbol{x}) = 0\}$ へ収束する。もし，$\dot{V}(\boldsymbol{x})$ が負定，つまりすべての $\boldsymbol{x} \neq \boldsymbol{0}$ について $\dot{V}(\boldsymbol{x}) < 0$ ならば，$\boldsymbol{x}_e = \boldsymbol{0}$ は大域的に漸近安定である。

（証明） 省略。3.2 節を参照。 □

さらに，不変集合（3.3 節を参照）の概念を使うことで，リアプノフの安定性理論をより便利な形にすることができる。

【定義 4.7】（不変集合） ある時刻 t_1 において集合 Ω に含まれるシステム (4.15) の任意の解 $\boldsymbol{x}(t)$ が，すべての時刻で Ω に含まれるとき，すなわち

$$\boldsymbol{x}(t_1) \in \Omega \ \Rightarrow \ \boldsymbol{x}(t) \in \Omega\,, \quad \forall\, t \in R \tag{4.22}$$

であるとき，Ω を式 (4.15) の**不変集合**であるという。

また，将来の時刻でのみ式 (4.22) が成り立つとき，つまり

$$\boldsymbol{x}(t_1) \in \Omega \ \Rightarrow \ \boldsymbol{x}(t) \in \Omega\,, \quad \forall\, t \geqq t_1 \tag{4.23}$$

であるとき，Ω を式 (4.15) の**正不変集合**であるという。この不変集合への収束性を述べたものが，つぎの LaSalle の不変性原理である。

【定理 4.4】（LaSalle の不変性原理） Ω をシステム (4.15) の正不変集合と仮定する。Ω から出発したすべての解は集合 $\Omega_E \subset \Omega$ へ収束するとし，Ω_M は Ω_E に含まれる最大の不変集合であるとする。このとき，Ω から出発したすべての有界な解は $t \to \infty$ のとき Ω_M へ収束する。

（証明） 省略。文献 13) を参照。 □

LaSalle の不変性原理を応用すると，定理 3.3，定理 3.9 と系 3.1 で述べた漸近安定定理を得る。

受動性を利用した制御理論においては，まず出力 $\boldsymbol{y}$ が零に収束することを示し，つぎに $\boldsymbol{y}(t) \equiv \boldsymbol{0}$ であるときの状態 $\boldsymbol{x}$ の性質を調べる，ということが典型的に行われる。簡単な場合は

$$\boldsymbol{y}(t) \equiv \boldsymbol{0} \;\Rightarrow\; \boldsymbol{x}(t) \equiv \boldsymbol{0} \tag{4.24}$$

であるならば，$\boldsymbol{x}_e = \boldsymbol{0}$ の漸近安定性を示すことができる。ただし，この出力 $\boldsymbol{y}$ はプラント（制御対象）から得ることができる情報という点での意味はまったくもっていない。普通に制御理論でいわれるところの出力ではなく，$\boldsymbol{y} = \boldsymbol{h}(\boldsymbol{x})$ というように $\boldsymbol{x}$ の関数として設計者が仮想的に作り出すものである。したがって，出力という捉え方は，受動性の理論を使って安定性を証明するための技巧であることに注意する。

受動的なシステムの安定性の証明は後述するが，その前に準正定なリアプノフ関数に関する結果が必要である。なぜならば，受動性の理論でリアプノフ関数として扱われる蓄積エネルギー関数は，正定値関数である必要はなく，準正定値関数で十分であったからである。

4.3.2 準正定なリアプノフ関数による安定性

これまでは正定のリアプノフ関数を取り扱ったが，準正定のリアプノフ関数を使っても安定性の結果を得ることができる。そのためには「条件付きで安定」（conditional stability）の概念が必要である。平衡点 $\boldsymbol{x}_e$ の安定性に関する性質が $Z \subset R^n$ に条件付きであるとは，初期条件 $\boldsymbol{x}_0$ が Z に制限される場合である。このことはつぎのように定義される。

【定義 4.8】（条件付きで安定）[†]

- $\boldsymbol{x}_e \in Z$ であり，またある $\varepsilon > 0$ に対して，$\delta(\varepsilon) > 0$ が存在して

$$\|\boldsymbol{x}_0 - \boldsymbol{x}_e\| < \delta \;\text{かつ}\; \boldsymbol{x}_0 \in Z \;\Rightarrow\; \|\boldsymbol{x}(t;\boldsymbol{x}_0) - \boldsymbol{x}_e\| < \varepsilon\,, \quad \forall\, t \geqq 0 \tag{4.25}$$

---
† 文献 17) の p.45 を参照。

が成り立つとき，式 (4.15) の平衡点 $\boldsymbol{x}_e$ は Z **に条件付きで安定**（stable conditionally to Z）であるという。

- $\boldsymbol{x}_e \in Z$ であり，またある正数 $r(\boldsymbol{x}_e)$ が存在して

$$\|\boldsymbol{x}_0 - \boldsymbol{x}_e\| < r(\boldsymbol{x}_e) \ \text{かつ}\ \boldsymbol{x}_0 \in Z \ \Rightarrow \ \lim_{t\to\infty} \|\boldsymbol{x}(t;\boldsymbol{x}_0) - \boldsymbol{x}_e\| = \boldsymbol{0} \tag{4.26}$$

  が成り立つとき，式 (4.15) の平衡点 $\boldsymbol{x}_e$ は Z **に条件付きで吸引的**（attractive conditionally to Z）であるという。
- Z に条件付きで安定で，かつ Z に条件付きで吸引的であるとき，式 (4.15) の平衡点 $\boldsymbol{x}_e$ は Z **に条件付きで漸近安定**であるという。
- 式 (4.15) の平衡点 $\boldsymbol{x}_e$ が Z に条件付きで漸近安定で，かつ $r(\boldsymbol{x}_e) = \infty$ であるとき，Z **に条件付きで大域的に漸近安定**であるという。

この条件付きの安定性は，普通の安定性（定義 4.4）より弱いが，つぎの定理の証明に役に立つ。

【定理 4.5】（準正定値リアプノフ関数による安定定理）　$\boldsymbol{x}_e = \boldsymbol{0}$ は $\dot{\boldsymbol{x}} = \boldsymbol{f}(\boldsymbol{x})$ の平衡点で，$V(\boldsymbol{x})$ は C^1 級の準正定値関数であり，$\dot{V}(\boldsymbol{x}) \leqq 0$ が成り立つとする。また，Z を集合 $\{\boldsymbol{x} \mid V(\boldsymbol{x}) = 0\}$ に含まれる最大の正不変集合であるとする。このとき，$\boldsymbol{x}_e = \boldsymbol{0}$ が Z に条件付きで漸近安定ならば，$\boldsymbol{x}_e = \boldsymbol{0}$ は安定である。

（証明）　証明は難解である。文献 17) の Theorem 2.24 を参照。　□

4.3.3 受動的なシステムの安定性[17)]

受動的なシステムの安定性解析は，蓄積エネルギー関数 $S(\boldsymbol{x})$ をリアプノフ関数と見立てることによって，リアプノフの安定定理を利用するものである。しかし，定義によれば蓄積エネルギー関数 $S(\boldsymbol{x})$ は正定である必要はなく，準正定で十分であった。したがって，安定定理としては定理 4.5（準正定値リアプノフ関数による安定定理）を使う。その際，条件付きの漸近安定性がおもな

条件になるが，条件付きの漸近安定性と受動的なシステムを結ぶ概念が，つぎのような出力関数の可観測性に関する性質である。

【定義 4.9】（零状態可検出と零状態可観測） 入力 $\boldsymbol{u}$ が零のときのシステム Σ（システム (4.1)）を考える。つまり

$$\begin{cases} \dot{\boldsymbol{x}} = \boldsymbol{f}(\boldsymbol{x}, \boldsymbol{0}) \\ \boldsymbol{y} = \boldsymbol{h}(\boldsymbol{x}) \end{cases} \tag{4.27}$$

とする。また，Z は $\{\boldsymbol{x} \mid \boldsymbol{y} = \boldsymbol{h}(\boldsymbol{x}) = \boldsymbol{0}\}$ に含まれる最大の正不変集合であるとする。$\boldsymbol{x}_e = \boldsymbol{0}$ が最大の正不変集合 Z に条件付きで漸近安定であるとき，Σ は**零状態可検出**であるという。また，$Z = \{\boldsymbol{0}\}$ のとき，Σ は**零状態可観測**であるという。

大域的な結果を得るためにはいつでも，零状態可検出を大域的に考える必要がある。つまり，$\boldsymbol{x}_e = \boldsymbol{0}$ は Z に条件付きで大域的に漸近安定であると仮定しなければならない。

この定義を簡単にいうと，零状態可検出とは $\boldsymbol{u}(t) = \boldsymbol{0},\ \forall\, t \geqq 0$ のもとで

$$\boldsymbol{y}(t) = \boldsymbol{0},\ \forall\, t \geqq 0 \ \Rightarrow\ \lim_{t \to \infty} \boldsymbol{x}(t) = \boldsymbol{0} \tag{4.28}$$

が成り立つということである。また，零状態可観測とは，「$\boldsymbol{u}(t) = \boldsymbol{0},\ \boldsymbol{y}(t) = \boldsymbol{0},\ \forall\, t \geqq 0$ のとき，$\boldsymbol{x}(t) = \boldsymbol{0},\ \forall\, t \geqq 0$ となる」ことである。零状態可検出の概念を用いた受動的なシステムの安定性に関する定理はつぎのようになる。

【定理 4.6】（受動性と安定性の関係） システム (4.1) は受動的で，C^1 級の蓄積エネルギー関数 $S(\boldsymbol{x})$ をもつとする。このとき以下のことが成り立つ。

(i) もし $S(\boldsymbol{x})$ が正定値関数ならば，$\boldsymbol{x}_e = \boldsymbol{0}$ は $\boldsymbol{u} = \boldsymbol{0}$ のもとで安定である。

(ii) システム (4.1) が零状態可検出ならば，$\boldsymbol{x}_e = \boldsymbol{0}$ は $\boldsymbol{u} = \boldsymbol{0}$ のもとで安定である。

(iii) $\boldsymbol{u} = -K\boldsymbol{y}$ が $\boldsymbol{x}_e = \boldsymbol{0}$ を漸近安定にするための必要十分条件は，システム Σ が零状態可検出であることである。ただし，$K \triangleq \mathrm{diag}\{\kappa_1, \cdots, \kappa_m\}$（$\kappa_i > 0$）とする。

$S(\boldsymbol{x})$ が半径方向に非有界ならば，これらは大域的な性質として成り立つ。

（証明）

(i) システム (4.1) が受動的ならば，$\boldsymbol{u} = \boldsymbol{0}$ のもとで蓄積エネルギー関数 $S(\boldsymbol{x})$ は微分形式の消散不等式 $\dot{S}(\boldsymbol{x}) \leqq 0$ を満たす。さらに $S(\boldsymbol{x})$ が正定値関数ならば，リアプノフの安定定理（定理 4.3）より，$\boldsymbol{x}_e = \boldsymbol{0}$ は安定である。

(ii) つぎに $S(\boldsymbol{x})$ が準正定値関数であるときの安定性を証明する。すなわち，$S(\boldsymbol{x}) \geqq \boldsymbol{0}$ であっても零状態可検出ならば $\boldsymbol{x}_e = \boldsymbol{0}$ は $\boldsymbol{u} = \boldsymbol{0}$ のもとで安定であることを証明する。初めに

$$S(\boldsymbol{x}) = 0 \ \Rightarrow \ \boldsymbol{h}(\boldsymbol{x}) = \boldsymbol{0} \tag{4.29}$$

となることを示す。$S(\boldsymbol{x}) \geqq 0$ であるためには，$S(\boldsymbol{x}) = 0$ のとき $\dot{S}(\boldsymbol{x}) \geqq 0$ でなければならない。また，消散不等式 (4.9) より $\dot{S}(\boldsymbol{x}) \leqq \boldsymbol{u}^T\boldsymbol{y} = \boldsymbol{u}^T\boldsymbol{h}(\boldsymbol{x})$ が成り立つ。以上から，すべての $\boldsymbol{x} \in \{\boldsymbol{x} \mid S(\boldsymbol{x}) = 0\}$ とすべての $\boldsymbol{u}$ に対して $0 \leqq \dot{S}(\boldsymbol{x}) \leqq \boldsymbol{u}^T\boldsymbol{h}(\boldsymbol{x})$，つまり

$$0 \leqq \boldsymbol{u}^T\boldsymbol{h}(\boldsymbol{x}) \tag{4.30}$$

が成り立たなくてはならない。ゆえに $S(\boldsymbol{x}) = 0$ であるときはいつでも，$\boldsymbol{h}(\boldsymbol{x}) = \boldsymbol{0}$ でなければすべての $\boldsymbol{u}$ に対して式 (4.30) が成り立つことはない。したがって，式 (4.29) が導かれた。

Z を $\{\boldsymbol{x} \mid \boldsymbol{h}(\boldsymbol{x}) = \boldsymbol{0}\}$ に含まれる $\dot{\boldsymbol{x}} = \boldsymbol{f}(\boldsymbol{x}, \boldsymbol{0})$ の最大の正不変集合とする。零状態可検出の仮定より，定義 4.9 から $\boldsymbol{x}_e = \boldsymbol{0}$ は Z に条件付きで漸近安定である。また，式 (4.29) より

$$\{\boldsymbol{x} \mid S(\boldsymbol{x}) = 0\} \ \subset \ \{\boldsymbol{x} \mid \boldsymbol{h}(\boldsymbol{x}) = \boldsymbol{0}\} \tag{4.31}$$

である。したがって，集合 $Z \cap \{\boldsymbol{x} \mid S(\boldsymbol{x}) = 0\}$ は $\{\boldsymbol{x} \mid S(\boldsymbol{x}) = 0\}$ に含まれる最大の正不変集合であり，これを Z' と書く。$Z' \subset Z$ なので，$\boldsymbol{x} = \boldsymbol{0}$ は Z' に条件付きで漸近安定である。したがって，定理 4.5 より $\boldsymbol{x}_e = \boldsymbol{0}$ は安定である。

(iii)　［十分性］ $\boldsymbol{u} = -K\boldsymbol{y}$ のもとで，$S(\boldsymbol{x})$ の時間微分は

$$\dot{S}(\boldsymbol{x}) \leqq \boldsymbol{u}^T\boldsymbol{y} = -(K\boldsymbol{y})^T\boldsymbol{y} = -\boldsymbol{y}^T K\boldsymbol{y} \leqq 0 \tag{4.32}$$

を満たす。それゆえ (ii) の証明から安定性は示すことができる。

LaSalle の不変性原理（定理 4.4）より，$\dot{\boldsymbol{x}} = \boldsymbol{f}(\boldsymbol{x}, -K\boldsymbol{y})$ の有界な解は $\Omega_E = \{\boldsymbol{x} \mid \boldsymbol{y} = \boldsymbol{h}(\boldsymbol{x}) = \boldsymbol{0}\}$ に含まれる最大の不変集合 Z へ収束する。零状態可検出の仮定より，$\boldsymbol{x}_e = \boldsymbol{0}$ は Z に条件付きで漸近安定である。しかし，そのとき $Z = \{\boldsymbol{0}\}$ であり，それゆえ $\boldsymbol{x}_e = \boldsymbol{0}$ は漸近安定である。

［必要性］ $\dot{\boldsymbol{x}} = \boldsymbol{f}(\boldsymbol{x}, -K\boldsymbol{y})$ の平衡状態 $\boldsymbol{x}_e = \boldsymbol{0}$ が漸近安定ならば，ある任意の部分集合 Z に条件付きで漸近安定である。Z を $\Omega_E = \{\boldsymbol{x} \mid \boldsymbol{y} = \boldsymbol{h}(\boldsymbol{x}) = \boldsymbol{0}\}$ に含まれる最大の正不変集合とすれば，定義 4.9 よりシステム (4.1) は零状態可検出である。

最後に，$S(\boldsymbol{x})$ が半径方向に非有界である場合，$\dot{S}(\boldsymbol{x}) \leqq 0$ ならばすべての解は有界であるので，安定性の性質は大域的である。　□

また，定理 4.6 の (iii) において，フィードバック

$$\boldsymbol{u} = -\boldsymbol{y} \tag{4.33}$$

によってもシステム Σ は漸近安定化できる。

【系 4.1】　システム (4.1) は受動的で，C^1 級の蓄積エネルギー関数 $S(\boldsymbol{x})$ をもっているとする。このとき，$\boldsymbol{u} = -\boldsymbol{y}$ が $\boldsymbol{x}_e = \boldsymbol{0}$ を漸近安定にするためには，システム (4.1) が零状態可検出であることが必要かつ十分である。

（証明）　定理 4.6 の (iii) で，$K = I$ とすればよい。　□

受動的システムの安定性は蓄積エネルギー関数の正定値性とリアプノフの定理 4.3 から導くことができ，漸近安定性は零状態可検出の性質と定理 4.6 から導くことができた。

受動性に基づく安定化制御に関しては，解説論文 19) にもわかりやすい説明が与えられている。

4.4　システムの受動性判別

4.4.1　アフィン非線形システムの受動性と K-Y-P 特性

本節ではアフィン非線形システム

$$\Sigma_a \ : \ \begin{aligned} \dot{\boldsymbol{x}} &= \boldsymbol{f}(\boldsymbol{x}) + G(\boldsymbol{x})\boldsymbol{u} \\ \boldsymbol{y} &= \boldsymbol{h}(\boldsymbol{x}) \end{aligned} \tag{4.34}$$

について考える。ここで $G(\boldsymbol{x})$ は $(n \times m)$ 行列である。そして，システム Σ_a の受動性判別をするために有力な K-Y-P（Kalman-Yakubovich-Popov）特性を紹介する。

【定義 4.10】（K-Y-P 特性）[2),4),17)]　アフィン非線形システム Σ_a において，C^1 級の準正定値関数 $S : R^n \to R$（$S(\boldsymbol{0}) = 0$）が存在して

$$S_{\boldsymbol{x}}(\boldsymbol{x})\boldsymbol{f}(\boldsymbol{x}) \leqq 0 \tag{4.35}$$

$$S_{\boldsymbol{x}}(\boldsymbol{x})G(\boldsymbol{x}) = \boldsymbol{h}(\boldsymbol{x})^T \tag{4.36}$$

が成り立つとき，システムは K-Y-P 特性をもつという。

このとき，受動性判別のための必要十分条件が以下のように得られる。

【定理 4.7】[2),4),17)]　K-Y-P 特性をもつシステム Σ_a（式 (4.34) で表されるシステム）は，蓄積エネルギー関数 $S(\boldsymbol{x})$ をもつ受動的システムである（十分性）。逆に，C^1 級の蓄積エネルギー関数をもつ受動的システム Σ_a は，K-Y-P 特性をもつ（必要性）。

（証明）　Σ_a が K-Y-P 特性をもつならば

$$\dot{S}(\boldsymbol{x}) = S_{\boldsymbol{x}}(\boldsymbol{x})\boldsymbol{f}(\boldsymbol{x}) + S_{\boldsymbol{x}}(\boldsymbol{x})G(\boldsymbol{x})\boldsymbol{u} \leqq \boldsymbol{u}^T\boldsymbol{y} \tag{4.37}$$

が成り立ち，これを 0 から T まで積分すれば消散不等式 (4.9) が導かれる。

逆に，Σ_a が C^1 級の蓄積エネルギー関数 $S(\boldsymbol{x})$ をもつ受動的システムならば，受動性供給率 $s(\boldsymbol{u},\boldsymbol{y})=\boldsymbol{u}^T\boldsymbol{y}$ に対して，消散不等式 (4.10)（すなわち式 (4.37)）はつぎのようになる。

$$S_{\boldsymbol{x}}(\boldsymbol{x})\{\boldsymbol{f}(\boldsymbol{x})+G(\boldsymbol{x})\boldsymbol{u}\} \ \leqq\ \boldsymbol{u}^T\boldsymbol{h}(\boldsymbol{x}), \quad \forall\, \boldsymbol{x},\boldsymbol{u} \tag{4.38}$$

また，等価的に（初め $\boldsymbol{u}=\boldsymbol{0}$ とし，つぎに $\boldsymbol{u}$ に関する線形性を利用する）

$$S_{\boldsymbol{x}}(\boldsymbol{x})\boldsymbol{f}(\boldsymbol{x}) \ \leqq\ 0, \quad S_{\boldsymbol{x}}(\boldsymbol{x})G(\boldsymbol{x})=\boldsymbol{h}(\boldsymbol{x})^T \tag{4.39}$$

となる。すなわち Σ_a が K-Y-P 特性をもつことを示している。 □

4.4.2 線形システムの受動性と K-Y-P 補題

線形システム

$$\Sigma_l\ :\quad \begin{aligned} \dot{\boldsymbol{x}} &= A\boldsymbol{x}+B\boldsymbol{u} && (4.40)\\ \boldsymbol{y} &= C\boldsymbol{x} && (4.41)\end{aligned}$$

を考える。ただし $\boldsymbol{u}\in R^m$，$\boldsymbol{y}\in R^m$ である。この場合は，蓄積エネルギー関数を $S(\boldsymbol{x})=\dfrac{1}{2}\boldsymbol{x}^TP\boldsymbol{x}$（$P$ は準正定）として，K-Y-P 特性 (4.35), (4.36) は

$$PA+A^TP\leqq 0 \tag{4.42}$$

$$PB=C^T \tag{4.43}$$

となる。この条件と等価な周波数領域での結果が以下に述べる K-Y-P 補題であり，線形システムの安定余裕を定義するときに役立つ。

【定理 4.8】（K-Y-P 補題） システム (4.40), (4.41) は可制御とする。このとき，つぎの (1)〜(3) は等価である。

(1) システム $\{A,B,C\}$ が受動的である。

(2) 次式を満たす準正定行列 P が存在する。

$$PA+A^TP\leqq 0$$

$$PB=C^T$$

(3)　伝達関数行列 $G(s) = C(sI - A)^{-1}B$ が正実†である。

(証明)　原論文は Popov[15], Yakubovich[20], Kalman[10] だが，文献 8) や 11) にわかりやすく整理されているので，参照されたい。 □

K-Y-P 補題は正実補題と呼ばれることもある。

4.5　フィードバック受動化[16),17)]

4.5.1　安定化の道具としての受動性

出力関数 $\boldsymbol{y} = \boldsymbol{h}(\boldsymbol{x})$ を見つけて，アフィン非線形システム

$$\Sigma_a \ : \quad \begin{aligned} \dot{\boldsymbol{x}} &= \boldsymbol{f}(\boldsymbol{x}) + G(\boldsymbol{x})\boldsymbol{u} \quad (4.44) \\ \boldsymbol{y} &= \boldsymbol{h}(\boldsymbol{x}) \quad (4.45) \end{aligned}$$

が受動的で零状態可検出ならば，定理 4.6 に基づき $\boldsymbol{u} = -\boldsymbol{y}$ という制御則で漸近安定化を実現できる。しかし，そのような $\boldsymbol{h}(\boldsymbol{x})$ を見つけるためには，$\boldsymbol{u} = \boldsymbol{0}$ のもとで制御対象が安定（定義 4.9 に基づく零状態可検出性）でなければならない。そのような制御対象は非常に特殊であるので，条件を満たすためにはフィードバック変換

$$\boldsymbol{u} = \boldsymbol{\alpha}(\boldsymbol{x}) + \boldsymbol{\beta}(\boldsymbol{x})\boldsymbol{v} \qquad (\boldsymbol{\beta}(\boldsymbol{x}) \text{ は正則}) \tag{4.46}$$

を利用しなければならない。ゆえに，われわれは関数 $\boldsymbol{y} = \boldsymbol{h}(\boldsymbol{x})$ を見つけて

$$\dot{\boldsymbol{x}} = \boldsymbol{f}(\boldsymbol{x}) + G(\boldsymbol{x})\boldsymbol{\alpha}(\boldsymbol{x}) + G(\boldsymbol{x})\boldsymbol{\beta}(\boldsymbol{x})\boldsymbol{v} \tag{4.47}$$

$$\boldsymbol{y} = \boldsymbol{h}(\boldsymbol{x}) \tag{4.48}$$

を受動的にすることを考える。

---

† $G(s)$ は正方行列とする。このとき $G(s)$ は次式を満たすとき**正実**（positive real）であるという。

$$G(s) + G^*(s) \geqq 0, \quad \forall\ \mathrm{Re}[s] > 0$$

ここで $G^*(s) \triangleq G^T(-s)$ である。

フィードバック変換 (4.46) を施して，その結果式 (4.47), (4.48) を受動的にすることを，**状態フィードバック受動化**という。定理 4.6 で述べたように，受動的システムは，零状態可検出の仮定のもとで，出力フィードバック $\boldsymbol{v} = -\kappa \boldsymbol{y}$（$\kappa > 0$）によって漸近安定化できる。

以下では，フィードバック受動化できるために出力関数 $\boldsymbol{h}(\boldsymbol{x})$ がもたなければならない二つの性質を明らかにする。

4.5.2　アフィン非線形システムの状態フィードバック受動化

アフィン非線形システム (4.44), (4.45) を考える。ただし，$G(\boldsymbol{0})$ と $\boldsymbol{h}_{\boldsymbol{x}}(\boldsymbol{0})$ はフルランクであるとする。

$$\frac{\partial \dot{\boldsymbol{y}}}{\partial \boldsymbol{u}} = \frac{\partial \boldsymbol{h}_{\boldsymbol{x}}(\boldsymbol{x})(\boldsymbol{f}(\boldsymbol{x}) + G(\boldsymbol{x})\boldsymbol{u})}{\partial \boldsymbol{u}} = \boldsymbol{h}_{\boldsymbol{x}}(\boldsymbol{x})G(\boldsymbol{x}) \tag{4.49}$$

であり，行列 $\boldsymbol{h}_{\boldsymbol{x}}(\boldsymbol{0})G(\boldsymbol{0})$ が正則であるならば，定義 2.3 よりシステム (4.44), (4.45) は $\boldsymbol{x} = \boldsymbol{0}$ において相対次数 1 をもつ。つぎの補助定理が成り立つ。

【補助定理 4.1】　システム (4.44), (4.45) が受動的であり，C^2 級の蓄積エネルギー関数をもつならば，システム (4.44), (4.45) は $\boldsymbol{x}_e = \boldsymbol{0}$ において相対次数 1 をもつ。

（証明）　省略。文献 17) の Proposition 2.44 を参照。　□

システム (4.44), (4.45) が相対次数 1 をもっているならば，2.3 節で述べたように座標変換

$$\begin{bmatrix} \boldsymbol{\xi} \\ \boldsymbol{\eta} \end{bmatrix} = T(\boldsymbol{x})$$

によって，標準形（ノーマルフォーム）

$$\dot{\boldsymbol{\xi}} = \boldsymbol{a}(\boldsymbol{\xi}, \boldsymbol{\eta}) + B(\boldsymbol{\xi}, \boldsymbol{\eta})\boldsymbol{u} \tag{4.50}$$

$$\dot{\boldsymbol{\eta}} = \boldsymbol{q}(\boldsymbol{\xi}, \boldsymbol{\eta}) + \Gamma(\boldsymbol{\xi}, \boldsymbol{\eta})\boldsymbol{u} \tag{4.51}$$

$$\boldsymbol{y} = \boldsymbol{\xi} \tag{4.52}$$

に変換することができる。ここで $B(\boldsymbol{\xi}, \boldsymbol{\eta}) = \boldsymbol{h}_{\boldsymbol{x}}(\boldsymbol{x})G(\boldsymbol{x})$ は $\boldsymbol{x} = \mathbf{0}$ で正則である。零ダイナミクスはつぎのようになる。

$$\dot{\boldsymbol{\eta}} = \boldsymbol{q}(\mathbf{0}, \boldsymbol{\eta}) - \Gamma(\mathbf{0}, \boldsymbol{\eta})B(\mathbf{0}, \boldsymbol{\eta})^{-1}\boldsymbol{a}(\mathbf{0}, \boldsymbol{\eta}) \triangleq \boldsymbol{f}_{\mathrm{zd}}(\boldsymbol{\eta}) \tag{4.53}$$

ここで，最小位相と弱最小位相をあらためて厳密に定義し，受動的なシステムは弱最小位相であることを示す。

【定義 4.11】（最小位相，弱最小位相）　システム (4.44), (4.45) が**最小位相**であるとは，零ダイナミクスの平衡点 $\boldsymbol{\eta} = \mathbf{0}$ が漸近安定であるときである。また，システム (4.44), (4.45) が**弱最小位相**であるとは，零ダイナミクスの平衡点 $\boldsymbol{\eta} = \mathbf{0}$ が安定で，C^2 級の正定値関数 $V(\boldsymbol{\eta})$ が存在して，$V_{\boldsymbol{\eta}}(\boldsymbol{\eta})\boldsymbol{f}_{\mathrm{zd}}(\boldsymbol{\eta}) \leqq 0$ が成り立つときである。

【補助定理 4.2】　受動的なシステムは弱最小位相である†。すなわち，システム (4.44), (4.45) が受動的で，C^2 級，正定の蓄積エネルギー関数 $S(\boldsymbol{x})$ をもつならば，システム (4.44), (4.45) は弱最小位相である（状態フィードバック受動化ができるための必要条件）。

（証明）　システム (4.44), (4.45) が受動的であるならば，微分形式の消散不等式

$$\dot{S}(\boldsymbol{x}) = S_{\boldsymbol{x}}(\boldsymbol{x})\boldsymbol{f}(\boldsymbol{x}) + S_{\boldsymbol{x}}(\boldsymbol{x})G(\boldsymbol{x})\boldsymbol{u} \leqq \boldsymbol{u}^T\boldsymbol{y} = \boldsymbol{u}^T\boldsymbol{h}(\boldsymbol{x}) \tag{4.54}$$

が成り立つ。定理 4.7 を用いると，式 (4.54) と

$$S_{\boldsymbol{x}}(\boldsymbol{x})\boldsymbol{f}(\boldsymbol{x}) \leqq 0 \tag{4.55}$$

$$S_{\boldsymbol{x}}(\boldsymbol{x})G(\boldsymbol{x}) = \boldsymbol{h}(\boldsymbol{x})^T \tag{4.56}$$

が等価である（すなわち K-Y-P 特性をもつ）ことが導かれる。

さて，零ダイナミクスの定義より，零ダイナミクス (4.53) の解は多様体 $\boldsymbol{\xi} = \boldsymbol{h}(\boldsymbol{x}) = \mathbf{0}$ に含まれる。この多様体上では，式 (4.56) の条件式は

† 文献 17) の Proposition 2.46 を参照。

$$S_{\boldsymbol{x}}(\boldsymbol{x})G(\boldsymbol{x}) = \mathbf{0}^T \tag{4.57}$$

である。また，受動性の仮定と，零ダイナミクスの解は $\boldsymbol{y} = \boldsymbol{h}(\boldsymbol{x}) = \mathbf{0}$ を満足することから

$$\dot{S}(\boldsymbol{x}) \leqq \boldsymbol{u}^T\boldsymbol{y} = 0 \tag{4.58}$$

である。式 (4.57), (4.58) より

$$\dot{S}(\boldsymbol{x}) = S_{\boldsymbol{x}}(\boldsymbol{x})\boldsymbol{f}(\boldsymbol{x}) + S_{\boldsymbol{x}}(\boldsymbol{x})G(\boldsymbol{x})\boldsymbol{u} = S_{\boldsymbol{x}}(\boldsymbol{x})\boldsymbol{f}(\boldsymbol{x}) \leqq 0$$

が成り立つ。したがって，多様体 $\boldsymbol{h}(\boldsymbol{x}) = \mathbf{0}$ 上で $S(\boldsymbol{x})$ は非増加であり，リアプノフ関数である。したがって，零ダイナミクスは安定であり，定義 4.11 より弱最小位相である。 □

以上のように，相対次数が 1 で，弱最小位相であるという条件は，フィードバック受動化できるための必要条件である。

さらに十分条件であることも，以下のように示すことができる†。

ここでは簡単のため，$\Gamma(\mathbf{0}, \boldsymbol{\eta}) = O$ の場合を考える（一般のケースについては，文献 2) を参照されたい）。相対次数が 1 ならば，式 (4.44), (4.45) は標準形

$$\dot{\boldsymbol{\xi}} = \boldsymbol{a}(\boldsymbol{\xi}, \boldsymbol{\eta}) + B(\boldsymbol{\xi}, \boldsymbol{\eta})\boldsymbol{u} \tag{4.59}$$

$$\dot{\boldsymbol{\eta}} = \boldsymbol{q}(\boldsymbol{\xi}, \boldsymbol{\eta}) \tag{4.60}$$

$$\boldsymbol{y} = \boldsymbol{\xi} \tag{4.61}$$

に変換することができ，零ダイナミクスは

$$\dot{\boldsymbol{\eta}} = \boldsymbol{q}(\mathbf{0}, \boldsymbol{\eta}) \tag{4.62}$$

である。式 (4.60) は

$$\dot{\boldsymbol{\eta}} = \boldsymbol{q}(\mathbf{0}, \boldsymbol{\eta}) + P(\boldsymbol{\xi}, \boldsymbol{\eta})\boldsymbol{\xi} \tag{4.63}$$

と書き直すことができる[12),17)]。ここで，$P(\boldsymbol{\xi}, \boldsymbol{\eta})\boldsymbol{\xi}$ は

† 文献 17) の Proposition 2.47 参照。

$$P(\boldsymbol{\xi},\boldsymbol{\eta})\boldsymbol{\xi} = \int_0^1 \boldsymbol{q}_{\boldsymbol{\xi}}(\boldsymbol{\zeta},\boldsymbol{\eta})\bigg|_{\boldsymbol{\zeta}=s\boldsymbol{\xi}} \boldsymbol{\xi}\, ds \tag{4.64}$$

と計算される。システム (4.44), (4.45) が弱最小位相であるならば，定義 4.11 より，ある C^2 級の正定値関数 $V(\boldsymbol{\eta})$ が存在して

$$V_{\boldsymbol{\eta}}(\boldsymbol{\eta})\boldsymbol{q}(\boldsymbol{0},\boldsymbol{\eta}) \leqq 0 \tag{4.65}$$

を満足する。したがって，式 (4.63) と式 (4.65) より

$$\dot{V}(\boldsymbol{\eta}) = V_{\boldsymbol{\eta}}(\boldsymbol{\eta})\boldsymbol{q}(\boldsymbol{0},\boldsymbol{\eta}) + V_{\boldsymbol{\eta}}(\boldsymbol{\eta})P(\boldsymbol{\xi},\boldsymbol{\eta})\boldsymbol{\xi} \leqq V_{\boldsymbol{\eta}}(\boldsymbol{\eta})P(\boldsymbol{\xi},\boldsymbol{\eta})\boldsymbol{\xi} \tag{4.66}$$

である。システム (4.59), (4.60), (4.61) にフィードバック変換

$$\boldsymbol{u} = B(\boldsymbol{\xi},\boldsymbol{\eta})^{-1}\left(-\boldsymbol{a}(\boldsymbol{\xi},\boldsymbol{\eta}) - (V_{\boldsymbol{\eta}}(\boldsymbol{\eta})P(\boldsymbol{\xi},\boldsymbol{\eta}))^T + \boldsymbol{v}\right) \tag{4.67}$$

を施すと，式 (4.59) は

$$\dot{\boldsymbol{\xi}} = -\left(V_{\boldsymbol{\eta}}(\boldsymbol{\eta})P(\boldsymbol{\xi},\boldsymbol{\eta})\right)^T + \boldsymbol{v} \tag{4.68}$$

となる。ここで正定値関数

$$S(\boldsymbol{\xi},\boldsymbol{\eta}) = V(\boldsymbol{\eta}) + \frac{1}{2}\boldsymbol{\xi}^T\boldsymbol{\xi} \tag{4.69}$$

を導入する。$S(\boldsymbol{\xi},\boldsymbol{\eta})$ の時間微分を計算し，式 (4.66) を考慮すると

$$\begin{aligned}\dot{S}(\boldsymbol{\xi},\boldsymbol{\eta}) &= \dot{V}(\boldsymbol{\eta}) + \boldsymbol{\xi}^T\dot{\boldsymbol{\xi}} \\ &= V_{\boldsymbol{\eta}}(\boldsymbol{\eta})\boldsymbol{q}(\boldsymbol{0},\boldsymbol{\eta}) + V_{\boldsymbol{\eta}}(\boldsymbol{\eta})P(\boldsymbol{\xi},\boldsymbol{\eta})\boldsymbol{\xi} - \boldsymbol{\xi}^T\left(V_{\boldsymbol{\eta}}(\boldsymbol{\eta})P(\boldsymbol{\xi},\boldsymbol{\eta})\right)^T + \boldsymbol{\xi}^T\boldsymbol{v} \\ &= V_{\boldsymbol{\eta}}(\boldsymbol{\eta})\boldsymbol{q}(\boldsymbol{0},\boldsymbol{\eta}) + \boldsymbol{\xi}^T\boldsymbol{v} \leqq \boldsymbol{\xi}^T\boldsymbol{v} = \boldsymbol{y}^T\boldsymbol{v}\end{aligned} \tag{4.70}$$

となり，$S(\boldsymbol{\xi},\boldsymbol{\eta})$ は蓄積エネルギー関数である。また，式 (4.70) は微分形式の消散不等式であり，システム (4.59)～(4.61) が受動的であることを示している。

以上をまとめると，つぎのような必要十分条件になる。

【定理 4.9】（アフィン非線形システムがフィードバック受動化可能であるための必要十分条件）　　システム (4.44), (4.45)，$\mathrm{rank}(\boldsymbol{h}_{\boldsymbol{x}}(\boldsymbol{0})) = m$ が状態フィー

ドバック受動化でき，C^2 級，正定な蓄積エネルギー関数をもつための必要十分条件は，式 (4.44), (4.45) が $\boldsymbol{x} = \boldsymbol{0}$ で相対次数 1 をもち，弱最小位相（零ダイナミクスが安定）であることである。

（証明） すでに証明した。 □

定理 4.9 の結果は局所的なものであることに注意しよう。大域的な結果を得るためには，標準形への座標変換が大域的に存在することが必要である。

フィードバック受動化により受動的システムが得られれば，あとは定理 4.6 を用いて出力フィードバックにより漸近安定化することができる。

最後に簡単な状態フィードバック受動化の例を示す。

【例題 4.2】[17)]

$$\dot{x}_1 = u$$
$$\dot{x}_2 = x_1 x_2^2$$

を考える。ここで $y = x_1$ と選ぶと，これはすでに標準形である。相対次数は 1 で，$\mathrm{rank}(h_{\boldsymbol{x}}(\boldsymbol{0})) = \mathrm{rank}[1\ 0] = 1$，零ダイナミクスは $\dot{x}_2 = 0$ であり，安定である（弱最小位相）。よって，定理 4.9 の条件を満たしているので，状態フィードバック受動化が可能である。

つぎに，状態フィードバックを定理 4.9 の十分性の証明のとおりに求める。式 (4.67) の中で，$a = 0$，$b = 1$ である。また，零ダイナミクスに関するリアプノフ関数 V は，$V(x_2) = \dfrac{1}{2}x_2^2$ を選ぶ。受動化フィードバック (4.67) は

$$u = -V_{x_2}(x_2)p(x_1, x_2) + v$$

となる。関数 p は定義式 (4.64) より，$p(x_1, x_2) = x_2^2$ なので $u = -x_2^3 + v$ となる。これを与えられたシステムに施せば

$$\dot{x}_1 = -x_2^3 + v$$
$$\dot{x}_2 = x_1 x_2^2$$

$y = x_1$

となり，これは受動的で，蓄積エネルギー関数 $S(x_1, x_2) = \frac{1}{2}x_1^2 + \frac{1}{2}x_2^2$ をもつ。実際

$$\dot{S}(x_1, x_2) = x_1(-x_2^3 + v) + x_2 x_1 x_2^2 = yv$$

である。

4.5.3 線形システムの状態フィードバック受動化[17)]

可制御かつ可観測な線形システム

$$\Sigma_l \ : \ \begin{cases} \dot{\boldsymbol{x}} = A\boldsymbol{x} + B\boldsymbol{u} & (4.71) \\ \boldsymbol{y} = C\boldsymbol{x} & (4.72) \end{cases}$$

を考える。ただし，B, C はフルランクであるとする。

式 (4.71), (4.72) が受動的で正定な蓄積エネルギー関数をもつための必要十分条件は，$P > 0$ が存在して線形システムの K-Y-P 特性

$$PA + A^T P \leqq 0 \tag{4.73}$$

$$PB = C^T \tag{4.74}$$

を満足することである（定理 4.8 ならびに文献 11) の Lemma 6.2 を参照）。式 (4.71), (4.72) が受動的であるならば，それは相対次数は 1 で，弱最小位相であることを示そう。

式 (4.71), (4.72) が受動的ならば，式 (4.74) より $B^T PB = CB$ となるので，CB は正定行列で正則，つまり定義 2.3 より式 (4.71), (4.72) の相対次数は 1 である。

式 (4.71), (4.72) に座標変換

$$\begin{bmatrix} \boldsymbol{y} \\ \boldsymbol{\eta} \end{bmatrix} = \begin{bmatrix} C \\ \widetilde{T} \end{bmatrix} \boldsymbol{x} \tag{4.75}$$

を施して，標準形に変換しよう。行列 $\widetilde{T}$ は $\widetilde{T}B = O$ になるものを選ぶ。新しい座標系 (4.75) で，システム (4.71), (4.72) は

$$\dot{\boldsymbol{y}} = Q_{11}\boldsymbol{y} + Q_{12}\boldsymbol{\eta} + CB\boldsymbol{u} \tag{4.76}$$

$$\dot{\boldsymbol{\eta}} = Q_{21}\boldsymbol{y} + Q_{22}\boldsymbol{\eta} \tag{4.77}$$

という標準形になる。CB は正則なので，フィードバック変換

$$\boldsymbol{u} = -(CB)^{-1}(Q_{11}\boldsymbol{y} + Q_{12}\boldsymbol{\eta} - \boldsymbol{v}) \tag{4.78}$$

をすることができ，システム (4.76), (4.77) は

$$\dot{\boldsymbol{y}} = \boldsymbol{v} \tag{4.79}$$

$$\dot{\boldsymbol{\eta}} = Q_{21}\boldsymbol{y} + Q_{22}\boldsymbol{\eta} \tag{4.80}$$

となる。式 (4.79), (4.80) の相対次数は 1 である。

システム (4.79), (4.80) の零ダイナミクスは

$$\dot{\boldsymbol{\eta}} = Q_{22}\boldsymbol{\eta} \tag{4.81}$$

であり，零ダイナミクスをフィードバック変換によって変えることはできない。システム (4.71), (4.72) が受動的であるならば，座標変換とフィードバック変換の後のシステム (4.79), (4.80) も受動的である。行列 P を座標変換後のシステム (4.79), (4.80) に対する消散不等式の解として，$\boldsymbol{y}, \boldsymbol{\eta}$ に対応させ

$$P = \begin{bmatrix} P_{11} & P_{12} \\ P_{12}^T & P_{22} \end{bmatrix}$$

というように書く。そして，変換後の K-Y-P 特性を考える。

$$PB = \begin{bmatrix} P_{11} & P_{12} \\ P_{12}^T & P_{22} \end{bmatrix} \begin{bmatrix} I \\ O \end{bmatrix} = \begin{bmatrix} P_{11} \\ P_{12}^T \end{bmatrix} \tag{4.82}$$

$$C = \begin{bmatrix} I \\ O \end{bmatrix} \tag{4.83}$$

であるから，式 (4.74) より $P_{12}^T = O$ である。また，式 (4.73) から

$$
\begin{aligned}
&P\begin{bmatrix} O & O \\ Q_{21} & Q_{22} \end{bmatrix} + \begin{bmatrix} O & O \\ Q_{21} & Q_{22} \end{bmatrix}^T P \\
&= \begin{bmatrix} P_{11} & O \\ O & P_{22} \end{bmatrix}\begin{bmatrix} O & O \\ Q_{21} & Q_{22} \end{bmatrix} + \begin{bmatrix} O & Q_{21}^T \\ O & Q_{22}^T \end{bmatrix}\begin{bmatrix} P_{11} & O \\ O & P_{22} \end{bmatrix} \\
&= \begin{bmatrix} O & O \\ P_{22}Q_{21} & P_{22}Q_{22} \end{bmatrix} + \begin{bmatrix} O & Q_{21}^T P_{22} \\ O & Q_{22}^T P_{22} \end{bmatrix} \\
&= \begin{bmatrix} O & Q_{21}^T P_{22} \\ P_{22}Q_{21} & P_{22}Q_{22} + Q_{22}^T P_{22} \end{bmatrix} \leqq 0 \qquad (4.84)
\end{aligned}
$$

である。したがって

$$
P_{22}Q_{22} + Q_{22}^T P_{22} \leqq 0 \qquad (4.85)
$$

である。これは Q_{22} に関するリアプノフ不等式なので，Q_{22} は安定な行列である。すなわち，システム (4.79), (4.80)（したがって，システム (4.71), (4.72)）は弱最小位相である。

以上の相対次数 1 と弱最小位相の条件は，フィードバック変換で変えることはできない。したがって，状態フィードバック受動化するために，フィードバックに関係なく対象システムがもっていなくてはならない性質である。このことの十分性も証明することができ，状態フィードバック受動化できるための必要十分条件として，つぎの定理が成り立つ†。

【定理 4.10】（線形システムの状態フィードバック受動化可能性） C がフルランクであるような線形システム $\{A, B, C\}$ が状態フィードバック受動化できて，正定な蓄積エネルギー関数

$$
S(\boldsymbol{x}) = \frac{1}{2}\boldsymbol{x}^T P \boldsymbol{x}
$$

† 文献 17) の Proposition 2.42 を参照。

をもつための必要十分条件は，$\{A, B, C\}$ が相対次数 1 で，かつ弱最小位相であることである。

（証明）　必要性はすでに述べたので，十分性を示す。相対次数が 1 であるならば，システム (4.71), (4.72) は座標変換，状態フィードバック変換で式 (4.79), (4.80) に変換できる。式 (4.79), (4.80) に対してさらにフィードバック制御

$$\boldsymbol{v} = -Q_{21}^T P_{22}\boldsymbol{\eta} + \overline{\boldsymbol{v}} \tag{4.86}$$

を施すと

$$\dot{\boldsymbol{y}} = -Q_{21}^T P_{22}\boldsymbol{\eta} + \overline{\boldsymbol{v}} \tag{4.87}$$

$$\dot{\boldsymbol{\eta}} = Q_{21}\boldsymbol{y} + Q_{22}\boldsymbol{\eta} \tag{4.88}$$

となる。

$$S(\boldsymbol{x}) = \frac{1}{2}\boldsymbol{y}^T\boldsymbol{y} + \frac{1}{2}\boldsymbol{\eta}^T P_{22}\boldsymbol{\eta} \tag{4.89}$$

とおけば

$$\begin{aligned}\dot{S}(\boldsymbol{x}) &= \boldsymbol{y}^T(-Q_{21}^T P_{22}\boldsymbol{\eta} + \overline{\boldsymbol{v}}) + \boldsymbol{\eta}^T P_{22}(Q_{21}\boldsymbol{y} + Q_{22}\boldsymbol{\eta}) \\ &= \boldsymbol{y}^T\overline{\boldsymbol{v}} + \boldsymbol{\eta}^T P_{22}Q_{22}\boldsymbol{\eta} \\ &= \boldsymbol{y}^T\overline{\boldsymbol{v}} + \frac{1}{2}\boldsymbol{\eta}^T(P_{22}Q_{22} + Q_{22}^T P_{22})\boldsymbol{\eta}\end{aligned} \tag{4.90}$$

となる。システム (4.71), (4.72) は弱最小位相であるので，Q_{22} は安定行列である。したがって，リアプノフ不等式 $P_{22}Q_{22} + Q_{22}^T P_{22} \leqq 0$ が成り立つので，不等式 (4.90) は

$$\dot{S}(\boldsymbol{x}) \leqq \boldsymbol{y}^T\overline{\boldsymbol{v}}$$

となる。これはシステム (4.87), (4.88) が受動的であることを示している。すなわち，フィードバック受動化が可能である。　□

4.5.4 直列結合システムのフィードバック受動化[11),18),19)]

サブシステム Σ_a と Σ_p の直列接続によって構成される複合システムを考える。駆動システム Σ_a は

$$\dot{\boldsymbol{\zeta}} = \boldsymbol{\alpha}(\boldsymbol{\zeta}) + B(\boldsymbol{\zeta})\boldsymbol{u} \tag{4.91}$$

$$\boldsymbol{y} = \boldsymbol{h}(\boldsymbol{\zeta}) \tag{4.92}$$

とし，サブシステム Σ_p は

$$\dot{\boldsymbol{x}} = \boldsymbol{f}(\boldsymbol{x}, \boldsymbol{y}) \tag{4.93}$$

とする。このとき，つぎの定理が成り立つ。

【定理 4.11】　サブシステム Σ_a と Σ_p の直列結合システムが，以下の条件を満たすものとする。

(i) $\boldsymbol{y} = \boldsymbol{0}$ のとき，Σ_p は $\boldsymbol{x} = \boldsymbol{0}$ において漸近安定である。すなわち，正定値関数 $W(\boldsymbol{x})$ が存在して次式が成り立つ。

$$W_{\boldsymbol{x}}(\boldsymbol{x})\boldsymbol{f}(\boldsymbol{x}, \boldsymbol{0}) < 0, \quad \forall \boldsymbol{x} \neq \boldsymbol{0} \tag{4.94}$$

(ii) 駆動システム Σ_a は受動的である。すなわち準正定値関数 $U(\boldsymbol{\zeta}) \geqq 0$, $U(\boldsymbol{0}) = 0$ に対して K-Y-P 特性

$$U_{\boldsymbol{\zeta}}(\boldsymbol{\zeta})\boldsymbol{\alpha}(\boldsymbol{\zeta}) \leqq 0 \tag{4.95}$$

$$U_{\boldsymbol{\zeta}}(\boldsymbol{\zeta})B(\boldsymbol{\zeta}) = \boldsymbol{h}(\boldsymbol{\zeta})^T = \boldsymbol{y}^T \tag{4.96}$$

が成り立つ。

もし $\boldsymbol{y}$ を全体システムの出力とすれば，フィードバック受動化によって閉ループ系が受動的になるためのフィードバック補償器は，以下のように与えられる（**図 4.3** 参照）。

$$\boldsymbol{u} = \boldsymbol{c}(\boldsymbol{x}) + \boldsymbol{v}, \quad ここで \quad \boldsymbol{c}(\boldsymbol{x}) = -\left\{W_{\boldsymbol{x}}(\boldsymbol{x})F(\boldsymbol{x}, \boldsymbol{y})\right\}^T \tag{4.97}$$

ただし，$\boldsymbol{v}$ は新たな入力であり，$F(\boldsymbol{x}, \boldsymbol{y})$ は次式を満たす関数行列である†。

---

† 関数 $\boldsymbol{f}(\boldsymbol{x}, \boldsymbol{y})$ が滑らかであれば，分解式 (4.98) を満たす $F(\boldsymbol{x}, \boldsymbol{y})$ はつねに存在する[11)]。

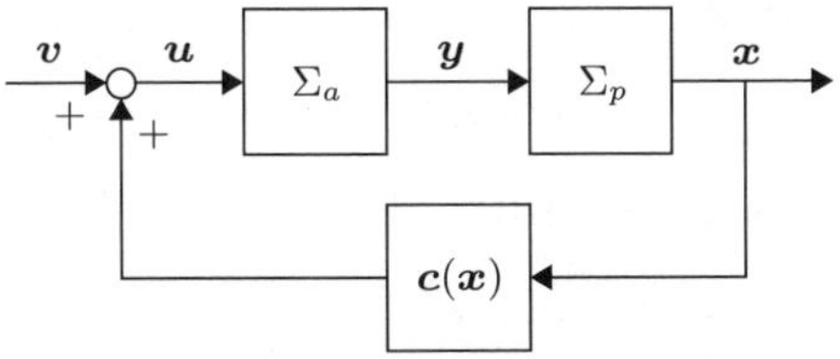

図 4.3 直列結合システムのフィードバック受動化

$$\boldsymbol{f}(\boldsymbol{x},\boldsymbol{y}) = \boldsymbol{f}(\boldsymbol{x},\boldsymbol{0}) + F(\boldsymbol{x},\boldsymbol{y})\boldsymbol{y} \tag{4.98}$$

(証明) 全体システム（直列結合システムの閉ループ系）に対して，準正定値関数

$$V(\boldsymbol{x},\boldsymbol{\zeta}) = W(\boldsymbol{x}) + U(\boldsymbol{\zeta}) \tag{4.99}$$

を考え，時間微分すると

$$\begin{aligned}
\dot{V}(\boldsymbol{x},\boldsymbol{\zeta}) &= W_{\boldsymbol{x}}(\boldsymbol{x})\dot{\boldsymbol{x}} + U_{\boldsymbol{\zeta}}(\boldsymbol{\zeta})\dot{\boldsymbol{\zeta}} \\
&= W_{\boldsymbol{x}}(\boldsymbol{x})\boldsymbol{f}(\boldsymbol{x},\boldsymbol{u}) + U_{\boldsymbol{\zeta}}(\boldsymbol{\zeta})\left\{\boldsymbol{\alpha}(\boldsymbol{\zeta}) + B(\boldsymbol{\zeta})\boldsymbol{u}\right\} \\
&= W_{\boldsymbol{x}}(\boldsymbol{x})\left\{\boldsymbol{f}(\boldsymbol{x},\boldsymbol{0}) + F(\boldsymbol{x},\boldsymbol{y})\boldsymbol{y}\right\} \\
&\quad + U_{\boldsymbol{\zeta}}(\boldsymbol{\zeta})\left\{\boldsymbol{\alpha}(\boldsymbol{\zeta}) + B(\boldsymbol{\zeta})((-W_{\boldsymbol{x}}(\boldsymbol{x})F(\boldsymbol{x},\boldsymbol{y}))^T + \boldsymbol{v})\right\} \\
&\qquad\qquad\qquad \text{式 (4.97), (4.98) より} \\
&= W_{\boldsymbol{x}}(\boldsymbol{x})\boldsymbol{f}(\boldsymbol{x},\boldsymbol{0}) + W_{\boldsymbol{x}}(\boldsymbol{x})F(\boldsymbol{x},\boldsymbol{y})\boldsymbol{y} + U_{\boldsymbol{\zeta}}(\boldsymbol{\zeta})\boldsymbol{\alpha}(\boldsymbol{\zeta}) \\
&\quad - U_{\boldsymbol{\zeta}}(\boldsymbol{\zeta})B(\boldsymbol{\zeta})\left\{W_{\boldsymbol{x}}(\boldsymbol{x})F(\boldsymbol{x},\boldsymbol{y})\right\}^T + U_{\boldsymbol{\zeta}}(\boldsymbol{\zeta})B(\boldsymbol{\zeta})\boldsymbol{v} \\
&= W_{\boldsymbol{x}}(\boldsymbol{x})\boldsymbol{f}(\boldsymbol{x},\boldsymbol{0}) + W_{\boldsymbol{x}}(\boldsymbol{x})F(\boldsymbol{x},\boldsymbol{y})\left\{\boldsymbol{y} - \left\{U_{\boldsymbol{\zeta}}(\boldsymbol{\zeta})B(\boldsymbol{\zeta})\right\}^T\right\} \\
&\quad + U_{\boldsymbol{\zeta}}(\boldsymbol{\zeta})\boldsymbol{\alpha}(\boldsymbol{\zeta}) + U_{\boldsymbol{\zeta}}(\boldsymbol{\zeta})B(\boldsymbol{\zeta})\boldsymbol{v} \\
&= W_{\boldsymbol{x}}(\boldsymbol{x})\boldsymbol{f}(\boldsymbol{x},\boldsymbol{0}) + U_{\boldsymbol{\zeta}}(\boldsymbol{\zeta})\boldsymbol{\alpha}(\boldsymbol{\zeta}) + \boldsymbol{y}^T\boldsymbol{v} \qquad \text{式 (4.96) より} \\
&\leqq \boldsymbol{y}^T\boldsymbol{v}
\end{aligned} \tag{4.100}$$

となる。それゆえ微分形式の消散不等式が成り立つから，閉ループ系 (4.91)〜(4.93), (4.97) は受動的である。 □

【定理 4.12】　直列結合システム (4.91)〜(4.93) が定理 4.11 の条件 (i), (ii) を満たすとする。もし，サブシステム Σ_a が出力 $\boldsymbol{y}$ に関して零状態可検出ならば，全体システムが $(\boldsymbol{x},\boldsymbol{\zeta})=(\boldsymbol{0},\boldsymbol{0})$ において漸近安定となるようなフィードバック補償器は，つぎのように与えられる。

$$\boldsymbol{u}=\boldsymbol{c}(\boldsymbol{x})-K\boldsymbol{y},\quad ここで\quad \boldsymbol{c}(\boldsymbol{x})=-\left\{W_{\boldsymbol{x}}(\boldsymbol{x})F(\boldsymbol{x},\boldsymbol{y})\right\}^T \tag{4.101}$$

ただし，K は正定行列とする。

(証明)　準正定値関数 (4.99) を式 (4.91)〜(4.93) および式 (4.97) に沿って時間微分すると，式 (4.100) で示したように

$$\dot{V}(\boldsymbol{x},\boldsymbol{\zeta})=W_{\boldsymbol{x}}(\boldsymbol{x})\boldsymbol{f}(\boldsymbol{x},\boldsymbol{0})+U_{\boldsymbol{\zeta}}(\boldsymbol{\zeta})\boldsymbol{\alpha}(\boldsymbol{\zeta})+\boldsymbol{y}^T\boldsymbol{v} \tag{4.102}$$

となる。ここで，$\boldsymbol{v}=-K\boldsymbol{y}$ と式 (4.94), (4.95) が成り立つことに注意すると

$$\dot{V}(\boldsymbol{x},\boldsymbol{\zeta})=W_{\boldsymbol{x}}(\boldsymbol{x})\boldsymbol{f}(\boldsymbol{x},\boldsymbol{0})+U_{\boldsymbol{\zeta}}(\boldsymbol{\zeta})\boldsymbol{\alpha}(\boldsymbol{\zeta})-\boldsymbol{y}^TK\boldsymbol{y}<0 \tag{4.103}$$

を得るが，これからは $\dot{V}(\boldsymbol{x},\boldsymbol{\zeta})$ が準負定ということしかいえない。

さて，$V(\boldsymbol{x},\boldsymbol{\zeta})$ が準正定値関数，$\dot{V}(\boldsymbol{x},\boldsymbol{\zeta})$ が準負定値関数なので，リアプノフの安定定理は利用できない。そこで，LaSalle の不変性原理を用いて，閉ループ系が $(\boldsymbol{x},\boldsymbol{\zeta})=(\boldsymbol{0},\boldsymbol{0})$ において漸近安定になることを証明しよう。

集合 Ω_s を $\Omega_s \triangleq \{(\boldsymbol{x},\boldsymbol{\zeta}) \mid V(\boldsymbol{x},\boldsymbol{\zeta}) \leqq s\}$ と定義し，Ω_s は有界で，Ω_s の中では $\dot{V}(\boldsymbol{x},\boldsymbol{\zeta}) \leqq 0$ と仮定する（s は $\dot{V}(\boldsymbol{x},\boldsymbol{\zeta}) \leqq 0$ となる正定数）。このとき，Ω_s 内の任意の初期点から始まる $\boldsymbol{x}(t)$, $\boldsymbol{\zeta}(t)$ は Ω_s 内に留まる。ここで，集合 Ω_E を，$\dot{V}(\boldsymbol{x},\boldsymbol{\zeta})=0$ を満たす Ω_s の点のすべてからなる集合とし

$$\Omega_E=\{(\boldsymbol{x},\boldsymbol{\zeta}) \mid \dot{V}(\boldsymbol{x},\boldsymbol{\zeta})=0,\ (\boldsymbol{x},\boldsymbol{\zeta})\in\Omega_s\} \tag{4.104}$$

とする。式 (4.103) において，$\dot{V}(\boldsymbol{x},\boldsymbol{\zeta})=0$ となるのは，条件 (i) と $\boldsymbol{y}^TK\boldsymbol{y}$ の正定性より $\boldsymbol{x}=\boldsymbol{0}$，$\boldsymbol{y}=\boldsymbol{0}$ のときである。したがって，Ω_E は

$$\Omega_E=\{(\boldsymbol{x},\boldsymbol{\zeta}) \mid \boldsymbol{x}=\boldsymbol{0},\ \boldsymbol{y}=\boldsymbol{0},\ (\boldsymbol{x},\boldsymbol{\zeta})\in\Omega_s\} \tag{4.105}$$

となる。また, $W(\boldsymbol{x})$ は正定値関数で, かつ $W(\mathbf{0}) = 0$ だから, $W_{\boldsymbol{x}}(\boldsymbol{x})|_{\boldsymbol{x}=\mathbf{0}} = \mathbf{0}$ となる。それゆえ, $\boldsymbol{x} = \mathbf{0}$, $\boldsymbol{y} = \mathbf{0}$ を式 (4.101) に代入すると, $\boldsymbol{u} = \mathbf{0}$ となる。この結果, 式 (4.91), (4.92) より集合 (4.105) は

$$\begin{aligned}\Omega_E &= \{(\boldsymbol{x}, \boldsymbol{\zeta}) \mid \dot{V}(\boldsymbol{x}, \boldsymbol{\zeta}) = 0\} \\ &= \{(\boldsymbol{x}, \boldsymbol{\zeta}) \mid \boldsymbol{x} = \mathbf{0},\ \dot{\boldsymbol{\zeta}} = \boldsymbol{\alpha}(\boldsymbol{\zeta}),\ \boldsymbol{y} = \boldsymbol{h}(\boldsymbol{\zeta}) = \mathbf{0}\} \qquad (4.106)\end{aligned}$$

となることがわかる。

このとき, $\dot{\boldsymbol{\zeta}} = \boldsymbol{\alpha}(\boldsymbol{\zeta})$, $\boldsymbol{h}(\boldsymbol{\zeta}) = \mathbf{0}$ は, Σ_a の零状態可検出の定義から, Ω_E において $t \to \infty$ で $\boldsymbol{\zeta}(t) \to \mathbf{0}$ となる。したがって, $\dot{V}(\boldsymbol{x}, \boldsymbol{\zeta}) = 0$ を満たす $(\boldsymbol{x}, \boldsymbol{\zeta})$ は唯一 $(\boldsymbol{x}, \boldsymbol{\zeta}) = (\mathbf{0}, \mathbf{0})$ となる。つまり, 式 (4.106) の Ω_E 内の最大の不変集合を Ω_M とすると, この最大の不変集合 Ω_M は平衡点 $(\boldsymbol{x}, \boldsymbol{\zeta}) = (\mathbf{0}, \mathbf{0})$ のみとなる。

したがって, LaSalle の不変性原理によって Ω_s のすべての軌道は, $t \to \infty$ のとき Ω_M に収束する。つまり, 平衡点 $(\boldsymbol{x}, \boldsymbol{\zeta}) = (\mathbf{0}, \mathbf{0})$ に収束する。 □

サブシステム Σ_p がアフィン非線形システムの場合には, 式 (4.98) は

$$\boldsymbol{f}(\boldsymbol{x}, \boldsymbol{y}) = \boldsymbol{f}_0(\boldsymbol{x}) + G(\boldsymbol{x})\boldsymbol{y}$$

であると考えれば, 4.5.4 項の話はすべてそのまま成立する。

また, 一般非線形システムの受動性理論に基づく動的フィードバック制御が文献 9) で研究されている。

4.6 受 動 定 理

受動性の定義 4.2 と注意 4.1 より

$$\langle \boldsymbol{u}, \boldsymbol{y} \rangle \triangleq \int_0^\infty \boldsymbol{u}^T(t)\boldsymbol{y}(t)dt \geqq 0, \quad \forall \boldsymbol{u} \in L_2$$

が成り立つならば, システムは**受動的**であるという。一般に供給率 $s(\boldsymbol{u}, \boldsymbol{y})$ はパワーを, 蓄積エネルギー関数 $S(\boldsymbol{x})$ はエネルギーを表している。受動的なシステムとは, システムのエネルギーを入力と出力の内積で測るとき, 供給エネ

ルギーより蓄積エネルギーのほうが小さい，つまりシステム内部でエネルギーが消費されるシステムのことである。

図 **4.4** のようなフィードバック系に対してつぎの定理が知られている。

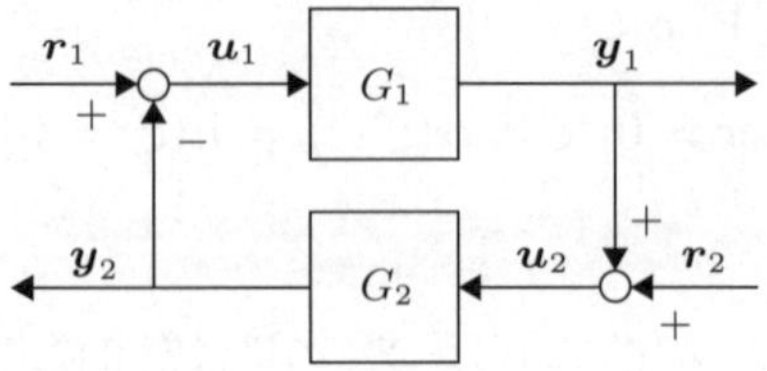

図 **4.4**　フィードバック系

【定理 4.13】（受動定理）　　図 4.4 のフィードバック系において，システム $G_1 : L_{2e}(U_1) \to L_{2e}(Y_1)$，$G_2 : L_{2e}(U_2) \to L_{2e}(Y_2)$，$R_1 = R_2 = U_1 = U_2 = U$ とする。このとき，G_1 が強受動的†かつ L_2 安定で，G_2 が受動的ならば，このフィードバック系（閉ループ系）は有限ゲイン L_2 安定である（フィードバック系の L_p 安定については 2.4.4 項を参照）。

（証明）　　省略。文献 16) の Theorem 2.2.15 あるいは文献 8) の定理 6.5 を参照。また，G_1 と G_2 に対する仮定が逆でも，定理は成り立つ。　□

受動定理 4.13 は拡張され一般化されている[14), 16)]。また，受動性に基づく安定化制御はいろいろ研究されており，特にハミルトニアンシステムに対しては多くの論文が発表されている。例えば文献 16), 14), 18), 19), 3), 11) などを参照されたい。

† システム $G : L_{2e} \to L_{2e}$ において

$$\langle \boldsymbol{u}, \boldsymbol{y} \rangle \triangleq \int_0^\infty \boldsymbol{u}^T(t)\boldsymbol{y}(t)dt \geq \varepsilon \|\boldsymbol{u}\|_{L_2}^2, \quad \forall \boldsymbol{u} \in L_{2e}$$

を満たす $\varepsilon > 0$ が存在するとき，システム S は強受動的であるという。

4.7 ルーリエ系の絶対安定とポポフの定理

時不変線形システム

$$\dot{\boldsymbol{x}}(t) = A\boldsymbol{x}(t) + \boldsymbol{b}u(t) \tag{4.107}$$

$$y(t) = \boldsymbol{c}\boldsymbol{x}(t) \tag{4.108}$$

$$e(t) = -y(t) \tag{4.109}$$

に対して非線形フィードバック制御

$$u(t) = \phi(e(t)) \tag{4.110}$$

を施したときのフィードバック系の安定性を考察する。ここで $A \in R^{n\times n}$, $\boldsymbol{b} \in R^n$, $\boldsymbol{c} \in R^n$, $\boldsymbol{x}(t) \in R^n$, $u(t) \in R$, $y(t) \in R$, $e(t) \in R$ である。このような非線形フィードバック系は**ルーリエ系**と呼ばれる（**図 4.5** 参照）。

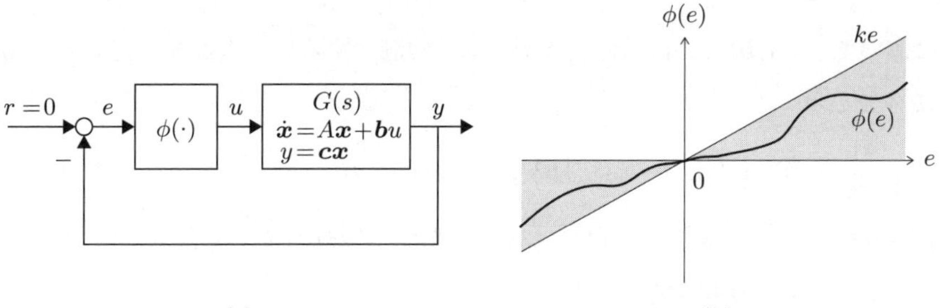

(a) (b)

図 4.5 非線形フィードバック系とセクター $[0, k]$

非線形システム (4.107)〜(4.110) が以下の仮定を満たすとしよう。

(i) $\dot{\boldsymbol{x}}(t) = A\boldsymbol{x}(t)$（時不変線形部分）の平衡点 $\boldsymbol{x}_e = \boldsymbol{0}$ は，漸近安定である（すなわち行列 A はフルビッツ（Hurwitz））[†]。

(ii) 時不変線形システム $\{A, \boldsymbol{b}, \boldsymbol{c}\}$ は，可制御，可観測である。

† 行列 A のすべての固有値が負であるとき，行列 A はフルビッツ（Hurwitz）であるという。

(iii)　$\phi(e)$ はセクター $[0, k]$ に属する。すなわち，非線形入力 $\phi : R \to R$ は

$$0 < e\phi(e) < ke^2, \quad \phi(0) = 0, \quad k > 0$$

を満たす。

このとき，セクター $[0, k]$ に属するいかなる静的な非線形時不変要素 $\phi(e)$ に対してもルーリエ系の平衡点 $\boldsymbol{x}_e = \boldsymbol{0}$ が大域的漸近安定であることを，ルーリエ系はセクター $[0, k]$ に対して**絶対安定**（absolute stable）であるという。また，そうであるために時不変線形システムに必要となる条件を求めることをルーリエ問題という。

ポポフの定理を証明する準備として，つぎの補助定理を与える。

【補助定理 4.3】（Kalman-Yakubovich の補題）　時不変線形スカラシステム

$$\dot{\boldsymbol{x}}(t) = A\boldsymbol{x}(t) + \boldsymbol{b}u(t) \tag{4.111}$$

$$y(t) = \boldsymbol{d}\boldsymbol{x}(t) \tag{4.112}$$

において，$\{A, \boldsymbol{b}\}$ は可制御，$\{A, \boldsymbol{d}\}$ は可観測とする。このとき，定数 $\gamma \geqq 0$ に対して

$$\frac{1}{2}\gamma + \mathrm{Re}\left\{\boldsymbol{d}(j\omega I - A)^{-1}\boldsymbol{b}\right\} \geqq 0, \quad \forall\omega \in R \tag{4.113}$$

が成立すれば，つぎの条件 (1)～(3) を満たす正定行列 P，非負定行列 R およびベクトル $\boldsymbol{l}$ が存在する。

(1)　$A^T P + PA = -\boldsymbol{l}\boldsymbol{l}^T - R$

(2)　$P\boldsymbol{b} = \boldsymbol{d}^T - \sqrt{\gamma}\boldsymbol{l}$

(3)　$\{A, \boldsymbol{l}^T\}$ は可観測

（証明）　省略。文献 1) を参照。　□

ルーリエ系の絶対安定は，つぎのポポフの定理[15)] によって保証される。

【定理 4.14】（ポポフの定理）　仮定 (i)～(iii) を満たすフィードバック系 (4.107)～(4.110) において，ある実数 $\eta \geqq 0$ が存在し

$$\frac{1}{k} + \mathrm{Re}\left\{(1+\eta j\omega)G(j\omega)\right\} \geqq 0, \quad \forall \omega \in R \quad \text{（ポポフの条件）} \tag{4.114}$$

が成立すれば，システムは絶対安定である。ただし，$G(s)$ はシステム (4.107), (4.108) の線形部分の伝達関数で，$G(s) = \boldsymbol{c}(sI-A)^{-1}\boldsymbol{b}$ で与えられる。

(証明)[1]　まず，システム (4.107)〜(4.110) に対するリアプノフ関数の候補

$$V(\boldsymbol{x}(t)) = \boldsymbol{x}^T(t)P\boldsymbol{x}(t) + \beta\int_0^{e(t)} \phi(\xi)d\xi \tag{4.115}$$

を選ぶ。解軌道に沿ったリアプノフ関数の時間微分は

$$\begin{aligned}\dot{V}(\boldsymbol{x}) &= \dot{\boldsymbol{x}}^T P\boldsymbol{x} + \boldsymbol{x}^T P\dot{\boldsymbol{x}} + \beta\phi(e)\dot{e} \\ &= (A\boldsymbol{x}+\boldsymbol{b}u)^T P\boldsymbol{x} + \boldsymbol{x}^T P(A\boldsymbol{x}+\boldsymbol{b}u) - \beta\phi(e)\boldsymbol{c}(A\boldsymbol{x}+\boldsymbol{b}u) \\ &= \boldsymbol{x}^T(A^TP+PA)\boldsymbol{x} + 2\phi(e)\boldsymbol{b}^TP\boldsymbol{x} - \beta\phi(e)\boldsymbol{c}A\boldsymbol{x} - \beta\phi^2(e)\boldsymbol{c}\boldsymbol{b} \\ &= \boldsymbol{x}^T(A^TP+PA)\boldsymbol{x} + 2\phi(e)\left(\boldsymbol{b}^TP - \frac{1}{2}\beta\boldsymbol{c}A\right)\boldsymbol{x} - \beta\phi^2(e)\boldsymbol{c}\boldsymbol{b}\end{aligned} \tag{4.116}$$

となる。ここで，$-\alpha e\phi(e) - \phi(e)\alpha\boldsymbol{c}\boldsymbol{x} = 0$ を式 (4.116) に加えると

$$\begin{aligned}\dot{V}(\boldsymbol{x}) &= \boldsymbol{x}^T(A^TP+PA)\boldsymbol{x} + 2\phi(e)\gamma^{\frac{1}{2}}\gamma^{-\frac{1}{2}}\left[\boldsymbol{b}^TP - \frac{1}{2}\beta\boldsymbol{c}A - \frac{1}{2}\alpha\boldsymbol{c}\right]\boldsymbol{x} \\ &\quad -\alpha e\phi(e) - \beta\phi^2(e)\boldsymbol{c}\boldsymbol{b}\end{aligned} \tag{4.117}$$

となり

$$\boldsymbol{d} = \frac{1}{2}\beta\boldsymbol{c}A + \frac{1}{2}\alpha\boldsymbol{c} \tag{4.118}$$

とすると，式 (4.117) は

$$\begin{aligned}\dot{V}(\boldsymbol{x}) &= \boldsymbol{x}^T(A^TP+PA)\boldsymbol{x} + 2\phi(e)\gamma^{\frac{1}{2}}\gamma^{-\frac{1}{2}}(\boldsymbol{b}^TP - \boldsymbol{d})\boldsymbol{x} \\ &\quad -\alpha e\phi(e) - \beta\phi^2(e)\boldsymbol{c}\boldsymbol{b}\end{aligned}$$

と書ける。ここで $2uv \leqq u^2+v^2$ を応用して，$u = \phi(e)\gamma^{\frac{1}{2}}$, $v = \gamma^{-\frac{1}{2}}(\boldsymbol{b}^TP-\boldsymbol{d})\boldsymbol{x}$ とすると，$\boldsymbol{x} \neq \boldsymbol{0}$ であれば

$$\begin{aligned}\dot{V}(\boldsymbol{x}) &\leqq \boldsymbol{x}^T(A^TP+PA)\boldsymbol{x}+\gamma^{-1}\boldsymbol{x}^T(P\boldsymbol{b}-\boldsymbol{d}^T)(P\boldsymbol{b}-\boldsymbol{d}^T)^T\boldsymbol{x}\\&\quad+\phi(e)\{\gamma\phi(e)-\alpha e-\beta\boldsymbol{cb}\phi(e)\}\\&=\boldsymbol{x}^T(A^TP+PA)\boldsymbol{x}+\gamma^{-1}\boldsymbol{x}^T(P\boldsymbol{b}-\boldsymbol{d}^T)(P\boldsymbol{b}-\boldsymbol{d}^T)^T\boldsymbol{x}\\&\quad+\phi(e)\{(\gamma-\beta\boldsymbol{cb})\phi(e)-\alpha e\}\end{aligned} \tag{4.119}$$

となる。α,β,γ をつぎの二つの式

$$\frac{\beta}{\alpha}=\eta,\quad \frac{\gamma}{\alpha}=\eta\boldsymbol{cb}+\frac{1}{k} \tag{4.120}$$

を満足するように選ぶ。ただし，$\eta\boldsymbol{cb}+1/k>0$（つまり $\gamma>0$）と仮定する。これを式 (4.119) に代入して

$$\begin{aligned}\dot{V}(\boldsymbol{x}) &\leqq \boldsymbol{x}^T(A^TP+PA)\boldsymbol{x}+\gamma^{-1}\boldsymbol{x}^T(P\boldsymbol{b}-\boldsymbol{d}^T)(P\boldsymbol{b}-\boldsymbol{d}^T)^T\boldsymbol{x}\\&\quad+\alpha\phi(e)\left[\frac{\phi(e)}{k}-e\right]\end{aligned} \tag{4.121}$$

と書くことができる。ところで，仮定 (iii) より $\phi^2(e)<ke\phi(e)$ となり，$k>0$ だから

$$\phi(e)\left[\frac{\phi(e)}{k}-e\right]<0 \tag{4.122}$$

となる。それゆえ，式 (4.121) はつぎのように書き直せる。

$$\dot{V}(\boldsymbol{x}) \leqq \boldsymbol{x}^T(A^TP+PA)\boldsymbol{x}+\gamma^{-1}\boldsymbol{x}^T(P\boldsymbol{b}-\boldsymbol{d}^T)(P\boldsymbol{b}-\boldsymbol{d}^T)^T\boldsymbol{x} \tag{4.123}$$

一方，Kalman-Yakubovich の補助定理 4.3 を適用するために，式 (4.113) に式 (4.118), (4.120) を代入すると

$$\begin{aligned}&\frac{1}{2}\gamma+\mathrm{Re}\{\boldsymbol{d}(j\omega I-A)^{-1}\boldsymbol{b}\}\\&\qquad=\frac{1}{2}\left[\gamma+\mathrm{Re}\{(\beta\boldsymbol{c}A+\alpha\boldsymbol{c})(j\omega I-A)^{-1}\boldsymbol{b}\}\right]\\&\qquad=\frac{1}{2}\left[\gamma+\mathrm{Re}\{\{(\alpha\boldsymbol{c}+\beta\boldsymbol{c}j\omega)-\beta\boldsymbol{c}(j\omega I-A)\}(j\omega I-A)^{-1}\boldsymbol{b}\}\right]\\&\qquad=\frac{1}{2}\left[\gamma+\mathrm{Re}\{(\alpha+\beta j\omega)\boldsymbol{c}(j\omega I-A)^{-1}\boldsymbol{b}-\beta\boldsymbol{cb}\}\right]\end{aligned}$$

$$= \frac{\alpha}{2}\left[\frac{\gamma - \beta \boldsymbol{cb}}{\alpha} + \mathrm{Re}\left\{\left(1 + \frac{\beta}{\alpha}j\omega\right)\boldsymbol{c}(j\omega I - A)^{-1}\boldsymbol{b}\right\}\right]$$
$$= \frac{\alpha}{2}\left[\frac{1}{k} + \mathrm{Re}\{(1 + \eta j\omega)G(j\omega)\}\right] \geqq 0 \tag{4.124}$$

となるが，式 (4.124) はポポフの定理の仮定 (4.114) そのものである。また式 (4.124) と式 (4.113) は等価なので，Kalman-Yakubovich の補助定理 4.3 が成立する。したがって，補助定理 4.3 の (1), (2) を満たす P, R, $\boldsymbol{l}$ が存在し，これを式 (4.123) に代入すると

$$\dot{V}(\boldsymbol{x}) \leqq -\boldsymbol{x}^T(\boldsymbol{l}\boldsymbol{l}^T + R)\boldsymbol{x} + \gamma^{-1}\boldsymbol{x}^T(\sqrt{\gamma}\,\boldsymbol{l}\boldsymbol{l}^T\sqrt{\gamma})\boldsymbol{x}$$
$$= -\boldsymbol{x}^T R\boldsymbol{x} \leqq 0 \tag{4.125}$$

が得られ，$\eta\boldsymbol{cb} + 1/k > 0$（つまり $\gamma > 0$）を仮定した場合の絶対安定性が証明された。

ところで，補助定理 4.3 は $\gamma = 0$ においても式 (4.113) を満たす必要があるので，つぎに

$$\eta\boldsymbol{cb} + \frac{1}{k} = 0 \qquad (\text{つまり } \gamma = 0) \tag{4.126}$$

の場合を証明する。式 (4.116), (4.118), (4.126), (4.122) より

$$\dot{V}(\boldsymbol{x}) \leqq \boldsymbol{x}^T(A^TP + PA)\boldsymbol{x} + 2\phi(e)\left(\boldsymbol{b}^TP - \frac{1}{2}\beta\boldsymbol{c}A\right)\boldsymbol{x} - \beta\phi^2(e)\boldsymbol{cb}$$
$$= \boldsymbol{x}^T(A^TP + PA)\boldsymbol{x} + 2\phi(e)\left[\boldsymbol{b}^TP - \frac{1}{2}\beta\boldsymbol{c}A - \frac{1}{2}\alpha\boldsymbol{c}\right]\boldsymbol{x}$$
$$-\alpha e\phi(e) - \beta\phi^2(e)\boldsymbol{cb}$$
$$= \boldsymbol{x}^T(A^TP + PA)\boldsymbol{x} + 2\phi(e)[\boldsymbol{b}^TP - \boldsymbol{d}]\boldsymbol{x} + \alpha\phi(e)\left[-\frac{\beta}{\alpha}\boldsymbol{cb}\phi(e) - e\right]$$
$$= \boldsymbol{x}^T(A^TP + PA)\boldsymbol{x} + 2\phi(e)[\boldsymbol{b}^TP - \boldsymbol{d}]\boldsymbol{x} + \alpha\phi(e)\left[\frac{1}{k}\phi(e) - e\right]$$
$$\leqq \boldsymbol{x}^T(A^TP + PA)\boldsymbol{x} + 2\phi(e)[P\boldsymbol{b} - \boldsymbol{d}^T]^T\boldsymbol{x} \tag{4.127}$$

となるが，一方では（式 (4.118), (4.120) を変えていないので）式 (4.125) がそのまま成立しており，やはり補助定理 4.3（$\gamma = 0$ の場合）が適用できて

$$\dot{V}(\boldsymbol{x}) \leqq -\boldsymbol{x}(\boldsymbol{l}\boldsymbol{l}^T + R)\boldsymbol{x} \leqq 0$$

となる。 □

文献 8) では，ポポフの定理が多変数システムに一般化されて与えられている。本節の参考書としては 1), 6), 8) がある。また，ポポフの定理と Kalman-Yakubovich の補題の関係の歴史的事実については，文献 1) や 17) を参照されたい。

引用・参考文献

1) 有本：線形システム理論, 産業図書 (1974)
2) C. I. Byrnes, A. Isidori and J. C. Willems: Passivity, Feedback Equivalence, and the Global Stabilization of Minimum Phase Nonlinear Systems, IEEE Trans. Autom. Contr., Vol. AC-36, No. 11 (1991)
3) 藤本, 杉江：一般化ハミルトニアンシステムの安定化 —— 正順変換によるアプローチ, システム制御情報学会論文集, Vol. 11, No. 11 (1998)
4) D. J. Hill and P. J. Moylan: The Stability of Nonlinear Dissipative Systems, IEEE Trans. Autom. Contr., Vol. AC-21, No. 5 (1976)
5) D. J. Hill and P. J. Moylan: Stability Results for Nonlinear Feedback Systems, Automatica, Vol. 13, pp. 377–382 (1977)
6) 平井, 池田：非線形制御システムの解析, オーム社 (1986)
7) A. Isidori: Nonlinear Control Systems, 3rd edition, Springer-Verlag (1995)
8) 井村：システム制御のための安定論, コロナ社 (2000)
9) 伊藤, 志水：受動性理論による一般的な非線形システムの動的フィードバック制御, 計測自動制御理論論文集, Vol. 37, No. 1 (2001)
10) R. E. Kalman: Lyapunov Functions for the Problem of Lur'e in Automatic Control, Proc. Math. Acad. Science USA, Vol. 49, pp. 201–205 (1963)
11) H. K. Khalil: Nonlinear Systems, 3rd ed., Prentice-Hall (2002)
12) W. Lin: Global Asymptotic Stabilization of General Nonlinear Systems with Stable Free Dynamics via Passivity and Bounded Feedback, Automatica, Vol. 3, No. 6, pp. 915–924 (1996)
13) J. ラ サール, S. レフシェッツ 著, 山本 訳：リアプノフの方法による安定性理論, 産業図書 (1975)

14) R. Logano, B. Brogliato, O. Egeland and B. Maschke: Dissipative Systems Analysis and Control —Theory and Applications, Springer-Verlag (2000)

15) V. M. Popov: Absolute Stability of Nonlinear Control Systems of Automatic Control, Automation and Remote Control, Vol. 22, pp. 857–875 (1962)

16) A. van der Schaft: L_2-Gain and Passivity Techniques in Nonlinear Control, 2nd ed., Springer-Verlag (2000)

17) R. Sepulchre, M. Jankovic and P. V. Kokotovic: Constructive Nonlinear Control, Springer-Verlag (1997)

18) 申, 田村：受動性理論による相対次数 1 の非線形系の大域的ロバスト安定化, 計測自動制御学会論文集, Vol. 34, No. 6 (1998)

19) 申：リレー解説〈第 11 回〉受動性設計の基礎, 計測と制御, Vol. 43, No. 5 (2004)

20) V. A. Yakubovich: Solution to Some Matrix Inequalities Occurring in the Theory of Automatic Control, Dokl. Akad. Nauk SSSR, Vol. 143, pp. 1304–1307 (1962)

21) J. C. Willems: Dissipative Dynamical Systems-Part1: General Theory, Arch. Rational Mechanics and Analysis, Vol. 45, pp. 321–351 (1972)

5 直接勾配降下制御

近年，評価関数を設定し，その評価関数を減少させることによって非線形システムの安定化を試みる手法が研究されている。Speed Gradient Method[2),3)]は，プラントの軌道に沿った評価関数の時間微分を減少させるような最急降下法である。また，Quickest Descent Control[19)]は，リアプノフ関数を評価関数に設定した一種の最急降下法である。本章で考える直接勾配降下制御[12)~16),10),20)]も，評価関数を時々刻々減少させるように直接的に制御入力を操作する制御方式である。そのために評価関数の制御入力に関する勾配関数を求め，勾配降下法を応用する。安定化を目的とした制御則の設計では，保守的な制御則を作ってしまいがちである。それに対して，これらの制御手法は評価関数の最小化または減少化に重点をおいており，より実用的な制御則を設計するという観点において，非常に興味深い。本章では，直接勾配降下制御が局所的な漸近安定化を実行できるための条件と手法を解説する。直接勾配降下制御はオンラインのフィードバック制御則であり，その実装も簡単で実用的なものである。

5.1 直接勾配降下制御の定式化

一般非線形システムである制御対象

$$\dot{\boldsymbol{x}}(t) = \boldsymbol{f}(\boldsymbol{x}(t), \boldsymbol{u}(t)), \quad \boldsymbol{x}(0) = \boldsymbol{x}_0$$

を考える。ただし $\boldsymbol{x}(t) \in R^n$ は状態ベクトル，$\boldsymbol{u}(t) \in R^r$ は制御入力である。

さて，目的はこのプラントに対して評価関数 $F(\boldsymbol{x}(t))$ を時々刻々減少させる

ように $\boldsymbol{u}(t)$ を操作することだから，問題をつぎのように表す。

$$\underset{\boldsymbol{u}(t)}{\text{decrease}}\ F(\boldsymbol{x}(t)) \tag{5.1a}$$

$$\text{subject to}\quad \dot{\boldsymbol{x}}(t) = \boldsymbol{f}(\boldsymbol{x}(t), \boldsymbol{u}(t)), \quad \boldsymbol{x}(0) = \boldsymbol{x}_0 \tag{5.1b}$$

このとき，もし $\boldsymbol{f}$ が連続で有界（すなわち $\|\boldsymbol{f}(\boldsymbol{x}(t), \boldsymbol{u}(t))\| \leqq M, \forall \boldsymbol{x}(t) \in R^n$, $\boldsymbol{u}(t) \in R^r$）であり，リプシッツ条件（すなわち $\left\|\boldsymbol{f}(\boldsymbol{x}^1(t), \boldsymbol{u}(t)) - \boldsymbol{f}(\boldsymbol{x}^2(t), \boldsymbol{u}(t))\right\| \leqq L\left\|\boldsymbol{x}^1(t) - \boldsymbol{x}^2(t)\right\|, \forall \boldsymbol{x}^1(t), \boldsymbol{x}^2(t) \in R^n, \boldsymbol{u}(t) \in R^r$）が満たされるならば，任意の連続な $\boldsymbol{u} : \boldsymbol{u}(t), t \geqq 0$ に対して，プラント (5.1b) は連続な唯一解 $\boldsymbol{x} : \boldsymbol{x}(t)$, $t \geqq 0$ をもつ。$\boldsymbol{x}(t)$, $\boldsymbol{u}(t)$, $t \geqq 0$ の軌道を $\boldsymbol{x}, \boldsymbol{u}$ と表す。また，与えられた $\boldsymbol{u}$ に対応した軌道 $\boldsymbol{x}$ を $\boldsymbol{x}(\boldsymbol{u})$ と書き，その時刻 t における値，つまり状態 $\boldsymbol{x}(t)$ を $\boldsymbol{x}(t; \boldsymbol{u})$ と書く。

問題 (5.1) に対するオンライン制御の 1 手段として，$\boldsymbol{u}(t)$ に関する勾配降下法（最急降下法）を実行する。問題 (5.1) に対してつぎの仮定をおく。

【仮定 5.1】 $\boldsymbol{f}$ は $(\boldsymbol{x}, \boldsymbol{u}) \in R^n \times R^r$ に関して連続微分可能である。

【仮定 5.2】 $\boldsymbol{f}_{\boldsymbol{u}}$, $F_{\boldsymbol{x}}$ はそれぞれ $(\boldsymbol{x}, \boldsymbol{u}) \in R^n \times R^r$ と $\boldsymbol{x} \in R^n$ に関してリプシッツ連続である。

さて，時間区間 $[0, t]$ における許容制御のクラスとして，連続な r 次元ベクトル値関数からなる空間 $U_{[0,t]}$ を考え，内積

$$\langle \boldsymbol{u}, \boldsymbol{v} \rangle_{U_{[0,t]}} = \int_0^t \boldsymbol{u}(t)^T \boldsymbol{v}(t)\, dt \tag{5.2}$$

を定義する。区間 $[0, t]$ 上の軌道 $\boldsymbol{x}(\tau; \boldsymbol{u})$, $\tau \in [0, t]$ に関して汎関数 $\boldsymbol{x}(t; \cdot) : U_{[0,t]} \to R^n$ を考えるとき，つぎの定理が成り立つ。

【定理 5.1】 仮定 5.1, 5.2 のもとで作用素 $\boldsymbol{x}(t; \cdot) : U_{[0,t]} \to R^n$ はガトー微分可能であり，そのヤコビアンは区間 $[0, t]$ の終端時刻 t において次式で与えられる。

$$\nabla \boldsymbol{x}(t; \boldsymbol{u})(t) = \boldsymbol{f}_{\boldsymbol{u}}(\boldsymbol{x}(t; \boldsymbol{u}), \boldsymbol{u}(t))^T \tag{5.3}$$

(証明)　汎関数 $\boldsymbol{x}(t;\cdot):U_{[0,t]}\to R^n$ がガトー微分可能であることを示し，その $\boldsymbol{u}$ における増分 $\boldsymbol{s}$ のガトー微分

$$\boldsymbol{x}'(t;\boldsymbol{u};\boldsymbol{s})\triangleq\frac{d}{d\varepsilon}\boldsymbol{x}(t;\boldsymbol{u}+\varepsilon\boldsymbol{s})\Big|_{\varepsilon=0}$$

を計算する。まず，$\boldsymbol{u}+\varepsilon\boldsymbol{s}$ が与えられたもとで，式 (5.1b) を 0 から t まで積分すると

$$\boldsymbol{x}(t;\boldsymbol{u}+\varepsilon\boldsymbol{s})=\boldsymbol{x}(0)+\int_0^t\boldsymbol{f}(\boldsymbol{x}(\tau;\boldsymbol{u}+\varepsilon\boldsymbol{s}),\boldsymbol{u}(\tau)+\varepsilon\boldsymbol{s}(\tau))\,d\tau \tag{5.4}$$

となる。式 (5.4) の両辺を ε で微分して $\varepsilon=0$ とおき，その両辺を t で微分すると

$$\begin{aligned}\frac{d}{dt}\frac{d}{d\varepsilon}\boldsymbol{x}(t;\boldsymbol{u}+\varepsilon\boldsymbol{s})\Big|_{\varepsilon=0}&=\boldsymbol{f}_{\boldsymbol{x}}(\boldsymbol{x}(t;\boldsymbol{u}),\boldsymbol{u}(t))\frac{d}{d\varepsilon}\boldsymbol{x}(t;\boldsymbol{u}+\varepsilon\boldsymbol{s})\Big|_{\varepsilon=0}\\&\quad+\boldsymbol{f}_{\boldsymbol{u}}(\boldsymbol{x}(t;\boldsymbol{u}),\boldsymbol{u}(t))\boldsymbol{s}(t)\end{aligned}$$

となる。これは $\boldsymbol{x}'(t;\boldsymbol{u};\boldsymbol{s})=\dfrac{d}{d\varepsilon}\boldsymbol{x}(t;\boldsymbol{u}+\varepsilon\boldsymbol{s})\Big|_{\varepsilon=0}$ に関する時変線形微分方程式だから，その解が存在し，次式で与えられる。

$$\boldsymbol{x}'(t;\boldsymbol{u};\boldsymbol{s})=\int_0^t\Phi(t,\tau)\boldsymbol{f}_{\boldsymbol{u}}(\boldsymbol{x}(\tau;\boldsymbol{u}),\boldsymbol{u}(\tau))\boldsymbol{s}(\tau)\,d\tau \tag{5.5}$$

ここで，Φ は次式によって $\{(t,\tau)\mid 0\leqq\tau\leqq t\}$ で定義された連続な遷移行列関数 $\Phi(t,\tau)$ である。

$$\frac{\partial}{\partial t}\Phi(t,\tau)=\boldsymbol{f}_{\boldsymbol{x}}(\boldsymbol{x}(t;\boldsymbol{u}),\boldsymbol{u}(t))\Phi(t,\tau),\quad \Phi(\tau,\tau)=I \tag{5.6}$$

$\boldsymbol{x}(t;\cdot):U_{[0,t]}\to R^n$ の各成分 $x_i(t;\cdot):U_{[0,t]}\to R$ を考えると，そのガトー微分は

$$x_i'(t;\boldsymbol{u};\boldsymbol{s})=\int_0^t\Phi_i(t,\tau)\boldsymbol{f}_{\boldsymbol{u}}(\boldsymbol{x}(\tau;\boldsymbol{u}),\boldsymbol{u}(\tau))\boldsymbol{s}(\tau)\,d\tau$$

で表される。ここで $\Phi_i(t,\tau)$ は $\Phi(t,\tau)$ の第 i 行を意味する。この式と内積の定義式 (5.2) を比較すると

$$\boldsymbol{x}_i'(t;\boldsymbol{u};\boldsymbol{s})=\langle\nabla x_i(t;\boldsymbol{u}),\boldsymbol{s}\rangle_{U_{[0,t]}},\quad \forall\boldsymbol{s}\in U_{[0,t]}$$

を満たす $\nabla x_i(t;\boldsymbol{u}) \in U_{[0,t]}$ が存在し，それは

$$\nabla x_i(t;\boldsymbol{u})(\tau) = \boldsymbol{f_u}(\boldsymbol{x}(\tau;\boldsymbol{u}),\boldsymbol{u}(\tau))^T \Phi_i(t,\tau)^T, \quad \tau \in [0,t]$$

で与えられることがわかる。各 $\nabla x_i(t;\boldsymbol{u})$ は r 次元ベクトル値関数であるが，ここで $(r \times n)$ 行列値関数 $\nabla \boldsymbol{x}(t;\boldsymbol{u})$ を

$$\nabla \boldsymbol{x}(t;\boldsymbol{u})(\tau) \triangleq (\nabla x_1(t;\boldsymbol{u})(\tau), \cdots, \nabla x_n(t;\boldsymbol{u})(\tau)), \quad 0 \leqq \tau \leqq t$$

で定義すると，$\nabla \boldsymbol{x}(t;\boldsymbol{u})$ は

$$\nabla \boldsymbol{x}(t;\boldsymbol{u})(\tau) = \boldsymbol{f_u}(\boldsymbol{x}(\tau;\boldsymbol{u}),\boldsymbol{u}(\tau))^T \Phi(t,\tau)^T, \quad \tau \in [0,t] \tag{5.7}$$

で与えられる。ここで $\tau = t$ とすると，式 (5.3) を得る。

さらに，式 (5.6) および式 (5.7) より，領域 $\{(t,\tau)\,|\,0 \leqq \tau \leqq t\}$ 上で

$$\frac{d}{dt}\nabla \boldsymbol{x}(t;\boldsymbol{u})(\tau) = \nabla \boldsymbol{x}(t;\boldsymbol{u})(\tau)\boldsymbol{f_x}(\boldsymbol{x}(t;\boldsymbol{u}),\boldsymbol{u}(t))^T \tag{5.8a}$$

$$\nabla \boldsymbol{x}(\tau;\boldsymbol{u})(\tau) = \boldsymbol{f_u}(\boldsymbol{x}(\tau;\boldsymbol{u}),\boldsymbol{u}(\tau))^T \tag{5.8b}$$

となる。微分方程式 (5.8) は状態 $\boldsymbol{x}$ の入力 $\boldsymbol{u}$ に対する感度方程式を表していることに注意しよう。 □

つぎに，任意に固定された時刻 t に対して時間区間 $[0,t]$ で定義される汎関数

$$\phi[\boldsymbol{u}] \triangleq F(\boldsymbol{x}(t;\boldsymbol{u})) \tag{5.9}$$

を考える。このとき，つぎの定理が成り立つ。

【定理 5.2】　仮定 5.1, 5.2 のもとで，式 (5.9) で定義された汎関数 $\phi : U_{[0,t]} \to R$ はガトー微分可能であり，その $\boldsymbol{u} \in U_{[0,t]}$ における勾配 $\nabla\phi[\boldsymbol{u}] \in U_{[0,t]}$ の終端時刻 t における値は，次式で与えられる。

$$\nabla\phi[\boldsymbol{u}](t) = \boldsymbol{f_u}(\boldsymbol{x}(t;\boldsymbol{u}),\boldsymbol{u}(t))^T F_{\boldsymbol{x}}(\boldsymbol{x}(t;\boldsymbol{u}))^T \tag{5.10}$$

(証明)　ガトー微分 $\phi'[t;\boldsymbol{u};\boldsymbol{s}]$ は，式 (5.9) と微分の連鎖律から

$$\begin{aligned}\phi'[\boldsymbol{u};\boldsymbol{s}] &\triangleq \left.\frac{d}{d\varepsilon}\phi[\boldsymbol{u}+\varepsilon\boldsymbol{s}]\right|_{\varepsilon=0}\\ &= F_{\boldsymbol{x}}(\boldsymbol{x}(t;\boldsymbol{u}+\varepsilon\boldsymbol{s}))\left.\frac{d}{d\varepsilon}\boldsymbol{x}(t;\boldsymbol{u}+\varepsilon\boldsymbol{s})\right|_{\varepsilon=0}\\ &= F_{\boldsymbol{x}}(\boldsymbol{x}(t;\boldsymbol{u}))\boldsymbol{x}'(t;\boldsymbol{u};\boldsymbol{s}) \end{aligned} \tag{5.11}$$

となる。一方，式 (5.5) と式 (5.7) より

$$\boldsymbol{x}'(t;\boldsymbol{u};\boldsymbol{s}) = \int_0^t \nabla\boldsymbol{x}(t;\boldsymbol{u})(\tau)^T\boldsymbol{s}(\tau)d\tau \tag{5.12}$$

となり，式 (5.12) を式 (5.11) に代入すると

$$\phi'[\boldsymbol{u};\boldsymbol{s}] = \int_0^t F_{\boldsymbol{x}}(\boldsymbol{x}(t;\boldsymbol{u}))\nabla\boldsymbol{x}(t;\boldsymbol{u})(\tau)^T s(\tau)d\tau \tag{5.13}$$

となる。この式と内積の定義式 (5.2) を比較すると

$$\phi'[\boldsymbol{u};\boldsymbol{s}] = \langle\nabla\phi[\boldsymbol{u}],\boldsymbol{s}\rangle_{U_{[0,t]}},\ \ \boldsymbol{s}\in U_{[0,t]} \tag{5.14}$$

を満たす $\nabla\phi[\boldsymbol{u}]\in U_{[0,t]}$ が存在し，それは

$$\nabla\phi[\boldsymbol{u}](\tau) = \nabla\boldsymbol{x}(t;\boldsymbol{u})(\tau)F_{\boldsymbol{x}}(\boldsymbol{x}(t;\boldsymbol{u}))^T,\ \ \tau\in[0,t] \tag{5.15}$$

で与えられる。$t=\tau$ のときを考えると，式 (5.15) と式 (5.3) より式 (5.10) を得る。 □

さて，評価関数 $F(\boldsymbol{x}(t))$ を時々刻々減少させる問題 (5.1) に戻る。問題 (5.1) に対するオンライン制御として，R^r における（連続時間形式の）勾配降下法(最急降下法)

$$\dot{\boldsymbol{u}}(t) = -\mathcal{L}\nabla\phi[\boldsymbol{u}](t),\ \ \boldsymbol{u}(0)=\boldsymbol{u}_0 \tag{5.16}$$

を実行する。ただし $\mathcal{L}\triangleq\mathrm{diag}(\alpha_1,\alpha_2,\cdots,\alpha_r)$（$\alpha_i>0$）は比例定数行列である。式 (5.16) に式 (5.10) を代入すると，次式を得る。

$$\dot{\boldsymbol{u}}(t) = -\mathcal{L}\boldsymbol{f}_{\boldsymbol{u}}(\boldsymbol{x}(t;\boldsymbol{u}),\boldsymbol{u}(t))^T F_{\boldsymbol{x}}(\boldsymbol{x}(t;\boldsymbol{u}))^T \tag{5.17}$$

しかしながら，この制御則は $F(\boldsymbol{x}(t))$ を減少させる機能はあるが，制御入力 $\boldsymbol{u}(t)$ の安定性を考慮していない。そのため，閉ループ系の漸近安定性のた

めには不十分であると思われる。したがって，制御入力 $\boldsymbol{u}(t)$ に対してペナルティ項を加え，$\boldsymbol{u}(t)$ の安定性を考慮する必要がある。そのためにペナルティ関数 $P(\boldsymbol{u}(t))$ を導入し，評価関数 $F(\boldsymbol{x}(t))$ とペナルティ関数 $P(\boldsymbol{u}(t))$ を同時に減少させる制御則を考える。したがって，$\boldsymbol{u}(t)$ に対するペナルティを考慮した勾配降下法は，つぎのようになる。

$$\dot{\boldsymbol{u}}(t) = -\mathcal{L}\left\{\nabla\phi[\boldsymbol{u}](t) + \nabla P(\boldsymbol{u}(t))\right\} \tag{5.18}$$

式 (5.10) を式 (5.18) に代入すると

$$\dot{\boldsymbol{u}}(t) = -\mathcal{L}\left\{\boldsymbol{f}_{\boldsymbol{u}}(\boldsymbol{x}(t;\boldsymbol{u}), \boldsymbol{u}(t))^T F_{\boldsymbol{x}}(\boldsymbol{x}(t;\boldsymbol{u}))^T + P_{\boldsymbol{u}}(\boldsymbol{u}(t))^T\right\} \tag{5.19}$$

となる。これは実際にはつぎのような連立微分方程式系によって実行する。

$$\dot{\boldsymbol{x}}(t) = \boldsymbol{f}(\boldsymbol{x}(t), \boldsymbol{u}(t)), \ \ \boldsymbol{x}(0) = \boldsymbol{x}_0 \tag{5.20}$$

$$\dot{\boldsymbol{u}}(t) = -\mathcal{L}\left\{\boldsymbol{f}_{\boldsymbol{u}}(\boldsymbol{x}(t), \boldsymbol{u}(t))^T F_{\boldsymbol{x}}(\boldsymbol{x}(t))^T + P_{\boldsymbol{u}}(\boldsymbol{u}(t))^T\right\}, \ \ \boldsymbol{u}(0) = \boldsymbol{u}_0 \tag{5.21}$$

本書ではこのような動的制御則 (5.19) を**直接勾配降下制御**（direct gradient descent control）と呼ぶ。式 (5.19) の第 2 項は負のフィードバック項であり，安定性に寄与する。また，仮定 5.1, 5.2 は式 (5.20), (5.21) が滑らかな唯一解 $(\boldsymbol{x}, \boldsymbol{u})$ をもつための十分条件である。

最後に，直接勾配降下制御を施して状態 $\boldsymbol{x}(t)$ を所望の平衡状態 $\boldsymbol{x}_d$ へ移すことを考える。平衡状態においては，$\boldsymbol{0} = \boldsymbol{f}(\boldsymbol{x}_d, \boldsymbol{u}_d)$ が満たされなければならない。このとき一般に，$\boldsymbol{x}_d$ の n 個の要素のうち r 個を自由に決めることができ，残りの $(n-r)$ 個の要素と $\boldsymbol{u}_d$ は従属的に決定される。

減少させるべき過渡状態を評価する評価関数（2 乗誤差評価関数）とペナルティ関数として

$$F(\boldsymbol{x}(t)) = \frac{1}{2}(\boldsymbol{x}_d - \boldsymbol{x}(t))^T Q(\boldsymbol{x}_d - \boldsymbol{x}(t)) \tag{5.22}$$

$$P(\boldsymbol{u}(t)) = \frac{1}{2}(\boldsymbol{u}_d - \boldsymbol{u}(t))^T R(\boldsymbol{u}_d - \boldsymbol{u}(t)) \tag{5.23}$$

を考える。ここで Q と R は正定行列である。このとき直接勾配降下制御 (5.20), (5.21) はつぎのように表される。

$$\dot{\boldsymbol{x}}(t) = \boldsymbol{f}(\boldsymbol{x}(t), \boldsymbol{u}(t)), \quad \boldsymbol{x}(0) = \boldsymbol{x}_0 \tag{5.24}$$

$$\begin{aligned}\dot{\boldsymbol{u}}(t) = -\mathcal{L}\big\{ -\boldsymbol{f}_{\boldsymbol{u}}(\boldsymbol{x}(t), \boldsymbol{u}(t))^T Q(\boldsymbol{x}_d - \boldsymbol{x}(t)) \\ -R(\boldsymbol{u}_d - \boldsymbol{u}(t))\big\}, \quad \boldsymbol{u}(0) = \boldsymbol{u}_0\end{aligned} \tag{5.25}$$

直接勾配降下制御の安定性は，文献 14), 16), 10) で証明されている。

5.2 安定性解析

本節では，直接勾配降下制御の漸近安定性の十分条件を解説する。直接勾配降下制御の閉ループ系はつぎのようなものであった。

$$\dot{\boldsymbol{x}}(t) = \boldsymbol{f}(\boldsymbol{x}(t), \boldsymbol{u}(t)), \quad \boldsymbol{x}(0) = \boldsymbol{x}_0 \tag{5.26}$$

$$\dot{\boldsymbol{u}}(t) = -\mathcal{L}\big\{\boldsymbol{f}_{\boldsymbol{u}}(\boldsymbol{x}(t), \boldsymbol{u}(t))^T F_{\boldsymbol{x}}(\boldsymbol{x}(t))^T - R(\boldsymbol{u}_d - \boldsymbol{u}(t))\big\}, \ \boldsymbol{u}(0) = \boldsymbol{u}_0 \tag{5.27}$$

記述簡単化のため

$$G(\boldsymbol{x}, \boldsymbol{u}) \overset{\triangle}{=} \boldsymbol{f}_{\boldsymbol{u}}(\boldsymbol{x}, \boldsymbol{u})^T F_{\boldsymbol{x}}(\boldsymbol{x})^T - R(\boldsymbol{u}_d - \boldsymbol{u})$$

とおく。また，目標の平衡点を $\boldsymbol{x}_d = \mathbf{0}$，$\boldsymbol{u}_d = \mathbf{0}$ に設定する（$(\boldsymbol{x}_d, \boldsymbol{u}_d) \neq \mathbf{0}$ のときは座標の平行移動を行えばよいので，一般性を失わない)。本節では，直接勾配降下制御の閉ループ系 (5.26), (5.27) が漸近安定であるための十分条件を，比較関数法[8] を利用して導出する。

直接勾配降下制御の閉ループ系 (5.26), (5.27) を平衡点 $(\mathbf{0}, \mathbf{0})$ のまわりでテーラー展開し，線形項 + 2 次以上の項で表現する。

$$\begin{bmatrix}\dot{\boldsymbol{x}}(t) \\ \dot{\boldsymbol{u}}(t)\end{bmatrix} = \begin{bmatrix}\boldsymbol{f}(\boldsymbol{x}(t), \boldsymbol{u}(t)) \\ -\mathcal{L}G(\boldsymbol{x}(t), \boldsymbol{u}(t))\end{bmatrix}_{(\mathbf{0},\mathbf{0})} + D\begin{bmatrix}\boldsymbol{x}(t) \\ \boldsymbol{u}(t)\end{bmatrix} + \begin{bmatrix}\boldsymbol{g}_1(\boldsymbol{x}(t), \boldsymbol{u}(t)) \\ \boldsymbol{g}_2(\boldsymbol{x}(t), \boldsymbol{u}(t))\end{bmatrix} \tag{5.28}$$

ここで

$$D \triangleq \begin{bmatrix} \boldsymbol{f_x}(\boldsymbol{x},\boldsymbol{u}) & \boldsymbol{f_u}(\boldsymbol{x},\boldsymbol{u}) \\ -\mathcal{L}G_{\boldsymbol{x}}(\boldsymbol{x},\boldsymbol{u}) & -\mathcal{L}G_{\boldsymbol{u}}(\boldsymbol{x},\boldsymbol{u}) \end{bmatrix}_{(\mathbf{0},\mathbf{0})} \tag{5.29}$$

であり，$\boldsymbol{g}_i(\boldsymbol{x}(t),\boldsymbol{u}(t))$（$i=1,2$）は 2 次以上の項の和である。平衡点 $(\mathbf{0},\mathbf{0})$ において式 (5.28) の右辺第 1 項は零だから，式 (5.28) は

$$\begin{bmatrix} \dot{\boldsymbol{x}}(t) \\ \dot{\boldsymbol{u}}(t) \end{bmatrix} = D \begin{bmatrix} \boldsymbol{x}(t) \\ \boldsymbol{u}(t) \end{bmatrix} + \begin{bmatrix} \boldsymbol{g}_1(\boldsymbol{x}(t),\boldsymbol{u}(t)) \\ \boldsymbol{g}_2(\boldsymbol{x}(t),\boldsymbol{u}(t)) \end{bmatrix} \tag{5.30}$$

となり，その解は積分方程式

$$\begin{bmatrix} \boldsymbol{x}(t) \\ \boldsymbol{u}(t) \end{bmatrix} = e^{Dt} \begin{bmatrix} \boldsymbol{x}(0) \\ \boldsymbol{u}(0) \end{bmatrix} + e^{Dt} \int_0^t e^{-D\tau} \begin{bmatrix} \boldsymbol{g}_1(\boldsymbol{x}(\tau),\boldsymbol{u}(\tau)) \\ \boldsymbol{g}_2(\boldsymbol{x}(\tau),\boldsymbol{u}(\tau)) \end{bmatrix} d\tau \tag{5.31}$$

を満たす。

ここでつぎの仮定をおく。

【仮定 5.3】　$F(\boldsymbol{x})$, R, $\mathcal{L}$ を適当に選ぶことによって，式 (5.29) の D を漸近安定行列とすることができる。すなわち $\|e^{Dt}\| \leqq \sigma e^{-\omega t}$ なる $\omega > 0$，$\sigma > 0$ が存在する。

【仮定 5.4】　$\left\| \begin{bmatrix} \boldsymbol{x} \\ \boldsymbol{u} \end{bmatrix} \right\| < \gamma$（$\gamma > 0$）なる $\boldsymbol{x} = \mathbf{0}$，$\boldsymbol{u} = \mathbf{0}$ の近傍領域において

$$\left\| \begin{bmatrix} \boldsymbol{g}_1(\boldsymbol{x}(t),\boldsymbol{u}(t)) \\ \boldsymbol{g}_2(\boldsymbol{x}(t),\boldsymbol{u}(t)) \end{bmatrix} \right\| \leqq \beta \left\| \begin{bmatrix} \boldsymbol{x}(t) \\ \boldsymbol{u}(t) \end{bmatrix} \right\|^{1+\delta}$$

が成立するような定数 $\delta > 0$ と $\beta > 0$ が存在する。

【定理 5.3】　直接勾配降下制御の展開系 (5.28) つまり式 (5.30) において，仮定 5.3, 5.4 が成り立つとする。このとき，$\begin{bmatrix} \boldsymbol{x}(t) \\ \boldsymbol{u}(t) \end{bmatrix}$ のノルムは上に有界で次式の評価が成り立つ。

$$\left\|\begin{bmatrix}\boldsymbol{x}(t)\\\boldsymbol{u}(t)\end{bmatrix}\right\| \leqq \left[\left(\sigma\left\|\begin{bmatrix}\boldsymbol{x}(0)\\\boldsymbol{u}(0)\end{bmatrix}\right\|\right)^{-\delta} - \delta\int_0^t \sigma\beta e^{-\delta\omega\tau}d\tau\right]^{-\frac{1}{\delta}} e^{-\omega t} \quad (5.32)$$

さらに

$$\left\|\begin{bmatrix}\boldsymbol{x}(0)\\\boldsymbol{u}(0)\end{bmatrix}\right\| < \min\left\{\gamma,\ \left(\frac{\omega}{\sigma^{1+\delta}\beta}\right)^{\frac{1}{\delta}}\right\} \quad (5.33)$$

が成り立つならば，直接勾配降下制御 (5.26), (5.27) は指数漸近安定であり，$t \to \infty$ のとき $\begin{bmatrix}\boldsymbol{x}(t)\\\boldsymbol{u}(t)\end{bmatrix} \to \mathbf{0}$ に収束する。

(証明)　仮定 5.3, 5.4 を考慮して方程式 (5.31) のノルムをとり，両辺を $e^{-\omega t}$ で割ると

$$e^{\omega t}\left\|\begin{bmatrix}\boldsymbol{x}(t)\\\boldsymbol{u}(t)\end{bmatrix}\right\| \leqq \sigma\left\|\begin{bmatrix}\boldsymbol{x}(0)\\\boldsymbol{u}(0)\end{bmatrix}\right\| + \int_0^t \sigma\beta e^{-\delta\omega\tau}\left(e^{\omega\tau}\left\|\begin{bmatrix}\boldsymbol{x}(\tau)\\\boldsymbol{u}(\tau)\end{bmatrix}\right\|\right)^{1+\delta} d\tau \quad (5.34)$$

となる。ここで Bihari-タイプの不等式†を応用すると

$$e^{\omega t}\left\|\begin{bmatrix}\boldsymbol{x}(t)\\\boldsymbol{u}(t)\end{bmatrix}\right\| \leqq F^{-1}\left(F\left(\sigma\left\|\begin{bmatrix}\boldsymbol{x}(0)\\\boldsymbol{u}(0)\end{bmatrix}\right\|\right) + \int_0^t \sigma\beta e^{-\delta\omega\tau}d\tau\right) \quad (5.35)$$

を得る。ここで

$$F(p) = \int \frac{dp}{p^{1+\delta}} = -\frac{1}{\delta}p^{-\delta}$$

である。ゆえに式 (5.35) はつぎのようになる。

$$e^{\omega t}\left\|\begin{bmatrix}\boldsymbol{x}(t)\\\boldsymbol{u}(t)\end{bmatrix}\right\| \leqq F^{-1}\left(-\frac{1}{\delta}\left(\sigma\left\|\begin{bmatrix}\boldsymbol{x}(0)\\\boldsymbol{u}(0)\end{bmatrix}\right\|\right)^{-\delta} + \int_0^t \sigma\beta e^{-\delta\omega\tau}d\tau\right)$$

---

† 一般化された Gronwall-Bellman の不等式。文献 8) の Theorem 1.3.1 を参照。

$$= \left[\left(\sigma \left\| \begin{bmatrix} \boldsymbol{x}(0) \\ \boldsymbol{u}(0) \end{bmatrix} \right\| \right)^{-\delta} - \delta \int_0^t \sigma\beta e^{-\delta\omega\tau} d\tau \right]^{-\frac{1}{\delta}}$$

ゆえに式 (5.32) を得る。

つぎに，$t \to \infty$ のとき $\left\| \begin{bmatrix} \boldsymbol{x}(t) \\ \boldsymbol{u}(t) \end{bmatrix} \right\|$ の値がどうなるかを吟味する。式 (5.32) の右辺において

$$\left[\left(\sigma \left\| \begin{bmatrix} \boldsymbol{x}(0) \\ \boldsymbol{u}(0) \end{bmatrix} \right\| \right)^{-\delta} - \delta \int_0^t \sigma\beta e^{-\delta\omega\tau} d\tau \right]^{-\frac{1}{\delta}} \geqq 0$$

であり，これは実数だから

$$\left(\sigma \left\| \begin{bmatrix} \boldsymbol{x}(0) \\ \boldsymbol{u}(0) \end{bmatrix} \right\| \right)^{-\delta} - \delta \int_0^t \sigma\beta e^{-\delta\omega\tau} d\tau > 0, \quad \forall\, t > 0 \tag{5.36}$$

でなければならない。しかし，明らかに

$$\int_0^t \sigma\beta e^{-\delta\omega\tau} d\tau < \int_0^\infty \sigma\beta e^{-\delta\omega\tau} d\tau$$

であるから，もし

$$\left(\sigma \left\| \begin{bmatrix} \boldsymbol{x}(0) \\ \boldsymbol{u}(0) \end{bmatrix} \right\| \right)^{-\delta} - \delta \int_0^\infty \sigma\beta e^{-\delta\omega\tau} d\tau > 0 \tag{5.37}$$

が成り立つならば，式 (5.32) が成り立つ（十分条件）。式 (5.37) より

$$\left(\sigma \left\| \begin{bmatrix} \boldsymbol{x}(0) \\ \boldsymbol{u}(0) \end{bmatrix} \right\| \right)^{-\delta} - \frac{\sigma\beta}{\omega} > 0$$

すなわち

$$\left\| \begin{bmatrix} \boldsymbol{x}(0) \\ \boldsymbol{u}(0) \end{bmatrix} \right\| < \left(\frac{\omega}{\sigma^{1+\delta}\beta} \right)^{\frac{1}{\delta}}$$

を得る。さらに仮定 5.4 のパラメータ γ との大小関係を考慮すると，式 (5.33) が得られる。もし，式 (5.33) が成り立つならば，式 (5.32) の右辺は上に有界であり，$t \to \infty$ のとき $\left\| \begin{bmatrix} \boldsymbol{x}(t) \\ \boldsymbol{u}(t) \end{bmatrix} \right\| \to 0$ となる。 □

ここで，応用として重要な，2 次形式の評価関数に対するつぎのような問題を考えておく。

$$\underset{\boldsymbol{u}(t)}{\text{decrease}} \quad \frac{1}{2}\boldsymbol{x}(t)^T Q \boldsymbol{x}(t) \tag{5.38a}$$

$$\text{subject to} \quad \dot{\boldsymbol{x}}(t) = \boldsymbol{f}(\boldsymbol{x}(t), \boldsymbol{u}(t)), \quad \boldsymbol{x}(0) = \boldsymbol{x}_0 \tag{5.38b}$$

このとき，直接勾配降下制御 (5.26), (5.27) は

$$\dot{\boldsymbol{x}}(t) = \boldsymbol{f}(\boldsymbol{x}(t), \boldsymbol{u}(t)), \quad \boldsymbol{x}(0) = \boldsymbol{x}_0 \tag{5.39}$$

$$\dot{\boldsymbol{u}}(t) = -\mathcal{L}\left\{ \boldsymbol{f}_{\boldsymbol{u}}(\boldsymbol{x}(t), \boldsymbol{u}(t))^T Q \boldsymbol{x}(t) + R\boldsymbol{u}(t) \right\}, \quad \boldsymbol{u}(0) = \boldsymbol{u}_0 \tag{5.40}$$

となる。式 (5.39), (5.40) に対して D を具体的に計算すると

$$D = \begin{bmatrix} \boldsymbol{f}_{\boldsymbol{x}}(\boldsymbol{0}, \boldsymbol{0}) & \boldsymbol{f}_{\boldsymbol{u}}(\boldsymbol{0}, \boldsymbol{0}) \\ -\mathcal{L}\boldsymbol{f}_{\boldsymbol{u}}(\boldsymbol{0}, \boldsymbol{0})^T Q & -\mathcal{L}R \end{bmatrix} \tag{5.41}$$

となる。そして，つぎの仮定をおく。

【仮定 5.5】　Q, R, $\mathcal{L}$ を適当に選ぶことによって，式 (5.41) の D を漸近安定行列とすることができる。すなわち $\|e^{Dt}\| \leqq \sigma e^{-\omega t}$ なる $\omega > 0$，$\sigma > 0$ が存在する。

直接勾配制御式 (5.39), (5.40) に定理 5.3 を適用すると，つぎの系を得る。

【系 5.1】　直接勾配制御 (5.39), (5.40) に対する拡大系 (5.30)（ただし D は式 (5.41)）において仮定 5.5 と仮定 5.4 が成り立つとする。このとき $\begin{bmatrix} \boldsymbol{x}(t) \\ \boldsymbol{u}(t) \end{bmatrix}$ のノルムは上に有界で，式 (5.32) で評価される。さらに，$\begin{bmatrix} \boldsymbol{x}(0) \\ \boldsymbol{u}(0) \end{bmatrix}$ が式 (5.33)

を満たすならば，式 (5.30) は指数漸近安定であり，$t \to \infty$ のとき $\begin{bmatrix} \boldsymbol{x}(t) \\ \boldsymbol{u}(t) \end{bmatrix} \to \boldsymbol{0}$ に収束する。

系 5.1 は，直接勾配制御系 (5.39), (5.40) の平衡点まわりの線形化系が漸近安定ならば（仮定 5.5 が成り立つならば），平衡点近傍に漸近安定領域が存在することを示し，その広さの見積もりを与える。しかし，具体的に仮定 5.5 を満たすような評価関数と $\mathcal{L}$ を選ぶことは簡単ではない。このための手法を次節で考える。

5.3 局所的漸近安定化

本節では問題 (5.38) を考える。系 5.1 は直接勾配降下制御の局所的な漸近安定性を保証するものであった。ここで

$$A \triangleq \boldsymbol{f}_{\boldsymbol{x}}(\boldsymbol{0},\boldsymbol{0}), \quad B \triangleq \boldsymbol{f}_{\boldsymbol{u}}(\boldsymbol{0},\boldsymbol{0})$$

とおくと，式 (5.41) の D は

$$D = \begin{bmatrix} A & B \\ -\mathcal{L}B^T Q & -\mathcal{L}R \end{bmatrix} \tag{5.42}$$

となる。このとき D が漸近安定となり仮定 5.5 が満たされるように Q, R, $\mathcal{L}$ を選ばなければならない。以下でその問題を考える。

準備として，入力と出力が同じ次元のつぎの線形システムを考える。

$$\dot{\boldsymbol{x}} = A\boldsymbol{x} + B\boldsymbol{u} \tag{5.43}$$

$$\boldsymbol{y} = C\boldsymbol{x} \tag{5.44}$$

ここで $\boldsymbol{x} \in R^n$，$\boldsymbol{u} \in R^r$，$\boldsymbol{y} \in R^r$ はそれぞれ状態変数，制御入力，出力変数である。初めに相対次数を定義する。

【定義 5.1】（相対次数）[11]　線形システム (5.43), (5.44) が相対次数 $\{q_1, \cdots,$

$q_r\}$ をもつとは，つぎが成り立つときである。

(i) すべての $k < q_i$ に対して次式が成り立つ。

$$\frac{\partial y_i^{(k)}}{\partial u_j} = 0, \quad \forall\, 1 \leqq j \leqq r \tag{5.45}$$

(ii) $r \times r$ 行列

$$\left[\frac{\partial y_i^{(q_i)}}{\partial u_j}\right]_{1 \leqq i,j \leqq r} \tag{5.46}$$

が正則である。

さて，線形システム (5.43), (5.44) が相対次数 $\{1, \ \cdots, \ 1\}$ をもつならば，正則な座標変換

$$\begin{bmatrix} \boldsymbol{\xi} \\ \boldsymbol{\eta} \end{bmatrix} = \begin{bmatrix} C \\ T \end{bmatrix} \boldsymbol{x}\,, \quad \boldsymbol{\xi} \in R^r,\ \boldsymbol{\eta} \in R^{(n-r)} \tag{5.47}$$

$$TB = O \tag{5.48}$$

によって，線形システム (5.43), (5.44) をつぎのような標準形（ノーマルフォーム）へ変換することができる。

$$\dot{\boldsymbol{\xi}} = Q_{11}\boldsymbol{\xi} + Q_{12}\boldsymbol{\eta} + CB\boldsymbol{u} \tag{5.49}$$

$$\dot{\boldsymbol{\eta}} = Q_{21}\boldsymbol{\xi} + Q_{22}\boldsymbol{\eta} \tag{5.50}$$

$$\boldsymbol{y} = \boldsymbol{\xi} \tag{5.51}$$

このとき

$$\dot{\boldsymbol{\eta}} = Q_{22}\boldsymbol{\eta} \tag{5.52}$$

は零ダイナミクスと呼ばれる。さらに，零ダイナミクス (5.52) が漸近安定であるとき，線形システム (5.43), (5.44) は最小位相であるという。

最小位相であるような 1 入力 1 出力の線形システムは，大きなゲインをもった出力フィードバックによって安定化できることが知られている [4),11)]。この結果を多入力多出力の線形システムへ拡張したのが，つぎの定理である。

【定理 5.4】（高ゲインフィードバック）　線形システム (5.43), (5.44) は相対次数 $\{1, \cdots, 1\}$ をもち，CB（$r \times r$ 行列）は正定であるとする。また，システム (5.43), (5.44) は最小位相と仮定する。そして，つぎのような出力フィードバック制御則を考える。

$$\boldsymbol{u} = -K\boldsymbol{y}, \quad K \stackrel{\triangle}{=} \mathrm{diag}(\kappa_1, \ \cdots, \ \kappa_r), \ \ \kappa_i > 0 \tag{5.53}$$

このとき，K を十分大きくとれば，線形システム (5.43), (5.44) を漸近安定化することができる。

（証明）　仮定より，式 (5.43), (5.44) は式 (5.49)〜(5.51) といった標準形に座標変換することができる。式 (5.49)〜(5.51) に出力フィードバック (5.53) を施すと，つぎのようになる。

$$\dot{\boldsymbol{\xi}} = Q_{12}\boldsymbol{\eta} + (Q_{11} - CBK)\boldsymbol{\xi} \tag{5.54}$$

$$\dot{\boldsymbol{\eta}} = Q_{22}\boldsymbol{\eta} + Q_{21}\boldsymbol{\xi} \tag{5.55}$$

線形システム (5.43), (5.44) は最小位相と仮定したので，式 (5.52) は漸近安定である。このとき，ある正定行列 P に対してリアプノフ不等式

$$PQ_{22} + Q_{22}^T P < 0 \tag{5.56}$$

が成り立つ。ここで関数 $S(\boldsymbol{\xi}, \boldsymbol{\eta})$ を

$$S(\boldsymbol{\xi}, \boldsymbol{\eta}) \stackrel{\triangle}{=} \frac{1}{2} \begin{bmatrix} \boldsymbol{\xi} \\ \boldsymbol{\eta} \end{bmatrix}^T \begin{bmatrix} (CB)^{-1} & O \\ O & P \end{bmatrix} \begin{bmatrix} \boldsymbol{\xi} \\ \boldsymbol{\eta} \end{bmatrix} \tag{5.57}$$

と定義する。$P > 0$ かつ $CB > 0$ より，$S > 0$ である。S がシステム (5.54), (5.55) に対するリアプノフ関数であることを以下で示す。S の時間微分はつぎのように計算できる。

$$\dot{S}(\boldsymbol{\xi}, \boldsymbol{\eta}) = \begin{bmatrix} \boldsymbol{\xi} \\ \boldsymbol{\eta} \end{bmatrix}^T \begin{bmatrix} (CB)^{-1} & O \\ O & P \end{bmatrix} \begin{bmatrix} Q_{11} - CBK & Q_{12} \\ Q_{21} & Q_{22} \end{bmatrix} \begin{bmatrix} \boldsymbol{\xi} \\ \boldsymbol{\eta} \end{bmatrix}$$

$$= \begin{bmatrix} \boldsymbol{\xi} \\ \boldsymbol{\eta} \end{bmatrix}^T \begin{bmatrix} (CB)^{-1}(Q_{11} - CBK) & (CB)^{-1}Q_{12} \\ PQ_{21} & PQ_{22} \end{bmatrix} \begin{bmatrix} \boldsymbol{\xi} \\ \boldsymbol{\eta} \end{bmatrix}$$

$$= \begin{bmatrix} \boldsymbol{\xi} \\ \boldsymbol{\eta} \end{bmatrix}^T \begin{bmatrix} (CB)^{-1}Q_{11} - K & (CB)^{-1}Q_{12} \\ PQ_{21} & PQ_{22} \end{bmatrix} \begin{bmatrix} \boldsymbol{\xi} \\ \boldsymbol{\eta} \end{bmatrix} \tag{5.58}$$

この式を

$$\dot{S} \triangleq \begin{bmatrix} \boldsymbol{\xi} \\ \boldsymbol{\eta} \end{bmatrix}^T M \begin{bmatrix} \boldsymbol{\xi} \\ \boldsymbol{\eta} \end{bmatrix} \tag{5.59}$$

とおく。つぎの関係

$$\begin{bmatrix} \boldsymbol{\xi} \\ \boldsymbol{\eta} \end{bmatrix}^T M \begin{bmatrix} \boldsymbol{\xi} \\ \boldsymbol{\eta} \end{bmatrix} = \frac{1}{2} \begin{bmatrix} \boldsymbol{\xi} \\ \boldsymbol{\eta} \end{bmatrix}^T \left(M + M^T\right) \begin{bmatrix} \boldsymbol{\xi} \\ \boldsymbol{\eta} \end{bmatrix}$$

を用いると

$$M + M^T = \begin{bmatrix} (CB)^{-1}Q_{11} + Q_{11}^T(CB)^{-1} - 2K & Q_{21}^T P + (CB)^{-1}Q_{12} \\ PQ_{21} + Q_{12}^T(CB)^{-1} & PQ_{22} + Q_{22}^T P \end{bmatrix}$$

を得る。これと式 (5.56) より，十分大きい κ_i を要素とするある対角行列 K が存在して

$$M + M^T < 0 \tag{5.60}$$

が成り立つ。ゆえに

$$\dot{S}(\boldsymbol{\xi}, \boldsymbol{\eta}) = \frac{1}{2} \begin{bmatrix} \boldsymbol{\xi} \\ \boldsymbol{\eta} \end{bmatrix}^T \left(M + M^T\right) \begin{bmatrix} \boldsymbol{\xi} \\ \boldsymbol{\eta} \end{bmatrix} < 0 \tag{5.61}$$

より，S はシステム (5.54), (5.55) のリアプノフ関数であり，システム (5.54), (5.55) は漸近安定である。したがって，正則変換する前の線形システム (5.43), (5.44) も出力フィードバック (5.53) によって漸近安定化できる。　□

【注意 5.1】　文献 4) の Proposition 4.7.1 では，1 入力 1 出力非線形システ

ムに対して特異摂動法を用いて証明しており，定理 5.4 と類似の結果が与えられている。しかし，それは定理 5.4 とは別の証明法に基づくものである。また，定理 5.4 は 7.2 節でも高ゲイン出力フィードバック定理として詳しく解説されている。

それでは仮定 5.5 が満足されるように $Q, R, \mathcal{L}$ を決める問題を考える。定理 5.4 を利用すると，つぎの定理を得ることができる。

【定理 5.5】 式 (5.42) で与えられる D の漸近安定性を調べるために，動的システム

$$\begin{bmatrix} \dot{\boldsymbol{x}}(t) \\ \dot{\boldsymbol{u}}(t) \end{bmatrix} = \begin{bmatrix} A & B \\ -\mathcal{L}B^TQ & -\mathcal{L}R \end{bmatrix} \begin{bmatrix} \boldsymbol{x}(t) \\ \boldsymbol{u}(t) \end{bmatrix} \tag{5.62}$$

を考える。このとき，R が正定，かつ

$$A - BR^{-1}B^TQ \tag{5.63}$$

がフルビッツ行列であるならば，ある行列

$$\mathcal{L} = \mathrm{diag}\{\alpha_1,\ \cdots,\ \alpha_r\},\ \ \alpha_i > 0 \tag{5.64}$$

が存在して，式 (5.62) は漸近安定である。

(証明) 線形システム (5.43) に対応させて，つぎのようなシステムを考える。

$$\begin{bmatrix} \dot{\boldsymbol{x}} \\ \dot{\boldsymbol{u}} \end{bmatrix} = \begin{bmatrix} A & B \\ O & O \end{bmatrix} \begin{bmatrix} \boldsymbol{x} \\ \boldsymbol{u} \end{bmatrix} + \begin{bmatrix} O \\ I \end{bmatrix} \boldsymbol{v} \tag{5.65}$$

ここで $\boldsymbol{v} \in R^r$（$\dot{\boldsymbol{u}} = \boldsymbol{v}$）は新しい制御入力であり，新たな状態変数として $\boldsymbol{x}$ と $\boldsymbol{u}$ を考える。さらに出力 $\boldsymbol{y} \in R^r$ をつぎのように設定する。

$$\boldsymbol{y} = B^TQ\boldsymbol{x} + R\boldsymbol{u} \tag{5.66}$$

初めに線形システム (5.65), (5.66) は最小位相であることを示す。

$$\frac{\partial \dot{\boldsymbol{y}}}{\partial \boldsymbol{v}} = \frac{\partial}{\partial \boldsymbol{v}}(R\boldsymbol{v}) = R \tag{5.67}$$

さらに R は正則であるので，線形システム (5.65), (5.66) の相対次数は $\{1, \cdots, 1\}$ である。このとき

$$\begin{bmatrix} \boldsymbol{\xi} \\ \boldsymbol{\eta} \end{bmatrix} = \begin{bmatrix} B^T Q & R \\ I & O \end{bmatrix} \begin{bmatrix} \boldsymbol{x} \\ \boldsymbol{u} \end{bmatrix} \tag{5.68}$$

という座標変換によって，線形システム (5.65), (5.66) をつぎの標準形へ変換することができる。

$$\dot{\boldsymbol{\eta}} = BR^{-1}\boldsymbol{\xi} + \left(A - BR^{-1}B^T Q\right)\boldsymbol{\eta} \tag{5.69}$$

$$\dot{\boldsymbol{\xi}} = B^T QBR^{-1}\boldsymbol{\xi} + B^T Q\left(A - BR^{-1}B^T Q\right)\boldsymbol{\eta} + R\boldsymbol{v} \tag{5.70}$$

$$\boldsymbol{y} = \boldsymbol{\xi} \tag{5.71}$$

したがって，式 (5.65), (5.66) の零ダイナミクスは

$$\dot{\boldsymbol{\eta}} = \left(A - BR^{-1}B^T Q\right)\boldsymbol{\eta} \tag{5.72}$$

である。定理の仮定より行列 (5.63) はフルビッツであるので，式 (5.72) は漸近安定である。すなわち，線形システム (5.65), (5.66) は最小位相である。

また，定理 5.4 における行列 CB は，式 (5.65), (5.66) より

$$\begin{bmatrix} B^T Q & R \end{bmatrix} \begin{bmatrix} O \\ I \end{bmatrix} = R > 0 \tag{5.73}$$

に対応し，これは正定である。

以上から，定理 5.4 を線形システム (5.65), (5.66) に適用することができる。その結果，ある出力フィードバック

$$\boldsymbol{v} = -\mathcal{L}\boldsymbol{y}\,, \quad \mathcal{L} \stackrel{\triangle}{=} \mathrm{diag}\{\alpha_1, \cdots, \alpha_r\}, \quad \alpha_i > 0 \tag{5.74}$$

が存在して，式 (5.66), (5.74) を式 (5.65) に代入した系

$$\begin{bmatrix} \dot{\boldsymbol{x}} \\ \dot{\boldsymbol{u}} \end{bmatrix} = \begin{bmatrix} A & B \\ -\mathcal{L}B^T Q & -\mathcal{L}R \end{bmatrix} \begin{bmatrix} \boldsymbol{x} \\ \boldsymbol{u} \end{bmatrix} \tag{5.75}$$

は漸近安定になる，と結論することができる。 □

定理 5.5 は，行列 (5.63) がフルビッツになるように Q, R を選べば，仮定 5.5 を満足するような比例係数行列 $\mathcal{L}$ が存在することを示している。

5.4 直接勾配降下制御の設計手順

行列 (5.63) がフルビッツとなるように Q, R を選ぶことは，対象モデルが高次元になるとそう簡単ではない。そこで，代数リカッチ方程式（10 章を参照）を利用した Q, R の選び方を提案する。

線形最適レギュレータ問題

$$\min_{\boldsymbol{u}} \int_0^{\infty} \frac{1}{2}\boldsymbol{x}(t)^T Q' \boldsymbol{x}(t) + \frac{1}{2}\boldsymbol{u}(t)^T R \boldsymbol{u}(t)\, dt, \quad Q' \geqq 0, \ R > 0 \tag{5.76a}$$

$$\text{subject to} \quad \dot{\boldsymbol{x}} = A\boldsymbol{x} + B\boldsymbol{u}, \quad \boldsymbol{x}(0) = \boldsymbol{x}_0 \tag{5.76b}$$

の解は

$$\boldsymbol{u} = -R^{-1}B^T P \boldsymbol{x} \tag{5.77}$$

である（線形最適レギュレータ問題の諸結果については，10 章を参照)。ただし，P は代数リカッチ方程式

$$PA + A^T P - PBR^{-1}B^T P + Q' = O \tag{5.78}$$

の解である。最適レギュレータ (5.77) と対象システム (5.76b) の閉ループ系は

$$\dot{\boldsymbol{x}} = (A - BR^{-1}B^T P)\boldsymbol{x} \tag{5.79}$$

となる。このとき

【仮定 5.6】 $\{A, B\}$ が可安定である。

という仮定のもとで，代数リカッチ方程式 (5.78) の解 P は必ず存在する。さらに

【仮定 5.7】　$\{A, C\}$ が可検出である。ただし，C は $C^T C \triangleq Q'$ を満足する任意の行列である。

という仮定のもとで，$P \geqq 0$ かつシステム (5.79) は漸近安定である（文献 7), 1) または 10 章を参照）。

P を直接勾配降下制御の 2 次形式評価関数 (5.38a) の Q に採用すれば，式 (5.63) はフルビッツであり定理 5.5 の条件を満足する。以上の議論をもとに，つぎのような問題 (5.38) に対する設計手順を提案する。

［1］ 非線形システム (5.38b) の原点 $\boldsymbol{x} = \boldsymbol{0}$，$\boldsymbol{u} = \boldsymbol{0}$ に $A \triangleq \boldsymbol{f}_{\boldsymbol{x}}(\boldsymbol{0}, \boldsymbol{0})$，$B \triangleq \boldsymbol{f}_{\boldsymbol{u}}(\boldsymbol{0}, \boldsymbol{0})$ を求める。

［2］ 仮定 5.7 を満足する Q' と $R > 0$ を選び，代数リカッチ方程式 (5.78) の解 P を求める。

［3］ 直接勾配降下制御の 2 次形式評価関数 (5.38a) を

$$F(\boldsymbol{x}) = \frac{1}{2}\boldsymbol{x}^T P \boldsymbol{x} \tag{5.80}$$

と設定して，直接勾配降下制御 (5.39), (5.40) を求める。

この設計手順に従えば，直接勾配降下制御によって非線形システムを局所的に漸近安定化するような比例係数 $\mathcal{L}$ が存在することが保証される。

【例題 5.1】　TORA モデル[11)]は

$$\dot{x}_1 = x_2 \tag{5.81a}$$

$$\dot{x}_2 = \frac{-x_1 + \varepsilon x_4^2 \sin x_3}{1 - \varepsilon^2 \cos^2 x_3} - \frac{\varepsilon \cos x_3}{1 - \varepsilon^2 \cos^2 x_3} u \tag{5.81b}$$

$$\dot{x}_3 = x_4 \tag{5.81c}$$

$$\dot{x}_4 = \frac{1}{1 - \varepsilon^2 \cos^2 x_3} \left\{ \varepsilon \cos x_3 (x_1 - \varepsilon x_4^2 \sin x_3) + u \right\} \tag{5.81d}$$

といったものである（ただし $\varepsilon = 0.1$ とした）。TORA モデルに前節の設計手順を適用する。

［1］ TORA モデルの原点まわりでの線形化システムを計算すると，つぎのようになる。

$$A = \begin{bmatrix} 0 & 1 & 0 & 0 \\ -1/(1-\varepsilon^2) & 0 & 0 & 0 \\ 0 & 0 & 0 & 1 \\ \varepsilon/(1-\varepsilon^2) & 0 & 0 & 0 \end{bmatrix}, \quad \boldsymbol{b} = \begin{bmatrix} 0 \\ -\varepsilon/(1-\varepsilon^2) \\ 0 \\ 1/(1-\varepsilon^2) \end{bmatrix}$$

また，$\{A, \boldsymbol{b}\}$ は可制御であるので，仮定 5.6 が満足される。

[2] $Q' = I$, $R = I$ と選ぶと，仮定 5.7 と $R > 0$ が満たされる。線形化システム $\{A, \boldsymbol{b}\}$ に対する代数リカッチ方程式の解 P は，つぎのようになる。

$$P = \begin{bmatrix} 25.56 & -0.50 & 0.04 & -1.35 \\ -0.50 & 25.61 & 1.42 & 2.60 \\ 0.04 & 1.42 & 1.81 & 1.13 \\ -1.35 & 2.60 & 1.13 & 2.05 \end{bmatrix}$$

[3] 評価関数 (5.38a) において $Q = P$ とする。このとき直接勾配降下制御は，式 (5.40) より以下のようになる。

$$\begin{aligned} \dot{u} = -\alpha\Bigg[&\frac{1}{1-\varepsilon^2\cos^2 x_3} \times \Big\{(-p_{12}\varepsilon\cos x_3 + p_{14})x_1 \\ &+(-p_{22}\varepsilon\cos x_3 + p_{24})x_2 + (-p_{23}\varepsilon\cos x_3 + p_{34})x_3 \\ &+(-p_{24}\varepsilon\cos x_3 + p_{44})x_4\Big\} + ru\Bigg], \quad u(0) = u_0 \end{aligned} \tag{5.82}$$

最後に $\alpha = 1$ と選んだ。この設定のもとで直接勾配降下制御の閉ループ系 (5.81), (5.82) をシミュレーションした結果を**図 5.1** に示す。初期条件は $\boldsymbol{x}(0) = (1,\ 0,\ 0,\ 0)$, $u(0) = 0$ とし，横軸に時間 t, 縦軸に x_1, x_3, u, および 2 次形式誤差評価関数 $F(\boldsymbol{x})$ と $F(\boldsymbol{x}) + P(\boldsymbol{u})$ をプロットした。

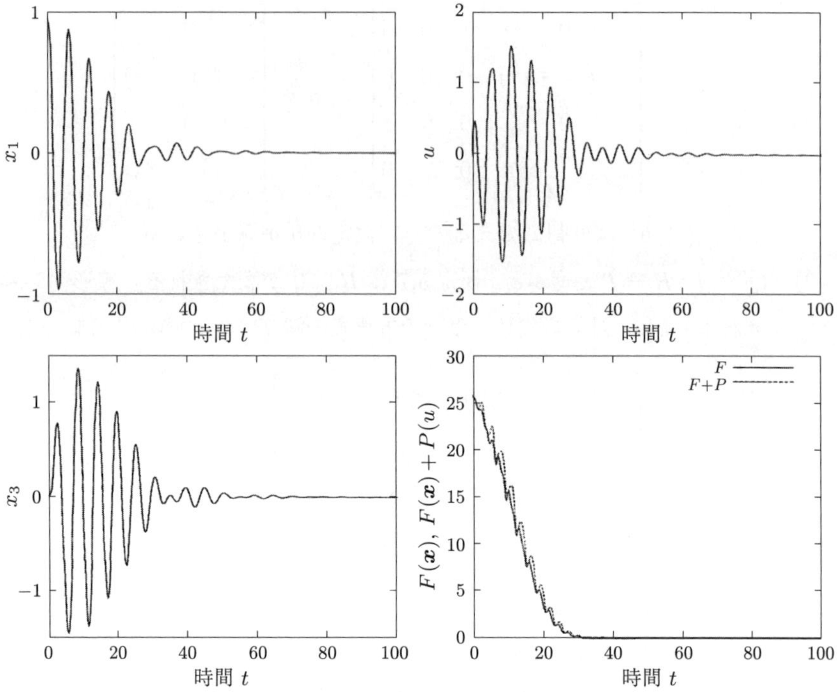

図 5.1　直接勾配降下制御（TORA モデル）

5.5　修正型直接勾配降下制御 15),16)

基本的な直接勾配降下制御は，直接的に最急降下法に基づき，評価関数を最も急激に減少させるように制御入力 $\boldsymbol{u}(t)$ を操作する方式である。それは定理 5.2 の勾配関数 (5.10) を使うことによって，$F(\boldsymbol{x}(t))$ を最も減少させるように操作を行っている。したがって，それは瞬間的，局所的には，一応最良の行為であるといえる。

ところで，収束性を改善するためには，2 乗誤差評価関数 $F(\boldsymbol{x}(t))$ の時間微分（時間変化率）$dF(\boldsymbol{x}(t))/dt$ をも減少させることが効果的である。また，文献 15) で述べたように，式 (5.38a) のような 2 乗誤差評価関数 $F(\boldsymbol{x}(t))$ をリアプノフ関数とみなす場合には，$dF(\boldsymbol{x}(t))/dt$ を減少させることはリアプノフ漸近安定性の改善にも役に立つ。

そこで，以下のような問題を考える。

$$\underset{\boldsymbol{u}(t)}{\text{decrease}} \;\; \omega_1 F(\boldsymbol{x}(t)) + \omega_2 F_{\boldsymbol{x}}(\boldsymbol{x}(t))\boldsymbol{f}(\boldsymbol{x}(t),\boldsymbol{u}(t)) \tag{5.83a}$$

$$\text{subject to} \quad \dot{\boldsymbol{x}}(t) = \boldsymbol{f}(\boldsymbol{x}(t),\boldsymbol{u}(t)), \;\; \boldsymbol{x}(0) = \boldsymbol{x}_0 \tag{5.83b}$$

ここで $\omega_1, \omega_2 > 0$ は重み係数である。式 (5.83a) の第 2 項は $dF(\boldsymbol{x}(t))/dt$ を表す。$\omega_1 F(\boldsymbol{x}(t)) + \omega_2 F_{\boldsymbol{x}}(\boldsymbol{x}(t))\boldsymbol{f}(\boldsymbol{x}(t),\boldsymbol{u}(t))$ をあらためて評価関数と考え，問題 (5.83) に直接勾配降下制御の理論を応用する。式 (5.83a) の第 1 項に対しては，すでに式 (5.10) で得られている勾配関数の表現式

$$\nabla\phi[\boldsymbol{u}](t) = \boldsymbol{f}_{\boldsymbol{u}}(\boldsymbol{x}(t),\boldsymbol{u}(t))^T F_{\boldsymbol{x}}(\boldsymbol{x}(t))^T \tag{5.84}$$

がある。

式 (5.83a) の第 2 項を

$$\psi[\boldsymbol{u}] \stackrel{\triangle}{=} F_{\boldsymbol{x}}(\boldsymbol{x}(t;\boldsymbol{u}))\boldsymbol{f}(\boldsymbol{x}(t;\boldsymbol{u}),\boldsymbol{u}(t))$$

とおき，その勾配関数 $\nabla\psi[\boldsymbol{u}](t)$ を計算する。そのために

$$\widehat{F}(\boldsymbol{x},\boldsymbol{u}) \stackrel{\triangle}{=} F_{\boldsymbol{x}}(\boldsymbol{x})\boldsymbol{f}(\boldsymbol{x},\boldsymbol{u})$$

とおき，導関数をつぎのように計算する。

$$\widehat{F}_{\boldsymbol{x}}(\boldsymbol{x},\boldsymbol{u}) = \frac{\partial}{\partial \boldsymbol{x}}(F_{\boldsymbol{x}}(\boldsymbol{x})\boldsymbol{f}(\boldsymbol{x},\boldsymbol{u})) = \boldsymbol{f}(\boldsymbol{x},\boldsymbol{u})^T F_{\boldsymbol{x}\boldsymbol{x}}(\boldsymbol{x})^T + F_{\boldsymbol{x}}(\boldsymbol{x})\boldsymbol{f}_{\boldsymbol{x}}(\boldsymbol{x},\boldsymbol{u})$$

$$\widehat{F}_{\boldsymbol{u}}(\boldsymbol{x},\boldsymbol{u}) = \frac{\partial}{\partial \boldsymbol{u}}(F_{\boldsymbol{x}}(\boldsymbol{x})\boldsymbol{f}(\boldsymbol{x},\boldsymbol{u})) = F_{\boldsymbol{x}}(\boldsymbol{x},\boldsymbol{u})\boldsymbol{f}_{\boldsymbol{u}}(\boldsymbol{x},\boldsymbol{u})$$

その結果，次式を得る[†]。

---

† 評価関数 $F(\boldsymbol{x}(t))$ が $F(\boldsymbol{x}(t),\boldsymbol{u}(t))$ と一般化されたとき，定理 5.2 の

$$\nabla\phi[\boldsymbol{u}](t) = \boldsymbol{f}_{\boldsymbol{u}}(\boldsymbol{x}(t;\boldsymbol{u}),\boldsymbol{u}(t))^T F_{\boldsymbol{x}}(\boldsymbol{x}(t;\boldsymbol{u}))^T$$

は

$$\nabla\phi[\boldsymbol{u}](t) = \boldsymbol{f}_{\boldsymbol{u}}(\boldsymbol{x}(t;\boldsymbol{u}),\boldsymbol{u}(t))^T F_{\boldsymbol{x}}(\boldsymbol{x}(t;\boldsymbol{u}),\boldsymbol{u}(t))^T + F_{\boldsymbol{u}}(\boldsymbol{x}(t;\boldsymbol{u}),\boldsymbol{u}(t))^T$$

と修正される。この場合にも，5.2 節の安定性解析はそのまま成立する。

$$\nabla\psi[\boldsymbol{u}](t) = \boldsymbol{f}_{\boldsymbol{u}}(\boldsymbol{x},\boldsymbol{u})^T \widehat{F}_{\boldsymbol{x}}(\boldsymbol{x},\boldsymbol{u})^T + \widehat{F}_{\boldsymbol{u}}(\boldsymbol{x},\boldsymbol{u})^T$$
$$= \boldsymbol{f}_{\boldsymbol{u}}(\boldsymbol{x},\boldsymbol{u})^T \left\{F_{\boldsymbol{x}\boldsymbol{x}}(\boldsymbol{x})\boldsymbol{f}(\boldsymbol{x},\boldsymbol{u}) + \boldsymbol{f}_{\boldsymbol{x}}(\boldsymbol{x},\boldsymbol{u})^T F_{\boldsymbol{x}}(\boldsymbol{x})^T\right\}$$
$$+\boldsymbol{f}_{\boldsymbol{u}}(\boldsymbol{x},\boldsymbol{u})^T F_{\boldsymbol{x}}(\boldsymbol{x})^T \tag{5.85}$$

以上のことから，基本型直接勾配降下制御を改良した修正型直接勾配降下制御則は

$$\dot{\boldsymbol{u}}(t) = -\mathcal{L}\left[\omega_1\nabla\phi[\boldsymbol{u}](t) + \omega_2\nabla\psi[\boldsymbol{u}](t) + \nabla P(\boldsymbol{u}(t))\right],\quad \boldsymbol{u}(0) = \boldsymbol{u}_0$$

で与えられる。すなわち

$$\dot{\boldsymbol{u}} = -\mathcal{L}\Big[\omega_1\boldsymbol{f}_{\boldsymbol{u}}(\boldsymbol{x},\boldsymbol{u})^T F_{\boldsymbol{x}}(\boldsymbol{x})^T + \omega_2\Big\{\boldsymbol{f}_{\boldsymbol{u}}(\boldsymbol{x},\boldsymbol{u})^T\left\{F_{\boldsymbol{x}\boldsymbol{x}}(\boldsymbol{x})\boldsymbol{f}(\boldsymbol{x},\boldsymbol{u})\right.$$
$$\left. + \boldsymbol{f}_{\boldsymbol{x}}(\boldsymbol{x},\boldsymbol{u})^T F_{\boldsymbol{x}}(\boldsymbol{x})^T\right\} + \boldsymbol{f}_{\boldsymbol{u}}(\boldsymbol{x},\boldsymbol{u})^T F_{\boldsymbol{x}}(\boldsymbol{x})^T\Big\} + P_{\boldsymbol{u}}(\boldsymbol{u})^T\Big] \tag{5.86}$$

を得る。特に $F(\boldsymbol{x})$ と $P(\boldsymbol{u})$ が 2 次形式

$$F(\boldsymbol{x}) = \frac{1}{2}(\boldsymbol{x}_d - \boldsymbol{x})^T Q(\boldsymbol{x}_d - \boldsymbol{x}),\quad Q > 0 \tag{5.87}$$
$$P(\boldsymbol{u}) = \frac{1}{2}(\boldsymbol{u}_d - \boldsymbol{u})^T R(\boldsymbol{u}_d - \boldsymbol{u}),\quad R > 0 \tag{5.88}$$

の場合には，式 (5.86) はつぎのようになる。

$$\dot{\boldsymbol{u}} = -\mathcal{L}\Big[-\omega_1\boldsymbol{f}_{\boldsymbol{u}}(\boldsymbol{x},\boldsymbol{u})^T Q(\boldsymbol{x}_d - \boldsymbol{x})$$
$$+\omega_2\Big\{\boldsymbol{f}_{\boldsymbol{u}}(\boldsymbol{x},\boldsymbol{u})^T\left\{Q\boldsymbol{f}(\boldsymbol{x},\boldsymbol{u}) - \boldsymbol{f}_{\boldsymbol{x}}(\boldsymbol{x},\boldsymbol{u})^T Q(\boldsymbol{x}_d - \boldsymbol{x})\right\}$$
$$-\boldsymbol{f}_{\boldsymbol{u}}(\boldsymbol{x},\boldsymbol{u})^T Q(\boldsymbol{x}_d - \boldsymbol{x})\Big\} - R(\boldsymbol{u}_d - \boldsymbol{u})\Big] \tag{5.89}$$

【例題 5.2】[15)]　長さ $2l$，質量 m のリンクの一端にトルク $\boldsymbol{u}(t)$ が制御入力として加わっているとする。そのようなシングルリンクマニピュレータは，つぎの状態方程式によってモデル化される。

$$\dot{x}_1 = x_2 \tag{5.90a}$$
$$\dot{x}_2 = -\frac{D}{I}x_2 + \frac{mlg}{I}\sin x_1 + \frac{1}{I}u \tag{5.90b}$$

$$l = 0.5, \quad m = 1.0, \quad I = \frac{1}{3}, \quad D = 0.00198, \quad g = 9.81$$

ここで x_1 は回転角度，I はリンクの慣性モーメント，D はリンクの軸受けの粘性摩擦係数である。平衡点 $(x_{d1},\ x_{d2},\ u_d)$ は $0 = x_{d2}$，$0 = mlg\sin x_{d1} + u_d$ を満足しなければならない。また，$\omega_1 = 1$，$\omega_2 = 1$，$Q = \begin{bmatrix} 3 & 2 \\ 2 & 3 \end{bmatrix}$，$r = 1$，$\alpha = 1$ とする。所望値を $\boldsymbol{x}_d = \boldsymbol{0}$，$u_d = 0$ とし，初期値を $\boldsymbol{x}(0) = (3/4\pi, 0)^T$，$u(0) = 0$ としたときのシミュレーション結果を**図 5.2** に示す。また，比較のため，$\omega_2 = 0$（基本型）のときの結果を**図 5.3** に示す。

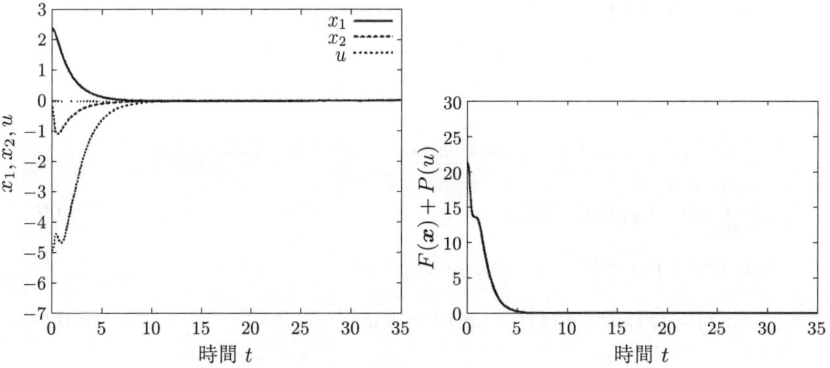

図 5.2 修正型直接勾配降下制御

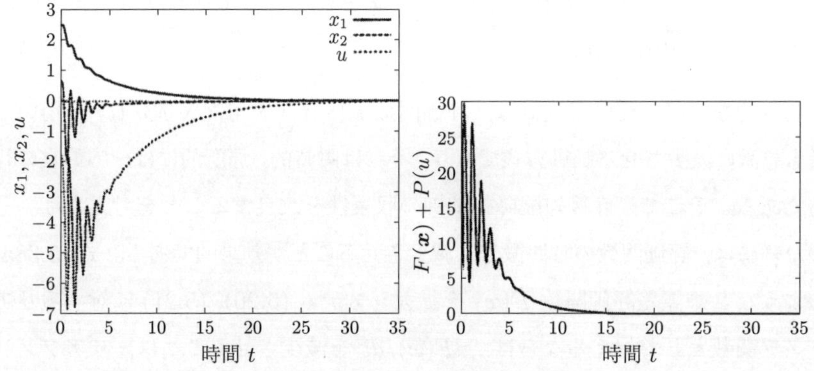

図 5.3 基本型直接勾配降下制御

5.6　拡張型直接勾配降下制御 [14),15)]

直接勾配降下制御の性能を改良する新しい制御方式を考える。アイデアは二つの評価関数と新しい人工操作変数を考えることに基づいている。新しい人工操作変数 $\boldsymbol{v}(t) \in R^r$ を導入し，収束性を改善するために直接勾配降下制御 (5.21) をつぎのように修正する。

$$\dot{\boldsymbol{u}}(t) = -\mathcal{L}_1 \left\{ \boldsymbol{f}_{\boldsymbol{u}}(\boldsymbol{x}(t), \boldsymbol{u}(t))^T F_{\boldsymbol{x}}(\boldsymbol{x}(t))^T + P_{\boldsymbol{u}}(\boldsymbol{u}(t))^T \right\} + \boldsymbol{v}(t) \quad (5.91)$$

ここで，$\mathcal{L}_1 \triangleq \mathrm{diag}(\alpha_{11}, \alpha_{12}, \cdots, \alpha_{1r})$（$\alpha_{1i} > 0$）は比例係数行列である。そして，漸近安定性や収束速度を評価するために，$F(\boldsymbol{x}(t))$ とは別の評価関数 $F_a(\boldsymbol{x}(t), \boldsymbol{u}(t))$ を導入する。

2 番目の評価関数を減少させる問題は，つぎのようになる。

$$\underset{\boldsymbol{v}(t)}{\text{decrease}} \;\; F_a(\boldsymbol{x}(t), \boldsymbol{u}(t)) \quad (5.92\text{a})$$

subject to

$$\dot{\boldsymbol{x}}(t) = \boldsymbol{f}(\boldsymbol{x}(t), \boldsymbol{u}(t)), \quad \boldsymbol{x}(0) = \boldsymbol{x}_0 \quad (5.92\text{b})$$

$$\begin{aligned} \dot{\boldsymbol{u}}(t) &= \widehat{\boldsymbol{f}}(\boldsymbol{x}(t), \boldsymbol{u}(t), \boldsymbol{v}(t)) \\ &\triangleq -\mathcal{L}_1 \left\{ \boldsymbol{f}_{\boldsymbol{u}}(\boldsymbol{x}(t), \boldsymbol{u}(t))^T F_{\boldsymbol{x}}(\boldsymbol{x}(t))^T + P_{\boldsymbol{u}}(\boldsymbol{u}(t))^T \right\} + \boldsymbol{v}(t), \\ \boldsymbol{u}(0) &= \boldsymbol{u}_0 \end{aligned} \quad (5.92\text{c})$$

基本的な直接勾配降下制御は，評価関数 $F(\boldsymbol{x}(t))$ を勾配 $\nabla\phi[\boldsymbol{u}](t)$ を用いて最も急激に減少させる制御方式であり，それは瞬時的，局所的には一応最良の行為である。そこで，直接勾配降下制御の収束性を改良することを考えよう。そのためには，評価関数の時間微分も減少させることが効果的である。式 (5.38a) のような 2 乗誤差評価関数 $F(\boldsymbol{x})$ を拡大システム (5.20), (5.21) に対するリアプノフ関数として捉えるならば，$dF(\boldsymbol{x})/dt$ を減少させることは，リアプノフ安定性（つまり，平衡点 $(\boldsymbol{x}_d, \boldsymbol{u}_d)$ への収束速度）の改善に役に立つ。

上で述べたように，$F_a(\boldsymbol{x}, \boldsymbol{u})$ は一般に任意の 2 番目の評価関数である。例え

ば $F_a(\boldsymbol{x},\boldsymbol{u})$ が $F(\boldsymbol{x})$ の時間微分値，つまり $dF(\boldsymbol{x})/dt = F_{\boldsymbol{x}}(\boldsymbol{x})\boldsymbol{f}(\boldsymbol{x},\boldsymbol{u})$ ならば，これは評価関数 F の減少速度の加速に寄与する。もし $F_a(\boldsymbol{x},\boldsymbol{u})$ が直接勾配降下制御 (5.20), (5.21) に対するリアプノフ関数 $V(\boldsymbol{x},\boldsymbol{u})$ の時間微分にとられるならば，問題 (5.92) は直接勾配降下制御の漸近安定性を改善する意図をもつことになる。

問題 (5.92) に対しても問題 (5.1) と同様に考えて，定理 5.2 を応用して評価関数 $F_a(\boldsymbol{x}(t),\boldsymbol{u}(t))$ の $\boldsymbol{v}(t)$ に関する勾配関数を計算しよう。

$$\psi[\boldsymbol{v}] \stackrel{\triangle}{=} F_a(\boldsymbol{x}(t;\boldsymbol{v}),\boldsymbol{u}(t;\boldsymbol{v}))$$

とおく。このとき

$$\begin{aligned}
\nabla\psi[\boldsymbol{v}](t) &= \begin{bmatrix} \boldsymbol{f}_{\boldsymbol{v}}(\boldsymbol{x}(t),\boldsymbol{u}(t)) \\ \widehat{\boldsymbol{f}}_{\boldsymbol{v}}(\boldsymbol{x}(t),\boldsymbol{u}(t),\boldsymbol{v}(t)) \end{bmatrix}^T \Big[F_{a\boldsymbol{x}}(\boldsymbol{x}(t),\boldsymbol{u}(t)),\ \ F_{a\boldsymbol{u}}(\boldsymbol{x}(t),\boldsymbol{u}(t))\Big]^T \\
&= \Big[\boldsymbol{0}\ ,\ \ I\Big] \begin{bmatrix} F_{a\boldsymbol{x}}(\boldsymbol{x}(t),\boldsymbol{u}(t))^T \\ F_{a\boldsymbol{u}}(\boldsymbol{x}(t),\boldsymbol{u}(t))^T \end{bmatrix} \\
&= F_{a\boldsymbol{u}}(\boldsymbol{x}(t),\boldsymbol{u}(t))^T
\end{aligned} \tag{5.93}$$

となる。それゆえ $\boldsymbol{v}$ に対する直接勾配降下制御はつぎのように求まる。

$$\begin{aligned}
\dot{\boldsymbol{v}}(t) &= -\mathcal{L}_2\left\{\nabla\psi[\boldsymbol{v}](t) + \nabla P(\boldsymbol{v}(t))\right\} \\
&= -\mathcal{L}_2\left\{F_{a\boldsymbol{u}}(\boldsymbol{x}(t),\boldsymbol{u}(t))^T + P_{\boldsymbol{v}}(\boldsymbol{v}(t))^T\right\}
\end{aligned} \tag{5.94}$$

ここで $\mathcal{L}_2 \stackrel{\triangle}{=} \mathrm{diag}(\alpha_{21},\cdots,\alpha_{2r})$（$\alpha_{2i} > 0$）は比例係数行列である。

ここからは二つのケースの問題の定式化について説明する。まず，$F(\boldsymbol{x})$ が 2 乗誤差評価関数

$$F(\boldsymbol{x}) = \frac{1}{2}(\boldsymbol{x}_d - \boldsymbol{x})^T Q(\boldsymbol{x}_d - \boldsymbol{x}) \tag{5.95}$$

$$P(\boldsymbol{u}) = \frac{1}{2}(\boldsymbol{u}_d - \boldsymbol{u})^T R(\boldsymbol{u}_d - \boldsymbol{u}) \tag{5.96}$$

$$P(\boldsymbol{v}) = c\boldsymbol{v}^T\boldsymbol{v} \tag{5.97}$$

であり

$$F_a(\boldsymbol{x},\boldsymbol{u}) = \frac{dF(\boldsymbol{x})}{dt} = F_{\boldsymbol{x}}(\boldsymbol{x})\boldsymbol{f}(\boldsymbol{x},\boldsymbol{u}) \tag{5.98}$$

である場合を考える。このとき

$$F_a(\boldsymbol{x},\boldsymbol{u}) = -(\boldsymbol{x}_d - \boldsymbol{x})^T Q\boldsymbol{f}(\boldsymbol{x},\boldsymbol{u}) \tag{5.99}$$

であるから

$$F_{a\boldsymbol{u}}(\boldsymbol{x},\boldsymbol{u})^T = -\boldsymbol{f}_{\boldsymbol{u}}(\boldsymbol{x},\boldsymbol{u})^T Q(\boldsymbol{x}_d - \boldsymbol{x}) \tag{5.100}$$

となる。したがって，式 (5.94) より

$$\dot{\boldsymbol{v}} = -\mathcal{L}_2\left\{\boldsymbol{f}_{\boldsymbol{u}}(\boldsymbol{x},\boldsymbol{u})^T Q(\boldsymbol{x}_d - \boldsymbol{x}) + c\boldsymbol{v}\right\} \tag{5.101}$$

を得る。したがって，拡張型直接勾配降下制御による閉ループ系 (5.92b), (5.92c), (5.101) はつぎのようになる。

$$\dot{\boldsymbol{x}} = \boldsymbol{f}(\boldsymbol{x},\boldsymbol{u}) \tag{5.102}$$

$$\begin{aligned}\dot{\boldsymbol{u}} &= -\mathcal{L}_1\left\{\boldsymbol{f}_{\boldsymbol{u}}(\boldsymbol{x},\boldsymbol{u})^T F_{\boldsymbol{x}}(\boldsymbol{x})^T + P_{\boldsymbol{u}}(\boldsymbol{u})^T\right\} + \boldsymbol{v} \\ &= -\mathcal{L}_1\left\{-\boldsymbol{f}_{\boldsymbol{u}}(\boldsymbol{x},\boldsymbol{u})^T Q(\boldsymbol{x}_d - \boldsymbol{x}) - R(\boldsymbol{u}_d - \boldsymbol{u})\right\} + \boldsymbol{v}\end{aligned} \tag{5.103}$$

$$\dot{\boldsymbol{v}} = -\mathcal{L}_2\left\{-\boldsymbol{f}_{\boldsymbol{u}}(\boldsymbol{x},\boldsymbol{u})^T Q(\boldsymbol{x}_d - \boldsymbol{x}) + c\boldsymbol{v}\right\} \tag{5.104}$$

2 番目として，つぎの場合を考える。

$$F(\boldsymbol{x},\boldsymbol{u}) = -(\boldsymbol{x}_d - \boldsymbol{x})^T Q\boldsymbol{f}(\boldsymbol{x},\boldsymbol{u}) \tag{5.105}$$

$$P(\boldsymbol{u}) = \frac{1}{2}(\boldsymbol{u}_d - \boldsymbol{u})^T R(\boldsymbol{u}_d - \boldsymbol{u}) \tag{5.106}$$

$$P(\boldsymbol{v}) = c\boldsymbol{v}^T\boldsymbol{v} \tag{5.107}$$

$$F_a(\boldsymbol{x},\boldsymbol{u}) = \frac{1}{2}(\boldsymbol{x}_d - \boldsymbol{x})^T Q(\boldsymbol{x}_d - \boldsymbol{x}) + \frac{1}{2}(\boldsymbol{u}_d - \boldsymbol{u})^T R(\boldsymbol{u}_d - \boldsymbol{u}) \tag{5.108}$$

このとき，式 (5.92c) に対応する式は

$$\begin{aligned}\dot{\boldsymbol{u}} &= -\mathcal{L}_1\left[\boldsymbol{f}_{\boldsymbol{u}}(\boldsymbol{x},\boldsymbol{u})^T F_{\boldsymbol{x}}(\boldsymbol{x},\boldsymbol{u})^T + F_{\boldsymbol{u}}(\boldsymbol{x},\boldsymbol{u})^T + P_{\boldsymbol{u}}(\boldsymbol{u})^T\right] + \boldsymbol{v} \\ &= -\mathcal{L}_1\left[\boldsymbol{f}_{\boldsymbol{u}}(\boldsymbol{x},\boldsymbol{u})^T\left\{Q\boldsymbol{f}(\boldsymbol{x},\boldsymbol{u}) - \boldsymbol{f}_{\boldsymbol{x}}(\boldsymbol{x},\boldsymbol{u})^T Q(\boldsymbol{x}_d - \boldsymbol{x})\right\}\right.\end{aligned}$$

$$-\boldsymbol{f}_{\boldsymbol{u}}(\boldsymbol{x},\boldsymbol{u})^T Q(\boldsymbol{x}_d-\boldsymbol{x}) - R(\boldsymbol{u}_d-\boldsymbol{u})\Big] + \boldsymbol{v}$$

となる†。さらに式 (5.94) は

$$\dot{\boldsymbol{v}} = -\mathcal{L}_2 \left\{ F_{a\boldsymbol{u}}(\boldsymbol{x},\boldsymbol{u})^T + P_{\boldsymbol{v}}(\boldsymbol{v})^T \right\} = -\mathcal{L}_2 \left\{ -R(\boldsymbol{u}_d-\boldsymbol{u}) + c\boldsymbol{v} \right\}$$

となる。それゆえ拡張型直接勾配降下制御による閉ループ系はつぎのようになる。

$$\dot{\boldsymbol{x}} = \boldsymbol{f}(\boldsymbol{x},\boldsymbol{u}) \tag{5.109}$$

$$\dot{\boldsymbol{u}} = -\mathcal{L}_1 \Big[\boldsymbol{f}_{\boldsymbol{u}}(\boldsymbol{x},\boldsymbol{u})^T \left\{ Q\boldsymbol{f}(\boldsymbol{x},\boldsymbol{u}) - \boldsymbol{f}_{\boldsymbol{x}}(\boldsymbol{x},\boldsymbol{u})^T Q(\boldsymbol{x}_d-\boldsymbol{x}) \right\} -\boldsymbol{f}_{\boldsymbol{u}}(\boldsymbol{x},\boldsymbol{u})^T Q(\boldsymbol{x}_d-\boldsymbol{x}) - R(\boldsymbol{u}_d-\boldsymbol{u})\Big] + \boldsymbol{v} \tag{5.110}$$

$$\dot{\boldsymbol{v}} = -\mathcal{L}_2 \left\{ -R(\boldsymbol{u}_d-\boldsymbol{u}) + c\boldsymbol{v} \right\} \tag{5.111}$$

以上二つの拡張型直接勾配降下制御を提案した。これらの制御則は，$(\boldsymbol{x},\boldsymbol{u})$ を状態変数と考え，人工の操作変数 $\boldsymbol{v}$ に関する decrease 問題を解いているものであるから，基本型の直接勾配降下制御に対する定理 5.3，系 5.1 と同様にして，漸近安定性の検証を行うことができる。

【例題 5.3】 [15)] 5.5 節で考えたシングルリンクマニピュレータのモデルをふたたび考える。ここで，所望の平衡点を $\boldsymbol{x}_d = \boldsymbol{0}$，$u_d = 0$ とする。2 乗誤差評価関数は式 (5.95), (5.96) において，$Q = \begin{bmatrix} 3 & 2 \\ 2 & 3 \end{bmatrix}$，$r = 1$ として与える。

1 番目の拡張型直接勾配降下制御は，式 (5.103) と式 (5.104) より

$$\dot{u} = -\alpha_1 \left\{ -\frac{1}{I}(q_{12}(x_{d1}-x_1) + q_{22}(x_{d2}-x_2)) + r(u_d-u) \right\} + v \tag{5.112}$$

$$\dot{v} = -\alpha_2 \left\{ (\alpha_1 r - 1)\frac{1}{I}(q_{12}(x_{d1}-x_1) + q_{22}(x_{d2}-x_2)) + (2\alpha_1 r - 1) r(u_d-u) + (r+c)v \right\} \tag{5.113}$$

† この場合も p.161 の脚注が適用される。

となる。シミュレーションは $c = 1$, $\alpha_1 = 2$, $\alpha_2 = 1$ のもとで行った。初期条件 $\boldsymbol{x}(0) = (3/4\,\pi, 0)^T$, $u(0) = 0$, $v(0) = 0$ における結果が**図 5.4** に示されている。

2 番目の拡張型直接勾配降下制御は，式 (5.110), (5.111) より

$$
\begin{aligned}
\dot{u} = &-\frac{\alpha_1}{I}\left[\left\{q_{12}x_2 + q_{22}\left(-\frac{D}{I}x_2 + \frac{mlg}{I}\sin x_1 + \frac{1}{I}u\right)\right\}\right. \\
&-\{q_{11}(x_{d1} - x_1) + q_{12}(x_{d2} - x_2)\} \\
&\left.+\left(\frac{D}{I} - 1\right)\{q_{12}(x_{d1} - x_1) + q_{22}(x_{d2} - x_2)\}\right] + v \qquad (5.114)
\end{aligned}
$$

$$
\dot{v} = -\alpha_2\{-r(u_d - u) + cv\} \qquad (5.115)
$$

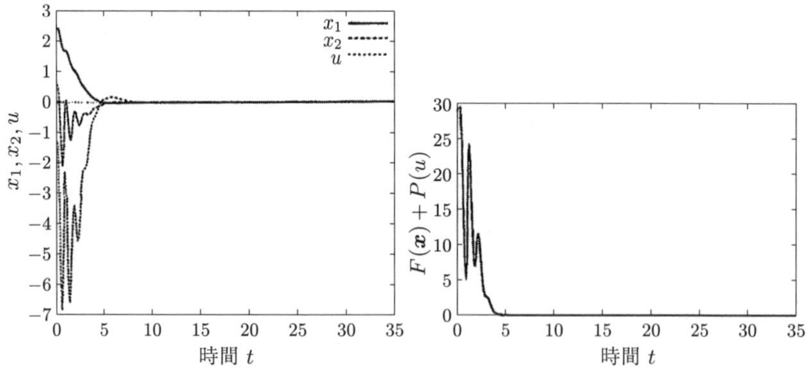

図 5.4　第 1 拡張型直接勾配降下制御

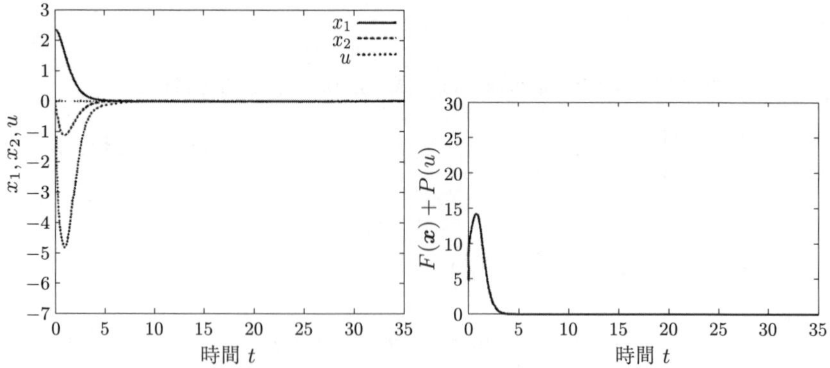

図 5.5　第 2 拡張型直接勾配降下制御

となる。シミュレーションは $c = 1$，$\alpha_1 = 2$，$\alpha_2 = 1$ のもとで行った。同じ初期条件における結果が**図 5.5** である。この図から 2 番目の拡張型直接勾配降下制御のほうが制御性能が良いことがわかる。なお，基本型直接勾配降下制御の結果は図 5.3 と同じである。

5.7 直接勾配降下制御の非ホロノミックシステムへの応用

5.7.1 可変拘束制御法[5),9)]

非ホロノミックシステムとは，一般に位置，姿勢角のみでは記述されない拘束（例えば速度拘束や加速度拘束）を有するシステムである。代表的な非ホロノミックシステムをあげると，車輪型移動体や宇宙ロボット，劣駆動マニピュレータなどがある。

非ホロノミックシステムは，多くの場合，つぎのような非線形状態方程式で記述される。

$$\dot{\boldsymbol{x}} = \boldsymbol{f}(\boldsymbol{x}) + G(\boldsymbol{x})\boldsymbol{u} \tag{5.116}$$

ただし，$\boldsymbol{x} \in R^n$，$\boldsymbol{u} \in R^r$ はそれぞれ状態，制御入力である。このようなシステムはアフィン非線形システムと呼ばれ，ドリフト項のない $\dot{\boldsymbol{x}} = G(\boldsymbol{x})\boldsymbol{u}$ を特に対称アフィンシステムという。

さて，対称アフィンシステムは，可制御であっても，滑らかな連続状態フィードバック則では漸近安定化が不可能であることが知られている（Brockett の定理（定理 2.3）を参照）。しかし，ある特殊なクラスのシステムに対しては，数多くの制御方法が提案されている。その代表例が “Chained form” で記述されたシステムであり，Khennouf[6)] は不変マニホールドを利用する 2 段階切り換えの制御方式を提案した。

一方，美多ら[5),9)] は，不変マニホールドのアイデアに基づく 2 段階方式ではあるが，Chained form に変換することなく，対称アフィンシステムに適用できる可変拘束制御法を提案した。

本節では，可変拘束制御法と直接勾配降下制御を結合した新しい制御方式を述べる。可変拘束制御は n 次元 $n-1$ 入力の可制御な対称アフィンシステムの安定化制御法である。制御は 2 段階で行われる。第 1 段階では非ホロノミック拘束をホロノミック拘束に変えるために，適切な制御によって拘束を追加する。ホロノミック拘束は積分すれば不変マニホールドとなるが，そのままではホロノミック拘束が増えるばかりで，劣駆動特性は失われてしまう。可変拘束制御法では，積分定数を指定された値に設定することで劣駆動特性を保持している。第 2 段階では不変マニホールドを保ちながら，第 1 段階で制御し残した変数も含め，全状態 $\boldsymbol{x}$ を目標値 $\boldsymbol{x}_d$ に収束させる。

制御対象は，n 次元状態 $n-1$ 入力の対称アフィンシステム

$$\dot{\boldsymbol{x}} = G(\boldsymbol{x})\boldsymbol{u} \tag{5.117}$$

とする。ただし，$G(\boldsymbol{x})$ は $n \times (n-1)$ 行列であり，目標値 $\boldsymbol{x}_d$ のまわりで $\mathrm{rank}(G(\boldsymbol{x})) = n-1$ と仮定する。さらに，$\boldsymbol{x}_d$ のまわりで，局所的可制御と仮定する。このシステムが非ホロノミック速度拘束から導かれたとすると

$$D(\boldsymbol{x})G(\boldsymbol{x}) = \boldsymbol{0}$$

を満たす積分不可能な 1 本の速度拘束

$$D(\boldsymbol{x})\dot{\boldsymbol{x}} = 0 \tag{5.118}$$

が存在する。ただし，$D(\boldsymbol{x})$ は $(1 \times n)$ 行列である。

ここで，$n-2$ 本の独立なホロノミック拘束

$$H(\boldsymbol{x}) = \boldsymbol{0} \tag{5.119}$$

を $n-2$ 次元の制御入力によってシステムに付加することを考える。式 (5.119) は**制御拘束**と呼ばれる。よって，式 (5.118) はパラメータの一部が固定され

$$\widehat{D}(\boldsymbol{x})\dot{\boldsymbol{x}} = 0$$

と記述できる。このとき，この式はホロノミック拘束となるので積分可能となり，これを積分することによって，ある一つの**不変マニホールド**

$$F(\boldsymbol{x}) - F_0 = 0, \quad \dot{F}(\boldsymbol{x}) = \frac{\partial F(\boldsymbol{x})}{\partial \boldsymbol{x}}\dot{\boldsymbol{x}} = \widehat{D}(\boldsymbol{x})\dot{\boldsymbol{x}} = 0 \tag{5.120}$$

が得られる。ただし，F_0 は積分定数である。したがって，一度 $F(\boldsymbol{x}) = F_0$ が満たされれば，$H(\boldsymbol{x}) = \boldsymbol{0}$ が成り立つ限り，それが保たれる。そこで，残りの 1 入力によって，積分定数 F_0 を設定したとすると，$\boldsymbol{x} \in R^n$ は $n-2$ 次元の拘束 $H(\boldsymbol{x}) = \boldsymbol{0}$ と 1 次元の拘束 $F(\boldsymbol{x}) = F_0$ の両方を満たす 1 次元マニホールド上を移動する。しかし，残りの 1 次元の状態変数は零ダイナミクスとなり，制御できない。そこで，第 2 段階では $n-2$ 次元の入力によって $H(\boldsymbol{x}) = \boldsymbol{0}$ を保ちつつ，残りの 1 次元の入力で，第 1 段階で制御できなかった**零ダイナミクス** $\boldsymbol{N}(\boldsymbol{x})$ を $\boldsymbol{N}_0$ となるように制御し，$\boldsymbol{x}$ を目標値 $\boldsymbol{x}_d$ まで遷移させる。ただし，目標値を $\boldsymbol{x}_d$ に整定させるため，F_0, N_0 は

$$H(\boldsymbol{x}_d) = \boldsymbol{0}, \quad F_0 = F(\boldsymbol{x}_d), \quad \boldsymbol{N}_0 = \boldsymbol{N}(\boldsymbol{x}_d)$$

を満たすように選ばなくてはならない。このような制御方式を**可変拘束制御**と呼ぶ。

以上のアイデアを美多ら[5),9)] は非線形非干渉制御の手法を用いて実現している。

5.7.2 可変拘束制御法に基づく 2 段階直接勾配降下制御[17)]

ここでは，美多ら[9)] の可変拘束制御法を 2 段階切り換え方式の直接勾配降下制御で実施することを考える。すなわち，第 1 段では制御拘束 $H(\boldsymbol{x}) = \boldsymbol{0}$ と不変マニホールド拘束 $F(\boldsymbol{x}) - F_0 = 0$ を漸近的に実現するために直接勾配降下制御を応用する。したがって，可変拘束制御の第 1 段階に相当する部分はつぎのような直接勾配降下制御で実施される。

$$\underset{\boldsymbol{u}(t)}{\text{decrease}} \quad \frac{1}{2}H(\boldsymbol{x}(t))^T H(\boldsymbol{x}(t)) + w_1 \frac{1}{2}(F(\boldsymbol{x}(t)) - F_0)^2 \tag{5.121a}$$

$$\text{subject to} \quad \dot{\boldsymbol{x}}(t) = G(\boldsymbol{x}(t))\boldsymbol{u}(t), \quad \boldsymbol{x}(\boldsymbol{0}) = \boldsymbol{x}_0 \tag{5.121b}$$

ここで $w_1 > 0$ は重み係数だが，不変マニホールド上へ速く移行させるために

は，w_1 を大きく選ぶ必要がある。その結果，つぎのような直接勾配降下制御則を得る。

$$\begin{aligned}\dot{\boldsymbol{u}}(t) &= -\mathcal{L}_1 \Big[G(\boldsymbol{x}(t))^T \Big\{ \big(H(\boldsymbol{x}(t))^T H_{\boldsymbol{x}}(\boldsymbol{x}(t)) \big)^T \\ &\qquad + w_1 (F(\boldsymbol{x}(t)) - F_0) F_{\boldsymbol{x}}(\boldsymbol{x}(t))^T \Big\} + P_{\boldsymbol{u}}(\boldsymbol{u}(t))^T \Big], \\ \boldsymbol{u}(\boldsymbol{0}) &= \boldsymbol{u}_0 = \boldsymbol{0} \end{aligned} \tag{5.122}$$

ここで，$\mathcal{L}_1$ は比例係数行列，$P(\boldsymbol{u})$ は安定性のためのペナルティ関数である。

つぎに，切り換え後の第 2 段階に相当する部分を以下のように実施する。すなわち，制御拘束 $H(\boldsymbol{x}(t)) = \boldsymbol{0}$ と，制御していない零ダイナミクス

$$N(\boldsymbol{x}(t)) - N_0 = \boldsymbol{0} \tag{5.123}$$

を漸近的に実現するために，つぎのような直接勾配降下制御を行う。

$$\underset{\boldsymbol{u}(t)}{\text{decrease}} \ \ \frac{1}{2} H(\boldsymbol{x}(t))^T H(\boldsymbol{x}(t)) + w_2 \frac{1}{2} (N(\boldsymbol{x}(t)) - N_0)^T (N(\boldsymbol{x}(t)) - N_0) \tag{5.124a}$$

$$\text{subject to} \quad \dot{\boldsymbol{x}}(t) = G(\boldsymbol{x}(t))\boldsymbol{u}(t), \quad \boldsymbol{x}(t_c) = \boldsymbol{x}_c,\ t \geqq t_c \tag{5.124b}$$

ここで，t_c は切り換え時間であり，$w_2 > 0$ は重み係数である。その結果，つぎのような制御則を得る。

$$\begin{aligned}\dot{\boldsymbol{u}}(t) &= -\mathcal{L}_2 \Big[G(\boldsymbol{x}(t))^T \Big\{ \big(H(\boldsymbol{x}(t))^T H_{\boldsymbol{x}}(\boldsymbol{x}(t)) \big)^T \\ &\qquad + w_2 (N(\boldsymbol{x}(t)) - N_0)^T N_{\boldsymbol{x}}(\boldsymbol{x}(t))^T \Big\} + P_{\boldsymbol{u}}(\boldsymbol{u}(t))^T \Big] \end{aligned} \tag{5.125}$$

【例題 5.4】　2 輪車両システムは車体の平面位置 (x, y)，車体の姿勢角 θ という三つの一般化座標をもち（**図 5.6** 参照），制御入力が進行速度 $v(t)$ および姿勢角速度 $\dot{\theta}(t)$ で，車輪が横すべりしないという積分不可能な速度拘束（非ホロノミック拘束）

$$\dot{x}(t) \sin\theta(t) - \dot{y}(t) \cos\theta(t) = 0 \tag{5.126}$$

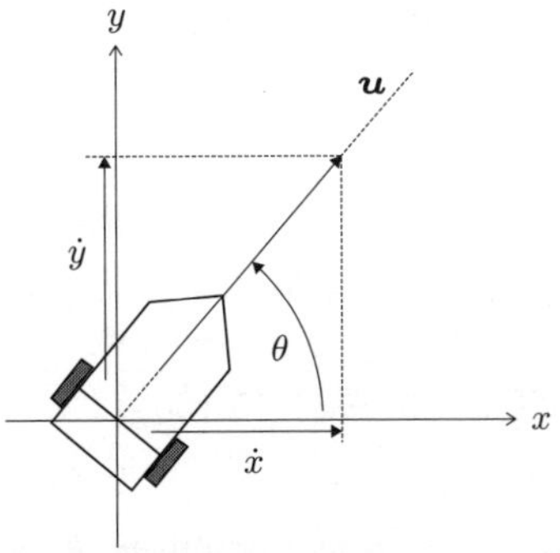

図 **5.6**　2 輪車両システム

をもつ劣駆動システムであり，つぎの状態方程式で表せる。ただし $\boldsymbol{x} = (x, y, \theta)^T$，$\boldsymbol{u} = (v, \dot{\theta})^T$ とする。

$$\begin{bmatrix} \dot{x}_1(t) \\ \dot{x}_2(t) \\ \dot{x}_3(t) \end{bmatrix} = \begin{bmatrix} \cos x_3(t) & 0 \\ \sin x_3(t) & 0 \\ 0 & 1 \end{bmatrix} \begin{bmatrix} u_1(t) \\ u_2(t) \end{bmatrix} = G(\boldsymbol{x}(t))\boldsymbol{u}(t) \qquad (5.127)$$

$\boldsymbol{x} = (x_1, x_2, x_3)^T$ の目標値を $(x_{1d}, x_{2d}, x_{3d})^T$ とする。まず，姿勢角 x_3 を x_{3d} に制御しようとする。すなわち，制御拘束 (5.119) として

$$H(x_1, x_2, x_3) = x_3 - x_{3d} = 0 \qquad (5.128)$$

を選ぶ。x_3 を x_{3d} に固定すると，非ホロノミック拘束 (5.126) は

$$\dot{x}_1 \sin x_{3d} - \dot{x}_2 \cos x_{3d} = 0 \qquad (5.129)$$

のようなホロノミック拘束となり，積分可能となる。式 (5.129) を $dx_2/dx_1 = \tan x_{3d}$ に変形し，これを積分することで不変マニホールドを導くと

$$F(\boldsymbol{x}(t)) = F_0 \qquad (5.130)$$

ここで　$F(\boldsymbol{x}(t)) = x_2(t) - x_1(t) \tan x_{3d}$，$F_0 = x_{2d} - x_{1d} \tan x_{3d}$

を得る。ただし，積分定数 F_0 は目標値 $\boldsymbol{x}_d$ で $F(\boldsymbol{x}_d) = F_0$ となるように選んだ。制御方式としては，まず制御拘束 (5.128) と不変マニホールド (5.130) に

漸近的に接近するような制御を行う。その後，制御拘束 (5.128) が働いている状態で，制御されていない零ダイナミクス $N(\boldsymbol{x}) = x_1$ を $N_0 = x_{1d}$ へ制御すれば，すなわち

$$N(\boldsymbol{x}(t)) - N_0 = x_1(t) - x_{1d} = 0 \tag{5.131}$$

となるようにすれば，不変マニホールド (5.130) によって x_2 を目標値 x_{2d} へ制御できる。

提案する制御方式では，第 1 段階で制御拘束 (5.128) と不変マニホールド (5.130) に漸近的に接近するように直接勾配降下制御を実施し，切り換え後の第 2 段階で，制御拘束 (5.128) と無制御の零ダイナミクス (5.131) に対して直接勾配降下制御を実施する。

記述簡単化のため，$(x_{1d}, x_{2d}, x_{3d}) = (0, 0, 0)$ として上で述べた制御方式を適用すると，第 1 段階において問題 (5.121) は

$$\underset{\boldsymbol{u}(t)}{\text{decrease}} \ \ \frac{1}{2}x_3^2(t) + w_1\frac{1}{2}x_2^2(t) \tag{5.132a}$$

$$\text{subject to} \quad \begin{bmatrix} \dot{x}_1(t) \\ \dot{x}_2(t) \\ \dot{x}_3(t) \end{bmatrix} = \begin{bmatrix} \cos x_3(t) & 0 \\ \sin x_3(t) & 0 \\ 0 & 1 \end{bmatrix} \begin{bmatrix} u_1(t) \\ u_2(t) \end{bmatrix}, \quad \boldsymbol{x}(0) = \boldsymbol{x}_0 \tag{5.132b}$$

となる。直接勾配降下制御則 (5.122) は

$$\begin{bmatrix} \dot{u}_1(t) \\ \dot{u}_2(t) \end{bmatrix} = -\mathcal{L}_1 \begin{bmatrix} w_1 \sin x_3(t) \cdot x_2(t) + r_1 u_1(t) \\ x_3(t) + r_2 u_2(t) \end{bmatrix}, \quad \boldsymbol{u}(0) = \boldsymbol{0} \tag{5.133}$$

となる。つぎに第 2 段階の問題 (5.124) は

$$\underset{\boldsymbol{u}(t)}{\text{decrease}} \ \ \frac{1}{2}x_3^2(t) + w_2\frac{1}{2}x_1^2(t) \tag{5.134a}$$

$$\text{subject to} \quad \begin{bmatrix} \dot{x}_1(t) \\ \dot{x}_2(t) \\ \dot{x}_3(t) \end{bmatrix} = \begin{bmatrix} \cos x_3(t) & 0 \\ \sin x_3(t) & 0 \\ 0 & 1 \end{bmatrix} \begin{bmatrix} u_1(t) \\ u_2(t) \end{bmatrix}, \quad \boldsymbol{x}(t_c) = \boldsymbol{x}_c,$$
$$t \geqq t_c \tag{5.134b}$$

となる。ここで t_c は切り換え時間である。直接勾配降下制御則 (5.125) は

$$\begin{bmatrix} \dot{u}_1(t) \\ \dot{u}_2(t) \end{bmatrix} = -\mathcal{L}_2 \begin{bmatrix} w_2 \cos x_3(t) \cdot x_1(t) + r_1 u_1(t) \\ x_3(t) + r_2 u_2(t) \end{bmatrix}, \quad \boldsymbol{u}(t_c) = \boldsymbol{u}_c \tag{5.135}$$

となる。

パラメータ値を，第 1 段階は

$$w_1 = 20, \quad \mathcal{L}_1 = \begin{bmatrix} 15 & 12 \\ 12 & 15 \end{bmatrix}, \quad R_1 = \begin{bmatrix} 4 & 0.1 \\ 0.1 & 2 \end{bmatrix}, \quad t_c = 15$$

第 2 段階は

$$w_2 = 3.0, \quad \mathcal{L}_2 = \begin{bmatrix} 5 & 0 \\ 0 & 5 \end{bmatrix}, \quad R_2 = \begin{bmatrix} 4 & 0 \\ 0 & 4 \end{bmatrix}$$

のように選び，初期値を $\boldsymbol{x}(0) = (5, 15, \pi/2)$，$\boldsymbol{u}(0) = (0, 0)$ にとった場合のシミュレーション結果を図 **5.7** に示す。このグラフから第 1 段階で所望の不変マ

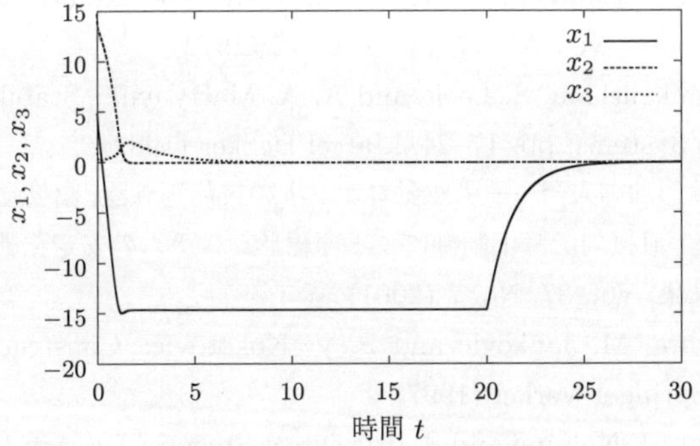

図 **5.7** 2 段階直接勾配降下制御

ニホールドが形成され，$t_c = 20$ sec の切り換え後の第 2 段階で全状態が目標値へ収束している様子がわかる。初期状態が特異点である場合や他の例題などに興味がある読者は，文献 17) を参照されたい。

また，直接勾配降下制御器（動的補償器）の初期値 $\boldsymbol{u}(0)$ を最適調整することによって対称アフィンシステムを安定化制御する方法が，文献 18) に与えられている。

引用・参考文献

1) B. D. O. Anderson and J. B. Moore: Optimal Control —Linear Quadratic Methods, Chapter 3, Prentice Hall (1990)
2) A. L. Fradkov: Swinging Control of Nonlinear Oscillations, Int. J. Control, Vol. 64, No. 6 (1996)
3) A. L. Fradkov and A. Y. Pogromsky: Introduction to Control of Oscillations and Chaos, World Scientific (1998)
4) A. Isidori: Nonlinear Control Systems, 3rd edition, pp. 189–194, Springer-Verlag (1995)
5) 池田, 南, 美多：浮遊機械のノンホロノミック可変拘束制御の提案と収束性の検討, 日本ロボット学会誌, Vol. 20, No. 4 (2000)
6) H. Khennouf and C. C. de Wit: On the Construction of Stabilizing Discontinuous Controllers for Nonholonomic Systems, Proc. of IFAC Symposium on Nonlinear Control Systems Design, pp. 747–752, Tahoe City (1995)
7) V. Kucĕra: A Contribution to Matrix Quadratic Equations, IEEE Trans. Autom. Contr., Vol. AC-17, pp. 344–347 (1972)
8) V. Lakshmikantham, S. Leela and A. A. Martynyuk: Stability Analysis of Nonlinear Systems, pp. 17–24, Marcel Dekker (1989)
9) 美多：非線形制御入門 —— 劣駆動ロボットの技能制御論, 昭晃堂 (2000)
10) 大塚, 志水：直接勾配降下制御による非線形システムの安定化制御, 計測自動制御学会論文集, Vol. 37, No. 7 (2001)
11) R. Sepulchre, M. Jankovic and P. V. Kokotovic: Constructive Nonlinear Control, Springer-Verlag (1997)
12) K. Shimizu, H. Nukumi and S. Ito: Direct Steepest Descent Control of Non-

linear Dynamical Systems, Proc. of IFAC Symposium on Nonlinear Control Systems Design, pp. 801–806, Tahoe City (1995) also in A. J. Krener and D. Q. Mayne, eds.: Nonlinear Control Systems Design 1995, Pergamon (1996)

13) K. Shimizu, S. Ito and S. Suzuki: Tracking Control of General Nonlinear System by Direct Gradient Descent Method, IFAC Symposium on Nonlinear Control Systems Design 98, Vol. 1 of 3, pp. 185–190, Enschede, the Netherland (1998), also in Nonlinear Dynamics and System Theory, Vol. 5, No. 1, pp. 91–105 (2005)

14) K. Shimizu, K. Otsuka and J. Naiborhu: Improved Direct Gradient Descent Control of General Nonlinear Systems, European Control Conference (ECC'99) Proceedings (CD-ROM), pdf file No. F0676, Karlsruhe, Germany (1999)

15) K. Shimizu and K. Otsuka: Performance Improvement of Direct Gradient Descent Control for General Nonlinear Systems, 1999 IEEE International Conference on Control Applications, Proceedings, pp. 699–706, Hawaii (1999)

16) K. Shimizu, S. Ito and K. Otsuka: Modified Direct Gradient Descent Control of General Nonlinear Systems, in X. Q. Yang, K. L. Teo and L. Caccetta, eds.: Optimization Methods and Applications, Chap. 8, Kluwer Academic Publishers (2000)

17) K. Shimizu and K. Tamura: Control of Nonholonomic Systems via Direct Gradient Descent Control —Variable Constraint Control Based Approach, Proc. of 2004 IEEE International Conference on Control Applications, pp. 837–842, Taipei (2004)

18) 志水, 田村：対称アフィンシステムの直接勾配降下制御による安定化制御, 計測自動制御学会論文集, Vol. 43, No. 4 (2007)

19) T. L. Vincent and W. J. Grantham: Nonlinear and Optimal Control Systems, Chapter 5, J. Wiley & Sons (1997)

20) T. Yamaguchi and K. Shimizu: Chaos Control of Lorenz Model via Direct Gradient Descent Control, 5th IFAC Symp. on Nonlinear Control Systems Design (NOLCOS'01), pp. 1108–1113, St. Petersburg (2001)

6 中心多様体に基づく安定化制御

6.1 安定多様体と中心多様体の理論

6.1.1 安定多様体[12)]

非線形システム（自律システム）

$$\dot{\boldsymbol{x}}(t) = \boldsymbol{f}(\boldsymbol{x}(t)) \tag{6.1}$$

について考える。ここで $\boldsymbol{x}(t) \in R^n$ であり，$\boldsymbol{f} : R^n \to R^n$ は滑らかな関数とする。さらに，平衡点 $\boldsymbol{x}_e$ は一般性を失うことなく原点 $\boldsymbol{x}_e = \boldsymbol{0}$ とする。平衡点の定義より $\boldsymbol{x} = \boldsymbol{0}$ においてシステムは $\boldsymbol{f}(\boldsymbol{0}) = \boldsymbol{0}$ を満たす。時刻 t におけるシステム (6.1) のヤコビ行列は，$\partial \boldsymbol{f}(\boldsymbol{x}(t))/\partial \boldsymbol{x} \in R^{n \times n}$ で与えられる。そこで，平衡点 $\boldsymbol{x}_e = \boldsymbol{0}$ におけるヤコビ行列を $A \triangleq \partial \boldsymbol{f}(\boldsymbol{0})/\partial \boldsymbol{x}$ と定義する。

A を用いることにより，システム (6.1) は次式のように線形部分と非線形部分に分割できる。

$$\dot{\boldsymbol{x}}(t) = A\boldsymbol{x}(t) + \boldsymbol{g}(\boldsymbol{x}(t)) \tag{6.2}$$

ここで，$\boldsymbol{g} : R^n \to R^n$ は滑らかな関数であり，元のシステム (6.1) の 2 次以上の項の和である。ゆえに，たいていの関数は $\boldsymbol{x} \to \boldsymbol{0}$ のとき $\boldsymbol{g}(\boldsymbol{x}) \to \boldsymbol{0}$ を満足する。しかも，$\boldsymbol{g}(\boldsymbol{x}(t))$ は $\boldsymbol{x}(t)$ の高次の関数によって構成されているので，$\boldsymbol{x}(t)$ が収束するよりも速く収束する。

システム (6.2) の線形部分のみの方程式

$$\dot{\boldsymbol{x}}(t) = A\boldsymbol{x}(t) \tag{6.3}$$

を**線形化方程式**という。線形化方程式 (6.3) の安定性を考えることによって，元のシステムの原点近傍での安定性を論ずることができる。

【定理 6.1】　非線形システム (6.1) の平衡点を原点 $\boldsymbol{x}_e = \boldsymbol{0}$ とし，A の固有値の実部の最大値を $\lambda_{\max}$ とおく。また，システム (6.1) はそれと同値なシステム (6.2) に変形できるとし，$\boldsymbol{x} \to \boldsymbol{0}$ のとき $\boldsymbol{g}(\boldsymbol{x}) \to \boldsymbol{0}$ を満足するとする。このとき以下のことが成り立つ。

(i)　$\lambda_{\max} < 0$ ならば原点 $\boldsymbol{x}_e = \boldsymbol{0}$ は漸近安定である。さらに，正の定数 α, β が存在して，原点の十分近くから出発した任意の解 $\boldsymbol{x}(t)$ に対して

$$\| \boldsymbol{x}(t) - \boldsymbol{x}_e \| \leqq \beta e^{-\alpha t} \| \boldsymbol{x}(0) - \boldsymbol{x}_e \|, \quad \forall t \geqq 0$$

が成り立つ。

(ii)　$\lambda_{\max} > 0$ ならば，原点 $\boldsymbol{x}_e = \boldsymbol{0}$ は不安定である。

（証明）　省略。文献 12) を参照。　□

定理 6.1 より，線形化方程式の固有値の実部を用いて，システム (6.1) の原点近傍における安定性を論ずることができる。しかし，定理 6.1 では A の固有値の実部が零の場合については触れられていない。つまり，A の固有値の実部に零のものが混じっているとき，そのシステムは線形化方程式の固有値の情報のみでは安定性を論ずることができないということである。そこで登場するのが，中心多様体の概念である。

中心多様体にいく前に，まず安定多様体について述べる。システム (6.1) の解で，初期条件 $\boldsymbol{x}(0) = \boldsymbol{x}_0$ を満たすものを $\boldsymbol{x}(t; \boldsymbol{x}_0)$ と表す。平衡点 $\boldsymbol{x}_e = \boldsymbol{0}$ の近傍を X とするとき，原点における**安定多様体** $S^s(\boldsymbol{0})$ と**不安定多様体** $S^u(\boldsymbol{0})$ は，つぎのように定義される。

$$S^s(\boldsymbol{0}) = \{\boldsymbol{x}_0 \in X \mid \lim_{t \to \infty} \boldsymbol{x}(t; \boldsymbol{x}_0) = \boldsymbol{x}_e = \boldsymbol{0}\}$$
$$S^u(\boldsymbol{0}) = \{\boldsymbol{x}_0 \in X \mid \lim_{t \to -\infty} \boldsymbol{x}(t; \boldsymbol{x}_0) = \boldsymbol{x}_e = \boldsymbol{0}\}$$

基本的には，平衡点が安定多様体をもつか不安定多様体をもつかは，その平衡点の定性的な性質を調べることによりわかる。例えば，その平衡点が安定結節点であるとか，鞍点であるとかなどである。平衡点のまわりの定性的な種類をまとめたものを図 **6.1**, 図 **6.2**, 図 **6.3** に示す。これらの図からもわかるとおり，平衡点が鞍点の場合には，その平衡点には安定多様体と不安定多様体が同時に存在する。

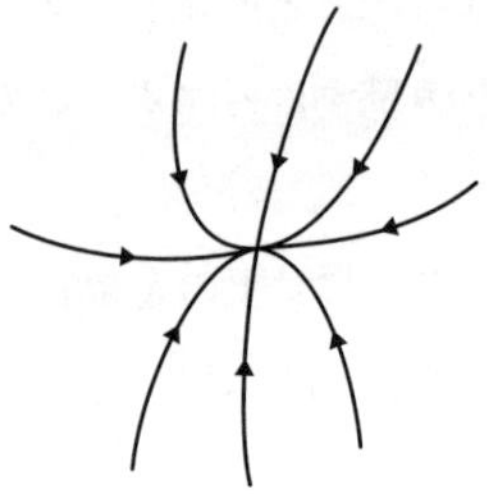

図 **6.1**　安定結節点

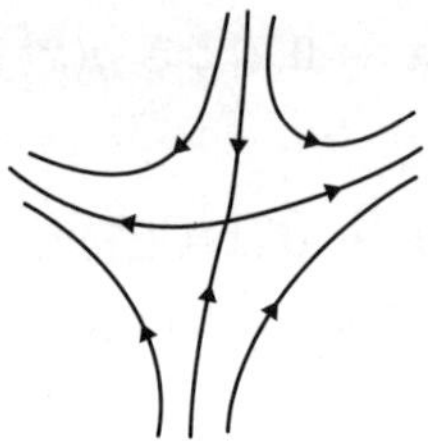

図 **6.2**　鞍　　点

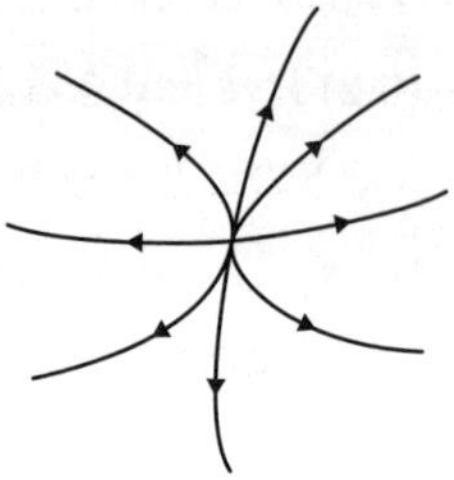

図 **6.3**　不安定結節点

また，つぎの用語を定義する。$t \to \infty$ のとき解 $\boldsymbol{x}(t;\boldsymbol{x}_0)$ が平衡点 $\boldsymbol{x}_e = \boldsymbol{0}$ に指数的に引き寄せられるとは，適当な定数 $\alpha > 0$ に対して

$$\lim_{t\to\infty} e^{\alpha t}||\boldsymbol{x}(t;\boldsymbol{x}_0) - \boldsymbol{x}_e|| = 0$$

が成り立つことをいう。$t \to -\infty$ の場合は

$$\lim_{t\to-\infty} e^{-\alpha t}||\boldsymbol{x}(t;\boldsymbol{x}_0) - \boldsymbol{x}_e|| = 0$$

が成り立つことをいう。この場合は指数的に引き離されるともいう。

これらを利用して平衡点 $\boldsymbol{x}_e = \boldsymbol{0}$ における強安定多様体 $S^{ss}(\boldsymbol{0})$ と強不安定多様体 $S^{uu}(\boldsymbol{0})$ をつぎのように定義する。

$$S^{ss}(\boldsymbol{0}) = \{\boldsymbol{x}_0 \in X \mid \lim_{t\to\infty} e^{\alpha t}||\boldsymbol{x}(t;\boldsymbol{x}_0) - \boldsymbol{x}_e|| = 0\}$$
$$S^{uu}(\boldsymbol{0}) = \{\boldsymbol{x}_0 \in X \mid \lim_{t\to-\infty} e^{-\alpha t}||\boldsymbol{x}(t;\boldsymbol{x}_0) - \boldsymbol{x}_e|| = 0\}$$

システム (6.1) の線形化方程式は，式 (6.3) よりシステムのヤコビ行列 A を用いて

$$\dot{\boldsymbol{x}}(t) = A\boldsymbol{x}(t)$$

と書かれた。このとき，R^n の部分空間 E^s, E^c, E^u をつぎのように定義する。

E^s：A の一般固有ベクトルの中で実部が負の固有値に属するもの全体で張られる空間

E^c：A の一般固有ベクトルの中で実部が零の固有値に属するもの全体で張られる空間

E^u：A の一般固有ベクトルの中で実部が正の固有値に属するもの全体で張られる空間

$R^n = E^s \oplus E^c \oplus E^u$ であり，E^s を安定部分空間，E^u を不安定部分空間という。

一般の非線形システムに対してつぎの定理が成り立つ。

【定理 6.2】　原点 $\boldsymbol{x}_e = \boldsymbol{0}$ をシステム (6.1) の平衡点とすると，$S^{ss}(\boldsymbol{0})$, $S^{uu}(\boldsymbol{0})$ はいずれも原点の近傍では滑らかな多様体であり，原点におけるこれらの接空間に対して

$$T_{\boldsymbol{0}}(S^{ss}(\boldsymbol{0})) = E^s,\ \ T_{\boldsymbol{0}}(S^{uu}(\boldsymbol{0})) = E^u$$

が成り立つ（$T_{\boldsymbol{0}}$ は原点における接空間を表す）。

（証明）　省略。文献 12) を参照。□

この定理は，強安定多様体 $S^{ss}(\boldsymbol{0})$ が原点において安定部分空間 E^s に接し，強不安定多様体 $S^{uu}(\boldsymbol{0})$ が原点において不安定部分空間 E^u に接することを示している。つまり，$S^{ss}(\boldsymbol{0})$ は原点において E^s に接する曲面であり，$S^{uu}(\boldsymbol{0})$ は原点において E^u に接する曲面である。

$E^c = \{\boldsymbol{0}\}$ のとき，つまり A の固有値が複素平面の虚軸上にないとき，原点を双曲型平衡点という。よって，沈点（A の固有値の実部がすべて負），湧点（A の固有値の実部がすべて正），鞍点（A の固有値の実部が負と正の両方をもつ）はすべて双曲型である。そして，双曲型平衡点に対しては，$S^s(\boldsymbol{0}) = S^{ss}(\boldsymbol{0})$，$S^u(\boldsymbol{0}) = S^{uu}(\boldsymbol{0})$ が成り立つ。つまり，双曲型平衡点においては，$T_{\boldsymbol{0}}(S^s(\boldsymbol{0})) = E^s$，$T_{\boldsymbol{0}}(S^u(\boldsymbol{0})) = E^u$ が成り立つ。

また，双曲型平衡点は「局所的な構造安定性」をもっていることが知られている。すなわち，方程式に微少な摂動を加えても，平衡点付近の位相図の構造は保たれているということである。ところで，システム (6.1) に同値なシステム (6.2) が，原点近傍で $\boldsymbol{x} \to \boldsymbol{0}$ のとき $\boldsymbol{g}(\boldsymbol{x}) \to \boldsymbol{0}$ ならば，それは線形化方程式 (6.3) に微少な摂動を加えていることに等価である。したがって，原点が双曲型平衡点である場合，線形化方程式の固有値によって，原点近傍の安定性を論ずることができるといえる。

しかし，原点が双曲型でないとき，つまり $E^c \neq \{\boldsymbol{0}\}$ のときには，話が違ってくる。そのような場合には中心多様体の概念が必要になる。

6.1.2 中心多様体[12)]

非線形システム (6.1) について考える。ここで，原点 $\boldsymbol{x}_e = \boldsymbol{0}$ が双曲型平衡点ではない，つまり $E^c \neq \{\boldsymbol{0}\}$ であるとする。このとき，原点近傍においてつぎの (i), (ii) の性質をもつ多様体 $S^c(\boldsymbol{0})$ を構成できる。

(i) $S^c(\boldsymbol{0})$ が局所的に不変である。すなわち，原点の適当な近傍 X が存在して，$S^c(\boldsymbol{0}) \cap X$ 上に初期値 $\boldsymbol{x}_0$ をもつ解 $\boldsymbol{x}(t;\boldsymbol{x}_0)$ は，t が正方向および負方向に変化したとき，$S^c(\boldsymbol{0}) \cap X$ からはみ出ることはない。換言すれば，解は X の境界 ∂X に達するまでは $S^c(\boldsymbol{0})$ 上に留まり続ける。

(ii) 原点 $\boldsymbol{x}_e = \boldsymbol{0}$ における $S^c(\boldsymbol{0})$ の接空間に対して，$T_{\boldsymbol{0}}(S^c(\boldsymbol{0})) = E^c$ が成り立つ。

これらの (i), (ii) の性質をもつ多様体 $S^c(\boldsymbol{0})$ は，原点 $\boldsymbol{x}_e = \boldsymbol{0}$ における**中心多様体**と呼ばれる。

また，一般に中心多様体に対してつぎの定理が成り立つ。

【定理 6.3】　平衡点を原点 $\boldsymbol{x}_e = \boldsymbol{0}$ とし，それは中立安定[†]であると仮定する。すなわち，$E^c \neq \{\boldsymbol{0}\}$，$E^s \neq \{\boldsymbol{0}\}$，$E^u = \{\boldsymbol{0}\}$ であると仮定する。このとき，原点 $\boldsymbol{x}_e = \boldsymbol{0}$ の適当な近傍 X が存在して，つぎのことが成り立つ。

---

† A の固有値の実部の最大値を $\lambda_{\max}$ とおく。このとき平衡点が中立安定であるとは，$\lambda_{\max} = 0$ のときをいう。

(i) 中心多様体 $S^c(\mathbf{0})$ 上の解の動きは相対的に緩慢である。つまり，中心多様体 $S^c(\mathbf{0})$ 上の解 $\boldsymbol{x}(t)$ は，$t \to \infty$ および $t \to -\infty$ のとき，$1/t$ より速いオーダーで原点 $\boldsymbol{x}_e = \mathbf{0}$ に近づくことはない（ゆえに，指数的引き寄せや引き離しは起こらない）。

(ii) X の中から出発した解 $\boldsymbol{x}(t)$ は，X 内に留まっている間はすべて中心多様体 $S^c(\mathbf{0})$ に指数的に引き寄せられる。さらに，もしそのような解 $\boldsymbol{x}(t)$ がすべての $t \geqq 0$ で X 内に留まるならば，$S^c(\mathbf{0})$ 上の適当な解 $\boldsymbol{y}(t)$ を見つけて，$t \to \infty$ のとき $||\boldsymbol{x}(t) - \boldsymbol{y}(t)||$ を指数的に減衰させることができる。

(証明)　省略。文献 12) を参照。 □

上の定理をわかりやすく図示したのが**図 6.4** である。この図の中で，2 重矢印が指数的な引き寄せを表し，ただの矢印はそれに比べて遅い動きを表している。

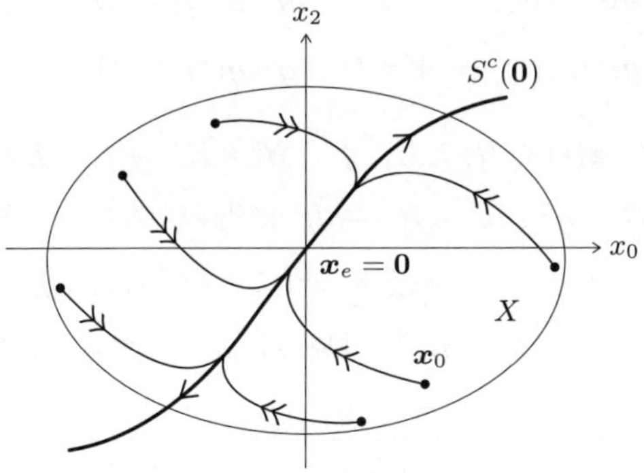

図 6.4 原点近傍における中心多様体 $S^c(\mathbf{0})$ と解軌道 $\boldsymbol{x}(t)$ の動き

定理 6.3 の帰結として，つぎのことがわかる[12)]。

【系 6.1】

(i) 中立安定な平衡点 $\boldsymbol{x}_e = \mathbf{0}$ の安定性は，中心多様体 $S^c(\mathbf{0})$ 上のダイナミクスだけから判定できる。すなわち，中心多様体の上だけで考えたとき平衡点が安定であれば，全体でも平衡点は安定であり，不安定であれば全体でも平衡点は不安定である。

(ii) 強安定多様体 $S^{ss}(\mathbf{0})$ 上にない解 $\boldsymbol{x}(t)$ は，$1/t$ よりも速いオーダーで平衡点（原点）に引き寄せられることはない。

6.1.3 中心多様体写像 [11),9)]

一般に，A の固有値の実部に零のものがあると，A の固有値の情報だけでは，平衡点の近傍での安定性を考えることができなかった。しかし，この中心多様体の結果から，固有値の実部が零のものを含んでいても，中心多様体というものを構成でき，その中心多様体上での平衡点の安定性を考えることによって，システム全体の安定性を考えることができるようになった。ここでは，中心多様体を表現する写像について解説する。

さて，つぎのようなシステムを考えよう。

$$\dot{\boldsymbol{y}}(t) = \boldsymbol{f}^s(\boldsymbol{y}(t), \boldsymbol{z}(t)) = A^s\boldsymbol{y}(t) + \boldsymbol{g}^s(\boldsymbol{y}(t), \boldsymbol{z}(t)) \tag{6.4a}$$

$$\dot{\boldsymbol{z}}(t) = \boldsymbol{f}^c(\boldsymbol{y}(t), \boldsymbol{z}(t)) = A^c\boldsymbol{z}(t) + \boldsymbol{g}^c(\boldsymbol{y}(t), \boldsymbol{z}(t)) \tag{6.4b}$$

ここで，$\boldsymbol{y}(t) \in R^s$，$\boldsymbol{z}(t) \in R^c$ とし，$\boldsymbol{f}^s : R^s \times R^c \to R^s$，$\boldsymbol{f}^c : R^s \times R^c \to R^c$，$\boldsymbol{g}^s : R^s \times R^c \to R^s$，$\boldsymbol{g}^c : R^s \times R^c \to R^c$ は滑らかな関数である。

このシステムの平衡点は，一般性を失うことなく原点 $(\boldsymbol{y}_e, \boldsymbol{z}_e) = (\mathbf{0}, \mathbf{0})$ とする。また，$A^s \in R^{s\times s}$，$A^c \in R^{c\times c}$ は原点におけるヤコビ行列で

$$A^s \triangleq \frac{\partial \boldsymbol{f}(\mathbf{0},\mathbf{0})}{\partial \boldsymbol{y}},\quad A^c \triangleq \frac{\partial \boldsymbol{f}(\mathbf{0},\mathbf{0})}{\partial \boldsymbol{z}}$$

である。そして，A^s の固有値の実部は負のみとし，A^c の固有値の実部は零のみとする。このようにしても，いままでの話と異なることはない。

なぜなら，一般に任意のシステム (6.1) に対して正則な変換行列 T を考えることによって，そのシステムを式 (6.4a), (6.4b) のように分割できるからである。実際，行列 A は適当な正則行列 T によって

$$T^{-1}AT = \begin{bmatrix} A^s & 0 \\ 0 & A^c \end{bmatrix}$$

とすることができる。ここで，A^s は実部が負の固有値のみをもち，A^c は実部が零の固有値のみをもつ行列である。正則変換

$$\boldsymbol{x}(t) = T\widetilde{\boldsymbol{x}}(t) = T\begin{bmatrix} \boldsymbol{y}(t) \\ \boldsymbol{z}(t) \end{bmatrix}$$

を微分方程式 (6.2) に対して施すと

$$\frac{d}{dt}\begin{bmatrix} \boldsymbol{y}(t) \\ \boldsymbol{z}(t) \end{bmatrix} = T^{-1}AT\begin{bmatrix} \boldsymbol{y}(t) \\ \boldsymbol{z}(t) \end{bmatrix} + T^{-1}\boldsymbol{g}\left(T\begin{bmatrix} \boldsymbol{y}(t) \\ \boldsymbol{z}(t) \end{bmatrix}\right)$$

となる。ここで，$\widetilde{\boldsymbol{x}}(t) \in R^n$，$\boldsymbol{y}(t) \in R^s$，$\boldsymbol{z}(t) \in R^c$ である。正則行列 T, T^{-1} を線形作用素と見れば，$T^{-1}\boldsymbol{g}(T\widetilde{\boldsymbol{x}}(t))$ は合成写像 $T^{-1} \circ \boldsymbol{g} \circ T(\widetilde{\boldsymbol{x}}(t))$ と考えることができるので，それを $\widetilde{\boldsymbol{g}}(\widetilde{\boldsymbol{x}}(t))$ とおくと

$$\frac{d}{dt}\begin{bmatrix} \boldsymbol{y}(t) \\ \boldsymbol{z}(t) \end{bmatrix} = \begin{bmatrix} A^s\boldsymbol{y}(t) \\ A^c\boldsymbol{z}(t) \end{bmatrix} + \widetilde{\boldsymbol{g}}\left(\begin{bmatrix} \boldsymbol{y}(t) \\ \boldsymbol{z}(t) \end{bmatrix}\right)$$

となる。さらに

$$\widetilde{\boldsymbol{g}} = \begin{bmatrix} \boldsymbol{g}^s \\ \boldsymbol{g}^c \end{bmatrix}, \quad \text{ただし } \boldsymbol{g}^s : R^s \times R^c \to R^s, \ \ \boldsymbol{g}^c : R^s \times R^c \to R^c$$

とする。ゆえに式 (6.4a), (6.4b) のように分割できる。

したがって，システムを式 (6.4a), (6.4b) のように考えることは一般性を失わない。また，$\boldsymbol{y} \to \boldsymbol{0}$ のとき $\boldsymbol{g}^s(\boldsymbol{y}, \boldsymbol{z}) \to \boldsymbol{0}$ とする。同様に，$\boldsymbol{z} \to \boldsymbol{0}$ のとき $\boldsymbol{g}^c(\boldsymbol{y}, \boldsymbol{z}) \to \boldsymbol{0}$ とする。同時に $\boldsymbol{g}^s, \boldsymbol{g}^c$ の 1 次偏導関数は，どちらも原点において零とする。

このとき，つぎの定理が成り立つ。

【定理 6.4】　平衡点 $\boldsymbol{z}_e = \boldsymbol{0}$ の近傍 $Z \subset R^c$ を考える。このとき

$$S^c(\boldsymbol{0}, \boldsymbol{0}) = \{(\boldsymbol{y},\ \boldsymbol{z}) \in R^s \times Z \mid \boldsymbol{y} = \boldsymbol{\pi}(\boldsymbol{z})\}$$

がシステム (6.4a), (6.4b) の原点 $(\boldsymbol{y}_e, \boldsymbol{z}_e) = (\boldsymbol{0}, \boldsymbol{0})$ における中心多様体となるような C^1 級の写像 $\boldsymbol{\pi} : Z \to R^s$ が存在する。

(証明)　省略。文献 2),3),11) を参照。　□

中心多様体は原点 $(\mathbf{0},\mathbf{0})$ において考えられたものだから，$\boldsymbol{\pi}(\mathbf{0})=\mathbf{0}$ とならなければならない。また，原点におけるシステムの接空間に対して，$T_{(\mathbf{0},\mathbf{0})}(S^c(\mathbf{0},\mathbf{0}))=E^c$ が成り立つことから，$\partial\boldsymbol{\pi}(\mathbf{0})/\partial\boldsymbol{z}=O$ が成り立たなければならない。ゆえに

$$S^c(\mathbf{0},\mathbf{0})=\left\{(\boldsymbol{\pi}(\boldsymbol{z}),\ \boldsymbol{z})\,\middle|\,\boldsymbol{\pi}(\mathbf{0})=\mathbf{0},\ \frac{\partial\boldsymbol{\pi}(\mathbf{0})}{\partial\boldsymbol{z}}=O\right\} \tag{6.5}$$

である。

$\boldsymbol{\pi}(\boldsymbol{z})$ を求めるには，中心多様体がシステム (6.4a), (6.4b) の局所的不変多様体であることを用いる。定理 6.3 より，システム (6.1) の原点近傍 X 内に存在する解軌道 $\boldsymbol{x}(t)$ は中心多様体上に指数的に引き寄せられる。すると，この場合も同様に，システム (6.4a), (6.4b) の原点近傍 X を考えると，X 内の解軌道 $(\boldsymbol{y}(t),\boldsymbol{z}(t))$ は，中心多様体上に引き寄せられる。そうすると，最終的に解が X 内にあるならば，中心多様体の局所的な不変性から，解 $(\boldsymbol{y}(t),\boldsymbol{z}(t))$ は中心多様体上に留まっている。つまり，$\boldsymbol{y}(t)=\boldsymbol{\pi}(\boldsymbol{z}(t))$ ということである。

したがって，$\boldsymbol{y}(t)$ のダイナミクスは次式を満たさなければならない。

$$\dot{\boldsymbol{y}}(t)=\frac{d\boldsymbol{\pi}(\boldsymbol{z}(t))}{dt}=\frac{\partial\boldsymbol{\pi}(\boldsymbol{z}(t))}{\partial\boldsymbol{z}}\dot{\boldsymbol{z}}(t)$$

この関係式に式 (6.4a), (6.4b) を代入し，$\boldsymbol{y}(t)=\boldsymbol{\pi}(\boldsymbol{z}(t))$ とおけば

$$\frac{\partial\boldsymbol{\pi}(\boldsymbol{z}(t))}{\partial\boldsymbol{z}}\boldsymbol{f}^c(\boldsymbol{\pi}(\boldsymbol{z}(t)),\boldsymbol{z}(t))=\boldsymbol{f}^s(\boldsymbol{\pi}(\boldsymbol{z}(t)),\boldsymbol{z}(t)) \tag{6.6}$$

すなわち

$$\begin{aligned}&\frac{\partial\boldsymbol{\pi}(\boldsymbol{z}(t))}{\partial\boldsymbol{z}}\{A^c\boldsymbol{z}(t)+\boldsymbol{g}^c(\boldsymbol{\pi}(\boldsymbol{z}(t)),\boldsymbol{z}(t))\}\\&\quad=A^s\boldsymbol{\pi}(\boldsymbol{z}(t))+\boldsymbol{g}^s(\boldsymbol{\pi}(\boldsymbol{z}(t)),\boldsymbol{z}(t))\end{aligned} \tag{6.7}$$

を得る。また，境界条件は

$$\boldsymbol{\pi}(\mathbf{0})=\mathbf{0},\quad \frac{\partial\boldsymbol{\pi}(\mathbf{0})}{\partial\boldsymbol{z}}=O \tag{6.8}$$

である。境界条件 (6.8) を満たすような式 (6.6) の任意解は，システム (6.4a), (6.4b) の中心多様体 $\boldsymbol{y}=\boldsymbol{\pi}(\boldsymbol{z})$ である。

さらに，中心多様体に関して以下の定理が成り立つ。これは定理 6.3 (ii) と等価なものである[9)]。

【定理 6.5】 システム (6.4a), (6.4b) の原点における中心多様体 $S^c(\mathbf{0},\mathbf{0})$ が存在すると仮定する。$(\boldsymbol{y}(t),\boldsymbol{z}(t))$ をシステムの解とし，$(\boldsymbol{y},\boldsymbol{z})=(\mathbf{0},\mathbf{0})$ の近傍 X を考える。もし $(\boldsymbol{y}(t),\boldsymbol{z}(t))\in X$（$\forall t\geqq 0$）ならば，以下を満たす定数 $M>0$，$\alpha>0$ が存在する。

$$||\boldsymbol{y}(t)-\boldsymbol{\pi}(\boldsymbol{z}(t))||\leqq Me^{-\alpha t}||\boldsymbol{y}(0)-\boldsymbol{\pi}(\boldsymbol{z}(0))||,\quad \forall t\geqq 0$$

（証明） 省略。文献 3) を参照。 □

定理 6.5 より，原点近傍に初期状態をもつシステム (6.4a), (6.4b) の解の定常状態は，中心多様体上のダイナミクスによって決定される。中心多様体上のダイナミクスとは，$\boldsymbol{z}$ だけに低次元化されたつぎのようなダイナミクスである。

$$\dot{\boldsymbol{z}}=\boldsymbol{f}^c(\boldsymbol{\pi}(\boldsymbol{z}),\boldsymbol{z}) \tag{6.9}$$

【定理 6.6】（中心多様体定理） システム (6.9) の平衡点が漸近安定，安定，不安定ならば，システム (6.4a), (6.4b) の平衡点はそれぞれ漸近安定，安定，不安定である。

（証明） 省略。文献 3), 11) を参照。 □

ここで，例として $y\in R$，$z\in R$ の場合を考える（**図 6.5** 参照）。平衡点は原点 $(0,0)$ とし，境界条件を満たす写像 $\pi:R\to R$ が存在し，中心多様体は $S^c(0,0)=\{(\pi(z),z)\in R^2\mid y=\pi(z)\}$ とする。$y(0)=0$ の近傍 $Y\subset R$ を考え，$t\geqq 0$ において $y\in Y$ とし，$\pi(z)\in Y$ とする。また，原点 $(0,0)$ の近傍 $X\subset R^2$ を考える。解 $(y(t),z(t))$ の初期値を $(y(0),z(0))\in X$ とする。すると，X 内に解 $(y(t),z(t))$ が存在している限り，解は中心多様体 $S^c(0,0)$ に指数的に引き寄せられる。しかしながら，中心多様体上の動きはわからない。中心多様体の上だけで考えたとき，平衡点 $(y_e,z_e)=(0,0)$ が安定ならば解 $(y(t),z(t))$ は $(y_e,z_e)=(0,0)$ へ近づくし，不安定ならば $(y_e,z_e)=(0,0)$ から離れていく。

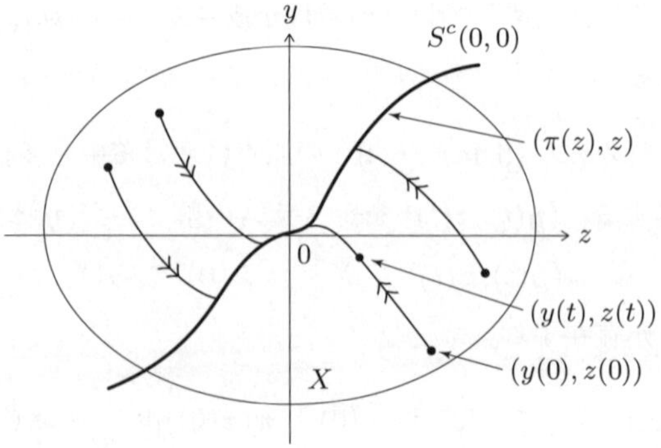

図 6.5　中心多様体の例

6.2　非線形レギュレータ問題

2.1 節で述べたように，非線形システムであっても，その線形化システムが可安定ならば，リアプノフ間接法に基づき元の非線形システムも局所的に漸近安定化可能である。本節では，与えられたシステムの線形化システムが虚軸上に不可制御なモードをもつ場合の非線形レギュレータ問題を解説する。まず，そのような場合において，Aeyels[1] によって提案された，中心多様体理論に基づく漸近安定化の手法を説明する。

6.2.1　Aeyels の設計法（多項式近似法）

一般非線形システム

$$\dot{\boldsymbol{x}}(t) = \boldsymbol{f}(\boldsymbol{x}(t), \boldsymbol{u}(t)) \tag{6.10}$$

を考える。ここで $\boldsymbol{x}(t) \in R^n$，$\boldsymbol{u}(t) \in R^r$ であり，$\boldsymbol{f} : R^n \times R^r \to R^n$ は滑らかな関数とする。平衡点は一般性を失うことなく原点とし，$\boldsymbol{0} = \boldsymbol{f}(\boldsymbol{0}, \boldsymbol{0})$ とする。

式 (6.10) を原点 $(\boldsymbol{x}, \boldsymbol{u}) = (\boldsymbol{0}, \boldsymbol{0})$ のまわりでテーラー展開して線形部と非線形部に分割すると

$$\dot{\boldsymbol{x}} = \boldsymbol{f}(\boldsymbol{0}, \boldsymbol{0}) + A\boldsymbol{x} + B\boldsymbol{u} + \boldsymbol{g}(\boldsymbol{x}, \boldsymbol{u}) \tag{6.11}$$

となる。ここで

$$A \triangleq \frac{\partial \boldsymbol{f}(\mathbf{0},\mathbf{0})}{\partial \boldsymbol{x}}, \quad B \triangleq \frac{\partial \boldsymbol{f}(\mathbf{0},\mathbf{0})}{\partial \boldsymbol{u}}$$

であり，$\boldsymbol{g}(\boldsymbol{x},\boldsymbol{u})$ は 2 次以上の項である。

さて

$$\dot{\boldsymbol{x}} = A\boldsymbol{x} + B\boldsymbol{u} \tag{6.12}$$

が虚軸上に不可制御モードをもつ場合を考える。対角化行列 T によって，A と B はつぎのように変換されると仮定する。

$$T^{-1}AT = \begin{bmatrix} A^S & O \\ O & A^c \end{bmatrix}, \quad T^{-1}B = \begin{bmatrix} B^S \\ O \end{bmatrix}$$

ただし，A^c の固有値はすべて虚軸上にあり，かつ $\{A, B\}$ の不可制御モードであると仮定した。また，A^S に含まれる不安定な固有値は，すべて $\{A, B\}$ の可制御モードであると仮定する。したがって，$\{A^S, B^S\}$ は可安定である。

行列 T を用いて $\boldsymbol{x} = T\begin{bmatrix} \boldsymbol{y} \\ \boldsymbol{z} \end{bmatrix}$ と座標変換すると，式 (6.10) はつぎのようになる。

$$\begin{bmatrix} \dot{\boldsymbol{y}} \\ \dot{\boldsymbol{z}} \end{bmatrix} = T^{-1}\boldsymbol{f}\left(T\begin{bmatrix} \boldsymbol{y} \\ \boldsymbol{z} \end{bmatrix}, \boldsymbol{u}\right) \tag{6.13}$$

ここで $(A^S - B^S K)$ が漸近安定となるような K を用いて，入力 $\boldsymbol{u}$ をつぎのように構成する。

$$\boldsymbol{u} = -K\boldsymbol{y} + \overline{\boldsymbol{u}} \tag{6.14}$$

これを式 (6.13) に代入すると

$$\begin{bmatrix} \dot{\boldsymbol{y}} \\ \dot{\boldsymbol{z}} \end{bmatrix} = T^{-1}\boldsymbol{f}\left(T\begin{bmatrix} \boldsymbol{y} \\ \boldsymbol{z} \end{bmatrix}, -K\boldsymbol{y} + \overline{\boldsymbol{u}}\right) \tag{6.15}$$

となる。式 (6.15) を $(\boldsymbol{y},\boldsymbol{z},\overline{\boldsymbol{u}})=(\boldsymbol{0},\boldsymbol{0},\boldsymbol{0})$ で線形化すると

$$\begin{aligned}
\begin{bmatrix}\dot{\boldsymbol{y}}\\ \dot{\boldsymbol{z}}\end{bmatrix} &= T^{-1}\left.\frac{\partial \boldsymbol{f}\left(T\begin{bmatrix}\boldsymbol{y}\\ \boldsymbol{z}\end{bmatrix},-K\boldsymbol{y}+\overline{\boldsymbol{u}}\right)}{\partial\begin{bmatrix}\boldsymbol{y}\\ \boldsymbol{z}\end{bmatrix}}\right|_{\begin{bmatrix}\boldsymbol{y}\\ \boldsymbol{z}\\ \overline{\boldsymbol{u}}\end{bmatrix}=\begin{bmatrix}\boldsymbol{0}\\ \boldsymbol{0}\\ \boldsymbol{0}\end{bmatrix}} T\begin{bmatrix}\boldsymbol{y}\\ \boldsymbol{z}\end{bmatrix}\\
&\quad +T^{-1}\left.\frac{\partial \boldsymbol{f}\left(T\begin{bmatrix}\boldsymbol{y}\\ \boldsymbol{z}\end{bmatrix},-K\boldsymbol{y}+\overline{\boldsymbol{u}}\right)}{\partial \boldsymbol{u}}\right|_{\begin{bmatrix}\boldsymbol{y}\\ \boldsymbol{z}\\ \overline{\boldsymbol{u}}\end{bmatrix}=\begin{bmatrix}\boldsymbol{0}\\ \boldsymbol{0}\\ \boldsymbol{0}\end{bmatrix}} (-K\boldsymbol{y}+\overline{\boldsymbol{u}})\\
&= T^{-1}AT\begin{bmatrix}\boldsymbol{y}\\ \boldsymbol{z}\end{bmatrix}-T^{-1}BK\boldsymbol{y}+T^{-1}B\overline{\boldsymbol{u}}\\
&= \begin{bmatrix}A^S & O\\ O & A^c\end{bmatrix}\begin{bmatrix}\boldsymbol{y}\\ \boldsymbol{z}\end{bmatrix}-\begin{bmatrix}B^S\\ O\end{bmatrix}K\boldsymbol{y}+\begin{bmatrix}B^S\\ O\end{bmatrix}\overline{\boldsymbol{u}}\\
&= \begin{bmatrix}(A^S-B^SK) & O\\ O & A^c\end{bmatrix}\begin{bmatrix}\boldsymbol{y}\\ \boldsymbol{z}\end{bmatrix}+\begin{bmatrix}B^S\\ O\end{bmatrix}\overline{\boldsymbol{u}} \qquad (6.16)
\end{aligned}$$

となり，漸近安定行列 (A^S-B^SK) と虚軸上に固有値をもつ行列 A^c にブロック対角化されている。(A^S-B^SK) をあらためて A^s とおくと，式 (6.16) は

$$\begin{bmatrix}\dot{\boldsymbol{y}}\\ \dot{\boldsymbol{z}}\end{bmatrix}=\begin{bmatrix}A^s & O\\ O & A^c\end{bmatrix}\begin{bmatrix}\boldsymbol{y}\\ \boldsymbol{z}\end{bmatrix}+\begin{bmatrix}B^S\\ O\end{bmatrix}\overline{\boldsymbol{u}} \qquad (6.17)$$

となる。つぎに，式 (6.15) を $\dot{\boldsymbol{y}},\dot{\boldsymbol{z}}$ に分割して書き直すと

$$\dot{\boldsymbol{y}}=\boldsymbol{f}^s(\boldsymbol{y},\boldsymbol{z},\overline{\boldsymbol{u}}) \qquad (6.18a)$$

$$\dot{\boldsymbol{z}}=\boldsymbol{f}^c(\boldsymbol{y},\boldsymbol{z},\overline{\boldsymbol{u}}) \qquad (6.18b)$$

となる。ここで

$$\begin{bmatrix} \boldsymbol{f}^s(\boldsymbol{y},\boldsymbol{z},\overline{\boldsymbol{u}}) \\ \boldsymbol{f}^c(\boldsymbol{y},\boldsymbol{z},\overline{\boldsymbol{u}}) \end{bmatrix} \triangleq T^{-1}\boldsymbol{f}\left(T\begin{bmatrix} \boldsymbol{y} \\ \boldsymbol{z} \end{bmatrix}, -K\boldsymbol{y}+\overline{\boldsymbol{u}}\right)$$

である。式 (6.18a), (6.18b) に状態フィードバック制御則

$$\overline{\boldsymbol{u}} = \boldsymbol{c}(\boldsymbol{z}), \quad \boldsymbol{c}(\boldsymbol{0}) = \boldsymbol{0} \tag{6.19}$$

を施す。ただし，$\boldsymbol{c}(\boldsymbol{z})$ は原点近傍で 2 次以上の項だけをもつものとする。すなわち，$\boldsymbol{c}(\boldsymbol{0}) = \boldsymbol{0}$，$\partial \boldsymbol{c}(\boldsymbol{0})/\partial \boldsymbol{z} = O$ である。このとき閉ループ系はつぎのようになる。

$$\dot{\boldsymbol{y}} = \boldsymbol{f}^s(\boldsymbol{y},\boldsymbol{z},\boldsymbol{c}(\boldsymbol{z})) \tag{6.20a}$$

$$\dot{\boldsymbol{z}} = \boldsymbol{f}^c(\boldsymbol{y},\boldsymbol{z},\boldsymbol{c}(\boldsymbol{z})) \tag{6.20b}$$

式 (6.20a), (6.20b) を原点で線形化すると，次式となることは明らかである。

$$\begin{bmatrix} \dot{\boldsymbol{y}} \\ \dot{\boldsymbol{z}} \end{bmatrix} = \begin{bmatrix} A^s & O \\ O & A^c \end{bmatrix}\begin{bmatrix} \boldsymbol{y} \\ \boldsymbol{z} \end{bmatrix} \tag{6.21}$$

さて，線形化システムが虚軸上に極を固有値をもつとき，6.1.3 項で述べたことから，ある写像 $\boldsymbol{\pi} : Z \to Y$ が存在して，つぎの関係が成り立つ。

$$\frac{\partial \boldsymbol{\pi}(\boldsymbol{z})}{\partial \boldsymbol{z}}\boldsymbol{f}^c(\boldsymbol{\pi}(\boldsymbol{z}),\boldsymbol{z},\boldsymbol{c}(\boldsymbol{z})) = \boldsymbol{f}^s(\boldsymbol{\pi}(\boldsymbol{z}),\boldsymbol{z},\boldsymbol{c}(\boldsymbol{z})) \tag{6.22}$$

この偏微分方程式の境界条件は

$$\boldsymbol{\pi}(\boldsymbol{0}) = \boldsymbol{0}, \quad \frac{\partial \boldsymbol{\pi}(\boldsymbol{0})}{\partial \boldsymbol{z}} = O \tag{6.23}$$

である。それゆえ，偏微分方程式 (6.22) の解で境界条件 (6.23) を満たすような写像 $\boldsymbol{\pi}(\boldsymbol{z})$ および安定化フィードバック則 $\overline{\boldsymbol{u}} = \boldsymbol{c}(\boldsymbol{z})$ が存在すれば，閉ループ系の原点における漸近安定化が可能である。

中心多様体上のダイナミクスは

$$\dot{\boldsymbol{z}} = \boldsymbol{f}^c(\boldsymbol{\pi}(\boldsymbol{z}),\boldsymbol{z},\boldsymbol{c}(\boldsymbol{z})) \tag{6.24}$$

として表現される。$\boldsymbol{y}$ のダイナミクス (6.18a) は 1 次の項において漸近安定で

あるので，中心多様体理論により，ダイナミクス (6.24) が漸近安定であれば，システム (6.20a), (6.20b) の漸近安定性が保証される。

閉ループ系 (6.20) が漸近安定となるための十分条件を以下に示す。

(i) 式 (6.20a) において $\boldsymbol{z} = \boldsymbol{0}$ としたときの線形化システムが漸近安定である。

(ii) 中心多様体上のダイナミクス (6.24) が漸近安定である。

線形化システムは式 (6.21) より $\dot{\boldsymbol{y}} = A^s\boldsymbol{y}$ となるから，条件 (i) はつねに満たされる。また，定理 6.5 より式 (6.18) の解軌道 $(\boldsymbol{y}(t), \boldsymbol{z}(t))$ は中心多様体へ指数的に引き寄せられる。問題は条件 (ii) である。式 (6.24) を線形化すると $\boldsymbol{c}(\boldsymbol{z})$ に関係なく $\dot{\boldsymbol{z}} = A^c\boldsymbol{z}$ となるので，線形化システムからは局所的にも漸近安定化の手段は見つからない。

6.1.3 項で述べたように，システム (6.20a), (6.20b) の中心多様体

$$S^c(\boldsymbol{0}, \boldsymbol{0}) = \left\{ (\boldsymbol{\pi}(\boldsymbol{z}),\ \boldsymbol{z}) \;\middle|\; \boldsymbol{\pi}(\boldsymbol{0}) = \boldsymbol{0},\ \frac{\partial \boldsymbol{\pi}(\boldsymbol{0})}{\partial \boldsymbol{z}} = O \right\}$$

が存在する。$\boldsymbol{\pi}(\boldsymbol{z})$ はつぎの変微分方程式の任意解である。

$$\frac{\partial \boldsymbol{\pi}(\boldsymbol{z})}{\partial \boldsymbol{z}} \boldsymbol{f}^c(\boldsymbol{\pi}(\boldsymbol{z}), \boldsymbol{z}, \boldsymbol{c}(\boldsymbol{z})) = \boldsymbol{f}^s(\boldsymbol{\pi}(\boldsymbol{z}), \boldsymbol{z}, \boldsymbol{c}(\boldsymbol{z})) \tag{6.25a}$$

$$\boldsymbol{\pi}(\boldsymbol{0}) = \boldsymbol{0},\quad \frac{\partial \boldsymbol{\pi}(\boldsymbol{0})}{\partial \boldsymbol{z}} = O \tag{6.25b}$$

$$\boldsymbol{c}(\boldsymbol{0}) = \boldsymbol{0},\quad \frac{\partial \boldsymbol{c}(\boldsymbol{0})}{\partial \boldsymbol{z}} = O \tag{6.25c}$$

中心多様体定理 6.6 より，中心多様体上のダイナミクス (6.24) の平衡点が漸近安定ならば，式 (6.20a), (6.20b) の平衡点は漸近安定である。したがって，安定化制御器の設計問題は，ダイナミクス (6.24) の平衡点が漸近安定となるような式 (6.25a), (6.25b), (6.25c) の解 $\boldsymbol{\pi}(\boldsymbol{z})$ と $\boldsymbol{c}(\boldsymbol{z})$ を求めることである。そのような写像 $\boldsymbol{\pi}(\boldsymbol{z})$ およびフィードバック制御則 $\overline{\boldsymbol{u}} = \boldsymbol{c}(\boldsymbol{z})$ が存在すれば，原システム (6.10) は原点において漸近安定化可能であり，非線形レギュレータ問題は可解である。

【注意 6.1】　本項では，$\boldsymbol{c}(\boldsymbol{z})$ は $\boldsymbol{z} = \boldsymbol{0}$ の近傍で $\boldsymbol{z}$ の 2 次以上の項だけをもつ

としたが，実際には $\boldsymbol{z}$ の 1 次項をもっていても本項の議論は成り立つ。このとき，$\boldsymbol{\pi}(\boldsymbol{z})$ も $\boldsymbol{z}=\boldsymbol{0}$ の近傍で $\boldsymbol{z}$ の 1 次項をもつ。したがって，境界条件 (6.25b), (6.25c) は $\boldsymbol{\pi}(\boldsymbol{0})=\boldsymbol{0}$，$\boldsymbol{c}(\boldsymbol{0})=\boldsymbol{0}$ となる。

以下では，境界条件 (6.25b), (6.25c) のもとで中心多様体方程式 (6.25a) を満足し，中心多様体上のダイナミクス (6.24) が漸近安定になるような $\boldsymbol{\pi}(\boldsymbol{z})$ と $\boldsymbol{c}(\boldsymbol{z})$ を見つける方法について述べる。

非線形レギュレータ問題が可解のとき，偏微分方程式 (6.25a) をいかに解くかが問題である。ただし，中心多様体の存在は一意的ではなく，式 (6.25a) はニューラルネットを応用して解ける。ただし，そのとき $\boldsymbol{\pi}(\boldsymbol{z})$, $\boldsymbol{c}(\boldsymbol{z})$ は一意ではないので，ダイナミクス (6.24) が漸近安定となるような $\boldsymbol{\pi}(\boldsymbol{z})$, $\boldsymbol{c}(\boldsymbol{z})$ を探さなければならない。Aeyels[1)] はつぎの補助定理に基づき，$\boldsymbol{\pi}(\boldsymbol{z})$, $\boldsymbol{c}(\boldsymbol{z})$ を多項式で近似する手法を提案した。

【補助定理 6.1】(Carr)　境界条件 $\boldsymbol{\pi}(\boldsymbol{0})=\boldsymbol{0}$，$\partial\boldsymbol{\pi}(\boldsymbol{0})/\partial\boldsymbol{z}=O$ を満たす関数 $\boldsymbol{\pi}(\boldsymbol{z})$ で，偏微分方程式 (6.25a) を $\boldsymbol{z}$ に関して p 次（$p>1$）まで満足するものがあったとすると，そのとき厳密解 $\boldsymbol{\pi}(\boldsymbol{z})$ との間に

$$\boldsymbol{\pi}(\boldsymbol{z})=\boldsymbol{\phi}(\boldsymbol{z})+O(||\boldsymbol{z}||^{p+1})$$

の関係が成り立つ。

(証明)　省略。文献 3), 11) を参照。 □

したがって，写像 $\boldsymbol{\pi}(\boldsymbol{z})$ および関数 $\boldsymbol{c}(\boldsymbol{z})$ を $\boldsymbol{z}$ について低次から求めることによって構成することが可能となる。

【例題 6.1】(Aeyels)[1)]　つぎのシステムを考える。

$$\dot{y}=u \tag{6.26a}$$

$$\dot{z}=yz \tag{6.26b}$$

式 (6.26a) には任意のドリフト項 $f^s(y,z)$ があってもかまわないが，u によっ

てこれを打ち消すことができるので，簡単のため省略した。このシステムの線形化システムは $\dot{y}=u$，$\dot{z}=0$ であり，z に関する部分が不可制御なモードである。線形化システムに不可制御な虚軸上の固有値があるので，局所的にも線形化システムに対する線形状態フィードバックでは安定化できない。そこで，以下では Aeyels の手法によってシステム (6.26a), (6.26b) の漸近安定化を行う。このシステムは初めから線形化システムが可制御部分と不可制御部分に対角化されていることに注意しよう。

さて，状態 y を安定化するフィードバックは，簡単のため $u=-ky+\overline{u}\,(k\neq 0)$ とし，$y=\pi(z)$，$\overline{u}=c(z)$ に対する偏微分方程式 (6.22) を記述すると

$$\frac{\partial \pi(z)}{\partial z}\pi(z)z=-k\pi(z)+c(z) \tag{6.27}$$

となる。ここで $\pi(z)$, $c(z)$ のテーラー展開をそれぞれ

$$\pi(z)=a_0+a_1z+a_2z^2+\cdots,\quad c(z)=b_0+b_1z+b_2z^2+\cdots$$

とすると，境界条件 $\pi(0)=0$，$\partial\pi(0)/\partial z=0$ より $a_0=a_1=0$ であり，またそのとき，式 (6.27) の左辺には z の 3 次以下の項はないため，$b_0=b_1=0$，$ka_2=b_2$，$ka_3=b_3$ が成立しなければならない。

ここで，$ka_2=b_2=\alpha<0$，$ka_3=b_3=0$ とし，さらに $0=b_4=\cdots$ としよう。すると

$$\pi(z)=\frac{\alpha}{k}z^2+O(||z||^4),\quad c(z)=\alpha z^2+O(\|z\|^4)$$

となる。このとき，中心多様体上のダイナミクス (6.27) より

$$\dot{z}=\pi(z)z=\frac{\alpha}{k}z^3+O(||z||^5)$$

となり，$\alpha<0$ ならば $z=0$ は局所的に漸近安定である。したがって

$$u=-ky+c(z)=-ky+\alpha z^2,\quad k>0,\ \alpha<0$$

によってシステム (6.26a), (6.26b) は局所的に漸近安定化される。しかし，こ

のシステムは線形状態フィードバック $u = -ky + \beta z$ では β をどのように選んでも漸近安定化できないことが，中心多様体理論から確認できる（Aeyels[1]参照）。

中心多様体理論に基づいたその他の研究として，文献 2) がある。

6.2.2　ニューラルネットによる中心多様体写像と制御則の最良近似[14]

中心多様体上のダイナミクス (6.24) が平衡点 $\boldsymbol{z} = \boldsymbol{0}$ の近傍で安定となるためには，正定値のリアプノフ関数

$$V(\boldsymbol{z}) = \frac{1}{2}\boldsymbol{z}^T Q \boldsymbol{z} > 0, \quad \forall \boldsymbol{z} \neq \boldsymbol{0} \tag{6.28}$$

の時間微分が負定値，つまり

$$\frac{dV(\boldsymbol{z})}{dt} = \boldsymbol{z}^T Q \boldsymbol{f}^c(\boldsymbol{\pi}(\boldsymbol{z}), \boldsymbol{z}, \boldsymbol{c}(\boldsymbol{z})) < 0, \quad \forall \boldsymbol{z} \neq \boldsymbol{0} \tag{6.29}$$

となるようにすればよい。したがって，安定化制御器の設計問題は，境界条件 (6.25b), (6.25c) のもとで中心多様体の偏微分方程式 (6.25a) とリアプノフ条件 (6.29) を満たす $\boldsymbol{\pi}(\boldsymbol{z})$，$\boldsymbol{c}(\boldsymbol{z})$ と $V(\boldsymbol{z})$ を見つけることである。

しかし，以下ではシステム (6.20a), (6.20b) の漸近安定化を実現するために，つぎのようなリアプノフ関数を考える。

$$V(\boldsymbol{z}) = \frac{1}{2}\{\boldsymbol{z}^T Q_1 \boldsymbol{z} + \boldsymbol{c}(\boldsymbol{z})^T Q_2 \boldsymbol{c}(\boldsymbol{z})\} \tag{6.30}$$

ただし，行列 Q_1, Q_2 は正定行列とする。このとき，リアプノフ安定性条件

$$\begin{aligned}\frac{dV(\boldsymbol{z})}{dt} &= \boldsymbol{z}^T Q_1 \boldsymbol{f}^c(\boldsymbol{\pi}(\boldsymbol{z}), \boldsymbol{z}, \boldsymbol{c}(\boldsymbol{z})) \\ &\quad + \boldsymbol{c}(\boldsymbol{z})^T Q_2 \frac{\partial \boldsymbol{c}(\boldsymbol{z})}{\partial \boldsymbol{z}} \boldsymbol{f}^c(\boldsymbol{\pi}(\boldsymbol{z}), \boldsymbol{z}, \boldsymbol{c}(\boldsymbol{z})) < 0, \quad \forall \boldsymbol{z} \neq \boldsymbol{0}\end{aligned} \tag{6.31}$$

を満たす $\boldsymbol{\pi}(\boldsymbol{z}), \boldsymbol{c}(\boldsymbol{z})$ を見つければ，漸近安定性が保証される。

したがって，安定化制御器の設計問題は，式 (6.25), (6.31) を満たす $\boldsymbol{\pi}(\boldsymbol{z})$，$\boldsymbol{c}(\boldsymbol{z})$ を求める問題となる。しかし，かりにそのような $\boldsymbol{\pi}(\boldsymbol{z})$, $\boldsymbol{c}(\boldsymbol{z})$ が存在するとしても，それを解析的に求めることは非常に困難である。

そこで，2 組の 3 層ニューラルネット[16] を用いて $\boldsymbol{\pi}(\boldsymbol{z})$, $\boldsymbol{c}(\boldsymbol{z})$ を近似的に実現する問題を考える。

$$\boldsymbol{\zeta}_1 = W_1\boldsymbol{z} + \boldsymbol{\theta}_1 \tag{6.32}$$

$$\boldsymbol{\pi}_N = W_2\boldsymbol{\sigma}(\boldsymbol{\zeta}_1) + \boldsymbol{a}_1 + A_1\boldsymbol{z} \tag{6.33}$$

$$\boldsymbol{\zeta}_2 = W_3\boldsymbol{z} + \boldsymbol{\theta}_2 \tag{6.34}$$

$$\boldsymbol{c}_N = W_4\boldsymbol{\sigma}(\boldsymbol{\zeta}_2) + \boldsymbol{a}_2 + A_2\boldsymbol{z} \tag{6.35}$$

ここで $\boldsymbol{z} \in R^{n_c}$ はニューラルネットへの入力，$\boldsymbol{\zeta}_1 \in R^{q_1}$，$\boldsymbol{\zeta}_2 \in R^{q_2}$ は内部状態，$W_1 \in R^{q_1 \times n_c}$，$W_2 \in R^{n_s \times q_1}$，$W_3 \in R^{q_2 \times n_c}$，$W_4 \in R^{r \times q_2}$ は結合重み行列，$\boldsymbol{\theta}_1 \in R^{n_c}$，$\boldsymbol{\theta}_2 \in R^{n_c}$ はしきい値，$\boldsymbol{\pi}_N \in R^{n_s}$，$\boldsymbol{c}_N \in R^r$ はニューラルネットからの出力である。シグモイド関数 $\sigma_i(\zeta_i)$ には双曲関数 $\sigma_i(\zeta_i) = \tanh\zeta_i$ を用いる。

境界条件 $\boldsymbol{\pi}(\boldsymbol{0}) = \boldsymbol{0}$，$\boldsymbol{c}(\boldsymbol{0}) = \boldsymbol{0}$ は

$$\boldsymbol{a}_1 = -W_2\boldsymbol{\sigma}(\boldsymbol{\theta}_1), \quad \boldsymbol{a}_2 = -W_4\boldsymbol{\sigma}(\boldsymbol{\theta}_2) \tag{6.36}$$

とおくことにより，容易に満たされる。さらに，境界条件 $\partial\boldsymbol{\pi}(\boldsymbol{0})/\partial\boldsymbol{z} = O$，$\partial\boldsymbol{c}(\boldsymbol{0})/\partial\boldsymbol{z} = O$ を満たすには

$$\frac{\partial\boldsymbol{\pi}_N(\boldsymbol{0})}{\partial\boldsymbol{z}} = W_2\nabla\boldsymbol{\sigma}(\boldsymbol{\theta}_1)W_1 + A_1 = O$$
$$\frac{\partial\boldsymbol{c}_N(\boldsymbol{0})}{\partial\boldsymbol{z}} = W_4\nabla\boldsymbol{\sigma}(\boldsymbol{\theta}_2)W_3 + A_2 = O$$

が成り立たなければならないので

$$A_1 = -W_2\nabla\boldsymbol{\sigma}(\boldsymbol{\theta}_1)W_1, \quad A_2 = -W_4\nabla\boldsymbol{\sigma}(\boldsymbol{\theta}_2)W_3 \tag{6.37}$$

とおくことにより容易に満たされる。

中心多様体方程式 (6.25a) の誤差を

$$\boldsymbol{e}(\boldsymbol{z}) \triangleq \frac{\partial\boldsymbol{\pi}_N}{\partial\boldsymbol{z}}\boldsymbol{f}^c(\boldsymbol{\pi}_N, \boldsymbol{z}, \boldsymbol{c}_N) - \boldsymbol{f}^s(\boldsymbol{\pi}_N, \boldsymbol{z}, \boldsymbol{c}_N) \tag{6.38}$$

とおく。一方，リアプノフ条件 (6.31) はニューラルネットの学習問題に付随する不等式制約として扱う。上記の誤差 $\boldsymbol{e}(\boldsymbol{z})$ を用いて学習のための評価関数をつぎのように定める。

$$E[W_1\sim W_4,\boldsymbol{\theta}_1,\boldsymbol{\theta}_2] \triangleq \sum_{p=1}^{P}\left\{\|e(\boldsymbol{z}^p)\|^2 + q\exp\left(\frac{dV(\boldsymbol{z}^p)}{dt}\right)\right\}$$

ただし，$\boldsymbol{z}^p$ は不可制御状態の集合 Ω_0 を離散化して得られる集合

$$\Delta \triangleq \sum_{p=1}^{P}\{\boldsymbol{z}^p|\boldsymbol{z}^p\in\Omega_0,\ p=1,\cdots,P\}$$

の要素である。ここで，評価関数 E の第 1 項は中心多様体写像 $\boldsymbol{\pi}(\boldsymbol{z})$ の近似誤差であり，第 2 項は制御成績（減衰性）を評価するための項である。また，$q>0$ は重み係数である。

このとき，ニューラルネットの学習問題はつぎのように定式化される。

$$\min_{W_1\sim W_4,\boldsymbol{\theta}_1,\boldsymbol{\theta}_2} E[W_1\sim W_4,\boldsymbol{\theta}_1,\boldsymbol{\theta}_2] = \sum_{p=1}^{P}\left\{\|e(\boldsymbol{z}^p)\|^2 + q\exp\left(\frac{dV(\boldsymbol{z}^p)}{dt}\right)\right\} \tag{6.39a}$$

subject to

$$\boldsymbol{\zeta}_1^p = W_1\boldsymbol{z}^p + \boldsymbol{\theta}_1 \tag{6.39b}$$

$$\boldsymbol{\pi}_N^p = W_2\boldsymbol{\sigma}(\boldsymbol{\zeta}_1^p) - W_2\boldsymbol{\sigma}(\boldsymbol{\theta}_1) - W_2\nabla\boldsymbol{\sigma}(\boldsymbol{\theta}_1)W_1\boldsymbol{z}^p \tag{6.39c}$$

$$\boldsymbol{\zeta}_2^p = W_3\boldsymbol{z}^p + \boldsymbol{\theta}_2 \tag{6.39d}$$

$$\boldsymbol{c}_N^p = W_4\boldsymbol{\sigma}(\boldsymbol{\zeta}_2^p) - W_4\boldsymbol{\sigma}(\boldsymbol{\theta}_2) - W_4\nabla\boldsymbol{\sigma}(\boldsymbol{\theta}_2)W_3\boldsymbol{z}^p \tag{6.39e}$$

$$\boldsymbol{e}(\boldsymbol{z}^p) = \frac{\partial\boldsymbol{\pi}_N^p}{\partial\boldsymbol{z}}\boldsymbol{f}^c(\boldsymbol{\pi}_N^p,\boldsymbol{z}^p,\boldsymbol{c}_N^p) - \boldsymbol{f}^s(\boldsymbol{\pi}_N^p,\boldsymbol{z}^p,\boldsymbol{c}_N^p) \tag{6.39f}$$

$$\frac{dV(\boldsymbol{z}^p)}{dt} = \boldsymbol{z}^{pT}Q_1\boldsymbol{f}^c(\boldsymbol{\pi}_N^p,\boldsymbol{z}^p,\boldsymbol{c}_N^p) + \boldsymbol{c}_N^{pT}Q_2\frac{\partial\boldsymbol{c}_N^p}{\partial\boldsymbol{z}}\boldsymbol{f}^c(\boldsymbol{\pi}_N^p,\boldsymbol{z}^p,\boldsymbol{c}_N^p) \leqq 0 \tag{6.39g}$$

$$p=1,2,\cdots,P$$

ところで，式 (6.39a) では評価関数の第 2 項で $\exp(dV(\boldsymbol{z})/dt)$ を与えたが，これは数値的なオーダーに対する配慮である。評価関数を $dV(\boldsymbol{z})/dt$ とした場

合，負の値として大きく減りすぎてしまうため，後述する不等式制約条件に対する外点ペナルティが課されにくくなる。これを避けるため，式 (6.39a) では指数関数を用いることで，一種のスケーリングを行っている。

非線形計画法による計算法　問題 (6.39) を，最急降下法を応用して解く。しかし，問題 (6.39) は不等式制約付問題となっているので，不等式制約条件 (6.39g) に対して外点ペナルティ法[15] を応用し，以下のように変換する。

$$\min_{W_1\sim W_4,\boldsymbol{\theta}_1,\boldsymbol{\theta}_2} \overline{E}[W_1\sim W_4,\boldsymbol{\theta}_1,\boldsymbol{\theta}_2] = \sum_{p=1}^{P}\left\{\|\boldsymbol{e}(\boldsymbol{z}^p)\|^2 + q\exp\left(\frac{dV(\boldsymbol{z}^p)}{dt}\right)\right\} + r\sum_{p=1}^{P}\left|\max\left\{0,\frac{dV(\boldsymbol{z}^p)}{dt}\right\}\right|^2 \tag{6.40a}$$

subject to

$$\boldsymbol{\zeta}_1^p = W_1\boldsymbol{z}^p + \boldsymbol{\theta}_1 \tag{6.40b}$$

$$\boldsymbol{\pi}_N^p = W_2\boldsymbol{\sigma}(\boldsymbol{\zeta}_1^p) - W_2\boldsymbol{\sigma}(\boldsymbol{\theta}_1) - W_2\nabla\boldsymbol{\sigma}(\boldsymbol{\theta}_1)W_1\boldsymbol{z}^p \tag{6.40c}$$

$$\boldsymbol{\zeta}_2^p = W_3\boldsymbol{z}^p + \boldsymbol{\theta}_2 \tag{6.40d}$$

$$\boldsymbol{c}_N^p = W_4\boldsymbol{\sigma}(\boldsymbol{\zeta}_2^p) - W_4\boldsymbol{\sigma}(\boldsymbol{\theta}_2) - W_4\nabla\boldsymbol{\sigma}(\boldsymbol{\theta}_2)W_3\boldsymbol{z}^p \tag{6.40e}$$

$$\boldsymbol{e}(\boldsymbol{z}^p) = \frac{\partial\boldsymbol{\pi}_N^p}{\partial\boldsymbol{z}}\boldsymbol{f}^c(\boldsymbol{\pi}_N^p,\boldsymbol{z}^p,\boldsymbol{c}_N^p) - \boldsymbol{f}^s(\boldsymbol{\pi}_N^p,\boldsymbol{z}^p,\boldsymbol{c}_N^p) \tag{6.40f}$$

$$p = 1, 2, \cdots, P$$

ここで　$$\frac{dV(\boldsymbol{z}^p)}{dt} = \boldsymbol{z}^{pT}Q_1\boldsymbol{f}^c(\boldsymbol{\pi}_N^p,\boldsymbol{z}^p,\boldsymbol{c}_N^p) + \boldsymbol{c}_N^{pT}Q_2\frac{\partial\boldsymbol{c}_N^p}{\partial\boldsymbol{z}}\boldsymbol{f}^c(\boldsymbol{\pi}_N^p,\boldsymbol{z}^p,\boldsymbol{c}_N^p)$$

ただし，$\overline{E}[W_1\sim W_4,\boldsymbol{\theta}_1,\boldsymbol{\theta}_2]$ は外点ペナルティ法の拡大目的関数であり，$r>0$ はペナルティ係数である。外点ペナルティ法によれば，$r\to\infty$ のとき問題 (6.40) の解は元の問題 (6.39) の解に収束する。式 (6.40a) の第 2 項 $\sum \frac{dV(\boldsymbol{z}^p)}{dt}$ は平均的に収束性を改善するための評価関数と考えており，他方，第 3 項 $r\sum\left|\max\left\{0,\frac{dV(\boldsymbol{z}^p)}{dt}\right\}\right|$ はリアプノフ安定定理を満足し，漸近安定性を保証するために加えられたペナルティ項と考えられる。

最急降下法を応用してこの最適化問題を解くために，結合重み行列 W_i，しきい値 $\boldsymbol{\theta}_i$ に関する勾配 $\nabla_{W_i}\overline{E}$ $(i=1\sim4)$，$\nabla_{\boldsymbol{\theta}_i}\overline{E}$ $(i=1,2)$ を求めなければならない。ここではラグランジュ未定乗数法を応用して計算を行う。

まず，つぎのような変数 Π_1, Π_2 を定義する。

$$\Pi_1 \triangleq \frac{\partial \boldsymbol{\pi}_N}{\partial \boldsymbol{z}} \boldsymbol{f}^c(\boldsymbol{\pi}_N, \boldsymbol{z}, \boldsymbol{c}_N)$$
$$= (W_2 \nabla \boldsymbol{\sigma}(\boldsymbol{\zeta}_1) W_1 - W_2 \nabla \boldsymbol{\sigma}(\boldsymbol{\theta}_1) W_1) \boldsymbol{f}^c(\boldsymbol{\pi}_N, \boldsymbol{z}, \boldsymbol{c}_N) \tag{6.41a}$$
$$\Pi_2 \triangleq \frac{\partial \boldsymbol{c}_N}{\partial \boldsymbol{z}} \boldsymbol{f}^c(\boldsymbol{\pi}_N, \boldsymbol{z}, \boldsymbol{c}_N)$$
$$= (W_4 \nabla \boldsymbol{\sigma}(\boldsymbol{\zeta}_2) W_3 - W_4 \nabla \boldsymbol{\sigma}(\boldsymbol{\theta}_2) W_3) \boldsymbol{f}^c(\boldsymbol{\pi}_N, \boldsymbol{z}, \boldsymbol{c}_N) \tag{6.41b}$$

そして，ラグランジュ乗数ベクトル $\boldsymbol{\lambda} \in R^{q_1}$，$\boldsymbol{\beta} \in R^{n_s}$，$\boldsymbol{\gamma}_1 \in R^{n_s}$，$\boldsymbol{\gamma}_2 \in R^r$，$\boldsymbol{\delta} \in R^r$，$\boldsymbol{\eta} \in R^{q_2}$ を導入し，ラグランジュ関数

$$\begin{aligned}
&L(W_1 \sim W_4, \boldsymbol{\theta}_1, \boldsymbol{\theta}_2; \boldsymbol{\zeta}_1, \boldsymbol{\zeta}_2, \boldsymbol{\pi}_N, \boldsymbol{c}_N, \Pi_1, \Pi_2; \boldsymbol{\lambda}, \boldsymbol{\beta}, \boldsymbol{\eta}, \boldsymbol{\delta}, \boldsymbol{\gamma}_1, \boldsymbol{\gamma}_2; \boldsymbol{z}) \\
&= \boldsymbol{e}(\boldsymbol{z})^T \boldsymbol{e}(\boldsymbol{z}) + q \exp[\boldsymbol{z}^T Q_1 \boldsymbol{f}^c(\boldsymbol{\pi}_N, \boldsymbol{z}, \boldsymbol{c}_N) + \boldsymbol{c}_N^T Q_2 \Pi_2] \\
&\quad + \boldsymbol{\lambda}^T (W_1 \boldsymbol{z} + \boldsymbol{\theta}_1 - \boldsymbol{\zeta}_1) + \boldsymbol{\beta}^T (W_2 \boldsymbol{\sigma}(\boldsymbol{\zeta}_1) - W_2 \boldsymbol{\sigma}(\boldsymbol{\theta}_1) \\
&\quad - W_2 \nabla \boldsymbol{\sigma}(\boldsymbol{\theta}_1) W_1 \boldsymbol{z} - \boldsymbol{\pi}_N) + \boldsymbol{\eta}^T (W_3 \boldsymbol{z} + \boldsymbol{\theta}_2 - \boldsymbol{\zeta}_2) \\
&\quad + \boldsymbol{\delta}^T (W_4 \boldsymbol{\sigma}(\boldsymbol{\zeta}_2) - W_4 \boldsymbol{\sigma}(\boldsymbol{\theta}_2) - W_4 \nabla \boldsymbol{\sigma}(\boldsymbol{\theta}_2) W_3 \boldsymbol{z} - \boldsymbol{c}_N) \\
&\quad + \boldsymbol{\gamma}_1^T ((W_2 \nabla \boldsymbol{\sigma}(\boldsymbol{\zeta}_1) W_1 - W_2 \nabla \boldsymbol{\sigma}(\boldsymbol{\theta}_1) W_1) \boldsymbol{f}^c(\boldsymbol{\pi}_N, \boldsymbol{z}, \boldsymbol{c}_N) - \Pi_1) \\
&\quad + \boldsymbol{\gamma}_2^T ((W_4 \nabla \boldsymbol{\sigma}(\boldsymbol{\zeta}_2) W_3 - W_4 \nabla \boldsymbol{\sigma}(\boldsymbol{\theta}_2) W_3) \boldsymbol{f}^c(\boldsymbol{\pi}_N, \boldsymbol{z}, \boldsymbol{c}_N) - \Pi_2) \\
&\quad + r h(\boldsymbol{z})^2
\end{aligned} \tag{6.42}$$

を定義する。ただし

$$\boldsymbol{e}(\boldsymbol{z}) \triangleq \Pi_1 - \boldsymbol{f}^s(\boldsymbol{\pi}_N, \boldsymbol{z}, \boldsymbol{c}_N)$$
$$h(\boldsymbol{z}) \triangleq \max\{0, \boldsymbol{z}^T Q_1 \boldsymbol{f}^c(\boldsymbol{\pi}_N, \boldsymbol{z}, \boldsymbol{c}_N) + \boldsymbol{c}_N^T Q_2 \Pi_2\}$$

とする。

ラグランジュ関数 (6.42) の各変数に関する偏導関数を求めると，以下のようになる。

$$\begin{aligned}
\nabla_{W_1} L &= \boldsymbol{\lambda} \boldsymbol{z}^T - \nabla \boldsymbol{\sigma}(\boldsymbol{\theta}_1) W_2^T \boldsymbol{\beta} \boldsymbol{z}^T \\
&\quad + (\nabla \boldsymbol{\sigma}(\boldsymbol{\zeta}_1) - \nabla \boldsymbol{\sigma}(\boldsymbol{\theta}_1)) W_2^T \boldsymbol{\gamma}_1 \boldsymbol{f}^c(\boldsymbol{\pi}_N, \boldsymbol{z}, \boldsymbol{c}_N)^T
\end{aligned} \tag{6.43}$$

$$\begin{aligned}\nabla_{W_2} L &= \boldsymbol{\beta}\left((\boldsymbol{\sigma}(\boldsymbol{\zeta}_1) - \boldsymbol{\sigma}(\boldsymbol{\theta}_1))^T - \boldsymbol{z}^T W_1^T \nabla\boldsymbol{\sigma}(\boldsymbol{\theta}_1)\right) \\ &\quad + \boldsymbol{\gamma}_1 \boldsymbol{f}^c(\boldsymbol{\pi}_N, \boldsymbol{z}, \boldsymbol{c}_N)^T W_1^T (\nabla\boldsymbol{\sigma}(\boldsymbol{\zeta}_1) - \nabla\boldsymbol{\sigma}(\boldsymbol{\theta}_1)) \end{aligned} \tag{6.44}$$

$$\begin{aligned}\nabla_{W_3} L &= \boldsymbol{\eta}\boldsymbol{z}^T - \nabla\boldsymbol{\sigma}(\boldsymbol{\theta}_2) W_4^T \boldsymbol{\delta}\boldsymbol{z}^T \\ &\quad + (\nabla\boldsymbol{\sigma}(\boldsymbol{\zeta}_2) - \nabla\boldsymbol{\sigma}(\boldsymbol{\theta}_2)) W_4^T \boldsymbol{\gamma}_2 \boldsymbol{f}^c(\boldsymbol{\pi}_N, \boldsymbol{z}, \boldsymbol{c}_N)^T \end{aligned} \tag{6.45}$$

$$\begin{aligned}\nabla_{W_4} L &= \boldsymbol{\delta}((\boldsymbol{\sigma}(\boldsymbol{\zeta}_2) - \boldsymbol{\sigma}(\boldsymbol{\theta}_2))^T - \boldsymbol{z}^T W_3^T \nabla\boldsymbol{\sigma}(\boldsymbol{\theta}_2)) \\ &\quad + \boldsymbol{\gamma}_2 \boldsymbol{f}^c(\boldsymbol{\pi}_N, \boldsymbol{z}, \boldsymbol{c}_N)^T W_3^T (\nabla\boldsymbol{\sigma}(\boldsymbol{\zeta}_2) - \nabla\boldsymbol{\sigma}(\boldsymbol{\theta}_2)) \end{aligned} \tag{6.46}$$

$$\begin{aligned}\nabla_{\boldsymbol{\theta}_1} L &= \boldsymbol{\lambda} - \nabla\boldsymbol{\sigma}(\boldsymbol{\theta}_1) W_2^T \boldsymbol{\beta} - \nabla^2\boldsymbol{\sigma}(\boldsymbol{\theta}_1) \bullet (W_2^T \boldsymbol{\beta} \otimes \boldsymbol{z}^T W_1^T) \\ &\quad - \nabla^2\boldsymbol{\sigma}(\boldsymbol{\theta}_1) \bullet (W_2^T \boldsymbol{\gamma}_1 \otimes \boldsymbol{f}^c(\boldsymbol{\pi}_N, \boldsymbol{z}, \boldsymbol{c}_N)^T W_1^T) \end{aligned} \tag{6.47}$$

$$\begin{aligned}\nabla_{\boldsymbol{\theta}_2} L &= \boldsymbol{\eta} - \nabla\boldsymbol{\sigma}(\boldsymbol{\theta}_2) W_4^T \boldsymbol{\delta} - \nabla^2\boldsymbol{\sigma}(\boldsymbol{\theta}_2) \bullet (W_4^T \boldsymbol{\delta} \otimes \boldsymbol{z}^T W_3^T) \\ &\quad - \nabla^2\boldsymbol{\sigma}(\boldsymbol{\theta}_2) \bullet (W_4^T \boldsymbol{\gamma}_2 \otimes \boldsymbol{f}^c(\boldsymbol{\pi}_N, \boldsymbol{z}, \boldsymbol{c}_N)^T W_3^T) \end{aligned} \tag{6.48}$$

$$\nabla_{\Pi_1} L = 2\boldsymbol{e}(\boldsymbol{z}) - \boldsymbol{\gamma}_1 = \boldsymbol{0} \tag{6.49}$$

$$\begin{aligned}\nabla_{\Pi_2} L &= \exp[\boldsymbol{z}^T Q_1 \boldsymbol{f}^c(\boldsymbol{\pi}_N, \boldsymbol{z}, \boldsymbol{c}_N) + \boldsymbol{c}_N^T Q_2 \Pi_2] Q_2^T \boldsymbol{c}_N \\ &\quad - \boldsymbol{\gamma}_2 + 2rh(\boldsymbol{z}) Q_2^T \boldsymbol{c}_N = \boldsymbol{0} \end{aligned} \tag{6.50}$$

$$\begin{aligned}\nabla_{\boldsymbol{\pi}_N} L &= -2\boldsymbol{e}(\boldsymbol{z}) \nabla_{\boldsymbol{\pi}_N} \boldsymbol{f}^s(\boldsymbol{\pi}_N, \boldsymbol{z}, \boldsymbol{c}_N) + q\exp[\boldsymbol{z}^T Q_1 \boldsymbol{f}^c(\boldsymbol{\pi}_N, \boldsymbol{z}, \boldsymbol{c}_N) \\ &\quad + \boldsymbol{c}_N^T Q_2 \Pi_2] \nabla_{\boldsymbol{\pi}_N} \boldsymbol{f}^c(\boldsymbol{\pi}_N, \boldsymbol{z}, \boldsymbol{c}_N) Q_1 \boldsymbol{z} - \boldsymbol{\beta} \\ &\quad + \nabla_{\boldsymbol{\pi}_N} \boldsymbol{f}^c(\boldsymbol{\pi}_N, \boldsymbol{z}, \boldsymbol{c}_N)\ (W_1^T \nabla\boldsymbol{\sigma}(\boldsymbol{\zeta}_1) W_2^T - W_1^T \nabla\boldsymbol{\sigma}(\boldsymbol{\theta}_1) W_2^T) \boldsymbol{\gamma}_1 \\ &\quad + \nabla_{\boldsymbol{\pi}_N} \boldsymbol{f}^c(\boldsymbol{\pi}_N, \boldsymbol{z}, \boldsymbol{c}_N)\ (W_3^T \nabla\boldsymbol{\sigma}(\boldsymbol{\zeta}_2) W_4^T - W_3^T \nabla\boldsymbol{\sigma}(\boldsymbol{\theta}_2) W_4^T) \boldsymbol{\gamma}_2 \\ &\quad + 2rh(\boldsymbol{z}) \nabla_{\boldsymbol{\pi}_N} \boldsymbol{f}^c(\boldsymbol{\pi}_N, \boldsymbol{z}, \boldsymbol{c}_N) Q_1 \boldsymbol{z} = \boldsymbol{0} \end{aligned} \tag{6.51}$$

$$\begin{aligned}\nabla_{\boldsymbol{c}_N} L &= -2\boldsymbol{e}(\boldsymbol{z}) \nabla_{\boldsymbol{c}_N} \boldsymbol{f}^s(\boldsymbol{\pi}_N, \boldsymbol{z}, \boldsymbol{c}_N) + q\exp[\boldsymbol{z}^T Q_1 \boldsymbol{f}^c(\boldsymbol{\pi}_N, \boldsymbol{z}, \boldsymbol{c}_N) \\ &\quad + \boldsymbol{c}_N^T Q_2 \Pi_2] \nabla_{\boldsymbol{c}_N} \boldsymbol{f}^c(\boldsymbol{\pi}_N, \boldsymbol{z}, \boldsymbol{c}_N) Q_1 \boldsymbol{z} \\ &\quad + q\exp[\boldsymbol{z}^T Q_1 \boldsymbol{f}^c(\boldsymbol{\pi}_N, \boldsymbol{z}, \boldsymbol{c}_N) + \boldsymbol{c}_N^T Q_2 \Pi_2] Q_2 \Pi_2 - \boldsymbol{\delta} \\ &\quad + \nabla_{\boldsymbol{c}_N} \boldsymbol{f}^c(\boldsymbol{\pi}_N, \boldsymbol{z}, \boldsymbol{c}_N)\ (W_1^T \nabla\boldsymbol{\sigma}(\boldsymbol{\zeta}_1) W_2^T - W_1^T \nabla\boldsymbol{\sigma}(\boldsymbol{\theta}_1) W_2^T) \boldsymbol{\gamma}_1 \\ &\quad + \nabla_{\boldsymbol{c}_N} \boldsymbol{f}^c(\boldsymbol{\pi}_N, \boldsymbol{z}, \boldsymbol{c}_N)\ (W_3^T \nabla\boldsymbol{\sigma}(\boldsymbol{\zeta}_2) W_4^T - W_3^T \nabla\boldsymbol{\sigma}(\boldsymbol{\theta}_2) W_4^T) \boldsymbol{\gamma}_2 \\ &\quad + 2rh(\boldsymbol{z})(\nabla_{\boldsymbol{c}_N} \boldsymbol{f}^c(\boldsymbol{\pi}_N, \boldsymbol{z}, \boldsymbol{c}_N) Q_1 \boldsymbol{z} + Q_2 \Pi_2) = \boldsymbol{0} \end{aligned} \tag{6.52}$$

$$\nabla_{\boldsymbol{\zeta}_1} L = -\boldsymbol{\lambda} + \nabla\boldsymbol{\sigma}(\boldsymbol{\zeta}_1)W_2^T\boldsymbol{\beta} + \nabla^2\boldsymbol{\sigma}(\boldsymbol{\zeta}_1)\bullet(W_2^T\boldsymbol{\gamma}_1\otimes\boldsymbol{f}^c(\boldsymbol{\pi}_N,\boldsymbol{z},\boldsymbol{c}_N)^T W_1^T) = \boldsymbol{0} \tag{6.53}$$

$$\nabla_{\boldsymbol{\zeta}_2} L = -\boldsymbol{\eta} + \nabla\boldsymbol{\sigma}(\boldsymbol{\zeta}_2)W_4^T\boldsymbol{\delta} + \nabla^2\boldsymbol{\sigma}(\boldsymbol{\zeta}_2)\bullet(W_4^T\boldsymbol{\gamma}_2\otimes\boldsymbol{f}^c(\boldsymbol{\pi}_N,\boldsymbol{z},\boldsymbol{c}_N)^T W_3^T) = \boldsymbol{0} \tag{6.54}$$

$$\nabla_{\boldsymbol{\lambda}} L = W_1\boldsymbol{z} + \boldsymbol{\theta}_1 - \boldsymbol{\zeta}_1 = \boldsymbol{0} \tag{6.55}$$

$$\nabla_{\boldsymbol{\beta}} L = W_2\boldsymbol{\sigma}(\boldsymbol{\zeta}_1) - W_2\boldsymbol{\sigma}(\boldsymbol{\theta}_1) - W_2\nabla\boldsymbol{\sigma}(\boldsymbol{\theta}_1)W_1\boldsymbol{z} - \boldsymbol{\pi}_N = \boldsymbol{0} \tag{6.56}$$

$$\nabla_{\boldsymbol{\eta}} L = W_3\boldsymbol{z} + \boldsymbol{\theta}_2 - \boldsymbol{\zeta}_2 = \boldsymbol{0} \tag{6.57}$$

$$\nabla_{\boldsymbol{\delta}} L = W_4\boldsymbol{\sigma}(\boldsymbol{\zeta}_2) - W_4\boldsymbol{\sigma}(\boldsymbol{\theta}_2) - W_4\nabla\boldsymbol{\sigma}(\boldsymbol{\theta}_2)W_3\boldsymbol{z} - \boldsymbol{c}_N = \boldsymbol{0} \tag{6.58}$$

$$\nabla_{\boldsymbol{\gamma}_1} L = (W_2\nabla\boldsymbol{\sigma}(\boldsymbol{\zeta}_1)W_1 - W_2\nabla\boldsymbol{\sigma}(\boldsymbol{\theta}_1)W_1)\boldsymbol{f}^c(\boldsymbol{\pi}_N,\boldsymbol{z},\boldsymbol{c}_N) - \Pi_1 = \boldsymbol{0} \tag{6.59}$$

$$\nabla_{\boldsymbol{\gamma}_2} L = (W_4\nabla\boldsymbol{\sigma}(\boldsymbol{\zeta}_2)W_3 - W_4\nabla\boldsymbol{\sigma}(\boldsymbol{\theta}_2)W_3)\boldsymbol{f}^c(\boldsymbol{\pi}_N,\boldsymbol{z},\boldsymbol{c}_N) - \Pi_2 = \boldsymbol{0} \tag{6.60}$$

ただし，$\boldsymbol{x}\otimes\boldsymbol{y}$ はアレイ $\boldsymbol{x}\in X$ と $\boldsymbol{y}\in Y$ のテンソル積，$\boldsymbol{x}\bullet\boldsymbol{y}$ は内積を表し，$\nabla^2\boldsymbol{\sigma}(\boldsymbol{z})\in R^{n_c\times n_c\times n_c}$ は2階導関数アレイである。また，偏導関数の計算には脚注†に示す，偏微分に関する公式 (i), (ii) を用いた。

ところで，式 (6.47), (6.48), (6.53) にはベクトル-マトリクス表現のほかにアレイ表現が用いられている。例えば，式 (6.53) のアレイ表現の部分，つまり

$$\nabla^2\boldsymbol{\sigma}(\boldsymbol{\zeta}_1)\bullet(W_2^T\boldsymbol{\gamma}_1\otimes\boldsymbol{f}^c(\boldsymbol{\pi}_N,\boldsymbol{z},\boldsymbol{c}_N)^T W_1^T)$$

は，つぎのような行列

$$Z = \mathrm{diag}[\sigma_1''(\zeta_{1_1})k_1,\cdots,\sigma_q''(\zeta_{1_q})k_q],\quad ここで\quad \boldsymbol{k} = W_1\boldsymbol{f}^c(\boldsymbol{\pi}_N,\boldsymbol{z},\boldsymbol{c}_N)$$

を定義すると，つぎのベクトル-マトリクス表現に書き換えることもできる。

---

† (i) $f(\boldsymbol{x}) = \boldsymbol{a}^T\bullet\boldsymbol{x}$，$\boldsymbol{a}^T\in Z\otimes X^*$（＊は共役空間を表す）のとき，$\nabla f(\boldsymbol{x}) = a\in X\otimes Z^*$ である。

(ii) $f(D) = \boldsymbol{x}\bullet D\bullet\boldsymbol{y}$，$\boldsymbol{x}\in X$，$\boldsymbol{y}\in Y$，$D\in X\otimes Y^*$ のとき，$\nabla f(D) = \boldsymbol{x}\otimes\boldsymbol{y}^T\in X\otimes Y^*$ である。証明は文献 17) を参照。

$$\nabla^2\boldsymbol{\sigma}(\boldsymbol{\zeta}_1)\bullet(W_2^T\boldsymbol{\gamma}_1\otimes\boldsymbol{f}^c(\boldsymbol{\pi}_N,\boldsymbol{z},\boldsymbol{c}_N)^TW_1^T)=ZW_2^T\boldsymbol{\gamma}_1$$

式 (6.47), (6.48) も同様に書き換えることができる。

さて，式 (6.49)〜(6.54) より変数 $\boldsymbol{\gamma}_1$, $\boldsymbol{\gamma}_2$, $\boldsymbol{\beta}$, $\boldsymbol{\delta}$, $\boldsymbol{\lambda}$, $\boldsymbol{\eta}$ がつぎのように与えられる。

$$\boldsymbol{\gamma}_1=2\boldsymbol{e}(\boldsymbol{z}) \tag{6.61}$$

$$\boldsymbol{\gamma}_2=q\exp[\boldsymbol{z}^TQ_1\boldsymbol{f}^c(\boldsymbol{\pi}_N,\boldsymbol{z},\boldsymbol{c}_N)+\boldsymbol{c}_N^TQ_2\Pi_2]Q_2^T\boldsymbol{c}_N+2rh(\boldsymbol{z})Q_2^T\boldsymbol{c}_N \tag{6.62}$$

$$\begin{aligned}\boldsymbol{\beta}\ =\ &-2\boldsymbol{e}(\boldsymbol{z})\nabla_{\boldsymbol{\pi}_N}\boldsymbol{f}^s(\boldsymbol{\pi}_N,\boldsymbol{z},\boldsymbol{c}_N)+q\exp[\boldsymbol{z}^TQ_1\boldsymbol{f}^c(\boldsymbol{\pi}_N,\boldsymbol{z},\boldsymbol{c}_N)\\&+\boldsymbol{c}_N^TQ_2\Pi_2]\nabla_{\boldsymbol{\pi}_N}\boldsymbol{f}^c(\boldsymbol{\pi}_N,\boldsymbol{z},\boldsymbol{c}_N)Q_1\boldsymbol{z}\\&+\nabla_{\boldsymbol{\pi}_N}\boldsymbol{f}^c(\boldsymbol{\pi}_N,\boldsymbol{z},\boldsymbol{c}_N)\ (W_1^T\nabla\boldsymbol{\sigma}(\boldsymbol{\zeta}_1)W_2^T-W_1^T\nabla\boldsymbol{\sigma}(\boldsymbol{\theta}_1)W_2^T)\boldsymbol{\gamma}_1\\&+\nabla_{\boldsymbol{\pi}_N}\boldsymbol{f}^c(\boldsymbol{\pi}_N,\boldsymbol{z},\boldsymbol{c}_N)\ (W_3^T\nabla\boldsymbol{\sigma}(\boldsymbol{\zeta}_2)W_4^T-W_3^T\nabla\boldsymbol{\sigma}(\boldsymbol{\theta}_2)W_4^T)\boldsymbol{\gamma}_2\\&+2rh(\boldsymbol{z})(\nabla_{\boldsymbol{\pi}_N}\boldsymbol{f}^c(\boldsymbol{\pi}_N,\boldsymbol{z},\boldsymbol{c}_N)Q_1\boldsymbol{z})\end{aligned} \tag{6.63}$$

$$\begin{aligned}\boldsymbol{\delta}\ =\ &-2\boldsymbol{e}(\boldsymbol{z})\nabla_{\boldsymbol{c}_N}\boldsymbol{f}^s(\boldsymbol{\pi}_N,\boldsymbol{z},\boldsymbol{c}_N)\\&+q\exp[\boldsymbol{z}^TQ_1\boldsymbol{f}^c(\boldsymbol{\pi}_N,\boldsymbol{z},\boldsymbol{c}_N)+\boldsymbol{c}_N^TQ_2\Pi_2]\\&\times\nabla_{\boldsymbol{c}_N}\boldsymbol{f}^c(\boldsymbol{\pi}_N,\boldsymbol{z},\boldsymbol{c}_N)Q_1\boldsymbol{z}\\&+q\exp[\boldsymbol{z}^TQ_1\boldsymbol{f}^c(\boldsymbol{\pi}_N,\boldsymbol{z},\boldsymbol{c}_N)+\boldsymbol{c}_N^TQ_2\Pi_2]Q_2\Pi_2\\&+\nabla_{\boldsymbol{c}_N}\boldsymbol{f}^c(\boldsymbol{\pi}_N,\boldsymbol{z},\boldsymbol{c}_N)\ (W_1^T\nabla\boldsymbol{\sigma}(\boldsymbol{\zeta}_1)W_2^T-W_1^T\nabla\boldsymbol{\sigma}(\boldsymbol{\theta}_1)W_2^T)\boldsymbol{\gamma}_1\\&+\nabla_{\boldsymbol{c}_N}\boldsymbol{f}^c(\boldsymbol{\pi}_N,\boldsymbol{z},\boldsymbol{c}_N)\ (W_3^T\nabla\boldsymbol{\sigma}(\boldsymbol{\zeta}_2)W_4^T-W_3^T\nabla\boldsymbol{\sigma}(\boldsymbol{\theta}_2)W_4^T)\boldsymbol{\gamma}_2\\&+2rh(\boldsymbol{z})(\nabla_{\boldsymbol{c}_N}\boldsymbol{f}^c(\boldsymbol{\pi}_N,\boldsymbol{z},\boldsymbol{c}_N)Q_1\boldsymbol{z}+Q_2\Pi_2)\end{aligned} \tag{6.64}$$

$$\boldsymbol{\lambda}\ =\nabla\boldsymbol{\sigma}(\boldsymbol{\zeta}_1)W_2^T\boldsymbol{\beta}+\nabla^2\boldsymbol{\sigma}(\boldsymbol{\zeta}_1)\bullet(W_2^T\boldsymbol{\gamma}_1\otimes\boldsymbol{f}^c(\boldsymbol{\pi}_N,\boldsymbol{z},\boldsymbol{c}_N)^TW_1^T) \tag{6.65}$$

$$\boldsymbol{\eta}\ =\nabla\boldsymbol{\sigma}(\boldsymbol{\zeta}_2)W_4^T\boldsymbol{\delta}+\nabla^2\boldsymbol{\sigma}(\boldsymbol{\zeta}_2)\bullet(W_4^T\boldsymbol{\gamma}_2\otimes\boldsymbol{f}^c(\boldsymbol{\pi}_N,\boldsymbol{z},\boldsymbol{c}_N)^TW_3^T) \tag{6.66}$$

この $\boldsymbol{\gamma}_1$, $\boldsymbol{\gamma}_2$, $\boldsymbol{\beta}$, $\boldsymbol{\delta}$, $\boldsymbol{\lambda}$, $\boldsymbol{\eta}$ を式 (6.43)〜(6.48) に代入すれば，$\nabla_{W_1}L$, $\nabla_{W_2}L$,

$\nabla_{\boldsymbol{\theta}} L$ が得られ，そのときつぎの関係が成り立つ。

$$\nabla_{W_i}\overline{E} = \nabla_{W_i} L, \quad i = 1, \cdots, 4 \tag{6.67}$$

$$\nabla_{\boldsymbol{\theta}_i}\overline{E} = \nabla_{\boldsymbol{\theta}_i} L, \quad i = 1, 2 \tag{6.68}$$

けっきょく，評価関数 $\overline{E}[W_1 \sim W_4, \boldsymbol{\theta}_1, \boldsymbol{\theta}_2]$ の結合重み行列，しきい値に関する勾配は，以下のように求められる。

$$\begin{aligned}\nabla_{W_1}\overline{E} = \sum_{p=1}^{P} & \boldsymbol{\lambda}^p \boldsymbol{z}^{pT} - \nabla\boldsymbol{\sigma}(\boldsymbol{\theta}_1) W_2^T \boldsymbol{\beta}^p \boldsymbol{z}^{pT} \\ & + (\nabla\boldsymbol{\sigma}(\boldsymbol{\zeta}_1^p) - \nabla\boldsymbol{\sigma}(\boldsymbol{\theta}_1)) W_2^T \boldsymbol{\gamma}_1^p \boldsymbol{f}^c(\boldsymbol{\pi}_N^p, \boldsymbol{z}^p, \boldsymbol{c}_N^p)^T\end{aligned} \tag{6.69}$$

$$\begin{aligned}\nabla_{W_2}\overline{E} = \sum_{p=1}^{P} & \boldsymbol{\beta}^p \left((\boldsymbol{\sigma}(\boldsymbol{\zeta}_1^p) - \boldsymbol{\sigma}(\boldsymbol{\theta}_1))^T - \boldsymbol{z}^{pT} W_1^T \nabla\boldsymbol{\sigma}(\boldsymbol{\theta}_1) \right) \\ & + \boldsymbol{\gamma}_1^p \boldsymbol{f}^c(\boldsymbol{\pi}_N^p, \boldsymbol{z}^p, \boldsymbol{c}_N^p)^T W_1^T (\nabla\boldsymbol{\sigma}(\boldsymbol{\zeta}_1^p) - \nabla\boldsymbol{\sigma}(\boldsymbol{\theta}_1))\end{aligned} \tag{6.70}$$

$$\begin{aligned}\nabla_{W_3}\overline{E} = \sum_{p=1}^{P} & \boldsymbol{\eta}^p \boldsymbol{z}^{pT} - \nabla\boldsymbol{\sigma}(\boldsymbol{\theta}_2) W_4^T \boldsymbol{\delta}^p \boldsymbol{z}^{pT} \\ & + (\nabla\boldsymbol{\sigma}(\boldsymbol{\zeta}_2^p) - \nabla\boldsymbol{\sigma}(\boldsymbol{\theta}_2)) W_4^T \boldsymbol{\gamma}_2^p \boldsymbol{f}^c(\boldsymbol{\pi}_N^p, \boldsymbol{z}^p, \boldsymbol{c}_N^p)^T\end{aligned} \tag{6.71}$$

$$\begin{aligned}\nabla_{W_4}\overline{E} = \sum_{p=1}^{P} & \boldsymbol{\delta}^p ((\boldsymbol{\sigma}(\boldsymbol{\zeta}_2^p) - \boldsymbol{\sigma}(\boldsymbol{\theta}_2))^T - \boldsymbol{z}^{pT} W_3^T \nabla\boldsymbol{\sigma}(\boldsymbol{\theta}_2)) \\ & + \boldsymbol{\gamma}_2^p \boldsymbol{f}^c(\boldsymbol{\pi}_N^p, \boldsymbol{z}^p, \boldsymbol{c}_N^p)^T W_3^T (\nabla\boldsymbol{\sigma}(\boldsymbol{\zeta}_2^p) - \nabla\boldsymbol{\sigma}(\boldsymbol{\theta}_2))\end{aligned} \tag{6.72}$$

$$\begin{aligned}\nabla_{\boldsymbol{\theta}_1}\overline{E} = \sum_{p=1}^{P} & \boldsymbol{\lambda}^p - \nabla\boldsymbol{\sigma}(\boldsymbol{\theta}_1) W_2^T \boldsymbol{\beta}^p - \nabla^2\boldsymbol{\sigma}(\boldsymbol{\theta}_1) \bullet (W_2^T \boldsymbol{\beta}^p \otimes \boldsymbol{z}^{pT} W_1^T) \\ & - \nabla^2\boldsymbol{\sigma}(\boldsymbol{\theta}_1) \bullet (W_2^T \boldsymbol{\gamma}_1^p \otimes \boldsymbol{f}^c(\boldsymbol{\pi}_N^p, \boldsymbol{z}^p, \boldsymbol{c}_N^p)^T W_1^T)\end{aligned} \tag{6.73}$$

$$\begin{aligned}\nabla_{\boldsymbol{\theta}_2}\overline{E} = \sum_{p=1}^{P} & \boldsymbol{\eta}^p - \nabla\boldsymbol{\sigma}(\boldsymbol{\theta}_2) W_4^T \boldsymbol{\delta}^p - \nabla^2\boldsymbol{\sigma}(\boldsymbol{\theta}_2) \bullet (W_4^T \boldsymbol{\delta}^p \otimes \boldsymbol{z}^{pT} W_3^T) \\ & - \nabla^2\boldsymbol{\sigma}(\boldsymbol{\theta}_2) \bullet (W_4^T \boldsymbol{\gamma}_2^p \otimes \boldsymbol{f}^c(\boldsymbol{\pi}_N^p, \boldsymbol{z}^p, \boldsymbol{c}_N^p)^T W_3^T)\end{aligned} \tag{6.74}$$

ただし，$\boldsymbol{\gamma}_1^p$, $\boldsymbol{\gamma}_2^p$, $\boldsymbol{\beta}^p$, $\boldsymbol{\delta}^p$, $\boldsymbol{\lambda}^p$, $\boldsymbol{\eta}^p$ は $\boldsymbol{z}^p$ に対応して式 (6.61)〜(6.66) で与えられる。

以上より，評価関数 $\overline{E}$ の結合重み行列としきい値に関する勾配が求められた。この勾配を用いて，最急降下法

$$W_i^{k+1} = W_i^k - \alpha \nabla_{W_i} \overline{E}[W_1 \sim W_4, \boldsymbol{\theta}_1, \boldsymbol{\theta}_2], \quad i = 1, \cdots, 4, \ \alpha > 0 \tag{6.75}$$

$$\boldsymbol{\theta}_j^{k+1} = \boldsymbol{\theta}_j^k - \alpha \nabla_{\boldsymbol{\theta}_j} \overline{E}[W_1 \sim W_4, \boldsymbol{\theta}_1, \boldsymbol{\theta}_2], \quad j = 1, 2, \ \alpha > 0 \tag{6.76}$$

を実行すると，最適な重み行列 $W_1^o \sim W_4^o$ としきい値 $\boldsymbol{\theta}_1^o, \boldsymbol{\theta}_2^o$ が求まる。そしてこのとき，$\boldsymbol{\pi}(\boldsymbol{z}), \boldsymbol{c}(\boldsymbol{z})$ の近似解が以下のように得られる。

$$\boldsymbol{\pi}_N(\boldsymbol{z}) = W_2^o \boldsymbol{\sigma}(W_1^o \boldsymbol{z} + \boldsymbol{\theta}_1^o) - W_2^o \boldsymbol{\sigma}(\boldsymbol{\theta}_1^o) - W_2^o \nabla \boldsymbol{\sigma}(\boldsymbol{\theta}_1^o) W_1^o \boldsymbol{z} \tag{6.77}$$

$$\boldsymbol{c}_N(\boldsymbol{z}) = W_4^o \boldsymbol{\sigma}(W_3^o \boldsymbol{z} + \boldsymbol{\theta}_2^o) - W_4^o \boldsymbol{\sigma}(\boldsymbol{\theta}_2^o) - W_4^o \nabla \boldsymbol{\sigma}(\boldsymbol{\theta}_2^o) W_3^o \boldsymbol{z} \tag{6.78}$$

文献 14) にシミュレーション結果が与えられているので，興味のある読者は参照されたい。

6.2.3 アフィン非線形システムの場合

つぎにアフィン非線形システム

$$\dot{\boldsymbol{x}} = \boldsymbol{f}(\boldsymbol{x}) + G(\boldsymbol{x})\boldsymbol{u} \tag{6.79}$$

を考える。平衡点は一般性を失うことなく原点とする。すなわち $\boldsymbol{0} = \boldsymbol{f}(\boldsymbol{0}) + G(\boldsymbol{0})\boldsymbol{0} = \boldsymbol{f}(\boldsymbol{0})$ とする。

式 (6.79) を原点 $(\boldsymbol{x}, \boldsymbol{u}) = (\boldsymbol{0}, \boldsymbol{0})$ のまわりでテーラー展開して線形部と非線形部に分割すると

$$\dot{\boldsymbol{x}} = \boldsymbol{f}(\boldsymbol{0}) + G(\boldsymbol{0})\boldsymbol{0} + A\boldsymbol{x} + B\boldsymbol{u} + \boldsymbol{g}(\boldsymbol{x}, \boldsymbol{u}) \tag{6.80}$$

となる。ここで

$$A \triangleq \frac{\partial \boldsymbol{f}}{\partial \boldsymbol{x}}(\boldsymbol{0}), \quad B \triangleq G(\boldsymbol{0})$$

であり，$\boldsymbol{g}(\boldsymbol{x}, \boldsymbol{u})$ は 2 次以上の項である。

$$\dot{\boldsymbol{x}} = A\boldsymbol{x} + B\boldsymbol{u} \tag{6.81}$$

が虚軸上に不可制御モードをもつ場合を考える。一般非線形システムと同様にして，対角化行列 T によって A と B はつぎのように変換される。

$$T^{-1}AT = \begin{bmatrix} A^S & O \\ O & A^c \end{bmatrix}, \quad T^{-1}B = \begin{bmatrix} B^S \\ O \end{bmatrix}$$

この行列 T を用いて $\boldsymbol{x} = T\begin{bmatrix} \boldsymbol{y} \\ \boldsymbol{z} \end{bmatrix}$ と座標変換すると，式 (6.79) は

$$\begin{bmatrix} \dot{\boldsymbol{y}} \\ \dot{\boldsymbol{z}} \end{bmatrix} = T^{-1}\boldsymbol{f}\left(T\begin{bmatrix} \boldsymbol{y} \\ \boldsymbol{z} \end{bmatrix}\right) + T^{-1}G\left(T\begin{bmatrix} \boldsymbol{y} \\ \boldsymbol{z} \end{bmatrix}\right)\boldsymbol{u} \tag{6.82}$$

となる。ここで $(A^S - B^S K)$ が漸近安定となるような K を用いて，6.2.1 項と同様，入力 $\boldsymbol{u}$ をつぎのように構成する。

$$\boldsymbol{u} = -K\boldsymbol{y} + \overline{\boldsymbol{u}} \tag{6.83}$$

これを式 (6.82) に代入すると

$$\begin{bmatrix} \dot{\boldsymbol{y}} \\ \dot{\boldsymbol{z}} \end{bmatrix} = T^{-1}\boldsymbol{f}\left(T\begin{bmatrix} \boldsymbol{y} \\ \boldsymbol{z} \end{bmatrix}\right) - T^{-1}G\left(T\begin{bmatrix} \boldsymbol{y} \\ \boldsymbol{z} \end{bmatrix}\right)K\boldsymbol{y} + T^{-1}G\left(T\begin{bmatrix} \boldsymbol{y} \\ \boldsymbol{z} \end{bmatrix}\right)\overline{\boldsymbol{u}} \tag{6.84}$$

となる。これを $(\boldsymbol{y}, \boldsymbol{z}, \overline{\boldsymbol{u}}) = (\boldsymbol{0}, \boldsymbol{0}, \boldsymbol{0})$ で線形化すると

$$\begin{bmatrix} \dot{\boldsymbol{y}} \\ \dot{\boldsymbol{z}} \end{bmatrix} = T^{-1}\frac{\partial \boldsymbol{f}\left(\begin{bmatrix} \boldsymbol{0} \\ \boldsymbol{0} \end{bmatrix}\right)}{\partial \begin{bmatrix} \boldsymbol{y} \\ \boldsymbol{z} \end{bmatrix}} T\begin{bmatrix} \boldsymbol{y} \\ \boldsymbol{z} \end{bmatrix} - T^{-1}G\left(\begin{bmatrix} \boldsymbol{0} \\ \boldsymbol{0} \end{bmatrix}\right)K\boldsymbol{y} + T^{-1}G\left(\begin{bmatrix} \boldsymbol{0} \\ \boldsymbol{0} \end{bmatrix}\right)\overline{\boldsymbol{u}}$$

$$
\begin{aligned}
&= T^{-1}AT\begin{bmatrix} \boldsymbol{y} \\ \boldsymbol{z} \end{bmatrix} - T^{-1}G\left(\begin{bmatrix} \boldsymbol{0} \\ \boldsymbol{0} \end{bmatrix}\right)K\boldsymbol{y} + T^{-1}G\left(\begin{bmatrix} \boldsymbol{0} \\ \boldsymbol{0} \end{bmatrix}\right)\overline{\boldsymbol{u}} \\
&= \begin{bmatrix} A^S & O \\ O & A^c \end{bmatrix}\begin{bmatrix} \boldsymbol{y} \\ \boldsymbol{z} \end{bmatrix} - \begin{bmatrix} B^S \\ O \end{bmatrix}K\boldsymbol{y} + \begin{bmatrix} B^S \\ O \end{bmatrix}\overline{\boldsymbol{u}} \\
&= \begin{bmatrix} (A^S - B^S K) & O \\ O & A^c \end{bmatrix}\begin{bmatrix} \boldsymbol{y} \\ \boldsymbol{z} \end{bmatrix} + \begin{bmatrix} B^S \\ O \end{bmatrix}\overline{\boldsymbol{u}} \\
&= \begin{bmatrix} A^s & O \\ O & A^c \end{bmatrix}\begin{bmatrix} \boldsymbol{y} \\ \boldsymbol{z} \end{bmatrix} + \begin{bmatrix} B^S \\ O \end{bmatrix}\overline{\boldsymbol{u}} \qquad (6.85)
\end{aligned}
$$

となる。つぎに式 (6.84) を $\dot{\boldsymbol{y}}, \dot{\boldsymbol{z}}$ に分割して書き直すと

$$\dot{\boldsymbol{y}} = \boldsymbol{f}^s(\boldsymbol{y}, \boldsymbol{z}) + G^s(\boldsymbol{y}, \boldsymbol{z})\overline{\boldsymbol{u}} \qquad (6.86a)$$

$$\dot{\boldsymbol{z}} = \boldsymbol{f}^c(\boldsymbol{y}, \boldsymbol{z}) + G^c(\boldsymbol{y}, \boldsymbol{z})\overline{\boldsymbol{u}} \qquad (6.86b)$$

が得られる。ここで

$$\begin{bmatrix} \boldsymbol{f}^s(\boldsymbol{y}, \boldsymbol{z}) \\ \boldsymbol{f}^c(\boldsymbol{y}, \boldsymbol{z}) \end{bmatrix} \triangleq T^{-1}\boldsymbol{f}\left(T\begin{bmatrix} \boldsymbol{y} \\ \boldsymbol{z} \end{bmatrix}\right) - T^{-1}G\left(T\begin{bmatrix} \boldsymbol{y} \\ \boldsymbol{z} \end{bmatrix}\right)K\boldsymbol{y}$$

$$\begin{bmatrix} G^s(\boldsymbol{y}, \boldsymbol{z}) \\ G^c(\boldsymbol{y}, \boldsymbol{z}) \end{bmatrix} \triangleq T^{-1}G\left(T\begin{bmatrix} \boldsymbol{y} \\ \boldsymbol{z} \end{bmatrix}\right)$$

である。

以下，Aeyelsの設計法は前述の一般非線形システムの場合と同様である。式 (6.86a), (6.86b) に状態フィードバック $\overline{\boldsymbol{u}} = \boldsymbol{c}(\boldsymbol{z})$ を施すと，閉ループ系はつぎのようになる。

$$\dot{\boldsymbol{y}} = \boldsymbol{f}^s(\boldsymbol{y}, \boldsymbol{z}) + G^s(\boldsymbol{y}, \boldsymbol{z})\boldsymbol{c}(\boldsymbol{z}) \qquad (6.87a)$$

$$\dot{\boldsymbol{z}} = \boldsymbol{f}^c(\boldsymbol{y}, \boldsymbol{z}) + G^c(\boldsymbol{y}, \boldsymbol{z})\boldsymbol{c}(\boldsymbol{z}) \qquad (6.87b)$$

式 (6.22) に対応した式は

$$\frac{\partial \boldsymbol{\pi}(\boldsymbol{z})}{\partial \boldsymbol{z}}\{\boldsymbol{f}^c(\boldsymbol{\pi}(\boldsymbol{z}), \boldsymbol{z}) + G^c(\boldsymbol{\pi}(\boldsymbol{z}), \boldsymbol{z})\boldsymbol{c}(\boldsymbol{z})\}$$

$$= \boldsymbol{f}^s(\boldsymbol{\pi}(\boldsymbol{z}),\boldsymbol{z}) + G^s(\boldsymbol{\pi}(\boldsymbol{z}),\boldsymbol{z})\boldsymbol{c}(\boldsymbol{z}) \tag{6.88}$$

である。この偏微分方程式の境界条件は $\boldsymbol{\pi}(\mathbf{0}) = \mathbf{0}$，$\partial\boldsymbol{\pi}(\mathbf{0})/\partial\boldsymbol{z} = O$ である。また，中心多様体上のダイナミクスは

$$\dot{\boldsymbol{z}} = \boldsymbol{f}^c(\boldsymbol{\pi}(\boldsymbol{z}),\boldsymbol{z}) + G^c(\boldsymbol{\pi}(\boldsymbol{z}),\boldsymbol{z})\boldsymbol{c}(\boldsymbol{z}) \tag{6.89}$$

となる。したがって，安定化制御器の設計問題は境界条件 $\boldsymbol{\pi}(\mathbf{0}) = \mathbf{0}$，$\partial\boldsymbol{\pi}(\mathbf{0})/\partial\boldsymbol{z} = O$，$\boldsymbol{c}(\mathbf{0}) = \mathbf{0}$，$\partial\boldsymbol{c}(\mathbf{0})/\partial\boldsymbol{z} = O$ のもとで中心多様体方程式 (6.88) を満足し，中心多様体上のダイナミクス (6.89) が漸近安定になるような $\boldsymbol{\pi}(\boldsymbol{z})$ と $\boldsymbol{c}(\boldsymbol{z})$ を見つけることである。

6.3 非線形サーボ問題（非線形出力レギュレーション問題）

非線形サーボ問題（非線形出力レギュレーション問題）は，あらかじめ定められた目標軌道に対してシステムの出力を漸近的に追従させるような制御である。また，測定可能な外乱入力の影響を除去することを目的とすることもある。出力レギュレーション問題は，時不変の線形プラントに対しては，文献 4)〜6) で完全な解答が与えられている。時不変の非線形プラントに対しては，文献 6)〜8), 10) がある。本節では文献 10) に基づく中心多様体理論を応用した方法を述べる。

6.3.1 定常応答について[9)]

つぎのような非線形システムを考える。

$$\dot{\boldsymbol{x}}(t) = \boldsymbol{f}(\boldsymbol{x}(t),\boldsymbol{u}(t)) \tag{6.90}$$

ここで，$\boldsymbol{x}(t) \in R^n$ は状態ベクトル，$\boldsymbol{u}(t) \in R^r$ は制御入力，$\boldsymbol{f} : R^n \times R^r \to R^n$ は滑らかな関数とする。また，ある初期値 $\boldsymbol{x}_0$ から出発し，$\boldsymbol{u} : \boldsymbol{u}(t)$（$t \geqq 0$）が加えられたときの解の時刻 t における値を $\boldsymbol{x}(t;\boldsymbol{x}_0;\boldsymbol{u})$ とする。

いま，ある特別な初期値 $\overline{\boldsymbol{x}}$ について考えるとしよう。$\overline{\boldsymbol{x}}$ の近傍を X とする。ここで，ある特別な入力 $\overline{\boldsymbol{u}} : \overline{\boldsymbol{u}}(t)$（$t \geqq 0$）をシステムに加えた際に，$X$ 内のす

べての初期値 $\boldsymbol{x}_0$ に対して

$$\lim_{t\to\infty} ||\boldsymbol{x}(t;\boldsymbol{x}_0;\overline{\boldsymbol{u}}) - \boldsymbol{x}(t;\overline{\boldsymbol{x}};\overline{\boldsymbol{u}})|| = 0 \tag{6.91}$$

が満足されるとき，$\boldsymbol{x}_{sr}(t) \triangleq \boldsymbol{x}(t;\overline{\boldsymbol{x}};\overline{\boldsymbol{u}})$ を制御入力 $\overline{\boldsymbol{u}}$ に対する，システム (6.90) の**定常応答**という。

定常応答の定義から，定常応答は初期状態には依存せず，加えられる入力のみに依存することがわかる。文献 9) では，このような定常応答を与える制御入力 $\boldsymbol{u}(t)$ をつぎのように与えている。

$$\dot{\boldsymbol{w}}(t) = \boldsymbol{s}(\boldsymbol{w}(t)) \tag{6.92}$$

$$\boldsymbol{u}(t) = \boldsymbol{p}(\boldsymbol{w}(t)) \tag{6.93}$$

ここで，$\boldsymbol{w} \in R^l$ を原点の近傍 $\boldsymbol{\Omega}$ 上で定義される状態ベクトルとし，$\boldsymbol{s} : R^l \to R^l$ を滑らかな関数，$\boldsymbol{p} : R^l \to R^r$ を十分滑らかな関数とする。ダイナミクス (6.92) によって生成される外生信号 $\boldsymbol{w}(t)$ によって制御入力 $\boldsymbol{u}(t)$ が決定されると考えている。また，$\boldsymbol{s}(\boldsymbol{0}) = \boldsymbol{0}$，$\boldsymbol{p}(\boldsymbol{0}) = \boldsymbol{0}$ とする。

つぎに，制御入力 (6.93) について考える。まず，制御入力 $\boldsymbol{u}(t)$ がもっていなければならない性質は有界性である。そこで入力 (6.93) が連続であると仮定すると，$\boldsymbol{w}(t)$ が有界であれば制御入力 $\boldsymbol{u}(t) = \boldsymbol{p}(\boldsymbol{w}(t))$ も有界となる。平衡点 $\boldsymbol{w}_e = \boldsymbol{0}$ がリアプノフの意味で安定であれば，$\boldsymbol{w}(t)$ が有界となり，制御入力 $\boldsymbol{u}(t)$ も有界となる。したがって，$\boldsymbol{u}(t)$ が有界となるためには，$\boldsymbol{w}(t)$ の初期値をある適当な近傍 $\boldsymbol{\Omega}_0 \subset \boldsymbol{\Omega}$ 内にとり，平衡点 $\boldsymbol{w}_e = \boldsymbol{0}$ がリアプノフの意味において安定であればよい。

もう一つの性質は，制御入力 $\boldsymbol{u}(t)$ の周期性である。入力が零に収束していくような場合は，レギュレータ問題となんら変わらないので，サーボ問題として扱う必要がない。周期的な入力以外にもランプ入力のような増加関数があるが，ここでは周期関数のクラスのみに限定して考える。

入力の周期性にとって都合の良い条件が，つぎのポアソン安定の概念である。

【定義 6.1】（ポアソン安定）9)　　ある点 $\boldsymbol{w}_0$ の任意の近傍 $\boldsymbol{\Omega}_0$ と実数 $T > 0$ に

対して，式 (6.92) の解が $\boldsymbol{w}(t_1;\boldsymbol{w}_0) \in \boldsymbol{\Omega}_0$ となるような時刻 $t_1 > T$ が存在し，同じく $\boldsymbol{w}(t_2;\boldsymbol{w}_0) \in \boldsymbol{\Omega}_0$ となるような時刻 $t_2 < -T$ が存在するとき，$\boldsymbol{w}_0$ をポアソン安定という。

$\boldsymbol{w}_0$ がポアソン安定であるということは，軌道 $\boldsymbol{w}(t)$ が時間軸の前向きと後向きに，任意の長さの時間に対して $\boldsymbol{w}_0$ のまわりを任意の近さで通るということである。このような性質を満たすのは周期関数以外にはあり得ない。

ポアソン安定の定義を用いて中立安定（neutral stability）を定義する。

【定義 6.2】（中立安定）[9]　平衡点 $\boldsymbol{w}_e = \boldsymbol{0}$ をもつベクトル場 $\boldsymbol{s}(\boldsymbol{w})$ が中立安定であるとは，以下の二つの性質をもつことを指す。

(i) 平衡点 $\boldsymbol{w}_e = \boldsymbol{0}$ が，リアプノフの意味において安定である。

(ii) 平衡点 $\boldsymbol{w}_e = \boldsymbol{0}$ の近傍のどの点もポアソン安定である。

中立安定を仮定すると，それはつぎのことを意味している。

ベクトル場 $\boldsymbol{s}(\boldsymbol{w})$ のテーラー展開の 1 次近似項を表すヤコビ行列

$$S \triangleq \left[\frac{\partial \boldsymbol{s}(\boldsymbol{w})}{\partial \boldsymbol{w}}\right]_{\boldsymbol{w}=\boldsymbol{0}}$$

の固有値がすべて複素平面の虚軸上に存在する。つまり，固有値の実部がすべて零である。

【注意 6.2】　S の固有値がすべて虚軸上に乗っていたとしても，ベクトル場 $\boldsymbol{s}(\boldsymbol{w})$ が中立安定であるとは限らない（十分性はいえない）。その原因はベクトル場 $\boldsymbol{s}(\boldsymbol{w})$ の非線形項の存在による。

さて，制御入力が零のシステム $\dot{\boldsymbol{x}}(t) = \boldsymbol{f}(\boldsymbol{x}(t), \boldsymbol{0})$ の平衡点 $\boldsymbol{x}_e = \boldsymbol{0}$ を考え，この平衡点において線形化システムが漸近安定であると仮定しよう。また，原点 $\boldsymbol{w} = \boldsymbol{0}$ の近傍に初期値 $\boldsymbol{w}_0$ をとり，システム (6.92) が中立安定であるとする。このとき，式 (6.93) で与えられる制御入力 $\boldsymbol{u}(t)$ に対してシステム (6.90) は定常応答を与える。

つぎの定理によって，定常応答と中心多様体が結びつけられる。すなわち，中心多様体上の解は定常応答を与えることがわかる。

【定理 6.7】[9)]　　システム (6.92) は中立安定と仮定し，システム $\dot{\boldsymbol{x}}(t) = \boldsymbol{f}(\boldsymbol{x}(t), \boldsymbol{0})$ の線形化システムが，平衡点 $\boldsymbol{x}_e = \boldsymbol{0}$ において漸近安定であると仮定する。R^l のある近傍 $\boldsymbol{\Omega}_0 \subset \boldsymbol{\Omega}$ で定義された写像 $\boldsymbol{\pi} : \boldsymbol{\Omega}_0 \to R^n$，$\boldsymbol{\pi}(\boldsymbol{0}) = \boldsymbol{0}$ が存在し，すべての $\boldsymbol{w} \in \boldsymbol{\Omega}_0$ に対して

$$\frac{\partial \boldsymbol{\pi}(\boldsymbol{w})}{\partial \boldsymbol{w}} \boldsymbol{s}(\boldsymbol{w}) = \boldsymbol{f}(\boldsymbol{\pi}(\boldsymbol{w}), \boldsymbol{p}(\boldsymbol{w})) \tag{6.94}$$

を満たす。このとき，任意の初期値 $\overline{\boldsymbol{w}} \in \boldsymbol{\Omega}_0$ より出発した軌道 $\boldsymbol{w}(t; \overline{\boldsymbol{w}})$ に対して定義される制御入力

$$\overline{\boldsymbol{u}}(t) = \boldsymbol{p}(\boldsymbol{w}(t; \overline{\boldsymbol{w}})) \tag{6.95}$$

は，次式によって表される適切に定義された定常応答を与える。

$$\boldsymbol{x}_{sr}(t) \stackrel{\triangle}{=} \boldsymbol{x}(t; \boldsymbol{\pi}(\overline{\boldsymbol{w}}); \overline{\boldsymbol{u}}) \tag{6.96}$$

(証明)　　システム (6.90) と入力システム (6.92), (6.93) を結合した合成システム

$$\dot{\boldsymbol{x}}(t) = \boldsymbol{f}(\boldsymbol{x}(t), \boldsymbol{p}(\boldsymbol{w}(t))) \tag{6.97}$$

$$\dot{\boldsymbol{w}}(t) = \boldsymbol{s}(\boldsymbol{w}(t)) \tag{6.98}$$

の平衡点 $(\boldsymbol{x}_e, \boldsymbol{w}_e) = (\boldsymbol{0}, \boldsymbol{0})$ におけるヤコビ行列は $\begin{bmatrix} A & * \\ 0 & S \end{bmatrix}$ である。ただし，$A \stackrel{\triangle}{=} \left[\dfrac{\partial \boldsymbol{f}(\boldsymbol{x}, \boldsymbol{u})}{\partial \boldsymbol{x}} \right]_{(\boldsymbol{x}, \boldsymbol{u}) = (\boldsymbol{0}, \boldsymbol{0})}$ とする。すると，仮定より A の固有値の実部はすべて負となっている。一方，中立安定より S の固有値はすべて虚軸上に存在する。それゆえ，この合成システムは，中心多様体の定理 6.4 から，平衡点 $(\boldsymbol{x}_e, \boldsymbol{w}_e) = (\boldsymbol{0}, \boldsymbol{0})$ において中心多様体をもつことがわかる。そして式 (6.22) と対比すれば，その写像 $\boldsymbol{\pi}(\boldsymbol{w})$ は式 (6.94) を満足することがわかる。また，低次元化された中心多様体上のダイナミクスは，式 (6.98) によって与えられる。この場合は，中立安定の仮定から平衡点 $\boldsymbol{w}_e = \boldsymbol{0}$ の安定性がいえているので，合成システムの平衡点 $(\boldsymbol{x}_e, \boldsymbol{w}_e) = (\boldsymbol{0}, \boldsymbol{0})$ も安定となる。さらに，中心多様体の性

質（定理 6.5）から，合成システムの平衡点の近傍において，すべての初期値 $(\boldsymbol{x}_0, \overline{\boldsymbol{w}})$ に対して以下のことがいえる。

$$||\boldsymbol{x}(t) - \boldsymbol{\pi}(\boldsymbol{w}(t))|| \leqq Me^{-\alpha t}||\boldsymbol{x}_0 - \boldsymbol{\pi}(\overline{\boldsymbol{w}})|| \tag{6.99}$$

ここで，$M > 0$，$\alpha > 0$ は適当な定数である。

また，システム (6.90) の解 $\boldsymbol{x}(t)$ は，その定義から

$$\boldsymbol{x}(t) = \boldsymbol{x}(t; \boldsymbol{x}_0; \overline{\boldsymbol{u}}) \tag{6.100}$$

である。ここで $\overline{\boldsymbol{u}}(t) = \boldsymbol{p}(\boldsymbol{w}(t; \overline{\boldsymbol{w}}))$ である。また，中心多様体の不変性から，中心多様体上に初期値 $\overline{\boldsymbol{x}} = \boldsymbol{\pi}(\overline{\boldsymbol{w}})$ をもつ解は，中心多様体から離れることがない。よって

$$\boldsymbol{x}(t; \boldsymbol{\pi}(\overline{\boldsymbol{w}}); \overline{\boldsymbol{u}}) = \boldsymbol{\pi}(\boldsymbol{w}(t)) \tag{6.101}$$

が成り立つ。以上 2 式を式 (6.99) に代入して考えれば，次式が成り立つ。

$$\lim_{t\to\infty} ||\boldsymbol{x}(t; \boldsymbol{x}_0; \overline{\boldsymbol{u}}) - \boldsymbol{x}(t; \boldsymbol{\pi}(\overline{\boldsymbol{w}}); \overline{\boldsymbol{u}})|| = 0 \tag{6.102}$$

この式は定常応答の定義式 (6.91) にほかならないので，式 (6.96) を得る。 □

この定理は，中心多様体の不変性に基づき，中心多様体上から出発した解 (6.101) が定常応答を与えることを述べている。

6.3.2 非線形出力レギュレーション[9),10)]

本項では Isidori-Byrnes[10)] の論文に基づき，非線形出力レギュレーション問題を説明する。一般的な非線形サーボ問題は，以下のように記述される。

$$\dot{\boldsymbol{x}}(t) = \boldsymbol{f}(\boldsymbol{x}(t), \boldsymbol{u}(t)), \;\; \boldsymbol{x}(0) = \boldsymbol{x}_0 \tag{6.103}$$

$$\boldsymbol{e}(t) = \boldsymbol{h}(\boldsymbol{x}(t), \boldsymbol{w}(t)) \tag{6.104}$$

ここで，方程式 (6.103) は制御対象（プラント）のダイナミクスを表し，方程式 (6.104) は偏差を表す。また，状態変数 $\boldsymbol{x}(t)$ は R^n の原点の近傍 X 上で定義され，$\boldsymbol{u}(t) \in R^r$ は制御入力，$\boldsymbol{w}(t) \in R^l$ は外生信号，$\boldsymbol{e}(t) \in R^m$ は偏差とする。

また，外生信号 $\boldsymbol{w}(t)$ はつぎの外生システム

$$\dot{\boldsymbol{w}}(t) = \boldsymbol{s}(\boldsymbol{w}(t)) \tag{6.105}$$

によって生成されるとする。ここで，初期状態 $\boldsymbol{w}(0)$ は R^l の原点の近傍 $\boldsymbol{\Omega}$ 内にあるとする。

さて，$\boldsymbol{f} : R^n \times R^r \to R^n$，$\boldsymbol{h} : R^n \times R^l \to R^m$，$\boldsymbol{s} : R^l \to R^l$ は滑らかな関数とする。また，$\boldsymbol{f}(\boldsymbol{0}, \boldsymbol{0}) = \boldsymbol{0}$，$\boldsymbol{h}(\boldsymbol{0}, \boldsymbol{0}) = \boldsymbol{0}$，$\boldsymbol{s}(\boldsymbol{0}) = \boldsymbol{0}$ と仮定する。このようにすると，$\boldsymbol{u} = \boldsymbol{0}$ に対して，合成システム (6.103), (6.105) は平衡点 $(\boldsymbol{x}_e, \boldsymbol{w}_e) = (\boldsymbol{0}, \boldsymbol{0})$ をもつ。

ここでは問題は完全情報下で考えているので，状態変数はすべて利用できるとしている。よって，制御器（コントローラ）はフィードバック制御則としてつぎのように与えられる。

$$\boldsymbol{u}(t) = \boldsymbol{\alpha}(\boldsymbol{x}(t), \boldsymbol{w}(t)) \tag{6.106}$$

これは状態変数 $\boldsymbol{x}(t)$ と外生信号 $\boldsymbol{w}(t)$ をフィードバックしたものとなっている。このとき，合成システム (6.103), (6.105) はつぎのようになる。

$$\dot{\boldsymbol{x}}(t) = \boldsymbol{f}(\boldsymbol{x}(t), \boldsymbol{\alpha}(\boldsymbol{x}(t), \boldsymbol{w}(t))) \tag{6.107}$$

$$\dot{\boldsymbol{w}}(t) = \boldsymbol{s}(\boldsymbol{w}(t)) \tag{6.108}$$

平衡点 $(\boldsymbol{x}_e, \boldsymbol{w}_e) = (\boldsymbol{0}, \boldsymbol{0})$ は $\boldsymbol{u} = \boldsymbol{0}$ に対して考えられていたので，$\boldsymbol{\alpha}(\boldsymbol{0}, \boldsymbol{0}) = \boldsymbol{0}$ と仮定する。

本節では，**非線形サーボ問題**（**非線形出力レギュレーション問題**）とは

> あらかじめ決められたすべての外生信号 $\boldsymbol{w}$ とすべての初期状態 $(\boldsymbol{x}(\boldsymbol{0}), \boldsymbol{w}(\boldsymbol{0}))$（原点の近傍に存在する）に対して，$t \to \infty$ のとき，式 (6.104) の偏差 $\boldsymbol{e}(t)$ を零に収束させること

である。このような特性をもつ閉ループシステムのことを，**非線形出力レギュレーションをもつ**という。

6.3.1 項で述べた定常応答の概念を用いると，このような非線形出力レギュレーションをシステムにもたせることが可能になる。いま定常応答 $\boldsymbol{x}_{sr}$ が

$$\boldsymbol{h}(\boldsymbol{x}_{sr}(t), \boldsymbol{w}(t)) = \boldsymbol{0} \tag{6.109}$$

を満足するとしよう。定常応答の定義から，ある入力 $\overline{\boldsymbol{u}}$ に対して，$\overline{\boldsymbol{x}}$ の近傍 X 内の初期状態 $\boldsymbol{x}_0$ から出発する解 $\boldsymbol{x}(t;\boldsymbol{x}_0;\overline{\boldsymbol{u}})$ は，必ず定常応答 $\boldsymbol{x}_{sr}$ に収束する。すると，式 (6.109) より $\boldsymbol{x}(t;\boldsymbol{x}_0;\overline{\boldsymbol{u}})$ は偏差 $\boldsymbol{e}(t)$ を零にする。つまり，$t \to \infty$ のとき偏差 $\boldsymbol{e}(t)$ を零にすることが可能となる。これは非線形出力レギュレーションの特性をシステムがもつということである。

定常応答を与える制御入力をつぎのように考える。

$$\dot{\boldsymbol{w}}(t) = \boldsymbol{s}(\boldsymbol{w}(t)) \tag{6.110}$$

$$\boldsymbol{u}(t) = \boldsymbol{p}(\boldsymbol{w}(t)) \tag{6.111}$$

ここで，システム (6.110) は中立安定であると仮定する。

以上のような設定のもとで，非線形サーボ問題は以下のように定式化できる。

まず，非線形システム (6.103) と中立安定な外生システム (6.105) が与えられているとする。そして，つぎの二つの条件を考える。

(Q1) 外生信号が零のシステム

$$\dot{\boldsymbol{x}}(t) = \boldsymbol{f}(\boldsymbol{x}(t), \boldsymbol{\alpha}(\boldsymbol{x}(t), \boldsymbol{0})) \tag{6.112}$$

の線形化方程式の平衡点 $\boldsymbol{x}_e = \boldsymbol{0}$ が漸近安定である。

(Q2) 原点 $\boldsymbol{x} = \boldsymbol{0}$ の近傍を X とし，$\boldsymbol{w} = \boldsymbol{0}$ の近傍を $\boldsymbol{\Omega}$ とし，近傍 $X \times \boldsymbol{\Omega}$ を考える。このとき，すべての初期状態 $(\boldsymbol{x}(0), \boldsymbol{w}(0)) \in X \times \boldsymbol{\Omega}$ に対して

$$\lim_{t\to\infty} \boldsymbol{e}(t) = \lim_{t\to\infty} \boldsymbol{h}(\boldsymbol{x}(t), \boldsymbol{w}(t)) = \boldsymbol{0} \tag{6.113}$$

を満足する $X \times \boldsymbol{\Omega}$ が存在する。

このとき，「条件 (Q1), (Q2) を満たす関数 $\boldsymbol{\alpha}(\boldsymbol{x}(t), \boldsymbol{w}(t))$ を見つけよ」というのが非線形サーボ問題である。

合成システム (6.107), (6.108) を，線形部と非線形部を分離した形で，つぎのように書き換えておく。

$$\dot{\boldsymbol{x}}(t) = (A - BK)\boldsymbol{x}(t) + BL\boldsymbol{w}(t) + \boldsymbol{\eta}(\boldsymbol{x}(t), \boldsymbol{w}(t)) \tag{6.114}$$

$$\dot{\boldsymbol{w}}(t) = S\boldsymbol{w}(t) + \boldsymbol{\xi}(\boldsymbol{w}(t)) \tag{6.115}$$

ここで，A, B, K, L, S は以下のようなヤコビ行列である。

$$A \triangleq \left[\frac{\partial \boldsymbol{f}(\boldsymbol{x}, \boldsymbol{u})}{\partial \boldsymbol{x}}\right]_{(\mathbf{0},\mathbf{0})}, \quad B \triangleq \left[\frac{\partial \boldsymbol{f}(\boldsymbol{x}, \boldsymbol{u})}{\partial \boldsymbol{u}}\right]_{(\mathbf{0},\mathbf{0})}, \quad K \triangleq -\left[\frac{\partial \boldsymbol{\alpha}(\boldsymbol{x}, \boldsymbol{w})}{\partial \boldsymbol{x}}\right]_{(\mathbf{0},\mathbf{0})}$$

$$L \triangleq \left[\frac{\partial \boldsymbol{\alpha}(\boldsymbol{x}, \boldsymbol{w})}{\partial \boldsymbol{w}}\right]_{(\mathbf{0},\mathbf{0})}, \quad S \triangleq \left[\frac{\partial \boldsymbol{s}(\boldsymbol{w})}{\partial \boldsymbol{w}}\right]_{(\mathbf{0})}$$

また，$\boldsymbol{\eta}(\boldsymbol{x}(t), \boldsymbol{w}(t)), \boldsymbol{\xi}(\boldsymbol{w}(t))$ は原点において 1 階の偏導関数とともに零になると仮定する。

(Q1) でいう線形化方程式とは

$$\dot{\boldsymbol{x}}(t) = (A - BK)\boldsymbol{x}(t) + BL\boldsymbol{w}(t) \tag{6.116}$$

$$\dot{\boldsymbol{w}}(t) = S\boldsymbol{w}(t) \tag{6.117}$$

である。(Q1) を満足するのは，式 (6.112) の原点におけるヤコビ行列 $J = A - BK$ の固有値の実部がすべて負の値をもつときである。それは，$\{A, B\}$ が可安定であると仮定すれば満足される。

以下に，非線形出力レギュレーション問題に関する重要な定理を与える。

【定理 6.8】[9]　非線形システム (6.103) と中立安定な外生システム (6.105) が与えられているとする。そして，ある $\boldsymbol{\alpha}(\boldsymbol{x}(t), \boldsymbol{w}(t))$ に対して，条件 (Q1) が成り立つと仮定する。このとき，$\boldsymbol{\pi}(\mathbf{0}) = \mathbf{0}$ となる写像

$$\boldsymbol{x}(t) = \boldsymbol{\pi}(\boldsymbol{w}(t))$$

が原点の近傍 $\boldsymbol{\Omega}_0 \subset \boldsymbol{\Omega}$ で存在し，すべての $\boldsymbol{w} \in \boldsymbol{\Omega}_0$ に対してつぎの条件

$$\frac{\partial \boldsymbol{\pi}(\boldsymbol{w})}{\partial \boldsymbol{w}} \boldsymbol{s}(\boldsymbol{w}) = \boldsymbol{f}(\boldsymbol{\pi}(\boldsymbol{w}), \boldsymbol{\alpha}(\boldsymbol{\pi}(\boldsymbol{w}), \boldsymbol{w})) \tag{6.118}$$

$$\boldsymbol{0} = \boldsymbol{h}(\boldsymbol{\pi}(\boldsymbol{w}), \boldsymbol{w}) \tag{6.119}$$

を満足するとき，またそのときに限り，条件 (Q2) も満たされる。

【注意 6.3】 この定理は，条件 (Q1) を仮定すれば，条件 (6.118), (6.119) のもとで，条件 (Q2) が成り立つことをいっている。つまり，条件 (Q1) を仮定すれば，非線形サーボ問題を解くことができるということである。

（証明） 合成システム (6.107), (6.108) の原点におけるヤコビ行列は，上で用いたヤコビ行列を使うと

$$\begin{bmatrix} A - BK & * \\ 0 & S \end{bmatrix}$$

となる。条件 (Q1) を仮定しているので，$A - BK$ の固有値の実部はすべて負の値をとることがわかる。また，外生システム (6.108) の中立安定性から，S の固有値はすべて虚軸上にあることがわかる。このことから，合成システム (6.107), (6.108) は原点 $(\boldsymbol{0}, \boldsymbol{0})$ において，中心多様体をもつことがわかる。中心多様体は式 (6.22) を満足する写像 $\boldsymbol{x}(t) = \boldsymbol{\pi}(\boldsymbol{w}(t))$ のグラフとして表現できる。

さて，6.1.3 項で述べたように，一般非線形システムは式 (6.4a), (6.4b) の形をしている。そして，中心多様体写像を与える偏微分方程式 (6.6)，つまり式 (6.7) が成り立つ。ここでは，非線形サーボ問題の設定から $\boldsymbol{x}(t)$ と $\boldsymbol{y}(t)$ が対応し，$\boldsymbol{w}(t)$ と $\boldsymbol{z}(t)$ が対応することがわかる。それゆえ，中心多様体 $\boldsymbol{x}(t) = \boldsymbol{\pi}(\boldsymbol{w}(t))$ が存在するための条件は，それぞれのシステム (6.107) と式 (6.4a), (6.108) と式 (6.4b) の対応関係と考えれば，式 (6.6) より式 (6.118) が得られる。

実数 $R > 0$ を選び，$\boldsymbol{\Omega}_0$ 内の点として，$||\boldsymbol{w}_0|| < R$ を満たすように $\boldsymbol{w}_0$ を選ぶとしよう。中立安定の仮定から，外生システム (6.105) の平衡点 $\boldsymbol{w}_e = \boldsymbol{0}$ は安定なので，すべての時刻 $t \geqq 0$ に対してその解 $\boldsymbol{w}(t; \boldsymbol{w}_0)$ が $\boldsymbol{\Omega}_0$ 内に留まり続けるような R を選ぶことは可能である。初期値を中心多様体上の点 $\boldsymbol{x}(0) = \boldsymbol{x}_0 = \boldsymbol{\pi}(\boldsymbol{w}_0)$ とすると，中心多様体 $\boldsymbol{x} = \boldsymbol{\pi}(\boldsymbol{w})$ の不変性から，システム (6.107) の解 $\boldsymbol{x}(t)$ はす

べての時刻 $t \geqq 0$ において $\boldsymbol{x}(t) = \boldsymbol{\pi}(\boldsymbol{w}(t))$ となる。ここで，点 $\boldsymbol{w}$ を $(\boldsymbol{\pi}(\boldsymbol{w}), \boldsymbol{w})$ に移す写像として $\boldsymbol{\mu} : \boldsymbol{\Omega}_0 \to X \times \boldsymbol{\Omega}_0$ を定義すると，これは $\boldsymbol{\Omega}_0$ の近傍をそれ自身の上に移す微分同相写像である。したがって，中心多様体の動きは，外生信号の動きを微分同相で写像したものに制限される。それゆえ，仮定より原点 $\boldsymbol{x} = \boldsymbol{0}$ の十分近くの中心多様体上の点は，どの点もポアソン安定である。このことと条件 (Q2) から，式 (6.119) が見えてくる。以下で詳しく説明しよう。

まず必要性を証明する。いま，原点 $(\boldsymbol{0}, \boldsymbol{0})$ に十分近い点 $(\boldsymbol{\pi}(\boldsymbol{w}_0), \boldsymbol{w}_0)$ において，条件 (6.119) が成立しないと仮定する。すると

$$M = ||\boldsymbol{h}(\boldsymbol{\pi}(\boldsymbol{w}_0), \boldsymbol{w}_0)|| > 0 \tag{6.120}$$

となる定数 M が存在するはずである。したがって

$$||\boldsymbol{h}(\boldsymbol{\pi}(\boldsymbol{w}), \boldsymbol{w})|| > M/2, \quad \forall\, (\boldsymbol{\pi}(\boldsymbol{w}), \boldsymbol{w}) \in X \times \boldsymbol{\Omega}_0 \tag{6.121}$$

となるような $(\boldsymbol{\pi}(\boldsymbol{w}_0), \boldsymbol{w}_0)$ の近傍 $X \times \boldsymbol{\Omega}_0$ が存在するはずである。

また，初期値 $(\boldsymbol{\pi}(\boldsymbol{w}_0), \boldsymbol{w}_0)$ から出発した解が条件 (Q2) を満たすとすると

$$||\boldsymbol{h}(\boldsymbol{\pi}(\boldsymbol{w}(t)), \boldsymbol{w}(t))|| < M/2, \quad \forall\, t > T \tag{6.122}$$

を満たす正定数 T が存在する。初期値 $(\boldsymbol{\pi}(\boldsymbol{w}_0), \boldsymbol{w}_0)$ はポアソン安定であるから，その定義より $(\boldsymbol{\pi}(\boldsymbol{w}(t')), \boldsymbol{w}(t')) \in X \times \boldsymbol{\Omega}_0$ となる時刻 $t' > T$ が存在するはずである。すなわち，近傍 $X \times \boldsymbol{\Omega}_0$ 内には式 (6.122) を満足する点 $(\boldsymbol{\pi}(\boldsymbol{w}(t'), \boldsymbol{w}(t')))$ が存在する。だが，近傍 $X \times \boldsymbol{\Omega}_0$ 内のすべての点 $(\boldsymbol{\pi}(\boldsymbol{w}), \boldsymbol{w})$ に対して式 (6.121) が成り立つと上で述べた。これは矛盾である。よって，条件 (6.119) が成立しなければならない。

つぎに十分性を証明する。まず，条件 (6.118) が成り立つとすると，写像 $\boldsymbol{x} = \boldsymbol{\pi}(\boldsymbol{w})$ は合成システム (6.107), (6.108) の中心多様体となる。さらに，条件 (6.119) が成り立つとすると，偏差は

$$\boldsymbol{e}(t) = \boldsymbol{h}(\boldsymbol{x}(t), \boldsymbol{w}(t)) - \boldsymbol{h}(\boldsymbol{\pi}(\boldsymbol{w}(t)), \boldsymbol{w}(t)) \tag{6.123}$$

を満足する。ここで，問題設定から $\boldsymbol{h}$ は滑らかな関数としているので，リプシッツ条件から

$$||\boldsymbol{h}(\boldsymbol{x}(t),\boldsymbol{w}(t))-\boldsymbol{h}(\boldsymbol{\pi}(\boldsymbol{w}(t)),\boldsymbol{w}(t))|| \leqq L||\boldsymbol{x}(t)-\boldsymbol{\pi}(\boldsymbol{w}(t))|| \quad (6.124)$$

となる正定数 L が存在する。また，条件 (Q1) を仮定しているので，原点 $(\boldsymbol{x},\boldsymbol{w}) = (\boldsymbol{0},\boldsymbol{0})$ は合成システム (6.107), (6.108) の安定な平衡点である。原点の十分近くにこの合成システムの初期点 $(\boldsymbol{x}(0),\boldsymbol{w}(0))$ をとると，6.1 節で述べた中心多様体の特性（定理 6.5）から，すべての $t \geqq 0$ に対して

$$||\boldsymbol{x}(t)-\boldsymbol{\pi}(\boldsymbol{w}(t))|| \leqq Me^{-\alpha t}||\boldsymbol{x}(0)-\boldsymbol{\pi}(\boldsymbol{w}(0))|| \quad (6.125)$$

なる定数 $M>0$，$\alpha>0$ が存在することがわかる。式 (6.124) と式 (6.125) より，$\lim_{t\to\infty} \boldsymbol{e}(t) = \boldsymbol{0}$ となる。つまり，条件 (Q2) が成り立つ。　□

以上の結果から，非線形サーボ問題を解くための条件を与えることができる。

【系 6.2】[9)]　$\{A,B\}$ は可安定であると仮定する。R^l 空間の原点の近傍 $\boldsymbol{\Omega}_0 \subset \boldsymbol{\Omega}$ を考える。このとき，$\boldsymbol{\Omega}_0$ 上で，$\boldsymbol{\pi}(\boldsymbol{0})=\boldsymbol{0}$，$\boldsymbol{c}(\boldsymbol{0})=\boldsymbol{0}$ を満たす写像 $\boldsymbol{\pi}:\boldsymbol{\Omega}_0 \to R^n$，$\boldsymbol{c}:\boldsymbol{\Omega}_0 \to R^r$ が定義でき，すべての $\boldsymbol{w} \in \boldsymbol{\Omega}_0$ に対して以下の条件

$$\frac{\partial \boldsymbol{\pi}(\boldsymbol{w})}{\partial \boldsymbol{w}}\boldsymbol{s}(\boldsymbol{w}) = \boldsymbol{f}(\boldsymbol{\pi}(\boldsymbol{w}),\boldsymbol{c}(\boldsymbol{w})) \quad (6.126)$$

$$\boldsymbol{0} = \boldsymbol{h}(\boldsymbol{\pi}(\boldsymbol{w}),\boldsymbol{w}) \quad (6.127)$$

を満足するとき，またそのときに限り (Q1), (Q2) が成り立つ。すなわち非線形サーボ問題を解くことができる。

（証明）　条件 (Q1) を満足するためには，$\{A,B\}$ が可安定であると仮定すればよい。また，定理 6.8 より，条件 (Q2) を満足するためには，条件 (6.118), (6.119) を満たさなければならないことがわかっている。この場合 $\boldsymbol{\alpha}(\boldsymbol{\pi}(\boldsymbol{w}),\boldsymbol{w}) = \boldsymbol{c}(\boldsymbol{w})$ とおくことによって，条件 (6.126), (6.127) が必要条件になる。

つぎに十分性を証明する。可安定性の仮定から，ヤコビ行列 $A-BK$ の固有値のすべての実部を負にするような行列 K が存在することがわかる。外生信号が零の場合，制御入力を

$$\boldsymbol{\alpha}(\boldsymbol{x}(t),\boldsymbol{0}) = -K\boldsymbol{x}(t) \quad (6.128)$$

にとれば条件 (Q1) が満たされる。

また，ある写像 $\boldsymbol{\pi}(\boldsymbol{w})$, $\boldsymbol{c}(\boldsymbol{w})$ に対して条件 (6.126), (6.127) が成り立っているとする。このとき，制御入力が

$$\boldsymbol{\alpha}(\boldsymbol{\pi}(\boldsymbol{w}), \boldsymbol{w}) = \boldsymbol{c}(\boldsymbol{w}) \tag{6.129}$$

であれば，式 (6.126) は厳密に式 (6.118) に一致する。式 (6.127) は式 (6.119) と同じである。よって，定理 6.8 より条件 (Q2) は満足される。

これらのことを同時に満たすような制御入力は

$$\boldsymbol{\alpha}(\boldsymbol{x}(t), \boldsymbol{w}(t)) = \boldsymbol{c}(\boldsymbol{w}(t)) - K(\boldsymbol{x}(t) - \boldsymbol{\pi}(\boldsymbol{w}(t))) \tag{6.130}$$

となっていればよい。このとき，(Q1), (Q2) が成り立つ。 □

けっきょく，閉ループ系はつぎのようになる。

$$\dot{\boldsymbol{x}}(t) = \boldsymbol{f}(\boldsymbol{x}(t), \boldsymbol{\alpha}(\boldsymbol{x}(t), \boldsymbol{w}(t))) \tag{6.131}$$

$$\dot{\boldsymbol{w}}(t) = \boldsymbol{s}(\boldsymbol{w}(t)) \tag{6.132}$$

$$\boldsymbol{e}(t) = \boldsymbol{h}(\boldsymbol{x}(t), \boldsymbol{w}(t)) \tag{6.133}$$

$$\boldsymbol{\alpha}(\boldsymbol{x}(t), \boldsymbol{w}(t)) = \boldsymbol{c}(\boldsymbol{w}(t)) - K(\boldsymbol{x}(t) - \boldsymbol{\pi}(\boldsymbol{w}(t))) \tag{6.134}$$

このシステムは非線形出力レギュレーションをもっている。つまり，偏差 $\boldsymbol{e}(t)$ を零に収束させることができる。

6.3.3　ニューラルネットによる近似解法

非線形サーボ問題の設計においては，出力レギュレーション方程式 (6.118), (6.119) を解かなければならない。しかし，解析的に解くことは困難なので，RBF ネットワークを用いた近似的設計法[18)]や，3 層ニューラルネットを用いて近似的に解を求める手法[13)]が提案されている。また，文献 19) でも 3 層ニューラルネットを用いた近似解法が述べられており，近似問題の誤差の評価や出力レギュレーション問題の可解性も与えられている。

6.4　評価関数に基づく非線形サーボ問題[13)]

6.3.2 項で述べた Isidori-Byrnes[10)] の非線形出力レギュレータは，ある限定された外生システムに対しては非常に有効に作用することが確認されている。しかし，彼らの制御器は収束速度に関してはなにも考慮していない。ここでは非線形出力レギュレーション問題に評価関数を導入し，5 章で述べた直接勾配降下制御の手法を応用して，収束速度の改善を図った制御器を設計することを考える。

制御対象は 6.3 節と同じ，つぎの非線形システムとする。

$$\dot{\boldsymbol{x}}(t) = \boldsymbol{f}(\boldsymbol{x}(t), \boldsymbol{u}(t)), \quad \boldsymbol{x}(0) = \boldsymbol{x}_0 \tag{6.135}$$

ここで $\boldsymbol{x}(t) \in R^n$ は状態変数，$\boldsymbol{u}(t) \in R^r$ は制御入力である。記述簡単化のため，標準の出力レギュレーション問題に限定しているが，外乱補償問題を含めた出力レギュレーション問題にも容易に拡張できる。

一方，外生信号 $\boldsymbol{\omega}(t) \in R^l$ がつぎの外生システムによって発生するとする。

$$\dot{\boldsymbol{\omega}}(t) = \boldsymbol{s}(\boldsymbol{\omega}(t)), \quad \boldsymbol{\omega}(0) = \boldsymbol{\omega}_0 \tag{6.136}$$

また，偏差 $\boldsymbol{e}(t) \in R^m$ はつぎのように考える。

$$\boldsymbol{e}(t) = \boldsymbol{h}(\boldsymbol{x}(t), \boldsymbol{\omega}(t)) \tag{6.137}$$

ここで，$\boldsymbol{f}(\boldsymbol{0},\boldsymbol{0}) = \boldsymbol{0}$，$\boldsymbol{s}(\boldsymbol{0}) = \boldsymbol{0}$，$\boldsymbol{h}(\boldsymbol{0},\boldsymbol{0}) = \boldsymbol{0}$ と仮定する。こうすると $\boldsymbol{u} = \boldsymbol{0}$ に対して合成システム (6.135), (6.136) は平衡点 $(\boldsymbol{x}_e, \boldsymbol{\omega}_e) = (\boldsymbol{0}, \boldsymbol{0})$ をもつ。したがって，ここまでの問題設定は 6.3 節とまったく同じである。

6.3 節で述べた Isidori-Byrnes[9),10)] の非線形サーボ問題では，偏差 $\boldsymbol{e}(t) \to \boldsymbol{0}$ を目的とした漸近安定化のみが追求されており，過渡状態の性能評価は考慮されていない。

一方，文献 13) では評価関数を導入した非線形サーボ問題の解法が研究されている。すなわち，非線形サーボ問題は基本的には 6.3.2 項で述べた非線形出力レギュレーション問題と同じだが，目標条件は (Q1), (Q2) のほかに，つぎの条件が追加されている。

(Q3) 過渡状態を評価する評価関数 F を導入し，それが時々刻々減少するように制御入力を操作する。

条件 (Q3) を満足するような制御器（コントローラ）を設計するために，制御器 (6.106) をつぎのように修正する。

$$\boldsymbol{u}(t) = \boldsymbol{\alpha}(\boldsymbol{x}(t), \boldsymbol{\omega}(t), \boldsymbol{v}(t))$$

ここで，$\boldsymbol{v}(t) \in R^r$ は条件 (Q3) を達成すべく導入した修正子であり，人工的な制御変数である。そして，評価関数 $F(\boldsymbol{x}(t), \boldsymbol{\omega}(t))$ を導入し，$\boldsymbol{v}(t)$ を操作することによって $F(\boldsymbol{x}(t), \boldsymbol{\omega}(t))$ を時々刻々減少させる，つぎのような問題を考える。

$$\underset{\boldsymbol{v}(t)}{\text{decrease}} \quad F(\boldsymbol{x}(t), \boldsymbol{\omega}(t)) \tag{6.138a}$$

$$\text{subject to} \quad \dot{\boldsymbol{x}}(t) = \boldsymbol{f}(\boldsymbol{x}(t), \boldsymbol{\alpha}(\boldsymbol{x}(t), \boldsymbol{\omega}(t), \boldsymbol{v}(t))) \tag{6.138b}$$

$$\dot{\boldsymbol{\omega}}(t) = \boldsymbol{s}(\boldsymbol{\omega}(t)) \tag{6.138c}$$

この問題に対して 5 章で述べた直接勾配降下制御を応用することを考える。直接勾配降下制御によって (Q3) を満足するように動的コントローラを構成し，つぎに 6.3 節と同様の手法で (Q1), (Q2) が満たされるように設計を行う。そうすれば，制御成績の改善を図った非線形出力レギュレーションを実行することができる。つまり，収束性の良い非線形サーボ制御器が設計できる。このとき，$\boldsymbol{v}(t)$ に関する動的コントローラを追加することによって，静的な状態フィードバック $\boldsymbol{u}(t) = \boldsymbol{\alpha}(\boldsymbol{x}(t), \boldsymbol{\omega}(t))$ より制御成績（収束性）が改善された制御を行えるようになる。

以上のように，中心多様体理論に基づく非線形出力レギュレーションの手法と直接勾配降下制御による動的コントローラを結合することによって，制御性能の良い非線形サーボ制御器が設計できる。Isidori-Byrnes の方法との比較は数値例ともども文献 13) に与えられているので，興味のある読者は参照されたい。

引用・参考文献

1) D. Aeyels: Stabilization of a Class of Nonlinear Systems by a Smooth Feedback Control, Systems & Control Letters, Vol. 5, pp. 289–294 (1985)

2) S. Behtash and S. Sastry: Stabilization of Nonlinear Systems with Uncontrollable Linearization, IEEE Trans. Autom. Contr., Vol. 33, No. 6 (1988)

3) J. Carr: Applications of Centre Manifold Theory, Springer-Verlag (1981)

4) E. J. Davison: The Robust Control of a Servomechanism Problem for Linear Time-Invariant Multivariable Systems, IEEE Trans. Autom. Contr., Vol. AC-21, pp. 25–34 (1976)

5) B. A. Francis: The Linear Multivariable Regulator Problem, SIAM J. Contr. Optimiz., Vol. 14, pp. 486–505 (1977)

6) B. A. Francis and W. M. Wonham: The Internal Model Principle of Control Theory, Automatica, Vol. 12, pp. 457–465 (1976)

7) J. S. A. Hepburn and W. M. Wonham: Error Feedback and Internal Model on Differentiable Manifolds, IEEE Trans. Autom. Contr., Vol. AC-29, pp. 397–403 (1984)

8) J. Huang and W. J. Rugh: Stabilization on Zero-Error Manifold and the Nonlinear Servomechanism Problem, IEEE Trans. Autom. Contr., Vol. AC-37, pp. 1009–1013 (1992)

9) A. Isidori: Nonlinear Control Systems, Third Edition, Chap. 8, Tracking and Regulation, Springer-Verlag (1995)

10) A. Isidori and C. I. Byrnes: Output Regulation of Nonlinear Systems, IEEE Trans. Autom. Contr., Vol. 35, No. 2 (1990)

11) H. K. Khalil: Nonlinear Systems, 3rd ed., Prentice Hall (2002)

12) 俣野：岩波講座 応用数学 7［基礎 4］ 微分方程式 I, 岩波書店 (1993)

13) 志水, 三島：評価関数に基づく非線形サーボ制御器の設計とニューラルネットによる近似, 計測自動制御学会論文集, Vol. 37, No. 9, pp. 862–871 (2001)

14) 志水, 佐藤：中心多様体とニューラルネットに基づくクリティカルケースの非線形レギュレータ, 電子情報通信学会論文誌 A, Vol. J88-A, No. 7 (2005)

15) 志水, 相吉：数理計画法, 昭晃堂 (1984)

16) 志水：ニューラルネットと制御, コロナ社 (2002)

17) M. Suzuki and K. Shimizu: Analysis of Distributed Systems by Array Al-

gebra, Inf. J. of Systems Science, Vol. 21, No1 (1990)

18) 横道, 島：RBF ネットワークを用いた非線形出力レギュレータの近似的設計法, 計測自動制御学会論文集, Vol. 36, No. 10 (2000)

19) J. Wang, J. Huang and S. S. T. Yau: Approximate Nonlinear Output Regulation Based on the Universal Approximate Theorem, Int. J. Robust and Nonlinear Control, Vol. 10, No. 5 (2000)

7 出力フィードバックによる安定化制御

状態フィードバックは制御系の設計手法として非常に有効だが，すべての状態変数を測定しなければならず，実際的ではない。静的な出力フィードバックは実際的でそれ自体重要な問題だが，多くの動的出力フィードバック制御の設計問題が等価的に静的出力フィードバック制御問題に帰着される点においても非常に重要である。本章では，静的出力フィードバック安定化制御について述べる。

7.1 線形システムの出力フィードバックによる安定化制御

7.1.1 出力フィードバックによる漸近安定化のための必要十分条件

出力フィードバック制御による閉ループ系の安定化のための必要十分条件を求める。本項の内容は線形レギュレータの理論に基づくものであり，Kučera-Souza[18] の論文の紹介である。

つぎの線形システムを考える。

$$\dot{\boldsymbol{x}}(t) = A\boldsymbol{x}(t) + B\boldsymbol{u}(t), \quad \boldsymbol{x}(0) = \boldsymbol{x}_0 \tag{7.1}$$

$$\boldsymbol{y}(t) = C\boldsymbol{x}(t) \tag{7.2}$$

ここで，$\boldsymbol{x}(t) \in R^n$ は状態，$\boldsymbol{u}(t) \in R^r$ は制御入力，$\boldsymbol{y}(t) \in R^m$ は測定可能な出力である。また，制御入力は静的出力フィードバック

$$\boldsymbol{u}(t) = -F\boldsymbol{y}(t) \tag{7.3}$$

で与えられるとする。また，出力フィードバック制御 (7.3) により，閉ループ系は

$$\dot{\boldsymbol{x}}(t) = (A - BFC)\boldsymbol{x}(t), \quad \boldsymbol{x}(0) = \boldsymbol{x}_0$$

となる。もし $A - BFC$ が安定行列である，つまり固有値の実数部がすべて負になるような F が存在するならば，式 (7.1), (7.2) は出力フィードバックにより可安定であるという。

ここで，一般的な用語を再確認しておく。$A - BK$ を安定とするような行列 K が存在するならば，システム $\{A, B\}$ は可安定であるという（2.1.1 項参照）。また，$A - LC$ を安定とするような行列 L が存在するならば，システム $\{A, C\}$ は可検出であるという（3.2.2 項参照）。

つぎの定理が成り立つ [18),17)]。

【定理 7.1】(Kučera-Souza)[18)]　システム (7.1), (7.2) が出力フィードバック (7.3) によって可安定（つまり $A - BFC$ が漸近安定）であるための必要十分条件は，以下の二つの条件を同時に満たすことである。

(i)　$\{A, B\}$ が可安定で，かつ $\{A, C\}$ が可検出である。

(ii)　つぎの式を満たす行列 P, G が存在する。

$$G = FC - B^T P \tag{7.4}$$

ただし，P は準正定行列であり，つぎの代数リカッチ方程式の解である。

$$A^T P + PA - PBB^T P + C^T C + G^T G = O \tag{7.5}$$

(証明)　［必要性］ ある F によって $A - BFC$ を漸近安定化できるとする。一方，$A - BK$ を漸近安定化できるための必要十分条件は，$\{A, B\}$ が可安定なことである。したがって，$A - BFC$ を漸近安定化できるならば，$K = FC$ によって $A - BK$ を漸近安定化できるので，$\{A, B\}$ は可安定である。また，$L = BF$ によって $A - LC$ を漸近安定化できるので，$\{A, C\}$ は可検出である。よって (i) が示された。

つぎに定理 3.6 を用いて (ii) を証明する。$\{A, C\}$ は可検出であるので

$$A - LC = (A - BFC) - \begin{bmatrix} L & -B \end{bmatrix} \begin{bmatrix} C \\ FC \end{bmatrix} \tag{7.6}$$

より，$\left\{(A - BFC), \begin{bmatrix} C \\ FC \end{bmatrix}\right\}$ も可検出であることがわかる。いま，$\left\{(A - BFC), \begin{bmatrix} C \\ FC \end{bmatrix}\right\}$ の可検出が示されているので，これをリアプノフ方程式 (3.23) に代入すると

$$(A - BFC)^T P + P(A - BFC) + C^T C + C^T F^T FC = O \tag{7.7}$$

となる。式 (7.7) を整理して

$$A^T P + PA - PBB^T P + C^T C + (FC - B^T P)^T (FC - B^T P) = O \tag{7.8}$$

を得る。定理 3.6 の必要性を使って，$A - BFC$ が漸近安定であるためには，式 (7.7) つまり式 (7.8) が成立しなければならない。式 (7.8) で $G = FC - B^T P$ とすれば，式 (7.5) を得る。

［十分性］ (i), (ii) が成り立っていると仮定する。すると，(ii) の条件から式 (7.7) が満たされる。(i) から $\{A, C\}$ は可検出である。さらに

$$A - LC = (A - BFC) - \begin{bmatrix} L & -B \end{bmatrix} \begin{bmatrix} C \\ FC \end{bmatrix}$$

より，$\left\{(A - BFC), \begin{bmatrix} C \\ FC \end{bmatrix}\right\}$ も可検出であることがいえる。(ii) より準正定行列 P が存在することが示されているので，式 (7.8) つまり式 (7.7) から定理 3.6 の十分性を使って，$A - BFC$ は漸近安定であることがいえる。 □

Kučera-Souza の定理 7.1 はつぎのように一般化できる。

【定理 7.2】　$\{A, B\}$ は可安定，$\{A, C\}$ は可検出と仮定する。このとき $A - BFC$ が漸近安定となるための必要十分条件は，代数リカッチ方程式

$$\begin{aligned} &A^T P + PA - PBR^{-1}B^T P + C^T C \\ &\quad +(FC - R^{-1}B^T P)^T R(FC - R^{-1}B^T P) = O \end{aligned} \tag{7.9}$$

を満たす準正定解 $P \geqq 0$ と F が存在することである。ここで R は正定行列である。

（証明）　［必要性］ $A - BFC$ が漸近安定であるためには，$A - BK$ が漸近安定，つまり $\{A, B\}$ が可安定であることが必要である。

さて，正定行列 R を $R = \sqrt{R}^T \sqrt{R}$，$R^{-1} = \sqrt{R^{-1}}^T \sqrt{R^{-1}}$ と分解するときの行列 $\sqrt{R}, \sqrt{R^{-1}} \in R^{l \times r}$ の行数 l は一般に任意だが，ここでは $r \times r$ の正方行列とする。ところで，$\{A, C\}$ が可検出であることと $A - LC$ を漸近安定にする L が存在することとは等価である。仮定より $\{A, C\}$ は可検出なので，$A - LC$ を漸近安定にする L が存在し，また

$$A - LC = (A - BFC) - \begin{bmatrix} L & -B\sqrt{R^{-1}}^T \end{bmatrix} \begin{bmatrix} C \\ \sqrt{R}FC \end{bmatrix} \tag{7.10}$$

であるから†，$\left\{(A - BFC), \begin{bmatrix} C \\ \sqrt{R}FC \end{bmatrix}\right\}$ も可検出であることがわかる。このとき，定理 7.1 の必要性を使って，リアプノフ方程式

$$(A - BFC)^T P + P(A - BFC) + C^T C + C^T F^T \sqrt{R}^T \sqrt{R}FC = O$$

すなわち

$$(A - BFC)^T P + P(A - BFC) + C^T C + C^T F^T RFC = O \tag{7.11}$$

を満足する準正定解 $P \geqq 0$ が存在する。式 (7.11) は等価につぎのように書き直せる。

---

† $\sqrt{R^{-1}}$ が $r \times r$ の正方行列のとき，$\sqrt{R^{-1}}^T = \sqrt{R^{-1}}$ が成り立つ。

$$
\begin{aligned}
&A^T P + PA - PBR^{-1}B^T P + C^T C \\
&\quad +(FC - R^{-1}B^T P)^T R(FC - R^{-1}B^T P) = O
\end{aligned}
$$

これは定理の条件 (7.9) である。

［十分性］ 式 (7.9) が成り立っているとすると，式 (7.11) はつねに成立する。仮定より $\{A, C\}$ は可検出だから，ある L に対して $A - LC$ も漸近安定である。上述のように，$A - LC$ は式 (7.10) のように書き直せるので，$\left\{(A-BFC), \begin{bmatrix} C \\ \sqrt{R}FC \end{bmatrix}\right\}$ も可検出である。このとき，定理 7.1 の十分性を使って，$A - BFC$ が漸近安定であることがいえる。 □

状態フィードバックの場合の $A - BK$ の安定性や最適レギュレータについてはよく知られているのでいまさらいうことはないが，$\boldsymbol{u} = -K\boldsymbol{x}$ の場合にも定理 7.2 と同様にしてつぎの定理を得る。

【定理 7.3】 $\{A, B\}$ は可安定, $\{A, C\}$ は可検出と仮定する。このとき $A-BK$ が漸近安定となるための必要十分条件は，代数リカッチ方程式

$$
\begin{aligned}
&A^T P + PA - PBR^{-1}B^T P + C^T C \\
&\quad +(K - R^{-1}B^T P)^T R(K - R^{-1}B^T P) = O \qquad (7.12)
\end{aligned}
$$

を満たす準正定解 $P \geqq 0$ が存在することである。

(証明) 定理 7.2 と同様に証明できる。 □

出力フィードバック安定化のための定理 7.1 または定理 7.2 は一種の存在定理であり，代数リカッチ方程式 (7.5) または式 (7.9) を解くための有効な計算方法は知られていない。Geromel-Peres[9)] は式 (7.4) を満たす重み係数行列 G が見つかるまで代数リカッチ方程式 (7.5) を繰り返し計算する計算手順を提案している。

以下では，Geromel-Peres の計算手順を改良して式 (7.9) を解くことを考えよう。ところで，$K = FC$ が成立していれば，これは F について正確に

$$F = KC^T(CC^T)^{-1} \tag{7.13}$$

となる。ここで，$K = R^{-1}B^TP$ とパラメータ化すると

$$F = R^{-1}B^TPC^T(CC^T)^{-1} \tag{7.14}$$

と解ける。これを式 (7.9) に代入すると

$$\begin{aligned} & A^TP + PA - PBR^{-1}B^TP + C^TC \\ & \quad + \left\{R^{-1}B^TPC^T(CC^T)C - R^{-1}B^TP\right\}^T R \\ & \quad \times \left\{R^{-1}B^TPC^T(CC^T)C - R^{-1}B^TP\right\} = O \end{aligned} \tag{7.15}$$

この式を標準的な代数リカッチ方程式の反復計算手順で解くために

$$G \;=\; FC - R^{-1}B^TP = R^{-1}B^TPC^T(CC^T)^{-1}C - R^{-1}B^TP \tag{7.16}$$

とおき，式 (7.15) を

$$A^TP + PA - PBR^{-1}B^TP + C^TC + G^TRG = O \tag{7.17}$$

と表す。式 (7.17) は $\{A, B\}$ が可安定で，$\left\{A, \begin{bmatrix} C \\ \sqrt{R}G \end{bmatrix}\right\}$ が可検出ならば，準正定解 $P \geqq 0$ について解ける。

また，安定な状態フィードバックゲイン K とリアプノフ方程式の解 P は，定理 7.3 に基づいて代数リカッチ方程式 (7.12) を解くことによって求まる。これは良い P の初期推定値を与える上で役に立つ。

したがって，反復計算手順はつぎのように与えられる。

計算手順 1

Step 1　$A - BK_0$ が漸近安定行列となるような K_0 を適当な方法で選び

$$(A - BK_0)^TP + P(A - BK_0) + C^TC + K_0^TRK_0 = O$$

の解 $P^0 \geqq 0$ を求める。

Step 2　$F^0 = R^{-1}B^TP^0C^T(CC^T)^{-1}$ を計算する。

Step 3　$G^1 = F^0C - R^{-1}B^TP^0$ を計算する。

Step 4　$A^TP + PA - PBR^{-1}B^TP + C^TC + G^{kT}RG^k = O$
の解 $P^k \geqq 0$ を求める。

Step 5　$F^k = R^{-1}B^TP^kC^T(CC^T)^{-1}$ を計算する。

Step 6　$G^{k+1} = F^kC - R^{-1}B^TP^k$ を計算する。

Step 7　$||G^{k+1} - G^k|| < \epsilon$ なら終了する。さもなければ，$k := k+1$ として Step 4 へ戻る。求める出力フィードバックゲイン F は式 (7.14) よりつぎのように得られる。

$$F = R^{-1}B^TP^kC^T(CC^T)^{-1} \tag{7.18}$$

【注意 7.1】　式 (7.9) を Step 4 の反復計算式を用いて解くとき，G の初期推定値 G^1 が大事である。文献 15) では $G^1 = O$ としているが，それでは成功率は高くない。初期値推定時の安定な状態フィードバックゲイン K^0 に対応した G^1 を計算するためには，定理 7.3 の式 (7.12) を満たす $P = P^0$ を用いて $G^1 = F^0C - R^{-1}B^TP^0$ を計算するのがよい。式 (7.12) は

$$(A - BK)^TP + P(A - BK) + C^TC + K^TRK = 0$$

と等価なので，Step 1 が妥当なものになる。

R をパラメトリックに変えることによって，種々の安定化ゲイン F が求められる。出力フィードバック安定化制御の計算方法に関する研究としては，ほかにも文献 10), 4), 6), 2), 25) などがある。

7.1.2　出力フィードバックによる任意固有値配置 (I)

出力フィードバックによる任意極配置の研究は古くから行われている（サーベイ論文 25) 参照)。この間，極配置条件に関しては有益な結果が得られてきたが，提案されてきた計算手順は複雑なものや最適化計算を要求するものが多く，いまだに簡便な方法は確立されていない。そのアプローチとしては固有値構造（固有値配置法）を用いたものが多く，文献 1), 5), 8), 16), 24), 26) などがある。

r 次元の入力と m 次元の出力をもつ n 次元のシステムに対して，任意固有値配置可能な出力フィードバックゲイン行列 F が存在する条件は $m+r \geqq n+1$ である[16)]。ここでは状態フィードバックによる固有値配置法を応用することで，出力フィードバックによる固有値配置法を述べる。

制御対象には，つぎのような線形多変数システムを考える。

$$\dot{\boldsymbol{x}}(t) = A\boldsymbol{x}(t) + B\boldsymbol{u}(t) \tag{7.19}$$

$$\boldsymbol{y}(t) = C\boldsymbol{x}(t) \tag{7.20}$$

ただし，$\boldsymbol{x}(t) \in R^n$，$\boldsymbol{u}(t) = R^r$，$\boldsymbol{y}(t) \in R^m$ である。システム $\{A, B, C\}$ は可制御・可観測と仮定する。

以下では，システム (7.19), (7.20) に対して静的出力フィードバック

$$\boldsymbol{u}(t) = -F\boldsymbol{y}(t) = -FC\boldsymbol{x}(t) \tag{7.21}$$

を施した閉ループ系

$$\dot{\boldsymbol{x}}(t) = (A - BFC)\boldsymbol{x}(t) \tag{7.22}$$

の n 個の固有値をすべて所望の値に配置する方法を述べる。

まず，準備として，つぎの状態フィードバックによる固有値配置法を述べる。

【定理 7.4】（状態フィードバックによる固有値配置法）[12),16)]　システム (7.19) は可制御と仮定する。このとき，状態フィードバック

$$\boldsymbol{u}(t) = -K\boldsymbol{x}(t)$$

による閉ループ系

$$\dot{\boldsymbol{x}}(t) = (A - BK)\boldsymbol{x}(t) \tag{7.23}$$

の n 個の固有値を，所望の固有値 $\Lambda_n = \{\lambda_1, \lambda_2, \cdots, \lambda_n\}$（$A$ の固有値とは異なる固有値）に配置する状態フィードバックゲイン K は，つぎのように求めることができる。任意の適当な r 次元ベクトル $\boldsymbol{g}_i \in C^r$（$i = 1, 2, \cdots, n$）を選び

$$\boldsymbol{p}_i = -(\lambda_i I - A)^{-1} B\boldsymbol{g}_i, \quad i = 1, 2, \cdots, n \tag{7.24}$$

とすることで

$$K = GP^{-1} \triangleq \left[\ \boldsymbol{g}_1\ \boldsymbol{g}_2\ \cdots\ \boldsymbol{g}_n\ \right] \left[\ \boldsymbol{p}_1\ \boldsymbol{p}_2\ \cdots\ \boldsymbol{p}_n\ \right]^{-1} \tag{7.25}$$

より求まる。ただし，$\boldsymbol{g}_i$ は複素共役な固有値に対応した複素共役ベクトルで，かつ $P = \left[\ \boldsymbol{p}_1\ \boldsymbol{p}_2\ \cdots\ \boldsymbol{p}_n\ \right]$ が正則になるように選ばなければならない。

(証明)　$\boldsymbol{p}_i$ が閉ループ系の所望の固有値 λ_i に対応する固有ベクトルならば

$$(A - BK)\boldsymbol{p}_i = \lambda_i \boldsymbol{p}_i, \quad i = 1, 2, \cdots, n \tag{7.26}$$

が成り立つ。したがって，このような関係が成立する K を求めたい。

式 (7.26) を変形すると，次式となる。

$$(\lambda_i I - A)\boldsymbol{p}_i + BK\boldsymbol{p}_i = \mathbf{0}, \quad i = 1, 2, \cdots, n \tag{7.27}$$

一方，式 (7.25) より

$$K\boldsymbol{p}_i = \boldsymbol{g}_i, \quad i = 1, 2, \cdots, n$$

を得る。これを式 (7.27) に代入すると

$$(\lambda_i I - A)\boldsymbol{p}_i + B\boldsymbol{g}_i = \mathbf{0}, \quad i = 1, 2, \cdots, n \tag{7.28}$$

となるが，式 (7.24) の $\boldsymbol{p}_i$ を代入すると式 (7.28) は恒等的に成立するので，式 (7.25) の K が所望の固有値 $\lambda_1, \lambda_2, \cdots, \lambda_n$ を配置することは明らかである。システム (7.19) が可制御ならば，$[\boldsymbol{p}_1\ \boldsymbol{p}_2 \cdots\ \boldsymbol{p}_n]^{-1}$ が任意の異なる $\boldsymbol{g}_i \in C^r$ $(i = 1, 2, \cdots, n)$ に対して存在することは，文献 16) に示されている。 □

つぎに，定理 7.4 と同様の考え方で，出力フィードバック (7.21) によって閉ループ系 (7.22) の n 個の固有値のうち m 個の固有値を配置できることを述べる[16)]。

【補助定理 7.1】（出力フィードバックによる m 個の固有値配置法）　出力フィードバック (7.21) による閉ループ系 (7.22) の n 個の固有値のうち m 個を，

A の固有値とは異なる m 個の所望の固有値 $\Lambda_m = \{\lambda_1, \lambda_2, \cdots, \lambda_m\}$ に配置できるような出力フィードバックゲイン F は，つぎのように求めることができる。ただし，複素固有値は共役複素対になるように選ばなければならない。

m 個の任意の適当な r 次元ベクトル $\boldsymbol{g}_i \in C^r$ $(i = 1, 2, \cdots, m)$ を選び

$$\boldsymbol{p}_i = -(\lambda_i I - A)^{-1} B \boldsymbol{g}_i, \quad i = 1, 2, \cdots, m \tag{7.29}$$

とすることで

$$F = G_m (CP_m)^{-1} \triangleq [\, \boldsymbol{g}_1 \; \boldsymbol{g}_2 \; \cdots \; \boldsymbol{g}_m \,][\, C\boldsymbol{p}_1 \; C\boldsymbol{p}_2 \; \cdots \; C\boldsymbol{p}_m \,]^{-1} \tag{7.30}$$

で与えられる。ただし，$\boldsymbol{g}_i$ $(i = 1, 2, \cdots, m)$ は複素共役な固有値に対応した複素共役ベクトルで，かつ CP_m が正則となるように選ばなければならない。

(証明)　出力フィードバックによる閉ループ系 (7.22) の n 個の固有値のうち m 個を所望の λ_i $(i = 1, 2, \cdots, m)$ に配置するような行列 F が存在すれば

$$(\lambda_i I - A + BFC)\boldsymbol{p}_i = \boldsymbol{0}, \quad i = 1, 2, \cdots, m \tag{7.31}$$

が成り立つ。ここで，$\boldsymbol{p}_i$ は所望の λ_i に対応した固有ベクトルである。したがって，式 (7.31) が成立するような F を求めることができればよい。

式 (7.31) をつぎのように変形する。

$$(\lambda_i I - A)\boldsymbol{p}_i = -BFC\boldsymbol{p}_i, \quad i = 1, 2, \cdots, m \tag{7.32}$$

ここで

$$\boldsymbol{g}_i \triangleq FC\boldsymbol{p}_i, \quad i = 1, 2, \cdots, m \tag{7.33}$$

とおくと，式 (7.32) は

$$(\lambda_i I - A)\boldsymbol{p}_i = -B\boldsymbol{g}_i, \quad i = 1, 2, \cdots, m \tag{7.34}$$

となり，λ_i $(i = 1, 2, \cdots, m)$ が A の固有値と異なれば

$$\boldsymbol{p}_i = -(\lambda_i I - A)^{-1} B\boldsymbol{g}_i, \quad i = 1, 2, \cdots, m \tag{7.35}$$

とすることができるので，適当な $\boldsymbol{g}_i$ を与えることで固有ベクトル $\boldsymbol{p}_i$ が求まる。ところで，式 (7.33) より

$$\left[\ \boldsymbol{g}_1\ \boldsymbol{g}_2\ \cdots\ \boldsymbol{g}_m\ \right] = FC\left[\boldsymbol{p}_1\ \boldsymbol{p}_2\ \cdots\ \boldsymbol{p}_m\ \right] \tag{7.36}$$

となるので，式 (7.35) で与えられる $\boldsymbol{p}_i$ によって，$\left[\ C\boldsymbol{p}_1\ C\boldsymbol{p}_2\ \cdots\ C\boldsymbol{p}_m\ \right]$ が正則であれば，F は

$$F = \left[\ \boldsymbol{g}_1\ \boldsymbol{g}_2\ \cdots\ \boldsymbol{g}_m\ \right]\left[\ C\boldsymbol{p}_1\ C\boldsymbol{p}_2\ \cdots\ C\boldsymbol{p}_m\ \right]^{-1} \tag{7.37}$$

と求めることができる。 □

出力フィードバックによる固有値配置の計算手順　出力フィードバックによる新しい固有値配置の計算手順とその条件を示す。出力フィードバック (7.21) による閉ループ系 (7.22) の n 個の固有値すべてを所望値に配置する出力フィードバックゲイン F を求めるために，出力フィードバック (7.21) を n 個の所望の固有値に配置する状態フィードバック $\boldsymbol{u}(t) = -F\boldsymbol{x}(t)$ と一致させることを考える。すなわち

$$FC = K \tag{7.38}$$

を満たす F を求めることを考える。

式 (7.38) において，状態フィードバックゲイン K を適当な任意固有値配置の方法を用いて決定し，$K = K^*$ の定数として与えてしまえば

$$FC = K^* \tag{7.39}$$

となる。しかし，出力の次元 m は状態の次元 n より少ない（$m < n$）ので，式 (7.39) を満たす F は一般には存在しない。したがって，式 (7.38) の K を定数として与えるのではなく，自由度のある変数の形で与えたい。そこで，K を定理 7.4 の式 (7.25) で与えると，$K = GP^{-1}$ より式 (7.38) は

$$FC = GP^{-1} \tag{7.40}$$

ここで　$P = \left[\ \boldsymbol{p}_1\ \boldsymbol{p}_2\ \cdots\ \boldsymbol{p}_n\ \right]$，$G = \left[\ \boldsymbol{g}_1\ \boldsymbol{g}_2\ \cdots\ \boldsymbol{g}_n\ \right]$

となる。$\boldsymbol{g}_i \in C^r$ $(i = 1, 2, \cdots, n)$ は任意に選ぶことのできる r 次元ベクトルである（ただし，複素共役な固有値に対しては，複素共役なベクトルでなければならない）。よって，G を変数として扱うことができる。

式 (7.40) をつぎのように変形する。

$$FCP = G \tag{7.41}$$

P および G を

$$P = \left[\ P_m \quad \overline{P}_m\ \right], \quad G = \left[\ G_m \quad \overline{G}_m\ \right] \tag{7.42}$$

ここで

$$P_m = \left[\ \boldsymbol{p}_1\ \boldsymbol{p}_2\ \cdots\ \boldsymbol{p}_m\ \right],\ \overline{P}_m = \left[\ \boldsymbol{p}_{m+1}\ \boldsymbol{p}_{m+2}\ \cdots\ \boldsymbol{p}_n\ \right]$$
$$G_m = \left[\ \boldsymbol{g}_1\ \boldsymbol{g}_2\ \cdots\ \boldsymbol{g}_m\ \right],\ \overline{G}_m = \left[\ \boldsymbol{g}_{m+1}\ \boldsymbol{g}_{m+2}\ \cdots\ \boldsymbol{g}_n\ \right]$$

とおくと，式 (7.41) はつぎのように表せる。

$$FC\left[\ P_m \quad \overline{P}_m\ \right] = \left[\ G_m \quad \overline{G}_m\ \right] \tag{7.43}$$

これより，つぎの二つの関係式を得る。

$$FCP_m = G_m \tag{7.44a}$$

$$FC\overline{P}_m = \overline{G}_m \tag{7.44b}$$

さて，CP_m が正則となるように G_m を与えれば，式 (7.44a) より出力フィードバックゲイン F は

$$F = G_m(CP_m)^{-1} \tag{7.45}$$

のように求まる。補助定理 7.1 より式 (7.45) の F を用いた出力フィードバックによって，閉ループ系 (7.22) の n 個の固有値のうち，必ず m 個の固有値を配置することができる。その際，残りの $n - m$ 個の固有値は，その G_m の与

え方によって変わる。そこで，残りの $n-m$ 個も所望値に配置するような G_m を求めることを考える。

まず，式 (7.45) を残りの関係式 (7.44b) に代入すると

$$G_m(CP_m)^{-1}C\overline{P}_m = \overline{G}_m \tag{7.46}$$

を得る。そして，残りの $n-m$ 個の固有値に対応する任意の $\overline{G}_m$ を G_m に対して従属的に決められるようにする。そのために，$\boldsymbol{g}_{m+1}, \cdots, \boldsymbol{g}_n$ を $\boldsymbol{g}_1, \cdots, \boldsymbol{g}_m$ の線形結合によって定義する。すなわち

$$\boldsymbol{g}_{m+i} = s_{1i}\boldsymbol{g}_1 + s_{2i}\boldsymbol{g}_2 + \cdots + s_{mi}\boldsymbol{g}_m, \quad i = 1, 2, \cdots, n-m \tag{7.47}$$

とする。これを行列表現すると，$\overline{G}_m$ は

$$\overline{G}_m = G_m S \tag{7.48}$$

$$\text{ここで}\quad S = \begin{bmatrix} \boldsymbol{s}_1 \ \boldsymbol{s}_2 \ \cdots \ \boldsymbol{s}_{n-m} \end{bmatrix} \in R^{m\times(n-m)}$$

$$\boldsymbol{s}_i = \begin{bmatrix} s_{1i} \\ s_{2i} \\ \vdots \\ s_{mi} \end{bmatrix}, \quad i = 1, 2, \cdots, (n-m)$$

となる。式 (7.48) を式 (7.46) に代入して整理すると

$$G_m\{(CP_m)^{-1}C\overline{P}_m - S\} = O \tag{7.49}$$

を得る。これは G_m を変数とする非線形方程式となる。適当な S を定めて式 (7.49) を満足するような G_m を計算し，CP_m が正則ならば出力フィードバック (7.45) によって所望の n 個の固有値を配置することができる。このとき，S は式 (7.47) より $\boldsymbol{s}_i \neq \boldsymbol{s}_j$ のように与えればよい。

式 (7.49) を G_m に関して解くためには，一般には非線形計画法を用いればよいが，ここでは簡単で実用的な計算手順の開発を目指しているので，式 (7.49) を解析的に解くことを考える。そこで，非線形方程式 (7.49) が満たされるための十分条件として，式 (7.49) の左辺右側の行列が

$$(CP_m)^{-1}C\overline{P}_m - S = O \tag{7.50}$$

となるような G_m を求めることを考える。これは

$$C(\overline{P}_m - P_m S) = O \tag{7.51}$$

と変形できる。式 (7.51) は G_m を変数とする線形方程式となる。

以下では，線形方程式 (7.51) の可解条件と具体的な解法を与える。式 (7.48) より $\overline{G}_m$ はつぎのように表せる。

$$\overline{G}_m = \left[\ \boldsymbol{g}_{m+1}\ \boldsymbol{g}_{m+2}\ \cdots\ \boldsymbol{g}_n\ \right] = \left[\ G_m\boldsymbol{s}_1\ G_m\boldsymbol{s}_2\ \cdots\ G_m\boldsymbol{s}_{n-m}\ \right] \tag{7.52}$$

また，$\overline{P}_m$ は

$$\overline{P}_m = \left[\ \boldsymbol{p}_{m+1}\ \boldsymbol{p}_{m+2}\ \cdots\ \boldsymbol{p}_n\ \right] \tag{7.53}$$

ここで　$\boldsymbol{p}_j = -(\lambda_j I - A)^{-1}B\boldsymbol{g}_j,\quad j = m+1, m+2, \cdots, n$

であるから，式 (7.52) の $\boldsymbol{g}_{m+j}$（$j = 1, 2, \cdots, n-m$）を代入すると

$$\begin{aligned}\overline{P}_m &= -\Big[\ (\lambda_{m+1}I - A)^{-1}BG_m\boldsymbol{s}_1 \quad (\lambda_{m+2}I - A)^{-1}BG_m\boldsymbol{s}_2 \\ &\qquad \cdots \quad \cdots \quad (\lambda_n I - A)^{-1}BG_m\boldsymbol{s}_{n-m}\ \Big] \\ &= -\Bigg[\ \sum_{j=1}^{m}(\lambda_{m+1}I - A)^{-1}B\boldsymbol{g}_j s_{j1} \quad \sum_{j=1}^{m}(\lambda_{m+2}I - A)^{-1}B\boldsymbol{g}_j s_{j2} \\ &\qquad \cdots \quad \cdots \quad \sum_{j=1}^{m}(\lambda_n I - A)^{-1}B\boldsymbol{g}_j s_{j(n-m)}\ \Bigg]\end{aligned} \tag{7.54}$$

となる。

一方，P_m は

$$P_m = \left[\ \boldsymbol{p}_1\ \boldsymbol{p}_2\ \cdots\ \boldsymbol{p}_m\ \right]$$

ここで　$\boldsymbol{p}_j = -(\lambda_j I - A)^{-1}B\boldsymbol{g}_j\ ,\quad j = 1, 2, \cdots, m$

であり，これより，$P_m S$ は

$$P_m S = \left[\ P_m \boldsymbol{s}_1\ P_m \boldsymbol{s}_2\ \cdots\ P_m \boldsymbol{s}_{n-m}\ \right]$$
$$= -\left[\ \sum_{j=1}^{m} (\lambda_j I - A)^{-1} B \boldsymbol{g}_j s_{j1} \quad \sum_{j=1}^{m} (\lambda_j I - A)^{-1} B \boldsymbol{g}_j s_{j2} \right.$$
$$\left. \cdots \quad \cdots \quad \sum_{j=1}^{m} (\lambda_j I - A)^{-1} B \boldsymbol{g}_j s_{j(n-m)}\ \right] \qquad (7.55)$$

と表せる。ここで記述の簡単化のため，つぎのような行列を定義する。

$$H_{ji} \triangleq s_{ji}(\lambda_j I - A)^{-1}, \quad j = 1, 2, \cdots, m, \ i = 1, 2, \cdots, n-m \qquad (7.56\mathrm{a})$$

$$\overline{H}_{ji} \triangleq s_{ji}(\lambda_{m+i} I - A)^{-1}, \quad j = 1, 2, \cdots, m, \ i = 1, 2, \cdots, n-m \qquad (7.56\mathrm{b})$$

したがって，これと式 (7.54), (7.55) より，式 (7.51) は

$$C(\overline{P}_m - P_m S) = -C \left[\ \sum_{j=1}^{m} (\overline{H}_{j1} - H_{j1}) B \boldsymbol{g}_j \quad \sum_{j=1}^{m} (\overline{H}_{j2} - H_{j2}) B \boldsymbol{g}_j \right.$$
$$\left. \cdots \quad \cdots \quad \sum_{j=1}^{m} (\overline{H}_{j(n-m)} - H_{j(n-m)}) B \boldsymbol{g}_j\ \right] = O \qquad (7.57)$$

と表せる。さらに簡単化のため，つぎの行列

$$L_{ij} \triangleq C(\overline{H}_{ji} - H_{ji})B, \quad i = 1, 2, \cdots, n-m, \quad j = 1, 2, \cdots, m \qquad (7.58)$$

を定義することにより，方程式 (7.57) をつぎの等価な方程式に変形できる。

$$\begin{bmatrix} L_{11} & L_{12} & \cdots & L_{1m} \\ L_{21} & L_{22} & \cdots & L_{2m} \\ \vdots & \cdots & \cdots & \vdots \\ L_{(n-m)1} & L_{(n-m)2} & \cdots & L_{(n-m)m} \end{bmatrix} \begin{bmatrix} \boldsymbol{g}_1 \\ \boldsymbol{g}_2 \\ \vdots \\ \boldsymbol{g}_m \end{bmatrix} = \boldsymbol{0} \qquad (7.59)$$

これは，変数 $\begin{bmatrix} \boldsymbol{g}_1 \\ \boldsymbol{g}_2 \\ \vdots \\ \boldsymbol{g}_m \end{bmatrix}$ が $r \times m$ 個で式数が $m \times (n-m)$ 個の同次な連立 1 次方程式である。式 (7.59) が解けるためには変数が式数より多くなくてはならないので，$r > (n-m)$ が成り立たなくてはならない。したがって，可解条件は

$$m + r \geqq n + 1 \tag{7.60}$$

となる。よって，この条件を満たしていれば，n 個の固有値を所望値に配置する出力フィードバックゲイン F は，式 (7.59) の解 G_m を用いて式 (7.45) より

$$F = G_m(CP_m)^{-1} \tag{7.61}$$

と求まる。

以上より，出力フィードバックゲイン F の導出手順をまとめると，つぎのようになる。

計算手順 2

Step 1 n 個の所望の固有値 $\Lambda_n = \{\lambda_1, \lambda_2, \cdots, \lambda_n\}$ を $\Lambda_m = \{\lambda_1, \lambda_2, \cdots, \lambda_m\}$ の m 個と $\Lambda_{n-m} = \{\lambda_{m+1}, \lambda_{m+2}, \cdots, \lambda_n\}$ の $n-m$ 個に分け，式 (7.56a), (7.56b), (7.58) より連立 1 次方程式 (7.59) を導出する。

Step 2 適当な S を与え，連立 1 次方程式 (7.59) を解く。

Step 3 得られた G_m を用いて，式 (7.61) より出力フィードバックゲイン F を決定する。CP_m が正則でなければ Step 2 へ戻る。

出力フィードバックによる固有値配置法の詳細に関しては，12.3.1 項ならびに文献 26) を参照していただきたい。

【注意 7.2】 出力の次元 m が状態の次元 n 以上 $(m \geqq n)$ であれば，式 (7.39) は変数 F が式数以上の線形行列方程式となるので，以下のように必ず解ける。

まず，$m = n$ であれば

$$F = K^* C^{-1}$$

と一意に求まる。また，$m > n$ であれば一般化逆行列 $C^- = C^T(CC^T)^{-1}$ を用いることで，つぎのように一般的に求めることができる。

$$F = K^* C^- + E(I_m - CC^-)$$

ただし，E は任意の $r \times m$ 行列である。

7.1.3 出力フィードバックによる任意固有値配置 (II)

ここでは，Alexandridis[1] の方法を紹介する。ただし，Alexandridis が左固有ベクトルを用いた表現であるのに対し，以下では通常の右固有ベクトルを用いた表現に改めて記述する。このアプローチでは，$m + r \geqq n + 1$ の条件が成り立つ場合，出力フィードバックによって n 個の固有値すべてを配置する問題を，状態フィードバックによって $n - m$ 次のシステムの $n - m$ 個の固有値を配置する問題と，残りの m 個を所望の固有値に配置するための線形代数方程式を解く問題に変形する。

ふたたび，つぎのような線形システムを考える。

$$\dot{\boldsymbol{x}}(t) = A\boldsymbol{x}(t) + B\boldsymbol{u}(t) \tag{7.62}$$

$$\boldsymbol{y}(t) = C\boldsymbol{x}(t) \tag{7.63}$$

ただし，$\boldsymbol{x}(t) \in R^n$，$\boldsymbol{u}(t) \in R^r$，$\boldsymbol{y}(t) \in R^m$ であり，$\{A, B, C\}$ は可制御，可観測と仮定する。出力フィードバック制御

$$\boldsymbol{u}(t) = -F\boldsymbol{y}(t) \tag{7.64}$$

を適用すると，式 (7.62), (7.63), (7.64) より，閉ループ系はつぎのようになる。

$$\dot{\boldsymbol{x}}(t) = A_{cl}\boldsymbol{x}(t), \quad ここで \quad A_{cl} \triangleq A - BFC \tag{7.65}$$

つぎの補助定理が成り立つ[11]。

【補助定理 7.2】　出力フィードバックによる閉ループ系 (7.65) の n 個の固有値のうち，m 個を任意に配置できるような出力フィードバックゲイン F が存在する。ただし，複素固有値は共役複素対になるように選ばなければならない。

F を，補助定理 7.2 を満たす出力フィードバックゲイン行列とし，閉ループ系の所望の m 個の固有値を $\{\lambda_1, \lambda_2, \cdots, \lambda_m\}$ としよう。この閉ループ系の固有値に対応する m 個の右固有ベクトルからなる行列を

$$P_m = [\boldsymbol{p}_1\ \boldsymbol{p}_2 \cdots \boldsymbol{p}_m] \tag{7.66}$$

とすると，容易につぎの関係が成り立つ。

$$A_{cl} P_m = P_m \Lambda_m \tag{7.67}$$

$$\text{ここで}\quad A_{cl} \triangleq A - BFC \quad \text{かつ}\quad \Lambda_m = \mathrm{diag}\{\lambda_1, \lambda_2, \cdots, \lambda_m\}$$

ここで，式 (7.67) の関係のもとで，つぎの定理が導かれることを示す。

【定理 7.5】　出力フィードバックによる閉ループ系 (7.65) の n 個の固有値は，補助定理 7.2 の F によって決定される Λ_m の m 個の固有値と，閉ループ系

$$\dot{\overline{\boldsymbol{x}}}(t) = \left(\overline{A} - \overline{KC}\right) \overline{\boldsymbol{x}}(t) \tag{7.68}$$

の $(n-m)$ 個の固有値から成り立っている。ただし，$\overline{A} \triangleq C_0 A S_2$，$\overline{C} \triangleq C A S_2$ で，これは転置をとれば $\overline{A}^T - \overline{C}^T \overline{K}^T$ となり，状態フィードバックによる閉ループ系とみなすことができる。$\overline{K}^T$ は状態フィードバックゲインであり

$$\overline{K} = C_0 P_m \left[C P_m\right]^{-1} \tag{7.69}$$

の関係を満たす。ここで P_m は式 (7.66) で与えられ，C_0 は正方行列 $\begin{bmatrix} C \\ C_0 \end{bmatrix}$ が正則となるような任意の $(n-m) \times n$ 行列であり，つぎが成り立つ。

$$\begin{bmatrix} C \\ C_0 \end{bmatrix}^{-1} = \begin{bmatrix} S_1 & S_2 \end{bmatrix} \tag{7.70}$$

（証明）　つぎのような変換行列 $T \in R^{n \times n}$ を考える。

$$T = \begin{bmatrix} S_1 & S_2 \end{bmatrix} \begin{bmatrix} O & M \\ I_{n-m} & -N \end{bmatrix} = \begin{bmatrix} S_2 & S_1 M - S_2 N \end{bmatrix} \quad (7.71)$$

ただし，I_{n-m} は $n-m$ 次元の単位行列で，$N \in R^{(n-m)\times m}$，$M \in R^{m \times m}$ は任意の行列だが，逆行列をもたなければならない。

これより T の逆行列はつぎのように簡単に計算できる。

$$\begin{aligned} T^{-1} &= \begin{bmatrix} O & M \\ I_{n-m} & -N \end{bmatrix}^{-1} \begin{bmatrix} S_1 & S_2 \end{bmatrix}^{-1} \\ &= \begin{bmatrix} NM^{-1} & I_{n-m} \\ M^{-1} & O \end{bmatrix} \begin{bmatrix} C \\ C_0 \end{bmatrix} = \begin{bmatrix} NM^{-1}C + C_0 \\ M^{-1}C \end{bmatrix} \end{aligned} \quad (7.72)$$

変換行列 T によって閉ループ系の行列 $A_{cl} = A - BFC$ を相似変換すると，つぎのようになる。

$$\begin{aligned} T^{-1} A_{cl} T &= \begin{bmatrix} NM^{-1}C + C_0 \\ M^{-1}C \end{bmatrix} A_{cl} \begin{bmatrix} S_2 & S_1 M - S_2 N \end{bmatrix} \\ &= \begin{bmatrix} \left(NM^{-1}C + C_0\right) A_{cl} \\ M^{-1}CA_{cl} \end{bmatrix} \begin{bmatrix} S_2 & S_1 M - S_2 N \end{bmatrix} \\ &= \begin{bmatrix} \left(NM^{-1}C + C_0\right) A_{cl} S_2 & \left(NM^{-1}C + C_0\right) A_{cl} \left(S_1 M - S_2 N\right) \\ M^{-1}CA_{cl}S_2 & M^{-1}CA_{cl}\left(S_1 M - S_2 N\right) \end{bmatrix} \end{aligned} \quad (7.73)$$

ここで，式 (7.73) の計算をさらに進めるための準備をしておく。

式 (7.70) の両辺に左から $\begin{bmatrix} C \\ C_0 \end{bmatrix}$ をかけると

$$\begin{bmatrix} C \\ C_0 \end{bmatrix} \begin{bmatrix} C \\ C_0 \end{bmatrix}^{-1} = \begin{bmatrix} C \\ C_0 \end{bmatrix} \begin{bmatrix} S_1 & S_2 \end{bmatrix}$$

となり，ゆえに

$$\begin{bmatrix} CS_1 & CS_2 \\ C_0S_1 & C_0S_2 \end{bmatrix} = \begin{bmatrix} I_m & O \\ O & I_{n-m} \end{bmatrix}$$

となる。よって $CS_2 = O$ が得られ

$$A_{cl}S_2 = (A - BFC)\,S_2 = AS_2$$

が成り立つ。さらに，式 (7.71) を考慮し，任意に選ぶことのできる行列 M と N をつぎのように設定する。

$$M = CP_m, \quad N = -C_0P_m \tag{7.74}$$

これらのことを踏まえて

$$\overline{A} \triangleq C_0AS_2, \quad \overline{C} \triangleq CAS_2, \quad \overline{K} \triangleq -NM^{-1} = (C_0P_m)\,(CP_m)^{-1} \tag{7.75}$$

とおくと，式 (7.73) は簡単な行列計算から，つぎのように書き換えられる。

$$T^{-1}A_{cl}T = T^{-1}\,(A - BFC)\,T = \begin{bmatrix} \overline{A} - \overline{KC} & O \\ M^{-1}\overline{C} & \Lambda_m \end{bmatrix} \tag{7.76}$$

式 (7.76) は右上が零行列になっているので，つぎのことがいえる。すなわち，閉ループ系の行列 $A_{cl} = A - BFC$ の n 個の固有値は，任意に設定できる Λ_m の m 個の固有値と，状態フィードバックによる $\overline{A} - \overline{KC}$ の $(n-m)$ 個の固有値からなる。　□

定理 7.5 は，出力フィードバック制御問題が $n-m$ 次元の状態フィードバック制御問題と等価であることを意味している。すなわち，状態フィードバックによる式 (7.76) の $n-m$ 個の固有値を決める状態フィードバックゲイン $\overline{K}$ は，一般的な任意固有値配置の手法によって決まる。$\overline{K}$ が決まれば，元の閉ループ系 (7.65) の n 個のすべての固有値は，式 (7.76) の $n-m$ 個の固有値と，補助定理 7.2 による任意の m 個の固有値の合計である。ただし，$\overline{K}$ は式 (7.75) を

満たさなければならないので，そのときの固有ベクトル行列 P_m の列ベクトルは，式 (7.75) を以下のように変換することによって求められる。

$$\overline{K} - (C_0 P_m)(CP_m)^{-1} = O$$

$$\overline{K}(CP_m) - (C_0 P_m) = O$$

$$\left(\overline{K}C - C_0\right) P_m = O$$

よって，閉ループ系の固有ベクトル行列 P_m の列ベクトルは

$$\left(\overline{K}C - C_0\right) \boldsymbol{p}_i = \boldsymbol{0}, \quad i = 1, \cdots, m \tag{7.77}$$

となる。式 (7.77) は $(n-m) \times m$ 方程式の線形代数方程式である。この方程式が解けるためには，未知数の個数が方程式の個数に等しいか，大きいことが必要である。よって，n 次元の固有ベクトル行列は，少なくとも $n-m$ 次以上の自由度がなければならない。

一方で，$\boldsymbol{p}_i$ は所望の固有値 λ_i（$i = 1, \cdots, m$）に対応して制約が生じる。すなわち，方程式 (7.67) より，つぎのような関係を満たさなければならない。

$$(A - BFC)\boldsymbol{p}_i = \lambda_i \boldsymbol{p}_i, \quad i = 1, \cdots, m \tag{7.78}$$

ただし，λ_i（$i = 1, \cdots, m$）は開ループ系の固有値とは異なる固有値である。

ここで，つぎのようなベクトル $\boldsymbol{g}_i \in C^r$（$i = 1, \cdots, m$）を導入する。

$$\boldsymbol{g}_i = FC\boldsymbol{p}_i, \quad i = 1, \cdots, m \tag{7.79}$$

そして

$$G_m = \left[\ \boldsymbol{g}_1\, \boldsymbol{g}_2\, \cdots\, \boldsymbol{g}_m\ \right] \tag{7.80}$$

とする。よって，式 (7.79) より出力フィードバックゲイン行列 F は，つぎのように求まる。

$$F = G_m (CP_m)^{-1} \tag{7.81}$$

明らかに，行列 CP_m は逆行列をもたなければならない。これは，$\operatorname{rank} C = m$ で $\{\lambda_1, \lambda_2, \cdots, \lambda_m\}$ が行列 A の固有値を含まないならば，一般的に可能である。

しかし，行列 G_m と P_m は独立ではなく，式 (7.79) によって関連づけられている。よって，式 (7.78), (7.79) をあわせると，容易につぎの関係が導かれる。

$$\boldsymbol{p}_i = -(\lambda_i I - A)^{-1} B\boldsymbol{g}_i, \quad i = 1, \cdots, m \tag{7.82}$$

ここで $\boldsymbol{g}_i$ は任意の r 次元ベクトルで，$r-1$ の自由度をもつ[11)]。よって，$\boldsymbol{g}_i$ には与えられた λ_i に対して $r-1$ の自由度があることになる。

式 (7.77) が解けるための条件を思い起こすと，けっきょく，式 (7.82) が解けるための条件（$n-m$ 以上の自由度が必要ということ）を自由度 $r-1$ の $\boldsymbol{p}_i$ が満足するためには，$r-1 \geqq n-m$ が必要である。これは，最初に述べた出力フィードバックによって任意固有値配置が可能なための必要条件 $m+r \geqq n+1$ と等価である。

以上より，$m+r \geqq n+1$ の場合には任意固有値配置が可能であり，したがって，式 (7.82) を式 (7.77) に代入すると次式を得る。

$$-\left(\overline{K}C - C_0\right)[\lambda_i I - A]^{-1} B\boldsymbol{g}_i = \boldsymbol{0}, \quad i = 1, \cdots, m \tag{7.83}$$

最後に，出力フィードバックゲインの導出方法をまとめておく。

計算手順 3

Step 1　全体の n 個の所望の固有値（$\{\lambda_1, \lambda_2, \cdots, \lambda_m\}$ および状態フィードバックによる $n-m$ 個）を決定する。

Step 2　式 (7.68) において，$\overline{A}$, $\overline{C}$ は既知であり，状態フィードバックの $n-m$ 個の固有値も決定されているので，$\overline{K}$ を計算する。

Step 3　式 (7.83) より $\boldsymbol{g}_i$（$i = 1, \cdots, m$）を決定する。

Step 4　G_m, P_m を式 (7.80), (7.82), (7.66) により計算する。

Step 5　出力フィードバックゲイン F を式 (7.81) によって導出する。

動的出力フィードバック制御すなわち動的補償器による任意固有値配置法については，文献 20), 21), 3), 16), 19), 23) を参照されたい。

7.2 最小位相システムの高ゲイン出力フィードバックによる安定化制御[22)]

アフィン非線形システムの安定化のための1手法として，高ゲインフィードバック[13),15)]が知られている。すなわち，アフィン非線形システムは，相対次数が1で，かつ線形化システムが最小位相ならば，静的な高ゲイン出力フィードバック制御によって局所的に漸近安定化できる。

この定理は，すべての零点が複素左半平面にある最小位相の伝達関数の根軌跡は，十分大きいループゲインに対してすべての分岐が複素左半平面に存在するという，古典制御でよく知られた結果を非線形システムへ一般化したものである。

高ゲインフィードバックはアフィン非線形システムの安定化制御においてもしばしば応用されてきた重要な概念だが，理論的にはあまり深く解析されていなかった。また，従来はスカラ系に限られていた。

本節では，多入力多出力のアフィン非線形システムにおける高ゲイン出力フィードバック定理を，リアプノフ直接法に基づき導出する。これは，非線形システムのみならず，線形多入力多出力システムに対しても幅広い利用が考えられるので，高ゲインフィードバックの多変数システムへの一般化は有益である。

アフィン非線形システム

$$\dot{\boldsymbol{x}}(t) = \boldsymbol{f}(\boldsymbol{x}(t)) + G(\boldsymbol{x}(t))\boldsymbol{u}(t) \tag{7.84}$$

$$\boldsymbol{y}(t) = \boldsymbol{h}(\boldsymbol{x}(t)) \tag{7.85}$$

を考える。ここで $\boldsymbol{x}(t) \in R^n$，$\boldsymbol{u}(t) \in R^m$，$\boldsymbol{y}(t) \in R^m$ であり，$\boldsymbol{f}(\boldsymbol{0}) = \boldsymbol{0}$，$\boldsymbol{h}(\boldsymbol{0}) = \boldsymbol{0}$ とする。このシステムは $\boldsymbol{x} = \boldsymbol{0}$ で相対次数 $\{1, 1, \cdots, 1\}$ をもち，零ダイナミクスは第1近似において漸近安定と仮定する。このとき，つぎの定理が成り立つ。

【定理 7.6】（高ゲイン出力フィードバック） システム (7.84), (7.85) は $\boldsymbol{x} = \boldsymbol{0}$ で相対次数 $\{1, 1, \cdots, 1\}$ をもち（すなわち，$\boldsymbol{h}_{\boldsymbol{x}}(\boldsymbol{0})G(\boldsymbol{0})$ は正則），零ダイナ

ミクスは第1近似において漸近安定（つまり線形化システムが最小位相）と仮定する。そして，出力フィードバック制御

$$\boldsymbol{u}(t) = -K\boldsymbol{y}(t) \tag{7.86}$$

を考える。このとき，定数 $\overline{k}_{i0}$, γ_{i0} が存在して，つぎの (i) または (ii) のように K を選べば，閉ループ系 (7.84)〜(7.86) の原点 $\boldsymbol{x} = \mathbf{0}$ は漸近安定である。

(i) $K = (\boldsymbol{h_x}(\mathbf{0})G(\mathbf{0}))^{-1}\overline{K}$ と選ぶ。ただし，$\overline{K}$ は十分大きい正定対角行列 $\overline{K} = \mathrm{diag}\{\overline{k}_1, \overline{k}_2, \cdots, \overline{k}_m\}$（$\overline{k}_i \geqq \overline{k}_{i0}$）である。

(ii) $K = (\boldsymbol{h_x}(\mathbf{0})G(\mathbf{0}))^{-1}(Q_{11} + \Gamma)$ と選ぶ。ただし，Γ は十分大きい正定対角行列 $\Gamma = \mathrm{diag}\{\gamma_1, \gamma_2, \cdots, \gamma_m\}$（$\gamma_i \geqq \gamma_{i0} > 0$）である。ここで Q_{11} は標準形の線形化行列である（式 (7.93) を参照）。

(証明)　相対次数 $\{1, 1, \cdots, 1\}$ の仮定より，システム (7.84), (7.85) は正則な座標変換

$$\begin{bmatrix} \boldsymbol{\xi} \\ \boldsymbol{\eta} \end{bmatrix} = \begin{bmatrix} \boldsymbol{h}(\boldsymbol{x}) \\ T(\boldsymbol{x}) \end{bmatrix}$$

によって，標準形（ノーマルフォーム）

$$\dot{\boldsymbol{\xi}} = \boldsymbol{a}(\boldsymbol{\xi}, \boldsymbol{\eta}) + B(\boldsymbol{\xi}, \boldsymbol{\eta})\boldsymbol{u} \tag{7.87}$$

$$\dot{\boldsymbol{\eta}} = \boldsymbol{q}(\boldsymbol{\xi}, \boldsymbol{\eta}) \tag{7.88}$$

$$\boldsymbol{y} = \boldsymbol{\xi} \tag{7.89}$$

に変換することができる。ここで

$$\boldsymbol{a}(\boldsymbol{\xi}, \boldsymbol{\eta}) \triangleq \boldsymbol{h_x}(\boldsymbol{x})\boldsymbol{f}(\boldsymbol{x}), \quad B(\boldsymbol{\xi}, \boldsymbol{\eta}) \triangleq \boldsymbol{h_x}(\boldsymbol{x})G(\boldsymbol{x})$$

である（2.3 節を参照）。

また，システム (7.87), (7.88) において，出力フィードバック

$$\boldsymbol{u} = -K\boldsymbol{y} = -K\boldsymbol{\xi} \tag{7.90}$$

を施すと

$$\dot{\boldsymbol{\xi}} = \boldsymbol{a}(\boldsymbol{\xi}, \boldsymbol{\eta}) - B(\boldsymbol{\xi}, \boldsymbol{\eta})K\boldsymbol{\xi} \tag{7.91}$$

$$\dot{\boldsymbol{\eta}} = \boldsymbol{q}(\boldsymbol{\xi}, \boldsymbol{\eta}) \tag{7.92}$$

となる。$B(\boldsymbol{\xi}, \boldsymbol{\eta}) = \boldsymbol{h_x}(\boldsymbol{x})G(\boldsymbol{x})$ に注意して式 (7.91), (7.92) を $(\boldsymbol{\xi}, \boldsymbol{\eta}) = (\mathbf{0}, \mathbf{0})$ まわりで線形化すると，つぎのようになる。

$$\begin{aligned}\dot{\boldsymbol{\xi}} &= Q_{11}\boldsymbol{\xi} + Q_{12}\boldsymbol{\eta} - \boldsymbol{h_x}(\mathbf{0})G(\mathbf{0})K\boldsymbol{\xi} \\ &= (Q_{11} - \boldsymbol{h_x}(\mathbf{0})G(\mathbf{0})K)\boldsymbol{\xi} + Q_{12}\boldsymbol{\eta}\end{aligned} \tag{7.93}$$

$$\dot{\boldsymbol{\eta}} = Q_{21}\boldsymbol{\xi} + Q_{22}\boldsymbol{\eta} \tag{7.94}$$

線形化システムは最小位相と仮定したので，零ダイナミクス $\dot{\boldsymbol{\eta}} = Q_{22}\boldsymbol{\eta}$ は漸近安定である。このとき，ある正定行列 P に対してリアプノフ方程式

$$PQ_{22} + Q_{22}^T P < 0 \tag{7.95}$$

が成り立つ。ここで，関数 $S(\boldsymbol{\xi}, \boldsymbol{\eta})$ を

$$S(\boldsymbol{\xi}, \boldsymbol{\eta}) = \begin{bmatrix} \boldsymbol{\xi} \\ \boldsymbol{\eta} \end{bmatrix}^T \begin{bmatrix} I & O \\ O & P \end{bmatrix} \begin{bmatrix} \boldsymbol{\xi} \\ \boldsymbol{\eta} \end{bmatrix} \tag{7.96}$$

と定義する。P は正定行列（$P > 0$）なので，$S(\boldsymbol{\xi}, \boldsymbol{\eta})$ は正定値関数である。

$S(\boldsymbol{\xi}, \boldsymbol{\eta})$ が式 (7.93), (7.94) に対するリアプノフ関数であることを以下に示す。

$S(\boldsymbol{\xi}, \boldsymbol{\eta})$ の時間微分は，式 (7.96) と式 (7.93), (7.94) より

$$\begin{aligned}\dot{S}(\boldsymbol{\xi}, \boldsymbol{\eta}) &= \begin{bmatrix} \dot{\boldsymbol{\xi}} \\ \dot{\boldsymbol{\eta}} \end{bmatrix}^T \begin{bmatrix} I & O \\ O & P \end{bmatrix} \begin{bmatrix} \boldsymbol{\xi} \\ \boldsymbol{\eta} \end{bmatrix} + \begin{bmatrix} \boldsymbol{\xi} \\ \boldsymbol{\eta} \end{bmatrix}^T \begin{bmatrix} I & O \\ O & P \end{bmatrix} \begin{bmatrix} \dot{\boldsymbol{\xi}} \\ \dot{\boldsymbol{\eta}} \end{bmatrix} \\ &= \begin{bmatrix} Q_{11}\boldsymbol{\xi} + Q_{12}\boldsymbol{\eta} - \boldsymbol{h_x}(\mathbf{0})G(\mathbf{0})K\boldsymbol{\xi} \\ Q_{21}\boldsymbol{\xi} + Q_{22}\boldsymbol{\eta} \end{bmatrix}^T \begin{bmatrix} I & O \\ O & P \end{bmatrix} \begin{bmatrix} \boldsymbol{\xi} \\ \boldsymbol{\eta} \end{bmatrix} \\ &\quad + \begin{bmatrix} \boldsymbol{\xi} \\ \boldsymbol{\eta} \end{bmatrix}^T \begin{bmatrix} I & O \\ O & P \end{bmatrix} \begin{bmatrix} Q_{11}\boldsymbol{\xi} + Q_{12}\boldsymbol{\eta} - \boldsymbol{h_x}(\mathbf{0})G(\mathbf{0})K\boldsymbol{\xi} \\ Q_{21}\boldsymbol{\xi} + Q_{22}\boldsymbol{\eta} \end{bmatrix}\end{aligned}$$

$$
\begin{aligned}
&= \begin{bmatrix} \boldsymbol{\xi} \\ \boldsymbol{\eta} \end{bmatrix}^T \begin{bmatrix} Q_{11}^T & Q_{21}^T P \\ Q_{12}^T & Q_{22}^T P \end{bmatrix} \begin{bmatrix} \boldsymbol{\xi} \\ \boldsymbol{\eta} \end{bmatrix} \\
&\quad - \begin{bmatrix} \boldsymbol{h_x}(\mathbf{0})G(\mathbf{0})K\boldsymbol{\xi} \\ \mathbf{0} \end{bmatrix}^T \begin{bmatrix} \boldsymbol{\xi} \\ \boldsymbol{\eta} \end{bmatrix} \\
&\quad + \begin{bmatrix} \boldsymbol{\xi} \\ \boldsymbol{\eta} \end{bmatrix}^T \begin{bmatrix} Q_{11} & Q_{12} \\ PQ_{21} & PQ_{22} \end{bmatrix} \begin{bmatrix} \boldsymbol{\xi} \\ \boldsymbol{\eta} \end{bmatrix} \\
&\quad - \begin{bmatrix} \boldsymbol{\xi} \\ \boldsymbol{\eta} \end{bmatrix}^T \begin{bmatrix} \boldsymbol{h_x}(\mathbf{0})G(\mathbf{0})K\boldsymbol{\xi} \\ \mathbf{0} \end{bmatrix} \\
&= \begin{bmatrix} \boldsymbol{\xi} \\ \boldsymbol{\eta} \end{bmatrix}^T \Theta \begin{bmatrix} \boldsymbol{\xi} \\ \boldsymbol{\eta} \end{bmatrix} \qquad (7.97)
\end{aligned}
$$

となる。ここで

$$
\Theta \triangleq \begin{bmatrix} Q_{11} - \boldsymbol{h_x}(\mathbf{0})G(\mathbf{0})K + Q_{11}^T - K^T G(\mathbf{0})^T \boldsymbol{h_x}(\mathbf{0})^T & Q_{12} + Q_{21}^T P \\ PQ_{21} + Q_{12}^T & PQ_{22} + Q_{22}^T P \end{bmatrix} \tag{7.98}
$$

とおいた。このとき，(i) または (ii) の場合において，以下のことが成り立つ。

(i)　K を

$$
K = (\boldsymbol{h_x}(\mathbf{0})G(\mathbf{0}))^{-1}\overline{K} \tag{7.99}
$$

と選ぶと，式 (7.98) の第 (1,1) ブロックは $Q_{11} - \overline{K} + Q_{11}^T - \overline{K}^T$ となる。ゆえに，十分大きい $\overline{k}_{i0}$ $(i = 1, \cdots, m)$ が存在して，$\overline{K} = \mathrm{diag}\{\overline{k}_1, \overline{k}_2, \cdots, \overline{k}_m\}$，$\overline{k}_i \geqq \overline{k}_{i0}$ と選べば，第 (1,1) ブロックは負定行列となり

$$
Q_{11} - \boldsymbol{h_x}(\mathbf{0})G(\mathbf{0})K + Q_{11}^T - K^T G(\mathbf{0})^T \boldsymbol{h_x}(\mathbf{0})^T < 0 \tag{7.100}
$$

が成り立つ。これと式 (7.95) より，$\Theta < 0$ が成り立つ。

(ii) K を

$$K = (\boldsymbol{h_x}(\mathbf{0})G(\mathbf{0}))^{-1}(Q_{11} + \Gamma) \tag{7.101}$$

と選ぶと, Θ の第 (1,1) ブロックは $-\Gamma-\Gamma^T$ となり, Γ が正定行列 ($\Gamma > 0$) ならば, 負定となる。それゆえ, $\Gamma = \mathrm{diag}\{\gamma_1, \gamma_2, \cdots, \gamma_m\}$, $\gamma_i \geqq \gamma_{i0} > 0$ と選ぶと，前と同じく式 (7.100) が成り立つ。そのため，Γ が十分大きければ，式 (7.95) とあわせて $\Theta < 0$ が成り立つ。

したがって，(i), (ii) のどちらの場合でも

$$\dot{S}(\boldsymbol{\xi}, \boldsymbol{\eta}) = \begin{bmatrix} \boldsymbol{\xi} \\ \boldsymbol{\eta} \end{bmatrix}^T \Theta \begin{bmatrix} \boldsymbol{\xi} \\ \boldsymbol{\eta} \end{bmatrix} < 0$$

が成り立ち, $S(\boldsymbol{\xi}, \boldsymbol{\eta})$ は式 (7.93), (7.94) に対するリアプノフ関数である。ゆえに式 (7.93), (7.94) は漸近安定である。それゆえ, 第 1 近似における安定性原理（リアプノフ間接法）より, 元の非線形システム (7.91), (7.92) も原点 $(\boldsymbol{\xi}, \boldsymbol{\eta}) = (\mathbf{0}, \mathbf{0})$ 近傍で漸近安定である。

したがって，標準形に座標変換（正則変換）する前のアフィン非線形システム (7.84), (7.85) は，式 (7.86) によって漸近安定化することができる。 □

線形（多変数）システムの場合　　線形多変数システム

$$\dot{\boldsymbol{x}}(t) = A\boldsymbol{x}(t) + B\boldsymbol{u}(t) \tag{7.102}$$

$$\boldsymbol{y}(t) = C\boldsymbol{x}(t) \tag{7.103}$$

を考える。ここで $\boldsymbol{x}(t) \in R^n$，$\boldsymbol{u}(t) \in R^m$，$\boldsymbol{y}(t) \in R^m$ である。このシステムは $\boldsymbol{x} = \mathbf{0}$ で相対次数 $\{1, 1, \cdots, 1\}$ をもち，最小位相と仮定する。このとき，定理 7.6 の系として，つぎのような線形システムの高ゲイン出力フィードバック定理が得られる。

【系 7.1】（高ゲイン出力フィードバック）　　システム (7.102), (7.103) は相対次数 $\{1, 1, \cdots, 1\}$（すなわち CB は正則）で最小位相系（すなわち，零ダイナミクスが漸近安定）と仮定する。そして，出力フィードバック制御

$$\boldsymbol{u}(t) = -K\boldsymbol{y}(t) \tag{7.104}$$

を考える。このとき，定数 $\overline{k}_{i0}$, γ_{i0} が存在して，つぎの (i) または (ii) のように K を選べば，閉ループ系 (7.102)〜(7.104) の原点 $\boldsymbol{x} = \boldsymbol{0}$ は漸近安定である。

(i) $K = (CB)^{-1}\overline{K}$ と選ぶ。ただし，$\overline{K}$ は十分大きい正定対角行列 $\overline{K} = \mathrm{diag}\{\overline{k}_1, \overline{k}_2, \cdots, \overline{k}_m\}$（$\overline{k}_i \geqq \overline{k}_{i0}$）である。

(ii) $K = (CB)^{-1}(Q_{11} + \Gamma)$ と選ぶ。ただし，Γ は十分大きい正定対角行列 $\Gamma = \mathrm{diag}\{\gamma_1, \gamma_2, \cdots, \gamma_m\}$（$\gamma_i \geqq \gamma_{i0} > 0$）である。ここで Q_{11} は標準形の部分行列（式 (7.105) を参照）である。

(証明)　定理 7.6 とまったく同様だが，重要なので再記しておく。相対次数 $\{1, 1, \cdots, 1\}$ の仮定より，システム (7.102), (7.103) は正則な座標変換

$$\begin{bmatrix} \boldsymbol{\xi} \\ \boldsymbol{\eta} \end{bmatrix} = \begin{bmatrix} C \\ T \end{bmatrix} \boldsymbol{x}, \quad TB = O$$

によって，標準形

$$\dot{\boldsymbol{\xi}} = Q_{11}\boldsymbol{\xi} + Q_{12}\boldsymbol{\eta} + CB\boldsymbol{u} \tag{7.105}$$

$$\dot{\boldsymbol{\eta}} = Q_{21}\boldsymbol{\xi} + Q_{22}\boldsymbol{\eta} \tag{7.106}$$

$$\boldsymbol{y} = \boldsymbol{\xi} \tag{7.107}$$

に変換することができる（2.3 節を参照）。ここで，$\dot{\boldsymbol{\eta}} = Q_{22}\boldsymbol{\eta}$ は零ダイナミクスと呼ばれる。零ダイナミクスが漸近安定のとき，システム (7.102), (7.103) は最小位相であるという。

式 (7.105)〜(7.107) において，出力フィードバック

$$\boldsymbol{u} = -K\boldsymbol{y} = -K\boldsymbol{\xi} \tag{7.108}$$

を施すと，つぎのようになる。

$$\begin{aligned} \dot{\boldsymbol{\xi}} &= Q_{11}\boldsymbol{\xi} + Q_{12}\boldsymbol{\eta} - CBK\boldsymbol{\xi} \\ &= (Q_{11} - CBK)\boldsymbol{\xi} + Q_{12}\boldsymbol{\eta} \end{aligned} \tag{7.109}$$

$$\dot{\boldsymbol{\eta}} = Q_{21}\boldsymbol{\xi} + Q_{22}\boldsymbol{\eta} \tag{7.110}$$

最小位相と仮定したので，$\dot{\boldsymbol{\eta}} = Q_{22}\boldsymbol{\eta}$ は漸近安定だから，ある正定行列 P に対してリアプノフ方程式

$$PQ_{22} + Q_{22}^T P < 0 \tag{7.111}$$

が成り立つ。ここでリアプノフ関数 $S(\boldsymbol{\xi}, \boldsymbol{\eta})$ を

$$S(\boldsymbol{\xi}, \boldsymbol{\eta}) = \begin{bmatrix} \boldsymbol{\xi} \\ \boldsymbol{\eta} \end{bmatrix}^T \begin{bmatrix} I & O \\ O & P \end{bmatrix} \begin{bmatrix} \boldsymbol{\xi} \\ \boldsymbol{\eta} \end{bmatrix} \tag{7.112}$$

と定義する。P は正定行列（$P > 0$）なので，$S(\boldsymbol{\xi}, \boldsymbol{\eta})$ は正定値関数である。

$S(\boldsymbol{\xi}, \boldsymbol{\eta})$ の時間微分は，式 (7.112) と式 (7.109), (7.110) より

$$\begin{aligned}
\dot{S}(\boldsymbol{\xi}, \boldsymbol{\eta}) &= \begin{bmatrix} \dot{\boldsymbol{\xi}} \\ \dot{\boldsymbol{\eta}} \end{bmatrix}^T \begin{bmatrix} I & O \\ O & P \end{bmatrix} \begin{bmatrix} \boldsymbol{\xi} \\ \boldsymbol{\eta} \end{bmatrix} + \begin{bmatrix} \boldsymbol{\xi} \\ \boldsymbol{\eta} \end{bmatrix}^T \begin{bmatrix} I & O \\ O & P \end{bmatrix} \begin{bmatrix} \dot{\boldsymbol{\xi}} \\ \dot{\boldsymbol{\eta}} \end{bmatrix} \\
&= \begin{bmatrix} Q_{11}\boldsymbol{\xi} + Q_{12}\boldsymbol{\eta} - CBK\boldsymbol{\xi} \\ Q_{21}\boldsymbol{\xi} + Q_{22}\boldsymbol{\eta} \end{bmatrix}^T \begin{bmatrix} I & O \\ O & P \end{bmatrix} \begin{bmatrix} \boldsymbol{\xi} \\ \boldsymbol{\eta} \end{bmatrix} \\
&\quad + \begin{bmatrix} \boldsymbol{\xi} \\ \boldsymbol{\eta} \end{bmatrix}^T \begin{bmatrix} I & O \\ O & P \end{bmatrix} \begin{bmatrix} Q_{11}\boldsymbol{\xi} + Q_{12}\boldsymbol{\eta} - CBK\boldsymbol{\xi} \\ Q_{21}\boldsymbol{\xi} + Q_{22}\boldsymbol{\eta} \end{bmatrix} \\
&= \begin{bmatrix} \boldsymbol{\xi} \\ \boldsymbol{\eta} \end{bmatrix}^T \begin{bmatrix} Q_{11}^T & Q_{21}^T P \\ Q_{12}^T & Q_{22}^T P \end{bmatrix} \begin{bmatrix} \boldsymbol{\xi} \\ \boldsymbol{\eta} \end{bmatrix} - \begin{bmatrix} CBK\boldsymbol{\xi} \\ \mathbf{0} \end{bmatrix}^T \begin{bmatrix} \boldsymbol{\xi} \\ \boldsymbol{\eta} \end{bmatrix} \\
&\quad + \begin{bmatrix} \boldsymbol{\xi} \\ \boldsymbol{\eta} \end{bmatrix}^T \begin{bmatrix} Q_{11} & Q_{12} \\ PQ_{21} & PQ_{22} \end{bmatrix} \begin{bmatrix} \boldsymbol{\xi} \\ \boldsymbol{\eta} \end{bmatrix} - \begin{bmatrix} \boldsymbol{\xi} \\ \boldsymbol{\eta} \end{bmatrix}^T \begin{bmatrix} CBK\boldsymbol{\xi} \\ \mathbf{0} \end{bmatrix} \\
&= \begin{bmatrix} \boldsymbol{\xi} \\ \boldsymbol{\eta} \end{bmatrix}^T \begin{bmatrix} Q_{11} - CBK + Q_{11}^T - K^T B^T C^T & Q_{21}^T P + Q_{12} \\ PQ_{21} + Q_{12}^T & PQ_{22} + Q_{22}^T P \end{bmatrix} \begin{bmatrix} \boldsymbol{\xi} \\ \boldsymbol{\eta} \end{bmatrix}
\end{aligned} \tag{7.113}$$

となる。ここで

$$\Theta \triangleq \begin{bmatrix} Q_{11} - CBK + Q_{11}^T - K^T B^T C^T & Q_{12} + Q_{21}^T P \\ PQ_{21} + Q_{12}^T & PQ_{22} + Q_{22}^T P \end{bmatrix} \quad (7.114)$$

とおこう。このとき，(i) または (ii) の場合において，以下のことが成り立つ。

(i)　K を

$$K = (CB)^{-1}\overline{K} \quad (7.115)$$

と選ぶと，Θ の第 (1,1) ブロックは $Q_{11} - \overline{K} + Q_{11}^T - \overline{K}^T$ となる。ゆえに，十分大きい $\overline{k}_{i0} > 0$（$i = 1, \cdots, m$）が存在して，$\overline{K} = \mathrm{diag}\{\overline{k}_1, \overline{k}_2, \cdots, \overline{k}_m\}$，$\overline{k}_i \geqq \overline{k}_{i0}$ と選べば，第 (1,1) ブロックは負定行列となり

$$Q_{11} - CBK + Q_{11}^T - K^T B^T C^T < 0 \quad (7.116)$$

が成り立つ。これと式 (7.111) より $\Theta < 0$ が成り立つ。

(ii)　K を

$$K = (CB)^{-1}(Q_{11} + \Gamma) \quad (7.117)$$

と選ぶと Θ の第 (1,1) ブロックは $-\Gamma - \Gamma^T$ となり，Γ が正定行列 ($\Gamma > 0$) ならば，負定となる。それゆえ，$\Gamma = \mathrm{diag}\{\gamma_1, \gamma_2, \cdots, \gamma_m\}$，$\gamma_i \geqq \gamma_{i0} > 0$ と選ぶと，前と同じく式 (7.116) が成り立ち，Γ が十分大きければ，式 (7.111) とあわせて $\Theta < 0$ が成り立つ。

したがって，(i), (ii) のどちらの場合でも

$$\dot{S}(\boldsymbol{\xi}, \boldsymbol{\eta}) = \begin{bmatrix} \boldsymbol{\xi} \\ \boldsymbol{\eta} \end{bmatrix}^T \Theta \begin{bmatrix} \boldsymbol{\xi} \\ \boldsymbol{\eta} \end{bmatrix} < 0$$

が成り立ち，$S(\boldsymbol{\xi}, \boldsymbol{\eta})$ は式 (7.109), (7.110) に対するリアプノフ関数であり，式 (7.109), (7.110) は漸近安定である。したがって，標準形に座標変換（正則変換）する前の多変数線形システム (7.102), (7.103) は，出力フィードバック (7.104) によって漸近安定化することができる。　□

7.3　線形システムの高ゲイン出力フィードバックによる安定化制御

本節では，最小位相性と高ゲイン出力フィードバック定理（系 7.1）に基づいて，一般の線形システムに対する新しい出力フィードバック安定化制御の設計法を説明する。ゲイン係数を十分大きくすることによって，漸近安定化が達成されるのみならず，閉ループ系の性能（過渡特性）も改善されていく。

7.3.1　標準形（ノーマルフォーム）への変換

制御対象として，つぎのような線形多変数システムを考える。

$$\dot{\boldsymbol{x}}(t) = A\boldsymbol{x}(t) + B\boldsymbol{u}(t) \tag{7.118}$$

$$\boldsymbol{y}(t) = C\boldsymbol{x}(t) \tag{7.119}$$

ここで，$\boldsymbol{x}(t) \in R^n$，$\boldsymbol{u}(t) \in R^r$，$\boldsymbol{y}(t) \in R^m$ は，それぞれ状態ベクトル，制御入力，出力である。$\{A, B, C\}$ は可制御・可観測とする。また $\mathrm{rank}\, C = m$ とする。

つぎに，C の m 個の行ベクトルとは独立な m_0 個の行ベクトルを任意に選んで，$(m + m_0) \times n$ 次元の行列 $\begin{bmatrix} C \\ C_0 \end{bmatrix}$ を作る。そして，拡大出力

$$\begin{bmatrix} \boldsymbol{y}(t) \\ \boldsymbol{y}_0(t) \end{bmatrix} = \begin{bmatrix} C \\ C_0 \end{bmatrix} \boldsymbol{x}(t) \tag{7.120}$$

を考える。ここで $\boldsymbol{y}_0(t) = C_0\boldsymbol{x}(t)$ の次元 m_0 は未定である。

一方，つぎのような仮想的な入出力システム

$$\dot{\boldsymbol{x}}(t) = A\boldsymbol{x}(t) + B\boldsymbol{u}(t) \tag{7.118}$$

$$\widetilde{\boldsymbol{y}}(t) = \widetilde{F} \begin{bmatrix} C \\ C_0 \end{bmatrix} \boldsymbol{x}(t) \tag{7.121}$$

と出力フィードバック則

$$\boldsymbol{u}(t) = -\mathcal{L}\widetilde{\boldsymbol{y}}(t) \tag{7.122}$$

を考える。ここで，$\widetilde{F} \in R^{r\times(m+m_0)}$，$\mathcal{L} \in R^{r\times r}$ である。したがって，$\widetilde{\boldsymbol{y}} \in R^r$ であり，$\boldsymbol{u}$ の次元と $\widetilde{\boldsymbol{y}}$ の次元は等しいことに注意しよう。

式 (7.121), (7.122) を式 (7.118) に代入すると，閉ループ系は

$$\dot{\boldsymbol{x}}(t) = A\boldsymbol{x}(t) - B\mathcal{L}\widetilde{F}\begin{bmatrix} C \\ C_0 \end{bmatrix}\boldsymbol{x}(t) = \left(A - B\mathcal{L}\widetilde{F}\begin{bmatrix} C \\ C_0 \end{bmatrix}\right)\boldsymbol{x}(t)$$

となる。

ここで，$\widetilde{\boldsymbol{y}}$ の $\boldsymbol{u}$ に対する相対次数をチェックする。式 (7.121) の時間微分は

$$\dot{\widetilde{\boldsymbol{y}}} = \widetilde{F}\begin{bmatrix} C \\ C_0 \end{bmatrix}\dot{\boldsymbol{x}} = \widetilde{F}\begin{bmatrix} C \\ C_0 \end{bmatrix}A\boldsymbol{x} + \widetilde{F}\begin{bmatrix} C \\ C_0 \end{bmatrix}B\boldsymbol{u}$$

であるから

$$\frac{\partial\dot{\widetilde{\boldsymbol{y}}}}{\partial\boldsymbol{u}} = \widetilde{F}\begin{bmatrix} C \\ C_0 \end{bmatrix}B \tag{7.123}$$

となる。前節で述べた高ゲイン出力フィードバック定理（系 7.1）を適用するためには，$\partial\dot{\widetilde{\boldsymbol{y}}}/\partial\boldsymbol{u}$ は正則行列（相対次数 $\{1, 1, \cdots, 1\}$）でなければならない。それゆえ $\widetilde{F}\begin{bmatrix} C \\ C_0 \end{bmatrix}B$ は正則と仮定する。

よって，仮想的なシステム (7.118), (7.121) は標準形（ノーマルフォーム）へ変換でき，零ダイナミクスを求めることができる。

さて，B の r 個の列ベクトルとは独立な $n-r$ 個の列ベクトルからなる行列 B_0 を任意に選んで，n 次の正則行列

$$N = \begin{bmatrix} B & B_0 \end{bmatrix}^{-1} \tag{7.124}$$

を作り，この N を用いて相似変換

$$\widetilde{\boldsymbol{x}} = N\boldsymbol{x} \tag{7.125}$$

を施すと，システム (7.118), (7.121) はつぎのように変換できる。

$$\dot{\tilde{\boldsymbol{x}}} = NAN^{-1}\tilde{\boldsymbol{x}} + NB\boldsymbol{u} := \widetilde{A}\tilde{\boldsymbol{x}} + \widetilde{B}\boldsymbol{u} \tag{7.126}$$

$$\tilde{\boldsymbol{y}} = \widetilde{F}\begin{bmatrix} C \\ C_0 \end{bmatrix} N^{-1}\tilde{\boldsymbol{x}} := \widetilde{C}\tilde{\boldsymbol{x}} \tag{7.127}$$

N の定義 (7.124) より明らかに

$$NN^{-1} = \begin{bmatrix} NB & NB_0 \end{bmatrix} = I_n = \begin{bmatrix} I_r & O \\ O & I_{n-r} \end{bmatrix}$$

であるから，$NB = \begin{bmatrix} I_r \\ O \end{bmatrix}$ である。いま N を

$$N = \left[\begin{array}{c} N_1 \\ \hdashline N_2 \end{array}\right] \begin{array}{l} r \text{ 行} \\ n-r \text{ 行} \end{array} \tag{7.128}$$

に分割して式 (7.126), (7.127) を計算すると，以下のようになる。

$$\widetilde{A} = NAN^{-1} = \begin{bmatrix} N_1AB & N_1AB_0 \\ N_2AB & N_2AB_0 \end{bmatrix} \tag{7.129}$$

$$\widetilde{B} = NB = \begin{bmatrix} I_r \\ O \end{bmatrix} \tag{7.130}$$

$$\widetilde{C} = \widetilde{F}\begin{bmatrix} C \\ C_0 \end{bmatrix} N^{-1} = \widetilde{F}\begin{bmatrix} CB & CB_0 \\ C_0B & C_0B_0 \end{bmatrix} \tag{7.131}$$

つぎに $\{\widetilde{A}, \widetilde{B}, \widetilde{C}\}$ を標準形に変換する。そのために，つぎのような変換を考える。

$$\begin{bmatrix} \boldsymbol{\xi} \\ \boldsymbol{\eta} \end{bmatrix} = \begin{bmatrix} \widetilde{C} \\ \widetilde{T} \end{bmatrix} \tilde{\boldsymbol{x}} = \begin{bmatrix} \widetilde{C}_1 & \widetilde{C}_2 \\ O & I_{n-r} \end{bmatrix} \tilde{\boldsymbol{x}} \tag{7.132}$$

ここで　$\widetilde{T}\widetilde{B} = \begin{bmatrix} O & I_{n-r} \end{bmatrix} \begin{bmatrix} I_r \\ O \end{bmatrix} = O$

ただし，$\widetilde{\boldsymbol{y}} = \boldsymbol{\xi}$ にとるために $\boldsymbol{\xi}$ の次元は r であり，$\boldsymbol{\eta}$ の次元は $n-r$ である。式 (7.132) の逆行列は

$$\begin{bmatrix} \widetilde{C}_1 & \widetilde{C}_2 \\ O & I_{n-r} \end{bmatrix}^{-1} = \begin{bmatrix} \widetilde{C}_1^{-1} & -\widetilde{C}_1^{-1}\widetilde{C}_2 \\ O & I_{n-r} \end{bmatrix}$$

なので，この変換によってシステム (7.126), (7.127)，つまり式 (7.129)～(7.131) で与えられるシステム $\{\widetilde{A}, \widetilde{B}, \widetilde{C}\}$ を標準形へ変換すると，つぎのようになる。

$$\begin{aligned}
\begin{bmatrix} \dot{\boldsymbol{\xi}} \\ \dot{\boldsymbol{\eta}} \end{bmatrix} &= \begin{bmatrix} \widetilde{C}_1 & \widetilde{C}_2 \\ O & I_{n-r} \end{bmatrix} \begin{bmatrix} N_1AB & N_1AB_0 \\ N_2AB & N_2AB_0 \end{bmatrix} \begin{bmatrix} \widetilde{C}_1^{-1} & -\widetilde{C}_1^{-1}\widetilde{C}_2 \\ O & I_{n-r} \end{bmatrix} \begin{bmatrix} \boldsymbol{\xi} \\ \boldsymbol{\eta} \end{bmatrix} \\
&\qquad + \begin{bmatrix} \widetilde{C}_1 & \widetilde{C}_2 \\ O & I_{n-r} \end{bmatrix} \begin{bmatrix} I_r \\ O \end{bmatrix} \boldsymbol{u} \\
&= \begin{bmatrix} \widetilde{C}_1 & \widetilde{C}_2 \\ O & I_{n-r} \end{bmatrix} \begin{bmatrix} N_1AB\widetilde{C}_1^{-1} & -N_1AB\widetilde{C}_1^{-1}\widetilde{C}_2 + N_1AB_0 \\ N_2AB\widetilde{C}_1^{-1} & -N_2AB\widetilde{C}_1^{-1}\widetilde{C}_2 + N_2AB_0 \end{bmatrix} \begin{bmatrix} \boldsymbol{\xi} \\ \boldsymbol{\eta} \end{bmatrix} \\
&\qquad + \begin{bmatrix} \widetilde{C}_1 \\ O \end{bmatrix} \boldsymbol{u} \\
&= \left[\begin{matrix} \widetilde{C}_1N_1AB\widetilde{C}_1^{-1} + \widetilde{C}_2N_2AB\widetilde{C}_1^{-1} \\ N_2AB\widetilde{C}_1^{-1} \end{matrix} \right. \\
&\qquad \left. \begin{matrix} \widetilde{C}_1(-N_1AB\widetilde{C}_1^{-1}\widetilde{C}_2 + N_1AB_0) + \widetilde{C}_2(-N_2AB\widetilde{C}_1^{-1}\widetilde{C}_2 + N_2AB_0) \\ -N_2AB\widetilde{C}_1^{-1}\widetilde{C}_2 + N_2AB_0 \end{matrix} \right] \begin{bmatrix} \boldsymbol{\xi} \\ \boldsymbol{\eta} \end{bmatrix} \\
&\qquad + \begin{bmatrix} \widetilde{C}_1 \\ O \end{bmatrix} \widetilde{\boldsymbol{u}}
\end{aligned} \tag{7.133}$$

$$\widetilde{\boldsymbol{y}} = \boldsymbol{\xi} \tag{7.134}$$

7.3.2 零ダイナミクスを安定化するゲイン行列の決定

本手法において最も重要なことは，零ダイナミクスが漸近安定となるような係数行列 $\widetilde{F}$ を決めることである。

零ダイナミクスは，式 (7.133) より

$$\begin{aligned}\dot{\boldsymbol{\eta}} &= \left(N_2AB_0 - N_2AB\widetilde{C}_1^{-1}\widetilde{C}_2\right)\boldsymbol{\eta}\\ &:= \left(A_\eta - B_\eta\widetilde{C}_1^{-1}\widetilde{C}_2\right)\boldsymbol{\eta}\end{aligned} \tag{7.135}$$

となる。$\{A, B\}$ が可安定のとき $\{A_\eta, B_\eta\}$ も可安定なので，$A_\eta - B_\eta K_\eta$ が漸近安定となるような状態フィードバックゲイン $K_\eta \in R^{r\times(n-r)}$ を求めることができる。また，$\{A, B\}$ が可制御のとき $\{A_\eta, B_\eta\}$ が可制御になることは容易に示せるので，$A_\eta - B_\eta K_\eta$ を漸近安定化するだけでなく，任意固有値配置を行うような状態フィードバックゲイン K_η を求めることができる。それゆえ

$$\widetilde{C}_1^{-1}\widetilde{C}_2 = K_\eta, \quad \text{つまり} \quad \widetilde{C}_2 = \widetilde{C}_1 K_\eta \tag{7.136}$$

となる。この式は式 (7.131) より具体的に

$$\widetilde{F}\begin{bmatrix} CB_0 \\ C_0B_0 \end{bmatrix} = \widetilde{F}\begin{bmatrix} CB \\ C_0B \end{bmatrix} K_\eta$$

$$\widetilde{F}\left[\begin{bmatrix} CB_0 \\ C_0B_0 \end{bmatrix} - \begin{bmatrix} CBK_\eta \\ C_0BK_\eta \end{bmatrix}\right] = O$$

と書ける。両辺を転置すると

$$\begin{bmatrix} CB_0 - CBK_\eta \\ C_0B_0 - C_0BK_\eta \end{bmatrix}^T \widetilde{F}^T := LX = O \tag{7.137}$$

ここで　$L \in R^{(n-r)\times(m+m_0)}$，$X \in R^{(m+m_0)\times r}$

となる。この式は $\operatorname{rank} L < m + m_0$ のとき X について可解である。すなわち，一般に L がフルランクのとき，変数の数が式の数より多い条件 $(m+m_0)\times r > (n-r)\times r$，つまり $m + m_0 > n - r$ が満たされる場合，可解である。

(1) $n < m + r$ **の場合**　　この場合には，$m_0 = 0$ と設定することによって，$\widetilde{\boldsymbol{y}} = \boldsymbol{y}$ にとることができる。式 (7.137) は

$$\begin{bmatrix} CB_0 - CBK_\eta \end{bmatrix}^T \widetilde{F}^T := LX = O \tag{7.138}$$

ここで　$L \in R^{(n-r)\times m}$,　$X \in R^{m\times r}$

となるが，確かに $\operatorname{rank} L < m$ で式 (7.138) は可解である。式 (7.138) を線形連立方程式

$$\overline{L}\boldsymbol{x} = \boldsymbol{0} \tag{7.139}$$

ここで　$\overline{L} \in R^{(n-r)\times mr}$,　$\boldsymbol{x} \in R^{mr}$

と書き直せば，$\overline{L}$ の一般化逆行列 $\overline{L}^{-}$ を用いて

$$\boldsymbol{x} = (I_{(n-r)r} - \overline{L}^{-}\overline{L})\boldsymbol{\delta} \tag{7.140}$$

が得られる。ここで，$\boldsymbol{x}$ は $\widetilde{F}^T$ に対応した列ベクトルで，$\boldsymbol{\delta}$ は任意に選ぶことができる $(n-r)r$ 次元の実数ベクトルである。

$\widetilde{F}$ が得られたら，あとは系 7.1 に基づいて十分大きい正定対角のゲイン行列 $\mathcal{L} = \operatorname{diag}\{\alpha_1, \cdots, \alpha_r\}$ を与えれば，式 (7.121), (7.122) に基づき出力フィードバック

$$\boldsymbol{u} = -\mathcal{L}\widetilde{\boldsymbol{y}} = -\mathcal{L}\widetilde{F}\boldsymbol{y} \tag{7.141}$$

を行うことによって，閉ループ系は漸近安定となる。

ここで $\mathcal{L}\widetilde{F}$ をあらためて F とおくと，上式は通常の出力フィードバック則

$$\boldsymbol{u} = -F\boldsymbol{y} \tag{7.142}$$

である。

(2)　$n \geqq m + r$ の場合　　この場合には，m_0 を $m_0 = n - m - r + 1$ と設定する。このとき，式 (7.137) は可解で $\widetilde{F} = X^T$ が得られる。具体的には式 (7.137) を連立方程式

$$\overline{L}\boldsymbol{x} = \boldsymbol{0} \tag{7.143}$$

ここで　$\overline{L} \in R^{(n-r)\times(m+m_0)r}$,　$\boldsymbol{x} \in R^{(m+m_0)r}$

と書き直せば，$\overline{L}$ の一般化逆行列 $\overline{L}^{-}$ を用いて

$$\boldsymbol{x} = (I_{(n-r)r} - \overline{L}^{-}\overline{L})\boldsymbol{\delta} \tag{7.144}$$

が得られる。ここで，$\boldsymbol{x}$ は $\widetilde{F}^T$ に対応した列ベクトルで，$\boldsymbol{\delta}$ は任意に選べる $(n-r)r$ 次元の実数ベクトルである。

零ダイナミクスを漸近安定化する $\widetilde{F}$ が求められたら，あとは系 7.1（高ゲイン出力フィードバック）に基づき十分大きいゲイン行列 $\mathcal{L} = \mathrm{diag}\{\alpha_1, \alpha_1, \cdots, \alpha_r\}$ を与えれば，閉ループ系は出力 $\widetilde{\boldsymbol{y}}$ のフィードバックによって安定化できる。

しかしながら，制御入力は式 (7.122), (7.121) より

$$\boldsymbol{u} = -\mathcal{L}\widetilde{\boldsymbol{y}} = -\mathcal{L}\widetilde{F}\begin{bmatrix} \boldsymbol{y} \\ \boldsymbol{y}_0 \end{bmatrix} \tag{7.145}$$

となる。ここで $\boldsymbol{y}$ は測定出力で利用可能だが，$\boldsymbol{y}_0$ は未知である。したがって，$\widetilde{\boldsymbol{y}}$ の出力フィードバックを実行するためには，$\boldsymbol{y}_0 = C_0\boldsymbol{x}$ を推定する必要がある。

そこで，$\boldsymbol{y}_0$ を推定するために線形関数オブザーバ

$$\dot{\boldsymbol{z}} = D\boldsymbol{z} + E\boldsymbol{y} + J\boldsymbol{u} \tag{7.146}$$

$$\widehat{\boldsymbol{y}}_0 = M\boldsymbol{z} + N\boldsymbol{y} \tag{7.147}$$

を用いる。ここで $\boldsymbol{z} \in R^q$ である。線形関数オブザーバの条件式は，適当な $q \times n$ 行列 T によって，つぎのように与えられる[14)]。

$$TA - DT = EC, \quad J = TB \tag{7.148}$$

$$MT + NC = C_0 \tag{7.149}$$

ここで，D は漸近安定行列である。条件 (7.148), (7.149) が成り立つとき，推定誤差 $\boldsymbol{y}_0 - \widehat{\boldsymbol{y}}_0$ は任意の $\boldsymbol{x}(0)$, $\boldsymbol{z}(0)$, $\boldsymbol{u}(t)$ に対して零に収束する。

線形関数オブザーバを用いて，出力フィードバック (7.145) を

$$\boldsymbol{u}(t) = -\mathcal{L}\widetilde{\boldsymbol{y}}(t) = -\mathcal{L}\widetilde{F}\begin{bmatrix} C \\ C_0 \end{bmatrix}\boldsymbol{x}(t) = -\mathcal{L}\widetilde{F}\begin{bmatrix} \boldsymbol{y}(t) \\ \widehat{\boldsymbol{y}}_0(t) \end{bmatrix} \tag{7.150}$$

で実行する。このとき，分離定理が成り立ち，式 (7.150) でも漸近安定化制御が実行できることが知られている。

引用・参考文献

1) A. T. Alexandridis: Desigh of Output Feedback Controllers and Output Observers, IEE Proc. Control Theory Appl., Vol. 146, No. 1 (1999)
2) A. Astolfi and P. Colaneri: Output Feedback Stabilization: from Linear to Nonlinear and Back, in A. Ishidori et al., eds.: Nonlinear Control in the Year 2000, Springer-Verlag (2000)
3) F. M. Brasch and J. B. Pearson: Pole Placement Using Dynamic Compensators, IEEE Trans. Autom. Contr., Vol. AC-15, No. 1, pp. 34–43 (1970)
4) Y. Y. Cao, J. Lam and Y. X. Sum: Static Output Feedback Stabilization: an ILMI Approach, Automatica, Vol. 34, pp. 1641–1645 (1998)
5) C. Champetier and J. F. Magni: On Eigenstructure Assignment by Gain Output Feedback, SIAM J. Control and Optimization, Vol. 29, No. 4, pp. 848–865 (1991)
6) C. Crusius and A. Trofino: Sufficient LMI Conditions for Output Feedback Control Problems, IEEE Trans. Autom. Contr., Vol. AC-44, No. 5 (1999)
7) G. R. Duan: Solutions of the Equation $AV+BW=VF$ and their Application to Eigenstructure Assignment in Linear Systems, IEEE Trans. Autom. Contr., Vol. AC-38, No. 2 (1993)
8) M. M. Fahmy and J. O. Reilly: Multistage Parametric Eigenstructure Assignment by Output-Feedback Control, Int. J. Control, 48, pp. 97–116 (1988)
9) J. C. Geromel and P. L. D. Peres: Decentralized Load-Frequency Control, Proc. IEE, Vol. 132, pp. 225–230 (1985)
10) J. C. Geromel, C. C. de Souza and R. E. Skelton: Static Output Controllers: Stability and Convexity, IEEE Trans. Autom. Contr., Vol. AC-43, pp. 120–125 (1998)
11) M. J. Grimble and M. A. Johnson: Optimal Control and Stochastic Estimation, J. Wiley & Sons (1988)
12) 疋田, 小山, 三浦：極配置問題におけるフィードバックゲインの自由度と低ゲインの導出, 計測自動制御学会論文集, Vol. 11, No. 5, pp. 556–560 (1975)
13) A. Isidori: Nonlinear Control Systems, Third Edition, Springer-Verlag (1995)

14) 岩井, 川上, 川路：オブザーバ, コロナ社 (1988)
15) H. K. Khalil: Nonlinear Systems, 3rd ed., Prentice Hall (2002)
16) H. Kimura: Pole Assignment by Gain Output Feedback, IEEE Trans. Autom. Contr., Vol. AC-20, No. 8, pp. 509–516 (1975)
17) V. Kucěra: A Contribution to Matrix Quadratic Equations, IEEE Trans. Autom. Contr., Vol. AC-17, No. 3 (1972)
18) V. Kucěra and C. E. Souza: A Necessary and Sufficient Condition for Output Feedback Stability, Automatica, Vol. 31, No. 9, pp. 1357–1359 (1995)
19) P. Misra and R. V. Patel: Numerical Algorithms for Eigenvalue Assignment by Constant and Dynamic Output Feedback, IEEE Trans. Autom. Contr., Vol. AC-34, pp. 579–588 (1989)
20) J. B. Pearson: Compensator Design for Dynamic Optimization, Int. J. Control, Vol. 9, No. 4 (1969)
21) J. B. Pearson and C. Y. Diang: Compensator Design for Multivariable Linear Systems, IEEE Trans. Autom. Contr., Vol. AC-14, No. 2 (1969)
22) 志水：高ゲイン出力フィードバック定理の一般化と証明, 計測自動制御学会, Vol. 40, No. 12, pp. 1246–1248 (2004)
23) 志水：最適制御の理論と計算法, 6 章, コロナ社 (1994)
24) V. L. Syrmos and F. L. Lewis: Output Feedback Eigenstructure Assignment Using Two Sylvester Equations, IEEE Trans. Autom. Contr., Vol. AC-38, No. 3, pp. 495–499 (1993)
25) V. L. Syrmos, C. T. Abdallah, P. Dorado and K. Grigoriadis: Static Output Feedback — A Survey, Automatica, Vol. 33, No. 2, pp. 125–137 (1997)
26) 田村, 志水：PID 制御による多変数系の固有値配置法, システム制御情報学会論文誌, Vol. 19, No. 5, pp. 193–202 (2006)

8 最適制御の基礎理論

8.1 変　分　法

8.1.1 変　分　問　題

微分方程式などの制約条件を満たし，ある与えられた汎関数を最小（または最大）にする関数を求める問題を変分問題という。**変分法**（calculus of variation）は変分問題を解くための数学的手法であり，関数空間での最適化問題の局所的な最適性条件を与える。変分法は，最適制御問題に応用されて，多くの重要な基礎理論を与えている。ここでは，まず最適制御問題の研究に最低限必要な範囲で変分法の基礎を紹介しよう。参考書としては，洋書 3), 6), 7) ならびに和書 14), 8), 13), 16) などがある。

区間 $[t_0, t_1]$ で定義された n 次元ベクトル値関数 $\boldsymbol{x} = (x_1(t), \cdots, x_n(t))^T$ が以下の条件 (i)〜(iii) を満足するとき，曲線 $\boldsymbol{x} : \boldsymbol{x}(t),\ t \in [t_0, t_1]$ を**許容曲線**という。また，時間の関数と考えるとき，**許容関数**という。

(i) 区間 $[t_0, t_1]$ で $\boldsymbol{x}(t)$ は連続，かつ微係数 $\dot{\boldsymbol{x}}(t)$ は区分的に連続である。それゆえ $\boldsymbol{x}(t)$ は区分的に滑らかである。$\dot{\boldsymbol{x}}(t)$ の不連続点を**角点**という。

(ii) $\boldsymbol{x}(t_0)$ と $\boldsymbol{x}(t_1)$ は与えられた境界条件を満足する。

(iii) $\boldsymbol{x}, \dot{\boldsymbol{x}}$ に対する制約条件があるときは，その制約条件を満たす。

つぎのような変分問題を考えよう。

$f(\boldsymbol{x}, \dot{\boldsymbol{x}})$ が $\boldsymbol{x}, \dot{\boldsymbol{x}}$ について C^2 級（2 回連続微分可能）の関数のとき，

汎関数

$$\phi[\boldsymbol{x}] = \int_{t_0}^{t_1} f(\boldsymbol{x}(t), \dot{\boldsymbol{x}}(t))dt \tag{8.1}$$

を最小にするような許容曲線を求めよ。

パラメータ ε に依存する許容曲線族 $\boldsymbol{x}(\varepsilon) : \boldsymbol{x}(t, \varepsilon),\ t \in [t_0, t_1]$ は，$|\varepsilon| < \varepsilon_0$ のとき **1 パラメータ許容曲線族**と呼ばれる。特に任意の許容曲線 $\boldsymbol{\eta}$ に対して $\boldsymbol{x}(\varepsilon) = \boldsymbol{x} + \varepsilon\boldsymbol{\eta}$ の場合を考えると

$$\phi[\boldsymbol{x} + \varepsilon\boldsymbol{\eta}] = \int_{t_0}^{t_1} f(\boldsymbol{x}(t) + \varepsilon\boldsymbol{\eta}(t), \dot{\boldsymbol{x}}(t) + \varepsilon\dot{\boldsymbol{\eta}}(t))dt \tag{8.2}$$

は ε について C^2 級である。このとき，ガトー微分

$$\phi'[\boldsymbol{x}; \boldsymbol{\eta}] = \left. \frac{d\phi[\boldsymbol{x} + \varepsilon\boldsymbol{\eta}]}{d\varepsilon} \right|_{\varepsilon=0} \tag{8.3}$$

を $\boldsymbol{x}$ における汎関数 ϕ の**第 1 変分**と呼ぶ。式 (8.2) を微分し，式 (8.3) を計算すると，次式を得る。

$$\phi'[\boldsymbol{x}; \boldsymbol{\eta}] = \int_{t_0}^{t_1} \left[f_{\boldsymbol{x}}(\boldsymbol{x}(t), \dot{\boldsymbol{x}}(t))\boldsymbol{\eta}(t) + f_{\dot{\boldsymbol{x}}}(\boldsymbol{x}(t), \dot{\boldsymbol{x}}(t))\dot{\boldsymbol{\eta}}(t) \right] dt \tag{8.4}$$

許容曲線 $\boldsymbol{x}$ が $\phi[\boldsymbol{x}]$ を最小にするとき，曲線 $\boldsymbol{x} : \boldsymbol{x}(t),\ t \in [t_0, t_1]$ を最適曲線という。最適曲線に対して，つぎの定理が成り立つ。

【定理 8.1】　$f(\boldsymbol{x}, \dot{\boldsymbol{x}})$ は $\boldsymbol{x}, \dot{\boldsymbol{x}}$ について C^2 級とする。許容曲線 $\boldsymbol{x} : \boldsymbol{x}(t)$, $t \in [t_0, t_1]$ が汎関数 $\phi[\boldsymbol{x}]$ を最小（または最大）にするための必要十分条件は，任意の $\boldsymbol{\eta}$ に対して

$$\phi'[\boldsymbol{x}; \boldsymbol{\eta}] = 0 \tag{8.5}$$

が成り立つことである。

（証明）　$\phi[\boldsymbol{x}]$ が点 $\boldsymbol{x}$ で最小（または最大）になるためには，任意の $\boldsymbol{\eta}$ に対して $\phi[\boldsymbol{x} + \varepsilon\boldsymbol{\eta}]$ が $\varepsilon = 0$ で極小（または極大）にならなければならない。ゆえに，常微分法により次式が成立する。

$$\left.\frac{d}{d\varepsilon}\phi[\boldsymbol{x}+\varepsilon\boldsymbol{\eta}]\right|_{\varepsilon=0}=0$$

定理の意味をよく理解するために，もっと詳しく証明を展開してみよう。話をはっきりさせるために，最小化の場合を考える。$\phi[\boldsymbol{x}]$ が $\boldsymbol{x}$ で極小値をとるとすれば，すべての $\varepsilon\boldsymbol{\eta}$, $|\varepsilon|<\varepsilon_0$ に対して，全変分が

$$\Delta\phi[\boldsymbol{x}]=\phi[\boldsymbol{x}+\varepsilon\boldsymbol{\eta}]-\phi[\boldsymbol{x}]\geqq 0 \tag{8.6}$$

である。ε_0 が十分小さいとき

$$\begin{aligned}\Delta\phi[\boldsymbol{x}]&=\varepsilon\int_{t_0}^{t_1}[f_{\boldsymbol{x}}(\boldsymbol{x}(t),\dot{\boldsymbol{x}}(t))\boldsymbol{\eta}(t)+f_{\dot{\boldsymbol{x}}}(\boldsymbol{x}(t),\dot{\boldsymbol{x}}(t))\dot{\boldsymbol{\eta}}(t)]\,dt+O(\varepsilon\boldsymbol{\eta})\\&=\varepsilon\phi'[\boldsymbol{x};\boldsymbol{\eta}]+O(\varepsilon\boldsymbol{\eta})\end{aligned} \tag{8.7}$$

であり，$\Delta\phi[\boldsymbol{x}]$ の正負は主として第 1 項で決まる。ところで，$\phi'[\boldsymbol{x};\boldsymbol{\eta}]$ は $\boldsymbol{\eta}$ に関する線形関数だから $\phi'[\boldsymbol{x};-\boldsymbol{\eta}]=-\phi'[\boldsymbol{x},\boldsymbol{\eta}]$ である。したがって，$\phi'[\boldsymbol{x};\boldsymbol{\eta}]\neq 0$ ならば，任意の十分小さい $\|\varepsilon\boldsymbol{\eta}\|$ に対して $\Delta\phi[\boldsymbol{x}]$ は正にも負にもすることができる。よって，$\phi[\boldsymbol{x}]$ が最小値をとるためには，$\phi'[\boldsymbol{x};\boldsymbol{\eta}]=0$ でなければならない。最大値でも同様である。 □

8.1.2 オイラーの方程式，ワイエルシュトラス-エルドマンの角点条件，ワイエルシュトラスの条件

2 点 $\boldsymbol{x}_0,\boldsymbol{x}_1\in R^n$ と時間 t_0,t_1 が与えられているとする。境界条件（初端条件と終端条件）が

$$\boldsymbol{x}(t_0)=\boldsymbol{x}_0,\quad \boldsymbol{x}(t_1)=\boldsymbol{x}_1 \tag{8.8}$$

で与えられる変分問題を**固定端変分問題**という。

オイラーの方程式を導く準備として，つぎの補助定理を用意する。

【補助定理 8.1】(du Bois-Reymond の補題)　区間 $[t_0,t_1]$ において，$\boldsymbol{\alpha}(t)$ は区分的に連続なベクトル値関数，$\boldsymbol{\eta}(t)$ は区分的に滑らかで，$\boldsymbol{\eta}(t_0)=\boldsymbol{\eta}(t_1)=\boldsymbol{0}$ を満たす任意の許容関数とする。このとき，もし

$$\int_{t_0}^{t_1} \boldsymbol{\alpha}^T(t)\dot{\boldsymbol{\eta}}(t)dt = 0$$

が成り立つならば，$\boldsymbol{\alpha}$ は定数ベクトルである。

(証明)　省略。文献 13), 16) を参照。□

【定理 8.2】　$f(\boldsymbol{x}, \dot{\boldsymbol{x}})$ は各変数について C^2 級とする。境界条件 (8.8) を満たす許容曲線 $\boldsymbol{x} : \boldsymbol{x}(t),\ t \in [t_0, t_1]$ が式 (8.1) の汎関数 $\phi[\boldsymbol{x}]$ を最小にする最適曲線ならば，つぎの方程式

$$f_{\dot{\boldsymbol{x}}}(\boldsymbol{x}(t), \dot{\boldsymbol{x}}(t)) = \int_{t_0}^{t} f_{\boldsymbol{x}}(\boldsymbol{x}(\tau), \dot{\boldsymbol{x}}(\tau))d\tau + \boldsymbol{c}^T,\ \ t \in [t_0, t_1] \tag{8.9}$$

が成り立つ。ここで $\boldsymbol{c}$ は定数ベクトルである。さらに，最適曲線の角点を除いては，式 (8.9) の微分形式

$$\frac{d}{dt} f_{\dot{\boldsymbol{x}}}(\boldsymbol{x}(t), \dot{\boldsymbol{x}}(t)) = f_{\boldsymbol{x}}(\boldsymbol{x}(t), \dot{\boldsymbol{x}}(t)),\ \ t \in [t_0, t_1] \tag{8.10}$$

が成り立つ。もし $t = \tau$ が角点ならば

$$f_{\dot{\boldsymbol{x}}}(\boldsymbol{x}(\tau), \dot{\boldsymbol{x}}(\tau - 0)) = f_{\dot{\boldsymbol{x}}}(\boldsymbol{x}(\tau), \dot{\boldsymbol{x}}(\tau + 0)) \tag{8.11}$$

が成り立つ。微分方程式 (8.10) を**オイラーの方程式**といい，式 (8.11) を**ワイエルシュトラス-エルドマンの角点条件**という。

(証明)　$\boldsymbol{x}$ が最適曲線であるための必要条件は，定理 8.1 から，すべての $\boldsymbol{\eta}$ に対して ϕ の第 1 変分が $\phi'[\boldsymbol{x}; \boldsymbol{\eta}] = 0$ となることである。そこで，$\phi'[\boldsymbol{x}; \boldsymbol{\eta}]$ を計算すると

$$\begin{aligned}
\phi'[\boldsymbol{x}; \boldsymbol{\eta}] &= \left. \frac{d}{d\varepsilon} \phi[\boldsymbol{x}; \varepsilon\boldsymbol{\eta}] \right|_{\varepsilon=0} \\
&= \left. \frac{d}{d\varepsilon} \int_{t_0}^{t_1} f(\boldsymbol{x}(t) + \varepsilon\boldsymbol{\eta}(t), \dot{\boldsymbol{x}}(t) + \varepsilon\dot{\boldsymbol{\eta}}(t))dt \right|_{\varepsilon=0} \\
&= \int_{t_0}^{t_1} \left[f_{\boldsymbol{x}}(\boldsymbol{x}(t), \dot{\boldsymbol{x}}(t))\boldsymbol{\eta}(t) + f_{\dot{\boldsymbol{x}}}(\boldsymbol{x}(t), \dot{\boldsymbol{x}}(t))\dot{\boldsymbol{\eta}}(t) \right] dt = 0
\end{aligned} \tag{8.12}$$

となる。この式の第 1 項を部分積分すると

$$\left[\int_{t_0}^{t} f_{\boldsymbol{x}}(\boldsymbol{x}(\tau),\dot{\boldsymbol{x}}(\tau))d\tau\boldsymbol{\eta}(t)\right]_{t_0}^{t_1}-\int_{t_0}^{t_1}\int_{t_0}^{t} f_{\boldsymbol{x}}(\boldsymbol{x}(\tau),\dot{\boldsymbol{x}}(\tau))d\tau\dot{\boldsymbol{\eta}}(t)dt$$

であるから，式 (8.12) は

$$\phi'[\boldsymbol{x};\boldsymbol{\eta}]=\left[\int_{t_0}^{t} f_{\boldsymbol{x}}(\boldsymbol{x}(\tau),\dot{\boldsymbol{x}}(\tau))d\tau\boldsymbol{\eta}(t)\right]_{t_0}^{t_1}$$
$$+\int_{t_0}^{t_1}\left[f_{\dot{\boldsymbol{x}}}(\boldsymbol{x}(t),\dot{\boldsymbol{x}}(t))-\int_{t_0}^{t} f_{\boldsymbol{x}}(\boldsymbol{x}(\tau),\dot{\boldsymbol{x}}(\tau))d\tau\right]\dot{\boldsymbol{\eta}}(t)dt=0$$

となる。許容曲線 $\boldsymbol{x}(t)+\varepsilon\boldsymbol{\eta}(t)$ も境界条件 (8.8) を満足しなければならないので，$\boldsymbol{\eta}(t_0)=\boldsymbol{\eta}(t_1)=\boldsymbol{0}$ であり，したがって上式の右辺第 1 項は零となる。第 2 項の [ ] 内の関数は区分的に連続であり，$\boldsymbol{\eta}(t)$ は区分的に滑らかな任意の関数だから，補助定理 8.1 より式 (8.9) を得る。$\dot{\boldsymbol{x}}(t)$ の連続点では，式 (8.9) の両辺を微分するとオイラーの方程式 (8.10) が得られ，区間 $[t_0,t_1]$ のほとんどすべての点で成り立つ。式 (8.9) の右辺は区間 $[t_0,t_1]$ で連続だから，式 (8.11) も明らかである。 □

オイラーの方程式は，変分問題の 1 次の最適性必要条件である。第 1 変分が $\phi'[\boldsymbol{x};\boldsymbol{\eta}]=0$ となることと，オイラーの方程式 (8.10) が成立することは同等である。

ワイエルシュトラスの条件とワイエルシュトラス−エルドマンの角点条件 [3),6),13)] 汎関数 (8.1) と境界条件 (8.8) が与えられているとき，任意の点 $(\boldsymbol{x},\dot{\boldsymbol{x}})$ と $(\boldsymbol{x},\boldsymbol{v})$ に対して，**ワイエルシュトラスの E 関数**と呼ばれるつぎのような関数を定義する。

$$E(\boldsymbol{x},\dot{\boldsymbol{x}},\boldsymbol{v})=f(\boldsymbol{x},\boldsymbol{v})-f(\boldsymbol{x},\dot{\boldsymbol{x}})-f_{\dot{\boldsymbol{x}}}(\boldsymbol{x},\dot{\boldsymbol{x}})(\boldsymbol{v}-\dot{\boldsymbol{x}}) \tag{8.13}$$

このとき，以下の定理が成り立つ。

【定理 8.3】（ワイエルシュトラスの条件） 式 (8.1) の汎関数 $\phi[\boldsymbol{x}]$ に対応するオイラーの方程式の解曲線 $\boldsymbol{x}:\boldsymbol{x}(t),\ t\in[t_0,t_1]$ が $\phi[\boldsymbol{x}]$ を最小にする最適曲線ならば，すべての $t\in[t_0,t_1]$ において，任意の $\boldsymbol{v}$ に対して

$$E(\boldsymbol{x}(t), \dot{\boldsymbol{x}}(t), \boldsymbol{v}) \geqq 0 \tag{8.14}$$

が成り立つ。

(証明)　省略。文献 3), 6), 13), 16) を参照。 □

【定理 8.4】(ワイエルシュトラス-エルドマンの角点条件)　最適曲線 $\boldsymbol{x} : \boldsymbol{x}(t)$, $t \in [t_0, t_1]$ に沿って

$$f_{\dot{\boldsymbol{x}}}(\boldsymbol{x}(t), \dot{\boldsymbol{x}}(t)), \quad f(\boldsymbol{x}(t), \dot{\boldsymbol{x}}(t)) - f_{\dot{\boldsymbol{x}}}(\boldsymbol{x}(t), \dot{\boldsymbol{x}}(t))\dot{\boldsymbol{x}}(t)$$

は，角点を含めてすべての t で連続である。

(証明)　省略。文献 3), 6), 13), 16) を参照。 □

8.1.3　可変端変分問題と横断条件[3), 13)]

いままでは $\boldsymbol{x}(t_0) = \boldsymbol{x}_0$，$\boldsymbol{x}(t_1) = \boldsymbol{x}_1$ のような固定端の場合を考えた。ここでは，曲線 $\boldsymbol{x}(t)$ の初端 $\boldsymbol{x}(t_0) = \boldsymbol{x}_0$ は固定され，終端 $\boldsymbol{x}(t_1)$ はある制約領域 M 内になければならないが，固定はされていない場合を考える。ただし，t_1 は固定されているとする。

R^p ($p \leqq n+1$) の開立方体 Σ 内を動く p 次元パラメータベクトル $\boldsymbol{\sigma} = (\sigma_1, \cdots, \sigma_p)^T$ を考える。$\boldsymbol{\sigma}$ を用いて，終端の制約条件はパラメータ表示

$$\boldsymbol{x}(t_1) = \boldsymbol{x}_1 = \boldsymbol{x}(\boldsymbol{\sigma}),\ \ \boldsymbol{\sigma} \in \Sigma \tag{8.15}$$

で与えられるとする。すなわち

$$\boldsymbol{x}_1 \in M, \quad M \stackrel{\triangle}{=} \{\boldsymbol{x}_1(\boldsymbol{\sigma}) | \boldsymbol{\sigma} \in \Sigma\} \tag{8.16}$$

である。$\boldsymbol{x}_1(\boldsymbol{\sigma})$ は C^1 級とする。

このとき，$\boldsymbol{x}(t_0) = \boldsymbol{x}_0$ と終端条件 (8.16) を満たす許容曲線 $\boldsymbol{x}$ の中で

$$\phi[\boldsymbol{x}] = w(\boldsymbol{x}(t_1)) + \int_{t_0}^{t_1} f(\boldsymbol{x}(t), \dot{\boldsymbol{x}}(t))dt \tag{8.17}$$

を最小にするような最適曲線に対する条件を求めよう。ここで，w は C^1 級，f は C^2 級とする。このような問題を**可変端変分問題**という。

【定理 8.5】　可変端問題 (8.16), (8.17) の最適曲線 $\boldsymbol{x} : \boldsymbol{x}(t)$, $t \in [t_0, t_1]$ に沿って，定理 8.2 のオイラーの方程式と定理 8.3 のワイエルシュトラスの条件が成り立つ。また，$t = t_1$ における**横断条件**（transversality condition）

$$(w_{\boldsymbol{x}} + f_{\dot{\boldsymbol{x}}}|_{t=t_1})\boldsymbol{x}_{1\boldsymbol{\sigma}}(\boldsymbol{\sigma}) = \boldsymbol{0} \tag{8.18}$$

が成り立つ。さらに終端時間 t_1 が固定され，終端点 $\boldsymbol{x}(t_1)$ が自由（自由端点）のときには，横断条件

$$w_{\boldsymbol{x}} + f_{\dot{\boldsymbol{x}}}|_{t=t_1} = \boldsymbol{0}^T \tag{8.19}$$

が成り立つ。

（証明）　最適曲線の終端に対応する $\boldsymbol{\sigma}$ の値を $\boldsymbol{\sigma}^o$ とする。終端点を $\boldsymbol{x}(t_1) = \boldsymbol{x}_1(\boldsymbol{\sigma}^o)$ に固定したとしても，最適曲線 $\boldsymbol{x}$ は $\phi[\boldsymbol{x}]$ を最小にするから，オイラーの方程式 (8.10) とワイエルシュトラスの条件 (8.14) が成り立たなければならない。

横断条件に関しては省略する。関心のある読者は文献 16) の 1.4 節を参照されたい。　□

終端条件 (8.16) は適当な C^1 級の関数 θ_i を用いて

$$\boldsymbol{\theta}(\boldsymbol{x}(t_1)) = (\theta_1(\boldsymbol{x}(t_1)), \cdots, \theta_q(\boldsymbol{x}(t_1)))^T = \boldsymbol{0}, \quad q < n+1 \tag{8.20}$$

のようにも表せる。ただし，$\operatorname{rank} \boldsymbol{\theta}_{\boldsymbol{x}} = q$ と仮定する。式 (8.20) に

$$\tilde{\theta}_{q+i}(\boldsymbol{x}(t_1)) = \sigma_i, \quad i = 1, \cdots, p, \quad p = n+1-q \tag{8.21}$$

を付け加える。このとき，陰関数定理により，式 (8.20), (8.21) の $(n+1)$ 個の関係式から $(n+1)$ 個の変数 $\boldsymbol{x}(t_1)$ が $\boldsymbol{x}(t_1) = \boldsymbol{x}_1(\boldsymbol{\sigma})$ のように解ける。そして，そのような $\boldsymbol{x}_1(\boldsymbol{\sigma})$ に対して横断条件が与えられる。

一方，式 (8.20) のような終端条件の記述に対しても，ラグランジュ乗数 ψ_0，$\boldsymbol{\nu} \in R^q$ を導入すれば，$t = t_1$ において横断条件

$$\psi_0 w_{\boldsymbol{x}} + \psi_0 f_{\dot{\boldsymbol{x}}}|_{t=t_1} + \boldsymbol{\nu}^T \boldsymbol{\theta}_{\boldsymbol{x}} = \boldsymbol{0}^T \tag{8.22a}$$

$$-\psi_0 f_{\dot{\boldsymbol{x}}}|_{t=t_1} \dot{\boldsymbol{x}}(t_1) + \psi_0\big|_{t=t_1} = \boldsymbol{0} \tag{8.22b}$$

を満たすような $(\phi_0, \boldsymbol{\nu}^T) \neq \boldsymbol{0}^T$，$\psi_0 \geqq 0$ が存在することが証明できる。これについては 8.1.4 項を参照していただきたい。

8.1.4 微分方程式制約変分問題[3), 13), 16)]

（1） オイラーの方程式ならびに乗数則　$\boldsymbol{x}(t) \in R^n$ とその微係数 $\dot{\boldsymbol{x}}(t)$ を含むつぎのような微分方程式

$$\boldsymbol{f}(\boldsymbol{x}(t), \dot{\boldsymbol{x}}(t)) = \begin{bmatrix} f_1(\boldsymbol{x}(t), \dot{\boldsymbol{x}}(t)) \\ \vdots \\ f_m(\boldsymbol{x}(t), \dot{\boldsymbol{x}}(t)) \end{bmatrix} = \boldsymbol{0}, \quad m < n \tag{8.23}$$

を与える。初期時刻 t_0 および初期点

$$\boldsymbol{x}(t_0) = \boldsymbol{x}_0 \tag{8.24a}$$

は固定されているが，曲線の終端は可変で，終端条件

$$\boldsymbol{\theta}(\boldsymbol{x}(t_1)) = (\theta_1(\boldsymbol{x}(t_1)), \cdots, \theta_q(\boldsymbol{x}(t_1)))^T = \boldsymbol{0} \tag{8.24b}$$

を満たさなければならない。

式 (8.23), (8.24a), (8.24b) を満足する区分的に滑らかな許容曲線族の中で

$$\phi[\boldsymbol{x}] = w(\boldsymbol{x}(t_1)) + \int_{t_0}^{t_1} f_0(\boldsymbol{x}(t), \dot{\boldsymbol{x}}(t))dt \tag{8.25}$$

を最小にする最適曲線 $\boldsymbol{x}^o : \boldsymbol{x}^o(t)$, $t \in [t_0, t_1]$ の必要条件を求めよう。ここで $\boldsymbol{f}(\boldsymbol{x}, \dot{\boldsymbol{x}})$ および $f_0(\boldsymbol{x}, \dot{\boldsymbol{x}})$ は各変数について C^2 級，$w(\boldsymbol{x})$ は C^1 級と仮定する。また，最適曲線上の任意の点で次式が成り立つとする。

$$\text{rank}\ \boldsymbol{f}_{\dot{\boldsymbol{x}}} = m \tag{8.26}$$

評価汎関数が式 (8.25) のような形の変分問題を **Bolza の問題**という。また式 (8.25) において $f_0 \equiv 0$ の場合を **Mayer の問題**，$w \equiv 0$ の場合を**ラグランジュの問題**という。

微分方程式制約変分問題の最適性必要条件は，つぎの定理によって与えられる。証明は長くなるので割愛するが，パラメータ許容曲線族を導入し，変分法の手法を用いて証明することができる。詳細は文献 13), 16) を参照されたい。

【定理 8.6】（乗数則）　許容曲線 $\boldsymbol{x}^o : \boldsymbol{x}^o(t), t \in [t_0, t_1]$ が微分方程式制約条件 (8.23) ならびに初端条件 (8.24a) と終端条件 (8.24b) のもとで評価汎関数 (8.25) を最小にする変分問題の最適曲線ならば，ある定数 $\psi_0 \geqq 0$ と $\boldsymbol{x}^o$ の角点を除いて連続なラグランジュ乗数ベクトル値関数 $\boldsymbol{\psi} = (\psi_1(t), \cdots, \psi_m(t))^T$ が存在して，任意の $t \in [t_0, t_1]$ に対して $(\psi_0, \boldsymbol{\psi}^T(t)) \neq \boldsymbol{0}^T$ であり，最適曲線 $\boldsymbol{x} = \boldsymbol{x}^o$ に沿ってオイラーの方程式

$$L_{\dot{\boldsymbol{x}}}(\boldsymbol{x}(t), \dot{\boldsymbol{x}}(t), \psi_0, \boldsymbol{\psi}) = \int_{t_0}^{t_1} L_{\boldsymbol{x}}(\boldsymbol{x}(\tau), \dot{\boldsymbol{x}}(\tau), \psi_0, \boldsymbol{\psi}) d\tau + \boldsymbol{c}^T \tag{8.27}$$

が成立する。ここで，スカラ値関数 L は

$$L(\boldsymbol{x}, \dot{\boldsymbol{x}}, \psi_0, \boldsymbol{\psi}) = \psi_0 f_0(\boldsymbol{x}, \dot{\boldsymbol{x}}) + \boldsymbol{\psi}^T \boldsymbol{f}(\boldsymbol{x}, \dot{\boldsymbol{x}}) \tag{8.28}$$

のように定義された**ラグランジュ関数**であり，$\boldsymbol{c}$ は適当な定数ベクトルである。また，式 (8.27) を微分形式で書くと，$\boldsymbol{x}^o$ の角点を除いて，オイラー方程式

$$\frac{d}{dt} L_{\dot{\boldsymbol{x}}}(\boldsymbol{x}(t), \dot{\boldsymbol{x}}(t), \psi_0, \boldsymbol{\psi}(t)) = L_{\boldsymbol{x}}(\boldsymbol{x}(t), \dot{\boldsymbol{x}}(t), \psi_0, \boldsymbol{\psi}(t)) \tag{8.29}$$

となる。

さらに，$\boldsymbol{x}^o$ の終端条件が式 (8.24b) のような q 個の制約式 $\boldsymbol{\theta}(\boldsymbol{x}(t_1)) = \boldsymbol{0}$ で与えられ，$\mathrm{rank}\, \boldsymbol{\theta}_{\boldsymbol{x}} = q$ を満たすとき，q 次元定数ベクトル $\boldsymbol{\nu}$ が存在して

$$\left.\begin{aligned} &\psi_0 w_{\boldsymbol{x}} + L_{\dot{\boldsymbol{x}}}|_{t=t_1} + \boldsymbol{\nu}^T \boldsymbol{\theta}_{\boldsymbol{x}} = \boldsymbol{0}^T \\ &-L_{\dot{\boldsymbol{x}}}|_{t=t_1} + L|_{t=t_1} = 0 \end{aligned}\right\} \tag{8.30}$$

が成立する。また，終端時刻 t_1 が固定され，終端点 $\boldsymbol{x}(t_1)$ が自由（自由端点）の場合には

$$[\psi_0 w_{\boldsymbol{x}} + L_{\dot{\boldsymbol{x}}}]_{t=t_1} = \mathbf{0}^T \tag{8.31}$$

が成立する。

また，このとき $\boldsymbol{x}^o$ の角点においても $L_{\dot{\boldsymbol{x}}}$ は連続である。

(証明) 省略。文献 14) を参照。 □

(2) 正 則 性 ラグランジュ関数 L に関するオイラーの方程式より，定理 8.4 と同様にして，つぎの定理を得る。

【定理 8.7】（ワイエルシュトラス–エルドマンの角点条件） 最適曲線 $\boldsymbol{x}^o$ に沿って

$$L_{\dot{\boldsymbol{x}}}(\boldsymbol{x}(t), \dot{\boldsymbol{x}}(t), \psi_0, \boldsymbol{\psi})$$

$$L_{\boldsymbol{x}}(\boldsymbol{x}(t), \dot{\boldsymbol{x}}(t), \psi_0, \boldsymbol{\psi}) - L_{\dot{\boldsymbol{x}}}(\boldsymbol{x}(t), \dot{\boldsymbol{x}}(t), \psi_0, \boldsymbol{\psi})\dot{\boldsymbol{x}}(t)$$

は，角点も含めて t の連続関数である。

(証明) 省略。文献 3), 13), 16) を参照。 □

定理 8.6 の内容は，Bolza の問題 (8.23)〜(8.25) の最適曲線 $\boldsymbol{x}^o$ に対して，ある乗数ベクトル $(\psi_0,\ \boldsymbol{\psi}^T(t)) \neq \mathbf{0}^T$ が存在し，乗数則が成立するということであった。定理 8.6（乗数則）の条件を満たす乗数ベクトル $(\psi_0,\ \boldsymbol{\psi}^T(t)) \neq \mathbf{0}^T$ が $\psi_0 \neq 0$ のとき，$\boldsymbol{x}^o$ は**正則**（normal）であるという。このとき，つぎの定理が成り立つ。

【定理 8.8】 最適曲線 $\boldsymbol{x}^o$ が正則の場合には，$\psi_0 = 1$ とおくことができ，乗数ベクトル $(1, \boldsymbol{\psi}^T(t))$ が唯一に存在する。

(証明) 簡単なので省略。文献 14) を参照。 □

(3) ワイエルシュトラスの条件 つぎに，正則な最適曲線に関するワイエルシュトラスの条件を説明する。

許容曲線 $\boldsymbol{x} : \boldsymbol{x}(t),\ t \in [t_0, t_1]$ は定理 8.6（乗数則）の諸々の条件を満足し，対応する乗数 $\psi_0 \geqq 0$，$\boldsymbol{\psi}(t)$ が存在するとする。このとき，許容曲線 $\boldsymbol{x}$ 上の任

意の要素 $(\boldsymbol{x}, \dot{\boldsymbol{x}})$ と乗数 ψ_0, $\boldsymbol{\psi}(t)$ および $\boldsymbol{f}(\boldsymbol{x}, \boldsymbol{v}) = \boldsymbol{0}$ を満たす任意の $\boldsymbol{v}$ に対して，つぎのようなワイエルシュトラスの E 関数を定義する。

$$E(\boldsymbol{x}, \dot{\boldsymbol{x}}, \boldsymbol{v}, \psi_0, \boldsymbol{\psi}) = L(\boldsymbol{x}, \boldsymbol{v}, \psi_0, \boldsymbol{\psi}) - L(\boldsymbol{x}, \dot{\boldsymbol{x}}, \psi_0, \boldsymbol{\psi}) - L_{\dot{\boldsymbol{x}}}(\boldsymbol{x}, \dot{\boldsymbol{x}}, \psi_0, \boldsymbol{\psi})(\boldsymbol{v} - \dot{\boldsymbol{x}}) \tag{8.32}$$

ここで

$$L(\boldsymbol{x}, \dot{\boldsymbol{x}}, \psi_0, \boldsymbol{\psi}(t)) = \psi_0 f_0(\boldsymbol{x}, \dot{\boldsymbol{x}}) + \boldsymbol{\psi}^T(t)\boldsymbol{f}(\boldsymbol{x}, \dot{\boldsymbol{x}}) \tag{8.33}$$

である。

このとき，つぎの定理が成り立つ。

【定理 8.9】（ワイエルシュトラスの条件）　$\boldsymbol{x}^o : \boldsymbol{x}^o(t), t \in [t_0, t_1]$ が Bolza の問題 (8.23)〜(8.25) の正則な最適曲線ならば，$\boldsymbol{x} = \boldsymbol{x}^o$ に沿って任意の $t \in [t_0, t_1]$ で $\boldsymbol{f}(\boldsymbol{x}, \boldsymbol{v}) = \boldsymbol{0}$ を満たすすべての $\boldsymbol{v}$ に対して

$$E(\boldsymbol{x}(t), \dot{\boldsymbol{x}}(t), \boldsymbol{v}, 1, \boldsymbol{\psi}(t)) \geqq 0 \tag{8.34}$$

が成り立つ。このとき，正則な最適曲線 $\boldsymbol{x}^o$ はワイエルシュトラスの条件を満足するという。

（証明）　省略。文献 3), 13), 16) を参照。 □

8.2　最適制御問題と最適性条件[4), 16)]

8.2.1　最適制御問題の定式化

$\boldsymbol{x}(t) \in R^n$，$\boldsymbol{u}(t) \in R^r$ として，微分方程式系

$$\dot{\boldsymbol{x}}(t) = \boldsymbol{f}(\boldsymbol{x}(t), \boldsymbol{u}(t)), \quad \boldsymbol{x}(0) = \boldsymbol{x}_0, \quad t \in [0, t_1] \tag{8.35}$$

を考える。ここで，$\boldsymbol{x}(t) = (x_1(t), \cdots, x_n(t))^T$，$\boldsymbol{u}(t) = (u_1(t), \cdots, u_r(t))^T$ はおのおの状態ベクトル，制御ベクトルと呼ばれるベクトル値関数である。$\boldsymbol{f}(\boldsymbol{x}, \boldsymbol{u}) = (f_1(\boldsymbol{x}, \boldsymbol{u}), \cdots, f_n(\boldsymbol{x}, \boldsymbol{u}))^T$ は各変数に関して C^2 級とする。

終端条件は C^1 級の関数 θ_i を用いて

$$\boldsymbol{\theta}(\boldsymbol{x}(t_1)) = (\theta_1(\boldsymbol{x}(t_1)), \cdots, \theta_q(\boldsymbol{x}(t_1)))^T = \mathbf{0}, \quad q < n+1 \tag{8.36}$$

のようにも表される。ただし，$\operatorname{rank} \boldsymbol{\theta}_{\boldsymbol{x}} = q$ と仮定する。

一方，評価汎関数

$$\phi[\boldsymbol{u}] = F_0(\boldsymbol{x}(t_1)) + \int_0^{t_1} f_0(\boldsymbol{x}(t), \boldsymbol{u}(t))dt \tag{8.37}$$

を考える。ただし，$F_0(\boldsymbol{x})$ を C^1 級，$f_0(\boldsymbol{x}, \boldsymbol{u})$ を C^2 級の関数とする。このとき，最適制御問題は

> 「状態方程式 (8.35) のもとで，初期点 $\boldsymbol{x}(0) = \boldsymbol{x}_0$ を，式 (8.36) を満たす終端点に移す制御ベクトル $\boldsymbol{u} : \boldsymbol{u}(t),\ t \in [0, t_1]$ の中で，微分方程式 (8.35) の解 $\boldsymbol{x} : \boldsymbol{x}(t),\ t \in [0, t_1]$ に沿って評価汎関数 (8.37) を最小にする $\boldsymbol{u}^o : \boldsymbol{u}^o(t),\ t \in [0, t_1]$ を求めよ。」

ということである。本書ではこのような問題をしばしば簡潔につぎのように表現する。

$$\min_{\boldsymbol{u}} \ \phi[\boldsymbol{u}] = F_0(\boldsymbol{x}(t_1)) + \int_0^{t_1} f_0(\boldsymbol{x}(t), \boldsymbol{u}(t))dt \tag{8.38a}$$

$$\text{subject to} \quad \dot{\boldsymbol{x}}(t) = \boldsymbol{f}(\boldsymbol{x}(t), \boldsymbol{u}(t)) \tag{8.38b}$$

$$\boldsymbol{x}(0) = \boldsymbol{x}_0 \tag{8.38c}$$

$$\boldsymbol{\theta}(\boldsymbol{x}(t_1)) = \mathbf{0} \tag{8.38d}$$

つぎの条件を満足する制御関数 $\boldsymbol{u}(t)$ の族を**許容制御族**（family of admissible control）と呼び，$\mathcal{U}$ で表す。

(i)　$\boldsymbol{u}(t)$ は区間 $[0, t_1]$ で区分的に連続である。

(ii)　$\boldsymbol{u} : \boldsymbol{u}(t),\ t \in [0, t_1]$ に対応する式 (8.35) の解が存在して終端条件 (8.36) を満たす。

すべての $\boldsymbol{u} \in \mathcal{U}$ の中で評価汎関数 (8.37) を最小にするような許容制御 $\boldsymbol{u}^o \in \mathcal{U}$ を**最適制御**（optimal control）という。また，最適制御 $\boldsymbol{u}^o : \boldsymbol{u}^o(t),\ t \in [0, t_1]$ に

対応する式 (8.35) の解 $\boldsymbol{x}^o : \boldsymbol{x}^o(t),\ t \in [0, t_1]$ を**最適軌道**（optimal trajectory）という。

変分法を応用して最適制御の最適性条件を誘導する研究は，Berkovitz[4] によってほとんど行われた。以下では Berkovitz の方法に従って，いろいろな必要条件を導く。

8.2.2　同値な変分問題

最適制御問題 (8.38) と同値な Bolza 型の変分問題を導くために，次式を満足するベクトル値関数 $\boldsymbol{y}(t) \in R^r$ を導入する。

$$\dot{\boldsymbol{y}}(t) = \boldsymbol{u}(t), \quad \boldsymbol{y}(0) = \boldsymbol{0} \tag{8.39}$$

このようにおくことによって，明らかに $\boldsymbol{y}(t)$ は区分的に滑らかな連続関数である。また，$\boldsymbol{y}(t_1)$ は自由でどのような値をとってもよいから，終端条件を式 (8.36) ならびに $\boldsymbol{y}(t_1) = \boldsymbol{y}_1$ で与える。このとき，同値な Bolza 型変分問題はつぎのようになる。

$$\min_{\boldsymbol{x},\boldsymbol{y}} \ \phi[\boldsymbol{x}, \boldsymbol{y}] = F_0(\boldsymbol{x}(t_1)) + \int_0^{t_1} f_0(\boldsymbol{x}(t), \dot{\boldsymbol{y}}(t))dt \tag{8.40a}$$

$$\text{subject to} \quad \boldsymbol{f}(\boldsymbol{x}(t), \dot{\boldsymbol{y}}(t)) - \dot{\boldsymbol{x}}(t) = \boldsymbol{0} \tag{8.40b}$$

$$\boldsymbol{x}(0) = \boldsymbol{x}_0, \quad \boldsymbol{y}(0) = \boldsymbol{0} \tag{8.40c}$$

$$\boldsymbol{\theta}(\boldsymbol{x}(t_1)) = \boldsymbol{0} \tag{8.40d}$$

$$\boldsymbol{y}(t_1) = \boldsymbol{y}_1 \tag{8.40e}$$

すなわち

「微分方程式 (8.40b) のもとで，初期点 $\boldsymbol{x}(0) = \boldsymbol{x}_0$，$\boldsymbol{y}(0) = \boldsymbol{0}$ を，式 (8.40d), (8.40e) を満たす終端点へ移す許容曲線 $(\boldsymbol{x}, \boldsymbol{y})$ の中で，汎関数 (8.40a) を最小にするような区分的に滑らかな最適曲線 $(\boldsymbol{x}^o, \boldsymbol{y}^o)$ を求めよ。」

さて，$\bar{\boldsymbol{f}}(\boldsymbol{x}, \dot{\boldsymbol{x}}, \dot{\boldsymbol{y}}) \triangleq \boldsymbol{f}(\boldsymbol{x}, \dot{\boldsymbol{y}}) - \dot{\boldsymbol{x}}$ とおくとき，条件 (8.26) の $\operatorname{rank} \bar{\boldsymbol{f}}_{(\dot{\boldsymbol{x}},\dot{\boldsymbol{y}})} =$

rank $[-I \ \boldsymbol{f}_{\dot{\boldsymbol{y}}}] = n$ はつねに成り立つから，8.1 節の諸結果がそのまま最適曲線を求めるために適用できる。すなわち，定理 8.6（乗数則），定理 8.7（ワイエルシュトラス-エルドマンの角点条件），定理 8.9（ワイエルシュトラスの条件）が上の問題に対して成り立つ。したがって，$(\boldsymbol{x}^o, \boldsymbol{y}^o)$ が最適曲線ならば，ある定数 $\psi_0 \geqq 0$ と微分方程式制約条件 (8.40b) に対応する連続なラグランジュ乗数ベクトル値関数 $\boldsymbol{\psi}(t) = (\psi_1(t), \cdots, \psi_n(t))^T$ が存在し，かつすべての $t \in [0, t_1]$ で

$$(\psi_0, \boldsymbol{\psi}^T(t)) \neq \mathbf{0}^T \tag{8.41}$$

が成立する。さらに，ラグランジュ関数を

$$L(\boldsymbol{x}, \dot{\boldsymbol{x}}, \dot{\boldsymbol{y}}, \psi_0, \boldsymbol{\psi}(t)) = \psi_0 f_0(\boldsymbol{x}, \dot{\boldsymbol{y}}) + \boldsymbol{\psi}^T(t)(\boldsymbol{f}(\boldsymbol{x}, \dot{\boldsymbol{y}}) - \dot{\boldsymbol{x}}) \tag{8.42}$$

とおけば，最適曲線 $(\boldsymbol{x}, \boldsymbol{y}) = (\boldsymbol{x}^o, \boldsymbol{y}^o)$ に沿ってつぎの諸結果が成立する。

(i)　**オイラーの方程式**

最適曲線 $(\boldsymbol{x}^o, \boldsymbol{y}^o)$ の角点を除く任意の $t \in [0, t_1]$ に対して

$$\frac{d}{dt} L_{\dot{\boldsymbol{x}}}(\boldsymbol{x}, \dot{\boldsymbol{x}}, \dot{\boldsymbol{y}}, \psi_0, \boldsymbol{\psi}(t)) = L_{\boldsymbol{x}}(\boldsymbol{x}, \dot{\boldsymbol{x}}, \dot{\boldsymbol{y}}, \psi_0, \boldsymbol{\psi}(t)) \tag{8.43a}$$

$$\frac{d}{dt} L_{\dot{\boldsymbol{y}}}(\boldsymbol{x}, \dot{\boldsymbol{x}}, \dot{\boldsymbol{y}}, \psi_0, \boldsymbol{\psi}(t)) = \mathbf{0}^T \tag{8.43b}$$

が成立する。

ワイエルシュトラス-エルドマンの角点条件　最適曲線 $(\boldsymbol{x}^o, \boldsymbol{y}^o)$ の角点も含めて任意の $t \in [0, t_1]$ に対して，$L_{\dot{\boldsymbol{x}}}$，$L_{\dot{\boldsymbol{y}}}$，$L - L_{\dot{\boldsymbol{x}}}\dot{\boldsymbol{x}} - L_{\dot{\boldsymbol{y}}}\dot{\boldsymbol{y}}$ は連続である。

(ii)　**横断条件**

終端条件 (8.30) より，つぎが成立する。

$$\psi_0 F_{0\boldsymbol{x}} + L_{\dot{\boldsymbol{x}}}|_{t=t_1} + \boldsymbol{\nu}^T \boldsymbol{\theta}_{\boldsymbol{x}} = \mathbf{0}^T \tag{8.44a}$$

$$- L_{\dot{\boldsymbol{x}}}|_{t=t_1} \dot{\boldsymbol{x}}(t_1) + L|_{t=t_1} = \mathbf{0} \tag{8.44b}$$

$$L_{\dot{\boldsymbol{y}}}\Big|_{t=t_1} = \mathbf{0}^T \tag{8.44c}$$

(iii) **ワイエルシュトラスの条件**

$$E(\boldsymbol{x},\dot{\boldsymbol{x}},\dot{\boldsymbol{y}},\dot{\boldsymbol{X}},\dot{\boldsymbol{Y}},\psi_0,\boldsymbol{\psi}) = L(\boldsymbol{x},\dot{\boldsymbol{X}},\dot{\boldsymbol{Y}},\psi_0,\boldsymbol{\psi}) - L(\boldsymbol{x},\dot{\boldsymbol{x}},\dot{\boldsymbol{y}},\psi_0,\boldsymbol{\psi}) - L_{\dot{\boldsymbol{x}}}(\dot{\boldsymbol{X}}-\dot{\boldsymbol{x}}) - L_{\dot{\boldsymbol{y}}}(\dot{\boldsymbol{Y}}-\dot{\boldsymbol{y}}) \quad (8.45)$$

とおく。ただし，$L_{\dot{\boldsymbol{x}}}$, $L_{\dot{\boldsymbol{y}}}$ はいずれも $(\boldsymbol{x},\dot{\boldsymbol{x}},\dot{\boldsymbol{y}},\psi_0,\boldsymbol{\psi})$ における値である。このとき

$$\boldsymbol{f}(\boldsymbol{x},\dot{\boldsymbol{Y}}) - \dot{\boldsymbol{X}} = \boldsymbol{0} \quad (8.46)$$

を満足する任意の $\dot{\boldsymbol{X}},\dot{\boldsymbol{Y}}$ に対して次式が成立する。

$$E(\boldsymbol{x},\dot{\boldsymbol{x}},\dot{\boldsymbol{y}},\dot{\boldsymbol{X}},\dot{\boldsymbol{Y}},\psi_0,\boldsymbol{\psi}) \geqq 0 \quad (8.47)$$

8.2.3 最 適 性 条 件

最適制御問題 (8.38) に対して，**ハミルトン関数**をつぎのように定義する。

$$H(\boldsymbol{x},\boldsymbol{u},\psi_0,\boldsymbol{\psi}) = \psi_0 f_0(\boldsymbol{x},\boldsymbol{u}) + \boldsymbol{\psi}^T\boldsymbol{f}(\boldsymbol{x},\boldsymbol{u}) \quad (8.48)$$

$\boldsymbol{y}(t)$ は $\dot{\boldsymbol{y}}(t) = \boldsymbol{u}(t)$ によって定義されたから，8.1.4 項の Bolza 型の変分問題をふたたび元の最適制御問題に戻すと，つぎの定理を得る。

【定理 8.10】　問題 (8.38) において $\boldsymbol{u}^o : \boldsymbol{u}^o(t)$, $t \in [0,t_1]$ は式 (8.38a) を最小にする最適制御であり，$\boldsymbol{x}^o : \boldsymbol{x}^o(t)$, $t \in [0,t_1]$ は $\boldsymbol{u}^o$ に対応する最適軌道であるとする。このとき，ある定数 $\psi_0 \geqq 0$ と $[0,t_1]$ で連続なベクトル値関数 $\boldsymbol{\psi}(t) \in R^n$ が存在して，任意の $t \in [0,t_1]$ で $(\psi_0,\boldsymbol{\psi}^T(t)) \neq \boldsymbol{0}^T$ であり，つぎの諸結果が成り立つ。

(i) 最適軌道 $\boldsymbol{x}^o$ に沿って，$\boldsymbol{u}^o$ の不連続点を除く任意の $t \in [0,t_1]$ に対して次式が成立する。

$$\dot{\boldsymbol{\psi}}(t) = -H_{\boldsymbol{x}}(\boldsymbol{x}^o(t),\boldsymbol{u}^o(t),\psi_0,\boldsymbol{\psi}(t))^T \quad (8.49)$$

$$H_{\boldsymbol{u}}(\boldsymbol{x}^o(t),\boldsymbol{u}^o(t),\psi_0,\boldsymbol{\psi}(t)) = \boldsymbol{0}^T \quad (8.50)$$

また，$\boldsymbol{x}^o$ に沿って $H(\boldsymbol{x}^o(t),\boldsymbol{u}^o(t),\psi_0,\boldsymbol{\psi}(t))$ が連続である。

(ii) $\boldsymbol{x}^o$ の終端においてつぎの横断条件が成立する。

$$\boldsymbol{\psi}^T(t_1) = \psi_0 w_{\boldsymbol{x}} + \boldsymbol{\nu}^T \boldsymbol{\theta}_{\boldsymbol{x}} \tag{8.51a}$$

$$H\big|_{t=t_1} = 0 \tag{8.51b}$$

ここで，$\boldsymbol{\nu}$ は q 次元定数ベクトルである。

(iii) 任意の $t \in [0, t_1]$ において，任意の $\boldsymbol{u}(t)$ に対して次式が成立する。

$$H(\boldsymbol{x}^o(t), \boldsymbol{u}^o(t), \psi_0, \boldsymbol{\psi}(t)) \leqq H(\boldsymbol{x}^o(t), \boldsymbol{u}(t), \psi_0, \boldsymbol{\psi}(t)) \tag{8.52}$$

(証明) ハミルトン関数

$$H(\boldsymbol{x}, \dot{\boldsymbol{y}}, \psi_0, \boldsymbol{\psi}) = \psi_0 f_0(\boldsymbol{x}, \dot{\boldsymbol{y}}) + \boldsymbol{\psi}^T \boldsymbol{f}(\boldsymbol{x}, \dot{\boldsymbol{y}}) \tag{8.53}$$

を定義すると，式 (8.42) は

$$L(\boldsymbol{x}, \dot{\boldsymbol{x}}, \dot{\boldsymbol{y}}, \psi_0, \boldsymbol{\psi}) = H(\boldsymbol{x}, \dot{\boldsymbol{y}}, \psi_0, \boldsymbol{\psi}) - \boldsymbol{\psi}^T \dot{\boldsymbol{x}} \tag{8.54}$$

になるから，ただちに

$$L_{\boldsymbol{x}} = H_{\boldsymbol{x}}, \quad L_{\boldsymbol{y}} = \boldsymbol{0}^T, \quad L_{\dot{\boldsymbol{x}}} = -\boldsymbol{\psi}^T, \quad L_{\dot{\boldsymbol{y}}} = H_{\dot{\boldsymbol{y}}} \tag{8.55}$$

の関係が得られる。このとき Bolza 型の変分問題 (8.40) に対する条件 (i)〜(iii) は以下のように簡潔に表される。また，式 (8.39) により $\dot{\boldsymbol{y}}(t)$ を $\boldsymbol{u}(t)$ に戻すと，最適制御問題に対する最適性必要条件となる。

(i) 式 (8.55) から $L_{\dot{\boldsymbol{x}}} = -\boldsymbol{\psi}^T$ であり，したがって，オイラーの方程式 (8.43) から

$$L_{\boldsymbol{x}} = \frac{d}{dt} L_{\dot{\boldsymbol{x}}} = -\dot{\boldsymbol{\psi}}^T$$

となり，式 (8.55) から

$$\dot{\boldsymbol{\psi}} = -H_{\boldsymbol{x}}{}^T \tag{8.56}$$

が成立する。$L_{\boldsymbol{y}} = \boldsymbol{0}^T$ とオイラーの方程式 (8.43) より $\dfrac{d}{dt} L_{\dot{\boldsymbol{y}}} = \boldsymbol{0}^T$ となるので，$L_{\dot{\boldsymbol{y}}}$ は定数となる。しかし，横断条件 (8.44c) から $L_{\dot{\boldsymbol{y}}}\Big|_{t=t_1} = \boldsymbol{0}^T$ なので，任意の $t \in [0, t_1]$ に対して $L_{\dot{\boldsymbol{y}}} = \boldsymbol{0}^T$ となり，式 (8.55) より

$$H_{\dot{\boldsymbol{y}}} = \mathbf{0}^T \tag{8.57}$$

が成立する。式 (8.56), (8.57) において $\dot{\boldsymbol{y}}$ を $\boldsymbol{u}$ に戻すと，求める式が得られる。

ところで，ワイエルシュトラス-エルドマンの条件より，$\boldsymbol{\psi}(t)$，$L+\boldsymbol{\psi}^T(t)\dot{\boldsymbol{x}}$ は任意の $t \in [0, t_1]$ に対して連続となる。ゆえに，式 (8.54) よりハミルトン関数 $H = L + \boldsymbol{\psi}^T\dot{\boldsymbol{x}}$ は $\boldsymbol{x}^o$ に沿って連続であることが確認される。

(ii)　$\boldsymbol{x}^o$ に対する $t = t_1$ における横断条件は，式 (8.44) と式 (8.54) より

$$\boldsymbol{\psi}^T(t_1) = \psi_0 F_{0\boldsymbol{x}} + \boldsymbol{\nu}^T\boldsymbol{\theta}_{\boldsymbol{x}} \tag{8.58a}$$

$$H|_{t=t_1} = 0 \tag{8.58b}$$

となる。

(iii)　式 (8.54) と $L_{\dot{\boldsymbol{y}}} = \mathbf{0}^T$ を用いると，ワイエルシュトラスの E 関数 (8.45) は

$$\begin{aligned} &E(\boldsymbol{x}, \dot{\boldsymbol{x}}, \dot{\boldsymbol{y}}, \dot{\boldsymbol{X}}, \dot{\boldsymbol{Y}}, \psi_0, \boldsymbol{\psi}) \\ &\quad = H(\boldsymbol{x}, \dot{\boldsymbol{Y}}, \psi_0, \boldsymbol{\psi}) - \boldsymbol{\psi}^T\dot{\boldsymbol{X}} - H(\boldsymbol{x}, \dot{\boldsymbol{y}}, \psi_0, \boldsymbol{\psi}) + \boldsymbol{\psi}^T\dot{\boldsymbol{x}} + \boldsymbol{\psi}^T(\dot{\boldsymbol{X}} - \dot{\boldsymbol{x}}) \\ &\quad = H(\boldsymbol{x}, \dot{\boldsymbol{Y}}, \psi_0, \boldsymbol{\psi}) - H(\boldsymbol{x}, \dot{\boldsymbol{y}}, \psi_0, \boldsymbol{\psi}) \geqq 0 \end{aligned} \tag{8.59}$$

となる。よって，任意の $t \in [0, t_1]$，任意の $\boldsymbol{u}(t)$ に対して

$$H(\boldsymbol{x}^o(t), \boldsymbol{u}^o(t), \psi_0, \boldsymbol{\psi}(t)) \leqq H(\boldsymbol{x}^o(t), \boldsymbol{u}(t), \psi_0, \boldsymbol{\psi}(t))$$

が成立する。

最後に，定理 8.6（乗数則）は，$\psi_0 \geqq 0$，$\boldsymbol{\psi}(t)$，$t \in [0, t_1]$ が存在して，$(\psi_0, \boldsymbol{\psi}^T(t)) \neq \mathbf{0}^T$ を保証している。　□

【注意 8.1】　横断条件は，式 (8.51) より

$$\boldsymbol{\psi}^T(t_1) = \psi_0 F_{0\boldsymbol{x}} + \boldsymbol{\nu}^T\boldsymbol{\theta}_{\boldsymbol{x}}$$

となる。

特に，$\boldsymbol{x}(t_1)$ が自由な場合には上式の第 2 項がないので

$$\boldsymbol{\psi}(t_1) = \psi_0 F_{0\boldsymbol{x}}(\boldsymbol{x}(t_1))^T, \quad \psi_0 > 0$$

となり，特にラグランジュ型問題では $\boldsymbol{\psi}(t_1) = \mathbf{0}$ となる。

さらに，もし

$$x_j(t_1) = x_{1j}, \quad j \in J_{\text{fix}}, \qquad x_j(t_1) = \text{free}, \quad j \notin J_{\text{fix}}$$

のように，$\boldsymbol{x}(t_1)$ の一部の成分が固定され，その他は自由な場合，自由端に対応して

$$\psi_j(t_1) = \psi_0 F_{0xj}(\boldsymbol{x}(t_1)), \quad j \notin J_{\text{fix}}$$

が成立する。$\boldsymbol{x}(t_1) = \boldsymbol{x}_1$ のように固定された場合には，$\boldsymbol{\psi}(t_1)$ は任意の値をとることができる。

境界条件の与えられ方は，自由終端問題では $\boldsymbol{x}(t_1)$ が自由な代わりに $\boldsymbol{\psi}(t_1)$ が束縛され，固定端問題では $\boldsymbol{x}(t_1)$ が固定されているが $\boldsymbol{\psi}(t_1)$ が自由となり，その他の場合にはその中間となる。すなわち，初期時刻では $\boldsymbol{x}(0) = \boldsymbol{x}_0$ が与えられ，終端時刻 t_1 では $\boldsymbol{x}(t_1) = \boldsymbol{x}_1$ と $\boldsymbol{\psi}(t_1)$ に関する n 個の境界条件が与えられる。それゆえ，けっきょく n 個の初期条件と n 個の終端条件が与えられた**2 点境界値問題**となる。それゆえ，最適制御問題においては，式 (8.50) から $\boldsymbol{u}^o(t)$ が決定され，$\boldsymbol{u}^o(t)$ を介しての $\boldsymbol{x}^o(t), \boldsymbol{\psi}(t)$ に関する 2 点境界値問題を得る。

8.2.4　正則性[4),13),16)]

定理 8.6（乗数則）において，$(\psi_0, \boldsymbol{\psi}^T(t)) \neq \mathbf{0}^T$ が $\psi_0 > 0$ を満たし，最適軌道 $\boldsymbol{x}^o$ が正則となる場合には，$\psi_0 = 1$ とおくことができる。このとき $\boldsymbol{\psi}(t)$ は唯一に決まる。

問題 (8.38) において，t_1 が固定され，$\boldsymbol{x}(t_1)$ が自由な無制約最適制御問題は正則であることが知られている（文献 16) の 2.2.4 項を参照）。

8.2節の内容は，制御入力に関する制約条件 $\boldsymbol{u}(t) \in U$ (U は閉集合) がある場合や，t を陽に含む非オートノマス系へも一般化できる。詳しくは文献 4), 13), 16) を参照されたい。

8.3 ポントリャーギンの最小原理 [12),6)]

$U \subset R^r$ は閉集合で，制御関数 $\boldsymbol{u}(t) \in R^r$ は区分的に連続，かつ制約条件 $\boldsymbol{u}(t) \in U, t \in [t_0, t_1]$ を満足するとし，つぎのような Bolza 型の最適制御問題

$$\min_{\boldsymbol{u}} \ \phi[\boldsymbol{u}] = F_0(\boldsymbol{x}(t_1)) + \int_0^{t_1} f_0(\boldsymbol{x}(t), \boldsymbol{u}(t))dt \tag{8.60a}$$

$$\text{subject to} \quad \dot{\boldsymbol{x}} = \boldsymbol{f}(\boldsymbol{x}(t), \boldsymbol{u}(t)), \quad \boldsymbol{x}(0) = \boldsymbol{x}_0 \tag{8.60b}$$

$$\boldsymbol{u}(t) \in U, \quad t \in [0, t_1] \tag{8.60c}$$

を考える。そして，ハミルトン関数

$$H(\boldsymbol{x}, \boldsymbol{u}, \psi_0, \boldsymbol{\psi}) = \psi_0 f_0(\boldsymbol{x}, \boldsymbol{u}) + \boldsymbol{\psi}^T \boldsymbol{f}(\boldsymbol{x}, \boldsymbol{u}) \tag{8.61}$$

を定義する。このとき，**ポントリャーギンの最小原理**[12)] はつぎのように言明される。

【定理 8.11】(最小原理)　制約式 (8.60b), (8.60c) のもとで評価汎関数 (8.60a) を最小にする最適制御を $\boldsymbol{u}^o : \boldsymbol{u}^o(t), t \in [0, t_1]$，対応する最適軌道を $\boldsymbol{x}^o : \boldsymbol{x}^o(t)$, $t \in [0, t_1]$ とすると，連続なベクトル値関数 $(\psi_0, \boldsymbol{\psi}^T(t))$ が存在して，任意の $t \in [0, t_1]$ に対して $(\psi_0, \boldsymbol{\psi}^T(t)) \neq \boldsymbol{0}^T$ であり，つぎの条件が成立する。

(i)
$$\dot{\boldsymbol{x}}^o(t) = H_{\boldsymbol{\psi}}(\boldsymbol{x}^o(t), \boldsymbol{u}^o(t), \psi_0, \boldsymbol{\psi}(t))^T, \quad \boldsymbol{x}(0) = \boldsymbol{x}_0 \tag{8.62}$$

$$\dot{\boldsymbol{\psi}}(t) = -H_{\boldsymbol{x}}(\boldsymbol{x}^o(t), \boldsymbol{u}^o(t), \psi_0, \boldsymbol{\psi}(t))^T, \quad \boldsymbol{\psi}(t_1) = \psi_0 F_{0\boldsymbol{x}}(\boldsymbol{x}(t_1))^T \tag{8.63}$$

(ii)
$$H(\boldsymbol{x}^o(t), \boldsymbol{u}^o(t), \psi_0, \boldsymbol{\psi}(t)) = \min_{\boldsymbol{u} \in U} \ H(\boldsymbol{x}^o(t), \boldsymbol{u}(t), \psi_0, \boldsymbol{\psi}(t)) \tag{8.64}$$

(iii)
$$\psi_0 \geqq 0, \quad H(\boldsymbol{x}^o(t_1), \boldsymbol{u}^o(t_1), \psi_0, \boldsymbol{\psi}(t_1)) = 0 \tag{8.65}$$

ただし，ポントリャーギンは $\psi_0 \leqq 0$ としているので，ハミルトン関数は最適軌道に沿って最大値をとらなければならず，したがって，通常はポントリャーギンの**最大原理**と呼ばれている。

8.4 制御入力に関する勾配関数

最適制御を計算するためには，その最適性条件を与えるためにも，また計算手法を与えるためにも，評価汎関数 $\phi[\boldsymbol{u}]$ の勾配関数 $\nabla\phi[\boldsymbol{u}]$ が必要になる。つぎのような最も簡単な無制約最適制御問題を考える（t_1 は固定）。

$$\min_{\boldsymbol{u}} \ \phi[\boldsymbol{u}] = F_0(\boldsymbol{x}(t_1)) + \int_0^{t_1} f_0(\boldsymbol{x}(t), \boldsymbol{u}(t))dt \tag{8.66a}$$

$$\text{subject to} \quad \dot{\boldsymbol{x}}(t) = \boldsymbol{f}(\boldsymbol{x}(t), \boldsymbol{u}(t)), \ \ \boldsymbol{x}(0) = \boldsymbol{x}_0 \tag{8.66b}$$

このとき，もし $\boldsymbol{f}$ が連続で有界（つまり $\|\boldsymbol{f}(\boldsymbol{x}(t), \boldsymbol{u}(t))\| \leqq M, \ \forall \boldsymbol{x}(t) \in R^n$, $\boldsymbol{u}(t) \in R^r$）で，リプシッツ条件（すなわち $\|\boldsymbol{f}(\boldsymbol{x}^1(t), \boldsymbol{u}(t)) - \boldsymbol{f}(\boldsymbol{x}^2(t), \boldsymbol{u}(t))\| \leqq L\|\boldsymbol{x}^1(t) - \boldsymbol{x}^2(t)\|, \ \forall \boldsymbol{x}^1(t), \boldsymbol{x}^2(t) \in R^n, \boldsymbol{u}(t) \in R^r$）が満たされるならば，任意の $\boldsymbol{u} : \boldsymbol{u}(t), t \in [0, t_1]$ に対して，式 (8.66b) は連続な唯一解 $\boldsymbol{x} : \boldsymbol{x}(t), t \in [0, t_1]$ をもつ。$\boldsymbol{x}(t), \boldsymbol{u}(t), t \in [0, t_1]$ の軌道を $\boldsymbol{x}, \boldsymbol{u}$ と表し，$\boldsymbol{u}$ の集合を U と書く。また，与えられた $\boldsymbol{u} \in U$ に対応した軌道 $\boldsymbol{x}$ を $\boldsymbol{x}(\boldsymbol{u})$ と書き，その時刻 t における値を $\boldsymbol{x}(t; \boldsymbol{u})$ と書く。

さて，汎関数 $\phi : U \to R$ を

$$\phi[\boldsymbol{u}] = F_0(\boldsymbol{x}(t_1; \boldsymbol{u})) + \int_0^{t_1} f_0(\boldsymbol{x}(t; \boldsymbol{u}), \boldsymbol{u}(t))dt \tag{8.67}$$

と定義する。許容制御のクラスとしては，2 乗可積分な r 次元ベクトル値関数を考える。U を 2 乗可積分な r 次元ベクトル値関数からなる関数空間 $L_2[0, t_1]^r$ とし，内積を

$$\langle \boldsymbol{u}^1, \boldsymbol{u}^2 \rangle_U \triangleq \int_0^{t_1} \boldsymbol{u}^{1T}(t)\boldsymbol{u}^2(t)dt$$

と定義すると，U はヒルベルト空間になる。問題 (8.66) は等価的にヒルベルト空間 U における無制約最適化問題として，つぎのように書ける。

$$\min_{\boldsymbol{u}\in U} \phi[\boldsymbol{u}] \tag{8.68}$$

以下では $\phi[\boldsymbol{u}]$ の微分可能性について考察する[15)~17)]。ただし，F_0, $\boldsymbol{f}_0$, $\boldsymbol{f}$ はその連続性と微分可能性に関して適当な仮定を満たすものとする。

【定理 8.12】　式 (8.67) で定義された汎関数 $\phi : U \to R$ は連続フレッシェ微分可能であり，その $\boldsymbol{u} \in U$ における勾配関数 $\nabla\phi[\boldsymbol{u}] \in U$ は

$$\nabla\phi[\boldsymbol{u}](t) = H_{\boldsymbol{u}}(\boldsymbol{x}(t;\boldsymbol{u}), \boldsymbol{u}(t), \boldsymbol{\psi}(t))^T, \quad t \in [0, t_1] \tag{8.69}$$

で与えられる。ここで H はハミルトン関数

$$H(\boldsymbol{x}, \boldsymbol{u}, \boldsymbol{\psi}) = f_0(\boldsymbol{x}, \boldsymbol{u}) + \boldsymbol{\psi}^T \boldsymbol{f}(\boldsymbol{x}, \boldsymbol{u}) \tag{8.70}$$

であり，$\boldsymbol{\psi}$ は $[0, t_1]$ 上でつぎの随伴方程式

$$\dot{\boldsymbol{\psi}}(t) = -H_{\boldsymbol{x}}(\boldsymbol{x}(t;\boldsymbol{u}), \boldsymbol{u}(t), \boldsymbol{\psi}(t))^T, \quad \boldsymbol{\psi}(t_1) = F_{0\boldsymbol{x}}(\boldsymbol{x}(t_1;\boldsymbol{u}))^T \tag{8.71}$$

で定義される連続な n 次元ベクトル値関数である。

(証明)　ガトー微分 $\phi'[\boldsymbol{u};\boldsymbol{s}]$ は，式 (8.67) と微分の連鎖律から

$$\begin{aligned}\phi'[\boldsymbol{u};\boldsymbol{s}] &= \left.\frac{d}{d\varepsilon}\phi[\boldsymbol{u}+\varepsilon\boldsymbol{s}]\right|_{\varepsilon=0} \\ &= F_{0\boldsymbol{x}}(\boldsymbol{x}(t_1;\boldsymbol{u}))\left.\frac{d}{d\varepsilon}\boldsymbol{x}(t_1;\boldsymbol{u}+\varepsilon\boldsymbol{s})\right|_{\varepsilon=0} \\ &\quad + \int_0^{t_1}\left\{ f_{0\boldsymbol{x}}(\boldsymbol{x}(t;\boldsymbol{u}), \boldsymbol{u}(t))\left.\frac{d}{d\varepsilon}\boldsymbol{x}(t;\boldsymbol{u}+\varepsilon\boldsymbol{s})\right|_{\varepsilon=0}\right. \\ &\qquad\qquad \left. + f_{0\boldsymbol{u}}(\boldsymbol{x}(t;\boldsymbol{u}), \boldsymbol{u}(t))\boldsymbol{s}(t)\right\}dt\end{aligned} \tag{8.72}$$

となる。一方，$\boldsymbol{u}+\varepsilon\boldsymbol{s}$ のもとで式 (8.66b) を 0 から t まで積分すると

$$\boldsymbol{x}(t;\boldsymbol{u}+\varepsilon\boldsymbol{s}) = \boldsymbol{x}(0) + \int_0^t \boldsymbol{f}(\boldsymbol{x}(\tau;\boldsymbol{u}+\varepsilon\boldsymbol{s}), \boldsymbol{u}(\tau)+\varepsilon\boldsymbol{s}(\tau))d\tau \tag{8.73}$$

となる。式 (8.73) の両辺を ε で微分して $\varepsilon = 0$ とおき，その両辺を t で微分すると

$$\frac{d}{dt}\frac{d}{d\varepsilon}\boldsymbol{x}(t;\boldsymbol{u}+\varepsilon\boldsymbol{s})\Big|_{\varepsilon=0} = \boldsymbol{f}_{\boldsymbol{x}}(\boldsymbol{x}(t;\boldsymbol{u}),\boldsymbol{u}(t))\frac{d}{d\varepsilon}\boldsymbol{x}(t;\boldsymbol{u}+\varepsilon\boldsymbol{s})\Big|_{\varepsilon=0} + \boldsymbol{f}_{\boldsymbol{u}}(\boldsymbol{x}(t;\boldsymbol{u}),\boldsymbol{u}(t))\boldsymbol{s}(t) \tag{8.74}$$

となる。式 (8.74) は $\frac{d}{d\varepsilon}\boldsymbol{x}(t;\boldsymbol{u}+\varepsilon\boldsymbol{s})\Big|_{\varepsilon=0}$ に関する時変線形微分方程式だから，その解は

$$\frac{\partial}{\partial t}\Phi(t,\tau) = \boldsymbol{f}_{\boldsymbol{x}}(\boldsymbol{x}(t;\boldsymbol{u}),\boldsymbol{u}(t))\Phi(t,\tau), \quad t \in [\tau, t_1]$$
$$\Phi(\tau,\tau) = I, \quad \forall\tau \in [0, t_1] \tag{8.75}$$

で定義される連続な遷移行列関数 $\Phi(t,\tau)$ を用いて

$$\frac{d}{d\varepsilon}\boldsymbol{x}(t;\boldsymbol{u}+\varepsilon\boldsymbol{s})\Big|_{\varepsilon=0} = \int_0^t \Phi(t,\tau)\boldsymbol{f}_{\boldsymbol{u}}(\boldsymbol{x}(\tau;\boldsymbol{u}),\boldsymbol{u}(\tau))\boldsymbol{s}(\tau)d\tau \tag{8.76}$$

と求められる。式 (8.76) を式 (8.72) に代入すると

$$\begin{aligned}\phi'[\boldsymbol{u};\boldsymbol{s}] =& \int_0^{t_1}\{F_{0\boldsymbol{x}}(\boldsymbol{x}(t_1;\boldsymbol{u}))\Phi(t_1,t)\boldsymbol{f}_{\boldsymbol{u}}(\boldsymbol{x}(t;\boldsymbol{u}),\boldsymbol{u}(t))\boldsymbol{s}(t)\\ &+f_{0\boldsymbol{u}}(\boldsymbol{x}(t;\boldsymbol{u}),\boldsymbol{u}(t))\boldsymbol{s}(t)\}dt\\ &+\int_0^{t_1}\int_0^t f_{0\boldsymbol{x}}(\boldsymbol{x}(t;\boldsymbol{u}),\boldsymbol{u}(t))\Phi(t,\tau)\boldsymbol{f}_{\boldsymbol{u}}(\boldsymbol{x}(\tau;\boldsymbol{u}),\boldsymbol{u}(\tau))\boldsymbol{s}(\tau)d\tau dt\end{aligned} \tag{8.77}$$

となる。ここで

$$\int_0^{t_1}\int_0^t \boldsymbol{g}(t,\tau)^T\boldsymbol{h}(\tau)d\tau dt = \int_0^{t_1}\int_t^{t_1}\boldsymbol{g}(\tau,t)^T d\tau\boldsymbol{h}(t)dt \tag{8.78}$$

の関係を用いると，式 (8.77) はつぎのようになる。

$$\begin{aligned}\phi'[\boldsymbol{u};\boldsymbol{s}] = \int_0^{t_1}\Bigg[&\{F_{0\boldsymbol{x}}(\boldsymbol{x}(t_1;\boldsymbol{u}))\Phi(t_1,t) + \int_t^{t_1} f_{0\boldsymbol{x}}(\boldsymbol{x}(\tau;\boldsymbol{u}),\boldsymbol{u}(\tau))\\ &\times\Phi(\tau,t)d\tau\}\boldsymbol{f}_{\boldsymbol{u}}(\boldsymbol{x}(t;\boldsymbol{u}),\boldsymbol{u}(t)) + f_{0\boldsymbol{u}}(\boldsymbol{x}(t;\boldsymbol{u}),\boldsymbol{u}(t))\Bigg]\boldsymbol{s}(t)dt\end{aligned} \tag{8.79}$$

ここでつぎのような微分方程式

$$\dot{\boldsymbol{\psi}}(t) = -\boldsymbol{f}_{\boldsymbol{x}}(\boldsymbol{x}(t;\boldsymbol{u}),\boldsymbol{u}(t))^T\boldsymbol{\psi}(t) - f_{0\boldsymbol{x}}(\boldsymbol{x}(t;\boldsymbol{u}),\boldsymbol{u}(t))^T \tag{8.80a}$$

$$\boldsymbol{\psi}(t_1) = F_{0\boldsymbol{x}}(\boldsymbol{x}(t_1;\boldsymbol{u}))^T \tag{8.80b}$$

を考え，$\Psi(t,t_1)$ を，初期時刻を t_1 としたときの $-\boldsymbol{f}_{\boldsymbol{x}}(\boldsymbol{x}(t;\boldsymbol{u}),\boldsymbol{u}(t))$ の遷移行列とすると，$\Psi(t,t_1) = \Phi^T(t_1,t)$ となるので

$$\begin{aligned}\boldsymbol{\psi}(t) = {} & \Phi^T(t_1,t)F_{0\boldsymbol{x}}(\boldsymbol{x}(t_1;\boldsymbol{u}))^T \\ & + \int_t^{t_1} \Phi^T(\tau,t)f_{0\boldsymbol{x}}(\boldsymbol{x}(\tau;\boldsymbol{u}),\boldsymbol{u}(\tau))^T d\tau\end{aligned} \tag{8.81}$$

となる。式 (8.79) に代入すると

$$\begin{aligned}\phi'[\boldsymbol{u};\boldsymbol{s}] = \int_0^{t_1} \{ & \boldsymbol{\psi}^T(t)\boldsymbol{f}_{\boldsymbol{u}}(\boldsymbol{x}(t;\boldsymbol{u}),\boldsymbol{u}(t)) \\ & + f_{0\boldsymbol{u}}(\boldsymbol{x}(t;\boldsymbol{u}),\boldsymbol{u}(t))\}\boldsymbol{s}(t)dt\end{aligned} \tag{8.82}$$

となり，さらにハミルトン関数を式 (8.70) のように定義すると，式 (8.82) はつぎのように書ける。

$$\phi'[\boldsymbol{u};\boldsymbol{s}] = \int_0^{t_1} H_{\boldsymbol{u}}(\boldsymbol{x}(t;\boldsymbol{u}),\boldsymbol{u}(t),\boldsymbol{\psi}(t))\boldsymbol{s}(t)dt, \quad \forall \boldsymbol{s} \in U \tag{8.83}$$

このとき，$H_{\boldsymbol{u}}(\boldsymbol{x}(\cdot;\boldsymbol{u}),\boldsymbol{u}(\cdot),\boldsymbol{\psi}(\cdot)) \in L_2[0,t_1]$ であることが示され，$\phi'[\boldsymbol{u};\boldsymbol{s}]$ は $\boldsymbol{s}$ に関して線形かつ連続であり，$\phi'[\boldsymbol{u};\cdot]$ は U 上の連続線形汎関数を与える。また，$\boldsymbol{u}^k \to \boldsymbol{u}$ のとき，作用素ノルムで $\phi'[\boldsymbol{u}^k;\cdot] \to \phi'[\boldsymbol{u};\cdot]$ となることが示され，ϕ は連続フレッシェ微分可能であり，その導関数 $\phi'[\boldsymbol{u}]$ は $\phi'[\boldsymbol{u};\cdot]$ に等しい。すなわち式 (8.83) は

$$\phi'[\boldsymbol{u}]\boldsymbol{s} = \int_0^{t_1} H_{\boldsymbol{u}}(\boldsymbol{x}(t;\boldsymbol{u}),\boldsymbol{u}(t),\boldsymbol{\psi}(t))\boldsymbol{s}(t)dt, \quad \forall \boldsymbol{s} \in U \tag{8.84}$$

となる。また，式 (8.80) は式 (8.71) のように書ける。

ところで，ヒルベルト空間の Riesz の表現定理[9),16)] より

$$\phi'[\boldsymbol{u}]\boldsymbol{s} = \langle \nabla\phi[\boldsymbol{u}], \boldsymbol{s}\rangle_U, \quad \|\phi'[\boldsymbol{u}]\| = \|\nabla\phi[\boldsymbol{u}]\| \tag{8.85}$$

となる要素 $\nabla\phi[\boldsymbol{u}] \in U$ が唯一に存在し，この $\nabla\phi[\boldsymbol{u}]$ を ϕ の $\boldsymbol{u}$ における勾配という。式 (8.84) と式 (8.85) を対比することにより，式 (8.69) を得る。 □

ところで勾配関数を零とおいた関係式

$$\nabla\phi[\boldsymbol{u}](t) = \boldsymbol{0}, \quad t \in [0, t_1] \tag{8.86}$$

は，定理 8.10 の最適性条件 (i) と等価である。詳しくは文献 16) を参照されたい。

最適制御入力を時間関数としてシンセシスする，いわゆる開ループ系の最適制御理論については，多くの教科書[1),2),5),7),10),13),14),16)]が出版されている。

引用・参考文献

1) B. O. D. Anderson and J. B. Moore: Optimal Control — Quadratic Methods, Prentice Hall (1990)
2) M. Athans and P. L. Falb: Optimal Control, McGraw Hill (1966)
3) G. A. Bliss: Lectures on the Calculus of Variations, University of Chicago Press (1946)
4) L. D. Berkovitz: Variational Methods in Problem of Control and Programming, J. Math. Anal.&Appl., Vol. 3, pp. 115–169 (1961)
5) A. E. Bryson and Y. C. Ho: Applied Optimal Control, Hemisphere (1975)
6) I. M. Gelfand and S. V. Formin: Calculus of Variations, Prentice-Hall (1963), ゲリファント，フォーミン 著, 関根 訳：変分法, 総合図書 (1970)
7) M. R. Hestenes: Calculus of Variations and Optimal Control Theory, J. Wiley (1966)
8) 小松：変分学, 森北出版 (1975)
9) カントロビッチ，アキーロフ 著, 山崎, 柴田 訳：ノルム空間の関数解析 1, 2, 東京図書 (1964, 1967)
10) E. B. Lee and L. Markus: Foundations of Optimal Control Theory, J. Wiley (1967)
11) F. L. Lewis: Optimal Control, J. Wiley (1996)
12) L. S. Pontryagin, V. G. Boltyanski, R. V. Gamkrelidze and E. F. Mishchenko: The Mathematical Theory of Optimal Processes, Interscience Pub. Co. (1962), ポントリャーギン，ボルチャンスキー，ガムクレリーゼ，ミシチェンコ 著, 関根 訳：最適過程の数学的理論, 総合図書 (1967)

13) 坂和：最適システム制御論, コロナ社 (1972)
14) 坂和：最適化と最適制御, 森北出版 (1980)
15) K. Shimizu and S. Ito: Constrained Optimization in Hilbelt Space and a Generalized Dual Quasi-Newton Algorithm for State-Constrained Optimal Control Problems, IEEE Trans. Autom. Contr., Vol. AC-39, No. 5 (1994)
16) 志水：最適制御の理論と計算法, コロナ社 (1994)
17) 志水：ニューラルネットと制御, 7 章, コロナ社 (2002)

9 最適制御とハミルトン-ヤコビ方程式

最適制御の理論は基本的には変分法を応用して構築されるが，ダイナミックプログラミング[2),3)]に基づく誘導もある。本章では最適制御入力を状態フィードバック制御則としてシンセシスする場合を述べる。また，ここでは制御対象は確定的な連続時間型の非線形時不変システムとする。

9.1 最適制御問題

微分方程式系（システムの状態方程式）

$$\dot{\boldsymbol{x}}(t) = \boldsymbol{f}(\boldsymbol{x}(t), \boldsymbol{u}(t)), \quad \boldsymbol{x}(0) = \boldsymbol{x}_0, \quad t \in [0, t_1] \tag{9.1}$$

を考える。ここで，$\boldsymbol{x}(t) \in R^n$ と $\boldsymbol{u}(t) \in R^r$ は状態ベクトルと制御入力で，$\boldsymbol{f} : R^n \times R^r \to R^n$ は各変数に関して連続微分可能とする。終端条件は関数 $\boldsymbol{\theta} : R^n \to R^q$ を用いて

$$\boldsymbol{\theta}(\boldsymbol{x}(t_1)) = \boldsymbol{0}, \quad q < n \tag{9.2}$$

と与える。ただし，$\operatorname{rank} \boldsymbol{\theta}_{\boldsymbol{x}}(\boldsymbol{x}) = q$ と仮定する。

一方，つぎのような評価汎関数を考える。

$$\phi[\boldsymbol{u}] = F_0(\boldsymbol{x}(t_1)) + \int_0^{t_1} f_0(\boldsymbol{x}(t), \boldsymbol{u}(t))dt \tag{9.3}$$

ただし，$F_0 : R^n \to R$，$f_0 : R^n \times R$ は連続微分可能とする。

最適制御問題は

状態方程式 (9.1) のもとで初期点 $\boldsymbol{x}(0) = \boldsymbol{x}_0$ を，式 (9.2) を満たす終端点に移す制御入力 $\boldsymbol{u} : \boldsymbol{u}(t),\ t \in [0, t_1]$ の中で，式 (9.1) の解 $\boldsymbol{x} : \boldsymbol{x}(t),\ t \in [0, t_1]$ に沿って汎関数 (9.3) を最小にするような $\boldsymbol{u}^o : \boldsymbol{u}^o(t),\ t \in [0, t_1]$ を求めよ。

ということである。この最適制御問題はつぎのように定式化される。

$$\min_{\boldsymbol{u}} \quad \phi[\boldsymbol{u}] \overset{\triangle}{=} F_0(\boldsymbol{x}(t_1)) + \int_0^{t_1} f_0(\boldsymbol{x}(t), \boldsymbol{u}(t))dt \tag{9.4a}$$

$$\text{subject to} \quad \dot{\boldsymbol{x}}(t) = \boldsymbol{f}(\boldsymbol{x}(t), \boldsymbol{u}(t)), \quad \boldsymbol{x}(0) = \boldsymbol{x}_0 \tag{9.4b}$$

$$\boldsymbol{\theta}(\boldsymbol{x}(t_1)) = \boldsymbol{0} \tag{9.4c}$$

横断条件 (9.4c) は陽に与えられない場合もあり，t_1 が固定されていないときもある。

以下の条件を満足する関数 $\boldsymbol{u}(t)$ の族を許容制御族と呼び，$\mathcal{U}$ で表す。

(i) $\boldsymbol{u}(t)$ は区間 $[0, t_1]$ で区分的に連続である。

(ii) $\boldsymbol{u} : \boldsymbol{u}(t),\ t \in [0, t_1]$ に対応する式 (9.1) の解が存在して，終端条件 (9.2) を満たす。

すべての $\boldsymbol{u} \in \mathcal{U}$ の中で式 (9.3) を最小にするような許容制御 $\boldsymbol{u}^o \in \mathcal{U}$ を**最適制御入力**といい，最適制御 $\boldsymbol{u}^o : \boldsymbol{u}^o(t),\ t \in [0, t_1]$ に対応する式 (9.1) の解 $\boldsymbol{x}^o : \boldsymbol{x}^o(t)$, $t \in [0, t_1]$ を**最適軌道**という。

9.2 ダイナミックプログラミング[2)] とハミルトン-ヤコビ方程式[1),8),10)]

Bellman の**最適性の原理**[2)] からハミルトン-ヤコビ方程式[1),4)] と呼ばれる最適性条件を導くことができる。最適性の原理とは「最適な決定であるとは，その最初の状態および決定がなにであっても，それ以後の決定は最初の決定によって生じた状態に関して最適決定になっていなければならない」ということである。

ハミルトン-ヤコビ方程式は，最適な評価汎関数が満たすべき偏微分方程式である。もしハミルトン-ヤコビ方程式の解が微分可能性に関するいくつかの性質を満たすならば，この解は最適な評価汎関数である。しかしながら，すべての最適な評価汎関数がハミルトン-ヤコビ方程式を満たすとは限らず，ハミルトン-ヤコビ方程式は最適な評価汎関数の必要条件というより，むしろ十分条件といえよう。

つぎのような非線形時不変システムの最適制御問題を考える。

$$\min_{\boldsymbol{u}} \quad \phi[\boldsymbol{u}; \boldsymbol{x}(0), 0; t_1] \triangleq F_0(\boldsymbol{x}(t_1)) + \int_0^{t_1} f_0(\boldsymbol{x}(t), \boldsymbol{u}(t))dt \tag{9.5a}$$

$$\text{subject to} \quad \dot{\boldsymbol{x}}(t) = \boldsymbol{f}(\boldsymbol{x}(t), \boldsymbol{u}(t)), \quad \boldsymbol{x}(0) = \boldsymbol{x}_0 \tag{9.5b}$$

ここで，$\boldsymbol{x}(t) \in R^n$ は状態ベクトル，$\boldsymbol{u}(t) \in R^r$ は制御入力であり，終端条件は目標多様体 $C \subset R^n$ で与えられ，また t_1 は固定されている必要はない。$\phi[\boldsymbol{u}; \boldsymbol{x}(0), 0]$ は，初期時刻 $t = 0$ における初期状態 $\boldsymbol{x}(0)$ から軌道が出発するとき，制御入力 $\boldsymbol{u} : \boldsymbol{u}(t),\ t \in [0, t_1]$ によって決まる評価汎関数の値を表す。$f_0(\boldsymbol{x}, \boldsymbol{u})$ と $F_0(\boldsymbol{x}(t_1))$ は最小化したい物理量を反映した滑らかな関数であり，通常非負の関数である。

なお，ここでは記述簡単化のため，$\boldsymbol{u}(t) \in U$（U は閉集合）のような制約条件を省略しているが，本章の設計はそのような制約がある場合でも成り立つ。

最適制御は存在すると仮定し，$\boldsymbol{u}^o(t), t \in [0, t_1]$ とし，それに対応した最適軌道を $\boldsymbol{x}^o(t), t \in [0, t_1]$ とするが，以後特に強調する必要がない限り，$\boldsymbol{x}^o(t)$ を単に $\boldsymbol{x}(t)$ と書く。

ここで時間区間 $[a, b]$ 上の $\boldsymbol{u}(t)$ を $\boldsymbol{u}_{[a,b]}$ と表し，$\boldsymbol{x}(t) = \boldsymbol{x}$ を初期条件とする評価汎関数

$$\phi[\boldsymbol{u}_{[t,t_1]}; \boldsymbol{x}(t), t; t_1] = F_0(\boldsymbol{x}(t_1)) + \int_t^{t_1} f_0(\boldsymbol{x}(\tau), \boldsymbol{u}(\tau))d\tau \tag{9.6}$$

の最小値を

$$\begin{aligned} V(\boldsymbol{x}(t), t) &= \min_{\boldsymbol{u}_{[t,t_1]}} \phi[\boldsymbol{u}_{[t,t_1]}; \boldsymbol{x}(t), t; t_1] \\ &= \min_{\boldsymbol{u}_{[t,t_1]}} \left[F_0(\boldsymbol{x}(t_1)) + \int_t^{t_1} f_0(\boldsymbol{x}(\tau), \boldsymbol{u}(\tau))d\tau \right] \end{aligned} \tag{9.7}$$

と表そう。この値はしばしば**値関数**（value function）と呼ばれる。

つまり，システムが時刻 t における状態 $\boldsymbol{x}(t)$ から出発するならば，評価汎関数 (9.6) の最小値は $V(\boldsymbol{x}(t),t)$ である。$(\boldsymbol{x}(t),t)$ がわかれば $\boldsymbol{u}$ に関する最小化はすでに達成されているので，値関数 $V(\boldsymbol{x}(t),t)$ は $\boldsymbol{u}:\boldsymbol{u}(\tau)$，$\tau\in[t,t_1]$ には独立である。われわれは評価汎関数 (9.5a) を最小化する最適制御入力 $\boldsymbol{u}^o[0,t_1]$ や，さまざまな $\boldsymbol{x}(0)$ に対する $V(\boldsymbol{x}(0),0)$ を調べるよりむしろ，任意の時刻 t と状態 $\boldsymbol{x}(t)$ に対する式 (9.7) のような評価汎関数（値関数）と対応する最適制御入力 $\boldsymbol{u}^o_{[t,t_1]}$ の求め方を研究すべきである。

以下では，最適化問題 (9.7) を考える。しかし，$\boldsymbol{x}(t)$ と t の関数として $V(\boldsymbol{x}(t),t)$ の表現，ならびに対応する最適制御入力がわかれば，$t=0$ とおくことによって元の最適制御問題 (9.1) が解ける。なお，記述簡略化のため，以後 $V(\boldsymbol{x}(t),t)$ を単に $V(\boldsymbol{x},t)$ と表す。

さて，$t'\in[t,t_1]$ をとり，時間区間 $[t,t_1]$ を $[t,t']$ と $[t',t_1]$ に分け，対応する制御入力を $\boldsymbol{u}_{[t,t']}$ と $\boldsymbol{u}_{[t',t_1]}$ で表そう。このとき，最適性の原理より $\boldsymbol{u}_{[t,t_1]}$ 上の最適化は $\boldsymbol{u}_{[t,t']}$ 上と $\boldsymbol{u}_{[t',t_1]}$ 上の最適化の和に等しく，式 (9.7) は

$$
\begin{aligned}
V(\boldsymbol{x}(t),t) &= \min_{\boldsymbol{u}_{[t,t']}}\left[\min_{\boldsymbol{u}_{[t',t_1]}}\left\{\int_t^{t'} f_0(\boldsymbol{x}(\tau),\boldsymbol{u}(\tau))d\tau + F_0(\boldsymbol{x}(t_1))\right.\right.\\
&\qquad\left.\left. + \int_{t'}^{t_1} f_0(\boldsymbol{x}(\tau),\boldsymbol{u}(\tau))d\tau\right\}\right]\\
&= \min_{\boldsymbol{u}_{[t,t']}}\left[\int_t^{t'} f_0(\boldsymbol{x}(\tau),\boldsymbol{u}(\tau))d\tau + \min_{\boldsymbol{u}_{[t',t_1]}}\left\{F_0(\boldsymbol{x}(t_1))\right.\right.\\
&\qquad\left.\left. + \int_{t'}^{t_1} f_0(\boldsymbol{x}(\tau),\boldsymbol{u}(\tau))d\tau\right\}\right]
\end{aligned}
\tag{9.8}
$$

あるいは

$$
V(\boldsymbol{x}(t),t) = \min_{\boldsymbol{u}_{[t,t']}}\left[\int_t^{t'} f_0(\boldsymbol{x}(\tau),\boldsymbol{u}(\tau))d\tau + V(\boldsymbol{x}(t'),t')\right] \tag{9.9}
$$

のように展開することができる。

方程式 (9.8) はまさに最適性の原理の一表現である。この式はそれ自体自明であるが，それにもかかわらず注意深く考える必要がある。$\boldsymbol{x}(t)$ から始まり異

なる制御入力から得られるさまざまな軌道を考えよう。区間 $[t, t_1]$ を $[t, t']$ 区間と $[t', t_1]$ 区間に分け，$[t', t_1]$ 区間において制御が最適だと仮定する。そのとき，i 番目の点 $\boldsymbol{x}^i(t')$ から始まる軌道 $\boldsymbol{x}^i(\tau)$，$\tau \in [t', t_1]$ が $\boldsymbol{x}^i(t')$ から $\boldsymbol{x}^i(t_1)$ まで最適に移動するのにかかるコストは，各 i ごとに $V(\boldsymbol{x}^i(t'), t')$ である。この段階で $[t, t']$ 間の軌跡は任意である。式 (9.8) は，時刻 t で始まり時刻 t_1 で終わる軌道にかかる最適なコストは，$\boldsymbol{x}^i(t')$ まで移動するときにかかるコストを最小にするものと，そこから先の最適なコストの和であることを意味する。

この最適性の原理の言明は評価関数に焦点を当てて述べているが，以下では制御入力に焦点を当てて再考する。

$\Delta > 0$ を微小時間とすると，状態 $\boldsymbol{x}$ は制御入力 $\boldsymbol{u}$ によって

$$\boldsymbol{x}(t+\Delta) = \boldsymbol{x}(t) + \dot{\boldsymbol{x}}(t)\Delta$$

に推移する。式 (9.9) に $t' = t + \Delta$ を代入し，$V(\boldsymbol{x}(t), t)$ は連続微分可能と仮定して，右辺をテーラー展開すると

$$\begin{aligned} V(\boldsymbol{x}(t), t) &= \min_{\boldsymbol{u}_{[t, t+\Delta]}} \left[f_0(\boldsymbol{x}(t), \boldsymbol{u}(t))\Delta + V(\boldsymbol{x}(t) + \dot{\boldsymbol{x}}(t)\Delta, t+\Delta) \right] \\ &= \min_{\boldsymbol{u}_{[t, t+\Delta]}} \Biggl[f_0(\boldsymbol{x}(t), \boldsymbol{u}(t))\Delta + V(\boldsymbol{x}(t), t) \\ &\qquad + \frac{\partial V(\boldsymbol{x}(t), t)}{\partial \boldsymbol{x}} \dot{\boldsymbol{x}}(t)\Delta + \frac{\partial V(\boldsymbol{x}(t), t)}{\partial t}\Delta + O(\Delta^2) \Biggr] \end{aligned}$$

となり，したがって

$$\begin{aligned} & -\frac{\partial V(\boldsymbol{x}(t), t)}{\partial \boldsymbol{x}}\Delta \\ &\quad = \min_{\boldsymbol{u}_{[t, t+\Delta]}} \left[\Delta \left\{ f_0(\boldsymbol{x}(t), \boldsymbol{u}(t)) + \frac{\partial V(\boldsymbol{x}(t), t)}{\partial \boldsymbol{x}} \dot{\boldsymbol{x}}(t) \right\} + O(\Delta^2) \right] \end{aligned}$$

となる。両辺を Δ で割り，$\Delta \to 0$ とすると

$$-\frac{\partial V(\boldsymbol{x}(t), t)}{\partial t} = \min_{\boldsymbol{u}(t)} \left[f_0(\boldsymbol{x}(t), \boldsymbol{u}(t)) + \frac{\partial V(\boldsymbol{x}(t), t)}{\partial \boldsymbol{x}} \boldsymbol{f}(\boldsymbol{x}(t), \boldsymbol{u}(t)) \right] \tag{9.10}$$

を得る。ハミルトン関数

$$H(\boldsymbol{x},\boldsymbol{u},\boldsymbol{\psi}) = f_0(\boldsymbol{x},\boldsymbol{u}) + \boldsymbol{\psi}^T\boldsymbol{f}(\boldsymbol{x},\boldsymbol{u})$$

を用いると，式 (9.10) は $V(\boldsymbol{x}(t),t)$ に関する関数方程式

$$-\frac{\partial V(\boldsymbol{x}(t),t)}{\partial t} = \min_{\boldsymbol{u}(t)} H\left(\boldsymbol{x}(t),\boldsymbol{u}(t),\frac{\partial V(\boldsymbol{x}(t),t)}{\partial \boldsymbol{x}}\right) \tag{9.11}$$

となる。方程式 (9.10) は min 演算を含む偏微分方程式であり，**ハミルトン–ヤコビ方程式**と呼ばれる。

以下では記述簡略化のため t を省略し，$\boldsymbol{x}$, $\boldsymbol{u}$ は特にこだわらない限り $\boldsymbol{x}(t)$, $\boldsymbol{u}(t)$ を意味する。

式 (9.10) の右辺を最小にする $\boldsymbol{u}(t)$ を $\boldsymbol{u}^o\left(\boldsymbol{x},\frac{\partial V(\boldsymbol{x},t)}{\partial \boldsymbol{x}}\right)$ と表そう。この $\boldsymbol{u}^o\left(\boldsymbol{x},\frac{\partial V(\boldsymbol{x},t)}{\partial \boldsymbol{x}}\right)$ は $\phi[\boldsymbol{u}_{[t,t_1]};\boldsymbol{x}(t),t;t_1]$ を最小化する最適制御入力であることに注意しよう。われわれの目的は最適制御入力を $\boldsymbol{x}(t)$ と t の関数として陽に表すことなので，そのためには $\partial V(\boldsymbol{x},t)/\partial \boldsymbol{x}$ を $\boldsymbol{x}(t)$ と t の既知の陽的関数として表さなければならない。

このような $\boldsymbol{u}^o\left(\boldsymbol{x},\frac{\partial V(\boldsymbol{x},t)}{\partial \boldsymbol{x}}\right)$ のもとで，式 (9.10) は

$$\begin{aligned}-\frac{\partial V(\boldsymbol{x},t)}{\partial t} &= f_0\left(\boldsymbol{x},\boldsymbol{u}^o\left(\boldsymbol{x},\frac{\partial V(\boldsymbol{x},t)}{\partial \boldsymbol{x}}\right)\right)\\ &\quad +\frac{\partial V(\boldsymbol{x},t)}{\partial \boldsymbol{x}}\boldsymbol{f}\left(\boldsymbol{x},\boldsymbol{u}^o\left(\boldsymbol{x},\frac{\partial V(\boldsymbol{x},t)}{\partial \boldsymbol{x}}\right)\right)\end{aligned} \tag{9.12}$$

のようになる。式 (9.12) は独立変数が $\boldsymbol{x}$, t で，従属変数が V の 1 階偏微分方程式である。式 (9.12) の境界条件は簡単にわかる。すなわち，$t = t_1$ においては，式 (9.7) より境界条件

$$V(\boldsymbol{x}(t_1),t_1) = F_0(\boldsymbol{x}(t_1)) \tag{9.13}$$

が成り立つ。けっきょく式 (9.12), (9.13) がハミルトン-ヤコビ方程式である。

つぎに問題 (9.5) の最適制御入力の決め方を考えよう。式 (9.12), (9.13) が解け，その結果 $\boldsymbol{u}^o(\boldsymbol{x},t)$ が $\boldsymbol{x}$ と t の既知関数として与えられたと仮定する。このとき

$$\boldsymbol{u}^o(\boldsymbol{x},t)=\boldsymbol{u}^o\left(\boldsymbol{x},\frac{\partial V(\boldsymbol{x},t)}{\partial \boldsymbol{x}}\right) \tag{9.14}$$

と定義しよう。この式は，最適制御入力は一般に状態 $\boldsymbol{x}(t)$ のみならず時間 t の関数でもあることを意味している。しかしながら，それは理論的にはフィードバック制御則で実現可能である。

この $\boldsymbol{u}^o(\boldsymbol{x},t)$ には，二つの重要な特性がある。1 番目の特性は，$\boldsymbol{u}^o(\boldsymbol{x},t)$ が

$$\phi\left[\boldsymbol{u}_{[t,t_1]};\boldsymbol{x}(t),t;t_1\right]=F_0(\boldsymbol{x}(t_1))+\int_t^{t_1} f_0(\boldsymbol{x}(\tau),\boldsymbol{u}(\tau))d\tau \tag{9.15}$$

を最小化する最適制御入力の時刻 t における値である（つまり，最適な評価汎関数 $V(\boldsymbol{x},t)$ を達成するために，時刻 t で加えるべき最適制御入力は，$\boldsymbol{u}^o(\boldsymbol{x},t)$ である）ということである。

2 番目の特性は，式 (9.5a), (9.5b) で定義された元の最適制御問題の最適制御入力 $\boldsymbol{u}^o(t)$, $t\in[0,t_1]$ と $\boldsymbol{u}^o(\boldsymbol{x},t)$, $t\in[0,t_1]$ は

$$\boldsymbol{u}^o(t)=\boldsymbol{u}^o(\boldsymbol{x},t) \tag{9.16}$$

によって関係づけられていることである。ここで，$\boldsymbol{x}$ は区間 $[0,t]$ で $\boldsymbol{u}^o(\tau)$, $\tau\in[0,t]$ が施されたときに生じる時刻 t における状態である。

式 (9.16) は直感的には明らかであり，区間 $[0,t_1]$ で最適である制御則はすべての残り部分区間 $[t,t_1]$ 上で最適であるという最適性の原理の言明と結びついている。このことを厳密に示すために，式 (9.8) を変形して調べてみる。定義より

$$V(\boldsymbol{x},0)=\min_{\boldsymbol{u}_{[0,t_1]}}\left[F_0(\boldsymbol{x}(t_1))+\int_0^{t_1} f_0(\boldsymbol{x}(\tau),\boldsymbol{u}(\tau))d\tau\right]$$

である。この最小値は $\boldsymbol{u}^o(t)$, $t\in[0,t_1]$ によって与えられる。$\boldsymbol{u}^o_{[0,t_1]}$ は $\boldsymbol{u}^o_{[0,t]}$ と $\boldsymbol{u}^o_{[t,t_1]}$ を連続的に結合したもので，かつ $\boldsymbol{u}^o_{[0,t]}$ が時刻 t まで加えられたと仮定すると，次式が成立する。

$$\begin{aligned}V(\boldsymbol{x},0)&=\min_{\boldsymbol{u}_{[0,t_1]}}\left[F_0(\boldsymbol{x}(t_1))+\int_0^{t_1} f_0(\boldsymbol{x}(\tau),\boldsymbol{u}(\tau))d\tau\right]\\&=\int_0^{t} f_0(\boldsymbol{x}(\tau),\boldsymbol{u}^o(\tau))d\tau\end{aligned}$$

$$+\min_{\boldsymbol{u}_{[t,t_1]}}\left[F_0(\boldsymbol{x}(t_1))+\int_t^{t_1} f_0(\boldsymbol{x}(\tau),\boldsymbol{u}(\tau))d\tau\right] \tag{9.17}$$

式 (9.17) の最小化は $\boldsymbol{u}^o_{[t,t_1]}$ によって得られる。言い換えれば，$\boldsymbol{u}^o_{[t,t_1]}$ はシステム (9.5b) のもとでの初期状態 $\boldsymbol{x}(t)$ のときの評価汎関数

$$F_0(\boldsymbol{x}(t_1))+\int_t^{t_1} f_0(\boldsymbol{x}(\tau),\boldsymbol{u}(\tau))d\tau \tag{9.18}$$

に対する最適制御問題の最適制御入力である。ただし，$\boldsymbol{x}(t)$ は初期状態 $\boldsymbol{x}(0)$ のもとで $\boldsymbol{u}^o_{[0,t]}$ を入力したときの状態である。しかし，$\boldsymbol{u}^o(\boldsymbol{x},t)$ は評価汎関数 (9.18) に対する時刻 t における最適制御入力の値なので，つぎの関係が成り立つ。

$$\boldsymbol{u}^o(\boldsymbol{x},t)=\boldsymbol{u}^o_{[t,t_1]}(t)=\boldsymbol{u}^o(t) \tag{9.19}$$

変分法や最小原理を用いて得られる最適制御入力がいわゆる開ループ制御であり，時間関数 $\boldsymbol{u}^o(t)$ であるのに比べると，状態フィードバック制御則の $\boldsymbol{u}^o(\boldsymbol{x},t)$ が得られる点は，非常に実用性が高い。

以上で述べてきたことを微分可能性の厳密な仮定のもとでまとめると，つぎのようなハミルトン-ヤコビ方程式に関する知識が得られる。

ハミルトン-ヤコビ方程式に関する結果　評価汎関数

$$\phi[\boldsymbol{u}_{[t,t_1]};\boldsymbol{x}(t),t;t_1]=F_0(\boldsymbol{x}(t_1))+\int_t^{t_1} f_0(\boldsymbol{x}(\tau),\boldsymbol{u}(\tau))d\tau$$

とシステム方程式（制御対象）

$$\dot{\boldsymbol{x}}(t)=\boldsymbol{f}(\boldsymbol{x}(t),\boldsymbol{u}(t))$$

を考える。

そして，以下の三つの仮定をおく。

(i)　$\boldsymbol{f}$, f_0, F_0 は各変数に関して連続微分可能である。

(ii)　$f_0(\boldsymbol{x},\boldsymbol{u})+\boldsymbol{\psi}^T\boldsymbol{f}(\boldsymbol{x},\boldsymbol{u})$ の $\boldsymbol{u}$ に関する最小解 $\boldsymbol{u}^o(\boldsymbol{x},\boldsymbol{\psi})$ が唯一に存在し，さらに $\boldsymbol{u}^o(\boldsymbol{x},\boldsymbol{\psi})$ は各変数に関して微分可能である。

(iii)　$V(\boldsymbol{x},t)$ は境界条件 (9.13) を満たすハミルトン-ヤコビ方程式 (9.10) の解である。

このとき，$V(\boldsymbol{x},t)$ は式 (9.6) の最適な評価汎関数（つまり値関数）であり，そのときの最適制御入力は式 (9.14) で与えられる（値関数 $V(\boldsymbol{x},t)$ の十分性）。

逆に，以下の四つの仮定をおく。

(i) $\boldsymbol{f}$, f_0, F_0 は各変数に関して連続微分可能である。

(ii) 最適解が存在し，式 (9.15) の最小値，つまり値関数 $V(\boldsymbol{x},t)$ は 2 回連続微分可能である。

(iii) $f_0(\boldsymbol{x},\boldsymbol{u})+\dfrac{\partial V(\boldsymbol{x},t)}{\partial \boldsymbol{x}}\boldsymbol{f}(\boldsymbol{x},\boldsymbol{u})$ の唯一の最小値は，$\boldsymbol{u}^o(\boldsymbol{x},t)$ で与えられる。

(iv) $\boldsymbol{u}^o(\boldsymbol{x},t)$ は $\boldsymbol{x}$ に関して微分可能で，t に関して連続である。

このとき，$V(\boldsymbol{x},t)$ はハミルトン-ヤコビ方程式 (9.10) と境界条件 (9.13) を満たす（値関数 $V(\boldsymbol{x},t)$ の必要性）。

9.3 ダイナミックプログラミングと定常ハミルトン-ヤコビ方程式

つぎのような非線形時不変システムの無限時間区間上の最適制御問題を考える。

$$\min_{\boldsymbol{u}} \ \phi[\boldsymbol{u};\boldsymbol{x}(0),0;\infty] \triangleq \int_0^\infty f_0(\boldsymbol{x}(t),\boldsymbol{u}(t))dt \tag{9.20a}$$

$$\text{subject to} \quad \dot{\boldsymbol{x}}(t)=\boldsymbol{f}(\boldsymbol{x}(t),\boldsymbol{u}(t)), \quad \boldsymbol{x}(0)=\boldsymbol{x}_0 \tag{9.20b}$$

最適制御は存在すると仮定し，最適制御入力を $\boldsymbol{u}^o(t)$, $t\in[0,\infty]$，それに対応した最適軌道を $\boldsymbol{x}^o(t)$, $t\in[0,\infty]$ とするが，以後特に強調する必要がない限り，$\boldsymbol{x}^o(t)$ を単に $\boldsymbol{x}(t)$ と書く。

ダイナミックプログラミングの手法を適用するために，$\boldsymbol{x}(t)=\boldsymbol{x}$ を初期条件とする評価汎関数 ϕ の最小値をつぎのように表そう。

$$V(\boldsymbol{x}(t),t)=\min_{\boldsymbol{u}_{[t,\infty)}}\left[\int_t^\infty f_0(\boldsymbol{x}(\tau),\boldsymbol{u}(\tau))d\tau\right] \tag{9.21}$$

この値は**値関数**（value function）と呼ばれる。$\Delta>0$ を微小時間とすると，状態 $\boldsymbol{x}$ は制御入力 $\boldsymbol{u}$ によって

$$\boldsymbol{x}(t+\Delta)=\boldsymbol{x}(t)+\dot{\boldsymbol{x}}(t)\Delta$$

に推移する。時間区間 $[t,\infty)$ を $[t,t+\Delta]$ と $[t+\Delta,\infty)$ に分け，対応する制御入力を $\boldsymbol{u}_{[t,t+\Delta]}$，$\boldsymbol{u}_{[t+\Delta,\infty)}$ で表そう。最適性の原理を応用して，式 (9.21) はつぎのように展開することができる。

$$
\begin{aligned}
V(\boldsymbol{x},t) &= \min_{\boldsymbol{u}_{[t,t+\Delta]}} \left[\min_{\boldsymbol{u}_{[t+\Delta,\infty)}} \left\{ \int_t^{t+\Delta} f_0(\boldsymbol{x},\boldsymbol{u})d\tau + \int_{t+\Delta}^{\infty} f_0(\boldsymbol{x},\boldsymbol{u})d\tau \right\} \right] \\
&= \min_{\boldsymbol{u}_{[t,t+\Delta]}} \left[f_0(\boldsymbol{x},\boldsymbol{u})\Delta + \min_{\boldsymbol{u}_{[t+\Delta,\infty)}} \left\{ \int_{t+\Delta}^{\infty} f_0(\boldsymbol{x},\boldsymbol{u})d\tau \right\} \right] \qquad (9.22)
\end{aligned}
$$

ここで，$\boldsymbol{x}$, $\boldsymbol{u}$ は特にこだわらない限り $\boldsymbol{x}(t)$, $\boldsymbol{u}(t)$ を意味する。$V(\boldsymbol{x},t)$ の定義から，右辺第 2 項は $V(\boldsymbol{x}(t+\Delta),t+\Delta)$ と表される。Δ は微小時間なので，$\boldsymbol{u}(\tau) \stackrel{\triangle}{=} \boldsymbol{u}$，$\tau \in [t,t+\Delta]$ とおくと

$$
V(\boldsymbol{x},t) = \min_{\boldsymbol{u}_{[t,t+\Delta]}} [f_0(\boldsymbol{x},\boldsymbol{u})\Delta + V(\boldsymbol{x}+\dot{\boldsymbol{x}}\Delta, t+\Delta)] \qquad (9.23)
$$

となる。$V(\boldsymbol{x},t)$ は連続微分可能と仮定し，式 (9.23) を展開すると

$$
\begin{aligned}
V(\boldsymbol{x},t) = \min_{\boldsymbol{u}} \Bigg[& f_0(\boldsymbol{x},\boldsymbol{u})\Delta + V(\boldsymbol{x},t) + \frac{\partial V(\boldsymbol{x},t)}{\partial \boldsymbol{x}}\dot{\boldsymbol{x}}\Delta \\
& + \frac{\partial V(\boldsymbol{x},t)}{\partial t}\Delta + O(\Delta^2) \Bigg]
\end{aligned}
$$

となり，したがって

$$
-\frac{\partial V(\boldsymbol{x},t)}{\partial t}\Delta = \min_{\boldsymbol{u}} \left[\Delta \left\{ f_0(\boldsymbol{x},\boldsymbol{u}) + \frac{\partial V(\boldsymbol{x},t)}{\partial \boldsymbol{x}}\dot{\boldsymbol{x}} \right\} + O(\Delta^2) \right]
$$

となる。全体を Δ で割り，$\Delta \to 0$ とすれば，次式を得る。

$$
-\frac{\partial V(\boldsymbol{x},t)}{\partial t} = \min_{\boldsymbol{u}} \left[f_0(\boldsymbol{x},\boldsymbol{u}) + \frac{\partial V(\boldsymbol{x},t)}{\partial \boldsymbol{x}} \boldsymbol{f}(\boldsymbol{x},\boldsymbol{u}) \right] \qquad (9.24)
$$

ハミルトン関数

$$
H(\boldsymbol{x},\boldsymbol{u},\boldsymbol{\psi}) = f_0(\boldsymbol{x},\boldsymbol{u}) + \boldsymbol{\psi}^T \boldsymbol{f}(\boldsymbol{x},\boldsymbol{u}) \qquad (9.25)
$$

を用いると，$V(\boldsymbol{x},t)$ に関する関数方程式

$$
-\frac{\partial V(\boldsymbol{x},t)}{\partial t} = \min_{\boldsymbol{u}} H\left(\boldsymbol{x}, \boldsymbol{u}, \frac{\partial V(\boldsymbol{x},t)}{\partial \boldsymbol{x}} \right) \qquad (9.26)
$$

が得られる。

式 (9.24) をハミルトン-ヤコビ方程式という。$t=\infty$ においては，式 (9.21) より，明らかに境界条件

$$V(\boldsymbol{x},\infty)=0 \tag{9.27}$$

が成り立つ。

さて，終端時刻が t_1 の最適制御問題

$$\min_{\boldsymbol{u}}\ \phi[\boldsymbol{u};\boldsymbol{x}(0),0;t_1] \triangleq \int_0^{t_1} f_0(\boldsymbol{x}(t),\boldsymbol{u}(t))dt \tag{9.28a}$$
$$\text{subject to}\quad \dot{\boldsymbol{x}}(t)=\boldsymbol{f}(\boldsymbol{x}(t),\boldsymbol{u}(t)),\ \ \boldsymbol{x}(0)=\boldsymbol{x}_0 \tag{9.28b}$$

に対する値関数 $V(\boldsymbol{x}(t),t)$，つまり

$$V(\boldsymbol{x}(t),t)=\min_{\boldsymbol{u}_{[t,t_1]}}\left[\int_t^{t_1} f_0(\boldsymbol{x}(\tau),\boldsymbol{u}(\tau))d\tau\right] \tag{9.29}$$

をあらためて $V(\boldsymbol{x}(t),t;t_1)$ とおこう。$f_0(\boldsymbol{x},\boldsymbol{u})\geqq 0$ なので $V(\boldsymbol{x}(t),t;t_1)$ は明らかに準正定関数であり，t_1 に関して単調増加である（それゆえ，問題 (9.28) の最適な評価汎関数値 $\phi[\boldsymbol{u}^o;\boldsymbol{x}(0),0;t_1]$，つまり $V(\boldsymbol{x}(0),0;t_1)$ も t_1 に関して単調増加である）。

さて，システムは可安定と仮定しているから，t_1 は十分大きいとして $t<\bar{t}<t_1$ のとき任意の（初期）状態 $\boldsymbol{x}(t)$ をある有限時間 $\bar{t}$ で零状態に移す制御入力 $\boldsymbol{u}_1:\boldsymbol{u}(\tau)$，$\tau\in[t,\bar{t}]$ が存在する。$\bar{t}$ 以後は $\boldsymbol{u}(\tau)=\boldsymbol{0}$ とおくとシステムは零状態を保存する。このような制御入力を

$$\widetilde{\boldsymbol{u}}(\tau)=\begin{cases}\boldsymbol{u}_1(\tau), & t\leqq\tau\leqq\bar{t}\\ 0, & \bar{t}\leqq t\end{cases}$$

とおく。

つぎに，最終時刻を t_1 としたときの最適制御入力を $\boldsymbol{u}^o_{t_1}$ とする。そうすれば，$\boldsymbol{u}^o_{t_1}$ を用いたときの最適な評価汎関数値 $V(\boldsymbol{x}(t),t;t_1)$ は $\widetilde{\boldsymbol{u}}$ を用いたときの評価汎関数値より小さく，また，$\widetilde{\boldsymbol{u}}$ のときの評価汎関数値は有限だから，$V(\boldsymbol{x}(t),t;t_1)$ は明らかに上に有界である。すると $\boldsymbol{u}^o_{t_1}$ を用いたときの最適な評価汎関数値 $V(\boldsymbol{x}(t),t;t_1)$ はつぎの関係を満たすので，上に有界であることがわかる。

$$
\begin{aligned}
V(\boldsymbol{x}(t), t; t_1) &= \phi[\boldsymbol{u}^o_{t_1}; \boldsymbol{x}(t), t; t_1] \leqq \phi[\widetilde{\boldsymbol{u}}; \boldsymbol{x}(t), t; t_1] \\
&\leqq \phi[\widetilde{\boldsymbol{u}}; \boldsymbol{x}(t), t; \infty] < \infty
\end{aligned} \tag{9.30}
$$

$V(\boldsymbol{x}(t), t; t_1)$ は t_1 に関して単調増加で上に有界だから，$t_1 \to \infty$ のとき準正定関数 $V(\boldsymbol{x}(t), t)$ に収束する。

つぎにシステムの定常性より任意の h に対して

$$
V(\boldsymbol{x}(t), t; t_1) = V(\boldsymbol{x}(t+h), t+h; t_1+h) \tag{9.31}
$$

が成立する。したがって $V(\boldsymbol{x}(t), t) = \lim_{t_1 \to \infty} V(\boldsymbol{x}(t), t; t_1)$ とおくと

$$
\begin{aligned}
V(\boldsymbol{x}(t), t) &= \lim_{t_1 \to \infty} V(\boldsymbol{x}(t), t; t_1) \\
&= \lim_{t_1 \to \infty} V(\boldsymbol{x}(t+h), t+h; t_1+h) \\
&= V(\boldsymbol{x}(t+h), t+h)
\end{aligned} \tag{9.32}
$$

となり，よって $V(\boldsymbol{x}(t), t)$ は $V(\boldsymbol{x})$ に等しい。すなわち値関数は t に陽的には依存しない。このとき，$\partial V(\boldsymbol{x}, t)/\partial t = 0$ となり，式 (9.24) は**定常ハミルトン-ヤコビ方程式**[4),6),5)]

$$
0 = \min_{\boldsymbol{u}} \left[f_0(\boldsymbol{x}, \boldsymbol{u}) + \frac{\partial V(\boldsymbol{x})}{\partial \boldsymbol{x}} \boldsymbol{f}(\boldsymbol{x}, \boldsymbol{u}) \right] \tag{9.33}
$$

となる。ここで

$$
V(\boldsymbol{x}) = \min_{\boldsymbol{u}_{[t,\infty]}} \left[\int_t^{\infty} f_0(\boldsymbol{x}(\tau), \boldsymbol{u}(\tau)) d\tau \right] \tag{9.34}
$$

である。ハミルトン関数 (9.25) を用いると，式 (9.33) は

$$
0 = \min_{\boldsymbol{u}} H\left(\boldsymbol{x}, \boldsymbol{u}, \frac{\partial V(\boldsymbol{x})}{\partial \boldsymbol{x}} \right) \tag{9.35}
$$

である。定常ハミルトン-ヤコビ方程式は明らかに境界条件

$$
V(\boldsymbol{0}) = 0 \tag{9.36}
$$

を満たす。

また，式 (9.14) に対応して

$$\boldsymbol{u}^o(\boldsymbol{x}) = \boldsymbol{u}^o\left(\boldsymbol{x}, \frac{\partial V(\boldsymbol{x})}{\partial \boldsymbol{x}}\right) \tag{9.37}$$

が成り立つ。さらに式 (9.16) に対応して

$$\boldsymbol{u}^o(t) = \boldsymbol{u}^o(\boldsymbol{x}(t)) \tag{9.38}$$

が成り立つ。

9.4 ハミルトン-ヤコビの正準系の誘導

ふたたび，つぎのような最適制御問題を考える。

$$\min_{\boldsymbol{u}} \quad \phi\left[\boldsymbol{u}; \boldsymbol{x}(0), 0; \infty\right] \triangleq \int_0^\infty f_0\left(\boldsymbol{x}(t), \boldsymbol{u}(t)\right) dt \tag{9.39a}$$

$$\text{subject to} \quad \dot{\boldsymbol{x}}(t) = \boldsymbol{f}\left(\boldsymbol{x}(t), \boldsymbol{u}(t)\right), \quad \boldsymbol{x}(0) = \boldsymbol{x}_0 \tag{9.39b}$$

式 (9.34) のように値関数を

$$V\left(\boldsymbol{x}\right) = \min_{\boldsymbol{u}_{[t,\infty)}} \int_t^\infty f_0\left(\boldsymbol{x}\left(\tau\right), \boldsymbol{u}\left(\tau\right)\right) d\tau, \quad \boldsymbol{x}(t) = \boldsymbol{x} \tag{9.40}$$

とおくと，定常ハミルトン-ヤコビ方程式は，式 (9.33), (9.36) より

$$0 = \min_{\boldsymbol{u}} \left[f_0\left(\boldsymbol{x}, \boldsymbol{u}\right) + V_{\boldsymbol{x}}\left(\boldsymbol{x}\right) \boldsymbol{f}\left(\boldsymbol{x}, \boldsymbol{u}\right)\right] \tag{9.41}$$

$$V\left(\boldsymbol{0}\right) = 0 \tag{9.42}$$

と与えられた。ここでハミルトン関数

$$H\left(\boldsymbol{x}, \boldsymbol{u}, \boldsymbol{\psi}\right) = f_0\left(\boldsymbol{x}, \boldsymbol{u}\right) + \boldsymbol{\psi}^T \boldsymbol{f}\left(\boldsymbol{x}, \boldsymbol{u}\right) \tag{9.43}$$

を定義すると，定常ハミルトン-ヤコビ方程式 (9.41) は

$$0 = \min_{\boldsymbol{u}} H\left(\boldsymbol{x}, \boldsymbol{u}, V_{\boldsymbol{x}}\left(\boldsymbol{x}\right)\right) \tag{9.44}$$

と書ける。

もし最適制御入力を $\boldsymbol{u}^o$ で示せば，式 (9.41) は

$$f_0\left(\boldsymbol{x}, \boldsymbol{u}^o\right) + V_{\boldsymbol{x}}\left(\boldsymbol{x}\right) \boldsymbol{f}\left(\boldsymbol{x}, \boldsymbol{u}^o\right) = 0 \tag{9.45}$$

と書ける。また，もし $V_{\boldsymbol{x}}(\boldsymbol{x})$ がわかれば，式 (9.41) より $\boldsymbol{u}^o$ を $\boldsymbol{x}$ と $V_{\boldsymbol{x}}(\boldsymbol{x})$ の関数として決定することができる。

ここで，$V(\boldsymbol{x})$ は 2 回連続微分可能とする。すると

$$\frac{dV_{\boldsymbol{x}}(\boldsymbol{x})^T}{dt} = V_{\boldsymbol{xx}}(\boldsymbol{x})^T \dot{\boldsymbol{x}} = V_{\boldsymbol{xx}}(\boldsymbol{x})^T \boldsymbol{f}(\boldsymbol{x}, \boldsymbol{u}^o) \tag{9.46}$$

となる。

一方，式 (9.45) を $\boldsymbol{x}$ に関して微分する。$\boldsymbol{f}(\boldsymbol{x}, \boldsymbol{u})$ は $\boldsymbol{x}$ に関して連続微分可能であることと，$\boldsymbol{u}^o$ が $\boldsymbol{x}$ の関数であることを考慮すると，次式を得る。

$$\begin{aligned} &f_{0\boldsymbol{x}}(\boldsymbol{x}, \boldsymbol{u}^o) + f_{0\boldsymbol{u}}(\boldsymbol{x}, \boldsymbol{u}^o)\boldsymbol{u}^o_{\boldsymbol{x}} + \boldsymbol{f}(\boldsymbol{x}, \boldsymbol{u}^o)^T V_{\boldsymbol{xx}}(\boldsymbol{x})^T \\ &\quad + V_{\boldsymbol{x}}(\boldsymbol{x}) \{\boldsymbol{f}_{\boldsymbol{x}}(\boldsymbol{x}, \boldsymbol{u}^o) + \boldsymbol{f}_{\boldsymbol{u}}(\boldsymbol{x}, \boldsymbol{u}^o)\boldsymbol{u}^o_{\boldsymbol{x}}\} = \boldsymbol{0} \end{aligned} \tag{9.47}$$

$\boldsymbol{u}^o$ が定常ハミルトン-ヤコビ方程式 (9.41) を満たすならば，その必要条件は

$$f_{0\boldsymbol{u}}(\boldsymbol{x}, \boldsymbol{u}^o) + V_{\boldsymbol{x}}(\boldsymbol{x})\boldsymbol{f}_{\boldsymbol{u}}(\boldsymbol{x}, \boldsymbol{u}^o) = \boldsymbol{0} \tag{9.48}$$

である。式 (9.48) を式 (9.47) へ適用して

$$f_{0\boldsymbol{x}}(\boldsymbol{x}, \boldsymbol{u}^o) + \boldsymbol{f}(\boldsymbol{x}, \boldsymbol{u}^o)^T V_{\boldsymbol{xx}}(\boldsymbol{x})^T + V_{\boldsymbol{x}}(\boldsymbol{x})\boldsymbol{f}_{\boldsymbol{x}}(\boldsymbol{x}, \boldsymbol{u}^o) = \boldsymbol{0} \tag{9.49}$$

を得る。$V_{\boldsymbol{xx}}(\boldsymbol{x}) = V_{\boldsymbol{xx}}(\boldsymbol{x})^T$ なので，式 (9.46) と式 (9.49) より

$$\begin{aligned} \frac{dV_{\boldsymbol{x}}(\boldsymbol{x})^T}{dt} &= -f_{0\boldsymbol{x}}(\boldsymbol{x}, \boldsymbol{u}^o)^T - \boldsymbol{f}_{\boldsymbol{x}}(\boldsymbol{x}, \boldsymbol{u}^o)^T V_{\boldsymbol{x}}(\boldsymbol{x})^T \\ &= -H_{\boldsymbol{x}}(\boldsymbol{x}, \boldsymbol{u}^o, V_{\boldsymbol{x}}(\boldsymbol{x}))^T \end{aligned} \tag{9.50}$$

を得る。ハミルトン関数の定義 (9.43) と $\boldsymbol{x}$ は式 (9.39b) の解であることを考慮し，$\boldsymbol{\psi} \triangleq V_{\boldsymbol{x}}(\boldsymbol{x})^T$ とおくと，式 (9.39b), (9.50), (9.48) より，つぎのような**ハミルトン-ヤコビの正準系**を得る。いうまでもなく，これは最適制御の必要条件である。

$$\frac{d\boldsymbol{x}(t)}{dt} = H_{\boldsymbol{\psi}}(\boldsymbol{x}(t), \boldsymbol{u}^o(t), \boldsymbol{\psi}(t))^T, \quad \boldsymbol{x}(0) = \boldsymbol{x}_0 \tag{9.51}$$

$$\frac{d\boldsymbol{\psi}(t)}{dt} = -H_{\boldsymbol{x}}(\boldsymbol{x}(t), \boldsymbol{u}^o(t), \boldsymbol{\psi}(t))^T, \quad \lim_{t\to\infty} \boldsymbol{\psi}(\boldsymbol{x}(t)) = \lim_{t\to\infty} \boldsymbol{\psi}(t) = \boldsymbol{0} \tag{9.52}$$

$$\boldsymbol{0} = H_{\boldsymbol{u}}(\boldsymbol{x}(t), \boldsymbol{u}^o(t), \boldsymbol{\psi}(t))^T \tag{9.53}$$

式 (9.51), (9.52), (9.53) のように書いたときには，式 (9.51) は $\boldsymbol{x}(t)$ が式 (9.39b) によって決まる軌道であることを明示している。

なお，このときハミルトン-ヤコビ方程式 (9.41) は

$$H\left(\boldsymbol{x}(t), \boldsymbol{u}^{o}\left(t\right), \boldsymbol{\psi}\left(t\right)\right) = 0 \tag{9.54}$$

を表している。また，式 (9.41) は

$$0 = \min_{\boldsymbol{u}} H\left(\boldsymbol{x}, \boldsymbol{u}, \boldsymbol{\psi}\right) \tag{9.55}$$

を表し，これは 8 章で述べた最小原理の言明[7] に相当する。

引用・参考文献

1) B. O. D. Anderson and J. B. Moore: Optimal Control — Linear Quadratic Methods, Prentice Hall (1990)
2) R. Bellman: Adaptive Control Processes: A Guided Tour, Princeton Univ. Press (1961)
3) R. E. Bellman and S. E. Dreyfus: Applied Dynamic Programming, Princeton Univ. Press (1962)
4) A. E. Bryson and Y. C. Ho: Applied Optimal Control, Hemisphere (1975)
5) T. Basar and P. Bernhard: H^{∞}, Optimal Control and Related Min-max Design Problem — A Dynamic Game Approach, Birkhänser (1991)
6) E. B. Lee and L. Markus: Foundations of Optimal Control Theory, J. Wiley & Sons (1967)
7) L. S. Pontryagin, V. G. Boltyanski, R. V. Gamkrelidze and E. F. Mishchenko: The Mathematical Theory of Optimal Processes, Interscience Pub. Co. (1962), ポントリャーギン, ボルチャンスキー, ガムクレリーゼ, ミシチェンコ 著, 関根 訳：最適過程の数学的理論, 総合図書 (1967)
8) 坂和：最適化と最適制御, 森北出版 (1980)
9) 志水：最適制御の理論と計算法, コロナ社 (1994)
10) 志水：ニューラルネットと制御, コロナ社 (2002)

10 線形最適レギュレータ問題とリカッチ方程式

われわれの最終ターゲットは，非線形最適レギュレータ問題である。しかし，非線形最適レギュレータ問題を線形化した問題が，対応する代数リカッチ方程式に対して安定化解が存在するという意味で可解であるならば，元の非線形最適レギュレータ問題も，平衡点の近傍でハミルトン-ヤコビ方程式に対して滑らかな安定化解が存在するという意味で可解である。それゆえ，非線形最適レギュレータ問題では，平衡点における本来の非線形最適レギュレータ問題と平衡点での線形化問題（線形2次形最適レギュレータ問題）との間に成立する厳密な関係が，本質的に重要な役割を果たす。そこで本章では，非線形最適レギュレータ問題を与えられた平衡点で線形化した問題（線形最適レギュレータ問題）を考える。もちろん元の問題が線形最適レギュレータ問題の場合にも，本章の諸結果は有効である。

10.1 線形最適レギュレータ問題

さて，元の問題は，つぎのような非線形時不変システムの非線形最適レギュレータ問題である。

$$\min_{\boldsymbol{u}} \int_0^{t_1} f_0(\boldsymbol{x}(t), \boldsymbol{u}(t))dt \tag{10.1a}$$

$$\text{subject to} \quad \dot{\boldsymbol{x}}(t) = \boldsymbol{f}(\boldsymbol{x}(t), \boldsymbol{u}(t)), \quad \boldsymbol{x}(0) = \boldsymbol{x}_0 \tag{10.1b}$$

ここで，$\boldsymbol{x}(t) \in R^n$ は状態ベクトル，$\boldsymbol{u}(t) \in R^r$ は制御入力である。ただし，$(\boldsymbol{x}, \boldsymbol{u}) = (\boldsymbol{0}, \boldsymbol{0})$ が平衡点となるように

$$\boldsymbol{f}(\boldsymbol{0},\boldsymbol{0}) = \boldsymbol{0}, \quad f_0(\boldsymbol{0},\boldsymbol{0}) = 0, \quad \frac{\partial f_0(\boldsymbol{0},\boldsymbol{0})}{\partial \boldsymbol{x}} = \boldsymbol{0} \tag{10.2}$$

と仮定する。

このとき，$(\boldsymbol{x},\boldsymbol{u}) = (\boldsymbol{0},\boldsymbol{0})$ での線形化，ならびに 2 次形化に関する記号

$$A \triangleq \left[\frac{\partial \boldsymbol{f}(\boldsymbol{x},\boldsymbol{u})}{\partial \boldsymbol{x}}\right]_{(\boldsymbol{x},\boldsymbol{u})=(\boldsymbol{0},\boldsymbol{0})}, \quad B \triangleq \left[\frac{\partial \boldsymbol{f}(\boldsymbol{x},\boldsymbol{u})}{\partial \boldsymbol{u}}\right]_{(\boldsymbol{x},\boldsymbol{u})=(\boldsymbol{0},\boldsymbol{0})},$$
$$Q \triangleq \left[\frac{\partial^2 \boldsymbol{f}_0(\boldsymbol{x},\boldsymbol{u})}{\partial \boldsymbol{x}^2}\right]_{(\boldsymbol{x},\boldsymbol{u})=(\boldsymbol{0},\boldsymbol{0})}, \quad R \triangleq \left[\frac{\partial^2 \boldsymbol{f}_0(\boldsymbol{x},\boldsymbol{u})}{\partial \boldsymbol{u}^2}\right]_{(\boldsymbol{x},\boldsymbol{u})=(\boldsymbol{0},\boldsymbol{0})},$$
$$N \triangleq \left[\frac{\partial^2 \boldsymbol{f}_0(\boldsymbol{x},\boldsymbol{u})}{\partial \boldsymbol{x}\partial \boldsymbol{u}}\right]_{(\boldsymbol{x},\boldsymbol{u})=(\boldsymbol{0},\boldsymbol{0})} \tag{10.3}$$

を定義すると，式 (10.1) の線形化問題は**線形最適レギュレータ問題**として

$$\min_{\boldsymbol{u}} \ \frac{1}{2}\int_0^{t_1} \left(\boldsymbol{x}^T(t)Q\boldsymbol{x}(t) + 2\boldsymbol{x}^T(t)N\boldsymbol{u}(t) + \boldsymbol{u}^T(t)R\boldsymbol{u}(t)\right)dt \tag{10.4a}$$
$$\text{subject to} \quad \dot{\boldsymbol{x}}(t) = A\boldsymbol{x}(t) + B\boldsymbol{u}(t), \quad \boldsymbol{x}(0) = \boldsymbol{x}_0 \tag{10.4b}$$

と表される。式 (10.4a) のようなクロス項がある線形 2 次形レギュレータ（LQ レギュレータ）問題は，文献 10) でも扱われている。

ここで，正則性条件として $R > 0$ を仮定する。また，$\boldsymbol{x}^TQ\boldsymbol{x} + 2\boldsymbol{x}^TN\boldsymbol{u} + \boldsymbol{u}^TR\boldsymbol{u} \geqq 0$ $(\forall \boldsymbol{x},\boldsymbol{u})$ であるようにするために

$$\begin{bmatrix} Q & N \\ N^T & R \end{bmatrix} \geqq 0$$

を仮定する。ただし，これは $Q - NR^{-1}N^T \geqq 0$ と等価である。

問題 (10.4) は以下のように考えることもできる。まず，評価汎関数 (10.4a) の被積分関数を，つぎのように平方完成する。

$$\begin{aligned}&\boldsymbol{u}^TR\boldsymbol{u} + 2\boldsymbol{x}^TN\boldsymbol{u} + \boldsymbol{x}^TQ\boldsymbol{x} \\ &\qquad = (\boldsymbol{u} + R^{-1}N^T\boldsymbol{x})^TR(\boldsymbol{u} + R^{-1}N^T\boldsymbol{x}) + \boldsymbol{x}^T(Q - NR^{-1}N^T)\boldsymbol{x}\end{aligned}$$

そして，新しく

$$\boldsymbol{u}_1 = \boldsymbol{u} + R^{-1}N^T\boldsymbol{x} \tag{10.5}$$

を定義すると，元のシステム (10.4b) は

$$\dot{\boldsymbol{x}}(t) = (A - BR^{-1}N^T)\boldsymbol{x}(t) + B\boldsymbol{u}_1(t) \tag{10.6}$$

と等価となり，このとき元の評価汎関数 (10.4a) は

$$\frac{1}{2}\int_0^{t_1} (\boldsymbol{x}^T(t)(Q - NR^{-1}N^T)\boldsymbol{x}(t) + \boldsymbol{u}_1^T(t)R\boldsymbol{u}_1(t))dt \tag{10.7}$$

と等価である。$\boldsymbol{u}$ と $\boldsymbol{u}_1$ が式 (10.5) によって関係づけられていれば，二つのシステム (10.4b), (10.6) の軌道は一致する。さらに，システム (10.4b) のもとでの評価汎関数 (10.4a) の値と，システム (10.6) のもとでの評価汎関数 (10.7) の値も一致する。それゆえ，問題 (10.4) と問題

$$\min_{\boldsymbol{u}_1} \ \frac{1}{2}\int_0^{t_1} (\boldsymbol{x}^T(t)(Q - NR^{-1}N^T)\boldsymbol{x}(t) + \boldsymbol{u}_1^T(t)R\boldsymbol{u}_1(t))dt \tag{10.8a}$$

$$\text{subject to} \quad \dot{\boldsymbol{x}}(t) = (A - BR^{-1}N^T)\boldsymbol{x}(t) + B\boldsymbol{u}_1(t), \ \boldsymbol{x}(0) = \boldsymbol{x}_0 \tag{10.8b}$$

は等価である。

10.2　リカッチ方程式 — 有限時間区間の場合 [3)]

つぎのような時不変の線形システムを考える。

$$\dot{\boldsymbol{x}}(t) = A\boldsymbol{x}(t) + B\boldsymbol{u}(t), \quad \boldsymbol{x}(0) = \boldsymbol{x}_0 \tag{10.9}$$

そして，2 次形式評価汎関数

$$\begin{aligned}\phi\left[\boldsymbol{u}_{[0,t_1]}; \boldsymbol{x}(0), 0; t_1\right] &\triangleq \frac{1}{2}\boldsymbol{x}^T(t_1)S\boldsymbol{x}(t_1) \\ &+\frac{1}{2}\int_0^{t_1}\left(\boldsymbol{x}^T(t)Q\boldsymbol{x}(t) + 2\boldsymbol{x}^T(t)N\boldsymbol{u}(t) + \boldsymbol{u}^T(t)R\boldsymbol{u}(t)\right)dt\end{aligned} \tag{10.10}$$

を定義する。ここで Q, S は準正定行列，R は正定行列，N は $n \times r$ 行列とする。また t_1 は有限時間である。

評価汎関数 (10.10) を最小にする最適制御入力 $\boldsymbol{u}^o(t)$, $t \in [0, t_1]$ を見つける

最適制御問題（線形最適レギュレータ問題）を考える。ダイナミックプログラミングに基づいて式 (9.7) で定義された値関数は，つぎのようになる。

$$
\begin{aligned}
&V(\boldsymbol{x}(t),t)\\
&\quad=\min_{\boldsymbol{u}_{[t,t_1]}}\phi\left[\boldsymbol{u}_{[t,t_1]};\boldsymbol{x}(t),t;t_1\right]\\
&\quad=\min_{\boldsymbol{u}_{[t,t_1]}}\left[\frac{1}{2}\boldsymbol{x}^T(t_1)S\boldsymbol{x}(t_1)\right.\\
&\qquad\left.+\frac{1}{2}\int_t^{t_1}\Big(\boldsymbol{x}^T(\tau)Q\boldsymbol{x}(\tau)+2\boldsymbol{x}^T(\tau)N\boldsymbol{u}(\tau)+\boldsymbol{u}^T(\tau)R\boldsymbol{u}(\tau)\Big)d\tau\right]
\end{aligned}
\tag{10.11}
$$

それゆえ，評価汎関数 $\phi\left[\boldsymbol{u}_{[0,t_1]};\boldsymbol{x}(0),0\right]$ の最小値である $V(\boldsymbol{x}(0),0)$ は

$$
V(\boldsymbol{x}(0),0)=\min_{\boldsymbol{u}_{[0,t_1]}}\phi\left[\boldsymbol{u}_{[0,t_1]};\boldsymbol{x}(0),0;t_1\right]
\tag{10.12}
$$

となる。

線形最適レギュレータ問題を解くために，9.2 節のハミルトン-ヤコビ方程式の結果を利用する。まず，最適性の原理より式 (10.11) は

$$
\begin{aligned}
&V(\boldsymbol{x}(t),t)\\
&\quad=\min_{\boldsymbol{u}_{[t,t']}}\left[\frac{1}{2}\int_t^{t'}\Big(\boldsymbol{x}^T(\tau)Q\boldsymbol{x}(\tau)+2\boldsymbol{x}^T(\tau)N\boldsymbol{u}(\tau)+\boldsymbol{u}^T(\tau)R\boldsymbol{u}(\tau)\Big)d\tau\right.\\
&\qquad+\min_{\boldsymbol{u}_{[t',t_1]}}\left[\frac{1}{2}\boldsymbol{x}^T(t_1)S\boldsymbol{x}(t_1)+\frac{1}{2}\int_{t'}^{t_1}\Big(\boldsymbol{x}^T(\tau)Q\boldsymbol{x}(\tau)+2\boldsymbol{x}^T(\tau)N\boldsymbol{u}(\tau)\right.\\
&\qquad\qquad\left.\left.+\boldsymbol{u}^T(\tau)R\boldsymbol{u}(\tau)\Big)d\tau\right]\right]
\end{aligned}
\tag{10.13}
$$

あるいは

$$
\begin{aligned}
&V(\boldsymbol{x}(t),t)\\
&\quad=\min_{\boldsymbol{u}_{[t,t']}}\left[\frac{1}{2}\int_t^{t'}\Big(\boldsymbol{x}^T(\tau)Q\boldsymbol{x}(\tau)+2\boldsymbol{x}^T(\tau)N\boldsymbol{u}(\tau)+\boldsymbol{u}^T(\tau)R\boldsymbol{u}(\tau)\Big)d\tau\right.\\
&\qquad\left.+V(\boldsymbol{x}(t'),t')\right]
\end{aligned}
\tag{10.14}
$$

のように展開することができる。

つぎに，線形最適レギュレータ問題の解法の概要は，以下のようなものである。

1. ハミルトン-ヤコビ方程式とは独立な議論により，もし最適評価汎関数 $V(\boldsymbol{x},t)$ が存在するならば，$V(\boldsymbol{x},t)$ は $\dfrac{1}{2}\boldsymbol{x}^T P(t)\boldsymbol{x}$ という 2 次形式であることを示す。ここで $P(t)$ は対称行列である。
2. $V(\boldsymbol{x},t)$ が存在するという仮定のもとで，ハミルトン-ヤコビ方程式と上の結果を用いて，$P(t)$ がリカッチ方程式を満足することを示す。
3. $V(\boldsymbol{x},t)$ の存在を示す。
4. 最適制御入力 $\boldsymbol{u}^o(t)$ を見つける。

（1） $V(\boldsymbol{x},t)$ **は 2 次形式**　　一般に関数 $V(\boldsymbol{x},t)$ が 2 次形式になるための必要十分条件は，$V(\boldsymbol{x},t)$ が $\boldsymbol{x}$ に関して連続であり

$$V(\lambda\boldsymbol{x},t) = \lambda^2 V(\boldsymbol{x},t), \quad \forall\ \mathrm{Re}\ \lambda \tag{10.15}$$

$$V(\boldsymbol{x}_1,t) + V(\boldsymbol{x}_2,t) = \frac{1}{2}\left[V(\boldsymbol{x}_1+\boldsymbol{x}_2,t) + V(\boldsymbol{x}_1-\boldsymbol{x}_2,t)\right] \tag{10.16}$$

が成り立つことである。

式 (10.15), (10.16) が成り立つことを示すために，時刻 t における初期状態が $\boldsymbol{x}(t)$ のときの，区間 $[t,t_1]$ の最適制御入力を仮の記号 $\boldsymbol{u}_x^o$ で表そう。このとき，任意の実数 λ に対して次式を得る。

$$V(\lambda\boldsymbol{x},t) \leqq \phi[\lambda\boldsymbol{u}_x^o;\lambda\boldsymbol{x},t;t_1] = \lambda^2 V(\boldsymbol{x},t)$$

$$\lambda^2 V(\boldsymbol{x},t) \leqq \lambda^2\phi[\lambda^{-1}\boldsymbol{u}_{\lambda x}^o;\boldsymbol{x},t;t_1] = V(\lambda\boldsymbol{x},t)$$

ここで，等式関係は式 (10.9) の線形性と式 (10.11) の 2 次形式の性質からわかる。また，不等式は，最適評価汎関数は最小の評価汎関数値であるという事実から明らかである。上の 2 式は式 (10.15) が成り立つことを意味する。

同じような理由で，つぎの不等式が得られる。

$$\begin{aligned} &V(\boldsymbol{x}_1,t) + V(\boldsymbol{x}_2,t) \\ &\quad = \frac{1}{4}\left\{V(2\boldsymbol{x}_1,t) + V(2\boldsymbol{x}_2,t)\right\} \qquad \text{（式 (10.15) より）} \end{aligned}$$

$$\leqq \frac{1}{4}\left\{\phi[\boldsymbol{u}^o_{x_1+x_2}+\boldsymbol{u}^o_{x_1-x_2};2\boldsymbol{x}_1,t;t_1]+\phi[\boldsymbol{u}^o_{x_1+x_2}-\boldsymbol{u}^o_{x_1-x_2};2\boldsymbol{x}_2,t;t_1]\right\}$$

（上式を式 (10.10) へ代入して）

$$= \frac{1}{2}\left\{\phi[\boldsymbol{u}^o_{x_1+x_2};\boldsymbol{x}_1+\boldsymbol{x}_2,t;t_1]+\phi[\boldsymbol{u}^o_{x_1-x_2};\boldsymbol{x}_1-\boldsymbol{x}_2,t;t_1]\right\}$$

$$= \frac{1}{2}\left\{V(\boldsymbol{x}_1+\boldsymbol{x}_2,t)+V(\boldsymbol{x}_1-\boldsymbol{x}_2,t)\right\} \tag{10.17}$$

制御入力 $\boldsymbol{u}^o_{x_1}$, $\boldsymbol{u}^o_{x_2}$ を使うことによって，つぎの不等式も成り立つ。

$$\frac{1}{2}\left\{V(\boldsymbol{x}_1+\boldsymbol{x}_2,t)+V(\boldsymbol{x}_1-\boldsymbol{x}_2,t)\right\} \leqq V(\boldsymbol{x}_1,t)+V(\boldsymbol{x}_2,t) \tag{10.18}$$

式 (10.17), (10.18) は式 (10.16) を意味する。

$V(\boldsymbol{x},t)$ が $\boldsymbol{x}$ について連続であることは明らかである。その結果，$V(\boldsymbol{x},t)$ はある行列 $P(t)$ を用いて

$$V(\boldsymbol{x},t) = \frac{1}{2}\boldsymbol{x}^T P(t)\boldsymbol{x} \tag{10.19}$$

の形式となることが結論される。ただし，一般性を失うことなく $P(t)$ は対称行列である（もし $P(t)$ が対称でなければ，式 (10.19) を変えることなく，$P(t)$ を対称行列 $\frac{1}{2}[P(t)+P^T(t)]$ と置き換える）。

(2) リカッチ方程式の導出　ハミルトン-ヤコビ方程式を用いることによって，行列 $P(t)$ がリカッチ微分方程式を満たすことを示そう。9.2 節で述べたハミルトン-ヤコビ方程式の最初の形は，式 (9.10) より，つぎのようであった。

$$-\frac{\partial V(\boldsymbol{x},t)}{\partial t} = \min_{\boldsymbol{u}}\left[f_0(\boldsymbol{x},\boldsymbol{u})+\frac{\partial V(\boldsymbol{x},t)}{\partial \boldsymbol{x}}\boldsymbol{f}(\boldsymbol{x},\boldsymbol{u})\right] \tag{10.20}$$

ここでは，$f_0(\boldsymbol{x},\boldsymbol{u})$ は $(\boldsymbol{x}^TQ\boldsymbol{x}+2\boldsymbol{x}^TN\boldsymbol{u}+\boldsymbol{u}^TR\boldsymbol{u})$ となる。また，式 (10.19) より $\partial V(\boldsymbol{x},t)/\partial \boldsymbol{x}$ は $\boldsymbol{x}^TP(t)$ となり，$\boldsymbol{f}(\boldsymbol{x},\boldsymbol{u})$ は $A\boldsymbol{x}+B\boldsymbol{u}$ である。式 (10.20) の左辺は t に関する偏微分なので $-\frac{1}{2}\boldsymbol{x}^T\dot{P}(t)\boldsymbol{x}$ であり，その結果，式 (10.20) は線形最適レギュレータ問題の場合には次式のようになる。

$$-\frac{1}{2}\boldsymbol{x}^T\dot{P}(t)\boldsymbol{x} = \min_{\boldsymbol{u}}\left[\frac{1}{2}(\boldsymbol{x}^TQ\boldsymbol{x}+2\boldsymbol{x}^TN\boldsymbol{u}+\boldsymbol{u}^TR\boldsymbol{u})\right.$$

$$+\boldsymbol{x}^T P(t) A\boldsymbol{x} + \boldsymbol{x}^T P(t) B\boldsymbol{u}\Big] \tag{10.21}$$

式 (10.21) の右辺の最小化を行うために，$\boldsymbol{u}$ に関する最適性必要十分条件を計算すると

$$\boldsymbol{u}^T R + \boldsymbol{x}^T N + \boldsymbol{x}^T P(t) B = \boldsymbol{0}$$

となり，次式が得られる。

$$\boldsymbol{u}^o(\boldsymbol{x}, t) = \boldsymbol{u}^o(\boldsymbol{x}, P(t)) = -R^{-1}(B^T P(t) + N^T)\boldsymbol{x} \tag{10.22}$$

$N = O$ の場合は

$$\boldsymbol{u}^o(\boldsymbol{x}, t) = \boldsymbol{u}^o(\boldsymbol{x}, P(t)) = -R^{-1} B^T P(t)\boldsymbol{x} \tag{10.23}$$

となる。式 (10.22) を式 (10.21) へ代入すると，次式が成り立つ。

$$\begin{aligned} -\frac{1}{2}\boldsymbol{x}^T \dot{P}(t)\boldsymbol{x} = \ &\frac{1}{2}\boldsymbol{x}^T[Q - P(t)BR^{-1}B^T P(t) - NR^{-1}N^T \\ &+P(t)(A - BR^{-1}N^T) + (A^T - NR^{-1}B^T)P(t)]\boldsymbol{x} \end{aligned}$$

ところが，この方程式はすべての $\boldsymbol{x}$ について成り立つので，次式を得る。

$$\begin{aligned} -\dot{P}(t) = \ &P(t)(A - BR^{-1}N^T) + (A^T - NR^{-1}B^T)P(t) \\ &-P(t)BR^{-1}B^T P(t) + Q - NR^{-1}N^T \end{aligned} \tag{10.24}$$

$N = O$ の場合は，式 (10.23) を式 (10.21) へ代入することにより

$$-\dot{P}(t) = P(t)A + A^T P(t) - P(t)BR^{-1}B^T P(t) + Q \tag{10.25}$$

を得る。

式 (10.24) または式 (10.25) は，求めようとしていた**リカッチ方程式**である。この方程式はハミルトン-ヤコビ方程式の境界条件 (9.13) から得られる境界条件をもつ。式 (9.13) は線形最適レギュレータ問題においては

$$\frac{1}{2}\boldsymbol{x}^T(t_1)P(t_1)\boldsymbol{x}(t_1) = \frac{1}{2}\boldsymbol{x}^T(t_1)S\boldsymbol{x}(t_1)$$

となるが，$P(t_1)$ と S は対称で，$\boldsymbol{x}(t_1)$ は任意だから，次式を得る。

$$P(t_1) = S \tag{10.26}$$

式 (10.24)（または式 (10.25)）と式 (10.26) は適当な初期条件をもったハミルトン-ヤコビ方程式 (10.20) を意味し，9.2 節のハミルトン-ヤコビ方程式に関する結果を使うと，つぎのことが結論できる。

1. もし最適評価汎関数 $V(\boldsymbol{x}, t)$ が存在するならば，それは $\dfrac{1}{2}\boldsymbol{x}^T P(t)\boldsymbol{x}$ であり，$P(t)$ は式 (10.24)（または式 (10.25)）と式 (10.26) を満たす（必要性）。
2. 式 (10.24)（または式 (10.25)）と式 (10.26) を満たす対称行列 $P(t)$ が存在するならば，最適評価汎関数 $V(\boldsymbol{x}, t)$ が存在し，それはハミルトン-ヤコビ方程式を満たし，$\dfrac{1}{2}\boldsymbol{x}^T P(t)\boldsymbol{x}$ で与えられる（十分性）。

理論的には $P(t)$，特に $P(0)$ は式 (10.24) と式 (10.26) から計算できる。したがって，存在性の問題を別にすれば，以上で最適評価汎関数の値を見つける問題は完全に解くことができた。

(3) 最適評価汎関数 $V(\boldsymbol{x}, t)$ の存在性　有限逃避時間の手法を用い，通常の微分方程式論における解の存在性の証明と同様にして証明できるが，詳しくは文献 3) を参照されたい。

(4) 最適制御入力　リカッチ方程式の導出過程で，初期時刻 t のレギュレータ問題の最適制御入力が式 (10.22)（または式 (10.23)）で与えられることを示した。さらに 9.2 節において，これは任意の初期時刻に対する最適制御入力 $\boldsymbol{u}^o(t),\ t \in [0, t_1]$ に等しいことを示した（式 (9.16) を参照）。それゆえ

$$\boldsymbol{u}^o(t) = \boldsymbol{u}^o(\boldsymbol{x}, P(t)) = -R^{-1}(B^T P(t) + N^T)\boldsymbol{x}(t) \tag{10.27}$$

となる。$P(t)$ は式 (10.24)（または式 (10.25)）から陽に求められる。その結果，式 (10.22)（または式 (10.23)）を実行できる。式 (10.27) は線形状態フィードバック則であることにも注意しよう。

以上で述べてきたことをまとめると，つぎの結果を得る。

線形最適レギュレータ問題の解　　初期時刻 t，初期状態 $\boldsymbol{x}(t)$ でのレギュレータ問題の最適評価汎関数は $\frac{1}{2}\boldsymbol{x}^T P(t)\boldsymbol{x}$ である。ここで，$P(t)$ は終端条件 (10.26) のもとでのリカッチ方程式 (10.24)（または式 (10.25)）を解くことによって得られる。行列 $P(t)$ はすべての $t \leqq t_1$ で存在する。任意の初期時刻に対する線形最適レギュレータ問題の最適制御入力 $\boldsymbol{u}^o(t)$ は，最適化が行われる区間の任意の時刻 t で線形状態フィードバック則 (10.22)（または式 (10.23)）によって与えられる。

10.3　代数リカッチ方程式 — 無限時間区間の場合 [12),5)]

つぎのような時不変の線形システムを考える。

$$\dot{\boldsymbol{x}}(t) = A\boldsymbol{x}(t) + B\boldsymbol{u}(t), \quad \boldsymbol{x}(0) = \boldsymbol{x}_0 \tag{10.28}$$

そして，2 次形式評価汎関数

$$\begin{aligned}&\phi\left[\boldsymbol{u}_{[0,\infty]}; \boldsymbol{x}(0), 0; \infty\right]\\ &\quad \triangleq \frac{1}{2}\int_0^\infty \left(\boldsymbol{x}^T(t)Q\boldsymbol{x}(t) + 2\boldsymbol{x}^T(t)N\boldsymbol{u}(t) + \boldsymbol{u}^T(t)R\boldsymbol{u}(t)\right)dt\end{aligned} \tag{10.29}$$

を定義する。ただし，つぎの仮定をおく。

$$\begin{bmatrix} Q & N \\ N^T & R \end{bmatrix} \geqq 0$$

評価汎関数 (10.29) を最小にする最適制御入力 $\boldsymbol{u}^o(t)$，$t \in [0, \infty)$ を見つける最適制御問題（LQ 最適レギュレータ問題）を考える。ただし，システム (10.28) は可制御と仮定する。

ダイナミックプログラミングに基づき，$\boldsymbol{x}(t) = \boldsymbol{x}$ を初期条件とする評価汎関数 ϕ の最小値を，つぎのように表そう。

$$V(\boldsymbol{x}(t), t) = \min_{\boldsymbol{u}_{[t,\infty)}} \phi\left[\boldsymbol{u}_{[t,\infty)}; \boldsymbol{x}(t), t; \infty\right]$$

$$= \min_{\boldsymbol{u}_{[t,\infty)}} \left[\frac{1}{2} \int_t^\infty \bigl(\boldsymbol{x}^T(\tau) Q \boldsymbol{x}(\tau) + 2\boldsymbol{x}^T(\tau) N \boldsymbol{u}(\tau) + \boldsymbol{u}^T(\tau) R \boldsymbol{u}(\tau) \bigr) d\tau \right] \tag{10.30}$$

この $V(\boldsymbol{x}(t), t)$ は値関数と呼ばれた。

さて，終端時刻が t_1 の最適制御問題

$$\min_{\boldsymbol{u}} \ \phi \left[\boldsymbol{u}_{[0,t_1]}; \boldsymbol{x}(0), 0; t_1 \right]$$

$$\triangleq \frac{1}{2} \int_0^{t_1} \bigl(\boldsymbol{x}^T(t) Q \boldsymbol{x}(t) + 2\boldsymbol{x}^T(t) N \boldsymbol{u}(t) + \boldsymbol{u}^T(t) R \boldsymbol{u}(t) \bigr) \, dt \tag{10.31a}$$

$$\text{subject to} \quad \dot{\boldsymbol{x}}(t) = A\boldsymbol{x}(t) + B\boldsymbol{u}(t), \quad \boldsymbol{x}(0) = \boldsymbol{x}_0 \tag{10.31b}$$

を考え，この問題に対する値関数 $V(\boldsymbol{x}(t), t)$，つまり

$$V(\boldsymbol{x}(t), t) = \min_{\boldsymbol{u}_{[t,t_1]}} \phi \left[\boldsymbol{u}_{[t,t_1]}; \boldsymbol{x}(t), t; t_1 \right]$$
$$= \min_{\boldsymbol{u}_{[t,t_1]}} \left[\frac{1}{2} \int_t^{t_1} \bigl(\boldsymbol{x}^T(\tau) Q \boldsymbol{x}(\tau) + 2\boldsymbol{x}^T(\tau) N \boldsymbol{u}(\tau) + \boldsymbol{u}^T(\tau) R \boldsymbol{u}(\tau) \bigr) d\tau \right] \tag{10.32}$$

を，あらためてつぎのようにおこう。

$$V(\boldsymbol{x}(t), t; t_1) = \min_{\boldsymbol{u}[t,t_1]} \phi \left[\boldsymbol{u}_{[t,t_1]}; \boldsymbol{x}(t), t; t_1 \right]$$

10.2 節より，$V(\boldsymbol{x}(t), t)$ は，$\dfrac{1}{2}\boldsymbol{x}^T(t) P(t) \boldsymbol{x}(t)$ で表されたことを思い出そう。よって

$$V(\boldsymbol{x}(t), t; t_1) = \frac{1}{2} \boldsymbol{x}^T(t) P(t; t_1) \boldsymbol{x}(t)$$

とおく。

ここで $t < t_{1'} < t_{1''}$ とすると，任意の $\boldsymbol{u}$ に対して

$$\phi[\boldsymbol{u}; \boldsymbol{x}(t), t; t_{1'}] \leqq \phi[\boldsymbol{u}; \boldsymbol{x}(t), t; t_{1'}] + \frac{1}{2} \int_{t_{1'}}^{t_{1''}} \bigl(\boldsymbol{x}^T(t) Q \boldsymbol{x}(t) + 2\boldsymbol{x}^T(t) N \boldsymbol{u}(t) + \boldsymbol{u}^T(t) R \boldsymbol{u}(t) \bigr) dt$$

$$= \phi\left[\boldsymbol{u}; \boldsymbol{x}(t), t; t_{1''}\right] \tag{10.33}$$

が成り立つ。$V(\boldsymbol{x}, t; t_1)$ は $f_0(\boldsymbol{x}, \boldsymbol{u}) \geqq 0$ なら t_1 に関して単調増加だから，$\phi[\boldsymbol{u}; \boldsymbol{x}(t), t; t_{1'}]$，$\phi[\boldsymbol{u}; \boldsymbol{x}(t), t; t_{1''}]$ を最小にする最適制御を $\boldsymbol{u}^o_{1'}$, $\boldsymbol{u}^o_{1''}$ とすると

$$\begin{aligned} V(\boldsymbol{x}, t; t_{1'}) &= \phi[\boldsymbol{u}^o_{1'}; \boldsymbol{x}(t), t; t_{1'}] \leqq \phi[\boldsymbol{u}^o_{1''}; \boldsymbol{x}(t), t; t_{1''}] \\ &= V(\boldsymbol{x}, t; t_{1''}) \end{aligned} \tag{10.34}$$

が成り立つ。よって

$$\frac{1}{2}\boldsymbol{x}^T P(t; t_{1'})\boldsymbol{x} \leqq \frac{1}{2}\boldsymbol{x}^T P(t; t_{1''})\boldsymbol{x} \tag{10.35}$$

である。しかし $\boldsymbol{x}$ は任意だから

$$P(t; t_{1'}) \leqq P(t; t_{1''}), \quad t_{1'} < t_{1''} \tag{10.36}$$

が成り立つ。すなわち $P(t; t_1)$ は単調増加である。

さて，システムは可制御と仮定しているから，t_1 は十分大きいとして $t < \bar{t} < t_1$ のとき，任意の（初期）状態 $\boldsymbol{x}(t)$ をある有限時間 $\bar{t}$ で零状態に移す制御入力 $\boldsymbol{u}_1 : \boldsymbol{u}(\tau)$，$\tau \in [t, \bar{t}]$ が存在する。$\bar{t}$ 以後は $\boldsymbol{u}(\tau) = \boldsymbol{0}$ とおくと，システムは零状態を保持する。このような制御入力を

$$\tilde{\boldsymbol{u}}(\tau) = \begin{cases} \boldsymbol{u}_1(\tau), & t \leqq \tau < \bar{t} \\ 0, & \bar{t} \leqq t \end{cases}$$

とおく。t_1 は十分大きいとして，$0 < \bar{t} < t_1$ のとき，以下のことがいえる。

最終時刻を t_1 としたときの最適制御入力を $\boldsymbol{u}^o_{t_1}$ とする。そうすれば，$\boldsymbol{u}^o_{t_1}$ を用いたときの最適な評価汎関数値 $V(\boldsymbol{x}, t; t_1) = \dfrac{1}{2}\boldsymbol{x}^T P(t; t_1)\boldsymbol{x}$ は，$\widetilde{\boldsymbol{u}}$ を用いたときの評価汎関数値より小さく，また $\widetilde{\boldsymbol{u}}$ のときの評価関数値は有限だから，$V(\boldsymbol{x}, t; t_1) = \dfrac{1}{2}\boldsymbol{x}^T P(t; t_1)\boldsymbol{x}$ は明らかに上に有界である。そうすれば，$\boldsymbol{u}^o_{t_1}$ を用いたときの最適な評価汎関数値 $V(\boldsymbol{x}, t; t_1) = \dfrac{1}{2}\boldsymbol{x}^T P(t; t_1)\boldsymbol{x}$ は，つぎの関係を満たす。

$$V(\boldsymbol{x}, t; t_1) = \frac{1}{2}\boldsymbol{x}^T P(t; t_1)\boldsymbol{x} = \phi[\boldsymbol{u}^o_{t_1}; \boldsymbol{x}(t), t; t_1]$$

$$\leqq \phi[\widetilde{\boldsymbol{u}};\boldsymbol{x}(t),t;t_1] \leqq \phi[\widetilde{\boldsymbol{u}};\boldsymbol{x}(t),t;\infty] < \infty \tag{10.37}$$

それゆえ，$P(t;t_1)$ は一様有界である。

したがって，$P(t;t_1)$ は t_1 に関して単調増加で上に有界だから，$t_1 \to \infty$ のとき定数行列 P に収束する。

つぎに，システムの定常性より，任意の h に対して

$$P(t;t_1) = P(t+h;t_1+h) \tag{10.38}$$

が成立する。したがって，$P(t) = \lim_{t_1\to\infty} P(t;t_1)$ とおくと

$$P(t) = \lim_{t_1\to\infty} P(t;t_1) = \lim_{t_1\to\infty} P(t+h;t_1+h) = P(t+h) \tag{10.39}$$

となる。よって，$P(t)$ は定数行列であり，P に等しい。

ハミルトン-ヤコビ方程式の最初の形は，再記するとつぎのようであった。

$$-\frac{\partial V(\boldsymbol{x},t)}{\partial t} = \min_{\boldsymbol{u}} \left[f_0(\boldsymbol{x},\boldsymbol{u}) + \frac{\partial V(\boldsymbol{x},t)}{\partial \boldsymbol{x}} \boldsymbol{f}(\boldsymbol{x},\boldsymbol{u}) \right] \tag{10.40}$$

ここで，無限時間区間問題においては，$\dfrac{1}{2}\boldsymbol{x}^T P(t)\boldsymbol{x}$ は $\dfrac{1}{2}\boldsymbol{x}^T P\boldsymbol{x}$ で表すことができた。よって $V(\boldsymbol{x},t)$ は $V(\boldsymbol{x})$ に等しく

$$V(\boldsymbol{x}) = \frac{1}{2}\boldsymbol{x}^T P\boldsymbol{x} \tag{10.41}$$

である。したがって，式 (10.40) の左辺は t に関する偏微分なので 0 である。また，$f_0(\boldsymbol{x},\boldsymbol{u})$ は $\dfrac{1}{2}(\boldsymbol{x}^T Q\boldsymbol{x}+2\boldsymbol{x}^T N\boldsymbol{u}+\boldsymbol{u}^T R\boldsymbol{u})$ であり，式 (10.41) より $\partial V(\boldsymbol{x},t)/\partial \boldsymbol{x}$ は $\boldsymbol{x}^T P$ となり，$\boldsymbol{f}(\boldsymbol{x},\boldsymbol{u})$ は $A\boldsymbol{x}+B\boldsymbol{u}$ である。その結果，式 (10.40) は次式のようになる。

$$0 = \min_{\boldsymbol{u}} \left[\frac{1}{2}(\boldsymbol{x}^T Q\boldsymbol{x} + 2\boldsymbol{x}^T N\boldsymbol{u} + \boldsymbol{u}^T R\boldsymbol{u}) + \boldsymbol{x}^T PA\boldsymbol{x} + \boldsymbol{x}^T PB\boldsymbol{u} \right] \tag{10.42}$$

ここで，境界条件 (9.36) は明らかに成立する。

式 (10.42) の右辺の最小化を行うために，$\boldsymbol{u}$ に関する最適性必要十分条件を計算すると

$$\boldsymbol{u}^T R + \boldsymbol{x}^T N + \boldsymbol{x}^T PB = \boldsymbol{0}$$

となり，次式が得られる。

$$\boldsymbol{u}^o(\boldsymbol{x}) = -R^{-1}(B^T P + N^T)\boldsymbol{x} \tag{10.43}$$

$N = O$ の場合は

$$\boldsymbol{u}^o(\boldsymbol{x}) = -R^{-1}B^T P\boldsymbol{x} \tag{10.44}$$

である。式 (10.43) を式 (10.42) へ代入すると，次式が成り立つ。

$$\begin{aligned} 0 = \frac{1}{2}\boldsymbol{x}^T[&Q - NR^{-1}N^T - PBR^{-1}B^T P + P(A - BR^{-1}N^T) \\ &+(A^T - NR^{-1}B^T)P]\boldsymbol{x} \end{aligned}$$

ところが，この方程式は任意の $\boldsymbol{x}$ について成り立つので，次式を得る。

$$\begin{aligned} O = &P(A - BR^{-1}N^T) + (A^T - NR^{-1}B^T)P \\ &-PBR^{-1}B^T P + Q - NR^{-1}N^T \end{aligned} \tag{10.45}$$

$N = O$ の場合は，式 (10.44) を式 (10.42) へ代入することにより

$$O = PA + A^T P - PBR^{-1}B^T P + Q \tag{10.46}$$

を得る。式 (10.45), (10.46) は，求める**代数リカッチ方程式**（algebraic Riccati equation）である。

10.4　線形最適レギュレータの安定性（代数リカッチ方程式の安定化解）

ここでは，10.3 節で述べてきたことを要約する。本節では，積分時間が無限時間の，つぎのような標準的な線形最適レギュレータ問題

$$\min_{\boldsymbol{u}} \ \phi[\boldsymbol{u}; \boldsymbol{x}(0), 0] = \frac{1}{2}\int_0^\infty \{\boldsymbol{x}^T(t)Q\boldsymbol{x}(t) + \boldsymbol{u}^T(t)R\boldsymbol{u}(t)\}dt \tag{10.47a}$$

$$\text{subject to} \quad \dot{\boldsymbol{x}}(t) = A\boldsymbol{x}(t) + B\boldsymbol{u}(t), \ \ \boldsymbol{x}(0) = \boldsymbol{x}_0 \tag{10.47b}$$

を考える[†1]。

このとき，つぎの定理が成り立つ。

【定理 10.1】 最適レギュレータ問題 (10.47) を考える。$\{A, B\}$ は可制御で，Q は準正定，R は正定行列とする。つぎの代数リカッチ方程式

$$PA + A^T P - PBR^{-1}B^T P + Q = O \tag{10.48}$$

の準正定解を P とする[†2]。このとき，最適フィードバック制御則は

$$\boldsymbol{u}^o(t) = -R^{-1}B^T P\boldsymbol{x}(t) \tag{10.49}$$

で与えられ，評価汎関数の最小値は次式で与えられる。

$$\phi[\boldsymbol{u}^o; \boldsymbol{x}(0), 0; \infty] = \frac{1}{2}\boldsymbol{x}_0^T P\boldsymbol{x}_0 \tag{10.50}$$

（証明） すでに 10.3 節で証明した。文献 6), 12), 13) を参照。 □

定理 10.1 において，Q, R を正定行列とすると P は正定解となる。

ところで，定理 10.1 より，$\{A, B\}$ が可制御ならば，最適フィードバック制御則 (10.49) を用いたときの評価汎関数 ϕ の最小値は有界である。これは $\lim_{t\to\infty} \boldsymbol{x}^T(t)Q\boldsymbol{x}(t) = 0$ を意味するが，Q は準正定であるから，必ずしも漸近安定，つまり $\lim_{t\to\infty} \boldsymbol{x}(t) = \boldsymbol{0}$ を意味しない。最適制御を用いたとき，閉ループ系が漸近安定となることを保証するためには，可観測の仮定が必要である。

【補助定理 10.1】 $\{A, B\}$ が可制御，かつ $\{\sqrt{Q}, A\}$ が可観測で，Q は準正定行列，R は正定行列とする。代数リカッチ方程式 (10.48) の唯一の正定解を P とする。このとき，最適フィードバック制御則 $\boldsymbol{u}^o(t) = -R^{-1}B^T P\boldsymbol{x}(t)$ を

---

†1 最適レギュレータは，初め Kalman[6)]によって式 (10.47) のような問題に対して提唱された。そのため，最適レギュレータという呼び名は無限時間区間のレギュレータ問題に限定して用いられることが多い。

†2 $P \geqq 0$ の存在は Kalman[6)] によって証明された。

用いた閉ループ系

$$\dot{\boldsymbol{x}}(t) = (A - BR^{-1}B^T P)\boldsymbol{x}(t), \quad \boldsymbol{x}(0) = \boldsymbol{x}_0 \tag{10.51}$$

は漸近安定となる。特に Q, R が正定行列の場合には，$\{A, B\}$ が可制御ならば，閉ループ系は漸近安定となる。

(証明)　省略。文献 1), 13), 7) を参照。　□

【定理 10.2】　代数リカッチ方程式 (10.48) が唯一の正定解 $P > 0$ をもち，かつ P が安定化解であるための必要十分条件は，$\{A,\ B\}$ は可制御，$\{\sqrt{Q},\ A\}$ は可観測であることである（これは，最適フィードバック制御を施した閉ループ系が漸近安定であるための必要十分条件でもある)。

(証明)　省略。文献 7), 13), 1) を参照。　□

Brockett[4)] は最適レギュレータ理論を 2 次形式の平方完成に基づいて簡便に導いている。

無限時間区間の線形最適レギュレータの諸定理における可制御の仮定は可安定に緩和できることが，Wonham[13)] によって証明された。つぎの定理が成り立つ。

【定理 10.3】　線形最適レギュレータ問題 (10.47) を考える。システム $\{A, B\}$ は可安定で，Q は準正定行列，R は正定行列とする。そして，代数リカッチ方程式

$$PA + A^T P - PBR^{-1}B^T P + Q = O \tag{10.52}$$

の準正定解を P とする†。このとき，最適フィードバック制御則は

$$\boldsymbol{u}^o(t) = -R^{-1}B^T P\boldsymbol{x}(t) \tag{10.53}$$

で与えられ，評価汎関数の最小値は次式で与えられる。

† $P \geqq 0$ の存在は Wonham[13)] によって証明された。

$$\phi[\boldsymbol{u}^o; \boldsymbol{x}(0), 0; \infty] = \frac{1}{2}\boldsymbol{x}_0^T P \boldsymbol{x}_0 \tag{10.54}$$

（証明） 定理 10.1 と同様である。文献 13), 9), 5) を参照。 □

この定理は，漸近安定性は保証していない。つまり $\lim_{t\to\infty} \boldsymbol{x}(t) = \boldsymbol{0}$ となる保証はない。

つぎの補助定理は，さらに $\{\sqrt{Q}, A\}$ が可検出†のとき，最適フィードバック制御則 (10.53) は閉ループ系を漸近安定にすることを示している。これは補助定理 10.1 の可観測の仮定を可検出まで緩和したものである [13),9),8),5)]。

【補助定理 10.2】 $\{A, B\}$ は可安定，$\{\sqrt{Q}, A\}$ は可検出で，$Q \geqq 0$，$R > 0$ とし，代数リカッチ方程式 (10.52) の準正定解を P とする。このとき，閉ループ系

$$\dot{\boldsymbol{x}} = (A - BR^{-1}B^T P)\boldsymbol{x}, \quad \boldsymbol{x}(0) = \boldsymbol{x}_0 \tag{10.55}$$

は漸近安定となる。

（証明） $\{\sqrt{Q}, A\}$ が可検出ならば，式 (10.55) は漸近安定，すなわち式 (10.52) の準正定解 P はすべて $\mathrm{Re}[\lambda(A - BR^{-1}B^T P)] < 0$ を満足することを示そう。そのために，まず式 (10.52) をつぎのように変形する。

$$P(A - BR^{-1}B^T P) + (A - BR^{-1}B^T P)^T P + PBR^{-1}B^T P + Q = O \tag{10.56}$$

もし $A - BR^{-1}B^T P$ が漸近安定行列でないとすると，不安定固有値と対応する固有ベクトル $\boldsymbol{\xi}$ が存在して，次式を満たす。

† ある $K \in R^{n\times m}$ に対して，$\mathrm{Re}[\lambda(A - KC)] < 0$ が成り立つとき，$\{C, A\}$ は**可検出**という。可検出性は

$$\mathrm{rank}\begin{bmatrix} A - \lambda I \\ C \end{bmatrix} = n, \quad \mathrm{Re}[\lambda] \geqq 0$$

つまり，すべての $\mathrm{Re}[\lambda] \geqq 0$ なる λ に対して，$A\boldsymbol{x} = \lambda\boldsymbol{x}$，$C\boldsymbol{x} = \boldsymbol{0}$ を満たす $\boldsymbol{x} \in C^n$ は零ベクトル以外に存在しないということと等価である。

$$(A - BR^{-1}B^TP)\boldsymbol{\xi} = \lambda\boldsymbol{\xi},\ \ \mathrm{Re}[\lambda] \geqq 0,\ \ \boldsymbol{\xi} \neq \mathbf{0} \tag{10.57}$$

式 (10.56) に右から $\boldsymbol{\xi}$，左から $\boldsymbol{\xi}^*$（* は共役転置を表す）をかけると

$$\boldsymbol{\xi}^*P(A - BR^{-1}B^TP)\boldsymbol{\xi} + \boldsymbol{\xi}^*(A - BR^{-1}B^TP)^TP\boldsymbol{\xi}$$
$$+\boldsymbol{\xi}^*PBR^{-1}B^TP\boldsymbol{\xi} + \boldsymbol{\xi}^*Q\boldsymbol{\xi} = O$$

を得る。この式は式 (10.57) を考慮すると

$$2\mathrm{Re}[\lambda]\boldsymbol{\xi}^*P\boldsymbol{\xi} + \boldsymbol{\xi}^*PBR^{-1}B^TP\boldsymbol{\xi} + \boldsymbol{\xi}^*Q\boldsymbol{\xi} = O$$

となる。仮定から $P \geqq 0$，$\mathrm{Re}[\lambda] \geqq 0$ であるから，左辺の各項は非負となるので，すべての項は零でなければならない。したがって，$B^TP\boldsymbol{\xi} = \mathbf{0}$，$\sqrt{Q}\boldsymbol{\xi} = \mathbf{0}$ を得る。これを式 (10.57) に代入すると

$$A\boldsymbol{\xi} = \lambda\boldsymbol{\xi},\ \ \mathrm{Re}[\lambda] \geqq 0,\ \ \boldsymbol{\xi} \neq 0$$

が成り立つが，これは $\{\sqrt{Q},\ A\}$ の可検出性 (p.317 の脚注参照) に矛盾する。 □

この定理で，$\{\sqrt{Q},\ A\}$ が可観測と仮定すれば，唯一の安定化解 $P > 0$ が存在することも，文献 13) で証明されている。$A - BR^{-1}B^TP$ が安定となるような解 P を代数リカッチ方程式の**安定化解**という。応用上重要なつぎの定理が Kučera[9)] によって証明された（文献 9), 8), 5) を参照)。

【定理 10.4】（Kučera） 代数リカッチ方程式 (10.52) が唯一の準正定解 P をもち，かつ P が安定化解となるための必要十分条件は，$\{A, B\}$ が可安定，$\{\sqrt{Q}, A\}$ が可検出であることである（これは最適フィードバック制御を施したときの閉ループ系が漸近安定であるための必要十分条件でもある)。

（証明） ［十分性］ 定理 10.3 と補助定理 10.2 から準正定な安定化解 $P \geqq 0$ の存在はすでに証明されている。したがって，$P \geqq 0$ が唯一であることを示せばよい。二つの安定化解 $P_1, P_2 \geqq 0$ が存在したとすると，式 (10.52) から

$$A^TP_1 + P_1A - P_1BR^{-1}B^TP_1 + Q = O$$

$$A^TP_2 + P_2A - P_2BR^{-1}B^TP_2 + Q = O$$

が成り立つ。上の式から下の式を引き算すると，$X := P_1 - P_2$ に関するリアプノフ方程式

$$(A - BR^{-1}B^TP_1)^TX + X(A - BR^{-1}B^TP_1) = -XBR^{-1}B^TX$$

を得る。補助定理 10.2 から $A - BR^{-1}B^TP_1$ は漸近安定であるから，$X = P_1 - P_2 \geqq 0$ となる。また，P_1 と P_2 を入れ替えると，$X := P_2 - P_1 \geqq 0$，つまり $X = P_1 - P_2 \leqq 0$ を得るので，$P_1 = P_2$ が成立する。

［必要性］ $A - BR^{-1}B^TP = A - BK$ が漸近安定となる K が存在することから，$\{A, B\}$ は可安定である。そこで，$\{\sqrt{Q}, A\}$ が可検出であることを示そう。座標変換しても可検出性は変わらないから，$A, B, \sqrt{Q}$ は

$$A = \begin{bmatrix} A_{11} & O \\ A_{21} & A_{22} \end{bmatrix},\ B = \begin{bmatrix} B_1 \\ B_2 \end{bmatrix},\ \sqrt{Q} = \begin{bmatrix} \sqrt{Q}_1 & O \end{bmatrix} \tag{10.58}$$

と変換する。ただし，$A_{11} \in R^{n_o \times n_o}$，$\{\sqrt{Q}_1, A_{11}\}$ は可観測である。それゆえ，可検出性の定義より A_{22} が漸近安定であることを示せばよい。

まず，$\{A_{11}, B_1\}$ の可安定性を示す。$\{A, B\}$ は可安定であることがわかっているので，可安定の定義より

$$\boldsymbol{\xi}^*A = \lambda\boldsymbol{\xi}^*,\ \ \boldsymbol{\xi}^*B = \mathbf{0},\ \ \mathrm{Re}[\lambda] \geqq 0 \text{ ならば } \boldsymbol{\xi} = \mathbf{0}$$

が成り立つ。それゆえ，$\boldsymbol{\xi}^* = \begin{bmatrix} \boldsymbol{\xi}_1^{*T} & \mathbf{0}^T \end{bmatrix}^T$ とおき，式 (10.58) を代入すると

$$\boldsymbol{\xi}_1^*A_{11} = \lambda\boldsymbol{\xi}_1^*,\ \ \boldsymbol{\xi}_1^*B_1 = \mathbf{0},\ \ \mathrm{Re}[\lambda] \geqq 0 \text{ ならば } \boldsymbol{\xi}_1 = \mathbf{0}$$

を得るので，$\{A_{11}, B_1\}$ は可安定であることがわかる。

以上から，$\{A_{11}, B_1\}$ は可安定，$\{\sqrt{Q}_1, A_{11}\}$ は可検出である。したがって，代数リカッチ方程式

$$A_{11}^TP_{11} + P_{11}A_{11} - P_{11}B_1R^{-1}B_1^TP_{11} + \sqrt{Q}_1^T\sqrt{Q}_1 = O$$

は唯一解 $P_{11} \geqq 0$ をもち，かつ補助定理 10.2 から $A_{11} - B_1 R^{-1} B_1^T P_{11}$ は漸近安定となることがわかる。ここで

$$P = \begin{bmatrix} P_{11} & O \\ O & O \end{bmatrix}, \quad K = \begin{bmatrix} K_1 & O \end{bmatrix}, \quad K_1 = R^{-1} B_1^T P_{11}$$

とおく。式 (10.58) の A, B, $\sqrt{Q}$ の形から，$P \geqq 0$ は代数リカッチ方程式 (10.52) の準正定解の一つである。定理の仮定より P は唯一で，かつ安定化解であるから

$$A - BK = \begin{bmatrix} A_{11} - B_1 K_1 & O \\ A_{21} - B_2 K_1 & A_{22} \end{bmatrix}$$

は漸近安定である。このとき，$A_{11} - B_1 K_1$ は漸近安定だから，A_{22} も漸近安定であることがわかる。よって $\{\sqrt{Q}, A\}$ は可検出である。　□

上の定理において，$\{\sqrt{Q}, A\}$ が可観測ならば，安定化解は正定解 $P > 0$ となる[8)]。

線形最適レギュレータの理論は Kalman[6)] によって導入されたが，そのほかにも多くの研究が行われ，多数のテキスト 2), 3), 11), 12), 5), 10) が出版されている。

引用・参考文献

1)　有本：線形システム理論, 産業図書 (1974)
2)　M. Athans and P. L. Falb: Optimal Control, McGraw Hill (1966)
3)　B. O. D. Anderson and J. B. Moore: Linear Optimal Control, Prentice Hall (1971), Optimal Control — Linear Quadratic Methods, Prentice Hall (1990)
4)　R. W. Brockett: Finite Dimensional Linear Systems, J. Wiley & Sons (1970)
5)　片山：線形システムの最適制御, 近代科学社 (1999)
6)　R. E. Kalman: Contributions to the Theory of Optimal Control, Bol. Soc. Mat. Mexicana, Second Ser. Vol. 5, pp. 102–119 (1960)
7)　R. E. Kalman: When is a Linear System Optimal? Trans. ASME, J. Basic Engineering, pp. 51–60 (1960)

8) 児玉, 須田：システム制御のためのマトリクス理論, 計測自動制御学会 (1978)
9) V. Kučera: A Contribution to Matrix Quadratic Equations, IEEE Trans. Autom. Contr., Vol. AC-17, pp. 344–347 (1972)
10) F. L. Lewis: Optimal Control, J. Wiley & Sons (1986)
11) 坂和：線形システム制御理論, 朝倉書店 (1979)
12) 志水：最適制御の理論と計算法, コロナ社 (1994)
13) W. M. Wonham: On a Matrix Riccati Equation of Stochastic Control, SIAM J., Control, Vol. 6, pp. 681–697 (1968)

11 非線形最適レギュレータとハミルトン-ヤコビ方程式

本章の目的は，非線形最適レギュレータ問題におけるハミルトン-ヤコビ方程式の準正定な唯一解（すなわち値関数）の存在条件を導くことである。11.1節では，ハミルトン-ヤコビ方程式の解が大域的に存在するという仮定のもとで非線形最適レギュレータ問題を考える。特に，評価汎関数に対して適切な条件が課されなければ，最適制御則による閉ループ系は一般に漸近安定であるとは限らない，すなわち最適制御則は必ずしも安定化制御則とは限らないことを示す。このことに基づいて，11.2節では最適解よりもむしろ安定化解について考察し，ある適切な仮定のもとではハミルトン-ヤコビ方程式の安定化解が最適解（または値関数）でもあるという立場をとり，非線形最適レギュレータ問題の可解条件を示す。

11.1 定常ハミルトン-ヤコビ方程式の安定化解と最適フィードバック制御則[7)]

非線形システムにおいて，評価汎関数を最小化するフィードバック制御則を求める問題を**非線形最適レギュレータ問題**と呼ぶ。すなわち最適制御問題

$$\min_{\boldsymbol{u}} \int_0^\infty f_0(\boldsymbol{x}(t), \boldsymbol{u}(t))dt \tag{11.1a}$$

$$\text{subject to} \quad \dot{\boldsymbol{x}}(t) = \boldsymbol{f}(\boldsymbol{x}(t), \boldsymbol{u}(t)),\ \boldsymbol{x}(0) = \boldsymbol{x}_0 \tag{11.1b}$$

に対する最適フィードバック制御則 $\boldsymbol{u}^o(\boldsymbol{x}(t))$ を求める問題である。ここで，$\boldsymbol{x}(t) \in R^n$ は状態ベクトル，$\boldsymbol{u}(t) \in R^r$ は制御入力であり，$\boldsymbol{f}(\boldsymbol{x}, \boldsymbol{u})$ は $R^n \times R^r$ で定義された滑らかな関数とし，一般性を失うことなく $\boldsymbol{f}(\boldsymbol{0}, \boldsymbol{0}) = \boldsymbol{0}$ を仮定する。

また，一般にレギュレータ問題の評価関数 $f_0(\boldsymbol{x},\boldsymbol{u})$ は，原点からの 2 乗誤差にとられる。

問題 (11.1) は，未知関数 $V(\boldsymbol{x})$ に対してつぎのような不等式（不等号が逆向きの消散不等式）を連想させる。

$$f_0(\boldsymbol{x},\boldsymbol{u})+V_{\boldsymbol{x}}(\boldsymbol{x})\boldsymbol{f}(\boldsymbol{x},\boldsymbol{u})\geqq 0,\quad \forall \boldsymbol{x},\boldsymbol{u} \tag{11.2}$$

その理由は，最適性原理より，問題 (11.1) に対する値関数

$$V^o(\boldsymbol{x}_0)=\min_{\boldsymbol{u}}\int_0^\infty f_0(\boldsymbol{x}(t),\boldsymbol{u}(t))dt,\quad \boldsymbol{x}(0)=\boldsymbol{x}_0 \tag{11.3}$$

は，任意の時刻 $t_1\geqq t_0$ と任意の $\boldsymbol{u}(\cdot)$ に対して

$$V^o(\boldsymbol{x}(t_0))\leqq V^o(\boldsymbol{x}(t_1))+\int_{t_0}^{t_1} f_0(\boldsymbol{x}(t),\ \ \boldsymbol{u}(t))dt \tag{11.4}$$

を満たすので，もし滑らかな関数ならば，不等式 (11.2) を満たすということである。

不等式 (11.2) の左辺に対応したハミルトン関数を

$$H(\boldsymbol{x},\boldsymbol{u},\boldsymbol{\psi})\overset{\triangle}{=}f_0(\boldsymbol{x},\boldsymbol{u})+\boldsymbol{\psi}^T\boldsymbol{f}(\boldsymbol{x},\boldsymbol{u}) \tag{11.5}$$

と定義する。そして，つぎの仮定をおく。

【仮定 11.1】 関数 $\boldsymbol{f}(\boldsymbol{x},\boldsymbol{u})$ は $(\boldsymbol{x},\boldsymbol{u})$ に関して滑らかであり，一般性を失うことなく平衡点 $(\boldsymbol{0},\boldsymbol{0})$ において $\boldsymbol{f}(\boldsymbol{0},\boldsymbol{0})=\boldsymbol{0}$ である。

【仮定 11.2】 関数 $f_0(\boldsymbol{x},\boldsymbol{u})$ は

$$f_0(\boldsymbol{x},\boldsymbol{u})\geqq 0,\quad \forall \boldsymbol{x},\boldsymbol{u} \tag{11.6}$$

と，境界条件

$$f_0(\boldsymbol{0},\boldsymbol{0})=0,\quad \frac{\partial f_0(\boldsymbol{0},\boldsymbol{0})}{\partial \boldsymbol{x}}=\boldsymbol{0},\quad \frac{\partial f_0(\boldsymbol{0},\boldsymbol{0})}{\partial \boldsymbol{u}}=\boldsymbol{0} \tag{11.7}$$

を満たす。

【仮定 11.3】（正則性条件） 関数 $f_0(\boldsymbol{x},\boldsymbol{u})$ は，$(\boldsymbol{x},\boldsymbol{u})=(\boldsymbol{0},\boldsymbol{0})$ におけるヘッセ行列が

$$R \triangleq \frac{\partial^2 f_0(\mathbf{0}, \mathbf{0})}{\partial \boldsymbol{u}^2} > 0$$

を満たすような関数である。

このとき，$(\boldsymbol{x}, \boldsymbol{u}, \boldsymbol{\psi}) = (\mathbf{0}, \mathbf{0}, \mathbf{0})$ の近傍で，各 $(\boldsymbol{x}, \boldsymbol{\psi})$ に対してハミルトン関数 (11.5) を最小化する $\boldsymbol{u}$ が唯一に存在する。すなわち，$(\boldsymbol{x}, \boldsymbol{u}, \boldsymbol{\psi}) = (\mathbf{0}, \mathbf{0}, \mathbf{0})$ の近傍の各 $(\boldsymbol{x}, \boldsymbol{\psi})$ に対して

$$H(\boldsymbol{x}, \boldsymbol{u}, \boldsymbol{\psi}) \geqq H(\boldsymbol{x}, \boldsymbol{u}^o(\boldsymbol{x}, \boldsymbol{\psi}), \boldsymbol{\psi}) \tag{11.8}$$

を満たす最小解 $\boldsymbol{u}^o(\boldsymbol{x}, \boldsymbol{\psi})$ が唯一存在する。このような $\boldsymbol{u}^o(\boldsymbol{x}, \boldsymbol{\psi})$ の存在は，つぎのようにして確かめられる。$\boldsymbol{u}$ の関数と見たハミルトン関数 $H(\boldsymbol{x}, \boldsymbol{u}, \boldsymbol{\psi})$ のヘッセ行列

$$\frac{\partial^2 H(\boldsymbol{x}, \boldsymbol{u}, \boldsymbol{\psi})}{\partial \boldsymbol{u}^2} = \frac{\partial^2 f_0(\boldsymbol{x}, \boldsymbol{u})}{\partial \boldsymbol{u}^2} + \frac{\partial^2 \boldsymbol{f}(\boldsymbol{x}, \boldsymbol{u})}{\partial \boldsymbol{u}^2} \bullet \boldsymbol{\psi}$$

は，仮定 11.3 より $(\boldsymbol{x}, \boldsymbol{u}, \boldsymbol{\psi}) = (\mathbf{0}, \mathbf{0}, \mathbf{0})$ で

$$\frac{\partial^2 H(\mathbf{0}, \mathbf{0}, \mathbf{0})}{\partial \boldsymbol{u}^2} = \frac{\partial^2 f_0(\mathbf{0}, \mathbf{0})}{\partial \boldsymbol{u}^2} = R > 0$$

となる。したがって，陰関数定理より，$(\boldsymbol{x}, \boldsymbol{\psi}) = (\mathbf{0}, \mathbf{0})$ の近傍でつぎの最適性必要条件

$$H_{\boldsymbol{u}}(\boldsymbol{x}, \boldsymbol{u}, \boldsymbol{\psi})^T = f_{0\boldsymbol{u}}(\boldsymbol{x}, \boldsymbol{u})^T + \boldsymbol{f}_{\boldsymbol{u}}(\boldsymbol{x}, \boldsymbol{u})^T \boldsymbol{\psi} = \mathbf{0} \tag{11.9}$$

を満たす $\boldsymbol{u} = \boldsymbol{u}^o(\boldsymbol{x}, \boldsymbol{\psi})$ が唯一存在する。しかし，ここでは最適性必要条件が大域的なものであり，式 (11.9) を満たす唯一の最小解 $\boldsymbol{u}^o(\boldsymbol{x}, \boldsymbol{\psi})$ が大域的に存在すると仮定する。

【仮定 11.4】　式 (11.9) を満たす唯一の $\boldsymbol{u}^o(\boldsymbol{x}, \boldsymbol{\psi})$ は大域的に存在し，しかも滑らかである。

ところで，ハミルトン関数の定義から，不等式 (11.2) は未知の $V(\boldsymbol{x})$ に対して

$$H(\boldsymbol{x}, \boldsymbol{u}, V_{\boldsymbol{x}}(\boldsymbol{x})) = f_0(\boldsymbol{x}, \boldsymbol{u}) + V_{\boldsymbol{x}}(\boldsymbol{x}) \boldsymbol{f}(\boldsymbol{x}, \boldsymbol{u}) \geqq 0, \quad \forall \boldsymbol{x}, \boldsymbol{u} \tag{11.10}$$

と書ける。これはすべての $\boldsymbol{u}$ に対して成立するので，式 (11.8) を参照すると，式 (11.10) より

$$H(\boldsymbol{x},\boldsymbol{u},V_{\boldsymbol{x}}(\boldsymbol{x})) \geqq H(\boldsymbol{x},\boldsymbol{u}^o(\boldsymbol{x},V_{\boldsymbol{x}}(\boldsymbol{x})),\ \ V_{\boldsymbol{x}}(\boldsymbol{x})) \geqq 0 \tag{11.11}$$

を得る。この式は $V(\boldsymbol{x})$ が値関数 $V^o(\boldsymbol{x})$ のときには

$$H(\boldsymbol{x},\boldsymbol{u},V^o_{\boldsymbol{x}}(\boldsymbol{x})) \geqq H(\boldsymbol{x},\boldsymbol{u}^o(\boldsymbol{x},V^o_{\boldsymbol{x}}(\boldsymbol{x})),\ \ V^o_{\boldsymbol{x}}(\boldsymbol{x})) \geqq 0$$

となる。しかし 9.3 節で述べたように，定常ハミルトン-ヤコビ方程式（$V(\boldsymbol{x})$ が値関数 $V^o(\boldsymbol{x})$ のとき）

$$\min_{\boldsymbol{u}} H(\boldsymbol{x},\boldsymbol{u},V^o_{\boldsymbol{x}}(\boldsymbol{x})) = 0 \tag{11.12}$$

すなわち

$$H(\boldsymbol{x},\boldsymbol{u}^o(\boldsymbol{x},V^o_{\boldsymbol{x}}(\boldsymbol{x})),V^o_{\boldsymbol{x}}(\boldsymbol{x})) = 0 \tag{11.13}$$

が成立するので

$$H(\boldsymbol{x},\boldsymbol{u},V^o_{\boldsymbol{x}}(\boldsymbol{x})) \geqq 0, \quad \forall \boldsymbol{x},\boldsymbol{u} \tag{11.14}$$

を得る。

仮定 11.2 より，値関数 $V^o(\boldsymbol{x})$ は非負関数の積分なので，必ず非負である。また，仮定 11.2 と $\boldsymbol{f}(\mathbf{0},\mathbf{0}) = \mathbf{0}$ であることより

$$V^o(\mathbf{0}) = 0 \tag{11.15}$$

である。$V^o(\boldsymbol{x}) \geqq 0$ と $V^o(\mathbf{0}) = 0$ より，値関数 $V^o(\boldsymbol{x})$ は 1 次の最適性条件から

$$V^o_{\boldsymbol{x}}(\mathbf{0}) = \mathbf{0}$$

を満たす。したがって，定常ハミルトン-ヤコビ方程式 (11.13) は

$$H(\mathbf{0},\mathbf{0},\mathbf{0}) = H(\mathbf{0},\boldsymbol{u}^o(\mathbf{0},V^o_{\boldsymbol{x}}(\mathbf{0})),V^o_{\boldsymbol{x}}(\mathbf{0})) = 0 \tag{11.16}$$

を境界条件にもつ。

【注意 11.1】　われわれが，制御入力について必ずしもアフィンとは限らない一般的な非線形システム (11.1b) に対する最適レギュレータ問題を対象としていることを考えると，仮定 11.4 は厳しいと感じられるかもしれない。しかし，陰関数定理の局所性より，$\boldsymbol{u}^o(\boldsymbol{x},\boldsymbol{\psi})$ は式 (11.9) により陰的に定義される関数であるので，本来はハミルトン-ヤコビ方程式は陰的に定義される，すなわち，つぎのような 1 階の偏微分方程式系として考えられるべきものである。

$$H(\boldsymbol{x},\boldsymbol{u}^o,V^o_{\boldsymbol{x}}(\boldsymbol{x}))=f_0(\boldsymbol{x},\boldsymbol{u}^o)+V^o_{\boldsymbol{x}}(\boldsymbol{x})\boldsymbol{f}(\boldsymbol{x},\boldsymbol{u}^o)=0 \tag{11.17}$$

$$f_{0\boldsymbol{u}}(\boldsymbol{x},\boldsymbol{u}^o)^T+\boldsymbol{f}_{\boldsymbol{u}}(\boldsymbol{x},\boldsymbol{u}^o)^T V^{o\,T}_{\boldsymbol{x}}(\boldsymbol{x})=\boldsymbol{0} \tag{11.18}$$

$$V^o(\boldsymbol{0})=0 \quad (V^o_{\boldsymbol{x}}(\boldsymbol{0})=\boldsymbol{0}) \tag{11.19}$$

定常ハミルトン-ヤコビ方程式 (11.12) から得られる最適フィードバック制御則

$$\boldsymbol{u}=\boldsymbol{u}^o(\boldsymbol{x},V^o_{\boldsymbol{x}}(\boldsymbol{x})) \tag{11.20}$$

は，評価汎関数 (11.1a) を最小化する。しかし，フィードバック則 (11.20) により構成される閉ループ系の漸近安定性は保証されないことに注意しよう。

仮定 11.4 より，$\boldsymbol{u}^o$ は $\boldsymbol{x}$ と $V^o_{\boldsymbol{x}}(\boldsymbol{x})$ を変数にもつ既知の関数と考えられるので，ハミルトン-ヤコビ方程式は，一つの独立変数 $\boldsymbol{x}$ と一つの従属変数 $V^o(\boldsymbol{x})$ との単なる 1 階偏微分方程式と見るほうが自然である。この見地に立てば，非線形最適レギュレータ問題 (11.1) を解くことは，最適制御則 $\boldsymbol{u}^o(\boldsymbol{x})$ を求めるというよりも，ハミルトン-ヤコビ方程式 (11.13) の $V^o(\boldsymbol{x})$ を求めることであると考えることができる。したがって，値関数 $V^o(\boldsymbol{x})$ はつぎの方程式の解の一つであると考えたほうが自然である。

$$\begin{aligned}&H(\boldsymbol{x},\boldsymbol{u}^o(\boldsymbol{x},V_{\boldsymbol{x}}(\boldsymbol{x})),V_{\boldsymbol{x}}(\boldsymbol{x}))\\&\quad=f_0(\boldsymbol{x},\boldsymbol{u}^o(\boldsymbol{x},V_{\boldsymbol{x}}(\boldsymbol{x})))+V_{\boldsymbol{x}}(\boldsymbol{x})\boldsymbol{f}(\boldsymbol{x},\boldsymbol{u}^o(\boldsymbol{x},V_{\boldsymbol{x}}(\boldsymbol{x})))=0\end{aligned} \tag{11.21}$$

さて，ここでハミルトン-ヤコビ方程式 (11.21) に対して，境界条件

$$V(\mathbf{0}) = 0 \tag{11.22}$$

を満たす滑らかな解 $V(\boldsymbol{x}) \geqq 0$（$\forall \boldsymbol{x} \neq \mathbf{0}$）が存在すると仮定する。このとき，フィードバック制御則 $\boldsymbol{u} = \boldsymbol{u}^o(\boldsymbol{x}, V_{\boldsymbol{x}}(\boldsymbol{x}))$ は，$f_0(\boldsymbol{x}, \boldsymbol{u})$ の非負性より

$$V_{\boldsymbol{x}}(\boldsymbol{x})\boldsymbol{f}(\boldsymbol{x}, \boldsymbol{u}^o(\boldsymbol{x}, V_{\boldsymbol{x}}(\boldsymbol{x}))) = -f_0(\boldsymbol{x}, \boldsymbol{u}^o(\boldsymbol{x}, V_{\boldsymbol{x}}(\boldsymbol{x}))) \leqq 0 \tag{11.23}$$

を満たす閉ループ系

$$\dot{\boldsymbol{x}}(t) = \boldsymbol{f}(\boldsymbol{x}(t), \boldsymbol{u}^o(\boldsymbol{x}(t), V_{\boldsymbol{x}}(\boldsymbol{x}(t)))) \tag{11.24}$$

をもたらす。$V(\boldsymbol{x})$ は非負定値関数なので，式 (11.23) は，適切な仮定のもとで $V(\boldsymbol{x})$ をリアプノフ関数候補とみなしうる可能性をもっている。閉ループ系 (11.24) を漸近安定化するような $V(\boldsymbol{x})$ を，特にハミルトン-ヤコビ方程式 (11.21) の**安定化解**と呼び，$V^-(\boldsymbol{x})$ と表す。このとき，仮定 11.2 と $\boldsymbol{f}(\mathbf{0}, \mathbf{0}) = \mathbf{0}$ より，明らかに $V^-(\mathbf{0}) = 0$ である。

【定義 11.1】 ハミルトン-ヤコビ方程式 (11.21) の解の中で，フィードバック制御則

$$\boldsymbol{u} = \boldsymbol{u}^o(\boldsymbol{x}, V_{\boldsymbol{x}}(\boldsymbol{x}))$$

を施したとき $\lim_{t \to \infty} \boldsymbol{x}(t) = \mathbf{0}$ となるような $V(\boldsymbol{x})$ を**安定化解**と呼び，$V^-(\boldsymbol{x})$ と表す。

ハミルトン-ヤコビ方程式 (11.21) に対して安定化解 $V^-(\boldsymbol{x})$, $V^-(\mathbf{0}) = 0$ が大域的に存在し，$V^-(\boldsymbol{x})$ に対応したフィードバック制御則 $\boldsymbol{u} = \boldsymbol{u}^o(\boldsymbol{x}, V^-_{\boldsymbol{x}}(\boldsymbol{x}))$ が施されるという条件のもとで，ハミルトン-ヤコビ方程式 (11.21) の安定化解 $V^-(\boldsymbol{x})$, $V^-(\mathbf{0}) = 0$ を考える。一方，式 (11.10)，つまり

$$H(\boldsymbol{x}, \boldsymbol{u}, V_{\boldsymbol{x}}(\boldsymbol{x})) = f_0(\boldsymbol{x}, \boldsymbol{u}) + V_{\boldsymbol{x}}(\boldsymbol{x})\boldsymbol{f}(\boldsymbol{x}, \boldsymbol{u}) \geqq 0, \quad \forall \boldsymbol{x}, \boldsymbol{u} \tag{11.25}$$

を満たす $V(\boldsymbol{x})$, $V(\mathbf{0}) = 0$ を考える。このとき，$V^-(\boldsymbol{x})$ と $V(\boldsymbol{x})$ に関してつぎの性質がある。

【定理 11.1】[†]　仮定 11.2, 11.3 が成り立つとする。ハミルトン-ヤコビ方程式 (11.21) の安定化解 $V^-(\boldsymbol{x})$, $V^-(\mathbf{0}) = 0$ が大域的に存在すると仮定する。このとき，$V^-(\boldsymbol{x}) \geqq 0$ である。また，$V(\mathbf{0}) = 0$ を満たす式 (11.25) のすべての解 $V(\boldsymbol{x})$ は

$$V(\boldsymbol{x}) \leqq V^-(\boldsymbol{x}), \quad \forall \boldsymbol{x} \tag{11.26}$$

を満たす。

（証明）　つぎのハミルトン-ヤコビ方程式を考える。

$$\begin{aligned} &H(\boldsymbol{x}, \boldsymbol{u}^o(\boldsymbol{x}, V_{\boldsymbol{x}}(\boldsymbol{x})), V_{\boldsymbol{x}}(\boldsymbol{x})) \\ &\quad = f_0(\boldsymbol{x}, \boldsymbol{u}^o(\boldsymbol{x}, V_{\boldsymbol{x}}^-(\boldsymbol{x}))) + V_{\boldsymbol{x}}^-(\boldsymbol{x})\boldsymbol{f}(\boldsymbol{x}, \boldsymbol{u}^o(\boldsymbol{x}, V_{\boldsymbol{x}}^-(\boldsymbol{x}))) = 0 \end{aligned} \tag{11.27}$$

ここで

$$\dot{\boldsymbol{x}} = \boldsymbol{f}(\boldsymbol{x}, \boldsymbol{u}^o(\boldsymbol{x}, V_{\boldsymbol{x}}^-(\boldsymbol{x}))) \tag{11.28}$$

の平衡点 $\boldsymbol{x}_e = \mathbf{0}$ は大域的漸近安定である。

式 (11.27) を時刻 0 から時刻 T まで積分すると

$$\int_0^T f_0(\boldsymbol{x}(t), \boldsymbol{u}^o(\boldsymbol{x}(t), V_{\boldsymbol{x}}^-(\boldsymbol{x}(t))))dt + V^-(\boldsymbol{x}(T)) - V^-(\boldsymbol{x}(0)) = 0$$

となる。式 (11.28) を考慮すると $\lim_{T\to\infty} \boldsymbol{x}(T) = \mathbf{0}$ だから，$V^-(\mathbf{0}) = 0$ に注意して $T \to \infty$ とすると，次式が得られる。

$$\int_0^\infty f_0(\boldsymbol{x}, \boldsymbol{u}^o(\boldsymbol{x}, V_{\boldsymbol{x}}^-(\boldsymbol{x})))dt - V^-(\boldsymbol{x}(0)) = 0$$

それゆえ，$f_0(\boldsymbol{x}, \boldsymbol{u})$ の非負性から $V^-(\boldsymbol{x}) \geqq 0$ が導かれる。

一方，式 (11.25) の任意の解 $V(\boldsymbol{x})$, $V(\mathbf{0}) = 0$ は，式 (11.25) がすべての $\boldsymbol{x}$, $\boldsymbol{u}$ に対して成り立つので，次式を満たす。

$$f_0(\boldsymbol{x}, \boldsymbol{u}^o(\boldsymbol{x}, V_{\boldsymbol{x}}^-(\boldsymbol{x}))) + V_{\boldsymbol{x}}(\boldsymbol{x})\boldsymbol{f}(\boldsymbol{x}, \boldsymbol{u}^o(\boldsymbol{x}, V_{\boldsymbol{x}}^-(\boldsymbol{x}))) \geqq 0, \quad \forall \boldsymbol{x} \tag{11.29}$$

† 文献 7) の Proposition 7.2.2 と同じである。

それゆえ，式 (11.27), (11.29) より次式を得る。

$$\left\{V_{\boldsymbol{x}}^-(\boldsymbol{x}) - V_{\boldsymbol{x}}(\boldsymbol{x})\right\} \boldsymbol{f}(\boldsymbol{x}, \boldsymbol{u}^o(\boldsymbol{x}, V_{\boldsymbol{x}}^-(\boldsymbol{x}))) \leqq 0, \quad \forall \boldsymbol{x} \tag{11.30}$$

式 (11.30) を 0 から T まで積分して $T \to \infty$ とし，ふたたび式 (11.28) を考慮すると，式 (11.26) が得られる[†]。 □

また，$V^-(\boldsymbol{x}) \geqq 0$，$V^-(\mathbf{0}) = 0$ より，明らかに $V_{\boldsymbol{x}}^-(\mathbf{0}) = \mathbf{0}$（1 次の最適性条件）である。

非線形最適レギュレータ問題の解について，以下の考察は本質的である。$V(\boldsymbol{x})$ をハミルトン-ヤコビ方程式 (11.21) の任意の解とすると，式 (11.25) が成り立つ。そして，式 (11.25) の V を V^- とした

$$H(\boldsymbol{x}, \boldsymbol{u}, V_{\boldsymbol{x}}^-(\boldsymbol{x})) = f_0(\boldsymbol{x}, \boldsymbol{u}) + V_{\boldsymbol{x}}^-(\boldsymbol{x})\boldsymbol{f}(\boldsymbol{x}, \boldsymbol{u}) \geqq 0, \quad \forall \boldsymbol{x}, \boldsymbol{u}$$

を考えると，つぎの定理を得る。

【定理 11.2】 仮定 11.2, 11.3 が満たされているとする。ハミルトン-ヤコビ方程式 (11.21) の安定化解 $V^-(\boldsymbol{x})$, $V^-(\mathbf{0}) = 0$ が大域的に存在すると仮定する。このとき，$V^-(\boldsymbol{x})$ に対して

$$\begin{aligned} &\min_{\boldsymbol{u}} \left\{ \int_0^\infty f_0(\boldsymbol{x}(t), \boldsymbol{u}(t))dt \;\middle|\; \dot{\boldsymbol{x}} = \boldsymbol{f}(\boldsymbol{x}, \boldsymbol{u}),\ \boldsymbol{x}(0) = \boldsymbol{x}_0,\ \lim_{t\to\infty} \boldsymbol{x}(t) = \mathbf{0} \right\} \\ &\quad = V^-(\boldsymbol{x}_0) \end{aligned} \tag{11.31}$$

が成り立つ。また，最適安定化フィードバック制御則は

$$\boldsymbol{u} = \boldsymbol{u}^o(\boldsymbol{x}, V_{\boldsymbol{x}}^-(\boldsymbol{x})) \tag{11.32}$$

と与えられる。特に，$V^-(\boldsymbol{x}) \geqq 0$ であり，$V^-(\mathbf{0}) = 0$ である。

[†] 次式から $V(\boldsymbol{x}(0)) \leqq V^-(\boldsymbol{x}(0))$ が得られる。

$$\begin{aligned} &\int_0^\infty \{V_{\boldsymbol{x}}^-(\boldsymbol{x}(t)) - V_{\boldsymbol{x}}(\boldsymbol{x}(t))\}\boldsymbol{f}(\boldsymbol{x}(t), \boldsymbol{u}^o(\boldsymbol{x}(t), V_{\boldsymbol{x}}^-(\boldsymbol{x}(t))))dt \\ &\quad = V^-(\boldsymbol{x}(\infty)) - V(\boldsymbol{x}(\infty)) - V^-(\boldsymbol{x}(0)) + V(\boldsymbol{x}(0)) \\ &\quad = -V^-(\boldsymbol{x}(0)) + V(\boldsymbol{x}(0)) \leqq 0 \end{aligned}$$

(証明)　定常ハミルトン-ヤコビ方程式

$$\min_{\boldsymbol{u}} H(\boldsymbol{x},\boldsymbol{u},V_{\boldsymbol{x}}(\boldsymbol{x})) = H(\boldsymbol{x},\boldsymbol{u}^o(\boldsymbol{x},V_{\boldsymbol{x}}(\boldsymbol{x})),V_{\boldsymbol{x}}(\boldsymbol{x})) = 0 \tag{11.33}$$

の任意解 $V(\boldsymbol{x}), V(\boldsymbol{0})=0$ に対して，つぎのハミルトン関数を考える。

$$H(\boldsymbol{x},\boldsymbol{u},V_{\boldsymbol{x}}(\boldsymbol{x})) = f_0(\boldsymbol{x},\boldsymbol{u}) + V_{\boldsymbol{x}}(\boldsymbol{x})\boldsymbol{f}(\boldsymbol{x},\boldsymbol{u}) \tag{11.34}$$

一方，式 (11.34) を時刻 0 から T まで積分して $T\to\infty$ とすると

$$\int_0^\infty H(\boldsymbol{x},\boldsymbol{u},V_{\boldsymbol{x}}(\boldsymbol{x}))dt \ = \ \int_0^\infty f_0(\boldsymbol{x},\boldsymbol{u})dt + V(\boldsymbol{x}(\infty)) - V(\boldsymbol{x}(0))$$

となり，ゆえに

$$\begin{aligned}\int_0^\infty f_0(\boldsymbol{x}(t),\boldsymbol{u}(t))\ dt = &\int_0^\infty H(\boldsymbol{x}(t),\boldsymbol{u}(t),V_{\boldsymbol{x}}(\boldsymbol{x}(t)))\ dt\\ &+V(\boldsymbol{x}(0)) - V(\boldsymbol{x}(\infty))\end{aligned} \tag{11.35}$$

が，すべての $\boldsymbol{u}(\cdot)$ とすべての $\boldsymbol{x}(0)$ に対して成り立つ。

いま漸近安定，つまり $\lim_{t\to\infty}\boldsymbol{x}(t)=\boldsymbol{0}$ を仮定しており，また $V(\boldsymbol{0})=0$ であるので，式 (11.35) はつぎのようになる。

$$\int_0^\infty f_0(\boldsymbol{x}(t),\boldsymbol{u}(t))\ dt = \int_0^\infty H(\boldsymbol{x}(t),\boldsymbol{u}(t),V_{\boldsymbol{x}}(\boldsymbol{x}(t)))\ dt + V(\boldsymbol{x}_0) \tag{11.36}$$

式 (11.36) の右辺を $\boldsymbol{u}$ によって最小化することを考える。$V(\boldsymbol{x}_0)$ は $\boldsymbol{u}$ に依存しないので，式 (11.36) の右辺第 1 項を $\boldsymbol{u}$ によって最小化すればよい。式 (11.33) より，式 (11.36) の右辺第 1 項は $\boldsymbol{u}=\boldsymbol{u}^o(\boldsymbol{x},V_{\boldsymbol{x}}(\boldsymbol{x}))$ によって最小化され，その最小値は零である。

$\dot{\boldsymbol{x}}(t) = \boldsymbol{f}(\boldsymbol{x}(t),\boldsymbol{u}^o(\boldsymbol{x}(t),V_{\boldsymbol{x}}(\boldsymbol{x}(t))))$ の平衡点 $\boldsymbol{x}_e=\boldsymbol{0}$ が漸近安定となるのは，$V(\boldsymbol{x})=V^-(\boldsymbol{x})$ のときだけである。ゆえに式 (11.36) の右辺は式 (11.32) すなわち $\boldsymbol{u}=\boldsymbol{u}^o(\boldsymbol{x},V^-_{\boldsymbol{x}}(\boldsymbol{x}))$ によって最小化される。そして，その最小値は $V^-(\boldsymbol{x}_0)$ である。すなわち

$$V^-(\boldsymbol{x}_0) = \min_{\boldsymbol{u}}\left\{\int_0^\infty f_0(\boldsymbol{x}(t),\boldsymbol{u}(t))dt \ \middle|\ \dot{\boldsymbol{x}}=\boldsymbol{f}(\boldsymbol{x},\boldsymbol{u}),\ \boldsymbol{x}(0)=\boldsymbol{x}_0,\right.$$

$$\left.\lim_{t\to\infty}\boldsymbol{x}(t)=\boldsymbol{0}\right\} \tag{11.37}$$

であり，ゆえに式 (11.31) がいえた。なお，$f_0(\boldsymbol{x},\boldsymbol{u})\geqq 0$ より $V^-(\boldsymbol{x})\geqq 0$ であり，$V^-(\boldsymbol{x})$ の境界条件は $V^-(\boldsymbol{0})=0$ である。 □

一方，終端条件 $\lim_{t\to\infty}\boldsymbol{x}(t)=\boldsymbol{0}$ を課さない場合には，式 (11.32) が本来の最適レギュレータ問題 (11.1) に対する最適フィードバック制御則でもあるかどうかは，明らかではない。実際に，$V(\boldsymbol{x})$ を安定化解とは異なるハミルトン-ヤコビ方程式 (11.21) の境界条件 (11.22) をもつ他の任意の準正定解とする。このとき，この $V(\boldsymbol{x})$ について式 (11.35) を考え，$H(\boldsymbol{x},\boldsymbol{u},V_{\boldsymbol{x}}(\boldsymbol{x}))$ は $\boldsymbol{u}=\boldsymbol{u}^o(\boldsymbol{x},V_{\boldsymbol{x}}(\boldsymbol{x}))$ とすることにより零にできることと，$V(\boldsymbol{x}(\infty))=0$ が成り立つことに注意すると

$$\begin{aligned}
V^o(\boldsymbol{x}_0)&=\min_{\boldsymbol{u}}\left\{\int_0^\infty f_0(\boldsymbol{x}(t),\boldsymbol{u}(t))dt \;\middle|\; \dot{\boldsymbol{x}}=\boldsymbol{f}(\boldsymbol{x},\boldsymbol{u}),\boldsymbol{x}(0)=\boldsymbol{x}_0\right\}\\
&=\min_{\boldsymbol{u}}\int_0^\infty H(\boldsymbol{x},\boldsymbol{u},V_{\boldsymbol{x}}(\boldsymbol{x}))dt+V(\boldsymbol{x}(0))-V(\boldsymbol{x}(\infty))\\
&\leqq V(\boldsymbol{x}_0)
\end{aligned} \tag{11.38}$$

がただちに導かれる。したがって，安定化解 $V^-(\boldsymbol{x})$ とは異なる，すなわちある $\boldsymbol{x}$ に対して $V(\boldsymbol{x})<V^-(\boldsymbol{x})$ を満たすハミルトン-ヤコビ方程式 (11.21) の境界条件 (11.22) を満たす準正定解 $V(\boldsymbol{x})$ が存在するならば，式 (11.32) は最適フィードバック制御則ではなく，安定化解 $V^-(\boldsymbol{x})$ は値関数 $V^o(\boldsymbol{x})$ ではないかもしれない。安定化解 $V^-(\boldsymbol{x})$ とは異なる式 (11.21) の境界条件 (11.22) をもつ準正定解 $V(\boldsymbol{x})$ の存在は，つぎの可検出条件を課すことによって避けることができる。そして，つぎの可検出性の仮定のもとでは，$V^-(\boldsymbol{x})$ が評価汎関数 (11.1a) の最小値を与えることが知られている。

【定義 11.2】（可検出） 問題 (11.1) に対して $\{\boldsymbol{f}(\boldsymbol{x},\boldsymbol{u}),f_0(\boldsymbol{x},\boldsymbol{u})\}$ が可検出であるとは，つぎのことを意味する。すなわち，$\dot{\boldsymbol{x}}(t)=\boldsymbol{f}(\boldsymbol{x}(t),\boldsymbol{u}(t))$ の解に沿って $\lim_{t\to\infty}f_0(\boldsymbol{x}(t),\boldsymbol{u}(t))=0$ であるならば $\lim_{t\to\infty}\boldsymbol{x}(t)=\boldsymbol{0}$ となる。

【定理 11.3】　仮定 11.2, 11.3, 11.4 が成り立ち，ハミルトン-ヤコビ方程式 (11.21) の安定化解 $V^-(\boldsymbol{x})$, $V^-(\boldsymbol{0}) = 0$ が大域的に存在すると仮定する。また，非線形最適レギュレータ問題 (11.1) は可解であると仮定する（つまり $\min_{\boldsymbol{u}} \int_0^\infty f_0(\boldsymbol{x}, \boldsymbol{u})dt$ において $\lim_{t\to\infty} f_0(\boldsymbol{x}(t), \boldsymbol{u}(t)) = 0$ と仮定する)。また，$\{\boldsymbol{f}(\boldsymbol{x}, \boldsymbol{u}), f_0(\boldsymbol{x}, \boldsymbol{u})\}$ は可検出と仮定する。このとき，ハミルトン-ヤコビ方程式 (11.21) の境界条件 (11.22) をもつ唯一の準正定解は $V^-(\boldsymbol{x})$ である。しかも，最適レギュレータ問題 (11.1) の最適制御則は，式 (11.20) において $V^o(\boldsymbol{x})$ を $V^-(\boldsymbol{x})$ とした式 (11.32) によって与えられる。

(証明)　文献 7) の Proposition 7.2.6 を参照。
$\min_{\boldsymbol{u}} \int_0^\infty f_0(\boldsymbol{x}(t), \boldsymbol{u}(t))dt$ が存在すれば，最適軌道に沿って $\lim_{t\to\infty} f_0(\boldsymbol{x}(t), \boldsymbol{u}(t)) = 0$ となるので，$\{\boldsymbol{f}(\boldsymbol{x}, \boldsymbol{u}), f_0(\boldsymbol{x}\ , \boldsymbol{u})\}$ が可検出であることから $\lim_{t\to\infty} \boldsymbol{x}(t) = \boldsymbol{0}$ となる。したがって，最適レギュレータ問題 (11.1) は式 (11.31) と等価で，定理 11.2 より値関数 $V^o(\boldsymbol{x})$ は $V^-(\boldsymbol{x})$ であり，最適フィードバック制御則 (11.32) を得る。さらにまた，$V^-(\boldsymbol{x}) = V^o(\boldsymbol{x})$ であり，かつ式 (11.38) より $V^o(\boldsymbol{x}_0) \leqq V(\boldsymbol{x}_0)$ だから，$V^-(\boldsymbol{x})$ とは異なる式 (11.21) の境界条件 (11.22) をもつ準正定解 $V(\boldsymbol{x}) < V^-(\boldsymbol{x})$ は存在し得ないことがわかる（唯一性)。　□

定理 11.1, 11.2, 11.3 はすべてハミルトン-ヤコビ方程式 (11.21) が安定化解 $V^-(\boldsymbol{x})$, $V^-(\boldsymbol{0}) = 0$ をもつという仮定のもとに成立しているが，安定化解が存在するかどうかについては，まだ局所的にも保証されていない。そのため，ハミルトン-ヤコビ方程式の安定化解 $V^-(\boldsymbol{x})$ の存在性を調べる必要があるが，次節でそれを行う。

11.2　定常ハミルトン-ヤコビ方程式の可解性

本節ではハミルトンベクトル場 X_H の不変多様体の理論を用いて，ハミルトン-ヤコビ方程式の安定化解 $V^-(\boldsymbol{x})$ の存在条件を示す。

11.2.1 多様体に関する諸定義

【定義 11.3】（局所座標）[3]　R^n を n 次元数空間とする。ハウスドルフ空間 M の各点が R^n と同相な近傍をもつとき，M は n 次元位相多様体と呼ばれる。M を n 次元位相多様体とすれば，M の各点 q の近傍 $U(q)$ から R^n の開集合 V への同相写像 ϕ が存在する。ϕ により，$U(q)$ の点と V の点を一対一に対応づけることができる。つまり，M の各点の近傍に局所的な座標が定義できる。一般に $q \in U$ に対して与えられる n 個の実数の組 $\phi(q) = (x_1(q), \cdots, x_n(q))^T$ を q の局所座標という。

【定義 11.4】（接ベクトル; tangent vector）[3),5)]　q を多様体 M の 1 点とし，点 q の近傍の局所座標が $(x_1, \cdots, x_n)^T$ と選ばれているとすれば，q における接ベクトル $\boldsymbol{a}$ は

$$\boldsymbol{a} = \sum_{j=1}^{n} a_j \left(\frac{\partial}{\partial x_j} \right)_q$$

と表すことができる。ここで，実数 $(a_1, \cdots, a_n)$ を接ベクトル $\boldsymbol{a}$ の局所座標 $(x_1, \cdots, x_n)^T$ に関する成分と呼ぶ。接ベクトル全体からなる接ベクトル空間を $T_q(M)$ と書く。接ベクトルは接ベクトル空間の基底 $\{(\partial/\partial x_1)_q, \cdots, (\partial/\partial x_n)_q\}$ によって表される。

【定義 11.5】（余接ベクトル; cotangent vector）[7),5)]　多様体 M の 1 点 q における接ベクトル空間 $T_q(M)$ の双対空間，すなわち $T_q(M)$ 上の 1 次形式全体の空間を $T_q^*(M)$ と書き，その元を q における余接ベクトルと呼ぶ。点 q の近傍の局所座標を $(x_1, \cdots, x_n)^T$ とするとき，接ベクトル空間の基底は $\{(\partial/\partial x_1)_q, \cdots, (\partial/\partial x_n)_q\}$ であった。この双対基底を $dx_1, \cdots, dx_n$ と書く。したがって，余接ベクトル $\boldsymbol{\sigma} \in T_q^*(M)$ は滑らかな関数 $\sigma_1(\boldsymbol{x}), \cdots, \sigma_n(\boldsymbol{x}) \in R$ を用いて

$$\boldsymbol{\sigma} = \sigma_1 dx_1 + \cdots + \sigma_n dx_n$$

と表される。

【定義 11.6】（余接バンドル; cotangent bundle）[5)]　任意の多様体 M に対し，その余接バンドル

$$T^*(M) = \bigcup_{q \in M} T_q^*(M)$$

を，M の点 q 上の余接ベクトル全体の空間 $T_q^*(M)$ を集めてできる $2n$ 次元の多様体と定義する。M の局所座標を $(x_1, \cdots, x_n)^T$ とするとき，余接ベクトルは $dx_1, \cdots, dx_n$ を基底とする成分 $(\sigma_1, \cdots, \sigma_n)$ で表される。そこで，$(x_1, \cdots, x_n, \sigma_1, \cdots, \sigma_n)$ を $T^*(M)$ の局所座標と定義する。

【定義 11.7】[7)]　$T^*(M)$ の局所座標 $(x_1, \cdots, x_n, p_1, \cdots, p_n)$ を考える。$T^*(M)$ 上の標準 2 次形式 ω をつぎのように定義する。

$$\omega = \sum_{i=1}^{n} dp_i \wedge dx_i$$

$T^*(M)$ の n 次元部分多様体 S がラグランジアン（ラグランジュ部分多様体）であるとは，S に制限された ω が零となることである。

【定理 11.4】　S を $\pi : S \to M$ （ $(x, p) \to x$ ）が C^{k-1} 微分同相であるような $T^*(M)$ の C^{k-1} ラグランジアン部分多様体とする。このとき C^k 関数 $V : M \to R$ が局所的に存在し，$S = S_V$ の形式で書ける。すなわち

$$S_V = \left\{ (\boldsymbol{x}, \boldsymbol{p}) \in T^*(M) \;\middle|\; p_i = \frac{\partial V(\boldsymbol{x})}{\partial x_i},\ i = 1, \cdots, n \right\}$$

となる。

（証明）　省略。文献 7) の Proposition7.1.2 を参照。　□

【注意 11.2】　$S = S_V$ の形式で書けるとき，S はラグランジアンである。さらに，$\boldsymbol{p}$ を余接ベクトルとすると

$$\boldsymbol{p} = p_1 dx_1 + \cdots + p_n dx_n = dV$$

より，余接ベクトルが V の増加量となる。

11.2.2 多様体の理論によるハミルトン-ヤコビ方程式の解の存在性

つぎの最適制御問題を考える。

$$\min_{\boldsymbol{u}} \int_0^\infty f_0(\boldsymbol{x}(t), \boldsymbol{u}(t))\, dt \tag{11.39a}$$

$$\text{subject to} \quad \dot{\boldsymbol{x}}(t) = \boldsymbol{f}(\boldsymbol{x}(t), \boldsymbol{u}(t)), \quad \boldsymbol{x}(0) = \boldsymbol{x}_0 \tag{11.39b}$$

問題 (11.39) に対しても仮定 11.1, 11.2 を仮定する。さらに，線形化に関連してつぎのような行列を定義する。

$$A \triangleq \frac{\partial \boldsymbol{f}(\mathbf{0}, \mathbf{0})}{\partial \boldsymbol{x}}, \ B \triangleq \frac{\partial \boldsymbol{f}(\mathbf{0}, \mathbf{0})}{\partial \boldsymbol{u}},$$

$$Q \triangleq \frac{\partial^2 f_0(\mathbf{0}, \mathbf{0})}{\partial \boldsymbol{x}^2}, \ R \triangleq \frac{\partial^2 f_0(\mathbf{0}, \mathbf{0})}{\partial \boldsymbol{u}^2}, \ N \triangleq \frac{\partial^2 f_0(\mathbf{0}, \mathbf{0})}{\partial \boldsymbol{x} \partial \boldsymbol{u}} \tag{11.40}$$

ここでは $N = O$ とする。また $Q \geqq 0$，$R > 0$ とする。

ハミルトン関数をつぎのように定義する。

$$H(\boldsymbol{x}, \boldsymbol{u}, \boldsymbol{\psi}) = f_0(\boldsymbol{x}, \boldsymbol{u}) + \boldsymbol{\psi}^T \boldsymbol{f}(\boldsymbol{x}, \boldsymbol{u}) \tag{11.41}$$

このとき，最適性必要条件は

$$\dot{\boldsymbol{x}} = H_{\boldsymbol{\psi}}(\boldsymbol{x}, \boldsymbol{u}, \boldsymbol{\psi})^T, \quad \boldsymbol{x}(0) = \boldsymbol{x}_0 \tag{11.42a}$$

$$\dot{\boldsymbol{\psi}} = -H_{\boldsymbol{x}}(\boldsymbol{x}, \boldsymbol{u}, \boldsymbol{\psi})^T, \quad \lim_{t \to \infty} \boldsymbol{\psi}(t) = \mathbf{0} \tag{11.42b}$$

$$H_{\boldsymbol{u}}(\boldsymbol{x}, \boldsymbol{u}, \boldsymbol{\psi})^T = \mathbf{0} \tag{11.42c}$$

で与えられる (文献 8) または 9.4 節を参照)。ここで，式 (11.42c) を $\boldsymbol{u}$ について解くことを考える。陰関数定理より，R の正定性は，少なくとも $(\boldsymbol{x}, \boldsymbol{\psi}) = (\mathbf{0}, \mathbf{0})$ の近くで局所的に次式を満たすような $\boldsymbol{u}^o(\boldsymbol{x}, \boldsymbol{\psi})$ が存在することを意味する。

$$\begin{aligned} H(\boldsymbol{x}, \boldsymbol{u}, \boldsymbol{\psi}) &\geqq H(\boldsymbol{x}, \boldsymbol{u}^o(\boldsymbol{x}, \boldsymbol{\psi}), \boldsymbol{\psi}) \\ &= f_0(\boldsymbol{x}, \boldsymbol{u}^o(\boldsymbol{x}, \boldsymbol{\psi})) + \boldsymbol{\psi}^T \boldsymbol{f}(\boldsymbol{x}, \boldsymbol{u}^o(\boldsymbol{x}, \boldsymbol{\psi})), \quad \forall \boldsymbol{x}, \boldsymbol{\psi}, \boldsymbol{u} \end{aligned}$$

この $\boldsymbol{u}^o(\boldsymbol{x}, \boldsymbol{\psi})$ は式 (11.42c) を満たしている。式 (11.42a), (11.42b) に $\boldsymbol{u}^o(\boldsymbol{x}, \boldsymbol{\psi})$ を代入すると，つぎを得る。これを**ハミルトンベクトル場**と称し，X_H で表す。

$$\dot{\boldsymbol{x}} = H_{\boldsymbol{\psi}}(\boldsymbol{x}, \boldsymbol{u}^o(\boldsymbol{x}, \boldsymbol{\psi}), \boldsymbol{\psi})^T, \quad \boldsymbol{x}(0) = \boldsymbol{x}_0 \tag{11.43a}$$

$$\dot{\boldsymbol{\psi}} = -H_{\boldsymbol{x}}(\boldsymbol{x}, \boldsymbol{u}^o(\boldsymbol{x}, \boldsymbol{\psi}), \boldsymbol{\psi})^T, \quad \lim_{t\to\infty} \boldsymbol{\psi}(t) = \boldsymbol{0} \tag{11.43b}$$

なお，文献 7) ではハミルトンベクトル場 (11.43a), (11.43b) を $T^*(M)$ 上で定義している。すなわち，$\boldsymbol{x}$ を n 次元多様体 M の局所座標とし，$(\boldsymbol{x}, \boldsymbol{\psi})$ を余接バンドル $T^*(M)$ の局所座標としている。

ここで，$(\boldsymbol{x}, \boldsymbol{\psi}) = (\boldsymbol{0}, \boldsymbol{0})$ がハミルトンベクトル場 X_H の平衡点であることを確認するために，式 (11.43a), (11.43b) を具体的に計算すると

$$\begin{aligned}
\dot{\boldsymbol{x}} &= \boldsymbol{u}^o_{\boldsymbol{\psi}}(\boldsymbol{x}, \boldsymbol{\psi})^T f_{0\boldsymbol{u}}(\boldsymbol{x}, \boldsymbol{u}^o)^T + \boldsymbol{f}(\boldsymbol{x}, \boldsymbol{u}^o) + \boldsymbol{u}^o_{\boldsymbol{\psi}}(\boldsymbol{x}, \boldsymbol{\psi})^T \boldsymbol{f}_{\boldsymbol{u}}(\boldsymbol{x}, \boldsymbol{u}^o)^T \boldsymbol{\psi} \\
&= \boldsymbol{f}(\boldsymbol{x}, \boldsymbol{u}^o), \quad \boldsymbol{x}(0) = \boldsymbol{x}_0 \qquad (11.44a) \\
\dot{\boldsymbol{\psi}} &= -f_{0\boldsymbol{x}}(\boldsymbol{x}, \boldsymbol{u}^o)^T - \boldsymbol{u}^o_{\boldsymbol{x}}(\boldsymbol{x}, \boldsymbol{\psi})^T f_{0\boldsymbol{u}}(\boldsymbol{x}, \boldsymbol{u}^o)^T - \boldsymbol{f}_{\boldsymbol{x}}(\boldsymbol{x}, \boldsymbol{u}^o)^T \boldsymbol{\psi} \\
&\quad - \boldsymbol{u}^o_{\boldsymbol{x}}(\boldsymbol{x}, \boldsymbol{\psi})^T \boldsymbol{f}_{\boldsymbol{u}}(\boldsymbol{x}, \boldsymbol{u}^o)^T \boldsymbol{\psi} \\
&= -f_{0\boldsymbol{x}}(\boldsymbol{x}, \boldsymbol{u}^o)^T - \boldsymbol{f}_{\boldsymbol{x}}(\boldsymbol{x}, \boldsymbol{u}^o)^T \boldsymbol{\psi}, \quad \lim_{t\to\infty} \boldsymbol{\psi}(t) = \boldsymbol{0} \qquad (11.44b)
\end{aligned}$$

となる。さて，$(\boldsymbol{x}, \boldsymbol{\psi}) = (\boldsymbol{0}, \boldsymbol{0})$ のとき $\boldsymbol{u}^o(\boldsymbol{0}, \boldsymbol{0})$ のとる値を考える。式 (11.41) に $(\boldsymbol{x}, \boldsymbol{\psi}) = (\boldsymbol{0}, \boldsymbol{0})$ を代入すると

$$H(\boldsymbol{0}, \boldsymbol{u}, \boldsymbol{0}) = f_0(\boldsymbol{0}, \boldsymbol{u}) + \boldsymbol{0}^T \boldsymbol{f}(\boldsymbol{0}, \boldsymbol{u}) = f_0(\boldsymbol{0}, \boldsymbol{u})$$

となり，この式の最小値は $f_0(\boldsymbol{x}, \boldsymbol{u}) \geqq 0$ より 0 である。この式がいつ最小値をとるのかが問題となる。ここで

$$R = \frac{\partial^2 f_0(\boldsymbol{0}, \boldsymbol{0})}{\partial \boldsymbol{u}^2}$$

が正定だから，$\boldsymbol{x} = \boldsymbol{0}$ のもとでは $f_0(\boldsymbol{0}, \boldsymbol{u})$ は $\boldsymbol{u} = \boldsymbol{0}$ において孤立極小点となる。すなわち，原点近傍では $f_0(\boldsymbol{0}, \boldsymbol{u}) = 0$ ならば $\boldsymbol{u} = \boldsymbol{0}$ であり，$\boldsymbol{u}^o(\boldsymbol{0}, \boldsymbol{0}) = \boldsymbol{0}$ となる。けっきょく

$$H(\boldsymbol{0}, \boldsymbol{u}^o(\boldsymbol{0}, \boldsymbol{0}), \boldsymbol{0}) = H(\boldsymbol{0}, \boldsymbol{0}, \boldsymbol{0}) = 0 \tag{11.45}$$

である。$\boldsymbol{u}^o(\mathbf{0},\mathbf{0})=\mathbf{0}$ をハミルトンベクトル場の式 (11.44a), (11.44b) に代入し，仮定 11.1, 11.2 を考慮すると，$(\boldsymbol{x},\boldsymbol{\psi})=(\mathbf{0},\mathbf{0})$ はハミルトンベクトル場の平衡点であることがわかる。

ここで，C^2 関数 $V:M\to R$ により $\boldsymbol{\psi}=V_{\boldsymbol{x}}^T(\boldsymbol{x})$ と表されるならば，ハミルトン関数は $H(\boldsymbol{x},\boldsymbol{u}^o(\boldsymbol{x},V_{\boldsymbol{x}}(\boldsymbol{x})),V_{\boldsymbol{x}}(\boldsymbol{x}))$ となる。それゆえハミルトン-ヤコビ方程式はつぎのように与えられる。

$$H(\boldsymbol{x},\boldsymbol{u}^o(\boldsymbol{x},V_{\boldsymbol{x}}(\boldsymbol{x})),V_{\boldsymbol{x}}(\boldsymbol{x}))=0 \tag{11.46}$$

本節の目的はハミルトン-ヤコビ方程式の解 $V(\boldsymbol{x})$ の存在条件をつきとめることである。そして，特別の場合として，最適フィードバック制御則

$$\boldsymbol{u}^o(\boldsymbol{x},\boldsymbol{\psi})=\boldsymbol{u}^o(\boldsymbol{x},V_{\boldsymbol{x}}(\boldsymbol{x}))$$

がシステム $\dot{\boldsymbol{x}}=\boldsymbol{f}(\boldsymbol{x},\boldsymbol{u}^o(\boldsymbol{x},V_{\boldsymbol{x}}(\boldsymbol{x})))$ を漸近安定化させるような値関数を考える。これを**安定化解**と称し，$V^-(\boldsymbol{x})$ と表す。最終的に $V^-(\boldsymbol{x})$ の存在条件をつきとめたい。

ここで，n 次元多様体 M を考え，M 上の点 q において局所座標系が $\boldsymbol{x}=(x_1,\cdots,x_n)$ のように与えられているとする。このとき，$\boldsymbol{\psi}=(\psi_1,\cdots,\psi_n)$ が q における余接ベクトルの成分であることがわかったとする。すなわち

$$\boldsymbol{\psi}=\psi_1dx_1+\psi_2dx_2+\cdots+\psi_ndx_n \tag{11.47}$$

が q における余接ベクトルとなる。また，余接バンドル $T^*(M)$ は $2n$ 次元多様体である。

【定義 11.8】（不変多様体）　$S\subset T^*(M)$ が X_H の**不変多様体**†であるとは，S の要素を初期値とする式 (11.43a), (11.43b) の解が S に留まることをいう。

つぎの定理は，ハミルトン-ヤコビ方程式 (11.46) の任意解が存在するための必要十分条件を示している。

† 一般的に，初期値 $\boldsymbol{x}_0$ が多様体 G の点であるとき，$\boldsymbol{x}_0$ から出発するすべての軌道が（前向きも後向きも）G の中に入っている場合，G を不変多様体という。

【定理 11.5】　$V : M \to R$ として，つぎのような n 次元部分多様体 $S_V \subset T^*(M)$ を考える。

$$S_V = \left\{ (\boldsymbol{x}, \boldsymbol{\psi}) \in T^*(M) \;\middle|\; \psi_i = \frac{\partial V(\boldsymbol{x})}{\partial x_i},\ i = 1, \cdots, n \right\} \tag{11.48}$$

このとき

$$H(\boldsymbol{x}, \boldsymbol{u}^o(\boldsymbol{x}, V_{\boldsymbol{x}}(\boldsymbol{x})), V_{\boldsymbol{x}}(\boldsymbol{x})) = 定数, \quad \forall \boldsymbol{x} \in M \tag{11.49}$$

となるための必要十分条件は，n 次元部分多様体 S_V がハミルトンベクトル場 X_H の不変部分多様体となることである。

(証明)　省略。文献 7) の Proposition 7.1.3 を参照。　□

ここで，ハミルトン関数

$$H(\boldsymbol{x}, \boldsymbol{u}^o(\boldsymbol{x}, \boldsymbol{\psi}), \boldsymbol{\psi}) = f_0(\boldsymbol{x}, \boldsymbol{u}^o(\boldsymbol{x}, \boldsymbol{\psi})) + \boldsymbol{\psi}^T \boldsymbol{f}(\boldsymbol{x}, \boldsymbol{u}^o(\boldsymbol{x}, \boldsymbol{\psi})) \tag{11.50}$$

に対して式 (11.45) が成立することを思い出そう。このとき，定理 11.5 の $V(\boldsymbol{x})$ を境界条件

$$V(\boldsymbol{0}) = 0, \ \ V_{\boldsymbol{x}}^T(\boldsymbol{0}) = \boldsymbol{0} \tag{11.51}$$

を満たす滑らかな関数 $V(\boldsymbol{x})$ とすることによって，ハミルトンベクトル場 X_H とハミルトン-ヤコビ方程式 (11.46) の間につぎの厳密な関係が成立する。この結果は，定理 11.5 の仮定を強めることによって導かれる。

【系 11.1】　$V : M \to R$ を境界条件 (11.51) を満たす滑らかな関数とする。つぎのように与えられる n 次元部分多様体 $S_V \subset T^*(M)$ を考える。

$$S_V = \{ (\boldsymbol{x}, \boldsymbol{\psi}) \in T^*(M) \mid \boldsymbol{\psi} = V_{\boldsymbol{x}}^T(\boldsymbol{x}),\ V(\boldsymbol{0}) = 0,\ V_{\boldsymbol{x}}^T(\boldsymbol{0}) = \boldsymbol{0} \} \tag{11.52}$$

このとき

$$H(\boldsymbol{x}, \boldsymbol{u}^o(\boldsymbol{x}, V_{\boldsymbol{x}}(\boldsymbol{x})), V_{\boldsymbol{x}}(\boldsymbol{x})) = 0, \quad \forall \boldsymbol{x} \in M \tag{11.53}$$

であるための必要十分条件は，n 次元部分多様体 S_V が（ハミルトンの正準方程式 (11.43a), (11.43b) で与えられる）ハミルトンベクトル場 X_H の不変部分多様体であることである。

この系より，ハミルトンベクトル場 X_H の不変部分多様体集合 (11.52) とハミルトン-ヤコビ方程式 (11.53) の解集合の間に一対一対応があることがわかった。

本節では，X_H の平衡点 $(\boldsymbol{x}, \boldsymbol{\psi}) = (\mathbf{0}, \mathbf{0})$ における線形化システムを考え，その不変部分空間の幾何学的性質を用いて不変部分多様体 S_V の存在性を述べている。したがって，以下では $(\boldsymbol{x}, \boldsymbol{\psi}) = (\mathbf{0}, \mathbf{0})$ を含むような S_V に限定して考える。このとき，$V_{\boldsymbol{x}}^T(\mathbf{0}) = \mathbf{0}$ が必要であり，式 (11.45) を考慮すれば式 (11.49) の右辺の定数は零となる。よって式 (11.49) はハミルトン-ヤコビ方程式 (11.46) となる。けっきょく，ハミルトン-ヤコビ方程式 (11.46) の解を得ることは，$(\boldsymbol{x}, \boldsymbol{\psi}) = (\mathbf{0}, \mathbf{0})$ を含むような X_H の不変部分多様体の中で S_V の形式で書けるものを探すことである。ただし，ここで言っているハミルトン-ヤコビ方程式の解とは，単に式 (11.46) を満たす $V(\boldsymbol{x})$ のことであって，評価汎関数の最小値ではない。11.2.2 項〜11.2.4 項では，$\dot{\boldsymbol{x}} = \boldsymbol{f}(\boldsymbol{x}, \boldsymbol{u}^o(\boldsymbol{x}, V_{\boldsymbol{x}}(\boldsymbol{x})))$ が漸近安定になるようなハミルトン-ヤコビ方程式の解 $V(\boldsymbol{x})$ についておもに考察し，これを $V^-(\boldsymbol{x})$ と表し，安定化解と呼んでいる。11.1 節で述べたように安定化解は準正定であり，$V_{\boldsymbol{x}}^{-T}(\mathbf{0}) = \mathbf{0}$ が成り立つので，$(\boldsymbol{x}(t), V_{\boldsymbol{x}}^{-T}(\boldsymbol{x}(t)))$ は式 (11.44a), (11.44b) に沿って $(\boldsymbol{x}, \boldsymbol{\psi}) = (\mathbf{0}, \mathbf{0})$ に収束する。したがって，$V^-(\boldsymbol{x})$ の存在条件を調べるために，X_H の安定不変多様体 S^-（定義 11.9 参照）の概念が使われる。

注意 11.2 にあるように，S_V の形式で書かれるものはラグランジアンであるから，まずは X_H の不変部分多様体の中でラグランジアンであるものを探すことにする。

【定義 11.9】[7]　$S^- \in T^*(M)$ は X_H に沿ってその平衡点 $(\boldsymbol{x}, \boldsymbol{\psi}) = (\mathbf{0}, \mathbf{0})$ に収束するすべての点の集合を意味し，これを X_H の**安定不変多様体**と呼ぶ。

【定義 11.10】　ハミルトンベクトル場 X_H の平衡点 $(\boldsymbol{x}, \boldsymbol{\psi}) = (\boldsymbol{0}, \boldsymbol{0})$ が双曲型であるとは

$$DX_H(\boldsymbol{0}, \boldsymbol{0}) = \begin{bmatrix} \dfrac{\partial^2 H}{\partial \boldsymbol{x} \partial \boldsymbol{\psi}} & \dfrac{\partial^2 H}{\partial \boldsymbol{\psi}^2} \\ -\dfrac{\partial^2 H}{\partial \boldsymbol{x}^2} & -\dfrac{\partial^2 H}{\partial \boldsymbol{\psi} \partial \boldsymbol{x}} \end{bmatrix}_{(\boldsymbol{x}, \boldsymbol{\psi}) = (\boldsymbol{0}, \boldsymbol{0})} \tag{11.54}$$

が虚軸上に固有値をもたないことである。$DX_H(\boldsymbol{0}, \boldsymbol{0})$ は，ハミルトンベクトル場 X_H の平衡点 $(\boldsymbol{x}, \boldsymbol{\psi}) = (\boldsymbol{0}, \boldsymbol{0})$ における線形化システムの係数行列である。

つぎの定理は，X_H の安定不変部分多様体 S^- が特定の条件によってラグランジアンとなることを述べている。

【定理 11.6】　$(\boldsymbol{x}, \boldsymbol{\psi}) = (\boldsymbol{0}, \boldsymbol{0})$ を X_H の双曲型平衡点とする。このとき，S^- に制限されたハミルトンベクトル場 X_H は $(\boldsymbol{0}, \boldsymbol{0})$ について大域的に漸近安定であり，S^- は唯一にして最大なる X_H の安定不変部分多様体である。さらに，S^- はラグランジアンであり，$DX_H(\boldsymbol{0}, \boldsymbol{0})$ の安定な一般化固有空間 E^- に $(\boldsymbol{0}, \boldsymbol{0})$ で接する。同様に，E^- もラグランジアンである。

(証明)　省略。文献 7) の Proposition 7.1.4 を参照。　□

つぎに，$S^- \in T^*(M)$ が式 (11.48) のように S_{V^-} の形式で書けるかどうかを論じる（S^- の性質であるから，V の代わりに V^- とした）。S^- が S_{V^-} の形式で書けるかどうかは，E^- が $E_{V_l^-}$ の形式で書けるかどうかを調べることで，局所的に判定できることがわかっている（同様に，E^- の性質であるから，V の代わりに V_l^- とした。ここで，添字 l は linear を意味する）。

ここで，ハミルトン関数 (11.50)，つまり

$$H(\boldsymbol{x}, \boldsymbol{u}^o(\boldsymbol{x}, \boldsymbol{\psi}), \boldsymbol{\psi}) = f_0(\boldsymbol{x}, \boldsymbol{u}^o(\boldsymbol{x}, \boldsymbol{\psi})) + \boldsymbol{\psi}^T \boldsymbol{f}(\boldsymbol{x}, \boldsymbol{u}^o(\boldsymbol{x}, \boldsymbol{\psi}))$$

を X_H の平衡点 $(\boldsymbol{x}, \boldsymbol{\psi}) = (\boldsymbol{0}, \boldsymbol{0})$ において 2 次近似することを考える。これを H_l とおく。すなわち

$$H_l(\boldsymbol{x}, \boldsymbol{u}^o(\boldsymbol{x}, \boldsymbol{\psi}), \boldsymbol{\psi}) = \frac{1}{2}\begin{bmatrix} \boldsymbol{x} \\ \boldsymbol{\psi} \end{bmatrix}^T \begin{bmatrix} \dfrac{\partial^2 H}{\partial \boldsymbol{x}^2} & \dfrac{\partial^2 H}{\partial \boldsymbol{x}\partial \boldsymbol{\psi}} \\ \dfrac{\partial^2 H}{\partial \boldsymbol{\psi}\partial \boldsymbol{x}} & \dfrac{\partial^2 H}{\partial \boldsymbol{\psi}^2} \end{bmatrix}_{(\boldsymbol{x},\boldsymbol{\psi})=(\boldsymbol{0},\boldsymbol{0})} \begin{bmatrix} \boldsymbol{x} \\ \boldsymbol{\psi} \end{bmatrix} \tag{11.55}$$

である。一方，2 次形式のハミルトン関数に対応するハミルトンベクトル場は

$$\begin{bmatrix} \dot{\boldsymbol{x}}(t) \\ \dot{\boldsymbol{\psi}}(t) \end{bmatrix} = \begin{bmatrix} H_{l\boldsymbol{\psi}}^T \\ -H_{l\boldsymbol{x}}^T \end{bmatrix} = \begin{bmatrix} 0 & I \\ -I & 0 \end{bmatrix} \begin{bmatrix} H_{l\boldsymbol{x}}^T \\ H_{l\boldsymbol{\psi}}^T \end{bmatrix} = \begin{bmatrix} \dfrac{\partial^2 H}{\partial \boldsymbol{x}\partial \boldsymbol{\psi}} & \dfrac{\partial^2 H}{\partial \boldsymbol{\psi}^2} \\ -\dfrac{\partial^2 H}{\partial \boldsymbol{x}^2} & -\dfrac{\partial^2 H}{\partial \boldsymbol{\psi}\partial \boldsymbol{x}} \end{bmatrix}_{(\boldsymbol{x},\boldsymbol{\psi})=(\boldsymbol{0},\boldsymbol{0})} \begin{bmatrix} \boldsymbol{x} \\ \boldsymbol{\psi} \end{bmatrix} \tag{11.56}$$

である。これは，式 (11.43a), (11.43b) で表される X_H をその平衡点 $(\boldsymbol{x}, \boldsymbol{\psi}) = (\boldsymbol{0}, \boldsymbol{0})$ で線形化したものと一致する。以後，この式 (11.54) で定義された係数行列 $DX_H(\boldsymbol{0}, \boldsymbol{0})$ をハミルトン行列と呼び，$\mathcal{H}$ と略記する。

よって，線形化されたハミルトンベクトル場は

$$\begin{bmatrix} \dot{\boldsymbol{x}}(t) \\ \dot{\boldsymbol{\psi}}(t) \end{bmatrix} = \mathcal{H} \begin{bmatrix} \boldsymbol{x}(t) \\ \boldsymbol{\psi}(t) \end{bmatrix} \tag{11.57}$$

と書ける。ここで，$\mathcal{H} = DX_H(\boldsymbol{0}, \boldsymbol{0})$ は式 (11.54) より導かれる。

$$f_{0\boldsymbol{u}}(\boldsymbol{x}, \boldsymbol{u}^o(\boldsymbol{x}, \boldsymbol{\psi}))^T + \boldsymbol{f}_{\boldsymbol{u}}(\boldsymbol{x}, \boldsymbol{u}^o(\boldsymbol{x}, \boldsymbol{\psi}))^T \boldsymbol{\psi} = \boldsymbol{0}$$

に注意し，線形化の記号 (11.40) を用いると，ハミルトン行列はつぎのように計算される。

$$\mathcal{H} = \begin{bmatrix} A & -BR^{-1}B^T \\ -Q & -A^T \end{bmatrix} \tag{11.58}$$

この結果を用いれば，$H(\boldsymbol{x}, \boldsymbol{u}^o(\boldsymbol{x}, \boldsymbol{\psi}), \boldsymbol{\psi})$ の原点におけるヘッセ行列も求まり，式 (11.55) の 2 次形式のハミルトン関数は

$$H_l(\boldsymbol{x}, \boldsymbol{u}^o(\boldsymbol{x}, \boldsymbol{\psi}), \boldsymbol{\psi}) = \boldsymbol{\psi}^T A\boldsymbol{x} - \frac{1}{2}\boldsymbol{\psi}^T BR^{-1}B^T \boldsymbol{\psi} + \frac{1}{2}\boldsymbol{x}^T Q\boldsymbol{x} \tag{11.59}$$

となる。

E^- が $E_{V_l^-}$ の形式で書けることを理解するために，つぎの補助定理を示す。

【補助定理 11.1】　式 (11.59) で $\boldsymbol{\psi} = V_{l\boldsymbol{x}}(\boldsymbol{x})^T$ を代入したハミルトン-ヤコビ方程式

$$\begin{aligned} &H_l(\boldsymbol{x}, \boldsymbol{u}^o(\boldsymbol{x}, V_{l\boldsymbol{x}}(\boldsymbol{x})), V_{l\boldsymbol{x}}(\boldsymbol{x})) \\ &\quad = V_{l\boldsymbol{x}}(\boldsymbol{x})A\boldsymbol{x} - \frac{1}{2}V_{l\boldsymbol{x}}(\boldsymbol{x})BR^{-1}B^T V_{l\boldsymbol{x}}(\boldsymbol{x})^T + \frac{1}{2}\boldsymbol{x}^T Q\boldsymbol{x} = 0 \end{aligned} \tag{11.60}$$

の任意解 $V_l(\boldsymbol{x})$ が存在するための必要十分条件は

$$E_{V_l} = \left\{ (\boldsymbol{x}, \boldsymbol{\psi}) \in T^*(M) \;\middle|\; \psi_i = \frac{\partial V_l(\boldsymbol{x})}{\partial x_i},\ i = 1, \cdots, n \right\} \tag{11.61}$$

が $\mathcal{H}$ の不変部分空間であることである。

(証明)　定理 11.5（系 11.1）と同じ理論による。　□

よって，式 (11.57) の安定不変部分空間 E^- が $E_{V_l^-}$ の形式で書けるとき，式 (11.60) の解の中に $V_l^-(\boldsymbol{x})$ が存在する。しかし，式 (11.60) の所望の解 $V_l^-(\boldsymbol{x})$ の存在条件を求める前に，まず式 (11.60) の任意の解 $V_l(\boldsymbol{x})$ の存在条件をより具体的に求める。すなわち，補助定理 11.1 で述べられている E_{V_l} を具体的に表す。この項の最後の定理 11.8 がそれを示している。

ここで，式 (11.60) の解は 2 次関数 $V_l(\boldsymbol{x}) = \dfrac{1}{2}\boldsymbol{x}^T X\boldsymbol{x}$ に限定されるとする。式 (11.60) に $V_l(\boldsymbol{x}) = \dfrac{1}{2}\boldsymbol{x}^T X\boldsymbol{x}$ を代入したものを $\boldsymbol{x}$ で 2 回微分すると，つぎの代数リカッチ方程式を得る。

$$XA + A^T X - XBR^{-1}B^T X + Q = O \tag{11.62}$$

したがって，X はこのような代数リカッチ方程式を満たさなければならない。そこで $X := P$ とおく。以上より，式 (11.60) の解が $V_l(\boldsymbol{x}) = \dfrac{1}{2}\boldsymbol{x}^T P\boldsymbol{x}$ と求められたことになる。

これを利用して，式 (11.60) の解の存在条件の一つである「E_{V_l} の形式で表される」を具体的に表現してみる。式 (11.61) で $V_l(\boldsymbol{x}) = \dfrac{1}{2}\boldsymbol{x}^T P\boldsymbol{x}$ とおくことにより

$$E_{V_l} = \{(\boldsymbol{x}, \boldsymbol{\psi}) \in T^*(M) \mid \boldsymbol{\psi} = P\boldsymbol{x}\} \tag{11.63}$$

と表される。つまり，$(\boldsymbol{x}, \boldsymbol{\psi}) \in E_{V_l}$ は

$$\begin{bmatrix} \boldsymbol{x} \\ \boldsymbol{\psi} \end{bmatrix} = \begin{bmatrix} \boldsymbol{x} \\ P\boldsymbol{x} \end{bmatrix} = \begin{bmatrix} I_n \\ P \end{bmatrix} \boldsymbol{x} = \mathrm{Im} \begin{bmatrix} I_n \\ P \end{bmatrix} \tag{11.64}$$

となる。この性質はしばしば

E_{V_l} が $\mathrm{Im}\begin{bmatrix} O \\ I_n \end{bmatrix}$ とたがいに補部分空間である

と換言される（付録 A.1 参照）。このたがいに補部分空間の性質は，E_{V_l} が $\mathcal{H}$ の不変部分空間であるという仮定のもとで，式 (11.60) の解が存在するための必要十分条件である。

さらに，E_{V_l} が $\mathcal{H}$ の不変部分空間であることを確認しよう。

【定理 11.7】 P を代数リカッチ方程式 (11.62) の解とする。すなわち

$$PA + A^T P - PBR^{-1}B^T P + Q = O$$

とする。このとき，$\mathrm{Im}\begin{bmatrix} I_n \\ P \end{bmatrix}$ は $\mathcal{H}$ の n 次元不変部分空間となる。

（証明） 省略。付録の定理 A.1 または文献 14) の Theorem 13.2 を参照。 □

つぎに，補助定理 11.1 で述べられている E_{V_l} を具体的に表現して，ハミルトン-ヤコビ方程式 (11.60) の解が存在するための必要十分条件を述べる。

【定理 11.8】 式 (11.60) の任意の解 $V_l(\boldsymbol{x}) = \dfrac{1}{2}\boldsymbol{x}^T P\boldsymbol{x}$ が存在するための必要十分条件は，$\mathcal{H}$ のある n 次元不変部分空間が $E_{V_l} = \mathrm{Im}\begin{bmatrix} I_n \\ P \end{bmatrix}$ と表されることである。

(証明) 省略 □

以上でハミルトン-ヤコビ方程式 (11.60) の任意解 $V_l(\boldsymbol{x})$ の存在条件が示せた。次項で代数リカッチ方程式の安定化解の存在条件を述べてから，11.2.4 項で式 (11.60) の所望の解 $V_l^-(\boldsymbol{x})$ の存在条件を述べることにする。

11.2.3 線形最適レギュレータ問題の解の存在性

つぎのような問題を考える。

$$\min_{\boldsymbol{u}} \ \frac{1}{2}\int_0^\infty \left\{\boldsymbol{x}(t)^T Q\boldsymbol{x}(t) + \boldsymbol{u}(t)^T R\boldsymbol{u}(t)\right\} dt \tag{11.65a}$$

$$\text{subject to} \quad \dot{\boldsymbol{x}}(t) = A\boldsymbol{x}(t) + B\boldsymbol{u}(t), \quad \boldsymbol{x}(0) = \boldsymbol{x} \tag{11.65b}$$

ただし，$Q \geqq 0$，$R > 0$ とする（本項では通して $Q \geqq 0$，$R > 0$ と仮定する）。このとき，代数リカッチ方程式はつぎのようになる。

$$PA + A^T P - PBR^{-1}B^T P + Q = O \tag{11.66}$$

また，ハミルトン行列をつぎのように定義する。

$$\mathcal{H} = \begin{bmatrix} A & -BR^{-1}B^T \\ -Q & -A^T \end{bmatrix} \tag{11.67}$$

以降，線形最適レギュレータ問題 (11.65) の解の存在性に関する諸定理を列挙する。仮定がだんだん厳しくなっていることがわかる。

【定理 11.9】（線形 2 次形レギュレータ問題の最適解が存在するための十分条件） $\{A, B\}$ が可安定で $Q \geqq 0$，$R > 0$ ならば，代数リカッチ方程式 (11.66) の準正定解 P が存在し，線形最適レギュレータ問題 (11.65) の最適フィードバック制御則は $\boldsymbol{u}^o(t) = -R^{-1}B^T P\boldsymbol{x}(t)$ で与えられ，評価汎関数の最小値は $V(\boldsymbol{x}) = \dfrac{1}{2}\boldsymbol{x}^T P\boldsymbol{x}$ となる。

(証明) 省略。定理 10.3 を参照。 □

【注意 11.3】 $R > 0$ のとき，$\{A, BR^{-1}B^T\}$ の可安定性は $\{A, B\}$ の可安定性と等価である。

定理 11.9 の最適フィードバック制御則によって，閉ループ系が漸近安定になるとは限らない（評価汎関数を最小にするフィードバック制御則によって，必ずしも閉ループ系は漸近安定にならない）。ゆえに以下の考察が必要である。

【定義 11.11】（代数リカッチ方程式の安定化解）　$A - BR^{-1}B^TP$ が安定行列となるような代数リカッチ方程式の解 P を安定化解と呼び，P^- で表す。

【定理 11.10】（代数リカッチ方程式の安定化解が存在するための必要十分条件）
代数リカッチ方程式 (11.66) の安定化解 P^- が存在するための必要十分条件は，$\{A, B\}$ が可安定で，かつ $\{Q, A\}$ が虚軸上に不可観測モードをもたないことである。また，安定化解 P^- は唯一であり，$P^- \geqq 0$ である。

（証明）　省略。文献 4) の Theorem 1 および定理 10.4 を参照。　□

定理 11.10 の必要十分要件は，文献 14) の Theorem 13.7（または付録 A.1 の定理 A.2 と補助定理 A.1）より，つぎのようにも言い換えられる。

【定理 11.11】　$\{A, B\}$ が可安定かつ $\{Q, A\}$ が虚軸上に不可観測モードをもたないための必要十分条件は，ハミルトン行列

$$\mathcal{H} = \begin{bmatrix} A & -BR^{-1}B^T \\ -Q & -A^T \end{bmatrix}$$

が虚軸上に固有値をもたず，$\mathcal{H}$ の安定な一般化固有空間 $\chi_-(\mathcal{H})$ と $\mathrm{Im}\begin{bmatrix} O \\ I_n \end{bmatrix}$ がたがいに補部分空間であることである。

11.2.4　線形化システムから見た解の存在性

あらためて，線形化されたハミルトンベクトル場のもとになるハミルトン-ヤコビ方程式 (11.60)，つまり

$$\begin{aligned} &H_l(\boldsymbol{x}, \boldsymbol{u}^o(\boldsymbol{x}, V_{l\boldsymbol{x}}(\boldsymbol{x})), V_{l\boldsymbol{x}}(\boldsymbol{x})) \\ &\quad = V_{l\boldsymbol{x}}(\boldsymbol{x})A\boldsymbol{x} - \frac{1}{2}V_{l\boldsymbol{x}}(\boldsymbol{x})BR^{-1}B^TV_{l\boldsymbol{x}}(\boldsymbol{x})^T + \frac{1}{2}\boldsymbol{x}^TQ\boldsymbol{x} = 0 \quad (11.68) \end{aligned}$$

を記述する。式 (11.68) の解の中に $V_l^-(\boldsymbol{x})$ が存在するための条件を 11.2.2 項では保留していた。つぎの定理ではそのための十分条件を間接的に述べている。

【定理 11.12】　$\{A, B\}$ が可安定かつ $\{Q, A\}$ が虚軸上に不可観測モードをもたないと仮定する。このとき，$\mathcal{H}$ の安定な一般化固有空間 E^- は，ある準正定行列 P^- によって $E^- = \mathrm{Im}\begin{bmatrix} I_n \\ P^- \end{bmatrix}$ と表される。

(証明)　省略。文献 7) の Proposition 7.2.1 を参照。 □

つぎに 11.2.2 項で述べた定理 11.8 によって，定理 11.12 の結論部分を言い換える。

【補助定理 11.2】　$\{A, B\}$ が可安定かつ $\{Q, A\}$ が虚軸上に不可観測モードをもたないと仮定する。このとき，式 (11.68) の解の中に

$$V_l^-(\boldsymbol{x}) = \frac{1}{2}\boldsymbol{x}^T P^- \boldsymbol{x}, \quad P^- \geqq 0$$

が存在する。

(証明)　省略 □

さて，元の問題は，ハミルトンベクトル場 X_H，つまり

$$\dot{\boldsymbol{x}} = H_{\boldsymbol{\psi}}(\boldsymbol{x}, \boldsymbol{u}^o(\boldsymbol{x}, \boldsymbol{\psi}), \boldsymbol{\psi})^T, \quad \boldsymbol{x}(0) = \boldsymbol{x}_0 \tag{11.69a}$$

$$\dot{\boldsymbol{\psi}} = -H_{\boldsymbol{x}}(\boldsymbol{x}, \boldsymbol{u}^o(\boldsymbol{x}, \boldsymbol{\psi}), \boldsymbol{\psi})^T, \quad \lim_{t\to\infty} \boldsymbol{\psi}(t) = \mathbf{0} \tag{11.69b}$$

のもとになるハミルトン-ヤコビ方程式

$$H(\boldsymbol{x}, \boldsymbol{u}^o(\boldsymbol{x}, V_{\boldsymbol{x}}(\boldsymbol{x})), V_{\boldsymbol{x}}(\boldsymbol{x})) = 0 \tag{11.70}$$

の解 $V(\boldsymbol{x})$ の存在条件をつきとめることであった。そして，特別の場合として，X_H の平衡点 $(\mathbf{0}, \mathbf{0})$ が双曲型である場合を考え，安定不変部分多様体 S^- を S_{V^-} の形式で書くための条件を探していた。ところで，11.2.2 項において S^- が S_{V^-} の形式で書けるかどうかは，E^- が $E_{V_l^-}$ の形式で書けるかどうかを調

べることで，局所的に判定できると述べた。つまり，定理 11.12 と同じ仮定のもとで，式 (11.70) の解の中に $V^-(\boldsymbol{x})$ が存在する。つぎの定理はこのことを述べている。

【定理 11.13】　$\{A, B\}$ が可安定で，かつ $\{Q, A\}$ が虚軸上に不可観測モードをもたないと仮定する。このとき，$\boldsymbol{x} = \boldsymbol{0}$ の近くで定義されたある関数 $V^-(\boldsymbol{x})$ によって，X_H の安定不変多様体 S^- は，$S^- = S_{V^-}$ の形式で平衡点 $(\boldsymbol{0}, \boldsymbol{0})$ 付近で局所的に与えられる。

(証明)　省略。文献 7) の Proposition 7.2.1 下の説明を参照。　□

したがって，$S^- = S_{V^-}$ となるから，定理 11.5 よりハミルトン-ヤコビ方程式 (11.70) の解の中に求める安定化解 $V^-(\boldsymbol{x})$ が存在することが保証される。これによって与えられる最適フィードバック制御則 $\boldsymbol{u}^o(\boldsymbol{x}, V^-_{\boldsymbol{x}}(\boldsymbol{x}))$ は，システム

$$\dot{\boldsymbol{x}} = \boldsymbol{f}(\boldsymbol{x}, \boldsymbol{u}^o(\boldsymbol{x}, V^-_{\boldsymbol{x}}(\boldsymbol{x})))$$

を漸近安定化させるものである。

11.3　ニューラルネットによるハミルトン-ヤコビ方程式の解法と最適フィードバック制御則

非線形システムの最適レギュレータ問題を解き，最適フィードバック制御則を求めるためには，ハミルトン-ヤコビ（偏微分）方程式を解かなければならない。ハミルトン-ヤコビ方程式を解いて最適フィードバック則を求める研究には，テーラー級数展開を用いたもの[6)]，一般化ハミルトン-ヤコビ方程式を Galerkin 法を用いて解いたもの[1)]，ニューラルネットを用いたもの[2),10)~12)] などがある。

本節では 3 層ニューラルネットを用いてハミルトン-ヤコビ方程式の近似解を求め，最適フィードバック制御則を実現する方法を述べる[10),11)]。

11.3.1 非線形最適レギュレータ問題とハミルトン-ヤコビ方程式

つぎの時不変非線形システムの非線形最適レギュレータ問題を考える。

$$\min_{\boldsymbol{u}} \quad \int_0^\infty \left\{q(\boldsymbol{x}(t)) + \boldsymbol{u}(t)^T R \boldsymbol{u}(t)\right\} dt \tag{11.71a}$$

$$\text{subject to} \quad \dot{\boldsymbol{x}}(t) = \boldsymbol{f}(\boldsymbol{x}(t), \boldsymbol{u}(t)), \quad \boldsymbol{x}(0) = \boldsymbol{x}_0 \tag{11.71b}$$

ここで $\boldsymbol{x}(t) \in R^n$ は状態ベクトル，$\boldsymbol{u}(t) \in R^r$ は制御入力である。そして，つぎの仮定をおく。

【仮定 11.5】　システム (11.71b) は，任意の初期条件 $\boldsymbol{x}(0)$ に対して $t \to \infty$ で $\boldsymbol{x}(t) \to \boldsymbol{0}$ となるような制御入力が存在するという意味で可安定である。

【仮定 11.6】　$\boldsymbol{f} : R^n \times R^r \to R^n$ は $\boldsymbol{x}$ と $\boldsymbol{u}$ について連続微分可能で，かつ $\boldsymbol{f}(\boldsymbol{0}, \boldsymbol{0}) = \boldsymbol{0}$ である。

【仮定 11.7】　$q(\boldsymbol{0}) = 0$，$q(\boldsymbol{x}(t)) \geqq 0$，$R > 0$ とする。

問題 (11.71) に対して非線形状態フィードバック制御則 $\boldsymbol{u}(t) = \boldsymbol{\alpha}(\boldsymbol{x}(t))$ をシンセシスする。ただし，$\boldsymbol{\alpha} : R^n \to R^r$ は C^1 級で，かつ $\boldsymbol{\alpha}(\boldsymbol{0}) = \boldsymbol{0}$ を満たすとする。このとき，11.1 節で述べたように，時不変非線形システムの最適レギュレータ問題は，つぎの定常ハミルトン-ヤコビ方程式に帰着する。

$$\begin{aligned} 0 &= \min_{\boldsymbol{u}} H\left(\boldsymbol{x}, \boldsymbol{u}, V_{\boldsymbol{x}}(\boldsymbol{x})\right) \\ &= \min_{\boldsymbol{u}} \left\{q(\boldsymbol{x}) + \boldsymbol{u}^T R \boldsymbol{u} + V_{\boldsymbol{x}}(\boldsymbol{x}) \boldsymbol{f}(\boldsymbol{x}, \boldsymbol{u})\right\} \end{aligned} \tag{11.72}$$

ここで，$H(\boldsymbol{x}, \boldsymbol{u}, V_{\boldsymbol{x}}(\boldsymbol{x}))$ はハミルトン関数

$$H(\boldsymbol{x}, \boldsymbol{u}, V_{\boldsymbol{x}}(\boldsymbol{x})) = q(\boldsymbol{x}) + \boldsymbol{u}^T R \boldsymbol{u} + V_{\boldsymbol{x}}(\boldsymbol{x}) \boldsymbol{f}(\boldsymbol{x}, \boldsymbol{u}) \tag{11.73}$$

であり，また，$V(\boldsymbol{x})$ は値関数

$$V(\boldsymbol{x}) = \min_{\boldsymbol{u}} \left\{ \int_t^\infty f_0(\boldsymbol{x}, \boldsymbol{u}) dt \;\middle|\; \dot{\boldsymbol{x}} = \boldsymbol{f}(\boldsymbol{x}, \boldsymbol{u}),\ \boldsymbol{x}(t) = \boldsymbol{x} \right\} \tag{11.74}$$

$$\text{ここで} \quad \boldsymbol{f}_0(\boldsymbol{x}, \boldsymbol{u}) = q(\boldsymbol{x}) + \boldsymbol{u}^T R \boldsymbol{u}$$

である。さらにハミルトン-ヤコビ方程式 (11.72) はつぎの境界条件を満たす。

$$V(\mathbf{0}) = 0 \tag{11.75}$$

ところで，式 (11.72) を満たす $\boldsymbol{u}$ に対して，つぎの最適性必要条件が成り立つ。

$$H_{\boldsymbol{u}}(\boldsymbol{x}, \boldsymbol{u}, V_{\boldsymbol{x}}(\boldsymbol{x}))^T = 2R^T\boldsymbol{u} + \boldsymbol{f}_{\boldsymbol{u}}(\boldsymbol{x}, \boldsymbol{u})^T V_{\boldsymbol{x}}(\boldsymbol{x})^T = \mathbf{0} \tag{11.76}$$

したがって，非線形最適レギュレータはつぎのような偏微分方程式系を満足しなければならない（注意 11.1 参照）。

$$q(\boldsymbol{x}) + \boldsymbol{u}^T R\boldsymbol{u} + V_{\boldsymbol{x}}(\boldsymbol{x})\boldsymbol{f}(\boldsymbol{x}, \boldsymbol{u}) = 0 \tag{11.77}$$

$$V(\mathbf{0}) = 0 \tag{11.78}$$

$$2R^T\boldsymbol{u} + \boldsymbol{f}_{\boldsymbol{u}}(\boldsymbol{x}, \boldsymbol{u})^T V_{\boldsymbol{x}}(\boldsymbol{x})^T = \mathbf{0} \tag{11.79}$$

さて，原点（$\boldsymbol{x} = \mathbf{0}$）の近傍 Ω において閉ループ系

$$\dot{\boldsymbol{x}} = \boldsymbol{f}(\boldsymbol{x}, \boldsymbol{\alpha}(\boldsymbol{x}))$$

が漸近安定であるためには，正定なリアプノフ関数が存在し，その時間微分 $\dot{V}(\boldsymbol{x})$ が負定であれば十分である。もし $q(\boldsymbol{x})$ が正定値関数ならば，値関数 $V(\boldsymbol{x})$ は

$$V(\boldsymbol{x}) > 0, \quad \forall \boldsymbol{x} \in \Omega/\{\mathbf{0}\}, \quad V(\mathbf{0}) = 0 \tag{11.80}$$

であり，また条件 (11.77) より

$$\begin{aligned} \dot{V}(\boldsymbol{x}) &= V_{\boldsymbol{x}}(\boldsymbol{x})\boldsymbol{f}(\boldsymbol{x}, \boldsymbol{u}) \\ &= -q(\boldsymbol{x}) - \boldsymbol{u}^T R\boldsymbol{u} < 0, \quad \forall \boldsymbol{x} \in \Omega/\{\mathbf{0}\} \end{aligned} \tag{11.81}$$

が成り立つから，$V(\boldsymbol{x})$ は自然なリアプノフ関数であることに注意しよう。

以上より，われわれの解くべき非線形最適レギュレータ問題は，条件 (11.77) ～(11.79) を同時に満足する $V(\boldsymbol{x})$ と $\boldsymbol{u} = \boldsymbol{\alpha}(\boldsymbol{x})$ とを見つける問題に帰着する。

ここで，制御対象として，アフィン非線形システム

$$\dot{\boldsymbol{x}} = \boldsymbol{f}(\boldsymbol{x}) + G(\boldsymbol{x})\boldsymbol{u} \tag{11.82}$$

を考える。式 (11.76) より

$$H_{\boldsymbol{u}}(\boldsymbol{x}, \boldsymbol{u}, V_{\boldsymbol{x}}(\boldsymbol{x}))^T = 2R^T\boldsymbol{u} + G(\boldsymbol{x})^T V_{\boldsymbol{x}}(\boldsymbol{x})^T = \boldsymbol{0} \tag{11.83}$$

である。これを $\boldsymbol{u}$ について解くと

$$\boldsymbol{u}(\boldsymbol{x}) = -\frac{1}{2}R^{-1}G(\boldsymbol{x})^T V_{\boldsymbol{x}}(\boldsymbol{x})^T \tag{11.84}$$

となる。これを式 (11.77) へ代入し，R の対称性から ${R^T}^{-1} = R^{-1}$ を考慮すると

$$q(\boldsymbol{x}) + V_{\boldsymbol{x}}(\boldsymbol{x})\boldsymbol{f}(\boldsymbol{x}) - \frac{1}{4}V_{\boldsymbol{x}}(\boldsymbol{x})G(\boldsymbol{x})R^{-1}G(\boldsymbol{x})^T V_{\boldsymbol{x}}(\boldsymbol{x})^T = 0 \tag{11.85}$$

が得られる。この方程式を満たす $V(\boldsymbol{x})$ を求めれば，最適状態フィードバック則 $\boldsymbol{u}(\boldsymbol{x})$ が式 (11.84) で与えられる。

11.3.2 ハミルトン-ヤコビ方程式のニューラルネットによる近似解と最適フィードバック制御則

(1) アフィン非線形システムの場合　初めにアフィン非線形システム (11.82) に対するハミルトン-ヤコビ方程式 (11.85) の近似解をニューラルネットで実現することを考える（ニューラルネットに関しては文献 9) を参照)。ニューラルネットとしては，3 層ニューラルネット

$$\boldsymbol{z} = W_1\boldsymbol{x} + \boldsymbol{\theta} \tag{11.86}$$

$$\boldsymbol{y} = W_2\boldsymbol{\sigma}(\boldsymbol{z}) + \boldsymbol{a} \tag{11.87}$$

を用いる。ここで，$\boldsymbol{y} \in R^n$ はニューラルネットの出力ベクトル，$\boldsymbol{z} \in R^q$ はニューラルネットの内部状態，$W_1 \in R^{q\times n}$，$W_2 \in R^{n\times q}$ は結合重み行列，$\boldsymbol{\theta} \in R^q$ はしきい値であり，q は中間層ユニットの数を表す。$\boldsymbol{\sigma} : R^n \to R^q$ はシグモイド関数であり，シグモイド関数としては双曲関数

$$\sigma_i(z_i) = \tanh z_i = \frac{\exp(z_i) - \exp(-z_i)}{\exp(z_i) + \exp(-z_i)}, \quad i = 1, \cdots, q$$

を用いる。このとき，値関数 $V(\boldsymbol{x})$ を $\boldsymbol{y}$ を用いて

$$V^N(\boldsymbol{x}) = \boldsymbol{y}(\boldsymbol{x})^T \boldsymbol{y}(\boldsymbol{x}) \tag{11.88}$$

と近似する。境界条件 $V(\mathbf{0}) = 0$ は，$\boldsymbol{a} = -W_2\boldsymbol{\sigma}(\boldsymbol{\theta})$ とおくことにより容易に満たされる。このように $\boldsymbol{a}$ を設定しておくと，ニューラルネットの学習に関係なく，つまり $W_1, W_2, \boldsymbol{\theta}$ の値に関係なく，$V^N(\mathbf{0}) = 0$，$V^N(\boldsymbol{x}) \geqq 0$ $(\forall \boldsymbol{x})$ が満たされる。

つぎに，$V^N(\boldsymbol{x})$ がハミルトン-ヤコビ方程式 (11.85) を満たすように学習を行うことを考える。式 (11.85) の誤差として

$$e(\boldsymbol{x}) \triangleq q(\boldsymbol{x}) + V^N_{\boldsymbol{x}}(\boldsymbol{x})\boldsymbol{f}(\boldsymbol{x}) - \frac{1}{4}V^N_{\boldsymbol{x}}(\boldsymbol{x})G(\boldsymbol{x})R^{-1}G(\boldsymbol{x})^T V^N_{\boldsymbol{x}}(\boldsymbol{x})^T \tag{11.89}$$

を定義し，学習のための評価関数 $E[W_1, W_2, \boldsymbol{\theta}]$ をつぎのようにおく。

$$E[W_1, W_2, \boldsymbol{\theta}] = \sum_{p=1}^{P} |e(\boldsymbol{x}^p)|^2 \tag{11.90}$$

ここで，$\boldsymbol{x}^p$ は状態空間の部分集合 Ω を離散化して得られる集合

$$\Delta \triangleq \{\boldsymbol{x}^p | \boldsymbol{x}^p \in \Omega,\ p = 1, 2, \cdots, P\}$$

の要素である。

ニューラルネットの学習は，つぎのような最適化問題を解くことである。

$$\min_{W_1, W_2, \boldsymbol{\theta}} E[W_1, W_2, \boldsymbol{\theta}] = \sum_{p=1}^{P} |e(\boldsymbol{x}^p)|^2 \tag{11.91a}$$

subject to

$$\boldsymbol{z}^p = W_1 \boldsymbol{x}^p + \boldsymbol{\theta} \tag{11.91b}$$

$$\boldsymbol{y}(\boldsymbol{x}^p) = W_2\boldsymbol{\sigma}(\boldsymbol{z}^p) - W_2\boldsymbol{\sigma}(\boldsymbol{\theta}) \tag{11.91c}$$

$$V^N(\boldsymbol{x}^p) = \boldsymbol{y}(\boldsymbol{x}^p)^T \boldsymbol{y}(\boldsymbol{x}^p) \tag{11.91d}$$

$$\begin{aligned} e(\boldsymbol{x}^p) = {} & q(\boldsymbol{x}^p) + V^N_{\boldsymbol{x}}(\boldsymbol{x}^p)\boldsymbol{f}(\boldsymbol{x}^p) \\ & - \frac{1}{4}V^N_{\boldsymbol{x}}(\boldsymbol{x}^p)G(\boldsymbol{x}^p)R^{-1}G(\boldsymbol{x}^p)^T V^N_{\boldsymbol{x}}(\boldsymbol{x}^p)^T \end{aligned} \tag{11.91e}$$

$$p = 1, 2, \cdots, P$$

ここで $e(\boldsymbol{x})$ の中に現れる $V_{\boldsymbol{x}}^N(\boldsymbol{x})$ はつぎのようになる。

$$\begin{aligned} V_{\boldsymbol{x}}^N(\boldsymbol{x}) &= 2\boldsymbol{y}^T W_2 \nabla \boldsymbol{\sigma}(\boldsymbol{z}) W_1 \\ &= 2\{\boldsymbol{\sigma}(\boldsymbol{z}) - \boldsymbol{\sigma}(\boldsymbol{\theta})\}^T W_2^T W_2 \nabla \boldsymbol{\sigma}(\boldsymbol{z}) W_1 \end{aligned} \tag{11.92}$$

ニューラルネットの学習のためには，評価関数 $E[W_1, W_2, \boldsymbol{\theta}]$ の結合重み行列 W_1, W_2 としきい値 $\boldsymbol{\theta}$ に関する勾配 $\nabla_{W_1} E$, $\nabla_{W_2} E$, $\nabla_{\boldsymbol{\theta}} E$ の具体的な表現式が必要であるが，式 (11.90) より

$$\nabla_{W_1} E[W_1, W_2, \boldsymbol{\theta}] = \sum_{p=1}^{P} \nabla_{W_1} |e(\boldsymbol{x}^p)|^2 \tag{11.93}$$

$$\nabla_{W_2} E[W_1, W_2, \boldsymbol{\theta}] = \sum_{p=1}^{P} \nabla_{W_2} |e(\boldsymbol{x}^p)|^2 \tag{11.94}$$

$$\nabla_{\boldsymbol{\theta}} E[W_1, W_2, \boldsymbol{\theta}] = \sum_{p=1}^{P} \nabla_{\boldsymbol{\theta}} |e(\boldsymbol{x}^p)|^2 \tag{11.95}$$

なので，$\nabla_{W_1} |e(\boldsymbol{x})|^2$，$\nabla_{W_2} |e(\boldsymbol{x})|^2$，$\nabla_{\boldsymbol{\theta}} |e(\boldsymbol{x})|^2$ が得られればよいことがわかる。そこで，この勾配をラグランジュ未定乗数法[9)] を適用して以下のように求める。

まず，つぎのように変数 $\boldsymbol{v} \in R^n$ を定義する。

$$\boldsymbol{v} = 2W_1^T \nabla \boldsymbol{\sigma}(\boldsymbol{z}) W_2^T \boldsymbol{y} = V_{\boldsymbol{x}}^N(\boldsymbol{x})^T$$

このとき

$$e(\boldsymbol{x}) = q(\boldsymbol{x}) + \boldsymbol{v}^T \boldsymbol{f}(\boldsymbol{x}) - \frac{1}{4} \boldsymbol{v}^T G(\boldsymbol{x}) R^{-1} G(\boldsymbol{x})^T \boldsymbol{v} \tag{11.96}$$

となる。そして，ラグランジュ乗数ベクトル $\boldsymbol{\lambda} \in R^n$，$\boldsymbol{\beta} \in R^q$，$\boldsymbol{\gamma} \in R^n$ を導入し，ラグランジュ関数

$$\begin{aligned} &L(\boldsymbol{x}; W_1, W_2, \boldsymbol{\theta}; \boldsymbol{v}, \boldsymbol{z}, \boldsymbol{y}; \boldsymbol{\lambda}, \boldsymbol{\beta}, \boldsymbol{\gamma}) \\ &\quad = \left(q(\boldsymbol{x}) + \boldsymbol{v}^T \boldsymbol{f}(\boldsymbol{x}) - \frac{1}{4} \boldsymbol{v}^T G(\boldsymbol{x}) R^{-1} G(\boldsymbol{x})^T \boldsymbol{v} \right)^2 \end{aligned}$$

$$+\boldsymbol{\lambda}^T(2W_1^T\nabla\boldsymbol{\sigma}(\boldsymbol{z})W_2^T\boldsymbol{y}-\boldsymbol{v})+\boldsymbol{\beta}^T(W_1\boldsymbol{x}+\boldsymbol{\theta}-\boldsymbol{z})$$
$$+\boldsymbol{\gamma}^T(W_2\boldsymbol{\sigma}(\boldsymbol{z})-W_2\boldsymbol{\sigma}(\boldsymbol{\theta})-\boldsymbol{y}) \tag{11.97}$$

を定義する。ラグランジュ関数 L の各変数に関する偏導関数を求めると，微分の連鎖律と脚注[†]に示す勾配の公式 (i), (ii)，ならびに $\nabla\boldsymbol{\sigma}(\boldsymbol{z})$ の対称性より，以下のようになる。

$$\nabla_{W_1}L=2\nabla\boldsymbol{\sigma}(\boldsymbol{z})W_2^T\boldsymbol{y}\boldsymbol{\lambda}^T+\boldsymbol{\beta}\boldsymbol{x}^T \tag{11.98}$$

$$\nabla_{W_2}L=2\boldsymbol{y}\boldsymbol{\lambda}^TW_1^T\nabla\boldsymbol{\sigma}(\boldsymbol{z})+\gamma(\boldsymbol{\sigma}(\boldsymbol{z})^T-\boldsymbol{\sigma}(\boldsymbol{\theta})^T) \tag{11.99}$$

$$\nabla_{\boldsymbol{\theta}}L=\boldsymbol{\beta}-\nabla\boldsymbol{\sigma}(\boldsymbol{\theta})W_2^T\boldsymbol{\gamma} \tag{11.100}$$

$$\nabla_{\boldsymbol{v}}L=2\left(\boldsymbol{f}(\boldsymbol{x})-\frac{1}{2}G(\boldsymbol{x})R^{-1}G(\boldsymbol{x})^T\boldsymbol{v}\right)e(\boldsymbol{x})-\boldsymbol{\lambda}=\boldsymbol{0} \tag{11.101}$$

$$\nabla_{\boldsymbol{y}}L=2W_2\nabla\boldsymbol{\sigma}(\boldsymbol{z})W_1\boldsymbol{\lambda}-\gamma=\boldsymbol{0} \tag{11.102}$$

$$\nabla_{\boldsymbol{z}}L=\nabla^2\boldsymbol{\sigma}(\boldsymbol{z})\bullet(2W_1\boldsymbol{\lambda}\otimes\boldsymbol{y}^TW_2)-\boldsymbol{\beta}+\nabla\boldsymbol{\sigma}(\boldsymbol{z})W_2^T\boldsymbol{\gamma}$$
$$=\boldsymbol{0} \tag{11.103}$$

$$\nabla_{\boldsymbol{\lambda}}L=2W_1^T\nabla\boldsymbol{\sigma}(\boldsymbol{z})W_2^T\boldsymbol{y}-\boldsymbol{v}=\boldsymbol{0} \tag{11.104}$$

$$\nabla_{\boldsymbol{\beta}}L=W_1\boldsymbol{x}+\boldsymbol{\theta}-\boldsymbol{z}=\boldsymbol{0} \tag{11.105}$$

$$\nabla_{\boldsymbol{\gamma}}L=W_2\boldsymbol{\sigma}(\boldsymbol{z})-W_2\boldsymbol{\sigma}(\boldsymbol{\theta})-\boldsymbol{y}=\boldsymbol{0} \tag{11.106}$$

ここで，$x\otimes y$ はアレイ $x\in X$ と $y\in Y$ のテンソル積，$x\bullet y$ は内積を表し，$\nabla^2\boldsymbol{\sigma}(\boldsymbol{z})\in R^{q\times q\times q}$ は 2 階導関数アレイである。式 (11.101)〜(11.106) より，変数 $\boldsymbol{\lambda}, \boldsymbol{\beta}, \boldsymbol{\gamma}$ がつぎのように与えられる。

$$\boldsymbol{\lambda}=2\left(\boldsymbol{f}(\boldsymbol{x})-\frac{1}{2}G(\boldsymbol{x})R^{-1}G(\boldsymbol{x})^T\boldsymbol{v}\right)e(\boldsymbol{x}) \tag{11.107}$$

$$\boldsymbol{\gamma}=2W_2\nabla\boldsymbol{\sigma}(\boldsymbol{z})W_1\boldsymbol{\lambda} \tag{11.108}$$

$$\boldsymbol{\beta}=\nabla^2\boldsymbol{\sigma}(\boldsymbol{z})\bullet(2W_1\boldsymbol{\lambda}\otimes\boldsymbol{y}^TW_2)+\nabla\boldsymbol{\sigma}(\boldsymbol{z})W_2^T\boldsymbol{\gamma} \tag{11.109}$$

† (i) $f(x)=a^T\bullet x$，$a^T\in Z\otimes X^*$ のとき，$\nabla f(x)=a\in X\otimes Z^*$（$*$ は共役空間を表す）。
(ii) $f(D)=x^T\bullet D\bullet y$，$x\in X$，$y\in Y$，$D\in X\otimes Y^*$ のとき，$\nabla f(D)=x\otimes y^T\in X\otimes Y^*$（証明は文献 9), 13) を参照）。

この $\boldsymbol{\lambda}$, $\boldsymbol{\beta}$, $\boldsymbol{\gamma}$ を式 (11.98)〜(11.100) に代入すれば，$\nabla_{W_1}L$, $\nabla_{W_2}L$, $\nabla_{\boldsymbol{\theta}}L$ が得られ，そのときつぎの関係が成り立つ。

$$\nabla_{W_1}L = \nabla_{W_1}|e(\boldsymbol{x})|^2, \quad \nabla_{W_2}L = \nabla_{W_2}|e(\boldsymbol{x})|^2, \quad \nabla_{\boldsymbol{\theta}}L = \nabla_{\boldsymbol{\theta}}|e(\boldsymbol{x})|^2$$

ところで，上の偏導関数計算において1か所だけベクトル-行列表現ではなくアレイ表現が用いられている。そのアレイ表現の部分 $\nabla^2\boldsymbol{\sigma}(\boldsymbol{z})\bullet\{2W_1\boldsymbol{\lambda}\otimes\boldsymbol{y}^TW_2\}$ はつぎのような行列

$$Z = \mathrm{diag}[\sigma_1''(z_1)h_1, \sigma_2''(z_2)h_2, \cdots, \sigma_q''(z_q)h_q]$$

$$\text{ここで}\quad \boldsymbol{h} = W_2^T\boldsymbol{y} = W_2^TW_2\{\boldsymbol{\sigma}(\boldsymbol{z}) - \boldsymbol{\sigma}(\boldsymbol{\theta})\}$$

を定義すると，以下のようにベクトル-行列表現に書き換えることもできる。

$$\nabla^2\boldsymbol{\sigma}(\boldsymbol{z})\bullet\{2W_1\boldsymbol{\lambda}\otimes\boldsymbol{y}^TW_2\} = 2ZW_1\boldsymbol{\lambda}$$

けっきょく，評価関数 (11.91a) の結合重み行列 W_1, W_2，しきい値 $\boldsymbol{\theta}$ に関する勾配 $\nabla_{W_1}E$, $\nabla_{W_2}E$, $\nabla_{\boldsymbol{\theta}}E$ は，式 (11.98)〜(11.100), (11.107)〜(11.109) より，以下のように与えられる。

$$\nabla_{W_1}E[W_1, W_2, \boldsymbol{\theta}] = \sum_{p=1}^{P} 2\nabla\boldsymbol{\sigma}(\boldsymbol{z}^p)W_2^T\boldsymbol{y}^p\boldsymbol{\lambda}^{pT} + \boldsymbol{\beta}^p\boldsymbol{x}^{pT} \tag{11.110}$$

$$\nabla_{W_2}E[W_1, W_2, \boldsymbol{\theta}] = \sum_{p=1}^{P} 2\boldsymbol{y}^p\boldsymbol{\lambda}^{pT}W_1^T\nabla\boldsymbol{\sigma}(\boldsymbol{z}^p) + \boldsymbol{\gamma}^p\left(\boldsymbol{\sigma}(\boldsymbol{z}^p)^T - \boldsymbol{\sigma}(\boldsymbol{\theta})^T\right) \tag{11.111}$$

$$\nabla_{\boldsymbol{\theta}}E[W_1, W_2, \boldsymbol{\theta}] = \sum_{p=1}^{P} \boldsymbol{\beta}^p - \nabla\boldsymbol{\sigma}(\boldsymbol{\theta})W_2^T\boldsymbol{\gamma}^p \tag{11.112}$$

ここで，$\boldsymbol{\lambda}^p$, $\boldsymbol{\beta}^p$, $\boldsymbol{\gamma}^p$ は $\boldsymbol{x}^p$ に対応して式 (11.107)〜(11.109) で与えられる。これらの勾配を用いて，最適な結合重み行列 W_1, W_2，しきい値 $\boldsymbol{\theta}$ が最急降下法[9)]

$$W_1^{k+1} = W_1^k - \alpha\nabla_{W_1}E[W_1^k, W_2^k, \boldsymbol{\theta}^k] \tag{11.113}$$

$$W_2^{k+1} = W_2^k - \alpha\nabla_{W_2}E[W_1^k, W_2^k, \boldsymbol{\theta}^k] \tag{11.114}$$

$$\boldsymbol{\theta}^{k+1} = \boldsymbol{\theta}^k - \alpha \nabla_{\boldsymbol{\theta}} E[W_1^k, W_2^k, \boldsymbol{\theta}^k] \tag{11.115}$$

により求められる。ここで $\alpha > 0$ は比例定数であり，k はイテレーション番号を表す。その結果，式 (11.92) の $V_{\boldsymbol{x}}^N(\boldsymbol{x})$ が求まり，式 (11.84) より，つぎの最適状態フィードバック制御則が得られる。

$$\boldsymbol{u}_N(\boldsymbol{x}) = -R^{-1}G(\boldsymbol{x})^T W_1^T \nabla\boldsymbol{\sigma}(\boldsymbol{z}) W_2^T W_2\{\boldsymbol{\sigma}(\boldsymbol{z}) - \boldsymbol{\sigma}(\boldsymbol{\theta})\} \tag{11.116}$$

(2) 一般非線形システムの場合　一般非線形システムに対する最適レギュレータ問題 (11.71) を解いて，式 (11.77)～(11.79) を満たす最適フィードバック制御則を求めるためには，値関数 $V(\boldsymbol{x})$ と状態フィードバック則 $\boldsymbol{u}(\boldsymbol{x})$ をそれぞれ別のニューラルネットを用いて近似しなければならない。

そこで，$V(\boldsymbol{x})$ と $\boldsymbol{u}(\boldsymbol{x})$ のうち $V(\boldsymbol{x})$ に対しては，つぎのようにアフィン非線形システムの場合と同じものを用いる。

$$\boldsymbol{z}_1 = W_1\boldsymbol{x} + \boldsymbol{\theta}_1 \tag{11.117}$$

$$\boldsymbol{y} = W_2\boldsymbol{\sigma}(\boldsymbol{z}_1) + \boldsymbol{a} \tag{11.118}$$

ここで，$W_1 \in R^{q\times n}$，$W_2 \in R^{n\times q}$，$\boldsymbol{\theta}_1 \in R^q$，$\boldsymbol{a} \in R^n$ である。前と同様に，値関数 $V(\boldsymbol{x})$ を $\boldsymbol{y}$ を用いて

$$V^N(\boldsymbol{x}) = \boldsymbol{y}(\boldsymbol{x})^T \boldsymbol{y}(\boldsymbol{x}) \tag{11.119}$$

と近似する。境界条件 $V(\boldsymbol{0}) = 0$ は $\boldsymbol{a} = -W_2\boldsymbol{\sigma}(\boldsymbol{\theta}_1)$ とおくことにより，容易に満たされる。

つぎに $\boldsymbol{u}(\boldsymbol{x})$ については

$$\boldsymbol{z}_2 = W_3\boldsymbol{x} + \boldsymbol{\theta}_2 \tag{11.120}$$

$$\boldsymbol{u}_N = W_4\boldsymbol{\sigma}(\boldsymbol{z}_2) + \boldsymbol{b} \tag{11.121}$$

を用いる。ここで，$W_3 \in R^{m\times n}$，$W_4 \in R^{r\times m}$，$\boldsymbol{\theta}_2 \in R^m$，$\boldsymbol{b} \in R^r$ である。$\boldsymbol{z}_2 \in R^m$ はニューラルネットの内部状態，$\boldsymbol{u}_N \in R^r$ はニューラルネットの出力を表す。$\boldsymbol{u}_N(\boldsymbol{0}) = \boldsymbol{0}$ は $\boldsymbol{b} = -W_4\boldsymbol{\sigma}(\boldsymbol{\theta}_2)$ とおくことにより，つねに満たされる。

方程式 (11.77) と式 (11.79) の誤差として

$$e_1(\boldsymbol{x}) = q(\boldsymbol{x}) + \boldsymbol{u}_N(\boldsymbol{x})^T R \boldsymbol{u}_N(\boldsymbol{x}) + V_{\boldsymbol{x}}^N(\boldsymbol{x}) \boldsymbol{f}(\boldsymbol{x}, \boldsymbol{u}_N(\boldsymbol{x})) \tag{11.122}$$

$$\boldsymbol{e}_2(\boldsymbol{x}) = 2R^T \boldsymbol{u}_N(\boldsymbol{x}) + \boldsymbol{f}_{\boldsymbol{u}}(\boldsymbol{x}, \boldsymbol{u}_N(\boldsymbol{x}))^T V_{\boldsymbol{x}}^N(\boldsymbol{x})^T \tag{11.123}$$

を定義する。ただし，$\boldsymbol{e}_2 \in R^r$ であることに注意する。

簡単のため，$\overline{W} \triangleq \{W_1, W_2, W_3, W_4\}$，$\overline{\boldsymbol{\theta}} \triangleq \{\boldsymbol{\theta}_1, \boldsymbol{\theta}_2\}$ とおき，学習のための評価関数 $E[\overline{W}, \overline{\boldsymbol{\theta}}]$ をつぎのように定義する。

$$E[\overline{W}, \overline{\boldsymbol{\theta}}] = \sum_{p=1}^{P} \left\{ |e_1(\boldsymbol{x}^p)|^2 + \|\boldsymbol{e}_2(\boldsymbol{x}^p)\|^2 \right\} \tag{11.124}$$

このとき，ニューラルネットの学習はつぎの最適化問題を解くことである。

$$\min_{\overline{W}, \overline{\boldsymbol{\theta}}} E[\overline{W}, \overline{\boldsymbol{\theta}}] = \sum_{p=1}^{P} \left\{ |e_1(\boldsymbol{x}^p)|^2 + \|\boldsymbol{e}_2(\boldsymbol{x}^p)\|^2 \right\} \tag{11.125a}$$

subject to

$$\boldsymbol{z}_1^p = W_1 \boldsymbol{x}^p + \boldsymbol{\theta}_1 \tag{11.125b}$$

$$\boldsymbol{y}(\boldsymbol{x}^p) = W_2 \boldsymbol{\sigma}(\boldsymbol{z}_1^p) - W_2 \boldsymbol{\sigma}(\boldsymbol{\theta}_1) \tag{11.125c}$$

$$V^N(\boldsymbol{x}^p) = \boldsymbol{y}(\boldsymbol{x}^p)^T \boldsymbol{y}(\boldsymbol{x}^p) \tag{11.125d}$$

$$\boldsymbol{z}_2^p = W_3 \boldsymbol{x}^p + \boldsymbol{\theta}_2 \tag{11.125e}$$

$$\boldsymbol{u}_N(\boldsymbol{x}^p) = W_4 \boldsymbol{\sigma}(\boldsymbol{z}_2^p) - W_4 \boldsymbol{\sigma}(\boldsymbol{\theta}_2) \tag{11.125f}$$

$$e_1(\boldsymbol{x}^p) = q(\boldsymbol{x}^p) + \boldsymbol{u}_N(\boldsymbol{x}^p)^T R \boldsymbol{u}_N(\boldsymbol{x}^p) + V_{\boldsymbol{x}}^N(\boldsymbol{x}^p) \boldsymbol{f}(\boldsymbol{x}^p, \boldsymbol{u}_N(\boldsymbol{x}^p)) \tag{11.125g}$$

$$\boldsymbol{e}_2(\boldsymbol{x}^p) = 2R^T \boldsymbol{u}_N(\boldsymbol{x}^p) + \boldsymbol{f}_{\boldsymbol{u}}(\boldsymbol{x}^p, \boldsymbol{u}_N(\boldsymbol{x}^p))^T V_{\boldsymbol{x}}^N(\boldsymbol{x}^p)^T \tag{11.125h}$$

$$p = 1, 2, \cdots, P$$

ただし，$V_{\boldsymbol{x}}^N(\boldsymbol{x})$ は式 (11.92) と同様にしてつぎのようになる。

$$V_{\boldsymbol{x}}^N(\boldsymbol{x}) = 2\boldsymbol{y}^T W_2 \nabla \boldsymbol{\sigma}(\boldsymbol{z}_1) W_1 = 2\{\boldsymbol{\sigma}(\boldsymbol{z}_1) - \boldsymbol{\sigma}(\boldsymbol{\theta}_1)\}^T W_2^T W_2 \nabla \boldsymbol{\sigma}(\boldsymbol{z}_1) W_1 \tag{11.126}$$

学習のためには，評価関数 E の勾配 $\nabla_{W_1}E$, $\nabla_{W_2}E$, $\nabla_{W_3}E$, $\nabla_{W_4}E$, $\nabla_{\boldsymbol{\theta}_1}E$, $\nabla_{\boldsymbol{\theta}_2}E$ の具体的な表現式が必要であるが，式 (11.124) より

$$\nabla_{W_i}E[\overline{W},\overline{\boldsymbol{\theta}}] = \sum_{p=1}^{P}\nabla_{W_i}\{|e_1(\boldsymbol{x}^p)|^2 + \|\boldsymbol{e}_2(\boldsymbol{x}^p)\|^2\} \tag{11.127}$$

$$\nabla_{\boldsymbol{\theta}_i}E[\overline{W},\overline{\boldsymbol{\theta}}] = \sum_{p=1}^{P}\nabla_{\boldsymbol{\theta}_i}\{|e_1(\boldsymbol{x}^p)|^2 + \|\boldsymbol{e}_2(\boldsymbol{x}^p)\|^2\} \tag{11.128}$$

となるので，$\nabla_{W_i}\{|e_1(\boldsymbol{x})|^2 + \|\boldsymbol{e}_2(\boldsymbol{x}^p)\|^2\}$ $(i = 1, 2, 3, 4)$，$\nabla_{\boldsymbol{\theta}_i}\{|e_1(\boldsymbol{x})|^2 + \|\boldsymbol{e}_2(\boldsymbol{x}^p)\|^2\}$ $(i = 1, 2)$ を求めればよい。そこで，ラグランジュ未定乗数法[9] を適用して以下のように求める。まず，つぎのような変数 $\boldsymbol{v} \in R^n$ を定義する。

$$\boldsymbol{v} = 2W_1^T\nabla\boldsymbol{\sigma}(\boldsymbol{z}_1)W_2^T\boldsymbol{y} = V_{\boldsymbol{x}}^N(\boldsymbol{x})^T$$

このとき

$$\begin{aligned}
&|e_1(\boldsymbol{x})|^2 + \|\boldsymbol{e}_2(\boldsymbol{x})\|^2 \\
&\quad = \left(q(\boldsymbol{x}) + \boldsymbol{u}_N^T R\boldsymbol{u}_N + \boldsymbol{v}^T\boldsymbol{f}(\boldsymbol{x},\boldsymbol{u}_N)\right)^2 \\
&\qquad + (2R^T\boldsymbol{u}_N + \boldsymbol{f}_{\boldsymbol{u}}(\boldsymbol{x},\boldsymbol{u}_N)^T\boldsymbol{v})^T(2R^T\boldsymbol{u}_N + \boldsymbol{f}_{\boldsymbol{u}}(\boldsymbol{x},\boldsymbol{u}_N)^T\boldsymbol{v})
\end{aligned} \tag{11.129}$$

となる。ラグランジュ乗数ベクトル $\boldsymbol{\lambda} \in R^n$，$\boldsymbol{\beta} \in R^q$，$\boldsymbol{\gamma} \in R^n$，$\boldsymbol{\eta} \in R^m$，$\boldsymbol{\delta} \in R^r$ を導入して，ラグランジュ関数

$$\begin{aligned}
&L(\boldsymbol{x};\overline{W},\overline{\boldsymbol{\theta}};\boldsymbol{z}_1,\boldsymbol{z}_2,\boldsymbol{v},\boldsymbol{y},\boldsymbol{u}_N;\boldsymbol{\lambda},\boldsymbol{\beta},\boldsymbol{\gamma},\boldsymbol{\eta},\boldsymbol{\delta}) \\
&\quad = \left(q(\boldsymbol{x}) + \boldsymbol{u}_N^T R\boldsymbol{u}_N + \boldsymbol{v}^T\boldsymbol{f}(\boldsymbol{x},\boldsymbol{u}_N)\right)^2 \\
&\qquad + (2R^T\boldsymbol{u}_N + \boldsymbol{f}_{\boldsymbol{u}}(\boldsymbol{x},\boldsymbol{u}_N)^T\boldsymbol{v})^T(2R^T\boldsymbol{u}_N + \boldsymbol{f}_{\boldsymbol{u}}(\boldsymbol{x},\boldsymbol{u}_N)^T\boldsymbol{v}) \\
&\qquad + \boldsymbol{\lambda}^T(2W_1^T\nabla\boldsymbol{\sigma}(\boldsymbol{z}_1)W_2^T\boldsymbol{y} - \boldsymbol{v}) + \boldsymbol{\beta}^T(W_1\boldsymbol{x} + \boldsymbol{\theta}_1 - \boldsymbol{z}_1) \\
&\qquad + \boldsymbol{\gamma}^T(W_2\boldsymbol{\sigma}(\boldsymbol{z}_1) - W_2\boldsymbol{\sigma}(\boldsymbol{\theta}_1) - \boldsymbol{y}) + \boldsymbol{\eta}^T(W_3\boldsymbol{x} + \boldsymbol{\theta}_2 - \boldsymbol{z}_2) \\
&\qquad + \boldsymbol{\delta}^T(W_4\boldsymbol{\sigma}(\boldsymbol{z}_2) - W_4\boldsymbol{\sigma}(\boldsymbol{\theta}_2) - \boldsymbol{u}_N)
\end{aligned} \tag{11.130}$$

を定義する。

アフィン非線形システムの場合と同様の手法によって，評価関数の勾配の具体的な表現式を求めることができる。ラグランジュ関数の各変数に関する偏導関数を求め，さらに $\nabla_{W_i}\{|e_1(\boldsymbol{x})|^2+\|\boldsymbol{e}_2(\boldsymbol{x})\|^2\}=\nabla_{W_i}L$ および $\nabla_{\boldsymbol{\theta}_i}\{|e_1(\boldsymbol{x})|^2+\|\boldsymbol{e}_2(\boldsymbol{x})\|^2\}=\nabla_{\boldsymbol{\theta}_i}L$ を考慮すると，評価関数 (11.125a) の結合重み行列 W_i としきい値 $\boldsymbol{\theta}_i$ に関する勾配はつぎのように与えられる。

$$\nabla_{W_1}E[\overline{W},\overline{\boldsymbol{\theta}}]=\sum_{p=1}^{P}\left(2\nabla\boldsymbol{\sigma}(\boldsymbol{z}_1^p)W_2^T\boldsymbol{y}^p\boldsymbol{\lambda}^{pT}+\boldsymbol{\beta}^p\boldsymbol{x}^{pT}\right) \tag{11.131}$$

$$\nabla_{W_2}E[\overline{W},\overline{\boldsymbol{\theta}}]=\sum_{p=1}^{P}\left(2\boldsymbol{y}^p\boldsymbol{\lambda}^{pT}W_1^T\nabla\boldsymbol{\sigma}(\boldsymbol{z}_1^p)+\boldsymbol{\gamma}^p\left(\boldsymbol{\sigma}(\boldsymbol{z}_1^p)^T-\boldsymbol{\sigma}(\boldsymbol{\theta}_1)^T\right)\right) \tag{11.132}$$

$$\nabla_{W_3}E[\overline{W},\overline{\boldsymbol{\theta}}]=\sum_{p=1}^{P}\boldsymbol{\eta}^p\boldsymbol{x}^{pT} \tag{11.133}$$

$$\nabla_{W_4}E[\overline{W},\overline{\boldsymbol{\theta}}]=\sum_{p=1}^{P}\boldsymbol{\delta}^p\left(\boldsymbol{\sigma}(\boldsymbol{z}_2^p)^T-\boldsymbol{\sigma}(\boldsymbol{\theta}_2)^T\right) \tag{11.134}$$

$$\nabla_{\boldsymbol{\theta}_1}E[\overline{W},\overline{\boldsymbol{\theta}}]=\sum_{p=1}^{P}\left(\boldsymbol{\beta}^p-\nabla\boldsymbol{\sigma}(\boldsymbol{\theta}_1)W_2^T\boldsymbol{\gamma}^p\right) \tag{11.135}$$

$$\nabla_{\boldsymbol{\theta}_2}E[\overline{W},\overline{\boldsymbol{\theta}}]=\sum_{p=1}^{P}\left(\boldsymbol{\eta}^p-\nabla\boldsymbol{\sigma}(\boldsymbol{\theta}_2)W_4^T\boldsymbol{\delta}^p\right) \tag{11.136}$$

ここで，$\boldsymbol{\lambda}^p$, $\boldsymbol{\beta}^p$, $\boldsymbol{\gamma}^p$, $\boldsymbol{\eta}^p$, $\boldsymbol{\delta}^p$ は $\boldsymbol{x}^p$ に対応して，以下の式から与えられる。

$$\boldsymbol{\lambda}=2\boldsymbol{f}(\boldsymbol{x},\boldsymbol{u}_N)e_1(\boldsymbol{x})+2\boldsymbol{f}_{\boldsymbol{u}}(\boldsymbol{x},\boldsymbol{u}_N)\boldsymbol{e}_2(\boldsymbol{x}) \tag{11.137}$$

$$\boldsymbol{\gamma}=2W_2\nabla\boldsymbol{\sigma}(\boldsymbol{z}_1)W_1\boldsymbol{\lambda} \tag{11.138}$$

$$\boldsymbol{\beta}=\nabla^2\boldsymbol{\sigma}(\boldsymbol{z}_1)\bullet(2W_1\boldsymbol{\lambda}\otimes\boldsymbol{y}^TW_2)+\nabla\boldsymbol{\sigma}(\boldsymbol{z}_1)W_2^T\boldsymbol{\gamma} \tag{11.139}$$

$$\boldsymbol{\delta}=2e_1(\boldsymbol{x})\boldsymbol{e}_2(\boldsymbol{x})+4R\boldsymbol{e}_2(\boldsymbol{x})+2\nabla^2_{\boldsymbol{uu}}\boldsymbol{f}(\boldsymbol{x},\boldsymbol{u}_N)\bullet\left\{\boldsymbol{e}_2(\boldsymbol{x})\otimes\boldsymbol{v}^T\right\} \tag{11.140}$$

$$\boldsymbol{\eta}=\nabla\boldsymbol{\sigma}(\boldsymbol{z}_2)W_4^T\boldsymbol{\delta} \tag{11.141}$$

これらの勾配を用いて，最適な結合重み行列 W_1～W_4，しきい値 $\boldsymbol{\theta}_1,\boldsymbol{\theta}_2$ が，

最急降下法[9)]

$$W_i^{k+1} = W_i^k - \alpha \nabla_{W_i} E[\overline{W}^k, \overline{\boldsymbol{\theta}}^k], \quad i = 1, 2, 3, 4 \tag{11.142}$$

$$\boldsymbol{\theta}_i^{k+1} = \boldsymbol{\theta}_i^k - \alpha \nabla_{\boldsymbol{\theta}_i} E[\overline{W}^k, \overline{\boldsymbol{\theta}}^k], \quad i = 1, 2 \tag{11.143}$$

により求められる（$\alpha > 0$）。その結果，ハミルトン-ヤコビ方程式の近似解 $V^N(\boldsymbol{x})$ と最適フィードバック則 $\boldsymbol{u}_N(\boldsymbol{x})$ が得られる。この最適状態フィードバック制御則

$$\boldsymbol{u}_N(\boldsymbol{x}) = W_4 \boldsymbol{\sigma}(W_3 \boldsymbol{x} + \boldsymbol{\theta}_2) - W_4 \boldsymbol{\sigma}(\boldsymbol{\theta}_2) \tag{11.144}$$

が，非線形最適レギュレータ問題 (11.71) の解である。

11.3.3 値関数へ収束させるための学習アルゴリズムの改善[11),12)]

偏微分方程式系 (11.77)〜(11.79) あるいは式 (11.85) は唯一解をもつとは限らないので，偏微分方程式の任意の解は必ずしも真の値関数であるとは限らない。この難点はハミルトン-ヤコビ方程式が最適性の必要条件でしかないことによる。ハミルトン-ヤコビ方程式のニューラルネットによる近似解が真の値関数 $V(\boldsymbol{x})$ に収束するかどうかを証明することは，非常に難しい。しかし，ニューラルネットの学習方法に工夫をこらすことにより，近似解が値関数 $V(\boldsymbol{x})$ に収束する確率を高めることができる。

簡単のため，$(\boldsymbol{x}, \boldsymbol{u}) = (\boldsymbol{0}, \boldsymbol{0})$ の近傍で式 (11.79) を満たす $\boldsymbol{u} = \boldsymbol{u}^o(\boldsymbol{x}, V_{\boldsymbol{x}}(\boldsymbol{x}))$ が大域的に存在すると仮定しよう。これを式 (11.77) に代入すると

$$q(\boldsymbol{x}) + \boldsymbol{u}^o(\boldsymbol{x}, V_{\boldsymbol{x}}(\boldsymbol{x}))^T R \boldsymbol{u}^o(\boldsymbol{x}, V_{\boldsymbol{x}}(\boldsymbol{x})) + V_{\boldsymbol{x}}(\boldsymbol{x}) \boldsymbol{f}(\boldsymbol{x}, \boldsymbol{u}^o(\boldsymbol{x}, V_{\boldsymbol{x}}(\boldsymbol{x}))) = 0 \tag{11.145}$$

となるが，一般的にはこのハミルトン-ヤコビ方程式の解 $V(\boldsymbol{x})$ は唯一ではない。問題 (11.71) の値関数は定常ハミルトン-ヤコビ方程式 (11.145) の一つの解だが，ほかにも解が存在する。ここでは問題 (11.71) の値関数 (11.74) を特に $V^o(\boldsymbol{x})$ と表して，任意の解 $V(\boldsymbol{x})$ と区別することにする。

さて，ハミルトン-ヤコビ方程式 (11.145) の準正定解の中の最小解が $V^o(\boldsymbol{x})$ を与える。しかしながら，最適制御則 $\boldsymbol{u}^o(\boldsymbol{x}, V^o_{\boldsymbol{x}}(\boldsymbol{x}))$ によって閉ループ系が漸近安定となる保証はない。

$\dot{\boldsymbol{x}} = \boldsymbol{f}(\boldsymbol{x}, \boldsymbol{u}^o(\boldsymbol{x}, V_{\boldsymbol{x}}(\boldsymbol{x})))$ が漸近安定となるようなハミルトン-ヤコビ方程式 (11.145) の解 $V(\boldsymbol{x})$ が存在するならば，これを $V^-(\boldsymbol{x})$ と書き，安定化解と呼ぶことにする。つぎの補助定理は，$V^-(\boldsymbol{x})$ が唯一に存在するための条件を与える。

【補助定理 11.3】[4),7)]　　ハミルトン行列

$$\mathcal{H} = \begin{bmatrix} A & -B(2R)^{-1}B^T \\ -2Q & -A^T \end{bmatrix}$$

ただし　$A = \boldsymbol{f}_{\boldsymbol{x}}(\boldsymbol{0}, \boldsymbol{0})$, $B = \boldsymbol{f}_{\boldsymbol{u}}(\boldsymbol{0}, \boldsymbol{0})$, $2Q = q_{\boldsymbol{x}\boldsymbol{x}}(\boldsymbol{0})$

が虚軸上に固有値をもたず，かつ $\{A, B\}$ が可安定ならば，ハミルトン-ヤコビ方程式 (11.145) に安定化解 $V^-(\boldsymbol{x})$ が唯一に存在する。

この補助定理が成り立つとき，安定化解の唯一性から $V^-(\boldsymbol{x})$ が安定化最適レギュレータ問題に対する評価汎関数の最小値であることがわかる。すなわち

$$\min_{\boldsymbol{u}} \left\{ \int_t^\infty \left(q(\boldsymbol{x}) + \boldsymbol{u}^T R \boldsymbol{u}\right) dt \;\middle|\; \dot{\boldsymbol{x}} = \boldsymbol{f}(\boldsymbol{x}, \boldsymbol{u}), \boldsymbol{x}(t) = \boldsymbol{x}, \lim_{t\to\infty} \boldsymbol{x}(t) = \boldsymbol{0} \right\}$$
$$= V^-(\boldsymbol{x}) \tag{11.146}$$

である。また，安定化最適制御則は $\boldsymbol{u}^o(\boldsymbol{x}, V^-_{\boldsymbol{x}}(\boldsymbol{x}))$ である。さらに $V^-(\boldsymbol{x})$ はハミルトン-ヤコビ方程式 (11.145) の最大解であることが容易に示せる[7)]。

ところで，$V^o(\boldsymbol{x})$ はハミルトン-ヤコビ方程式 (11.145) の準正定解の中の最小解であった。一方，$V^-(\boldsymbol{x})$ は式 (11.145) の最大解である。ゆえに $V^o(\boldsymbol{x}) \neq V^-(\boldsymbol{x})$ ならば，式 (11.145) に二つ以上の準正定解が存在する。しかし，もし $V^o(\boldsymbol{x}) = V^-(\boldsymbol{x})$ ならば，準正定解は唯一に存在する。準正定解の唯一性は，つぎの可検出性を仮定することにより保証される。

【仮定 11.8】　　$\{\boldsymbol{f}(\boldsymbol{x}, \boldsymbol{u}), q(\boldsymbol{x}) + \boldsymbol{u}^T R \boldsymbol{u}\}$ が可検出，すなわち，式 (11.71b) の解に沿って $\lim_{t\to\infty} \left\{q(\boldsymbol{x}(t)) + \boldsymbol{u}(t)^T R \boldsymbol{u}(t)\right\} = 0$ ならば $\lim_{t\to\infty} \boldsymbol{x}(t) = \boldsymbol{0}$ である。

$V^o(\boldsymbol{x})$ が存在するためには $\lim_{t\to\infty}\left\{q(\boldsymbol{x}(t))+\boldsymbol{u}(t)^T R\boldsymbol{u}(t)\right\}=0$ でなければならないが，可検出性を仮定すれば $\lim_{t\to\infty}\boldsymbol{x}(t)=\boldsymbol{0}$ となる。したがって，最適レギュレータ問題は安定化最適レギュレータ問題と等価であり，$V^o(\boldsymbol{x})=V^-(\boldsymbol{x})$ となる。最小解と最大解が等しいことは準正定解の唯一性を意味する。

以下では可検出性を仮定しよう。したがって，このとき，われわれの目標はハミルトン-ヤコビ方程式 (11.145) の唯一の準正定解である $V^-(\boldsymbol{x})$ をニューラルネットによって近似することである。

ところで，$V^N(\boldsymbol{x})$ を安定化解 $V^-(\boldsymbol{x})$ へ収束させる学習過程で，$V^N(\boldsymbol{x})$ が $V^-(\boldsymbol{x})$ 以外の解 $V(\boldsymbol{x})$ の $V(\boldsymbol{x})\geqq 0$ の部分に収束してしまうことも考えられる。しかし，少なくとも $\boldsymbol{x}=\boldsymbol{0}$ の近傍で $V^N(\boldsymbol{x})$ を $V^-(\boldsymbol{x})$ に一致させることは容易である。また，いったん $V^N(\boldsymbol{x})$ が $V^-(\boldsymbol{x})$ へ収束し始めれば，その後 $V^-(\boldsymbol{x})$ 以外のものに収束することは，勾配法による学習ではあり得ない。

$V^N(\boldsymbol{x})$ を $V^-(\boldsymbol{x})$ へ収束させる学習を行う上で，つぎのよく知られた事柄は有効である。

補助定理 11.3 と同じ仮定が成り立つとき，代数リカッチ方程式

$$PA+A^TP-PB(2R)^{-1}B^TP+2Q=O \tag{11.147}$$

に安定化解 P^- が唯一に存在する。そして，ハミルトン-ヤコビ方程式 (11.145) の安定化解 $V^-(\boldsymbol{x})$ に対して，つぎの関係が成り立つ†。

$$\nabla^2 V^-(\boldsymbol{0})=P^- \tag{11.148}$$

さて，$V^-(\boldsymbol{x})$ は式 (11.146) より最小値 $V^-(\boldsymbol{0})=0$ をとるから，$V_{\boldsymbol{x}}^-(\boldsymbol{0})=\boldsymbol{0}$ が

† 値関数 $V^o(\boldsymbol{x})$ は，原点近傍において非線形最適レギュレータ問題の線形化システムの値関数 $\overline{V}(\boldsymbol{x})$ で近似される。すなわち，非線形最適レギュレータ問題の線形化によって得られる線形最適レギュレータ問題の値関数 $\overline{V}(\boldsymbol{x})=\dfrac{1}{2}\boldsymbol{x}^TP\boldsymbol{x}$ で近似される。それゆえ，原点近傍では $V^o(\boldsymbol{x})$ は $\overline{V}(\boldsymbol{x})$ に等しく

$$V_{\boldsymbol{x}}^{oT}(\boldsymbol{0})=\overline{V}_{\boldsymbol{x}}^T(\boldsymbol{0})=P\boldsymbol{x}\mid_{\boldsymbol{x}=\boldsymbol{0}}=\boldsymbol{0}$$
$$V_{\boldsymbol{xx}}^o(\boldsymbol{0})=\overline{V}_{\boldsymbol{xx}}(\boldsymbol{0})=P$$

が成り立つ。さらに仮定 11.8 より $V^o(\boldsymbol{x})-V^-(\boldsymbol{x})$ なので，式 (11.148) が成り立つ。

成り立つ。一方，$V^N(\boldsymbol{x})$ も $V^N(\mathbf{0})=0$，$V^N_{\boldsymbol{x}}(\mathbf{0})=\mathbf{0}$ である。それゆえ $V^N(\boldsymbol{x})$ に対して式 (11.148) の関係

$$\nabla^2 V^N(\mathbf{0}) = P^- \tag{11.149}$$

を成立させれば，$\boldsymbol{x}=\mathbf{0}$ の近傍で $V^N(\boldsymbol{x})$ を $V^-(\boldsymbol{x})$ に一致させることができる。

ここでは，おもにアフィン非線形システムの場合について，学習アルゴリズムの改善法を示そう。$\nabla^2 V^N(\mathbf{0})$ は式 (11.92) より

$$\nabla^2 V^N(\mathbf{0}) = 2W_1^T \nabla\boldsymbol{\sigma}(\boldsymbol{\theta}) W_2^T W_2 \nabla\boldsymbol{\sigma}(\boldsymbol{\theta}) W_1 \tag{11.150}$$

と計算される。ここで $D \triangleq \nabla^2 V^N(\mathbf{0}) - P^-$ とおくと，式 (11.149) より D のノルム $\|D\|$ は零でなければならない。したがって，学習のための評価関数 (11.90) をつぎのように修正する。

$$E[W_1, W_2, \boldsymbol{\theta}] = \sum_{p=1}^{P} |e(\boldsymbol{x}^p)|^2 + \|D\|^2$$

そして，ニューラルネットの学習問題はつぎの最適化問題を解くことになる。

$$\min_{W_1, W_2, \boldsymbol{\theta}} \ E[W_1, W_2, \boldsymbol{\theta}] = \sum_{p=1}^{P} |e(\boldsymbol{x}^p)|^2 + \|D\|^2 \tag{11.151a}$$

$$\text{subject to} \quad \boldsymbol{z}^p = W_1 \boldsymbol{x}^p + \boldsymbol{\theta} \tag{11.151b}$$

$$\boldsymbol{y}(\boldsymbol{x}^p) = W_2 \boldsymbol{\sigma}(\boldsymbol{z}^p) - W_2 \boldsymbol{\sigma}(\boldsymbol{\theta}) \tag{11.151c}$$

$$V^N(\boldsymbol{x}^p) = \boldsymbol{y}(\boldsymbol{x}^p)^T \boldsymbol{y}(\boldsymbol{x}^p) \tag{11.151d}$$

$$\begin{aligned} e(\boldsymbol{x}^p) = {} & q(\boldsymbol{x}^p) + V^N_{\boldsymbol{x}}(\boldsymbol{x}^p) \boldsymbol{f}(\boldsymbol{x}^p) \\ & - \frac{1}{4} V^N_{\boldsymbol{x}}(\boldsymbol{x}^p) G(\boldsymbol{x}^p) R^{-1} G(\boldsymbol{x}^p)^T V^N_{\boldsymbol{x}}(\boldsymbol{x}^p)^T \end{aligned} \tag{11.151e}$$

$$D = 2W_1^T \nabla\boldsymbol{\sigma}(\boldsymbol{\theta}) W_2^T W_2 \nabla\boldsymbol{\sigma}(\boldsymbol{\theta}) W_1 - P^- \tag{11.151f}$$

$$p = 1, 2, \cdots, P$$

問題 (11.151) を解くには，評価関数 (11.151a) の $W_1, W_2, \boldsymbol{\theta}$ に関する勾配が必要である。式 (11.151a) の右辺第 1 項の勾配はそれぞれ式 (11.110)〜(11.112)

により，すでに計算されている。よって，$\|D\|^2$ の $W_1, W_2, \boldsymbol{\theta}$ に関する勾配を計算すればよいが，これらは p.353 の脚注のアレイの公式からつぎのように求まる。

$$\nabla_{W_1} \|D\|^2 = 8\nabla\boldsymbol{\sigma}(\boldsymbol{\theta})W_2^T W_2 \nabla\boldsymbol{\sigma}(\boldsymbol{\theta})W_1 D \tag{11.152a}$$

$$\nabla_{W_2} \|D\|^2 = 8W_2\nabla\boldsymbol{\sigma}(\boldsymbol{\theta})W_1 D W_1^T \nabla\boldsymbol{\sigma}(\boldsymbol{\theta}) \tag{11.152b}$$

$$\nabla_{\boldsymbol{\theta}} \|D\|^2 = 8\nabla^2\boldsymbol{\sigma}(\boldsymbol{\theta})\bullet\left(W_1 D W_1^T \nabla\boldsymbol{\sigma}(\boldsymbol{\theta})W_2^T W_2\right) \tag{11.152c}$$

新たに求められた勾配 $\nabla_{W_1}E$, $\nabla_{W_2}E$, $\nabla_{\boldsymbol{\theta}}E$ を使えば，学習は最急降下法式 (11.113)～(11.115) により実行される。

一般非線形システムの場合（p.355 の (2) を参照）にも，同様の改善を行うことができる。この場合，$\nabla^2 V^N(\mathbf{0})$ は式 (11.150) において $\boldsymbol{\theta}$ を $\boldsymbol{\theta}_1$ で置き換えたものとなる。前と同様に，学習のための評価関数 (11.124) に $\|D\|^2$ を付加する。最急降下法 (11.142), (11.143) を実行するとき，$\|D\|^2$ の $W_1, W_2, \boldsymbol{\theta}_1$ に関する勾配が新たに必要となるが，これらも式 (11.152a)～(11.152c) において $\boldsymbol{\theta}$ を $\boldsymbol{\theta}_1$ で置き換えたものとなる。

種々の非線形システムに対してシミュレーションを行った結果，開ループ最適制御の結果とほとんど同じ最適軌道が得られ，提案手法の有効性が示された（文献 11), 12) 参照）。

引用・参考文献

1) R. W. Beard, G. N. Saridis and J. T. Wen: Galerkin Approximations of the Generalized Hamilton-Jacobi-Bellman Equation, Automatica, Vol. 33, No. 12 (1997)

2) C. J. Goh: On the Nonlinear Optimal Regulator Problem, Automatica, Vol. 29, No. 3 (1993)

3) 石島：非線形システム論, 計測自動制御学会 (1993)

4) V. Kučera: A Contribution to Matrix Quadratic Equations, IEEE Trans. Autom. Contr., Vol. AC-17, pp. 344–347 (1972)

5) 小松：ベクトル解析と多様体 II, 岩波講座応用数学 15 基礎 6 (1995)
6) D. L. Lukes: Optimal Regulation of Nonlinear Dynamical Systems, SIAM J. Control, Vol. 7, No. 1 (1969)
7) A. van der Schaft: L_2Gain and Passivity Techniques in Nonlinear Control, Lecture Notes in Control and Information Science 218, Springer-verlag (1996)
8) 志水：最適制御の理論と計算法, コロナ社 (1994)
9) 志水：ニューラルネットと制御, コロナ社 (2002)
10) K. Shimizu and K. Nakayama: A Solution to Hamilton-Jacobi Equation by Neural Networks and Optimal State Feedback Control Law of Nonlinear Systems, Proc. of 2002 American Control Conference, Vol. 1, pp. 442–447, Anchorage (2002)
11) 志水, 中山, 松本：ニューラルネットによる Hamilton-Jacobi 方程式の解法と非線形システムの最適フィードバック制御, 計測自動制御学会論文集, Vol. 38, No. 8 (2002)
12) K. Shimizu: A Solution to Hamilton-Jacobi Equation by Neural Networks and Optimal State Feedback Control, in L. Qi, K. Teo and X. Yang, eds.: Optimization and Control with Applications, pp. 461–480, Springer (2005)
13) M. Suzuki and K. Shimizu: Analysis of Distributed Systems by Array Algebra, Int. J. of Systems Science, Vol. 21, No. 1 (1990)
14) K. Zhou, J. Doyle, K. Glover 著, 劉, 羅 訳：ロバスト制御, コロナ社 (1997)

12 PID 制御と P·SPR·D+I 制御

12.1 は じ め に

PID 制御は原型が確立されてから半世紀以上が経過した古典的な制御手法ではあるが，工業界における制御の 8 割以上が PID 制御である。その理由として，出力とその微分値のみが観測されればよいこと，PID の比例・積分・微分の三つの制御器パラメータさえ決定できればよいことがあげられる。簡単ではあるが汎用性もあり，現在も広く用いられている制御方式である。

本章では，現代制御論に基づき，多変数システムの PID 制御とその拡張である P·SPR·D+I 制御を解説する。

PID 制御器のパラメータ調整法には, Ziegler-Nichols 法 [54),45)], Chien-Hrones-Reswick 法[45)]，北森法[12)] がある。その他の PID の自動調整法については，文献 2), 46), 25) に与えられている。また，2 自由度 PID 制御系の設計[26),47)] などの多くの方法が考えられている。

線形スカラ系に限定すると，古典制御論に基づく従来の PID 制御に関しては多くの研究があり，上述のとおりプロセス制御の標準として広く利用されている。特に相対次数の大きい高次系やむだ時間系を「1 次遅れ + むだ時間」系で近似して PID パラメータを調整する理論は，ほぼ完成している。

これに対して，多変数システムに対する PID 制御の研究は少ない。多変数系の PID 制御に関する研究には，文献 3) など非干渉化に基づく設計方法があるが，非干渉化できるための条件は一般的に厳しいことが知られている。そのような非干渉化ができない多変数システムに対して PID 制御を行うためには，調整パラメータが行列となる多変数システムの制御器の設計が必要になる。しかし，調整パラメータが行列となるため，従来の古典制御論で考えるのが難しくなる。過去の多変数 PID 制御の研究では，古典制御論からのアプローチとして文献 2),8) がある。一方，現代制御論からのアプローチとして，文献 55),19) がある。これらは PID 制御を静的出力フィードバックとみなし，PID パラメータ行列の導出を LMI 問題に帰着させている。このような現代制御論からのアプローチは，従来の古典制御論からのアプローチでは困難であった多変数システムや非線形システムに対する設計・解析のための有効なアプローチとして期待される。

PID 制御の教科書は多数出版されているが，ここでは文献 2),45),11),51) を紹介しておく。

12.2 節では，多入力多出力の線形システムに対する PID 制御による安定化制御を考える。PID 制御を等価的に静的出力フィードバック制御の形に表現し，7.1.1 項の出力フィードバックによる安定化理論を適用して，PID パラメータ行列の値を決定する。そして，この方法を設定点サーボ問題へ拡張する。

12.3 節では，線形多変数システムに対する PID 制御による任意固有値配置を解説する。制御対象には r 入力 m 出力の n 次元線形システムを考え，このシステムに対する PID 制御によるレギュレータ問題を解説する。まず，PID 制御を等価的に静的出力フィードバック制御の形に表現し，7.1.2 項で述べた静的出力フィードバックによる任意固有値配置法を応用して，閉ループ系が漸近安定になるような PID パラメータ行列の値を決定する。

ところで，PID 制御は調整パラメータが三つしかないため，PID 制御による閉ループ系の内部状態安定性を保証することは非常に困難である。例えば，通常の PID 制御では次元の高いシステムの任意極配置は非常に難しい。そこで，PID 制御器で最適サーボ器の状態フィードバック則を近似し擬似極配置する方法も研究されている[30),31)]。

12.4 節では，最小位相性と高ゲイン出力フィードバックに基づいて，線形多変数システムのP·SPR·D制御ならびにP·SPR·D+I制御[35),38),44),50)]による安定化制御を解説する。ここでいうP·SPR·D制御とは，PD制御に強正実要素（SPRはstrict positive realの略語）を付加したものである。そうすることによって最小位相化が実現でき，高ゲイン出力フィードバックによって漸近安定化を実行できるようになる。高ゲイン出力フィードバックに基づくP·SPR·D制御は設定点サーボ問題へ拡張され，P·SPR·D制御ならびにP·SPR·D+I制御[38),44)]が提案されている。また，最小位相性と高ゲイン出力フィードバックを応用したアプローチとして，速度型PID制御則にフィードバック項を付加した拡張PID制御が，文献34)で提案されている。

12.5節では，時間遅れをもつ線形多変数システムのP·SPR·D制御を研究する。制御入力に時間遅れをもつシステムは，その実用的重要性から従来も多くの研究があるが，ここではまず時間遅れシステムの高ゲイン出力フィードバック定理を導き，それを応用して制御入力時間遅れシステムのためのP·SPR·D制御器の設計を行う。

ところで，実用的制御の本質は，高ゲイン出力フィードバックによる閉ループ系の安定化と制御成績改善，ならびに小ゲイン定理による外乱伝達関数のH^∞ノルムを1以下にすること（つまりL_2ゲイン外乱抑制）によるロバスト制御である。P·SPR·D制御によるL_2ゲイン外乱抑制問題は，文献43)で研究されている。

近年では非線形システムに対するPID制御も研究されており，例えばロボットマニピュレータに対するPID制御の調整法[1)]，ラグランジュシステムの受動性に基づくPD，PID制御[20),4)]，非線形多入力多出力システムに対する最適調整法[9)]などの論文がある。さらに，非ホロノミック系への適用[41),42)]も研究されている。

12.6節では，アフィン非線形システムのP·SPR·D制御[36),37),39),40)]を研究する。ここでP·SPR·D制御とは，前述のとおり，PID制御のI動作をSPR（strict positive real）要素で置き直した制御方式のことである。多入力多出力のアフィン非線形システムに対して，P·SPR·D制御を行った場合の安定性解析を，受動性理論と LaSalle の不変性原理を応用して行う。

12.7 節では，一般の非線形システムに対して P·SPR·D 制御または PID 制御を行った場合における，閉ループ系を漸近安定化する制御器パラメータ行列の数値計算法を説明する。一般的な方法として，個別のシステムに対してリアプノフの安定定理に基づき，最急降下法を応用して計算する方法の概略を説明する。

12.2　PID 制御による安定化制御

本節では，PID 制御を現代制御論からアプローチすることで，線形多変数システムの PID 制御による安定化制御を解説する。

12.2.1　PID 制御による安定化

つぎのような時不変の多入力多出力の線形システムを考える。

$$\dot{\boldsymbol{x}}(t) = A\boldsymbol{x}(t) + B\boldsymbol{u}(t) \tag{12.1}$$

$$\boldsymbol{y}(t) = C\boldsymbol{x}(t) \tag{12.2}$$

ただし，$\boldsymbol{x}(t) \in R^n$，$\boldsymbol{u}(t) \in R^r$，$\boldsymbol{y}(t) \in R^m$ はそれぞれ状態ベクトル，制御入力，出力である。ここでプラント $\{A, B, C\}$ は可制御・可観測で

$$\mathrm{rank}\begin{bmatrix} A & B \\ C & O \end{bmatrix} = n + m \tag{12.3}$$

と仮定する。

さて，PID 制御則は一般につぎのように与えられる。

$$\boldsymbol{u}(t) = K_P\boldsymbol{e}(t) + K_I\int_0^t \boldsymbol{e}(\tau)d\tau + K_D\dot{\boldsymbol{e}}(t) \tag{12.4}$$

ただし，行列 $K_P, K_I, K_D \in R^{r\times m}$ は，それぞれ比例，積分，微分係数と呼ばれる制御器パラメータ行列である。$\boldsymbol{e}(t)$ は出力の偏差信号（誤差信号）であり，目標（所望）出力値が $\boldsymbol{r}(t)$ のときは次式で与えられる。

$$\boldsymbol{e}(t) = \boldsymbol{r}(t) - \boldsymbol{y}(t) \tag{12.5}$$

まずレギュレータ問題を考えることにし，$\boldsymbol{r}(t) = \boldsymbol{0}$ とする。このとき，PID 制御則は

$$\boldsymbol{u}(t) = -K_P\boldsymbol{y}(t) - K_I\int_0^t \boldsymbol{y}(\tau)d\tau - K_D\dot{\boldsymbol{y}}(t) \tag{12.6}$$

となる。解析のため，ここでつぎのような新たな変数 $\boldsymbol{z}(t) \in R^m$ を導入する。

$$\boldsymbol{z}(t) = \int_0^t -\boldsymbol{y}(\tau)d\tau \tag{12.7}$$

そのとき，PID 制御則は

$$\boldsymbol{u}(t) = -K_P\boldsymbol{y}(t) + K_I\boldsymbol{z}(t) - K_D\dot{\boldsymbol{y}}(t) \tag{12.8}$$

と書ける。式 (12.2) と $\dot{\boldsymbol{y}}(t) = CA\boldsymbol{x}(t) + CB\boldsymbol{u}(t)$ を式 (12.8) に代入すると

$$\boldsymbol{u}(t) = -K_PC\boldsymbol{x}(t) + K_I\boldsymbol{z}(t) - K_D(CA\boldsymbol{x}(t) + CB\boldsymbol{u}(t))$$

となり，整理すると，つぎのように書ける。

$$\begin{aligned}\boldsymbol{u}(t) = &-(I_r + K_DCB)^{-1}K_PC\boldsymbol{x}(t) + (I_r + K_DCB)^{-1}K_I\boldsymbol{z}(t)\\ &-(I_r + K_DCB)^{-1}K_DCA\boldsymbol{x}(t)\end{aligned}$$

逆行列 $(I_r + K_DCB)^{-1}$ の存在性については，文献 55) に述べられている。

記述簡単化のため

$$\overline{F}_P = (I_r + K_DCB)^{-1}K_P \tag{12.9a}$$

$$\overline{F}_I = (I_r + K_DCB)^{-1}K_I \tag{12.9b}$$

$$\overline{F}_D = (I_r + K_DCB)^{-1}K_D \tag{12.9c}$$

とおくと，$\boldsymbol{u}(t)$ はつぎのようになる。

$$\boldsymbol{u}(t) = -\overline{F}_PC\boldsymbol{x}(t) + \overline{F}_I\boldsymbol{z}(t) - \overline{F}_DCA\boldsymbol{x}(t) \tag{12.10}$$

また，式 (12.7) を時間微分すると

$$\dot{\boldsymbol{z}}(t) = -\boldsymbol{y}(t) = -C\boldsymbol{x}(t) \tag{12.11}$$

となるので，式 (12.1) と式 (12.11) より，つぎのような拡大システムを構成する。

$$\begin{bmatrix} \dot{\boldsymbol{x}}(t) \\ \dot{\boldsymbol{z}}(t) \end{bmatrix} = \overline{A} \begin{bmatrix} \boldsymbol{x}(t) \\ \boldsymbol{z}(t) \end{bmatrix} + \overline{B}\boldsymbol{u}(t) \tag{12.12}$$

ここで $\overline{A} \triangleq \begin{bmatrix} A & O \\ -C & O \end{bmatrix}, \ \overline{B} \triangleq \begin{bmatrix} B \\ O \end{bmatrix}$

PID 制御による閉ループ系は，式 (12.10) を式 (12.12) に代入して，つぎのようになる。

$$\begin{bmatrix} \dot{\boldsymbol{x}}(t) \\ \dot{\boldsymbol{z}}(t) \end{bmatrix} = \begin{bmatrix} A - B(\overline{F}_P C + \overline{F}_D CA) & B\overline{F}_I \\ -C & O \end{bmatrix} \begin{bmatrix} \boldsymbol{x}(t) \\ \boldsymbol{z}(t) \end{bmatrix} \tag{12.13}$$

つぎに，PID 制御による閉ループ系 (12.13) を安定化する K_P, K_I, K_D の決め方を考える。PID 制御 (12.10) は明らかにつぎのように変形することができる。

$$\boldsymbol{u}(t) = -\begin{bmatrix} \overline{F}_P & \overline{F}_I & \overline{F}_D \end{bmatrix} \begin{bmatrix} C & O \\ O & -I_m \\ CA & O \end{bmatrix} \begin{bmatrix} \boldsymbol{x}(t) \\ \boldsymbol{z}(t) \end{bmatrix} \tag{12.14}$$

ここで，行列

$$\overline{F} = \begin{bmatrix} \overline{F}_P & \overline{F}_I & \overline{F}_D \end{bmatrix}, \ \overline{C} \triangleq \begin{bmatrix} C & O \\ O & -I_m \\ CA & O \end{bmatrix} \tag{12.15}$$

を定義すると，式 (12.14) は

$$\boldsymbol{u}(t) = -\overline{FC} \begin{bmatrix} \boldsymbol{x}(t) \\ \boldsymbol{z}(t) \end{bmatrix} \tag{12.16}$$

と書ける。それゆえ，PID 制御 (12.14) は拡大システム (12.12) の出力として

$$\overline{\boldsymbol{y}}(t) = \overline{C} \begin{bmatrix} \boldsymbol{x}(t) \\ \boldsymbol{z}(t) \end{bmatrix} \tag{12.17}$$

を考えたときの静的出力フィードバック

$$\boldsymbol{u}(t) = -\overline{F}\overline{\boldsymbol{y}}(t) \tag{12.18}$$

とみなせる。ここで，拡大システム $\left\{\overline{A}, \overline{B}, \overline{C}\right\}$ は可制御・可観測である。これは，システム $\{A, B, C\}$ が可制御・可観測で，仮定 (12.3) が成り立てば，容易に証明できる。それゆえ，PID 制御による閉ループ系 (12.13) は，拡大システム (12.12) の出力フィードバック (12.18) による閉ループ系

$$\begin{bmatrix} \dot{\boldsymbol{x}}(t) \\ \dot{\boldsymbol{z}}(t) \end{bmatrix} = (\overline{A} - \overline{BFC}) \begin{bmatrix} \boldsymbol{x}(t) \\ \boldsymbol{z}(t) \end{bmatrix} \tag{12.19}$$

と等価である。

したがって，PID 制御による閉ループ系を安定化する PID パラメータ行列は，拡大システム $\left\{\overline{A}, \overline{B}, \overline{C}\right\}$ に 7.1.1 項の出力フィードバックによる安定化手法，計算手順 1 を適用して，$\overline{A} - \overline{BFC}$ を安定化する $\overline{F}$ を得ることによって求まる。すなわち，得られた $\overline{F}$ を $\overline{F} = [\, \overline{F}_P \; \overline{F}_I \; \overline{F}_D \,]$ とすれば，式 (12.9) より関係式

$$K_P = (I_r + K_D C B)\overline{F}_P \tag{12.20a}$$

$$K_I = (I_r + K_D C B)\overline{F}_I \tag{12.20b}$$

$$K_D = (I_r + K_D C B)\overline{F}_D \tag{12.20c}$$

を得るので，式 (12.20c) より K_D はつぎのように計算できる。

$$K_D = \overline{F}_D (I_m - C B \overline{F}_D)^{-1} \tag{12.21}$$

よって，K_P, K_I は式 (12.21) を式 (12.20a), (12.20b) に代入して

$$K_P = \left\{ I_r + \overline{F}_D (I_m - C B \overline{F}_D)^{-1} C B \right\} \overline{F}_P \tag{12.22}$$

$$K_I = \left\{ I_r + \overline{F}_D (I_m - C B \overline{F}_D)^{-1} C B \right\} \overline{F}_I \tag{12.23}$$

と導出することができる。7.1.1 項の計算手順 1 中の R を変えることによって，いろいろな K_P, K_I, K_D が得られる。

12.2.2 設定点サーボ問題への拡張

つぎに，線形多変数システム (12.1), (12.2) の出力 $\boldsymbol{y}(t)$ を PID 制御

$$\boldsymbol{u}(t) = K_P\boldsymbol{e}(t) + K_I\int_0^t \boldsymbol{e}(\tau)d\tau + K_D\dot{\boldsymbol{e}}(t) + \boldsymbol{m}_0 \tag{12.24}$$

によって任意のステップ目標値 $\boldsymbol{y}^* \in R^m$ に追従させることを考える。ただし

$$\boldsymbol{e}(t) \triangleq \boldsymbol{y}^* - \boldsymbol{y}(t) \tag{12.25}$$

は目標値からの誤差であり，$\boldsymbol{m}_0$ はいわゆる手動リセット量，$K_P, K_I, K_D \in R^{r\times m}$ はそれぞれ比例，積分，微分係数と呼ばれる制御器パラメータ行列である。ここで，つぎのような新たな変数 $\boldsymbol{z}(t) \in R^m$ を導入する。

$$\boldsymbol{z}(t) = \int_0^t \boldsymbol{e}(\tau)d\tau \tag{12.26}$$

そのとき，PID 制御則はつぎのように書ける。

$$\boldsymbol{u}(t) = K_P\boldsymbol{e}(t) + K_I\boldsymbol{z}(t) + K_D\dot{\boldsymbol{e}}(t) + \boldsymbol{m}_0 \tag{12.27}$$

以下では，出力が目標値に達したときの状態と入力の平衡点を求め，状態の平衡点を状態の目標値とすることで，閉ループ誤差系を導出する。

まず，$\boldsymbol{y}(t) = \boldsymbol{y}^*$ が達成されるときの平衡状態を $\boldsymbol{x}^*$，そのときの入力を $\boldsymbol{u}^*$ 表すと，つぎの関係が成り立つ。

$$\boldsymbol{0} = A\boldsymbol{x}^* + B\boldsymbol{u}^* \tag{12.28}$$

$$\boldsymbol{y}^* = C\boldsymbol{x}^* \tag{12.29}$$

所望の平衡点 $\boldsymbol{x}^*, \boldsymbol{u}^*$ は

$$\begin{bmatrix} \boldsymbol{x}^* \\ \boldsymbol{u}^* \end{bmatrix} = \begin{bmatrix} A & B \\ C & O \end{bmatrix}^{-1} \begin{bmatrix} \boldsymbol{0} \\ \boldsymbol{y}^* \end{bmatrix} \tag{12.30}$$

となる。ここで一般化行列 $\begin{bmatrix} A & B \\ C & O \end{bmatrix}^{-}$ は，式 (12.3) の仮定より存在する。

したがって，状態 $\boldsymbol{x}(t)$ の目標値を平衡点 $\boldsymbol{x}^*$ とすることで，つぎの状態誤差

$$\boldsymbol{e}_x(t) \triangleq \boldsymbol{x}(t) - \boldsymbol{x}^* \tag{12.31}$$

を考えることができる。出力誤差 (12.25) は式 (12.29), (12.31) の関係より

$$\boldsymbol{e}(t) = \boldsymbol{y}^* - \boldsymbol{y}(t) = C(\boldsymbol{x}^* - \boldsymbol{x}(t)) = -C\boldsymbol{e}_x(t) \tag{12.32}$$

となる。そこで，式 (12.31) を微分し，式 (12.28), (12.31) の関係より得られる状態誤差系

$$\begin{aligned} \dot{\boldsymbol{e}}_x(t) &= \dot{\boldsymbol{x}}(t) - \boldsymbol{0} = (A\boldsymbol{x}(t) + B\boldsymbol{u}(t)) - (A\boldsymbol{x}^* + B\boldsymbol{u}^*) \\ &= A\boldsymbol{e}_x(t) + B(\boldsymbol{u}(t) - \boldsymbol{u}^*) \end{aligned} \tag{12.33}$$

を漸近安定化して $t \to \infty$ で $\boldsymbol{e}_x(t) \to \boldsymbol{0}$ とすることができれば，$\boldsymbol{e}(t) \to \boldsymbol{0}$ となり，設定点サーボ問題が解ける。

さて，式 (12.33) より

$$\dot{\boldsymbol{e}}(t) = -C\dot{\boldsymbol{e}}_x(t) = -C(A\boldsymbol{e}_x(t) + B(\boldsymbol{u}(t) - \boldsymbol{u}^*)) \tag{12.34}$$

が成り立つ。式 (12.32), (12.34) より PID 制御則 (12.27) は

$$\boldsymbol{u}(t) = -K_P C\boldsymbol{e}_x(t) + K_I\boldsymbol{z}(t) - K_D C(A\boldsymbol{e}_x(t) + B(\boldsymbol{u}(t) - \boldsymbol{u}^*)) + \boldsymbol{m}_0$$

となり，整理すると，つぎのように表せる。

$$\begin{aligned} \boldsymbol{u}(t) = &-(I_r + K_D CB)^{-1}K_P C\boldsymbol{e}_x(t) + (I_r + K_D CB)^{-1}K_I\boldsymbol{z}(t) \\ &-(I_r + K_D CB)^{-1}K_D(CA\boldsymbol{e}_x(t) - CB\boldsymbol{u}^*) \\ &+(I_r + K_D CB)^{-1}\boldsymbol{m}_0 \end{aligned} \tag{12.35}$$

ここで，記述簡単化のため

$$\overline{F}_P = (I_r + K_D CB)^{-1}K_P \tag{12.36a}$$

$$\overline{F}_I = (I_r + K_D CB)^{-1} K_I \tag{12.36b}$$

$$\overline{F}_D = (I_r + K_D CB)^{-1} K_D \tag{12.36c}$$

$$\overline{F}_m = (I_r + K_D CB)^{-1} \tag{12.36d}$$

とおくと，式 (12.35) はつぎのようになる。

$$\begin{aligned}\boldsymbol{u}(t) = &-\overline{F}_P C\boldsymbol{e}_x(t) + \overline{F}_I \boldsymbol{z}(t) - \overline{F}_D (CA\boldsymbol{e}_x(t) - CB\boldsymbol{u}^*)\\ &+\overline{F}_m \boldsymbol{m}_0\end{aligned} \tag{12.37}$$

式 (12.26) を微分すると

$$\dot{\boldsymbol{z}}(t) = \boldsymbol{e}(t) = -C\boldsymbol{e}_x \tag{12.38}$$

となるので，式 (12.33) と式 (12.38) よりつぎのような拡大システムを構成する。

$$\begin{bmatrix} \dot{\boldsymbol{e}}_x(t) \\ \dot{\boldsymbol{z}}(t) \end{bmatrix} = \overline{A} \begin{bmatrix} \boldsymbol{e}_x(t) \\ \boldsymbol{z}(t) \end{bmatrix} + \overline{B}(\boldsymbol{u}(t) - \boldsymbol{u}^*) \tag{12.39}$$

ここで　$\overline{A} \triangleq \begin{bmatrix} A & O \\ -C & O \end{bmatrix}$，$\overline{B} \triangleq \begin{bmatrix} B \\ O \end{bmatrix}$

手動リセット量付 PID 制御による閉ループ誤差系は，式 (12.37) を式 (12.39) に代入して

$$\begin{aligned}\begin{bmatrix} \dot{\boldsymbol{e}}_x(t) \\ \dot{\boldsymbol{z}}(t) \end{bmatrix} &= \begin{bmatrix} A - B(\overline{F}_P C + \overline{F}_D CA) & B\overline{F}_I \\ -C & O \end{bmatrix} \begin{bmatrix} \boldsymbol{e}_x(t) \\ \boldsymbol{z}(t) \end{bmatrix}\\ &\quad + \begin{bmatrix} B\overline{F}_m \boldsymbol{m}_0 \\ \boldsymbol{0} \end{bmatrix} - \begin{bmatrix} B(I_r - \overline{F}_D CB)\boldsymbol{u}^* \\ \boldsymbol{0} \end{bmatrix}\end{aligned} \tag{12.40}$$

となる。しかしここで

$$I_r - \overline{F}_D CB = I_r - (I_r + K_D CB)^{-1} K_D CB = (I_r + K_D CB)^{-1} = \overline{F}_m$$

なので，閉ループ誤差系はつぎのようになる。

$$\begin{bmatrix} \dot{\boldsymbol{e}}_x(t) \\ \dot{\boldsymbol{z}}(t) \end{bmatrix} = \begin{bmatrix} A - B(\overline{F}_P C + \overline{F}_D CA) & B\overline{F}_I \\ -C & O \end{bmatrix} \begin{bmatrix} \boldsymbol{e}_x(t) \\ \boldsymbol{z}(t) \end{bmatrix} + \begin{bmatrix} B\overline{F}_m(\boldsymbol{m}_0 - \boldsymbol{u}^*) \\ \boldsymbol{0} \end{bmatrix} \tag{12.41}$$

したがって，式 (12.41) が漸近安定ならば，それは定数項 $B\overline{F}_m(\boldsymbol{m}_0-\boldsymbol{u}^*)$ に依存したある平衡点に収束する。もし $\boldsymbol{m}_0 = \boldsymbol{u}^*$ に設定されていれば，$t \to \infty$ のとき $\boldsymbol{e}_x(t) \to \boldsymbol{0}$, $\boldsymbol{e}(t) \to \boldsymbol{0}$ となり，その結果 $\boldsymbol{y}(t) \to \boldsymbol{y}^*$ が保証される。また，もし $\boldsymbol{m}_0 \neq \boldsymbol{u}^*$ であったり，$\boldsymbol{m}_0 = \boldsymbol{0}$ と設定されていたりすれば，漸近安定であっても定数項 $B\overline{F}_m(\boldsymbol{m}_0 - \boldsymbol{u}^*)$ に依存するオフセット（つまり $\boldsymbol{e}(\infty) = \boldsymbol{y}^* - \boldsymbol{y}(\infty)$）が生じる。このオフセットの大きさは，$K_P$, K_I, K_D の関数である。

最後に，PID 制御による閉ループ誤差系 (12.41) を漸近安定化する K_P, K_I, K_D を決定する方法を考えよう。手動リセット量付 PID 制御 (12.37) は

$$\boldsymbol{u}(t) = -\begin{bmatrix} \overline{F}_P & \overline{F}_I & \overline{F}_D \end{bmatrix} \begin{bmatrix} C & O \\ O & -I_m \\ CA & O \end{bmatrix} \begin{bmatrix} \boldsymbol{e}_x(t) \\ \boldsymbol{z}(t) \end{bmatrix} + \overline{F}_D CB\boldsymbol{u}^* + \overline{F}_m \boldsymbol{m}_0 \tag{12.42}$$

と書ける。ここで式 (12.15) のようにおくと，式 (12.42) は

$$\boldsymbol{u}(t) = -\overline{FC} \begin{bmatrix} \boldsymbol{e}_x(t) \\ \boldsymbol{z}(t) \end{bmatrix} + \overline{F}_D CB\boldsymbol{u}^* + \overline{F}_m \boldsymbol{m}_0 \tag{12.43}$$

と書ける。それゆえ，PID 制御 (12.37)（つまり式 (12.43)）は拡大システム (12.39) の出力として

$$\overline{\boldsymbol{y}}(t) = \overline{C} \begin{bmatrix} \boldsymbol{e}_x(t) \\ \boldsymbol{z}(t) \end{bmatrix} \tag{12.44}$$

を考えたときの静的出力フィードバック

$$\boldsymbol{u}(t) = -\overline{F}\overline{\boldsymbol{y}}(t) + \overline{F}_D CB\boldsymbol{u}^* + \overline{F}_m \boldsymbol{m}_0 \tag{12.45}$$

とみなせる。ここで，拡大システム $\{\overline{A}, \overline{B}, \overline{C}\}$ は可制御・可観測である。

このとき閉ループ誤差系は，式 (12.39) より

$$\begin{aligned}\begin{bmatrix}\dot{\boldsymbol{e}}_x(t)\\ \dot{\boldsymbol{z}}(t)\end{bmatrix} &= \overline{A}\begin{bmatrix}\boldsymbol{e}_x(t)\\ \boldsymbol{z}(t)\end{bmatrix} + \overline{B}\big((-\overline{F}\overline{\boldsymbol{y}}(t) + \overline{F}_D CB\boldsymbol{u}^* + \overline{F}_m\boldsymbol{m}_0) - \boldsymbol{u}^*\big)\\ &= (\overline{A} - \overline{BFC})\begin{bmatrix}\boldsymbol{e}_x(t)\\ \boldsymbol{z}(t)\end{bmatrix} + \begin{bmatrix}B(\overline{F}_m\boldsymbol{m}_0 - (I_r - \overline{F}_D CB)\boldsymbol{u}^*)\\ \boldsymbol{0}\end{bmatrix}\\ &= (\overline{A} - \overline{BFC})\begin{bmatrix}\boldsymbol{e}_x(t)\\ \boldsymbol{z}(t)\end{bmatrix} + \begin{bmatrix}B\overline{F}_m(\boldsymbol{m}_0 - \boldsymbol{u}^*)\\ \boldsymbol{0}\end{bmatrix} \qquad (12.46)\end{aligned}$$

となり，これは式 (12.41) に等しい。したがって，手動リセット量付 PID 制御による閉ループ誤差系 (12.41) は，拡大システム $\{\overline{A}, \overline{B}, \overline{C}\}$ に対する静的出力フィードバック (12.45) による閉ループ誤差系 (12.46) と等価である。

以下の PID パラメータ行列 K_P, K_I, K_D の決定法は，12.2.1 項と同じである。すなわち，拡大システム $\{\overline{A}, \overline{B}, \overline{C}\}$ に対する静的出力フィードバック安定化問題を解く，つまり $\overline{F}$ を求めて $\overline{F} = [\,\overline{F}_P\ \overline{F}_I\ \overline{F}_D\,]$ とおくことで，閉ループ誤差系 (12.41) を漸近安定化する $\overline{F}_P$, $\overline{F}_I$, $\overline{F}_D$ が求まる。そのような $\overline{F}_P$, $\overline{F}_I$, $\overline{F}_D$ が得られれば，漸近安定化 PID パラメータ行列は式 (12.36a)〜(12.36c) の関係より求めることができる。すなわち，K_D は式 (12.36c) より

$$K_D = \overline{F}_D(I_m - CB\overline{F}_D)^{-1} \qquad (12.47)$$

と求めることができ，K_P, K_I は式 (12.47) を式 (12.36a), (12.36b) に代入することで，つぎのように導出できる。

$$K_P = \left\{I_r + \overline{F}_D(I_m - CB\overline{F}_D)^{-1}CB\right\}\overline{F}_P \qquad (12.48)$$

$$K_I = \left\{I_r + \overline{F}_D(I_m - CB\overline{F}_D)^{-1}CB\right\}\overline{F}_I \qquad (12.49)$$

以上のような K_P, K_I, K_D を用いれば，閉ループ誤差系の漸近安定性は保証される。このとき，もし $\boldsymbol{m}_0 = \boldsymbol{u}^*$ と設定されていれば $\boldsymbol{y}(t) \to \boldsymbol{y}^*$ となるが，$\boldsymbol{m}_0 \neq \boldsymbol{u}^*$ だとオフセットを生じる。正確な $\boldsymbol{m}_0 = \boldsymbol{u}^*$ が与えられない場合や，

$\boldsymbol{m}_0 = \mathbf{0}$ にした場合には，一般に K_I を大きくすることによってオフセットを減少できる。

12.3 PID 制御による固有値配置法

本節では PID 制御による任意固有値配置法を解説する。まず，準備として静的出力フィードバックによる固有値配置法を説明する。これは，7.1.2 項で述べた方法を，固有値が複素数の場合にもすぐに使えるように，陽的に表現した計算手法である。

12.3.1 出力フィードバックによる固有値配置法[48)]

つぎのような線形多変数システムを考える。

$$\dot{\boldsymbol{x}}(t) = A\boldsymbol{x}(t) + B\boldsymbol{u}(t) \tag{12.50}$$

$$\boldsymbol{y}(t) = C\boldsymbol{x}(t) \tag{12.51}$$

ただし，$\boldsymbol{x}(t) \in R^n$，$\boldsymbol{u}(t) = R^r$，$\boldsymbol{y}(t) \in R^m$ である。システム $\{A, B, C\}$ は可制御・可観測とする。また，B, C はフルランクと仮定する。

初めに，システム (12.50) に対する状態フィードバック

$$\boldsymbol{u}(t) = -K\boldsymbol{x}(t) \tag{12.52}$$

による閉ループ系

$$\dot{\boldsymbol{x}}(t) = (A - BK)\boldsymbol{x}(t) \tag{12.53}$$

の n 個の固有値を，所望の複素数集合 Λ_n に配置する方法を述べる。ここで，Λ_n をつぎのように定義する。

$$\Lambda_n = \{\lambda_1, \lambda_2, \cdots, \lambda_{2k-1}, \lambda_{2k}, \lambda_{2k+1}, \cdots, \lambda_n\} \subset C^- \tag{12.54}$$

$$\lambda_i \neq \lambda_j,\ i \neq j,\ \lambda_i \neq \sigma(A),\ i = 1, \cdots, n,\ \lambda_{2i-1} = \overline{\lambda}_{2i},\ i = 1, \cdots, k$$

ただし，複素共役の関係を満たす $2k$ 個の複素数以外は実数とする。また，C^- は複素左半平面を意味し，$\sigma(A)$ は行列 A の固有値を意味する。

【定理 12.1】（状態フィードバックによる固有値配置）[7),14)] 式 (12.53) の固有値を式 (12.54) で定義された Λ_n に配置する実数の状態フィードバックゲイン K は，以下のように求まる。ただし，Λ_n の $2k$ 個の共役複素数を $\alpha_i \pm j\beta_i$ $(i = 1, \cdots, k)$，残りの $n-2k$ 個の実数を λ_i $(i = 2k+1, \cdots, n)$ とする。

任意の適当な r 次元実数ベクトル $\boldsymbol{g}_i \in R^r$ $(i = 1, 2, \cdots, n)$ を選び

$$\begin{cases} \boldsymbol{p}_{2i-1} = -\Gamma_{2i-1}B\boldsymbol{g}_{2i-1} - \Gamma_{2i}B\boldsymbol{g}_{2i} \\ \boldsymbol{p}_{2i} = -\Gamma_{2i-1}B\boldsymbol{g}_{2i} + \Gamma_{2i}B\boldsymbol{g}_{2i-1} \end{cases}, \quad i = 1, \cdots, k \tag{12.55a}$$

$$\boldsymbol{p}_j = -(\lambda_j I - A)^{-1}B\boldsymbol{g}_j, \quad j = 2k+1, \cdots, n \tag{12.55b}$$

ここで $\Gamma_{2i-1} = [(\alpha_i I - A)^2 + \beta_i^2 I]^{-1}(\alpha_i I - A)$

$$\Gamma_{2i} = [(\alpha_i I - A)^2 + \beta_i^2 I]^{-1}\beta_i$$

を求める。状態フィードバックゲインは，式 (12.55a), (12.55b) より

$$K = GP^{-1} \triangleq \begin{bmatrix} \boldsymbol{g}_1 \ \boldsymbol{g}_2 \ \cdots \ \boldsymbol{g}_n \end{bmatrix} \begin{bmatrix} \boldsymbol{p}_1 \ \boldsymbol{p}_2 \ \cdots \ \boldsymbol{p}_n \end{bmatrix}^{-1} \tag{12.56}$$

と求まる。ただし，$\boldsymbol{g}_i$ $(i = 1, 2, \cdots, n)$ は $[\,\boldsymbol{p}_1 \ \boldsymbol{p}_2 \ \cdots \ \boldsymbol{p}_n\,]$ が正則となるように選ばなければならない。

（証明） 定理 7.4 と本質的に同じである。定理 7.4 を実数部と虚数部に分けて表現しただけである。 □

新しい固有値配置の計算手順 以下では，システム (12.50), (12.51) に対して，静的出力フィードバック

$$\boldsymbol{u}(t) = -F\boldsymbol{y}(t) = -FC\boldsymbol{x}(t) \tag{12.57}$$

を適用した閉ループ系

$$\dot{\boldsymbol{x}}(t) = (A - BFC)\boldsymbol{x}(t) \tag{12.58}$$

の n 個の固有値を所望の値に配置する，実数の出力フィードバックゲイン F を

導出する計算方法を述べる。ここで，式 (12.54) で定義した複素数集合 Λ_n における複素数の個数 $2k$ を，$2k = 2\widehat{k} + 2\overline{k}$ $(0 \leqq 2\widehat{k} \leqq m,\ 0 \leqq 2\overline{k} \leqq (n-m))$ を満足する整数とする。よって，式 (12.54) で与えられる Λ_n は，つぎのように分解できる。

$$\Lambda_n = \{\Lambda_m, \Lambda_{n-m}\} \tag{12.59}$$

ここで　$\Lambda_m = \{\lambda_1, \lambda_2, \cdots, \lambda_{2\widehat{k}-1}, \lambda_{2\widehat{k}}, \lambda_{2\widehat{k}+1}, \cdots, \lambda_m\}$

$$\Lambda_{n-m} = \{\lambda_{m+1}, \lambda_{m+2}, \cdots, \lambda_{m+2\overline{k}-1}, \lambda_{m+2\overline{k}}, \lambda_{m+2\overline{k}+1}, \cdots, \lambda_n\}$$

$\Lambda_n = \{\Lambda_m, \Lambda_{n-m}\}$ を配置する静的出力フィードバックゲイン F を導出するアプローチとして，出力フィードバック (12.57) を $\Lambda_n = \{\Lambda_m, \Lambda_{n-m}\}$ を配置する状態フィードバック $\boldsymbol{u}(t) = -K\boldsymbol{x}(t)$ に直接一致させることを考える。すなわち

$$FC = K \tag{12.60}$$

を満たす F を求めることを考える。

式 (12.60) において，状態フィードバックゲイン K を適当な任意固有値配置法を用いて決定し，$K = K^*$ の定数として与えると

$$FC = K^* \tag{12.61}$$

となる。しかし，出力の次元 m は状態の次元 n より少ない $(m < n)$ ので，式 (12.61) を満たす F は一般には存在しない。したがって，式 (12.60) の K を定数として与えるのではなく，自由度のある変数の形で与えたい。そこで $\Lambda_n = \{\Lambda_m, \Lambda_{n-m}\}$ を配置する K を定理 12.1 によって与えると，$K = GP^{-1}$ より式 (12.60) は

$$FC = GP^{-1} \tag{12.62}$$

となる。ただし，$\boldsymbol{g}_i$ $(i = 1, 2, \cdots, n)$ は任意に選ぶことのできる r 次元実数ベクトルである。よって，G を変数として扱うことができる。

つぎに，式 (12.62) を以下のように変形する。

$$FCP = G \tag{12.63}$$

式 (12.56) より，P, G はつぎのように表すことができる。

$$P = \begin{bmatrix} P_m & \overline{P}_m \end{bmatrix}, \quad G = \begin{bmatrix} G_m & \overline{G}_m \end{bmatrix} \tag{12.64}$$

ここで
$$\begin{aligned} G_m &= \begin{bmatrix} \boldsymbol{g}_1\, \boldsymbol{g}_2\, \cdots\, \boldsymbol{g}_{2\widehat{k}-1}\, \boldsymbol{g}_{2\widehat{k}}\, \boldsymbol{g}_{2\widehat{k}+1}\, \cdots\, \boldsymbol{g}_m \end{bmatrix} \\ \overline{G}_m &= \begin{bmatrix} \boldsymbol{g}_{m+1}\, \boldsymbol{g}_{m+2}\, \cdots\, \boldsymbol{g}_{m+2\overline{k}-1}\, \boldsymbol{g}_{m+2\overline{k}}\, \boldsymbol{g}_{m+2\overline{k}+1}\, \cdots\, \boldsymbol{g}_n \end{bmatrix} \\ P_m &= \begin{bmatrix} \boldsymbol{p}_1\, \boldsymbol{p}_2\, \cdots\, \boldsymbol{p}_{2\widehat{k}-1}\, \boldsymbol{p}_{2\widehat{k}}\, \boldsymbol{p}_{2\widehat{k}+1}\, \cdots\, \boldsymbol{p}_m \end{bmatrix} \\ \overline{P}_m &= \begin{bmatrix} \boldsymbol{p}_{m+1}\, \boldsymbol{p}_{m+2}\, \cdots\, \boldsymbol{p}_{m+2\overline{k}-1}\, \boldsymbol{p}_{m+2\overline{k}}\, \boldsymbol{p}_{m+2\overline{k}+1}\, \cdots\, \boldsymbol{p}_n \end{bmatrix} \end{aligned}$$

よって，式 (12.63) はつぎのようになる。

$$FC \begin{bmatrix} P_m & \overline{P}_m \end{bmatrix} = \begin{bmatrix} G_m & \overline{G}_m \end{bmatrix} \tag{12.65}$$

これより，つぎの二つの関係式を得る。

$$FCP_m = G_m \tag{12.66a}$$

$$FC\overline{P}_m = \overline{G}_m \tag{12.66b}$$

さて，CP_m が正則となるように G_m を与えれば，式 (12.66a) より出力フィードバックゲイン

$$F = G_m(CP_m)^{-1} \tag{12.67}$$

を得る。式 (12.67) を用いた出力フィードバックによって，閉ループ系 (12.58) の n 個の固有値のうち m 個の固有値を，所望の複素数集合 Λ_m に配置することができる（補助定理 7.1 ならびに文献 48) の補題 A を参照）。その際，残りの $n-m$ 個の固有値はゲインの決定変数である G_m の値によって変わる。そこで，残りの $n-m$ 個も同時に所望の複素数集合 Λ_{n-m} に配置させるような G_m を求めたい。

まず，式 (12.67) を残りの関係式 (12.66b) に代入すると

$$G_m(CP_m)^{-1}C\overline{P}_m = \overline{G}_m \tag{12.68}$$

を得る。ここで，残りの $n-m$ 個の固有値に対応する任意の $\overline{G}_m$ を G_m に対して従属的に決まるように，$\boldsymbol{g}_{m+1},\cdots,\boldsymbol{g}_n$ を $\boldsymbol{g}_1,\cdots,\boldsymbol{g}_m$ の線形結合によって定義する。すなわち

$$\boldsymbol{g}_{m+i} = s_{1,i}\boldsymbol{g}_1 + \cdots + s_{\widehat{2k},i}\boldsymbol{g}_{\widehat{2k}} + \cdots + s_{m,i}\boldsymbol{g}_m, \quad i = 1,\cdots,2\overline{k},\cdots,n-m \tag{12.69}$$

とする。これを行列表現すると，$\overline{G}_m$ は

$$\overline{G}_m = G_m S \tag{12.70}$$

$$\text{ここで} \quad S = \begin{bmatrix}\boldsymbol{s}_1 & \cdots & \boldsymbol{s}_{2\overline{k}} & \cdots & \boldsymbol{s}_{n-m}\end{bmatrix} \in R^{m\times(n-m)}$$

$$\boldsymbol{s}_i = \begin{bmatrix} s_{1,i} \\ \vdots \\ s_{\widehat{2k},i} \\ \vdots \\ s_{m,i} \end{bmatrix}, \quad i = 1,\cdots,2\overline{k},\cdots,n-m$$

となる。式 (12.70) を式 (12.68) に代入して整理すると

$$G_m\left\{(CP_m)^{-1}C\overline{P}_m - S\right\} = O \tag{12.71}$$

を得る。これは G_m を変数とする非線形方程式となる。適当な S を定めて式 (12.71) を満足するような G_m を計算し，CP_m が正則ならば静的出力フィードバック (12.67) によって所望の n 個の固有値を配置することができる。このとき，S は式 (12.69) より，$\boldsymbol{s}_i \neq \boldsymbol{s}_j$ のように与えればよい。

式 (12.71) を G_m に関して解くには非線形計画法を用いればよいが，ここでは簡便な方法として，式 (12.71) を解析的に解くことを考える。そこで，非線形方程式 (12.71) が満たされるための十分条件として，式 (12.71) の左辺の右側の行列が

$$(CP_m)^{-1}C\overline{P}_m - S = O \tag{12.72}$$

となる G_m を求めることを考える。これは

$$C(\overline{P}_m - P_m S) = O \tag{12.73}$$

と変形できる。式 (12.73) は G_m を変数とする線形方程式である。

以下では，線形方程式 (12.73) の可解条件と具体的な解法を与える。式 (12.70) より，$\overline{G}_m$ はつぎのように表せる。

$$\begin{aligned}\overline{G}_m &= \left[\boldsymbol{g}_{m+1}\ \boldsymbol{g}_{m+2}\ \cdots\ \boldsymbol{g}_{m+2\overline{k}-1}\ \boldsymbol{g}_{m+2\overline{k}}\ \boldsymbol{g}_{m+2\overline{k}+1}\ \cdots\ \boldsymbol{g}_n\right]\\ &= \left[G_m\boldsymbol{s}_1\ \ G_m\boldsymbol{s}_2\ \ \cdots\ \ G_m\boldsymbol{s}_{2\overline{k}-1}\ \ G_m\boldsymbol{s}_{2\overline{k}}\ \ G_m\boldsymbol{s}_{2\overline{k}+1}\ \ \cdots\ \ G_m\boldsymbol{s}_{n-m}\right]\\ &= \left[\sum_{j=1}^{m} s_{j,1}\boldsymbol{g}_j\ \ \sum_{j=1}^{m} s_{j,2}\boldsymbol{g}_j\ \ \cdots\ \ \sum_{j=1}^{m} s_{j,2\overline{k}-1}\boldsymbol{g}_j\ \ \sum_{j=1}^{m} s_{j,2\overline{k}}\boldsymbol{g}_j\right.\\ &\qquad\left.\sum_{j=1}^{m} s_{j,2\overline{k}+1}\boldsymbol{g}_j\ \ \cdots\ \ \sum_{j=1}^{m} s_{j,n-m}\boldsymbol{g}_j\right]\end{aligned} \tag{12.74}$$

ここで，$\overline{P}_m$ は

$$\overline{P}_m = \left[\boldsymbol{p}_{m+1}\ \boldsymbol{p}_{m+2}\ \cdots\ \boldsymbol{p}_{m+2\overline{k}-1}\ \boldsymbol{p}_{m+2\overline{k}}\ \boldsymbol{p}_{m+2\overline{k}+1}\ \cdots\ \boldsymbol{p}_n\right]$$

$$\begin{cases}\boldsymbol{p}_{m+2i-1} = -\Gamma_{m+2i-1}B\boldsymbol{g}_{m+2i-1} - \Gamma_{m+2i}B\boldsymbol{g}_{m+2i}\\ \boldsymbol{p}_{m+2i} = -\Gamma_{m+2i-1}B\boldsymbol{g}_{m+2i} + \Gamma_{m+2i}B\boldsymbol{g}_{m+2i-1}\end{cases}$$

$$\boldsymbol{p}_{m+j} = -(\lambda_{m+j}I - A)^{-1}B\boldsymbol{g}_{m+j}$$

$$i = 1, \cdots, \overline{k}, \quad j = 2\overline{k}+1, \cdots, n-m$$

ここで　$\Gamma_{m+2i-1} = [(\alpha_{m+i}I - A)^2 + \beta_{m+i}^2 I]^{-1}(\alpha_{m+i}I - A)$

$$\Gamma_{m+2i} = [(\alpha_{m+i}I - A)^2 + \beta_{m+i}^2 I]^{-1}\beta_{m+i}$$

であり，これより，式 (12.74) の $\boldsymbol{g}_{m+i}$（$i = 1, \cdots, n-m$）を代入すると

$$\overline{P}_m = -\left[\sum_{j=1}^{m}(s_{j,1}\Gamma_{m+1} + s_{j,2}\Gamma_{m+2})B\boldsymbol{g}_j,\ \sum_{j=1}^{m}(s_{j,2}\Gamma_{m+1} - s_{j,1}\Gamma_{m+2})B\boldsymbol{g}_j,\right.$$

$$\cdots\ \ \cdots\ \ \cdots,$$

$$
\sum_{j=1}^{m}(s_{j,2\overline{k}-1}\Gamma_{m+2\overline{k}-1} + s_{j,2\overline{k}}\Gamma_{m+2\overline{k}})B\boldsymbol{g}_j,
$$
$$
\sum_{j=1}^{m}(s_{j,2\overline{k}}\Gamma_{m+2\overline{k}-1} - s_{j,2\overline{k}-1}\Gamma_{m+2\overline{k}})B\boldsymbol{g}_j,
$$
$$
\sum_{j=1}^{m}s_{j,2\overline{k}+1}(\lambda_{m+2\overline{k}+1}I - A)^{-1}B\boldsymbol{g}_j,
$$
$$
\left.\cdots,\ \sum_{j=1}^{m}s_{j,n-m}(\lambda_n I - A)^{-1}B\boldsymbol{g}_j\right] \tag{12.75}
$$

となる。ここで，つぎのような行列を定義する。

$$
\left\{\begin{array}{l}
\overline{H}_{2i-1,j} \stackrel{\triangle}{=} s_{j,2i-1}\Gamma_{m+2i-1} + s_{j,2i}\Gamma_{m+2i} \\
\overline{H}_{2i,j} \stackrel{\triangle}{=} s_{j,2i}\Gamma_{m+2i-1} - s_{j,2i-1}\Gamma_{m+2i} \\
\qquad i = 1,\cdots,\overline{k}, \quad j = 1,\cdots,2\widehat{k},\cdots,m
\end{array}\right. \tag{12.76}
$$
$$
\overline{H}_{i,j} \stackrel{\triangle}{=} s_{j,i}(\lambda_{m+i}I - A)^{-1}
$$
$$
i = 2\overline{k}+1,\cdots,n-m, \quad j = 1,\cdots,2\widehat{k},\cdots,m
$$

よって，式 (12.75) はつぎのように表せる。

$$
\overline{P}_m = -\left[\sum_{j=1}^{m}\overline{H}_{1,j}B\boldsymbol{g}_j,\ \sum_{j=1}^{m}\overline{H}_{2,j}B\boldsymbol{g}_j,\ \cdots,\sum_{j=1}^{m}\overline{H}_{2\overline{k}-1,j}B\boldsymbol{g}_j,\right.
$$
$$
\left.\sum_{j=1}^{m}\overline{H}_{2\overline{k},j}B\boldsymbol{g}_j,\ \sum_{j=1}^{m}\overline{H}_{2\overline{k}+1,j}B\boldsymbol{g}_j,\ \cdots,\sum_{j=1}^{m}\overline{H}_{n-m,j}B\boldsymbol{g}_j\right] \tag{12.77}
$$

一方，P_m は

$$
P_m = \left[\boldsymbol{p}_1\ \boldsymbol{p}_2\ \cdots\ \boldsymbol{p}_{2\widehat{k}-1}\ \boldsymbol{p}_{2\widehat{k}}\ \boldsymbol{p}_{2\widehat{k}+1}\ \cdots\ \boldsymbol{p}_m\right] \tag{12.78}
$$
$$
\left\{\begin{array}{l}
\boldsymbol{p}_{2i-1} = -\Gamma_{2i-1}B\boldsymbol{g}_{2i-1} - \Gamma_{2i}B\boldsymbol{g}_{2i} \\
\boldsymbol{p}_{2i} = -\Gamma_{2i-1}B\boldsymbol{g}_{2i} + \Gamma_{2i}B\boldsymbol{g}_{2i-1}
\end{array}\right., \quad i = 1,\cdots,\widehat{k}
$$
$$
\boldsymbol{p}_j = -(\lambda_j I - A)^{-1}B\boldsymbol{g}_j, \quad j = 2\widehat{k}+1,\cdots,m
$$

ここで $\Gamma_{2i-1} = [(\alpha_i I - A)^2 + \beta_i^2 I]^{-1}(\alpha_i I - A)$

$\Gamma_{2i} = [(\alpha_i I - A)^2 + \beta_i^2 I]^{-1}\beta_i$

であり，これより，$P_m S$ は

$$
\begin{aligned}
P_m S &= \left[P_m \boldsymbol{s}_1 \ \cdots \ P_m \boldsymbol{s}_{2\overline{k}} \ \cdots \ P_m \boldsymbol{s}_{n-m} \right] \\
&= \left[\sum_{j=1}^{m} s_{j,1}\boldsymbol{p}_j, \ \cdots, \sum_{j=1}^{m} s_{j,2\overline{k}}\boldsymbol{p}_j, \ \cdots, \ \sum_{j=1}^{m} s_{j,n-m}\boldsymbol{p}_j \right] \\
&= -\left[\begin{array}{l}
\displaystyle\sum_{j=1}^{\widehat{k}} \Big\{ (s_{2j-1,1}\Gamma_{2j-1} - s_{2j,1}\Gamma_{2j})B\boldsymbol{g}_{2j-1} \\
\qquad + (s_{2j,1}\Gamma_{2j-1} + s_{2j-1,1}\Gamma_{2j})B\boldsymbol{g}_{2j} \Big\} \\
\quad + \displaystyle\sum_{j=2\widehat{k}+1}^{m} s_{j,1}(\lambda_j I - A)^{-1}B\boldsymbol{g}_j \ , \\
\qquad \cdots \quad \cdots \quad \cdots \quad \cdots \quad \cdots \\
\displaystyle\sum_{j=1}^{\widehat{k}} \Big\{ (s_{2j-1,2\overline{k}}\Gamma_{2j-1} - s_{2j,2\overline{k}}\Gamma_{2j})B\boldsymbol{g}_{2j-1} \\
\qquad + (s_{2j,2\overline{k}}\Gamma_{2j-1} + s_{2j-1,2\overline{k}}\Gamma_{2j})B\boldsymbol{g}_{2j} \Big\} \\
\quad + \displaystyle\sum_{j=2\widehat{k}+1}^{m} s_{j,2\overline{k}}(\lambda_j I - A)^{-1}B\boldsymbol{g}_j \ , \\
\qquad \cdots \quad \cdots \quad \cdots \quad \cdots \quad \cdots \\
\displaystyle\sum_{j=1}^{\widehat{k}} \Big\{ (s_{2j-1,n-m}\Gamma_{2j-1} - s_{2j,n-m}\Gamma_{2j})B\boldsymbol{g}_{2j-1} \\
\qquad + (s_{2j,n-m}\Gamma_{2j-1} + s_{2j-1,n-m}\Gamma_{2j})B\boldsymbol{g}_{2j} \Big\} \\
\quad + \displaystyle\sum_{j=2\widehat{k}+1}^{m} s_{j,n-m}(\lambda_j I - A)^{-1}B\boldsymbol{g}_j
\end{array} \right]
\end{aligned}
\tag{12.79}
$$

となる。ここで，つぎのような行列を定義する。

$$\begin{cases} H_{i,2j-1} \triangleq s_{2j-1,i}\Gamma_{2j-1} - s_{2j,i}\Gamma_{2j} \\ H_{i,2j} \triangleq s_{2j,i}\Gamma_{2j-1} + s_{2j-1,i}\Gamma_{2j} \\ \qquad i = 1, \cdots, 2\overline{k}, \cdots, n-m, \quad j = 1, \cdots, \widehat{k} \end{cases} \tag{12.80}$$

$$H_{i,j} \triangleq s_{j,i}(\lambda_j I - A)^{-1}$$
$$\quad i = 1, \cdots, 2\overline{k}, \cdots, n-m, \quad j = 2\widehat{k}+1, \cdots, m$$

これより，式 (12.79) はつぎのように表せる。

$$P_m S = -\left[\sum_{j=1}^{m} H_{1,j} B\boldsymbol{g}_j, \quad \cdots, \quad \sum_{j=1}^{m} H_{2\overline{k},j} B\boldsymbol{g}_j, \quad \cdots \quad , \sum_{j=1}^{m} H_{n-m,j} B\boldsymbol{g}_j \right] \tag{12.81}$$

したがって，これと式 (12.77) より式 (12.73) は

$$\begin{aligned} C(\overline{P}_m - P_m S) = -C \Bigg[& \sum_{j=1}^{m} (\overline{H}_{1,j} - H_{1,j}) B\boldsymbol{g}_j, \quad \cdots, \\ & \sum_{j=1}^{m} (\overline{H}_{2\overline{k},j} - H_{2\overline{k},j}) B\boldsymbol{g}_j, \quad \cdots \quad , \sum_{j=1}^{m} (\overline{H}_{n-m,j} - H_{n-m,j}) B\boldsymbol{g}_j \Bigg] \\ = O & \end{aligned} \tag{12.82}$$

と表せる。さらに簡単化のため，つぎの行列

$$L_{ij} \triangleq C(\overline{H}_{i,j} - H_{i,j})B, \quad i = 1, 2, \cdots, n-m, \quad j = 1, 2, \cdots, m$$

を定義することにより，方程式 (12.82) をつぎの等価な方程式に変形できる。

$$\begin{bmatrix} L_{1,1} & L_{1,2} & \cdots & L_{1,m} \\ L_{2,1} & L_{2,2} & \cdots & L_{2,m} \\ \vdots & \cdots & \cdots & \vdots \\ L_{n-m,1} & L_{n-m,2} & \cdots & L_{n-m,m} \end{bmatrix} \begin{bmatrix} \boldsymbol{g}_1 \\ \boldsymbol{g}_2 \\ \vdots \\ \boldsymbol{g}_m \end{bmatrix} = \boldsymbol{0} \tag{12.83}$$

これは，変数 $\begin{bmatrix} \boldsymbol{g}_1 \\ \boldsymbol{g}_2 \\ \vdots \\ \boldsymbol{g}_m \end{bmatrix}$ が $r \times m$ 個で，式数が $m \times (n-m)$ 個の同次連立 1 次方程式である。式 (12.83) が自明でない解をもつためには，変数が式数より多くなくてはならないので，$r > (n-m)$ が成り立たなくてはならない。したがって，可解条件は

$$m + r \geqq n + 1 \tag{12.84}$$

となる。つぎに簡単な解法を与える。式 (12.83) を

$$\widetilde{L}\widetilde{\boldsymbol{g}} = \boldsymbol{0} \tag{12.85}$$

とおく。ただし，$\widetilde{L} \in R^{m(n-m)\times mr}$，$\widetilde{\boldsymbol{g}} \in R^{mr}$ である。条件 (12.84) が成り立てば，式 (12.85) の一般解は $\widetilde{L}$ の一般化逆行列[13), 15)] $\widetilde{L}^-$ を用いて

$$\widetilde{\boldsymbol{g}} = (I_{mr} - \widetilde{L}^-\widetilde{L})\boldsymbol{\xi} \tag{12.86}$$

と与えられる。ここで，$\boldsymbol{\xi}$ は任意に選ぶことのできる mr 次元実数ベクトルである。したがって，任意のパラメータベクトル $\boldsymbol{\xi}$ を適当に選ぶことによって，$C\boldsymbol{p}_i$（$i = 1, 2, \cdots, m$）が独立となるような $\widetilde{\boldsymbol{g}} \in R^{mr}$，すなわち $\boldsymbol{g}_i \in R^r$（$i = 1, 2, \cdots, m$）を与えれば，出力フィードバックによる閉ループ系 (12.58) の n 個の固有値を所望値 $\Lambda_n = \{\Lambda_m, \Lambda_{n-m}\}$ に配置する出力フィードバックゲイン F は，式 (12.67) よりつぎのように求まる。

$$F = G_m(CP_m)^{-1} \tag{12.87}$$

以上より，出力フィードバックゲイン F の計算手順はつぎのようになる。

計算手順 1

Step 1　所望の n 個の複素数を式 (12.59) のように与える。$\boldsymbol{s}_i \neq \boldsymbol{s}_j$ となる適当な $S \in R^{m\times(n-m)}$ を与えて，式 (12.76), (12.80), (12.83) より式 (12.85) の $\widetilde{L} \in R^{m(n-m)\times mr}$ を決定する。

Step 2　式 (12.86) より任意のパラメータ $\boldsymbol{\xi} \in R^{mr}$ を与えることによって，$\widetilde{\boldsymbol{g}} \in R^{mr}$ すなわち G_m を決定する。

Step 3　式 (12.78) より P_m を計算する。

Step 4　この P_m と Step 2 で得られた G_m を用いて，式 (12.87) より出力フィードバックゲイン F を決定する。CP_m が正則でなければ, Step 2 へ戻る。

【注意 12.1】　定理 12.1 において適当な任意の $\boldsymbol{g}_i \in R^r$ $(i = 1, 2, \cdots, n)$ を与えることで，容易に $\boldsymbol{p}_i$ $(i = 1, 2, \cdots, n)$ をたがいに独立にすることができるという事実から，式 (12.86) における任意のパラメータ $\boldsymbol{\xi}$ を与えることによって決まる $\boldsymbol{g}_i$ $(i = 1, 2, \cdots, m)$ により，$C\boldsymbol{p}_i$ $(i = 1, 2, \cdots, m)$ はたがいに独立になるという予測が，直感的に成り立つ。実際，文献 14) において，可制御・可観測であれば次数の制約条件 (12.84) のもとで $C\boldsymbol{p}_i$ $(i = 1, 2, \cdots, m)$ を独立にする $\boldsymbol{g}_i$ $(i = 1, 2, \cdots, m)$ の存在が証明されている。

【注意 12.2】　出力の次元 m が状態の次元 n 以上 $(m \geqq n)$ であれば，式 (12.61) は変数 F が式数以上の線形行列方程式となるので，つぎのように解ける。

まず，$m = n$ であれば，$F = K^* C^{-1}$ と一意に求まる。また，$m > n$ であれば，C の一般化逆行列[13), 15)] C^- を用いることで，つぎのように一般的に求めることができる。

$$F = K^* C^- + E(I_m - CC^-)$$

ただし，E は任意の $r \times m$ 行列である。

12.3.2　PID 制御による固有値配置法

つぎに，12.3.1 項の出力フィードバックによる固有値配置法を応用して，PID 制御による固有値配置法を考える。12.2.1 項で述べたように，システム (12.1), (12.2) の PID 制御 (12.6) による閉ループ系 (12.13) は，拡大システム $\{\overline{A}, \overline{B}, \overline{C}\}$（つまり式 (12.12), (12.17)）の静的出力フィードバック (12.16) による閉ルー

プ系 (12.19) と等価である。それゆえ，PID パラメータ行列値を決めるためには，まず出力フィードバック (12.16) による閉ループ系 (12.19) が $m+n$ 個の所望の固有値をもつような出力フィードバックゲイン $\overline{F}$ を決めることである。

そのために，12.2.1 項と同様にして，拡大出力フィードバック (12.18) を，拡大システム (12.12) の $n+m$ 個の固有値をすべて所望の値に配置する拡大状態フィードバック

$$\boldsymbol{u}(t) = -\overline{K}\begin{bmatrix}\boldsymbol{x}(t)\\ \boldsymbol{z}(t)\end{bmatrix} \tag{12.88}$$

と一致させることを考える。すなわち

$$\overline{FC} = \overline{K} \tag{12.89}$$

を満たす $\overline{F}$ を計算する。このとき，式 (12.84) に対応する可解条件は

$$2m + r \geqq n + 1 \tag{12.90}$$

である。この条件を満たしていれば，以下の計算手順で $\overline{F}$ を導出できる。

以下では，拡大出力の次元が拡大状態の次元より少ない場合，つまり $3m < n+m$（すなわち $2m < n$）の場合と，拡大出力が拡大状態の次元以上の場合，つまり $3m \geqq n+m$（すなわち $2m \geqq n$）の場合の，$\overline{F}$ の導出法を述べる。

(I) **$2m < n$ の場合**　　これは出力が状態より少ない通常の場合である。よって，12.3.1 項の固有値配置法を，出力の次元 m を $3m$，状態の次元 n を $n+m$ に置き換えてそのまま適用することにより，つぎの計算手順で式 (12.89) を満たす $\overline{F}$ を求めることができる。

計算手順 2　　簡単のため，拡大システムの状態と出力の次数をそれぞれ $N \triangleq n+m$，$M \triangleq 3m$ とおく。

Step 1　所望の N 個の複素数を

$$\Lambda_N = \{\Lambda_M, \Lambda_{N-M}\} \subset C^-$$

$$\text{ここで}\quad \Lambda_M = \{\lambda_1, \lambda_2, \cdots, \lambda_{\widehat{2k}-1}, \lambda_{\widehat{2k}}, \lambda_{\widehat{2k}+1}, \cdots, \lambda_M\}$$

$$\Lambda_{N-M} = \{\lambda_{M+1}, \lambda_{M+2}, \cdots, \lambda_{M+2\overline{k}-1}, \lambda_{M+2\overline{k}}, \lambda_{M+2\overline{k}+1}, \\ \cdots, \lambda_N\}$$

のように与える。ここで，Λ_N の要素はすべて異なり，行列 $\overline{A}$ の固有値を含まず，複素数は $2k = 2\widehat{k} + 2\overline{k}$ ($0 \leqq 2\widehat{k} \leqq M$, $0 \leqq 2\overline{k} \leqq N-M$) 個で複素共役の関係を満たし，それ以外は実数とする。適当な $\boldsymbol{s}_i \neq \boldsymbol{s}_j$ となる $S \in R^{M\times(N-M)}$ を与えて

$$\begin{cases} \overline{H}_{2i-1,j} \triangleq s_{j,2i-1}\Gamma_{M+2i-1} + s_{j,2i}\Gamma_{M+2i} \\ \overline{H}_{2i,j} \triangleq s_{j,2i}\Gamma_{M+2i-1} - s_{j,2i-1}\Gamma_{M+2i} \\ \qquad i = 1, \cdots, \overline{k}, \quad j = 1, \cdots, 2\widehat{k}, \cdots, M \\ \text{ここで} \quad \Gamma_{M+2i-1} = [(\alpha_{M+i}I - \overline{A})^2 \\ \qquad\qquad\qquad + \beta_{M+i}^2 I]^{-1}(\alpha_{M+i}I - \overline{A}) \\ \qquad\qquad \Gamma_{M+2i} = [(\alpha_{M+i}I - \overline{A})^2 + \beta_{M+i}^2 I]^{-1}\beta_{M+i} \end{cases}$$

$$\overline{H}_{i,j} \triangleq s_{j,i}(\lambda_{M+i}I - \overline{A})^{-1}$$
$$i = 2\overline{k}+1, \cdots, N-M, \quad j = 1, \cdots, 2\widehat{k}, \cdots, M$$

$$\begin{cases} H_{i,2j-1} \triangleq s_{2j-1,i}\Gamma_{2j-1} - s_{2j,i}\Gamma_{2j} \\ H_{i,2j} \triangleq s_{2j,i}\Gamma_{2j-1} + s_{2j-1,i}\Gamma_{2j} \\ \qquad i = 1, \cdots, 2\overline{k}, \cdots, N-M, \quad j = 1, \cdots, \widehat{k} \\ \text{ここで} \quad \Gamma_{2j-1} = [(\alpha_j I - \overline{A})^2 + \beta_j^2 I]^{-1}(\alpha_j I - \overline{A}) \\ \qquad\qquad \Gamma_{2j} = [(\alpha_j I - \overline{A})^2 + \beta_j^2 I]^{-1}\beta_j \end{cases}$$

$$H_{i,j} \triangleq s_{j,i}(\lambda_j I - \overline{A})^{-1}$$
$$i = 1, \cdots, 2\overline{k}, \cdots, N-M, \quad j = 2\widehat{k}+1, \cdots, M$$

より

$$L_{ij} \triangleq \overline{C}(\overline{H}_{i,j} - H_{i,j})\overline{B},$$
$$i = 1, 2, \cdots, N-M, \quad j = 1, 2, \cdots, M$$

を計算し

$$
\widetilde{L} = \begin{bmatrix} L_{1,1} & L_{1,2} & \cdots & L_{1,M} \\ L_{2,1} & L_{2,2} & \cdots & L_{2,M} \\ \vdots & \cdots & \cdots & \vdots \\ L_{N-M,1} & L_{N-M,2} & \cdots & L_{N-M,M} \end{bmatrix}
$$

を決定する。

Step 2　$\widetilde{\boldsymbol{g}} = (I_{Mr} - \widetilde{L}^{-}\widetilde{L})\boldsymbol{\xi}$ より，任意のパラメータ $\boldsymbol{\xi} \in R^{Mr}$ を与えることで $\widetilde{\boldsymbol{g}} \in R^{Mr}$，すなわち G_M を決定する。

Step 3　式 (12.78) に対応する演算により，P_M を計算する。

Step 4　得られた G_M を用いて，出力フィードバックゲイン $\overline{F}$ を

$$
\overline{F} = G_M(\overline{C}P_M)^{-1}
$$

より決定する。もし $\overline{C}P_M$ が正則でなければ，Step 2 へ戻る。

(II) $2m \geqq n$ **の場合**　これは出力の次元が状態の次元以上なので，特殊なケースといえる。この場合，注意 12.2 で示したように，式 (12.89) において初めに $n+m$ 個の所望の複素数を配置する状態フィードバックゲイン $\overline{K}$ を，適当な任意固有値配置法を用いて $\overline{K} = \overline{K}^*$ の定数として与えれば，式 (12.89) は変数が式数以上の線形行列方程式 $\overline{FC} = \overline{K}^*$ となる。よって，$2m = n$（つまり $3m = n+m$）であれば

$$
\overline{F} = \overline{K}^*\overline{C}^{-1}
$$

と一意に求まる。また，$2m > n$（つまり $3m > n+m$）であれば，一般化逆行列 $\overline{C}^{-}$ を用いることで，つぎのように一般的に求めることができる。

$$
\overline{F} = \overline{K}^*\overline{C}^{-} + E(I_{3m} - \overline{C}\overline{C}^{-})
$$

ただし，E は任意の $r \times 3m$ 行列である。

さて，(I) または (II) の方法で $\overline{F}$ が求められたとする。得られた $\overline{F}$ の値を $\overline{F} = [\ \overline{F}_P, \overline{F}_I, \overline{F}_D\ ]$ とすれば，式 (12.20) よりつぎの関係式を得る。

$$K_P = (I_r + K_D CB)\overline{F}_P \tag{12.91a}$$

$$K_I = (I_r + K_D CB)\overline{F}_I \tag{12.91b}$$

$$K_D = (I_r + K_D CB)\overline{F}_D \tag{12.91c}$$

式 (12.91c) より K_D はつぎのように求まる。

$$K_D = \overline{F}_D(I_m - CB\overline{F}_D)^{-1} \tag{12.92}$$

よって K_P, K_I は，これを式 (12.91a), (12.91b) に代入して，つぎのように求められる。

$$K_P = \left\{I_r + \overline{F}_D(I_m - CB\overline{F}_D)^{-1}CB\right\}\overline{F}_P \tag{12.93}$$

$$K_I = \left\{I_r + \overline{F}_D(I_m - CB\overline{F}_D)^{-1}CB\right\}\overline{F}_I \tag{12.94}$$

【注意 12.3】 PID 制御による任意固有値配置法を提案したが，実用上，なにを所望の固有値にすべきかを示すことは大切である。そこで，適当な固有値として，拡大システム (12.12) の最適レギュレータ問題の代数リカッチ方程式 $P\overline{A} + \overline{A}^T P + Q - P\overline{B}R^{-1}\overline{B}^T P = O$ を解いて最適フィードバックゲイン $\overline{K} = R^{-1}\overline{B}^T P$ を導出し，その閉ループ系行列 $\overline{A} - \overline{BK}$ の最適固有値を所望の固有値にとることも一案である。

本節で述べた手法の数値例が文献 48) に与えられているので，興味ある読者は参照されたい。

12.4 線形多変数システムの P·SPR·D 制御と P·SPR·D+I 制御

本節では，最小位相性と高ゲイン出力フィードバックに基づいて，線形多変数システムの P·SPR·D 制御による安定化制御を解説する[35),38),44),50)]。

12.4.1 設定点サーボ問題の P·SPR·D 制御

つぎのような線形多入力多出力システム

$$\dot{\boldsymbol{x}}(t) = A\boldsymbol{x}(t) + B\boldsymbol{u}(t) \tag{12.95}$$

$$\boldsymbol{y}(t) = C\boldsymbol{x}(t) \tag{12.96}$$

を考える。ただし，$\boldsymbol{x}(t) \in R^n$，$\boldsymbol{u}(t) \in R^r$，$\boldsymbol{y}(t) \in R^m$ である。またシステム $\{A, B, C\}$ は可制御・可観測とする。

PID 制御は一般につぎのように与えられる。

$$\boldsymbol{u}(t) = K_P\boldsymbol{e}(t) + K_I\int_0^t \boldsymbol{e}(\tau)d\tau + K_D\dot{\boldsymbol{e}}(t) + \boldsymbol{m}_0 \tag{12.97}$$

ただし，$\boldsymbol{e}(t) = \boldsymbol{r}(t) - \boldsymbol{y}(t)$ は出力の誤差，$\boldsymbol{r}(t)$ は出力の所望値を表す。K_P, $K_I, K_D \in R^{r\times m}$ はぞれぞれ比例，積分，微分係数と呼ばれる制御器パラメータ行列である。$\boldsymbol{m}_0$ はいわゆる手動リセット量である。

線形多変数システム (12.95), (12.96) において所望の制御出力が $\boldsymbol{r}(t) = \boldsymbol{y}^*$ のときの設定点サーボ問題を考える。出力を $\boldsymbol{y}^*$ に保つ平衡状態 $\boldsymbol{x}_e$ は，つぎの関係を満足しなければならない。

$$\boldsymbol{0} = A\boldsymbol{x}_e + B\overline{\boldsymbol{u}}, \quad \boldsymbol{y}^* = C\boldsymbol{x}_e$$

これは $n+m$ 個の式と $n+r$ 個の変数なので，$r \geqq m$ のとき $r-m$ 個の状態変数 $\boldsymbol{x}_{eN}$ を任意の値 $\boldsymbol{x}^*_{eN}$ に設定できるが，残りの状態変数 $\boldsymbol{x}_{eB}$ と $\overline{\boldsymbol{u}}$ は従属的に決まる。そのような $\boldsymbol{y}^*$ に対応した平衡状態を $\boldsymbol{x}^* = \begin{bmatrix} \boldsymbol{x}^*_{eN} \\ \boldsymbol{x}_{eB}(\boldsymbol{x}^*_{eN}, \boldsymbol{y}^*) \end{bmatrix}$, $\boldsymbol{u}^* = \overline{\boldsymbol{u}}(\boldsymbol{x}^*_{eN}, \boldsymbol{y}^*)$ とおくと

$$\boldsymbol{0} = A\boldsymbol{x}^* + B\boldsymbol{u}^* \tag{12.98}$$

$$\boldsymbol{y}^* = C\boldsymbol{x}^* \tag{12.99}$$

が成り立つ。

つぎに，平衡点 $\boldsymbol{x}^*$ からの状態誤差

$$\boldsymbol{e}_x(t) = \boldsymbol{x}(t) - \boldsymbol{x}^* \tag{12.100}$$

を考える。式 (12.100) を微分し，式 (12.95), (12.98) を用いると，状態誤差システム

$$\dot{\boldsymbol{e}}_x(t) = A\boldsymbol{e}_x(t) + B(\boldsymbol{u}(t) - \boldsymbol{u}^*) \tag{12.101}$$

を得る。また，出力誤差は式 (12.96), (12.99), (12.100) よりつぎのようになる。

$$\boldsymbol{e}(t) = \boldsymbol{y}^* - \boldsymbol{y}(t) = -C\boldsymbol{e}_x(t) \tag{12.102}$$

それゆえ，誤差システム (12.101) を漸近安定化して $t \to \infty$ で $\boldsymbol{e}_x(t) \to \boldsymbol{0}$ とすることができれば，$\boldsymbol{e}(t) \to \boldsymbol{0}$ つまり $\boldsymbol{y}(t) \to \boldsymbol{y}^*$ となり，設定点サーボ問題が解ける。

本節では，PID 制御の I 要素の代わりに**強正実要素**つまり **SPR 要素**を付加した，つぎのような **P·SPR·D 制御**を提案する。SPR は strict positive real の略である。

$$\dot{\boldsymbol{\zeta}}(t) = D\boldsymbol{\zeta}(t) + \boldsymbol{e}(t), \quad \boldsymbol{\zeta}(0) = \boldsymbol{0}, \quad D < 0 \tag{12.103}$$

$$\boldsymbol{u}(t) = K_P\boldsymbol{e}(t) + K_S\boldsymbol{\zeta}(t) + K_D\dot{\boldsymbol{e}}(t) + \boldsymbol{m}_0 \tag{12.104}$$

ここで，式 (12.103) は負定行列 $D \in R^{m \times m}$ をもつ SPR 要素で，$K_S \in R^{r \times m}$ は SPR ゲイン行列である。式 (12.103) の SPR 動作は純粋な I 動作とは異なるが，これは 12.4.2 項の定理 12.2（高ゲイン出力フィードバック）を，制御対象に強い仮定をおくことなく適用するための工夫である。実際，$D = O$ の標準の PID 制御では，制御対象の相対次数が 3 以上のときは高ゲイン出力フィードバック定理を適用するための仮定が満たされず，高ゲイン出力フィードバックによる PID 制御器を設計できない。しかし，相対次数が 2 以下の場合には PID でも設計できる（詳しくは文献 49) を参照)。

さて，式 (12.102), (12.101) より

$$\dot{\boldsymbol{e}}(t) = -C(A\boldsymbol{e}_x(t) + B(\boldsymbol{u}(t) - \boldsymbol{u}^*)) \tag{12.105}$$

の関係が得られるので，式 (12.102), (12.105) を式 (12.104) に代入すると

$$\boldsymbol{u}(t) = -K_PC\boldsymbol{e}_x(t) + K_S\boldsymbol{\zeta}(t) - K_DC(A\boldsymbol{e}_x(t) + B(\boldsymbol{u}(t) - \boldsymbol{u}^*)) + \boldsymbol{m}_0$$

となり，整理すると次式が得られる。

$$\begin{aligned}
\boldsymbol{u}(t) &= -(I_r + K_DCB)^{-1}K_PC\boldsymbol{e}_x(t) + (I_r + K_DCB)^{-1}K_S\boldsymbol{\zeta}(t) \\
&\quad -(I_r + K_DCB)^{-1}K_DC(A\boldsymbol{e}_x(t) - B\boldsymbol{u}^*) \\
&\quad +(I_r + K_DCB)^{-1}\boldsymbol{m}_0 \\
&= -(I_r + K_DCB)^{-1}(K_PC + K_DCA)\boldsymbol{e}_x(t) \\
&\quad +(I_r + K_DCB)^{-1}K_S\boldsymbol{\zeta}(t) + (I_r + K_DCB)^{-1}K_DCB\boldsymbol{u}^* \\
&\quad +(I_r + K_DCB)^{-1}\boldsymbol{m}_0 \\
&= -K_E\boldsymbol{e}_x(t) + K_\Xi\boldsymbol{\zeta}(t) + K_U(K_DCB\boldsymbol{u}^* + \boldsymbol{m}_0) \qquad (12.106)
\end{aligned}$$

ここで　$K_E \triangleq (I_r + K_DCB)^{-1}(K_PC + K_DCA)$

$K_\Xi \triangleq (I_r + K_DCB)^{-1}K_S$

$K_U \triangleq (I_r + K_DCB)^{-1}$

式 (12.106) を式 (12.101) に代入すると，P·SPR·D 制御による閉ループ誤差系が得られる。

$$\begin{aligned}
\dot{\boldsymbol{e}}_x(t) &= A\boldsymbol{e}_x(t) + B(\boldsymbol{u}(t) - \boldsymbol{u}^*) \\
&= A\boldsymbol{e}_x(t) + B\{-K_E\boldsymbol{e}_x(t) + K_\Xi\boldsymbol{\zeta}(t) \\
&\qquad\qquad +K_U(K_DCB\boldsymbol{u}^* + \boldsymbol{m}_0) - \boldsymbol{u}^*\} \\
&= (A - BK_E)\boldsymbol{e}_x(t) + BK_\Xi\boldsymbol{\zeta}(t) - B(I_r + K_DCB)^{-1}\boldsymbol{u}^* \\
&\quad +BK_U\boldsymbol{m}_0 \\
&= (A - BK_E)\boldsymbol{e}_x(t) + BK_\Xi\boldsymbol{\zeta}(t) + BK_U(\boldsymbol{m}_0 - \boldsymbol{u}^*) \qquad (12.107)
\end{aligned}$$

したがって，P·SPR·D 制御による閉ループ誤差系は式 (12.107) と式 (12.103) をあわせると，つぎのように書ける。

$$\begin{bmatrix} \dot{\boldsymbol{e}}_x(t) \\ \dot{\boldsymbol{\zeta}}(t) \end{bmatrix} = \begin{bmatrix} A - BK_E & BK_\Xi \\ -C & D \end{bmatrix} \begin{bmatrix} \boldsymbol{e}_x(t) \\ \boldsymbol{\zeta}(t) \end{bmatrix} + \begin{bmatrix} BK_U(\boldsymbol{m}_0 - \boldsymbol{u}^*) \\ \boldsymbol{0} \end{bmatrix} \qquad (12.108)$$

ここで，手動リセット量を $\boldsymbol{m}_0 = \boldsymbol{u}^*$ に設定しよう。そうすれば，閉ループ誤差系はつぎのようになる。

$$\begin{bmatrix} \dot{\boldsymbol{e}}_x(t) \\ \dot{\boldsymbol{\zeta}}(t) \end{bmatrix} = \begin{bmatrix} A - BK_E & BK_\Xi \\ -C & D \end{bmatrix} \begin{bmatrix} \boldsymbol{e}_x(t) \\ \boldsymbol{\zeta}(t) \end{bmatrix} \tag{12.109}$$

同時に，P·SPR·D 制御 (12.104) はつぎのようになる。

$$\boldsymbol{u}(t) = K_P \boldsymbol{e}(t) + K_S \boldsymbol{\zeta}(t) + K_D \dot{\boldsymbol{e}}(t) + \boldsymbol{u}^* \tag{12.110}$$

さて，P·SPR·D 制御による閉ループ系の安定性をリアプノフの直接法を用いて吟味しよう[44)]。リアプノフ関数

$$V(\boldsymbol{e}_x, \boldsymbol{\zeta}) = \frac{1}{2} \begin{bmatrix} \boldsymbol{e}_x \\ \boldsymbol{\zeta} \end{bmatrix}^T \begin{bmatrix} P & O \\ O & S \end{bmatrix} \begin{bmatrix} \boldsymbol{e}_x \\ \boldsymbol{\zeta} \end{bmatrix} \tag{12.111}$$

を $P = P^T > 0$，$S = S^T > 0$ として定義し，その式 (12.109) に沿った時間微分を計算すると

$$\dot{V}(\boldsymbol{e}_x, \boldsymbol{\zeta}) = \begin{bmatrix} \boldsymbol{e}_x \\ \boldsymbol{\zeta} \end{bmatrix}^T \begin{bmatrix} P & O \\ O & S \end{bmatrix} \begin{bmatrix} \dot{\boldsymbol{e}}_x \\ \dot{\boldsymbol{\zeta}} \end{bmatrix} = \begin{bmatrix} \boldsymbol{e}_x \\ \boldsymbol{\zeta} \end{bmatrix}^T M \begin{bmatrix} \boldsymbol{e}_x \\ \boldsymbol{\zeta} \end{bmatrix} \tag{12.112}$$

$$\text{ここで} \quad M \equiv \begin{bmatrix} P(A - BK_E) & PBK_\Xi \\ -SC & SD \end{bmatrix}$$

となる。$\boldsymbol{x}^T M \boldsymbol{x} = \dfrac{1}{2} \boldsymbol{x}^T (M + M^T) \boldsymbol{x}$ の関係を用いると

$$\dot{V}(\boldsymbol{e}_x, \boldsymbol{\zeta}) = \frac{1}{2} \begin{bmatrix} \boldsymbol{e}_x \\ \boldsymbol{\zeta} \end{bmatrix}^T (M + M^T) \begin{bmatrix} \boldsymbol{e}_x \\ \boldsymbol{\zeta} \end{bmatrix} \tag{12.113}$$

ここで

$$M + M^T \equiv \begin{bmatrix} P(A - BK_E) + (A^T - K_E^T B^T)P & PBK_\Xi - C^T S \\ -SC + K_\Xi^T B^T P & SD + D^T S \end{bmatrix}$$

となる。

閉ループ系が漸近安定となるための十分条件は，$\dot{V}(\boldsymbol{e}_x, \boldsymbol{\zeta}) < 0$ となることである。そのためには，つぎの行列不等式を満たす $P = P^T > 0$，$S = S^T > 0$ および K_E, K_Ξ が存在すれば十分である。

$$\begin{bmatrix} P(A - BK_E) + (A^T - K_E^T B^T)P & PBK_\Xi - C^T S \\ -SC + K_\Xi^T B^T P & SD + D^T S \end{bmatrix} < 0 \tag{12.114}$$

式 (12.114) は線形システム (12.109) が漸近安定であるための必要十分条件を与えるリアプノフ不等式

$$\begin{bmatrix} P & O \\ O & S \end{bmatrix}\begin{bmatrix} A - BK_E & BK_\Xi \\ -C & D \end{bmatrix} + \begin{bmatrix} A - BK_E & BK_\Xi \\ -C & D \end{bmatrix}^T \begin{bmatrix} P & O \\ O & S \end{bmatrix} < 0 \tag{12.115}$$

と等価であることに注意しよう。

式 (12.114) の行列は対称行列だから，これが負定行列になる必要十分条件はシュールの補題（Schur complement）†より，つぎのようになる。

$$SD + D^T S < 0 \tag{12.116}$$

$$P(A - BK_E) + (A^T - K_E^T B^T)P - (PBK_\Xi - C^T S) \times (SD + D^T S)^{-1}(-SC + K_\Xi^T B^T P)^T < 0 \tag{12.117}$$

さて，行列不等式 (12.114) を解くために，式 (12.114) に合同変換（congruent transformation）を行った後，新しい変数を適当に選ぶことにより，LMI（linear matrix inequality）可解問題に帰着させることを考える。合同変換

† **［シュールの補題**; Schur complement］　実対称行列 $\Theta = \begin{bmatrix} \Theta_{11} & \Theta_{12} \\ \Theta_{12}^T & \Theta_{22} \end{bmatrix}$ が正定行列であるための必要十分条件は，つぎのとおりである。

(i) $\Theta_{11} > 0$ かつ $\Theta_{22} - \Theta_{12}^T \Theta_{11}^{-1} \Theta_{12} > 0$
または
(ii) $\Theta_{22} > 0$ かつ $\Theta_{11} - \Theta_{12} \Theta_{22}^{-1} \Theta_{12}^T > 0$

$$T = \begin{bmatrix} P^{-1} & O \\ O & S^{-1} \end{bmatrix}$$

を施すと，次式を得る。

$$\begin{bmatrix} P^{-1} & O \\ O & S^{-1} \end{bmatrix} \begin{bmatrix} P(A-BK_E)+(A^T-K_E^TB^T)P & PBK_\Xi - C^TS \\ -SC+K_\Xi^TB^TP & SD+D^TS \end{bmatrix} \times \begin{bmatrix} P^{-1} & O \\ O & S^{-1} \end{bmatrix}^T$$
$$= \begin{bmatrix} (A-BK_E)P^{-1}+P^{-1}(A^T-K_E^TB^T) & BK_\Xi S^{-1} - P^{-1}C^T \\ -CP^{-1}+S^{-1}K_\Xi^TB^T & DS^{-1}+S^{-1}D^T \end{bmatrix} < 0 \qquad (12.118)$$

ここで新しい変数 $Y = P^{-1}$，$Z = S^{-1}$，$G_1 = K_EP^{-1}$，$G_2 = K_\Xi S^{-1}$ を導入すると，式 (12.118) はつぎのようになる。

$$\begin{bmatrix} AY - BG_1 + YA^T - G_1^TB^T & BG_2 - YC^T \\ -CY + G_2^TB^T & DZ + ZD^T \end{bmatrix} < 0 \qquad (12.119)$$

式 (12.119) は LMI なので，半正定値計画法で解くことによって，容易に $Y > 0$，$Z > 0$ および G_1, G_2 の存在を確認することができる。もし LMI (12.119) を満たす $Y > 0$，$Z > 0$ および G_1, G_2 が得られれば，Y, Z は正則行列となるので，$P = Y^{-1} > 0$，$S = Z^{-1} > 0$ および $K_E = G_1P = G_1Y^{-1}$，$K_\Xi = G_2S = G_2Z^{-1}$ は式 (12.114) を満たす。したがって，式 (12.119) の解から安定な P·SPR·D 制御器のパラメータ値が得られる。すなわち

$$K_E = (I_r + K_DCB)^{-1}(K_PC + K_DCA)$$
$$K_\Xi = (I_r + K_DCB)^{-1}K_S$$

を満たす K_P, K_D, K_S を計算すればよい。LMI 手法の詳細は文献 5), 10), 6) を参照されたい。

以下では，P·SPR·D 制御器の設計法とチューニング法を考える。提案手法[38),50),35)]では，SPR パラメータ行列 K_S をつぎのように定義する。

$$K_S \stackrel{\triangle}{=} H_S \mathcal{L}$$

ここで，$H_S \in R^{r\times m}$，$\mathcal{L} \in R^{m\times m}$（$\det \mathcal{L} \neq 0$）をそれぞれ中間パラメータ行列，調整パラメータ行列と呼ぶ。そして，つぎのようなものを考える。

$$\dot{\boldsymbol{\zeta}}'(t) = \mathcal{L}D'\boldsymbol{\zeta}'(t) + \mathcal{L}\boldsymbol{e}(t),\quad \boldsymbol{\zeta}'(0) = \boldsymbol{0},\quad D < 0 \tag{12.120}$$

$$\boldsymbol{u}(t) = K_P\boldsymbol{e}(t) + H_S\boldsymbol{\zeta}'(t) + K_D\dot{\boldsymbol{e}}(t) + \boldsymbol{m}_0 \tag{12.121}$$

このとき，式 (12.102) と式 (12.105) を式 (12.121) に代入すると

$$\boldsymbol{u}(t) = -K_PC\boldsymbol{e}_x(t) + H_S\boldsymbol{\zeta}'(t) - K_DC(A\boldsymbol{e}_x(t) + B(\boldsymbol{u}(t) - \boldsymbol{u}^*)) + \boldsymbol{m}_0$$

となるが，前と同様にして整理すると，次式を得る。

$$\boldsymbol{u}(t) = -K_E\boldsymbol{e}_x(t) + K'_{\Xi}\boldsymbol{\zeta}'(t) + K_U(K_DCB\boldsymbol{u}^* + \boldsymbol{m}_0) \tag{12.122}$$

$$\text{ここで}\quad K'_{\Xi} \stackrel{\triangle}{=} (I_r + K_DCB)^{-1}H_S$$

式 (12.122) を式 (12.101) に代入することで，P·SPR·D 制御による閉ループ誤差系

$$\begin{aligned}
\dot{\boldsymbol{e}}_x(t) &= A\boldsymbol{e}_x(t) + B(\boldsymbol{u}(t) - \boldsymbol{u}^*)\\
&= A\boldsymbol{e}_x(t) + B\{-K_E\boldsymbol{e}_x(t) + K'_{\Xi}\boldsymbol{\zeta}'(t)\\
&\qquad\qquad + K_U(K_DCB\boldsymbol{u}^* + \boldsymbol{m}_0) - \boldsymbol{u}^*\}\\
&= (A - BK_E)\boldsymbol{e}_x(t) + BK'_{\Xi}\boldsymbol{\zeta}'(t) - B(I_r + K_DCB)^{-1}\boldsymbol{u}^*\\
&\quad + BK_U\boldsymbol{m}_0\\
&= (A - BK_E)\boldsymbol{e}_x(t) + BK'_{\Xi}\boldsymbol{\zeta}'(t) + BK_U(\boldsymbol{m}_0 - \boldsymbol{u}^*)
\end{aligned} \tag{12.123}$$

が得られる。したがって，式 (12.123) と式 (12.120) をあわせると，閉ループ誤差系はつぎのように書ける。

$$\begin{bmatrix} \dot{\boldsymbol{e}}_x(t) \\ \dot{\boldsymbol{\zeta}}'(t) \end{bmatrix} = \begin{bmatrix} A - BK_E & BK'_\Xi \\ -\mathcal{L}C & \mathcal{L}D' \end{bmatrix} \begin{bmatrix} \boldsymbol{e}_x(t) \\ \boldsymbol{\zeta}'(t) \end{bmatrix} + \begin{bmatrix} BK_U(\boldsymbol{m}_0 - \boldsymbol{u}^*) \\ \boldsymbol{0} \end{bmatrix} \tag{12.124}$$

ここで手動リセット量を $\boldsymbol{m}_0 = \boldsymbol{u}^*$ に設定しよう。そうすれば閉ループ誤差系はつぎのようになる。

$$\begin{bmatrix} \dot{\boldsymbol{e}}_x(t) \\ \dot{\boldsymbol{\zeta}}'(t) \end{bmatrix} = \begin{bmatrix} A - BK_E & BK'_\Xi \\ -\mathcal{L}C & \mathcal{L}D' \end{bmatrix} \begin{bmatrix} \boldsymbol{e}_x(t) \\ \boldsymbol{\zeta}'(t) \end{bmatrix} \tag{12.125}$$

さて，ここで閉ループ誤差系 (12.125) に基づく仮想的システム

$$\begin{bmatrix} \dot{\boldsymbol{e}}_x(t) \\ \dot{\boldsymbol{\zeta}}'(t) \end{bmatrix} = \begin{bmatrix} A - BK_E & BK'_\Xi \\ O & O \end{bmatrix} \begin{bmatrix} \boldsymbol{e}_x(t) \\ \boldsymbol{\zeta}'(t) \end{bmatrix} + \begin{bmatrix} O \\ I_m \end{bmatrix} \boldsymbol{v}(t)$$

$$:= \widetilde{A}\widetilde{\boldsymbol{x}}(t) + \widetilde{B}\boldsymbol{v}(t) \tag{12.126}$$

$$\widetilde{\boldsymbol{y}}(t) = \begin{bmatrix} C & -D' \end{bmatrix} \begin{bmatrix} \boldsymbol{e}_x(t) \\ \boldsymbol{\zeta}'(t) \end{bmatrix} := \widetilde{C}\widetilde{\boldsymbol{x}}(t) \tag{12.127}$$

を考える。ただし，$\boldsymbol{v}(t) \in R^m$, $\widetilde{\boldsymbol{y}} \in R^m$ はそれぞれ仮想的なシステム $\{\widetilde{A}, \widetilde{B}, \widetilde{C}\}$ の入力と出力である。そして，入力 $\boldsymbol{v}(t)$ は出力フィードバック

$$\boldsymbol{v}(t) = -\mathcal{L}\widetilde{\boldsymbol{y}}(t) = -\mathcal{L} \begin{bmatrix} C & -D' \end{bmatrix} \begin{bmatrix} \boldsymbol{e}_x(t) \\ \boldsymbol{\zeta}'(t) \end{bmatrix} \tag{12.128}$$

で与える。ここで，$\mathcal{L}$ は出力フィードバックゲインである。

このとき，仮想的システムの閉ループ誤差系は

$$\begin{bmatrix} \dot{\boldsymbol{e}}_x(t) \\ \dot{\boldsymbol{\zeta}}'(t) \end{bmatrix} = \begin{bmatrix} A - BK_E & BK'_\Xi \\ -\mathcal{L}C & \mathcal{L}D' \end{bmatrix} \begin{bmatrix} \boldsymbol{e}_x(t) \\ \boldsymbol{\zeta}'(t) \end{bmatrix} \tag{12.129}$$

となり，これは式 (12.125) と同じである。ここで $D' = D\mathcal{L}^{-1}$，$\boldsymbol{\zeta}' = \mathcal{L}\boldsymbol{\zeta}$ とおくと，式 (12.129) の下段は式 (12.109) の下段と等しくなる。それゆえ

$$K_S = H_S\mathcal{L}, \quad D = D'\mathcal{L} \tag{12.130}$$

と設定すると，式 (12.129) は式 (12.109) と一致する。

その結果，式 (12.129) は，式 (12.130) のように設定した上で，$\boldsymbol{m}_0 = \boldsymbol{u}^*$ としたときの P·SPR·D 制御 (12.103), (12.104) による閉ループ誤差系 (12.101), (12.102), (12.103), (12.110) に等しいことがわかる。

12.4.2 高ゲインフィードバックによる P·SPR·D 制御器の設計

提案手法では，P·SPR·D 制御器の設計のために高ゲイン出力フィードバック定理[33] を応用する。まず，そのための準備として若干の用語を説明する。

つぎのような一般の線形多変数システムを考える。

$$\dot{\widetilde{\boldsymbol{x}}}(t) = \widetilde{A}\widetilde{\boldsymbol{x}}(t) + \widetilde{B}\boldsymbol{v}(t) \tag{12.131}$$

$$\widetilde{\boldsymbol{y}}(t) = \widetilde{C}\widetilde{\boldsymbol{x}}(t) \tag{12.132}$$

ここで，$\widetilde{\boldsymbol{x}}(t) \in R^N$，$\boldsymbol{v}(t) \in R^m$，$\widetilde{\boldsymbol{y}}(t) \in R^m$ である。

線形多変数システム (12.131), (12.132) が相対次数 $\{1, 1, \cdots, 1\}$，つまり $\widetilde{C}\widetilde{B}$ が正則であれば，正則変換

$$\begin{bmatrix} \boldsymbol{\xi} \\ \boldsymbol{\eta} \end{bmatrix} = \begin{bmatrix} \widetilde{C} \\ \widetilde{T} \end{bmatrix} \widetilde{\boldsymbol{x}}, \quad \boldsymbol{\xi} \in R^m, \quad \boldsymbol{\eta} \in R^{(N-m)} \tag{12.133a}$$

$$\widetilde{T}\widetilde{B} = O \tag{12.133b}$$

によって，つぎの標準形（ノーマルフォーム）へ変換できる（2.3 節参照）。

$$\dot{\boldsymbol{\xi}}(t) = Q_{11}\boldsymbol{\xi}(t) + Q_{12}\boldsymbol{\eta}(t) + \widetilde{C}\widetilde{B}\boldsymbol{v}(t) \tag{12.134a}$$

$$\dot{\boldsymbol{\eta}}(t) = Q_{21}\boldsymbol{\xi}(t) + Q_{22}\boldsymbol{\eta}(t) \tag{12.134b}$$

$$\widetilde{\boldsymbol{y}}(t) = \boldsymbol{\xi}(t) \tag{12.135}$$

$Q_{11} \in R^{m\times m}$, $Q_{12} \in R^{m\times(N-m)}$, $Q_{21} \in R^{(N-m)\times m}$, $Q_{22} \in R^{(N-m)\times(N-m)}$ は，それぞれ変数変換後の係数行列である。

【定義 12.1】（零ダイナミクス，最小位相） 式 (12.134b) における

$$\dot{\boldsymbol{\eta}}(t) = Q_{22}\boldsymbol{\eta}(t) \tag{12.136}$$

を零ダイナミクスと呼ぶ。零ダイナミクス (12.136) が漸近安定であるとき，線形多変数システム (12.131), (12.132) は最小位相であるという。

上で述べた相対次数，零ダイナミクスを用いて系 7.1 を適用すると，つぎの定理を導くことができる。

【定理 12.2】（高ゲイン出力フィードバック） 式 (12.131), (12.132) で与えられるシステム $\{\widetilde{A}, \widetilde{B}, \widetilde{C}\}$ は，平衡点 $\widetilde{\boldsymbol{x}}_e = \boldsymbol{0}$ で相対次数 $\{1, 1, \cdots, 1\}$（すなわち $\widetilde{C}\widetilde{B}$ は正則）で，かつ最小位相（すなわち，零ダイナミクスが漸近安定）と仮定する。そして，出力フィードバック制御

$$\boldsymbol{v}(t) = -\mathcal{L}\widetilde{\boldsymbol{y}}(t) \tag{12.137}$$

を考える。ここで $\mathcal{L} \in R^{m\times m}$ はゲイン行列である。このとき，定数 $\gamma_{i0} > 0$ が存在して $\mathcal{L}$ を $\mathcal{L} = (\widetilde{C}\widetilde{B})^{-1}(Q_{11}+\Gamma)$（$\Gamma = \mathrm{diag}\{\gamma_1, \gamma_2, \cdots, \gamma_m\}$, $\gamma_i \geqq \gamma_{i0} > 0$）と選べば，閉ループ系 (12.131), (12.132), (12.137) は漸近安定である。また Q_{11} は式 (12.134a) の行列である。

（証明） 省略。系 7.1 または文献 33) を参照。 □

さて, P·SPR·D 制御器の設計のために, 定理 12.2 を仮想的なシステム (12.126), (12.127) へ応用することを考える。そこで，まず式 (12.126), (12.127) の $\boldsymbol{v}$ に対する相対次数を確認する。式 (12.127) の時間微分はつぎのようになる。

$$\begin{aligned}\dot{\widetilde{\boldsymbol{y}}}(t) &= \begin{bmatrix} C & -D' \end{bmatrix} \begin{bmatrix} \dot{\boldsymbol{e}}_x(t) \\ \dot{\boldsymbol{\zeta}}'(t) \end{bmatrix} \\ &= \begin{bmatrix} C & -D' \end{bmatrix} \left(\begin{bmatrix} A - BK_E & BK'_{\varXi} \\ O & O \end{bmatrix} \begin{bmatrix} \boldsymbol{e}_x(t) \\ \boldsymbol{\zeta}'(t) \end{bmatrix} + \begin{bmatrix} O \\ I_m \end{bmatrix} \boldsymbol{v}(t) \right)\end{aligned} \tag{12.138}$$

よって

$$\frac{\partial \dot{\widetilde{\boldsymbol{y}}}(t)}{\partial \boldsymbol{v}(t)} = \widetilde{C}\widetilde{B} = \begin{bmatrix} C & -D' \end{bmatrix} \begin{bmatrix} O \\ I_m \end{bmatrix} = -D'$$

となる。定理 12.2 を応用するためには $-D'$ は正則（すなわち $\{\widetilde{A}, \widetilde{B}, \widetilde{C}\}$ は相対次数 $\{1, 1, \cdots, 1\}$）とならなければならない。そこで D' を正則に与える。

したがって，仮想システム (12.126), (12.127) は，相対次数が $\{1, 1, \cdots, 1\}$ であることから標準形に変形でき，零ダイナミクスを求めることができる。そこで，式 (12.126), (12.127) を以下のような標準形へ変換するための正則変換を考える。

$$\begin{bmatrix} \boldsymbol{\xi} \\ \boldsymbol{\eta} \end{bmatrix} = \begin{bmatrix} \widetilde{C} \\ \widetilde{T} \end{bmatrix} \widetilde{\boldsymbol{x}} = \begin{bmatrix} C & -D' \\ I_n & O \end{bmatrix} \begin{bmatrix} \boldsymbol{e}_x \\ \boldsymbol{\zeta}' \end{bmatrix} \tag{12.139}$$

$$\text{ここで}\quad \widetilde{T} = \begin{bmatrix} I_n & O \end{bmatrix},\quad \widetilde{T}\widetilde{B} = O$$

ただし，$\boldsymbol{\xi} = \widetilde{\boldsymbol{y}}$ より $\boldsymbol{\xi}$ の次元は m 次であり，$\boldsymbol{\eta}$ の次元は n 次である。式 (12.139) の変換行列の逆行列は

$$\begin{bmatrix} C & -D' \\ I_n & O \end{bmatrix}^{-1} = \begin{bmatrix} O & I_n \\ -D'^{-1} & D'^{-1}C \end{bmatrix}$$

なので，この変換 (12.139) を仮想システム (12.126), (12.127) に施すと

$$\begin{bmatrix} \dot{\boldsymbol{\xi}} \\ \dot{\boldsymbol{\eta}} \end{bmatrix} = \begin{bmatrix} C & -D' \\ I_n & O \end{bmatrix} \begin{bmatrix} A - BK_E & BK'_{\Xi} \\ O & O \end{bmatrix} \begin{bmatrix} O & I_n \\ -D'^{-1} & D'^{-1}C \end{bmatrix} \begin{bmatrix} \boldsymbol{\xi} \\ \boldsymbol{\eta} \end{bmatrix} + \begin{bmatrix} C & -D' \\ I_n & O \end{bmatrix} \begin{bmatrix} O \\ I_m \end{bmatrix} \boldsymbol{v} \tag{12.140}$$

の計算より，仮想システム (12.126), (12.127) の標準形

$$\dot{\boldsymbol{\xi}} = -CBK'_{\Xi}D'^{-1}\boldsymbol{\xi} + C\Big((A - BK_E) + BK'_{\Xi}D'^{-1}C\Big)\boldsymbol{\eta} - D'\boldsymbol{v} \tag{12.141a}$$

$$\dot{\boldsymbol{\eta}} = -BK'_{\Xi}D'^{-1}\boldsymbol{\xi} + \Big((A - BK_E) + BK'_{\Xi}D'^{-1}C\Big)\boldsymbol{\eta} \qquad (12.141\text{b})$$

$$\widetilde{\boldsymbol{y}} = \boldsymbol{\xi} \qquad (12.142)$$

が得られる。したがって，零ダイナミクスは式 (12.141b) より，つぎのようになる。

$$\dot{\boldsymbol{\eta}} = \Big(A - B(K_E - K'_{\Xi}D'^{-1}C)\Big)\boldsymbol{\eta} \qquad (12.143)$$

定理 12.2 を用いるためには，零ダイナミクス (12.143) は漸近安定でなければならない。そこで，つぎの仮定をおく。

【仮定 12.1】 零ダイナミクス

$$\dot{\boldsymbol{\eta}} = \Big(A - B(K_E - K'_{\Xi}D'^{-1}C)\Big)\boldsymbol{\eta}$$

が漸近安定となる H_S, K_P, K_D が存在する。

よって，定理 12.2 を適用することができる。このとき，式 (12.126) を漸近安定化する出力フィードバック制御 (12.128) のゲイン $\mathcal{L}$ が求まり，SPR パラメータ行列と付加パラメータ行列を式 (12.130) より $K_S = H_S\mathcal{L}$, $D = D'\mathcal{L}$ と与えれば，P·SPR·D 制御

$$\dot{\boldsymbol{\zeta}}(t) = D\boldsymbol{\zeta}(t) + \boldsymbol{e}(t),\ \boldsymbol{\zeta}(0) = \boldsymbol{0},\ \ D < 0$$
$$\boldsymbol{u}(t) = K_P\boldsymbol{e}(t) + K_S\boldsymbol{\zeta}(t) + K_D\dot{\boldsymbol{e}}(t) + \boldsymbol{u}^*$$

が得られる。このとき，閉ループ誤差系 (12.101), (12.102), (12.103), (12.110) の平衡点は漸近安定となる。さらに，高ゲイン出力フィードバックの性質から，ゲイン $\mathcal{L}$ を調節することによって収束速度もある程度改善できる。

一方，もし $\boldsymbol{m}_0 \neq \boldsymbol{u}^*$ であったり，$\boldsymbol{m}_0 = \boldsymbol{0}$ と設定したとすれば，式 (12.129) の遷移行列が漸近安定であっても，式 (12.124) の右辺第 2 項に依存した定常偏差，すなわち定常出力誤差（つまり $\boldsymbol{e}(\infty) = \boldsymbol{y}^* - \boldsymbol{y}(\infty)$）が生じる。この定常偏差（オフセット）の大きさは K_P, K_S, K_D, D の関数である。

P·SPR·D 制御による閉ループ誤差系は，式 (12.108) よりつぎのようである。

$$\begin{bmatrix} \dot{\boldsymbol{e}}_x(t) \\ \dot{\boldsymbol{\zeta}}(t) \end{bmatrix} = \begin{bmatrix} A-BK_E & BK_{\Xi} \\ -C & D \end{bmatrix} \begin{bmatrix} \boldsymbol{e}_x(t) \\ \boldsymbol{\zeta}(t) \end{bmatrix} + \begin{bmatrix} BK_U(\boldsymbol{m}_0-\boldsymbol{u}^*) \\ \boldsymbol{0} \end{bmatrix} \tag{12.144}$$

したがって，$t \to \infty$ のとき定常偏差はつぎのようになる。

$$\begin{bmatrix} \boldsymbol{e}_x(\infty) \\ \boldsymbol{\zeta}(\infty) \end{bmatrix} = -\begin{bmatrix} A-BK_E & BK_{\Xi} \\ -C & D \end{bmatrix}^{-1} \begin{bmatrix} BK_U(\boldsymbol{m}_0-\boldsymbol{u}^*) \\ \boldsymbol{0} \end{bmatrix} \tag{12.145}$$

しかし，レギュレータ問題（つまり $\boldsymbol{y}^*=\boldsymbol{0}$ かつ $\boldsymbol{x}^*=\boldsymbol{0}$）においては，明らかに $\boldsymbol{m}_0=\boldsymbol{0}$ の P·SPR·D 制御によって状態 $\boldsymbol{x}(t)$ は原点へ収束する（定常偏差は生じない）。

最後に，手動リセット量 $\boldsymbol{m}_0=\boldsymbol{u}^*$ が計算できないか，P·SPR·D 制御に利用できない場合の対策を考えよう。過渡状態の安定性は高ゲインフィードバックによって十分保証されるので，定常偏差に対する対策のみを工夫する。$\boldsymbol{m}_0=\boldsymbol{u}^*$ を補償するためにつぎの二つの案を提案する。

第 1 案は，ステップ目標入力，ステップ外乱に対する定常偏差を零にするために，通常の PID 制御の場合と同様，制御器に積分動作をもたせることである。そして，式 (12.104) または式 (12.110) の代わりに，I 動作を用いた次式を用いる。

$$\boldsymbol{u}(t) = K_P\boldsymbol{e}(t) + K_S\boldsymbol{\zeta}(t) + K_D\dot{\boldsymbol{e}}(t) + K_I\int_0^t \boldsymbol{e}(\tau)d\tau \tag{12.146}$$

これを **P·SPR·D+I 制御**と呼ぼう。

第 2 案は，つぎのようなフィードフォワードモードを用いる方法である。

$$\dot{K}_F(t) = S^{-1}\boldsymbol{e}(t)\boldsymbol{y}^{*T},\quad S>0 \tag{12.147}$$

$$\boldsymbol{u}(t) = K_P\boldsymbol{e}(t) + K_S\boldsymbol{\zeta}(t) + K_D\dot{\boldsymbol{e}}(t) + K_F(t)\boldsymbol{y}^* \tag{12.148}$$

これを**P·SPR·D+フィードフォワード制御**と呼ぼう。ここで $K_F(t)$ は時変のフィードフォワードゲイン行列であり，S は重み行列である。このようなアイデアは直接適応制御アルゴリズム[16] に基づいている。

12.4.3　制御器パラメータ行列の決定

本手法において最も重要な課題は，仮定 12.1 を満たすことである。すなわち，式 (12.143) の零ダイナミクス

$$\begin{aligned}\dot{\boldsymbol{\eta}} &= \Big(A - B(K_E - K'_{\Xi} D'^{-1} C)\Big)\boldsymbol{\eta} \\ &= \Big(A - B(I_r + K_D CB)^{-1}(K_P C + K_D CA - H_S D'^{-1} C)\Big)\boldsymbol{\eta}\end{aligned} \tag{12.149}$$

が漸近安定となるような P, D パラメータ行列 K_P, K_D と中間パラメータ行列 H_S を決定することである。

以下では，零ダイナミクス (12.149) の行列

$$A - B(I_r + K_D CB)^{-1}(K_P C + K_D CA - H_S D'^{-1} C) \tag{12.150}$$

が漸近安定となるようなパラメータ行列 K_P, K_D, H_S を決定する具体的な方法を考える。まず，零ダイナミクスの行列 (12.150) における部分行列 $(I_r + K_D CB)^{-1}(K_P C + K_D CA - H_S D'^{-1} C)$ をつぎのように変形する。

$$\begin{aligned}&(I_r + K_D CB)^{-1}(K_P C + K_D CA - H_S D'^{-1} C) \\ &= (I_r + K_D CB)^{-1}\begin{bmatrix} K_P - H_S D'^{-1} & K_D \end{bmatrix}\begin{bmatrix} C \\ CA \end{bmatrix}\end{aligned} \tag{12.151}$$

ここで，つぎのような行列

$$F_{\eta 1} = (I_r + K_D CB)^{-1}(K_P - H_S D'^{-1}) \tag{12.152}$$

$$F_{\eta 2} = (I_r + K_D CB)^{-1} K_D \tag{12.153}$$

$$F_{\eta} = \begin{bmatrix} F_{\eta 1} & F_{\eta 2} \end{bmatrix},\quad C_{\eta} = \begin{bmatrix} C \\ CA \end{bmatrix} \tag{12.154}$$

を定義すると，式 (12.151) は $F_\eta C_\eta$ のように表せる。そして，零ダイナミクス行列 (12.150) は

$$A - BF_\eta C_\eta \tag{12.155}$$

と表せる。これは，システム $\{A, B, C_\eta\}$ に対して仮想的な静的出力フィードバック $-F_\eta C_\eta \boldsymbol{\eta}$ を施したときに得られる閉ループ系の行列とみなせる。それゆえ，零ダイナミクスを漸近安定化するパラメータ行列 K_P, K_D, H_S を求めるために，$\{A, B, C_\eta\}$ に対する静的出力フィードバック $-F_\eta C_\eta \boldsymbol{\eta}$ による漸近安定化手法を適用して，式 (12.155) が安定行列となるような F_η を求めた後，その $F_\eta = \begin{bmatrix} F_{\eta 1} & F_{\eta 2} \end{bmatrix}$ を用いて式 (12.152), (12.153) の関係から K_P, K_D, H_S を求めることが考えられる。

さて，そのような出力フィードバックゲイン $F_\eta = \begin{bmatrix} F_{\eta 1} & F_{\eta 2} \end{bmatrix}$ を求めるために，文献 48) の静的出力フィードバックによる固有値配置法（12.3.1 項参照）をシステム $\{A, B, C_\eta\}$ に適用する。つまり，式 (12.155) が漸近安定となるような所望の固有値 Λ_n を配置する出力フィードバックゲイン F_η を求める。ただし，そのための条件はシステム $\{A, B, C_\eta\}$ は可制御・可観測で，次数は $2m + r > n$ を満足していなければならない。そして，そのような $F_\eta = \begin{bmatrix} F_{\eta 1} & F_{\eta 2} \end{bmatrix}$ が得られれば，式 (12.153) の関係から K_D をつぎのように決定することができる。

$$K_D = F_{\eta 2}(I_m - CBF_{\eta 2})^{-1} \tag{12.156}$$

また，式 (12.152) より

$$K_P = (I_r + K_D CB)F_{\eta 1} + H_S D'^{-1} \tag{12.157}$$

となるので，K_P は式 (12.156) で求めた K_D と適当な中間パラメータ行列 H_S を代入することで求まる。

【注意 12.4】　静的出力フィードバックによる固有値配置法を用いて，零ダイナミクスを漸近安定化する F_η を求める際に，実用上どのような固有値を配置すべきかを示すことは大切である。そこで，適当な固有値として，システム $\{A, B\}$ の最

適レギュレータ問題の代数リカッチ方程式 $PA+A^TP+Q-PBR^{-1}B^TP=O$ を解いて最適状態フィードバックゲイン $K_\eta = R^{-1}B^TP$ を導出し，その閉ループ行列 $A-BK_\eta$ より計算できる最適固有値 $\Lambda_n = \sigma(A-BK_\eta)$ を配置するのも一案である。

以上より，計算手順をまとめると以下のようになる。

計算手順 3

Step 1 式 (12.155) の所望の固有値 Λ_n を設定する。適当な固有値の選び方として，注意 12.4 の方法がある。

Step 2 12.3.1 項または文献 48) の静的出力フィードバックによる固有値配置法をシステム $\{A, B, C_\eta\}$ に適用し，$A - BF_\eta C_\eta$ の固有値を，Step 1 で定めた所望の固有値 Λ_n に配置する出力フィードバックゲイン $F_\eta = \begin{bmatrix} F_{\eta 1} & F_{\eta 2} \end{bmatrix}$ を求める。

Step 3 適当な正則行列 $D' \in R^{m\times m}$ と中間パラメータ行列 $H_S \in R^{r\times m}$ を与え，式 (12.156), (12.157) より K_D, K_P を決定する。

Step 4 定理 12.2 に基づき，式 (12.128) の $\mathcal{L}$ を $\mathcal{L} = -D'^{-1}(-CB(I_r + K_DCB)^{-1}H_SD'^{-1}+\Gamma)$ $(\Gamma = \mathrm{diag}\{\gamma_1, \gamma_2, \cdots, \gamma_m\}, \gamma_i \geqq \gamma_{i0} > 0)$ と選び，SPR パラメータを $D = D'\mathcal{L}$，SPR ゲイン行列を $K_S \triangleq H_S\mathcal{L}$ と決定する。

Step 5 P·SPR·D 制御は式 (12.103), (12.110) で与えられる。

実用的な設計指針としては，提案手法では $\mathcal{L}$ を決めれば D, K_P, K_S, K_D はただちに計算できるので，実際に出力応答を観察しながら，$\mathcal{L}$ を主観的に決定することが有効である。

【注意 12.5】 零ダイナミクスを漸近安定化する K_P, K_D, H_S は，もっと簡単に LMI 手法 [5),10),6)] を用いて求めることもできる。

12.4.4 数　値　例

数値例としてつぎのような線形多変数システムを考える。

$$\dot{\boldsymbol{x}}(t) = \begin{bmatrix} 1 & 0 & 1 & 0 & 1 \\ 0 & 0 & -1 & 0 & 0 \\ -1 & 1 & 0 & 0 & 2 \\ 0 & -1 & 0 & 0 & 1 \\ 0 & 0 & 1 & 0 & 0 \end{bmatrix} \boldsymbol{x}(t) + \begin{bmatrix} 0 & 0 \\ 1 & 0 \\ 0 & 1 \\ 1 & 0 \\ 0 & -1 \end{bmatrix} \boldsymbol{u}(t) \quad (12.158)$$

$$\boldsymbol{y}(t) = \begin{bmatrix} 1 & 1 & 0 & -1 & 0 \\ 0 & 0 & 1 & 0 & 1 \end{bmatrix} \boldsymbol{x}(t) \quad (12.159)$$

ただし，行列 A の固有値は $\{0,\ 0,\ -1,\ 1 \pm i\}$ であるので，これは不安定なシステムであることがわかる。

計算手順 3 の Step 1 に従って零ダイナミクスの所望の固有値 Λ_n を設定する。適当な所望の固有値として，注意 12.4 で述べた方法を用いて導出すると，$\Lambda_n = \{-1.104 \pm 1.264i,\ -1.670 \pm 0.5475i,\ -0.8819\}$ となる。ただし，代数リカッチ方程式における正定行列は $Q = I_5$，$R = I_2$ とした。

Step 2 より，12.3.1 項の静的出力フィードバックによる固有値配置法を適用して，所望の固有値 Λ_n を配置するような F_η を求めると

$$F_\eta = \begin{bmatrix} 7.245 & -5.815 & 4.587 & -0.6357 \\ -8.815 & -0.7322 & -2.839 & -3.480 \end{bmatrix}$$

となる。Step 3 より，適当な行列

$$D' = \begin{bmatrix} -1 & 0 \\ 0 & -1 \end{bmatrix}, \quad H_S = \begin{bmatrix} 1 & 0.5 \\ 0.5 & 1 \end{bmatrix}$$

を与えると，P, D パラメータ行列はつぎのように求まる。

$$K_P = \begin{bmatrix} 6.245 & -6.315 \\ -9.314 & -1.732 \end{bmatrix}, \quad K_D = \begin{bmatrix} 4.587 & -0.6357 \\ -2.839 & -3.480 \end{bmatrix}$$

Step 4 より $\Gamma = \mathrm{diag}\{\gamma_1, \gamma_2\}\,(\gamma_i > 0)$ を (a) $\mathrm{diag}\{0.1, 0.1\}$, (b) $\mathrm{diag}\{1, 1\}$, (c) $\mathrm{diag}\{5, 5\}$, (d) $\mathrm{diag}\{10, 10\}$ のように選び，$\mathcal{L}$ を決定して，SPR パラメータ行列と付加パラメータ行列を $K_S = H_S\mathcal{L}$，$D = D'\mathcal{L}$ としてシミュレーショ

ンを行った。その結果を**図 12.1** に示す。ここで，所望値は $\boldsymbol{y}^* = [8, 10]^T$ に設定されている。これらの図から，Γ の要素 γ_i を大きくすることによって漸近安定化が達成され，収束速度もある程度改善される様子がわかる。

図 12.2 は $\boldsymbol{u}^*$ が求まらない場合

$$K_I = \begin{bmatrix} 0.05 & 0.05 \\ 0.05 & 0.05 \end{bmatrix}$$

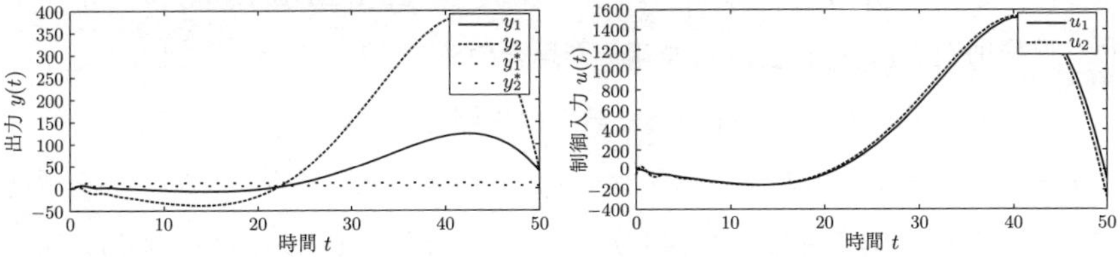

(a) $\Gamma = \mathrm{diag}\{0.1, 0.1\}$

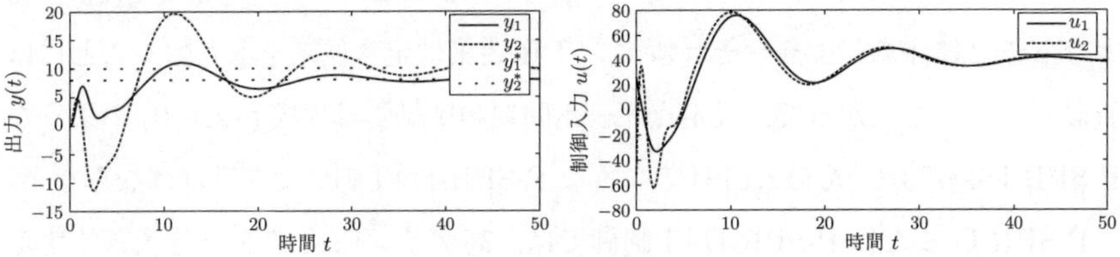

(b) $\Gamma = \mathrm{diag}\{1, 1\}$

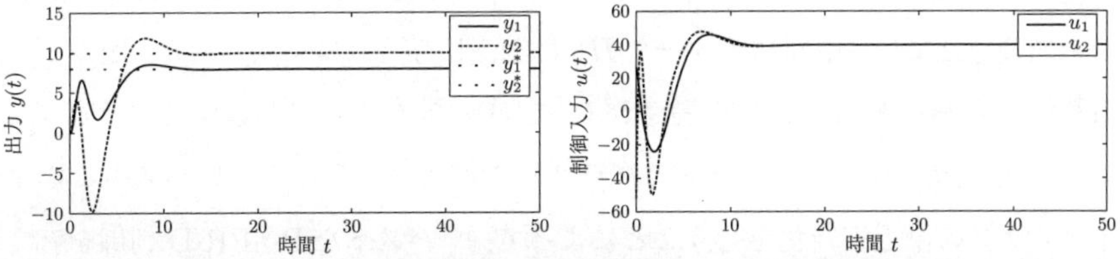

(c) $\Gamma = \mathrm{diag}\{5, 5\}$

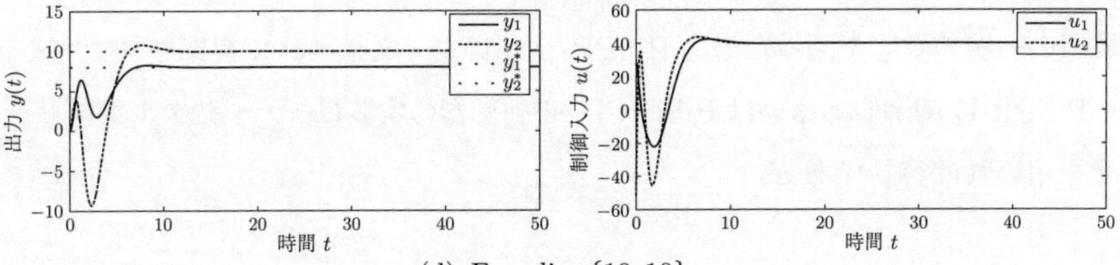

(d) $\Gamma = \mathrm{diag}\{10, 10\}$

図 12.1　P·SPR·D+$\boldsymbol{u}^*$ 制御における出力 $\boldsymbol{y}$ と制御入力 $\boldsymbol{u}$ の時間的変化

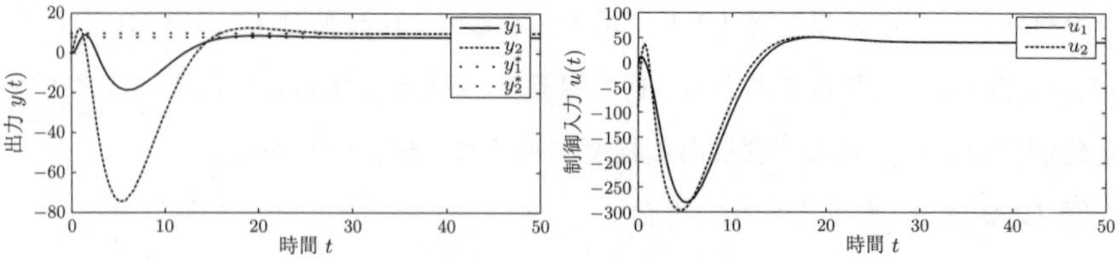

(d) $\Gamma = \mathrm{diag}\{10, 10\}$

図 12.2　P·SPR·D+I 制御における出力 $\boldsymbol{y}$ と制御入力 $\boldsymbol{u}$ の時間的変化

としたときの P·SPR·D+I 制御の結果である。また，P·SPR·D + フィードフォワード制御 (12.147), (12.148) を用いた場合のシミュレーション結果も文献 38) に与えられているので，興味のある読者は参照されたい。

本節では高ゲイン出力フィードバックに基づき，線形多変数システムを漸近安定化する P·SPR·D 制御を解説した。しかしながら，P·SPR·D 制御では SPR 要素 (12.103) において $\boldsymbol{e}(t) = \boldsymbol{y}^* - \boldsymbol{y}(t) \to \boldsymbol{0}$ のとき，$t \to \infty$ で $\boldsymbol{\zeta}(t) \to \boldsymbol{0}$ となることに注意しよう。それゆえ，SPR 要素は定常偏差を取り除くことには貢献しない。したがって，設定点サーボ問題の制御器は，式 (12.110) のような P·SPR·D+$\boldsymbol{u}^*$ か，式 (12.146) のような P·SPR·D+I 制御でなければならない。

P·SPR·D または P·SPR·D+I 制御では，高ゲイン係数 $\mathcal{L}$ を十分大きくすることで，漸近安定化を達成できるだけでなく，出力の応答速度も改善できる。

上述の方法では，中間パラメータ H_S は適当に与えればよかったが，閉ループ系特性はもちろん H_S にも影響される。制御性能をさらに改善するような H_S の調整法が望まれる。プラントのパラメータが変動するとき，ロバストな零ダイナミクスの漸近安定化を行うことによって，ロバストな P·SPR·D 制御を考えることも今後の課題である。また，プラントパラメータが変動する場合，制御成績の一層の改善を図った適応 P·SPR·D 制御が，文献 44) で提案されている。

P·SPR·D 制御器あるいは P·SPR·D+I 制御器の実装は，ディジタルプロセッサを用いれば容易である。

12.5 時間遅れ線形システムの P·SPR·D 制御と P·SPR·D+I 制御

制御入力に時間遅れを有する線形多変数システムの設定点サーボ問題に対するP·SPR·D 制御を考える。時間遅れシステムの制御の研究には，PID 制御 [51),23)]，スミス法 [51),23)]，状態予測制御[52)] などがある。

本節では，最小位相性と高ゲイン出力フィードバックに基づいて，時間遅れシステムの P·SPR·D 制御を研究する。まず，高ゲイン出力フィードバック定理（系 7.1，定理 12.2，文献 33) を参照）を多入力多出力の状態時間遅れシステムへ一般化し，リアプノフ-Krasovski 汎関数[18), 22)] による安定解析に基づき時間遅れシステムの高ゲイン出力フィードバック定理を導く。それを応用して，SPR 要素によるシステムの最小位相化に基づき，非最小位相の制御入力時間遅れシステムの P·SPR·D 制御器の設計を行う。

12.5.1 設定点サーボ問題の P·SPR·D 制御

つぎのような線形多入力多出力システム

$$\dot{\boldsymbol{x}}(t) = A\boldsymbol{x}(t) + B\boldsymbol{u}(t-L) \tag{12.160}$$

$$\boldsymbol{y}(t) = C\boldsymbol{x}(t) \tag{12.161}$$

を考える。ただし，$\boldsymbol{x}(t) \in R^n$，$\boldsymbol{u}(t) \in R^r$，$\boldsymbol{y}(t) \in R^m$ である。また，システム $\{A, B, C\}$ は可制御・可観測で，相対次数 2 以上と仮定する。

線形多変数システム (12.160), (12.161) において所望の制御出力が $\boldsymbol{r}(t) = \boldsymbol{y}^*$ のときの設定点サーボ問題を考える。出力を $\boldsymbol{y}^*$ に保つ平衡状態では，12.4.1 項で述べたようにつぎの関係が成り立つ。

$$\boldsymbol{0} = A\boldsymbol{x}^* + B\boldsymbol{u}^*, \quad \boldsymbol{y}^* = C\boldsymbol{x}^* \tag{12.162}$$

つぎに平衡点 $\boldsymbol{x}^*$ からの状態誤差

$$\boldsymbol{e}_x(t) = \boldsymbol{x}(t) - \boldsymbol{x}^* \tag{12.163}$$

を考える。式 (12.163) を微分し，式 (12.160), (12.162) を用いると，状態誤差システム

$$\dot{\boldsymbol{e}}_x(t) = A\boldsymbol{e}_x(t) + B(\boldsymbol{u}(t-L) - \boldsymbol{u}^*) \tag{12.164}$$

を得る。また出力誤差は式 (12.161)〜(12.163) より，つぎのようになる。

$$\boldsymbol{e}(t) = \boldsymbol{y}^* - \boldsymbol{y}(t) = -C\boldsymbol{e}_x(t) \tag{12.165}$$

システム (12.164), (12.165) に対して，つぎのような P·SPR·D 制御を考える。

$$\dot{\boldsymbol{\zeta}}(t) = D\boldsymbol{\zeta}(t) + \boldsymbol{e}(t), \quad \boldsymbol{\zeta}(0) = \boldsymbol{0}, \quad D < 0 \tag{12.166}$$

$$\boldsymbol{u}(t) = K_P\boldsymbol{e}(t) + K_S\boldsymbol{\zeta}(t) + K_D\dot{\boldsymbol{e}}(t) + \boldsymbol{m}_0 \tag{12.167}$$

ここで，式 (12.166) は負定行列 $D \in R^{m\times m}$ をもつ SPR 要素で，$K_S \in R^{r\times m}$ は SPR ゲインである。式 (12.165) と式 (12.164) から

$$\dot{\boldsymbol{e}}(t) = -C(A\boldsymbol{e}_x(t) + B(\boldsymbol{u}(t-L) - \boldsymbol{u}^*)) \tag{12.168}$$

が成り立つので，式 (12.165), (12.168) を式 (12.167) に代入すると

$$\begin{aligned}\boldsymbol{u}(t) = &-K_PC\boldsymbol{e}_x(t) + K_S\boldsymbol{\zeta}(t)\\ &-K_DC\{A\boldsymbol{e}_x(t) + B(\boldsymbol{u}(t-L) - \boldsymbol{u}^*)\} + \boldsymbol{m}_0\end{aligned} \tag{12.169}$$

を得る。しかし，相対次数 2 以上の仮定から $CB = O$ なので，次式を得る。

$$\boldsymbol{u}(t) = -(K_PC + K_DCA)\boldsymbol{e}_x(t) + K_S\boldsymbol{\zeta}(t) + \boldsymbol{m}_0 \tag{12.170}$$

式 (12.170) を式 (12.164) に代入すると，閉ループ誤差系

$$\begin{aligned}\dot{\boldsymbol{e}}_x(t) = A\boldsymbol{e}_x(t) + B\{&-(K_PC + K_DCA)\boldsymbol{e}_x(t-L)\\ &+K_S\boldsymbol{\zeta}(t-L) + \boldsymbol{m}_0 - \boldsymbol{u}^*\}\end{aligned} \tag{12.171}$$

を得る。したがって，式 (12.171) と式 (12.166) を結合すると，P·SPR·D 制御による閉ループ誤差系はつぎのようになる。

$$\begin{bmatrix} \dot{\boldsymbol{e}}_x(t) \\ \dot{\boldsymbol{\zeta}}(t) \end{bmatrix} = \begin{bmatrix} A & O \\ -C & D \end{bmatrix} \begin{bmatrix} \boldsymbol{e}_x(t) \\ \boldsymbol{\zeta}(t) \end{bmatrix} + \begin{bmatrix} -B(K_P C + K_D CA) & BK_S \\ O & O \end{bmatrix} \begin{bmatrix} \boldsymbol{e}_x(t-L) \\ \boldsymbol{\zeta}(t-L) \end{bmatrix} + \begin{bmatrix} B(\boldsymbol{m}_0 - \boldsymbol{u}^*) \\ \boldsymbol{0} \end{bmatrix} \tag{12.172}$$

このとき，手動リセット量を $\boldsymbol{m}_0 = \boldsymbol{u}^*$ と設定すれば，閉ループ誤差系は

$$\begin{bmatrix} \dot{\boldsymbol{e}}_x(t) \\ \dot{\boldsymbol{\zeta}}(t) \end{bmatrix} = \begin{bmatrix} A & O \\ -C & D \end{bmatrix} \begin{bmatrix} \boldsymbol{e}_x(t) \\ \boldsymbol{\zeta}(t) \end{bmatrix} + \begin{bmatrix} -B(K_P C + K_D CA) & BK_S \\ O & O \end{bmatrix} \begin{bmatrix} \boldsymbol{e}_x(t-L) \\ \boldsymbol{\zeta}(t-L) \end{bmatrix} \tag{12.173}$$

となる。同時に，P·SPR·D 制御 (12.167) はつぎのようになる。

$$\boldsymbol{u}(t) = K_P \boldsymbol{e}(t) + K_S \boldsymbol{\zeta}(t) + K_D \dot{\boldsymbol{e}}(t) + \boldsymbol{u}^* \tag{12.174}$$

さて，SPR ゲイン行列 K_S をつぎのように定義する。

$$K_S \triangleq H_S \mathcal{L}$$

ここで，$H_S \in R^{r\times m}$，$\mathcal{L} \in R^{m\times m}$（$\det \mathcal{L} \neq 0$）をそれぞれ中間パラメータ行列，調整パラメータ行列と呼ぶ。そして，次式を考える。

$$\dot{\boldsymbol{\zeta}}'(t) = \mathcal{L} D' \boldsymbol{\zeta}'(t) + \mathcal{L} \boldsymbol{e}(t) \tag{12.175}$$

$$\boldsymbol{u}(t) = K_P \boldsymbol{e}(t) + H_S \boldsymbol{\zeta}'(t) + K_D \dot{\boldsymbol{e}}(t) + \boldsymbol{m}_0 \tag{12.176}$$

このとき，式 (12.165), (12.168) を式 (12.176) に代入すると

$$\boldsymbol{u}(t) = -K_P C \boldsymbol{e}_x(t) + H_S \boldsymbol{\zeta}'(t) - K_D C(A\boldsymbol{e}_x(t) + B(\boldsymbol{u}(t-L) - \boldsymbol{u}^*)) + \boldsymbol{m}_0$$

となるが，プラントは相対次数 2 以上の仮定から $CB = O$ だから

$$\boldsymbol{u}(t) = -(K_P C + K_D CA)\boldsymbol{e}_x(t) + H_S \boldsymbol{\zeta}'(t) + \boldsymbol{m}_0 \tag{12.177}$$

となる。式 (12.177) を式 (12.164) に代入することで，P·SPR·D 制御による閉ループ誤差系

$$\begin{aligned}\dot{\boldsymbol{e}}_x(t) = A\boldsymbol{e}_x(t) + B\{&-(K_P C + K_D CA)\boldsymbol{e}_x(t-L)\\ &+H_S \boldsymbol{\zeta}'(t-L) + \boldsymbol{m}_0 - \boldsymbol{u}^*\}\end{aligned} \tag{12.178}$$

が得られる。したがって，P·SPR·D 制御による閉ループ誤差系は，式 (12.178) と式 (12.175) をあわせると，つぎのように書ける。

$$\begin{aligned}\begin{bmatrix}\dot{\boldsymbol{e}}_x(t)\\ \dot{\boldsymbol{\zeta}}'(t)\end{bmatrix} &= \begin{bmatrix}A & O\\ -\mathcal{L}C & \mathcal{L}D'\end{bmatrix}\begin{bmatrix}\boldsymbol{e}_x(t)\\ \boldsymbol{\zeta}'(t)\end{bmatrix}\\ &\quad+\begin{bmatrix}-B(K_P C + K_D CA) & BH_S\\ O & O\end{bmatrix}\begin{bmatrix}\boldsymbol{e}_x(t-L)\\ \boldsymbol{\zeta}'(t-L)\end{bmatrix}\\ &\quad+\begin{bmatrix}B(\boldsymbol{m}_0 - \boldsymbol{u}^*)\\ \boldsymbol{0}\end{bmatrix}\end{aligned} \tag{12.179}$$

ここで手動リセット量を $\boldsymbol{m}_0 = \boldsymbol{u}^*$ に設定しよう。そうすれば閉ループ誤差系はつぎのようになる。

$$\begin{aligned}\begin{bmatrix}\dot{\boldsymbol{e}}_x(t)\\ \dot{\boldsymbol{\zeta}}'(t)\end{bmatrix} &= \begin{bmatrix}A & O\\ -\mathcal{L}C & \mathcal{L}D'\end{bmatrix}\begin{bmatrix}\boldsymbol{e}_x(t)\\ \boldsymbol{\zeta}'(t)\end{bmatrix}\\ &\quad+\begin{bmatrix}-B(K_P C + K_D CA) & BH_S\\ O & O\end{bmatrix}\begin{bmatrix}\boldsymbol{e}_x(t-L)\\ \boldsymbol{\zeta}'(t-L)\end{bmatrix}\end{aligned} \tag{12.180}$$

つぎに，閉ループ誤差系 (12.180) に基づく仮想的なシステム

$$\begin{bmatrix}\dot{\boldsymbol{e}}_x(t)\\ \dot{\boldsymbol{\zeta}}'(t)\end{bmatrix} = \begin{bmatrix}A & O\\ O & O\end{bmatrix}\begin{bmatrix}\boldsymbol{e}_x(t)\\ \boldsymbol{\zeta}'(t)\end{bmatrix}$$

$$
+\begin{bmatrix} -B(K_PC+K_DCA) & BH_S \\ O & O \end{bmatrix}\begin{bmatrix} \boldsymbol{e}_x(t-L) \\ \boldsymbol{\zeta}'(t-L) \end{bmatrix}+\begin{bmatrix} O \\ I_m \end{bmatrix}\boldsymbol{v}(t)
$$

$$
:= \widetilde{A}\widetilde{\boldsymbol{x}}(t)+\widetilde{D}\widetilde{\boldsymbol{x}}(t-L)+\widetilde{B}\boldsymbol{v}(t) \tag{12.181}
$$

$$
\widetilde{\boldsymbol{y}}(t)=\begin{bmatrix} C & -D' \end{bmatrix}\begin{bmatrix} \boldsymbol{e}_x(t) \\ \boldsymbol{\zeta}'(t) \end{bmatrix} := \widetilde{C}\widetilde{\boldsymbol{x}}(t) \tag{12.182}
$$

を考える。ただし，$\boldsymbol{v}(t)\in R^m$，$\widetilde{\boldsymbol{y}}\in R^m$ はそれぞれ仮想的なシステム $\{\widetilde{A},\widetilde{D},\widetilde{B},\widetilde{C}\}$ の入力と出力である。そして，入力 $\boldsymbol{v}(t)$ は出力フィードバック

$$
\boldsymbol{v}(t)=-\mathcal{L}\widetilde{\boldsymbol{y}}(t)=-\mathcal{L}\begin{bmatrix} C & -D' \end{bmatrix}\begin{bmatrix} \boldsymbol{e}_x(t) \\ \boldsymbol{\zeta}'(t) \end{bmatrix} \tag{12.183}
$$

で与える。ここで $\mathcal{L}$ は出力フィードバックゲインである。

このとき，閉ループ誤差系は

$$
\begin{bmatrix} \dot{\boldsymbol{e}}_x(t) \\ \dot{\boldsymbol{\zeta}}'(t) \end{bmatrix} = \begin{bmatrix} A & O \\ -\mathcal{L}C & \mathcal{L}D' \end{bmatrix}\begin{bmatrix} \boldsymbol{e}_x(t) \\ \boldsymbol{z}'(t) \end{bmatrix}
+\begin{bmatrix} -B(K_PC+K_DCA) & BH_S \\ O & O \end{bmatrix}\begin{bmatrix} \boldsymbol{e}_x(t-L) \\ \boldsymbol{\zeta}'(t-L) \end{bmatrix} \tag{12.184}
$$

となり，これは式 (12.180) に等しい。

さて，もし $D'=D\mathcal{L}^{-1}$，$\boldsymbol{\zeta}'=\mathcal{L}\boldsymbol{\zeta}$ とおくならば，式 (12.184) の下段は式 (12.166) に等しい。それゆえ, $K_S=H_S\mathcal{L}$, $D=D'\mathcal{L}$ と設定すると, 式 (12.184) は式 (12.173) に一致する。したがって，もし出力フィードバックゲイン $\mathcal{L}$ が $K_S=H_S\mathcal{L}$，$D=D'\mathcal{L}$ のパラメータならば，式 (12.184) は $\boldsymbol{m}_0=\boldsymbol{u}^*$ としたときの P·SPR·D 制御による閉ループ誤差系 (12.164)～(12.167) に等しくなる。

上述のことから，入力時間遅れ付き閉ループ誤差系 (12.164)～(12.167) は状態時間遅れ付き閉ループ誤差系 (12.172) と等価なので，入力時間遅れをもつプラントの安定化は，状態時間遅れをもつプラントの安定化に帰着する。

12.5.2　状態時間遅れシステムの高ゲイン出力フィードバック定理

つぎに，状態時間遅れのある，つぎのような線形多変数の最小位相システム

$$\dot{\boldsymbol{x}}(t) = A\boldsymbol{x}(t) + D\boldsymbol{x}(t-\tau) + B\boldsymbol{u}(t) \tag{12.185}$$

$$\boldsymbol{y}(t) = C\boldsymbol{x}(t) \tag{12.186}$$

を考える。$\boldsymbol{x}(t) \in R^n$，$\boldsymbol{u}(t) \in R^m$，$\boldsymbol{y}(t) \in R^m$ であり，τ は遅れ時間である。

相対次数 $\{1, 1, \cdots, 1\}$ のシステム (12.185), (12.186) は，正則な座標変換

$$\begin{bmatrix} \boldsymbol{\xi} \\ \boldsymbol{\eta} \end{bmatrix} = \begin{bmatrix} C \\ T \end{bmatrix} \boldsymbol{x}, \quad TB = O \tag{12.187}$$

によって，標準形

$$\dot{\boldsymbol{\xi}} = Q_{11}\boldsymbol{\xi} + Q'_{11}\boldsymbol{\xi}(t-\tau) + Q_{12}\boldsymbol{\eta} + Q'_{12}\boldsymbol{\eta}(t-\tau) + CB\boldsymbol{u} \tag{12.188a}$$

$$\dot{\boldsymbol{\eta}} = Q_{21}\boldsymbol{\xi} + Q'_{21}\boldsymbol{\xi}(t-\tau) + Q_{22}\boldsymbol{\eta} + Q'_{22}\boldsymbol{\eta}(t-\tau) \tag{12.188b}$$

$$\boldsymbol{y} = \boldsymbol{\xi} \tag{12.188c}$$

に変換できる（2.3 節参照）。ただし，以下では記述簡単化のため，t を特に明記する必要のない場合には，$\boldsymbol{\xi}(t)$, $\boldsymbol{\eta}(t)$, $\boldsymbol{u}(t)$ を単に $\boldsymbol{\xi}$, $\boldsymbol{\eta}$, $\boldsymbol{u}$ と書く。

【定義 12.2】（時間遅れシステムの零ダイナミクス，最小位相）　式 (12.188b) における

$$\dot{\boldsymbol{\eta}} = Q_{22}\boldsymbol{\eta} + Q'_{22}\boldsymbol{\eta}(t-\tau) \tag{12.189}$$

を状態時間遅れシステムの零ダイナミクスと呼ぶ。この零ダイナミクスが漸近安定のとき，システム (12.185), (12.186) は最小位相であるという。ここで，Q_{22} は A, C の関数，Q'_{22} は D, C の関数である。

さて，式 (12.189) に対してつぎのような **Lyapunov-Krasovski 型のリアプノフ汎関数**[18),22)] を定義する。

$$V(\boldsymbol{\eta}_\tau) = \boldsymbol{\eta}(t)^T P \boldsymbol{\eta}(t) + \int_{t-\tau}^{t} \boldsymbol{\eta}(s)^T Q \boldsymbol{\eta}(s) ds \tag{12.190}$$

ここで，$\boldsymbol{\eta}_\tau$ は $\boldsymbol{\eta}$ の時間区間 $[t-\tau, t]$ 上の断片を意味する。$P = P^T > 0$，$Q = Q^T > 0$ なので，$V(\boldsymbol{\eta}_\tau)$ は正定値関数である。

$V(\boldsymbol{\eta}_\tau)$ の式 (12.189) に沿って時間微分を計算すると

$$
\begin{aligned}
\dot{V}(\boldsymbol{\eta}_\tau) &= (\dot{\boldsymbol{\eta}}^T P\boldsymbol{\eta} + \boldsymbol{\eta}^T P\dot{\boldsymbol{\eta}} + \boldsymbol{\eta}^T Q\boldsymbol{\eta} - \boldsymbol{\eta}(t-\tau)^T Q\boldsymbol{\eta}(t-\tau)) \\
&= (Q_{22}\boldsymbol{\eta} + Q'_{22}\boldsymbol{\eta}(t-\tau))^T P\boldsymbol{\eta} + \boldsymbol{\eta}^T P(Q_{22}\boldsymbol{\eta} + Q'_{22}\boldsymbol{\eta}(t-\tau)) \\
&\quad + \boldsymbol{\eta}^T Q\boldsymbol{\eta} - \boldsymbol{\eta}(t-\tau)^T Q\boldsymbol{\eta}(t-\tau) \\
&= \boldsymbol{\eta}^T Q_{22}^T P\boldsymbol{\eta} + \boldsymbol{\eta}(t-\tau)^T Q'^T_{22} P\boldsymbol{\eta} + \boldsymbol{\eta}^T PQ_{22}\boldsymbol{\eta} + \boldsymbol{\eta}^T PQ'_{22}\boldsymbol{\eta}(t-\tau) \\
&\quad + \boldsymbol{\eta}^T Q\boldsymbol{\eta} - \boldsymbol{\eta}(t-\tau)^T Q\boldsymbol{\eta}(t-\tau) \\
&= \begin{bmatrix} \boldsymbol{\eta} \\ \boldsymbol{\eta}(t-\tau) \end{bmatrix}^T \begin{bmatrix} PQ_{22} + Q_{22}^T P + Q & PQ'_{22} \\ Q'^T_{22} P & -Q \end{bmatrix} \begin{bmatrix} \boldsymbol{\eta} \\ \boldsymbol{\eta}(t-\tau) \end{bmatrix}
\end{aligned}
\tag{12.191}
$$

となる。零ダイナミクスが漸近安定であるための十分条件は，式 (12.191) の行列が負定行列であることである。すなわち

$$
M \equiv \begin{bmatrix} PQ_{22} + Q_{22}^T P + Q & PQ'_{22} \\ Q'^T_{22} P & -Q \end{bmatrix} < 0 \tag{12.192}
$$

である。この行列 M が負定行列であるための必要十分条件は，シュールの補題（p.396 の脚注参照）より，ある $P > 0$，$Q > 0$ に対して

$$
PQ_{22} + Q_{22}^T P + Q + PQ'_{22} Q^{-1} Q'^T_{22} P < 0 \tag{12.193}
$$

が成立することである。

そして，出力フィードバック制御

$$
\boldsymbol{u}(t) = -K\boldsymbol{y}(t) \tag{12.194}
$$

を考える。このとき，つぎの定理が得られる。

【定理 12.3】（時間遅れシステムの高ゲイン出力フィードバック）　システム (12.185), (12.186) は相対次数 $\{1, 1, \cdots, 1\}$（すなわち CB は正則）で，かつ

最小位相（すなわち状態時間遅れシステムの零ダイナミクスが漸近安定）と仮定する。そして，出力フィードバック制御 (12.194) を考える。このとき，定数 $\gamma_{i0} > 0$（$i = 1, 2, \cdots, m$）が存在して，K を

$$K = (CB)^{-1}\left(Q_{11} + \frac{1}{2}I_m + \Gamma\right),\ \Gamma = \mathrm{diag}\{\gamma_1, \gamma_2, \cdots, \gamma_m\},\ \gamma_i \geqq \gamma_{i0} > 0$$

と選べば，閉ループ系 (12.185), (12.186), (12.194) の原点は漸近安定である。つまり

$$\dot{\boldsymbol{x}}(t) = A\boldsymbol{x}(t) + D\boldsymbol{x}(t-\tau) - BK\boldsymbol{y}(t) \tag{12.195}$$

は漸近安定である。

（証明） 相対次数 $\{1, 1, \cdots, 1\}$ の仮定より，システム (12.185), (12.186) は正則な座標変換 (12.187) によって標準形 (12.188a)～(12.188c) に変換することができる。

そこで，出力フィードバック

$$\boldsymbol{u}(t) = -K\boldsymbol{y}(t) = -K\boldsymbol{\xi}(t) \tag{12.196}$$

を施すと，つぎのようになる。

$$\dot{\boldsymbol{\xi}} = Q_{11}\boldsymbol{\xi} + Q'_{11}\boldsymbol{\xi}(t-\tau) + Q_{12}\boldsymbol{\eta} + Q'_{12}\boldsymbol{\eta}(t-\tau) - CBK\boldsymbol{\xi} \tag{12.197a}$$

$$\dot{\boldsymbol{\eta}} = Q_{21}\boldsymbol{\xi} + Q'_{21}\boldsymbol{\xi}(t-\tau) + Q_{22}\boldsymbol{\eta} + Q'_{22}\boldsymbol{\eta}(t-\tau) \tag{12.197b}$$

さて，システムは最小位相と仮定したので零ダイナミクス (12.189) は漸近安定である。そしてこのとき，式 (12.192) が成り立つ。この行列 M が負定行列であるための必要十分条件は，前述のとおりである。

さて，つぎのような Lyapunov-Krasovski 型のリアプノフ汎関数

$$V(\boldsymbol{\xi}_\tau, \boldsymbol{\eta}_\tau) = \begin{bmatrix} \boldsymbol{\xi}(t) \\ \boldsymbol{\eta}(t) \end{bmatrix}^T \begin{bmatrix} I_m & O \\ O & P \end{bmatrix} \begin{bmatrix} \boldsymbol{\xi}(t) \\ \boldsymbol{\eta}(t) \end{bmatrix} + \int_{t-\tau}^{t} \begin{bmatrix} \boldsymbol{\xi}(s) \\ \boldsymbol{\eta}(s) \end{bmatrix}^T \begin{bmatrix} I_m & O \\ O & Q \end{bmatrix} \begin{bmatrix} \boldsymbol{\xi}(s) \\ \boldsymbol{\eta}(s) \end{bmatrix} ds \tag{12.198}$$

を定義する。ここで $\boldsymbol{\xi}_\tau, \boldsymbol{\eta}_\tau$ は $\boldsymbol{\xi}, \boldsymbol{\eta}$ の時間区間 $[t-\tau, t]$ 上の断片を意味する。$P = P^T > 0$, $Q = Q^T > 0$ なので, $V(\boldsymbol{\xi}_\tau, \boldsymbol{\eta}_\tau)$ は正定値関数である。$V(\boldsymbol{\xi}_\tau, \boldsymbol{\eta}_\tau)$ の式 (12.197a), (12.197b) に沿った時間微分は次式となる。

$$
\begin{aligned}
&\dot{V}(\boldsymbol{\xi}_\tau, \boldsymbol{\eta}_\tau) \\
&= \begin{bmatrix} \dot{\boldsymbol{\xi}} \\ \dot{\boldsymbol{\eta}} \end{bmatrix}^T \begin{bmatrix} I_m & O \\ O & P \end{bmatrix} \begin{bmatrix} \boldsymbol{\xi} \\ \boldsymbol{\eta} \end{bmatrix} + \begin{bmatrix} \boldsymbol{\xi} \\ \boldsymbol{\eta} \end{bmatrix}^T \begin{bmatrix} I_m & O \\ O & P \end{bmatrix} \begin{bmatrix} \dot{\boldsymbol{\xi}} \\ \dot{\boldsymbol{\eta}} \end{bmatrix} \\
&\quad + \begin{bmatrix} \boldsymbol{\xi} \\ \boldsymbol{\eta} \end{bmatrix}^T \begin{bmatrix} I_m & O \\ O & Q \end{bmatrix} \begin{bmatrix} \boldsymbol{\xi} \\ \boldsymbol{\eta} \end{bmatrix} - \begin{bmatrix} \boldsymbol{\xi}(t-\tau) \\ \boldsymbol{\eta}(t-\tau) \end{bmatrix}^T \begin{bmatrix} I_m & O \\ O & Q \end{bmatrix} \begin{bmatrix} \boldsymbol{\xi}(t-\tau) \\ \boldsymbol{\eta}(t-\tau) \end{bmatrix} \\
&= \begin{bmatrix} Q_{11}\boldsymbol{\xi} + Q'_{11}\boldsymbol{\xi}(t-\tau) + Q_{12}\boldsymbol{\eta} + Q'_{12}\boldsymbol{\eta}(t-\tau) - CBK\boldsymbol{\xi} \\ Q_{21}\boldsymbol{\xi} + Q'_{21}\boldsymbol{\xi}(t-\tau) + Q_{22}\boldsymbol{\eta} + Q'_{22}\boldsymbol{\eta}(t-\tau) \end{bmatrix}^T \begin{bmatrix} I_m & O \\ O & P \end{bmatrix} \begin{bmatrix} \boldsymbol{\xi} \\ \boldsymbol{\eta} \end{bmatrix} \\
&\quad + \begin{bmatrix} \boldsymbol{\xi} \\ \boldsymbol{\eta} \end{bmatrix}^T \begin{bmatrix} I_m & O \\ O & P \end{bmatrix} \begin{bmatrix} Q_{11}\boldsymbol{\xi} + Q'_{11}\boldsymbol{\xi}(t-\tau) + Q_{12}\boldsymbol{\eta} + Q'_{12}\boldsymbol{\eta}(t-\tau) - CBK\boldsymbol{\xi} \\ Q_{21}\boldsymbol{\xi} + Q'_{21}\boldsymbol{\xi}(t-\tau) + Q_{22}\boldsymbol{\eta} + Q'_{22}\boldsymbol{\eta}(t-\tau) \end{bmatrix} \\
&\quad + \begin{bmatrix} \boldsymbol{\xi} \\ \boldsymbol{\eta} \end{bmatrix}^T \begin{bmatrix} I_m & O \\ O & Q \end{bmatrix} \begin{bmatrix} \boldsymbol{\xi} \\ \boldsymbol{\eta} \end{bmatrix} - \begin{bmatrix} \boldsymbol{\xi}(t-\tau) \\ \boldsymbol{\eta}(t-\tau) \end{bmatrix}^T \begin{bmatrix} I_m & O \\ O & Q \end{bmatrix} \begin{bmatrix} \boldsymbol{\xi}(t-\tau) \\ \boldsymbol{\eta}(t-\tau) \end{bmatrix} \\
&= \begin{bmatrix} \boldsymbol{\xi} \\ \boldsymbol{\eta} \end{bmatrix}^T \begin{bmatrix} Q_{11}^T - K^T B^T C^T & Q_{21}^T P \\ Q_{12}^T & Q_{22}^T P \end{bmatrix} \begin{bmatrix} \boldsymbol{\xi} \\ \boldsymbol{\eta} \end{bmatrix} \\
&\quad + \begin{bmatrix} \boldsymbol{\xi}(t-\tau) \\ \boldsymbol{\eta}(t-\tau) \end{bmatrix}^T \begin{bmatrix} {Q'}_{11}^T & {Q'}_{21}^T P \\ {Q'}_{12}^T & {Q'}_{22}^T P \end{bmatrix} \begin{bmatrix} \boldsymbol{\xi} \\ \boldsymbol{\eta} \end{bmatrix} \\
&\quad + \begin{bmatrix} \boldsymbol{\xi} \\ \boldsymbol{\eta} \end{bmatrix}^T \begin{bmatrix} Q_{11} - CBK & Q_{12} \\ PQ_{21} & PQ_{22} \end{bmatrix} \begin{bmatrix} \boldsymbol{\xi} \\ \boldsymbol{\eta} \end{bmatrix} \\
&\quad + \begin{bmatrix} \boldsymbol{\xi} \\ \boldsymbol{\eta} \end{bmatrix}^T \begin{bmatrix} Q'_{11} & Q'_{12} \\ PQ'_{21} & PQ'_{22} \end{bmatrix} \begin{bmatrix} \boldsymbol{\xi}(t-\tau) \\ \boldsymbol{\eta}(t-\tau) \end{bmatrix} \\
&\quad + \begin{bmatrix} \boldsymbol{\xi} \\ \boldsymbol{\eta} \end{bmatrix}^T \begin{bmatrix} I_m & O \\ O & Q \end{bmatrix} \begin{bmatrix} \boldsymbol{\xi} \\ \boldsymbol{\eta} \end{bmatrix} - \begin{bmatrix} \boldsymbol{\xi}(t-\tau) \\ \boldsymbol{\eta}(t-\tau) \end{bmatrix}^T \begin{bmatrix} I_m & O \\ O & Q \end{bmatrix} \begin{bmatrix} \boldsymbol{\xi}(t-\tau) \\ \boldsymbol{\eta}(t-\tau) \end{bmatrix}
\end{aligned}
$$

$$= \begin{bmatrix} \boldsymbol{\xi} \\ \boldsymbol{\xi}(t-\tau) \\ \boldsymbol{\eta} \\ \boldsymbol{\eta}(t-\tau) \end{bmatrix}^T \Theta \begin{bmatrix} \boldsymbol{\xi} \\ \boldsymbol{\xi}(t-\tau) \\ \boldsymbol{\eta} \\ \boldsymbol{\eta}(t-\tau) \end{bmatrix} \tag{12.199}$$

ここで以下のようにおいた。

$$\Theta \equiv \begin{bmatrix} \Theta_{11} & \Theta_{12} \\ \Theta_{21} & \Theta_{22} \end{bmatrix},$$

$$\Theta_{11} \equiv \begin{bmatrix} Q_{11} - CBK + Q_{11}^T - K^T B^T C^T + I_m & Q'_{11} \\ Q'^T_{11} & -I_m \end{bmatrix},$$

$$\Theta_{12} \equiv \begin{bmatrix} Q_{12} + Q_{21}^T P & Q'_{12} \\ Q'^T_{21} P & O \end{bmatrix}, \quad \Theta_{21} \equiv \begin{bmatrix} PQ_{21} + Q_{12}^T & PQ'_{21} \\ Q'^T_{12} & O \end{bmatrix},$$

$$\Theta_{22} \equiv \begin{bmatrix} PQ_{22} + Q_{22}^T P + Q & PQ'_{22} \\ Q'^T_{22} P & -Q \end{bmatrix}$$

Θ は対称行列なので，Θ_{22} が負定行列のとき Θ_{11} が十分小さい負定行列ならば，シュールの補題（p.396 の脚注参照）より Θ は負定行列となる（Θ_{22} は条件 (12.192) より負定である）。また，Θ_{11} も対称行列であり，その (2,2) ブロックは $-I_m$ だから，もし (1,1) ブロックが十分小さい負定行列ならば，Θ_{11} はシュールの補題より負定行列となる。もし K を

$$K = (CB)^{-1}\left(Q_{11} + \frac{1}{2} I_m + \Gamma\right), \ \Gamma = \mathrm{diag}\{\gamma_1, \gamma_2, \cdots, \gamma_m\}, \ \gamma_i \geqq \gamma_{i0} > 0$$

と選べば，Θ_{11} の (1,1) ブロックは $-\Gamma - \Gamma^T$ となり，これは $\Gamma > 0$ ならば負定である。それゆえ，Γ を十分大きく選べば，Θ_{11} を十分小さい負定行列にすることができる。したがって，Θ は負定行列となる。

このとき，式 (12.199) は負定値関数となり，$V(\boldsymbol{\xi}_\tau, \boldsymbol{\eta}_\tau)$ は確かにリアプノフ関数であり，式 (12.197a), (12.197b) は漸近安定である。ゆえに状態時間遅れシステム (12.185), (12.186) は出力フィードバック (12.194) によって漸近安定となる。 □

12.5.3 高ゲインフィードバックによる P·SPR·D+I 制御器の設計

提案手法では，P·SPR·D 制御器の設計のために，状態時間遅れシステムの高ゲイン出力フィードバック定理 12.3 を応用する。

つぎのような一般の線形多変数の状態時間遅れシステムを考える。

$$\dot{\widetilde{\boldsymbol{x}}}(t) = \widetilde{A}\widetilde{\boldsymbol{x}}(t) + \widetilde{D}\widetilde{\boldsymbol{x}}(t-L) + \widetilde{B}\boldsymbol{v}(t) \tag{12.200}$$

$$\widetilde{\boldsymbol{y}}(t) = \widetilde{C}\widetilde{\boldsymbol{x}}(t) \tag{12.201}$$

ここで，$\widetilde{\boldsymbol{x}}(t) \in R^N$，$\boldsymbol{v}(t) \in R^m$，$\widetilde{\boldsymbol{y}}(t) \in R^m$ である。線形多変数システム (12.200), (12.201) が相対次数 $\{1, 1, \cdots, 1\}$，つまり $\widetilde{C}\widetilde{B}$ が正則であれば，正則変換

$$\begin{bmatrix} \boldsymbol{\xi} \\ \boldsymbol{\eta} \end{bmatrix} = \begin{bmatrix} \widetilde{C} \\ \widetilde{T} \end{bmatrix} \widetilde{\boldsymbol{x}}, \ \ \boldsymbol{\xi} \in R^m, \ \boldsymbol{\eta} \in R^{(N-m)}, \ \ \widetilde{T}\widetilde{B} = O \tag{12.202}$$

によって，つぎのような標準形へ変換することができる。

$$\dot{\boldsymbol{\xi}}(t) = Q_{11}\boldsymbol{\xi}(t) + Q'_{11}\boldsymbol{\xi}(t-L) + Q_{12}\boldsymbol{\eta}(t) + Q'_{12}\boldsymbol{\eta}(t-L) + \widetilde{C}\widetilde{B}\boldsymbol{v}(t) \tag{12.203a}$$

$$\dot{\boldsymbol{\eta}}(t) = Q_{21}\boldsymbol{\xi}(t) + Q'_{21}\boldsymbol{\xi}(t-L) + Q_{22}\boldsymbol{\eta}(t) + Q'_{22}\boldsymbol{\eta}(t-L) \tag{12.203b}$$

$$\widetilde{\boldsymbol{y}}(t) = \boldsymbol{\xi}(t) \tag{12.204}$$

ここで，$Q_{11}, Q'_{11} \in R^{m\times m}$，$Q_{12}, Q'_{12} \in R^{m\times(N-m)}$，$Q_{21}, Q'_{21} \in R^{(N-m)\times m}$，$Q_{22}, Q'_{22} \in R^{(N-m)\times(N-m)}$ は，それぞれ変数変換後の係数行列である。

このとき，定理 12.3 を応用すると，つぎの系が導かれる。

【系 12.1】（時間遅れシステムの高ゲイン出力フィードバック） 式 (12.200), (12.201) で与えられるシステム $\{\widetilde{A}, \widetilde{D}, \widetilde{B}, \widetilde{C}\}$ は，平衡点 $\widetilde{\boldsymbol{x}}_e = \boldsymbol{0}$ で相対次数 $\{1, 1, \cdots, 1\}$（すなわち $\widetilde{C}\widetilde{B}$ は正則）で，かつ最小位相（すなわち，零ダイナミクスが漸近安定）と仮定する。そして，出力フィードバック制御

$$\boldsymbol{v}(t) = -\mathcal{L}\widetilde{\boldsymbol{y}}(t) \tag{12.205}$$

を考える。ここで $\mathcal{L} \in R^{m\times m}$ はゲイン行列である。このとき，定数 $\gamma_{i0} > 0$ $(i = 1, 2, \cdots, m)$ が存在して，$\mathcal{L}$ を

$$\mathcal{L} = (\widetilde{C}\widetilde{B})^{-1}\left(Q_{11} + \frac{1}{2}I_m + \Gamma\right),\ \Gamma = \mathrm{diag}\{\gamma_1, \gamma_2, \cdots, \gamma_m\},\ \gamma_i \geqq \gamma_{i0} > 0$$

と選べば，閉ループ系 (12.200), (12.201), (12.205) は漸近安定である。

(証明)　定理 12.3 より明らかである。　□

さて，P·SPR·D 制御器の設計のために，系 12.1 を仮想的なシステム (12.181), (12.182) へ適用する。そこで，まず $\boldsymbol{v}$ に対する相対次数を確認する。

$$\frac{\partial \dot{\widetilde{\boldsymbol{y}}}(t)}{\partial \boldsymbol{v}(t)} = \widetilde{C}\widetilde{B} = \begin{bmatrix} C & -D' \end{bmatrix}\begin{bmatrix} O \\ I_m \end{bmatrix} = -D'$$

であるから，系 12.1 を適用するためには，$-D'$ は正則（すなわち $\{\widetilde{A}, \widetilde{D}, \widetilde{B}, \widetilde{C}\}$ は相対次数 $\{1, 1, \cdots, 1\}$）とならなければならない。そこで D' を正則に与える。

したがって，仮想システム (12.181), (12.182) は相対次数が $\{1, 1, \cdots, 1\}$ であることより標準形に変換でき，零ダイナミクスを求めることができる。そこで，式 (12.202) よりつぎのような標準形へ変換するための正則変換を考える。

$$\begin{bmatrix} \boldsymbol{\xi} \\ \boldsymbol{\eta} \end{bmatrix} = \begin{bmatrix} \widetilde{C} \\ \widetilde{T} \end{bmatrix}\widetilde{\boldsymbol{x}} = \begin{bmatrix} C & -D' \\ I_n & O \end{bmatrix}\begin{bmatrix} \boldsymbol{e}_x \\ \boldsymbol{\zeta}' \end{bmatrix},\quad \widetilde{T}\widetilde{B} = O \qquad (12.206)$$

ただし，$\boldsymbol{\xi} = \widetilde{\boldsymbol{y}}$ より $\boldsymbol{\xi}$ の次元は m であり，$\boldsymbol{\eta}$ の次元は n である。

$$\begin{bmatrix} C & -D' \\ I_n & O \end{bmatrix}^{-1} = \begin{bmatrix} O & I_n \\ -D'^{-1} & D'^{-1}C \end{bmatrix}$$

であるから，この変換 (12.206) を仮想システム (12.181), (12.182) に施すと

$$\begin{aligned}\begin{bmatrix} \dot{\boldsymbol{\xi}} \\ \dot{\boldsymbol{\eta}} \end{bmatrix} &= \begin{bmatrix} C & -D' \\ I_n & O \end{bmatrix}\begin{bmatrix} A & O \\ O & O \end{bmatrix}\begin{bmatrix} O & I_n \\ -D'^{-1} & D'^{-1}C \end{bmatrix}\begin{bmatrix} \boldsymbol{\xi} \\ \boldsymbol{\eta} \end{bmatrix} \\ &\quad + \begin{bmatrix} C & -D' \\ I_n & O \end{bmatrix}\begin{bmatrix} -B(K_PC + K_DCA) & BH_S \\ O & O \end{bmatrix}\end{aligned}$$

$$\times\begin{bmatrix} O & I_n \\ -D'^{-1} & D'^{-1}C \end{bmatrix}\begin{bmatrix} \boldsymbol{\xi}(t-L) \\ \boldsymbol{\eta}(t-L) \end{bmatrix}$$

$$+\begin{bmatrix} C & -D' \\ I_n & O \end{bmatrix}\begin{bmatrix} O \\ I_m \end{bmatrix}\boldsymbol{v}$$

$$=\begin{bmatrix} O & CA \\ O & A \end{bmatrix}\begin{bmatrix} \boldsymbol{\xi} \\ \boldsymbol{\eta} \end{bmatrix}$$

$$+\begin{bmatrix} O & O \\ -BH_SD'^{-1} & -B(K_PC+K_DCA)+BH_SD'^{-1}C \end{bmatrix}$$

$$\times\begin{bmatrix} \boldsymbol{\xi}(t-L) \\ \boldsymbol{\eta}(t-L) \end{bmatrix}-\begin{bmatrix} D' \\ O \end{bmatrix}\boldsymbol{v} \tag{12.207}$$

の計算より，仮想システム (12.181), (12.182) の標準形はつぎのように得られる。

$$\dot{\boldsymbol{\xi}} = CA\boldsymbol{\eta} - D'\boldsymbol{v} \tag{12.208a}$$

$$\dot{\boldsymbol{\eta}} = -BH_SD'^{-1}\boldsymbol{\xi}(t-L) + A\boldsymbol{\eta}$$
$$+(-B(K_PC+K_DCA)+BH_SD'^{-1}C)\boldsymbol{\eta}(t-L) \tag{12.208b}$$

$$\widetilde{\boldsymbol{y}} = \boldsymbol{\xi} \tag{12.209}$$

ゆえに，零ダイナミクスは式 (12.208b) よりつぎのようになる。

$$\dot{\boldsymbol{\eta}} = A\boldsymbol{\eta} + (-B(K_PC+K_DCA)+BH_SD'^{-1}C)\boldsymbol{\eta}(t-L) \tag{12.210}$$

系 12.1 の最小位相の仮定を満足するためには，零ダイナミクス (12.210) は漸近安定でなければならない。そこで，つぎの仮定をおく。

【仮定 12.2】 零ダイナミクス (12.210) が漸近安定となる K_P, K_D, H_S が存在する。

したがって，系 12.1 を応用できて，ゲイン

$$\mathcal{L} = -D'^{-1}\left(\frac{1}{2}I_m + \Gamma\right) \qquad (\Gamma \text{ は十分大きい正定対称行列})$$

が求まり，SPR 要素のゲイン行列と負定行列を $K_S = H_S\mathcal{L}$，$D = D'\mathcal{L}$ と与えれば，P·SPR·D 制御 (12.166), (12.174) が得られる。このとき，閉ループ誤差系 (12.164)〜(12.166), (12.174) の平衡点は漸近安定となる。さらに，高ゲイン出力フィードバックの性質から，ゲイン $\mathcal{L}$ を調節することによって収束速度もある程度改善できる。

12.5.4　制御器パラメータ行列の決定

提案手法で重要な課題は, 仮定 12.2 を満たすことである。すなわち, 式 (12.210) の零ダイナミクスが漸近安定となるような K_P, K_D と H_S を決定することである。

リアプノフ汎関数

$$V(\boldsymbol{\eta}_L) = \boldsymbol{\eta}(t)^T P\boldsymbol{\eta}(t) + \int_{t-L}^{t} \boldsymbol{\eta}(s)^T Q\boldsymbol{\eta}(s)ds \qquad (12.211)$$

を $P = P^T > 0$，$Q = Q^T > 0$ として定義すると，式 (12.192) に対応したつぎの条件を得る。

$$M \equiv \begin{bmatrix} PA + A^T P + Q & -PBK_X \\ -K_X^T B^T P & -Q \end{bmatrix} < 0 \qquad (12.212)$$

もし行列不等式 (12.212) を満たす $P > 0$，$Q > 0$，K_X が存在するならば，零ダイナミクス (12.210) は漸近安定である。

行列不等式 (12.212) を解くために，式 (12.212) に合同変換を行った後，新しい変数を適当に選ぶことにより，LMI（linear matrix inequality）可解問題に帰着させることを考える。合同変換

$$T = \begin{bmatrix} P^{-1} & O \\ O & P^{-1} \end{bmatrix}$$

を施し，$Y = P^{-1}$，$\bar{Q} = P^{-1}QP^{-1}$，$G = K_X P^{-1}$ と設定すると，次式を得る。

$$\begin{bmatrix} AP^{-1}+P^{-1}A^T+P^{-1}QP^{-1} & -BK_XP^{-1} \\ -P^{-1}K_X^TB^T & -P^{-1}QP^{-1} \end{bmatrix}$$
$$= \begin{bmatrix} AY+YA^T+\bar{Q} & -BG \\ -G^TB^T & -\bar{Q} \end{bmatrix} < 0 \qquad (12.213)$$

式 (12.213) は LMI なので，半正定値計画法を用いて容易に解ける。もし LMI (12.213) を満たす $Y>0$，$\bar{Q}>0$，G が存在するならば，Y は正則行列となるので，$P=Y^{-1}>0$ と $Q=P\bar{Q}P=Y^{-1}\bar{Q}Y^{-1}>0$ と $K_X=GY^{-1}$ は，式 (12.212) を満たす。したがって，K_P, K_D, H_S は

$$K_X = K_PC + K_DCA - H_SD'^{-1}C \qquad (12.214)$$

より計算することができる。LMI の計算手法については文献 5), 10), 6) を参照されたい。

以上より計算手順をまとめると，以下のようになる。

計算手順 4

Step 1 適当な正則行列 $D' \in R^{m\times m}$ を与える。

Step 2 LMI (12.213) を解いて $P>0$，$Q>0$，K_X を求め，式 (12.214) より零ダイナミクス (12.210) が漸近安定になるような K_P, H_S, K_D を決定する。

Step 3 系 12.1 に基づいて

$$\mathcal{L} = -D'^{-1}\left(\frac{1}{2}I_m + \Gamma\right),\ \Gamma = \mathrm{diag}\{\gamma_1, \gamma_2, \cdots, \gamma_m\},\ \gamma_i \geqq \gamma_{i0} > 0$$

と選ぶ。

Step 4 SPR パラメータ行列を $D=D'\mathcal{L}$，SPR ゲイン行列を $K_S=H_S\mathcal{L}$ と決定する。

Step 5 P·SPR·D 制御は式 (12.166), (12.167) で与えられる。

以上より，零ダイナミクスを漸近安定化する D', K_P, H_S, K_D が求まりさえすれば，満足な出力応答を与える P·SPR·D 制御器のパラメータ行列 D, K_P,

K_S, K_D を，ゲイン $\mathcal{L}$ を調節することによって得ることができる。

最後に，もし $\boldsymbol{m}_0 \neq \boldsymbol{u}^*$ であったり，$\boldsymbol{m}_0 = \mathbf{0}$ と設定したとすれば，式 (12.184) の遷移行列が漸近安定であっても，右辺第 2 項に依存した定常偏差（つまり $\boldsymbol{e}(\infty) = \boldsymbol{y}^* - \boldsymbol{y}(\infty)$）が生じる。定常偏差は式 (12.172) よりつぎのようになる。

$$\begin{bmatrix} \boldsymbol{e}_x(\infty) \\ \boldsymbol{\zeta}(\infty) \end{bmatrix} = -\begin{bmatrix} A - B(K_P C + K_D CA) & BK_S \\ -C & D \end{bmatrix}^{-1} \begin{bmatrix} B(\boldsymbol{m}_0 - \boldsymbol{u}^*) \\ \mathbf{0} \end{bmatrix} \tag{12.215}$$

しかし，レギュレータ問題（つまり $\boldsymbol{y}^* = \mathbf{0}$ かつ $\boldsymbol{x}^* = \mathbf{0}$）においては，明らかに $\boldsymbol{m}_0 = \mathbf{0}$ の P·SPR·D 制御によって状態 $\boldsymbol{x}(t)$ は原点へ収束する。

もし手動リセット量 $\boldsymbol{m}_0 = \boldsymbol{u}^*$ が P·SPR 制御に利用できないならば，つぎの P·SPR·D+I 制御を用いる。

$$\boldsymbol{u}(t) = K_P \boldsymbol{e}(t) + K_S \boldsymbol{\zeta}(t) + K_D \dot{\boldsymbol{e}}(t) + K_I \int_0^t \boldsymbol{e}(\tau) d\tau \tag{12.216}$$

12.5.5 数　値　例

【例題 1】　時間遅れのある 2 次システム

$$y(s) = \frac{1}{(s+1)(0.2s+1)} e^{-5s} u(s)$$

を考える。この状態空間表現は

$$\dot{\boldsymbol{x}}(t) = \begin{bmatrix} 0 & 1 \\ -5 & -6 \end{bmatrix} \boldsymbol{x}(t) + \begin{bmatrix} 0 \\ 5 \end{bmatrix} u(t-5)$$

$$y(t) = \begin{bmatrix} 1 & 0 \end{bmatrix} \boldsymbol{x}(t)$$

となる。まず，零ダイナミクス (12.210) を漸近安定化する K_P, K_D, H_S を求め，つぎに，計算手順 4 によって P·SPR·D 制御器のパラメータをつぎのように設定する。

$$D' = -1,\ \ H_S = 1,\ \ K_P = -1,\ \ K_D = 0.1$$

$$\text{Case A} : \mathcal{L} = 0.6,\ K_S = 0.6$$

$$\text{Case B} : \mathcal{L} = 1.5,\ K_S = 1.5$$

$$\text{Case C} : \mathcal{L} = 2.5,\ K_S = 2.5$$

$y^* = 1$ で $\boldsymbol{x}(0) = \boldsymbol{0}$ のときのシミュレーション結果を**図 12.3** に示す。この場合 $u^* = 1.0$ である。また，$K_I = 0.1$ のときの P·SPR·D+I 制御によるシミュレーション結果を**図 12.4** に示す。両者とも $\mathcal{L}$ を大きくしていくのに従って過渡応答が改善されている様子がわかる。

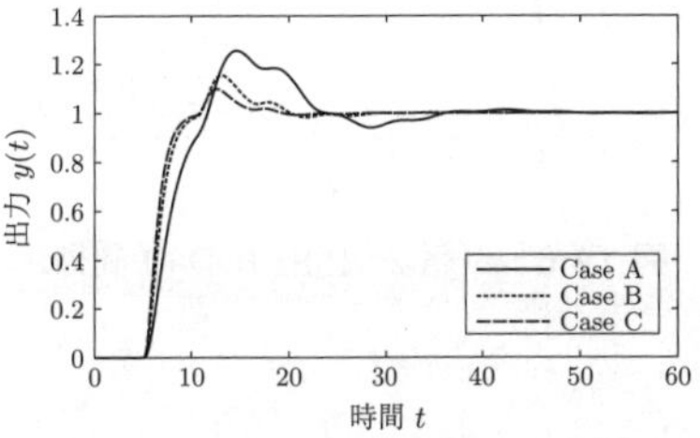

図 12.3　例題 1（P·SPR·D+u^* 制御）

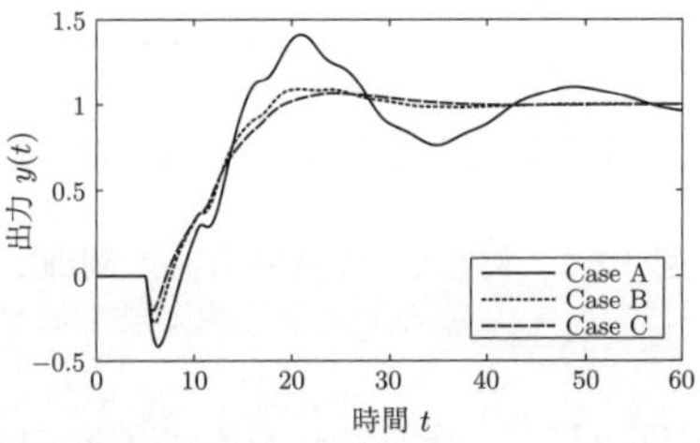

図 12.4　例題 1（P·SPR·D+I 制御）

【例題 2】　第 2 例は時間遅れのある 1 型システムである。

$$y(s) = \frac{0.5}{s(0.5s+1)}e^{-5s}u(s)$$

状態空間表現はつぎのようになる。

$$\dot{\boldsymbol{x}}(t) = \begin{bmatrix} 0 & 1 \\ 0 & -2 \end{bmatrix} \boldsymbol{x}(t) + \begin{bmatrix} 0 \\ 1 \end{bmatrix} u(t-5)$$

$$y(t) = \begin{bmatrix} 1 & 0 \end{bmatrix} \boldsymbol{x}(t)$$

P·SPR·D 制御器のパラメータを，つぎのように設定する。

$$D' = -1,\ \ H_S = 0.5,\ \ K_P = 0,\ \ K_D = 1.5$$

$$\text{Case A} : \mathcal{L} = 0.5,\ K_S = 0.5$$

Case B : $\mathcal{L} = 0.6,\ K_S = 0.6$

Case C : $\mathcal{L} = 0.7,\ \ K_S = 0.7$

$y^* = 1$ で $\boldsymbol{x}(0) = \boldsymbol{0}$ のときのシミュレーション結果を**図 12.5** に示す。この場合は $u^* = 0$ である。1 型システムは，遅れ時間 L が大きいとき安定化が難しい。また，$K_I = 0.01$ のときの P·SPR·D+I 制御によるシミュレーション結果を**図 12.6** に示す。

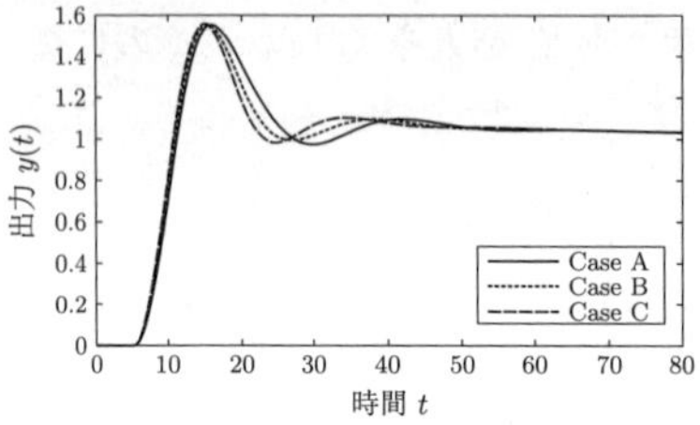

図 12.5　例題 2（P·SPR·D+u^* 制御）

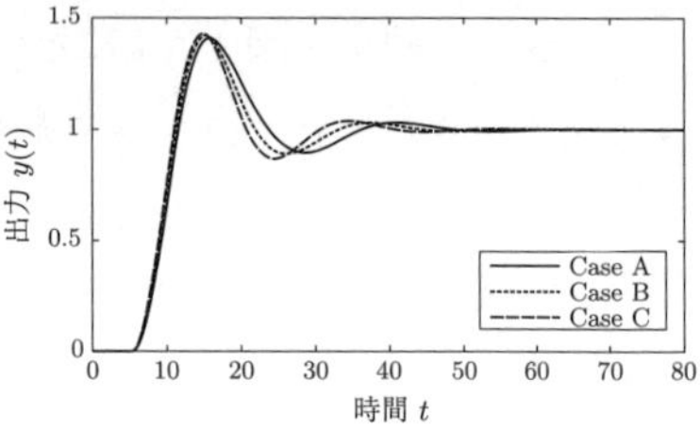

図 12.6　例題 2（P·SPR·D+I 制御）

【例題 3】　　時間遅れをもつ不安定システム

$$y(s) = \frac{0.8}{(10s-1)(5s+1)}e^{-4s}u(s)$$

を考える。その状態空間表現は

$$\dot{\boldsymbol{x}}(t) = \begin{bmatrix} 0 & 1 \\ 0.02 & -0.1 \end{bmatrix}\boldsymbol{x}(t) + \begin{bmatrix} 0 \\ 0.016 \end{bmatrix}u(t-4)$$

$$y(t) = \begin{bmatrix} 1 & 0 \end{bmatrix}\boldsymbol{x}(t)$$

となる。P·SPR·D 制御器のパラメータをつぎのように設定する。

$D' = -1,\ \ H_S = 1.5,\ \ K_P = 1.5,\ \ K_D = 20$

Case A : $\mathcal{L} = 0.5,\ K_S = 0.5$

Case B : $\mathcal{L} = 0.6,\ K_S = 0.6$

Case C : $\mathcal{L} = 1,\ \ K_S = 1$

$y^* = 1$ で $\boldsymbol{x}(0) = \boldsymbol{0}$ のときのシミュレーション結果を**図 12.7** に示す。この場合 $u^* = -1.25$ である。また，$K_I = 0.1$ のときの P·SPR·D+I 制御によるシミュレーション結果を**図 12.8** に示す。

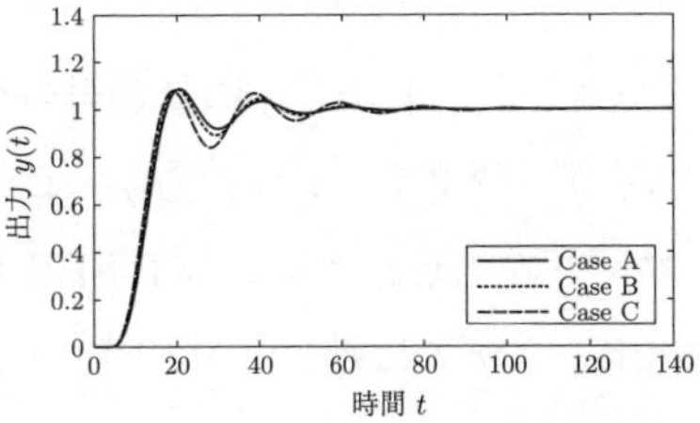

図 12.7　例題 3（P·SPR·D+u^* 制御）

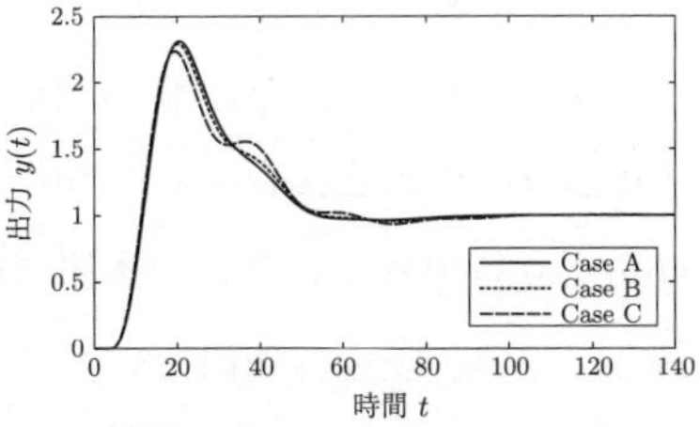

図 12.8　例題 3（P·SPR·D+I 制御）

一般的に，時間遅れ付き不安定システムは安定化が難しいと考えられている。しかし，P·SPR·D 制御と P·SPR·D+I 制御は両者とも安定化に成功しており，満足な制御成績を与えている。

シミュレーション実験から，かなり大きい L をもつ時間遅れシステムも P·SPR·D 制御によって安定化できることがわかった。また D, K_P, K_S, K_D の値が上の値からある程度変わっても，閉ループ系の漸近安定性が維持されることが観察された。

【注意 12.6】（相対次数 1 の場合の P·SPR 制御）　時間遅れシステムの P·SPR·D 制御の解析においては，相対次数 2 以上の条件をつけた。相対次数 1 で $CB \neq O$ の場合には式 (12.170) が得られないので，P·SPR·D 制御の安定性は証明できない。しかし，相対次数 1 のときには，P·SPR·D 制御ではなく P·SPR 制御を使用すれば，上述と同様の方法で安定性を証明できる。ただし，これは $CB \neq O$ のとき P·SPR·D 制御では安定化できないということではなく，上述の方法では証明できないという意味である。

12.6 アフィン非線形システムの P·SPR·D 制御

アフィン非線形システムの安定化制御に関しては，受動性理論，厳密線形化，バックステッピング法など多くの研究がなされている。しかし，PID 制御の利用はロボットマニピュレータへの応用[1)]があるが，ラグランジュの力学系以外ではあまり行われていない。本節では，アフィン非線形システムの P·SPR·D 制御を述べる。多入力多出力のアフィン非線形システムに対して P·SPR·D 制御（ならびに P·I·SPR·D 制御）を行った場合の安定性解析を，受動性理論と LaSalle の不変性原理を応用して行う。

12.6.1 P·SPR·D 制御の定式化

制御対象としてアフィン非線形システム

$$\dot{\boldsymbol{x}}(t) = \boldsymbol{f}(\boldsymbol{x}(t), \boldsymbol{u}(t)) \tag{12.217}$$

$$\boldsymbol{y}(t) = \boldsymbol{h}(\boldsymbol{x}(t)) \tag{12.218}$$

を考える。ただし $\boldsymbol{x} \in R^n$，$\boldsymbol{u} \in R^r$，$\boldsymbol{y} \in R^m$ はそれぞれ状態ベクトル，制御入力，制御出力である。システム (12.217), (12.218) は可安定と仮定する。

ここでは，制御出力の所望値が $\boldsymbol{y}(t) = \boldsymbol{y}^*$ のときの設定点サーボ問題を考える。ところで，システム (12.217), (12.218) の制御出力 $\boldsymbol{y}(t)$ を所望値 $\boldsymbol{y}^*$ に保つ平衡状態は，つぎの関係を満足しなければならない。

$$\boldsymbol{0} = \boldsymbol{f}(\boldsymbol{x}_e, \overline{\boldsymbol{u}})$$

$$\boldsymbol{y}^* = \boldsymbol{h}(\boldsymbol{x}_e)$$

これは $n+m$ 個の式と $n+r$ 個の変数なので，$r \leqq m$ のとき $r-m$ 個の状態変数 $\boldsymbol{x}_{eN}$ を任意の値 $\boldsymbol{x}_{eN}^*$ に設定できるが，残りの状態変数 $\boldsymbol{x}_{eB}$ と $\overline{\boldsymbol{u}}$ は従属的に決まる。そのような $\boldsymbol{y}^*$ に対応した平衡状態を $\boldsymbol{x}^* = \begin{bmatrix} \boldsymbol{x}_{eN}^* \\ \boldsymbol{x}_{eB}(\boldsymbol{x}_{eN}^*, \boldsymbol{y}^*) \end{bmatrix}$，$\boldsymbol{u}^* = \overline{\boldsymbol{u}}(\boldsymbol{x}_{eN}^*, \boldsymbol{y}^*)$ とおこう。

さて，つぎのようなサブシステム Σ_p とサブシステム Σ_s の直列結合によって構成されるシステムを考えよう。

$$\Sigma_p : \dot{\boldsymbol{x}}(t) = \boldsymbol{f}(\boldsymbol{x}(t), \boldsymbol{u}(t)) \tag{12.219}$$

$$\boldsymbol{y}(t) = \boldsymbol{h}(\boldsymbol{x}(t)) \tag{12.220}$$

$$\Sigma_s : \dot{\boldsymbol{\zeta}}(t) = D\boldsymbol{\zeta}(t) + \boldsymbol{q}(\boldsymbol{y}(t), \boldsymbol{x}(t)), \quad \boldsymbol{\zeta}(0) = \boldsymbol{0}, \quad D < 0 \tag{12.221}$$

ここで，Σ_p は制御対象 (12.217), (12.218) である。また，行列 D は負定対角行列であり，Σ_s は強正実（strict positive real）である。関数 $\boldsymbol{q}(\boldsymbol{y}, \boldsymbol{x})$ は問題に応じて適切に設定される。

そして，フィードバック制御則

$$\boldsymbol{u}(t) = K_P(\boldsymbol{y}^* - \boldsymbol{y}(t)) + K_S\boldsymbol{\zeta}(t) - K_D\dot{\boldsymbol{y}}(t) + \boldsymbol{m}_0 \tag{12.222}$$

を考えよう。ここで $K_P, K_S, K_D \in R^{r\times m}$ はそれぞれ P 動作，SPR 動作，D 動作のためのゲイン行列である。このような制御則 (12.221), (12.222) を **P·SPR·D 制御**と呼ぶ。また，付加項 $\boldsymbol{m}_0$ はいわゆる手動リセット量であり，一般に $\boldsymbol{m}_0 = \boldsymbol{u}^*$ と設定される。閉ループ系 (12.219)～(12.222) の安定性は，一般には個々のプラントに対してリアプノフの安定定理を使って論ずるしかない。しかし，受動的なシステムのレギュレータ問題や設定点サーボ問題においては，次項以下で述べるように，LaSalle の不変性原理を応用してその漸近安定性を証明することができる。

12.6.2 レギュレータ問題の P·SPR·D 制御[36),37)]

本項では，アフィン非線形システムのレギュレーション問題を考える。つぎのようなサブシステム Σ_p とサブシステム Σ_s の直列結合システムを考えよう。

$$\Sigma_p : \dot{\boldsymbol{x}}(t) = \boldsymbol{f}(\boldsymbol{x}(t)) + G(\boldsymbol{x}(t))\boldsymbol{u}(t) \tag{12.223}$$

$$\boldsymbol{y}(t) = \boldsymbol{h}(\boldsymbol{x}(t)) \tag{12.224}$$

$$\Sigma_s : \dot{\boldsymbol{\zeta}}(t) = D\boldsymbol{\zeta}(t) - \boldsymbol{y}(t), \quad \boldsymbol{\zeta}(0) = \boldsymbol{0}, \quad D < 0 \tag{12.225}$$

ここで D は負定対角行列とする。

以下では受動性理論に基づく制御方式を考えるので，システム (12.223), (12.224) は，m 次元の入力 $\boldsymbol{u} \in R^m$ と出力 $\boldsymbol{y} \in R^m$ に関して受動的であると仮定する。このとき，Σ_p の準正定な蓄積エネルギー関数を $S(\boldsymbol{x}) \geqq 0$, $S(\boldsymbol{0}) = 0$ とすると，つぎのいわゆる K-Y-P 特性

$$S_{\boldsymbol{x}}(\boldsymbol{x})\boldsymbol{f}(\boldsymbol{x}) \leqq 0 \tag{12.226}$$

$$S_{\boldsymbol{x}}(\boldsymbol{x})G(\boldsymbol{x}) = \boldsymbol{y}^T \tag{12.227}$$

が成り立つ（定理 4.7 参照）。

つぎのことを定義する。

【定義 12.3】　システム (12.223), (12.224) において，$\boldsymbol{u}(t) = \boldsymbol{0}$, $\boldsymbol{y}(t) = \boldsymbol{0}$ $(\forall t \geqq 0)$ のとき，$t \to \infty$ で $\boldsymbol{x}(t) \to \boldsymbol{0}$ ならば，システムは**零状態可検出**という。また，$\boldsymbol{u}(t) = \boldsymbol{u}^*$, $\boldsymbol{y}(t) = \boldsymbol{y}^*$ $(\forall t \geqq 0)$ のとき，$t \to \infty$ で $\boldsymbol{x}(t) \to \boldsymbol{x}^*$ となるならば，$\boldsymbol{x}^*$**-状態可検出**という。

このとき，つぎのことがよく知られている[17)]。

> システム (12.223), (12.224) が受動的で K-Y-P 特性 (12.226), (12.227) が成立し，かつ零状態可検出であると仮定する。このとき出力フィードバック $\boldsymbol{u}(t) = -K\boldsymbol{y}(t)$ によって，原点（平衡点 $\boldsymbol{x}_e = \boldsymbol{0}$）を漸近安定化することができる。ただし，$K \in R^{m \times m}$ は正定行列である。

しかしながら，以下では，制御成績を改善するもっと自由度の多い P·SPR·D 制御を考える。つぎの定理が成り立つ。

【定理 12.4】　サブシステム Σ_s とサブシステム Σ_p の直列結合システム (12.223)〜(12.225) が以下の仮定を満たすものとする。

(a)　サブシステム Σ_p は受動的である。

(b)　$\boldsymbol{y} = \boldsymbol{0}$ のとき，サブシステム Σ_s は漸近安定（つまり $D < 0$）である。

このとき，もしサブシステム Σ_p が出力 $\boldsymbol{y}$ に関して零状態可検出ならば，P·SPR·D 制御

$$\boldsymbol{u}(t) = -K_P\boldsymbol{y}(t) + K_S\boldsymbol{\zeta}(t) - K_D\dot{\boldsymbol{y}}(t) \tag{12.228}$$

によって，閉ループ系 (12.223)〜(12.225), (12.228) は平衡点 $(\boldsymbol{x}_e, \boldsymbol{\zeta}_e) = (\boldsymbol{0}, \boldsymbol{0})$ において漸近安定である。ただし，K_P と K_S は正定行列，K_D は準正定行列で，$K_S D < 0$ である。

(証明)　全体システムに対してリアプノフ関数候補（準正定値関数）

$$V(\boldsymbol{x}, \boldsymbol{\zeta}) = S(\boldsymbol{x}) + \frac{1}{2}\boldsymbol{\zeta}^T K_S \boldsymbol{\zeta} + \frac{1}{2}\boldsymbol{y}^T K_D \boldsymbol{y} \geqq 0 \tag{12.229}$$

を考え，この $V(\boldsymbol{x}, \boldsymbol{\zeta})$ を式 (12.223), (12.225) に沿って時間微分し，式 (12.226), (12.227), (12.228) を用いると

$$\begin{aligned}
\dot{V}(\boldsymbol{x}, \boldsymbol{\zeta}) &= S_{\boldsymbol{x}}(\boldsymbol{x})\dot{\boldsymbol{x}} + \boldsymbol{\zeta}^T K_S \dot{\boldsymbol{\zeta}} + \boldsymbol{y}^T K_D \dot{\boldsymbol{y}} \\
&= S_{\boldsymbol{x}}(\boldsymbol{x})\{\boldsymbol{f}(\boldsymbol{x}) + G(\boldsymbol{x})\boldsymbol{u}\} + \boldsymbol{\zeta}^T K_S^T (D\boldsymbol{\zeta} - \boldsymbol{y}) + \boldsymbol{y}^T K_D \dot{\boldsymbol{y}} \\
&= S_{\boldsymbol{x}}(\boldsymbol{x})\boldsymbol{f}(\boldsymbol{x}) + S_{\boldsymbol{x}}(\boldsymbol{x})G(\boldsymbol{x})(-K_P\boldsymbol{y} + K_S\boldsymbol{\zeta} - K_D\dot{\boldsymbol{y}}) \\
&\quad + \boldsymbol{\zeta}^T K_S (D\boldsymbol{\zeta} - \boldsymbol{y}) + \boldsymbol{y}^T K_D \dot{\boldsymbol{y}} \\
&\leqq \boldsymbol{y}^T(-K_P\boldsymbol{y} + K_S\boldsymbol{\zeta} - K_D\dot{\boldsymbol{y}}) + \boldsymbol{\zeta}^T K_S D\boldsymbol{\zeta} - \boldsymbol{\zeta}^T K_S \boldsymbol{y} + \boldsymbol{y}^T K_D \dot{\boldsymbol{y}} \\
&= -\boldsymbol{y}^T K_P \boldsymbol{y} + \boldsymbol{\zeta}^T K_S D \boldsymbol{\zeta} \leqq 0
\end{aligned} \tag{12.230}$$

を得るが，$\dot{V}(\boldsymbol{x}, \boldsymbol{\zeta})$ は準負定値関数である。したがって，$V(\boldsymbol{x}, \boldsymbol{\zeta})$ が準正定値関数，$\dot{V}(\boldsymbol{x}, \boldsymbol{\zeta})$ が準負定値関数となり，リアプノフ安定定理は利用できない。そこで，LaSalle の不変性原理（定理 3.9）を応用して，全体システムが $(\boldsymbol{x}_e, \boldsymbol{\zeta}_e) = (\boldsymbol{0}, \boldsymbol{0})$ において漸近安定となることを証明する。

さて，集合 Ω_c を $\Omega_c = \{(\boldsymbol{x}, \boldsymbol{\zeta}) | V(\boldsymbol{x}, \boldsymbol{\zeta}) \leqq c\}$ と定義し，Ω_c は有界で，Ω_c の中では $\dot{V}(\boldsymbol{x}, \boldsymbol{\zeta}) \leqq 0$ と仮定する（c は $\dot{V}(\boldsymbol{x}, \boldsymbol{\zeta}) \leqq 0$ となる正定数）。ここで，集合 Ω_E を，$\dot{V}(\boldsymbol{x}, \boldsymbol{\zeta}) = 0$ を満たす Ω_c のすべての点からなる集合とし

$$\Omega_E = \left\{(\boldsymbol{x}, \boldsymbol{\zeta}) \mid \dot{V}(\boldsymbol{x}, \boldsymbol{\zeta}) = 0,\ (\boldsymbol{x}, \boldsymbol{\zeta}) \in \Omega_c\right\}$$

とする。ところで，定理の条件より $K_P > 0, K_S D < 0$ だから，式 (12.230) より $\dot{V}(\boldsymbol{x}, \boldsymbol{\zeta}) = 0$ は $\boldsymbol{\zeta} = \boldsymbol{0}$，$\boldsymbol{y} = \boldsymbol{0}$ のときのみ成り立つ。すなわち

$$\Omega_E = \{(\boldsymbol{x}, \boldsymbol{\zeta}) \mid \boldsymbol{\zeta} = \boldsymbol{0},\ \boldsymbol{y} = \boldsymbol{0},\ (\boldsymbol{x}, \boldsymbol{\zeta}) \in \Omega_c\}$$

である。しかし，$\boldsymbol{\zeta} = \boldsymbol{0}$，$\boldsymbol{y} = \boldsymbol{0}$ のとき式 (12.228) より $\boldsymbol{u} = \boldsymbol{0}$ となるから，Ω_E 内では

$$\Omega_E = \{(\boldsymbol{x}, \boldsymbol{\zeta}) \mid \boldsymbol{\zeta} = \boldsymbol{0},\ \dot{\boldsymbol{x}} = \boldsymbol{f}(\boldsymbol{x}),\ \boldsymbol{y} = \boldsymbol{0},\ (\boldsymbol{x}, \boldsymbol{\zeta}) \in \Omega_c\}$$

となる。しかしこのとき，Σ_p の $\boldsymbol{y}$ に関する零状態可検出性から，$\dot{\boldsymbol{x}} = \boldsymbol{f}(\boldsymbol{x})$，$\boldsymbol{y} = \boldsymbol{0}$ は零状態可検出の定義より，Ω_E 内において $\boldsymbol{x}(t) \to \boldsymbol{0}$ となる。したがって，$\dot{V}(\boldsymbol{x}, \boldsymbol{\zeta}) = 0$ を満たす $(\boldsymbol{x}, \boldsymbol{\zeta})$ は唯一 $\boldsymbol{x} = \boldsymbol{0}$，$\boldsymbol{\zeta} = \boldsymbol{0}$ となる。すなわち Ω_E 内の最大の不変集合を Ω_M とすると，この最大不変集合 Ω_M は平衡点 $(\boldsymbol{x}_e, \boldsymbol{\zeta}_e) = (\boldsymbol{0}, \boldsymbol{0})$ のみとなる。したがって，LaSalle の不変性原理，定理 3.9 によって，Ω_c 内のすべての軌道は $t \to \infty$ のとき Ω_M に収束する。つまり平衡点 $(\boldsymbol{x}_e, \boldsymbol{\zeta}_e) = (\boldsymbol{0}, \boldsymbol{0})$ に収束する。 □

ところで，静的な状態フィードバック制御則ならば，既存の受動性に基づく設計法（4.5 節を参照）によっても得られる。しかし，リアプノフ関数候補を用いた静的状態フィードバック制御則は一般に複雑である。一方，P·SPR·D 制御の特徴は，構造が簡単な出力フィードバック制御則であることである。

12.6.3 設定点サーボ問題の P·SPR·D 制御[39)]

本項では，アフィン非線形システムの制御出力をある所望値に追従させる，いわゆる設定点サーボ問題を考える。

さて，受動的なシステムは機械力学系のようなラグランジュ系が多く，その場合，仮想出力 $\boldsymbol{y}$ は一般座標系の速度である。そして，実際の制御出力や測定出力は $\boldsymbol{y}$ の積分である位置であることが多い。そのような場合の設定点サーボ問題は，アフィン非線形システムに SPR 要素を付加して，つぎのように定式化される。ただし $\boldsymbol{y} \in R^m$，$\boldsymbol{u} \in R^m$ と仮定する。

$$\Sigma_p : \dot{\boldsymbol{x}}(t) = \boldsymbol{f}(\boldsymbol{x}(t)) + G(\boldsymbol{x}(t))\boldsymbol{u}(t), \quad \boldsymbol{x}(0) = \boldsymbol{x}_0 \tag{12.231}$$

$$\boldsymbol{y}(t) = \boldsymbol{h}(\boldsymbol{x}(t)) \tag{12.232}$$

$$\Sigma_s : \dot{\boldsymbol{z}}(t) = \boldsymbol{y}(t), \quad \boldsymbol{z}(0) = \boldsymbol{0} \tag{12.233}$$

$$\dot{\boldsymbol{\zeta}}(t) = D\boldsymbol{\zeta}(t) + (\boldsymbol{z}^* - \boldsymbol{z}(t)) - \boldsymbol{y}(t), \quad \boldsymbol{\zeta}(0) = \boldsymbol{0}, \quad D < 0 \tag{12.234}$$

$$\boldsymbol{u}(t) = K_P(\boldsymbol{z}^* - \boldsymbol{z}(t)) + K_S\boldsymbol{\zeta}(t) - K_D\boldsymbol{y}(t) + \boldsymbol{m}_0 \tag{12.235}$$

ここで，$\boldsymbol{z}^*$ は速度 $\boldsymbol{y}$ の積分値である位置 $\boldsymbol{z}$ の目標値であり，設定点サーボ問題の場合，速度の目標値である $\boldsymbol{y}^*$ は $\boldsymbol{0}$ である。また，$\boldsymbol{m}_0$ はいわゆる手動リセット量である。さらに D は負定対角行列で，$K_P, K_S, K_D \in R^{m\times m}$ は，すべて正定行列とする。

また，特に式 (12.233), (12.234), (12.235) のような制御方式を**位置に関する P·SPR·D 制御**と呼ぶことにする。

【定理 12.5】 システム (12.231), (12.232) は受動的で $\boldsymbol{x}^*$-状態可検出と仮定する。このとき，アフィン非線形システムの P·SPR·D 制御による閉ループ系 (12.231)〜(12.235) は，$\boldsymbol{m}_0 = \boldsymbol{u}^*$ として正定行列 K_P, K_S, K_D と負定対角行列 D を適当に選ぶことによって，平衡点 $(\boldsymbol{x}_e, \boldsymbol{z}_e, \boldsymbol{\zeta}_e) = (\boldsymbol{x}^*, \boldsymbol{z}^*, \boldsymbol{0})$ において漸近安定である。ここで，$\boldsymbol{x}^*$ と $\boldsymbol{u}^*$ は所望制御出力 $\boldsymbol{z}^*$ に対応した平衡状態と制御入力の値である。

（証明） 一般にシステム (12.231) の制御出力 $\boldsymbol{z} \in R^m$ を $\boldsymbol{z}^*$ に保つ平衡状態は，つぎの関係を満足しなければならない。

$$\boldsymbol{0} = \boldsymbol{f}(\boldsymbol{x}_e) + G(\boldsymbol{x}_e)\overline{\boldsymbol{u}}$$

$$\boldsymbol{z}^* = \widetilde{\boldsymbol{h}}(\boldsymbol{x}_e)$$

ここで，$\boldsymbol{z} = \widetilde{\boldsymbol{h}}(\boldsymbol{x})$ は実際の制御出力である。それゆえ，$\boldsymbol{z}$ が $\boldsymbol{z}^*$ になるためには，$\boldsymbol{x}_e$ と $\overline{\boldsymbol{u}}$ は 12.6.1 項で述べたような $\boldsymbol{z}^*$ に対応した $\boldsymbol{x}^*$ と $\boldsymbol{u}^*$ でなければならない。

一方，システム (12.231)〜(12.234) の平衡状態は

$$\mathbf{0} = \boldsymbol{f}(\boldsymbol{x}_e) + G(\boldsymbol{x}_e)\{K_P(\boldsymbol{z}^* - \boldsymbol{z}_e) + K_S\boldsymbol{\zeta}_e - K_D\boldsymbol{y}_e + \boldsymbol{u}^*\}$$

$$\mathbf{0} = \boldsymbol{y}_e$$

$$\mathbf{0} = D\boldsymbol{\zeta}_e + (\boldsymbol{z}^* - \boldsymbol{z}_e) - \boldsymbol{y}_e$$

であるから，$(\boldsymbol{x}_e, \boldsymbol{y}_e, \boldsymbol{z}_e, \boldsymbol{\zeta}_e) = (\boldsymbol{x}^*, \mathbf{0}, \boldsymbol{z}^*, \mathbf{0})$ が平衡状態となる。ただし $\boldsymbol{y}_e = \boldsymbol{h}(\boldsymbol{x}_e)$ である。

さて，リアプノフ関数候補として

$$V(\boldsymbol{x}, \boldsymbol{z}, \boldsymbol{\zeta}) = S(\boldsymbol{x}) - \boldsymbol{u}^{*T}\boldsymbol{z} + \frac{1}{2}\begin{bmatrix}(\boldsymbol{z}^* - \boldsymbol{z}) \\ \boldsymbol{\zeta}\end{bmatrix}^T \begin{bmatrix}K_P - \overline{K} & \overline{K} \\ \overline{K}^T & K_S - \overline{K}\end{bmatrix}\begin{bmatrix}(\boldsymbol{z}^* - \boldsymbol{z}) \\ \boldsymbol{\zeta}\end{bmatrix} \tag{12.236}$$

を考えよう。ここで $K_P - \overline{K} > 0$，$K_S - \overline{K} > 0$ で，$\begin{bmatrix}K_P - \overline{K} & \overline{K} \\ \overline{K}^T & K_S - \overline{K}\end{bmatrix}$ は正定行列とする。式 (12.236) の右辺第 1 項は準正定値関数である。第 2 項＋第 3 項は $\begin{bmatrix}(\boldsymbol{z}^* - \boldsymbol{z}) \\ \boldsymbol{\zeta}\end{bmatrix}$ の 2 次関数で 2 次項が正定行列をもつから，それは最小値をもつ。それゆえ，$V(\boldsymbol{x}, \boldsymbol{z}, \boldsymbol{\zeta})$ は下に有界な関数である。

つぎに $V(\boldsymbol{x}, \boldsymbol{z}, \boldsymbol{\zeta})$ の時間微分を式 (12.231), (12.233), (12.234) に沿って計算し，K-Y-P 特性 (12.226), (12.227) を用いると

$$\begin{aligned}
&\dot{V}(\boldsymbol{x}, \boldsymbol{z}, \boldsymbol{\zeta}) \\
&\quad = S_{\boldsymbol{x}}(\boldsymbol{x})\{\boldsymbol{f}(\boldsymbol{x}) + G(\boldsymbol{x})\boldsymbol{u}\} - \boldsymbol{u}^{*T}\boldsymbol{y} \\
&\qquad + \begin{bmatrix}(\boldsymbol{z}^* - \boldsymbol{z}) \\ \boldsymbol{\zeta}\end{bmatrix}^T \begin{bmatrix}K_P - \overline{K} & \overline{K} \\ \overline{K}^T & K_S - \overline{K}\end{bmatrix}\begin{bmatrix}-\dot{\boldsymbol{z}} \\ \dot{\boldsymbol{\zeta}}\end{bmatrix} \\
&\quad \leqq \boldsymbol{y}^T\boldsymbol{u} - \boldsymbol{u}^{*T}\boldsymbol{y} \\
&\qquad + \begin{bmatrix}(\boldsymbol{z}^* - \boldsymbol{z}) \\ \boldsymbol{\zeta}\end{bmatrix}^T \begin{bmatrix}K_P - \overline{K} & \overline{K} \\ \overline{K}^T & K_S - \overline{K}\end{bmatrix}\begin{bmatrix}-\boldsymbol{y} \\ D\boldsymbol{\zeta} + (\boldsymbol{z}^* - \boldsymbol{z}) - \boldsymbol{y}\end{bmatrix}
\end{aligned}$$

$$
\begin{aligned}
&= \boldsymbol{y}^T(K_P(\boldsymbol{z}^* - \boldsymbol{z}) + K_S\boldsymbol{\zeta} - K_D\boldsymbol{y} + \boldsymbol{u}^*) - \boldsymbol{u}^{*T}\boldsymbol{y} \\
&\quad + \begin{bmatrix} (\boldsymbol{z}^* - \boldsymbol{z}) \\ \boldsymbol{\zeta} \end{bmatrix}^T \begin{bmatrix} -(K_P - \overline{K})\boldsymbol{y} + \overline{K}D\boldsymbol{\zeta} + \overline{K}(\boldsymbol{z}^* - \boldsymbol{z}) - \overline{K}\boldsymbol{y} \\ -\overline{K}^T\boldsymbol{y} + (K_S - \overline{K})D\boldsymbol{\zeta} + (K_S - \overline{K})(\boldsymbol{z}^* - \boldsymbol{z}) - (K_S - \overline{K})\boldsymbol{y} \end{bmatrix} \\
&= \boldsymbol{y}^T\{K_P(\boldsymbol{z}^* - \boldsymbol{z}) + K_S\boldsymbol{\zeta} - K_D\boldsymbol{y} + \boldsymbol{u}^*\} - \boldsymbol{u}^{*T}\boldsymbol{y} \\
&\quad + \begin{bmatrix} (\boldsymbol{z}^* - \boldsymbol{z}) \\ \boldsymbol{\zeta} \end{bmatrix}^T \begin{bmatrix} \overline{K} & \overline{K}D \\ K_S - \overline{K} & (K_S - \overline{K})D \end{bmatrix} \begin{bmatrix} (\boldsymbol{z}^* - \boldsymbol{z}) \\ \boldsymbol{\zeta} \end{bmatrix} \\
&\quad -(\boldsymbol{z}^* - \boldsymbol{z})^T K_P\boldsymbol{y} - \boldsymbol{\zeta}^T K_S\boldsymbol{y} \\
&= -\boldsymbol{y}^T K_D\boldsymbol{y} + \begin{bmatrix} (\boldsymbol{z}^* - \boldsymbol{z}) \\ \boldsymbol{\zeta} \end{bmatrix}^T \begin{bmatrix} \overline{K} & \overline{K}D \\ K_S - \overline{K} & (K_S - \overline{K})D \end{bmatrix} \begin{bmatrix} (\boldsymbol{z}^* - \boldsymbol{z}) \\ \boldsymbol{\zeta} \end{bmatrix}
\end{aligned}
\tag{12.237}
$$

となる。ここで，$\begin{bmatrix} \overline{K} & \overline{K}D \\ K_S - \overline{K} & (K_S - \overline{K})D \end{bmatrix}$ が負定対称行列になるようにする。まず $\overline{K} < 0$，$K_S - \overline{K} = (\overline{K}D)^T$ とし，また $K_S = (I + D)\overline{K} > 0$ になるように $D < -I$ にとる。このとき，この行列は $\begin{bmatrix} \overline{K} & \overline{K}D \\ (\overline{K}D)^T & D\overline{K}D \end{bmatrix}$ となり，その第 (1,1) 要素と第 (2,2) 要素は $\overline{K} < 0$，$D\overline{K}D < 0$ であるから，この行列が負定となるような $\overline{K} < 0$ と $D < 0$ を選ぶことができる。

したがって，$\dot{V}(\boldsymbol{x}, \boldsymbol{z}, \boldsymbol{\zeta})$ は準負定で，P·SPR·D 制御はリアプノフの意味で安定であるが，漸近安定かどうかはわからない。そこで，LaSalle の定理を応用する。

さて，集合 $\Omega_c = \{(\boldsymbol{x}, \boldsymbol{z}, \boldsymbol{\zeta}) \mid V(\boldsymbol{x}, \boldsymbol{z}, \boldsymbol{\zeta}) \leqq c\}$ を定義し，Ω_c は有界で，Ω_c 内では $\dot{V}(\boldsymbol{x}, \boldsymbol{z}, \boldsymbol{\zeta}) \leqq 0$ を仮定する（c は $\dot{V}(\boldsymbol{x}, \boldsymbol{z}, \boldsymbol{\zeta}) \leqq 0$ となる正定数）。また，Ω_E は $\dot{V}(\boldsymbol{x}, \boldsymbol{z}, \boldsymbol{\zeta}) = 0$ を満たす Ω_c のすべての点からなる集合とすると

$$
\Omega_E = \{(\boldsymbol{x}, \boldsymbol{z}, \boldsymbol{\zeta}) \mid \dot{V}(\boldsymbol{x}, \boldsymbol{z}, \boldsymbol{\zeta}) = 0,\ (\boldsymbol{x}, \boldsymbol{z}, \boldsymbol{\zeta}) \in \Omega_c\}
$$

である。式 (12.237) より $\dot{V}(\boldsymbol{x}, \boldsymbol{z}, \boldsymbol{\zeta}) = 0$ を満たす点は $\boldsymbol{y} = \boldsymbol{0}$，$\boldsymbol{z}^* - \boldsymbol{z} = \boldsymbol{0}$，$\boldsymbol{\zeta} = \boldsymbol{0}$ となる。しかし，そのとき式 (12.235) より $\boldsymbol{u} = \boldsymbol{u}^*$ となり，システム (12.231), (12.232) の $\boldsymbol{x}^*$-状態可検出性より次式を得る。

$$\Omega_E = \{(\boldsymbol{x}, \boldsymbol{z}, \boldsymbol{\zeta}) | \boldsymbol{x} = \boldsymbol{x}^*,\ \boldsymbol{z} = \boldsymbol{z}^*,\ \boldsymbol{\zeta} = \boldsymbol{0},\ (\boldsymbol{x}, \boldsymbol{z}, \boldsymbol{\zeta}) \in \Omega_c\}$$

したがって, Ω_E 内の $(\boldsymbol{x}, \boldsymbol{z}, \boldsymbol{\zeta})$ は, 式 (12.231), (12.233), (12.234) より $\boldsymbol{u} = \boldsymbol{u}^*$ のときの平衡点 $(\boldsymbol{x}_e, \boldsymbol{z}_e, \boldsymbol{\zeta}_e) = (\boldsymbol{x}^*, \boldsymbol{z}^*, \boldsymbol{0})$ のみであることがわかる。それゆえ, Ω_E 内の最大不変集合 Ω_M は, 平衡点 $(\boldsymbol{x}_e, \boldsymbol{z}_e, \boldsymbol{\zeta}_e) = (\boldsymbol{x}^*, \boldsymbol{z}^*, \boldsymbol{0})$ となる。このとき, LaSalle の不変性原理より, Ω_c 内ですべての軌道は $t \to \infty$ のとき Ω_M に収束する。すなわち, $(\boldsymbol{x}_e, \boldsymbol{z}_e, \boldsymbol{\zeta}_e) = (\boldsymbol{x}^*, \boldsymbol{z}^*, \boldsymbol{0})$ は漸近安定であり, $\boldsymbol{z}$ は $\boldsymbol{z}^*$ へ収束する。 □

【系 12.2】　システム (12.231), (12.232) がラグランジュ系のとき, 定理 12.5 は $\boldsymbol{x}^*$-状態可検出の仮定なしで成立する。

【注意 12.7】　系 12.2 に対応した定理が, ロボットマニピュレータや倒立振子の場合に文献 36), 37) で証明されている。

【注意 12.8】　$\boldsymbol{m}_0 = \boldsymbol{u}^*$ が計算できない場合には, $\boldsymbol{m}_0$ を $K_I \int_0^t (\boldsymbol{z}^* - \boldsymbol{z})dt$ で置換した P·SPR·D+I 制御を採用することができる。

12.6.4 ラグランジュ系の P·SPR·D 制御[36)]

挙動がオイラー–ラグランジュの運動方程式で表現される, いわゆるラグランジュ系は, ロボットマニピュレータなどの多くのシステムが存在し, つぎのような状態方程式で記述される。

$$\dot{\boldsymbol{x}}_1(t) = \boldsymbol{x}_2(t) \tag{12.238a}$$

$$\dot{\boldsymbol{x}}_2(t) = \boldsymbol{f}_2(\boldsymbol{x}_1(t), \boldsymbol{x}_2(t)) + G_2(\boldsymbol{x}_1(t), \boldsymbol{x}_2(t))\boldsymbol{u}(t) \tag{12.238b}$$

$$\boldsymbol{y}(t) = \boldsymbol{x}_2(t) \tag{12.239}$$

ここで, $\boldsymbol{x}_1 \in R^n$ は位置, $\boldsymbol{x}_2 = \dot{\boldsymbol{x}}_1 \in R^n$ は速度, $\boldsymbol{x} = (\boldsymbol{x}_1^T, \boldsymbol{x}_2^T)^T$ は状態ベクトル, $\boldsymbol{u} \in R^n$ は制御入力である。また, $\boldsymbol{y} \in R^n$ は（仮想的）出力とする。

さて, システム (12.238), (12.239) は入力 $\boldsymbol{u} \in R^n$ と出力 $\boldsymbol{y} = \boldsymbol{x}_2 \in R^n$ に

関して受動的であると仮定する。すなわち，蓄積エネルギー関数 $S(\boldsymbol{x}) \geqq 0$, $S(0) = 0$ に対して，つぎの K-Y-P 特性が成り立つ。

$$S_{\boldsymbol{x}_1}(\boldsymbol{x})\boldsymbol{x}_2 + S_{\boldsymbol{x}_2}(\boldsymbol{x})\boldsymbol{f}_2(\boldsymbol{x}_1, \boldsymbol{x}_2) \leqq 0 \tag{12.240}$$

$$S_{\boldsymbol{x}_2}(\boldsymbol{x})G_2(\boldsymbol{x}_1, \boldsymbol{x}_2) = \boldsymbol{y}^T \tag{12.241}$$

つぎに，所望の設定点を $(\boldsymbol{x}_1^*, \boldsymbol{0})$ とする**設定点サーボ問題**を考えよう。そのために，システム (12.238), (12.239) に式 (12.243) のような SPR 要素を付加したつぎのようなシステムを考える。

$$\dot{\boldsymbol{x}}_1(t) = \boldsymbol{x}_2(t) \tag{12.242a}$$

$$\dot{\boldsymbol{x}}_2(t) = \boldsymbol{f}_2(\boldsymbol{x}_1(t), \boldsymbol{x}_2(t)) + G_2(\boldsymbol{x}_1(t), \boldsymbol{x}_2(t))\boldsymbol{u}(t) \tag{12.242b}$$

$$\dot{\boldsymbol{\zeta}}(t) = D\boldsymbol{\zeta}(t) + (\boldsymbol{x}_1^* - \boldsymbol{x}_1(t)) - \boldsymbol{x}_2(t), \quad D < 0 \tag{12.243}$$

そして，フィードバック補償器（P·SPR·D 制御器）

$$\boldsymbol{u}(t) = K_P(\boldsymbol{x}_1^* - \boldsymbol{x}_1(t)) + K_S\boldsymbol{\zeta}(t) - K_D\boldsymbol{x}_2(t) + \boldsymbol{u}^* \tag{12.244}$$

を設置する。ここで $\boldsymbol{u}^*$ は手動リセット量で，$\boldsymbol{u}^* = -G_2(\boldsymbol{x}_1^*, \boldsymbol{0})^{-1}\boldsymbol{f}_2(\boldsymbol{x}_1^*, \boldsymbol{0})$ と設定する。また，$K_P, K_S, K_D \in R^{n\times n}$ はすべて正定行列とする。

【定理 12.6】　受動的なラグランジュ系の P·SPR·D 制御による閉ループ系 (12.242), (12.243), (12.244) は，$K_P > 0$, $K_S > 0$, $K_D > 0$, $D < 0$ を適切に選ぶことによって平衡点 $(\boldsymbol{x}_{1e}, \boldsymbol{x}_{2e}, \boldsymbol{\zeta}_e) = (\boldsymbol{x}_1^*, \boldsymbol{0}, \boldsymbol{0})$ において漸近安定である。

（証明）　システム (12.242) の平衡状態は任意に与えられた $\overline{\boldsymbol{u}}$ に対して

$$\boldsymbol{0} = \boldsymbol{x}_{2e}$$

$$\boldsymbol{0} = \boldsymbol{f}_2(\boldsymbol{x}_{1e}, \boldsymbol{x}_{2e}) + G_2(\boldsymbol{x}_{1e}, \boldsymbol{x}_{2e})\overline{\boldsymbol{u}}$$

であるから，$\boldsymbol{x}_{1e}$ が所望値 $\boldsymbol{x}_1^*$ になるためには，$\overline{\boldsymbol{u}} = -G_2(\boldsymbol{x}_1^*, \boldsymbol{0})^{-1}\boldsymbol{f}_2(\boldsymbol{x}_1^*, \boldsymbol{0}) = \boldsymbol{u}^*$ とすることによって平衡状態が $\boldsymbol{x}_{1e} = \boldsymbol{x}_1^*$，$\boldsymbol{x}_{2e} = \boldsymbol{0}$ となる必要がある。

システム (12.242), (12.243), (12.244) の平衡状態は

$$
\begin{aligned}
\mathbf{0} &= \boldsymbol{x}_{2e} \\
\mathbf{0} &= \boldsymbol{f}_2(\boldsymbol{x}_{1e}, \boldsymbol{x}_{2e}) + G_2(\boldsymbol{x}_{1e}, \boldsymbol{x}_{2e})\{K_P(\boldsymbol{x}_1^* - \boldsymbol{x}_{1e}) \\
&\qquad + K_S\boldsymbol{\zeta}_e - K_D\boldsymbol{x}_{2e} + \boldsymbol{u}^*\} \\
\mathbf{0} &= D\boldsymbol{\zeta}_e + (\boldsymbol{x}_1^* - \boldsymbol{x}_{1e})
\end{aligned}
$$

であるから，$(\boldsymbol{x}_{1e}, \boldsymbol{x}_{2e}, \boldsymbol{\zeta}_e) = (\boldsymbol{x}_1^*, \mathbf{0}, \mathbf{0})$ が平衡状態となる。

さて，リアプノフ関数候補として

$$
\begin{aligned}
V(\boldsymbol{x}, \boldsymbol{\zeta}) &= S(\boldsymbol{x}) + \boldsymbol{u}^{*T}(\boldsymbol{x}_1^* - \boldsymbol{x}_1) \\
&\quad + \frac{1}{2}\begin{bmatrix} (\boldsymbol{x}_1^* - \boldsymbol{x}_1) \\ \boldsymbol{\zeta} \end{bmatrix}^T \begin{bmatrix} K_P - \overline{K} & \overline{K} \\ \overline{K}^T & K_S - \overline{K} \end{bmatrix} \begin{bmatrix} (\boldsymbol{x}_1^* - \boldsymbol{x}_1) \\ \boldsymbol{\zeta} \end{bmatrix}
\end{aligned}
\tag{12.245}
$$

を考えよう。ここで $\begin{bmatrix} K_P - \overline{K} & \overline{K} \\ \overline{K}^T & K_S - \overline{K} \end{bmatrix}$ は正定行列とする。このとき，第 1 項の $S(\boldsymbol{x})$ は準正定値関数であり，第 2 項＋第 3 項はベクトル $\begin{bmatrix} (\boldsymbol{x}_1^* - \boldsymbol{x}_1) \\ \boldsymbol{\zeta} \end{bmatrix}$ の 2 次関数で，2 次項の行列は正定行列だから，最小値をもつ。ゆえに，$V(\boldsymbol{x}, \boldsymbol{\zeta})$ は下に有界な関数である。

つぎに，$V(\boldsymbol{x}, \boldsymbol{\zeta})$ の時間微分を式 (12.242), (12.243), (12.244) に沿って計算し，K-Y-P 特性 (12.240), (12.241) を用いると

$$
\begin{aligned}
&\dot{V}(\boldsymbol{x}, \boldsymbol{\zeta}) \\
&= S_{\boldsymbol{x}_1}(\boldsymbol{x})\boldsymbol{x}_2 + S_{\boldsymbol{x}_2}(\boldsymbol{x})\boldsymbol{f}_2(\boldsymbol{x}_1, \boldsymbol{x}_2) + S_{\boldsymbol{x}_2}(\boldsymbol{x})G_2(\boldsymbol{x}_1, \boldsymbol{x}_2)\boldsymbol{u} - \boldsymbol{u}^{*T}\dot{\boldsymbol{x}}_1 \\
&\quad + \begin{bmatrix} (\boldsymbol{x}_1^* - \boldsymbol{x}_1) \\ \boldsymbol{\zeta} \end{bmatrix}^T \begin{bmatrix} K_P - \overline{K} & \overline{K} \\ \overline{K}^T & K_S - \overline{K} \end{bmatrix} \begin{bmatrix} (\dot{\boldsymbol{x}}_1^* - \dot{\boldsymbol{x}}_1) \\ \dot{\boldsymbol{\zeta}} \end{bmatrix} \\
&\le \boldsymbol{y}^T\boldsymbol{u} - \boldsymbol{u}^{*T}\boldsymbol{x}_2 \\
&\quad + \begin{bmatrix} (\boldsymbol{x}_1^* - \boldsymbol{x}_1) \\ \boldsymbol{\zeta} \end{bmatrix}^T \begin{bmatrix} K_P - \overline{K} & \overline{K} \\ \overline{K}^T & K_S - \overline{K} \end{bmatrix} \begin{bmatrix} -\boldsymbol{x}_2 \\ D\boldsymbol{\zeta} + (\boldsymbol{x}_1^* - \boldsymbol{x}_1) - \boldsymbol{x}_2 \end{bmatrix}
\end{aligned}
$$

$$
\begin{aligned}
&= \boldsymbol{x}_2^T(K_P(\boldsymbol{x}_1^* - \boldsymbol{x}_1) + K_S\boldsymbol{\zeta} - K_D\boldsymbol{x}_2 + \boldsymbol{u}^*) - \boldsymbol{u}^{*T}\boldsymbol{x}_2 + \begin{bmatrix} (\boldsymbol{x}_1^* - \boldsymbol{x}_1) \\ \boldsymbol{\zeta} \end{bmatrix}^T \\
&\quad \times \begin{bmatrix} -(K_P - \overline{K})\boldsymbol{x}_2 + \overline{K}D\boldsymbol{\zeta} + \overline{K}(\boldsymbol{x}_1^* - \boldsymbol{x}_1) - \overline{K}\boldsymbol{x}_2 \\ -\overline{K}^T\boldsymbol{x}_2 + (K_S - \overline{K})D\boldsymbol{\zeta} + (K_S - \overline{K})(\boldsymbol{x}_1^* - \boldsymbol{x}_1) - (K_I - \overline{K})\boldsymbol{x}_2 \end{bmatrix} \\
&= \boldsymbol{x}_2^T(K_P(\boldsymbol{x}_1^* - \boldsymbol{x}_1) + K_S\boldsymbol{\zeta} - K_D\boldsymbol{x}_2 + \boldsymbol{u}^*) - \boldsymbol{u}^{*T}\boldsymbol{x}_2 \\
&\quad + \begin{bmatrix} (\boldsymbol{x}_1^* - \boldsymbol{x}_1) \\ \boldsymbol{\zeta} \end{bmatrix}^T \begin{bmatrix} \overline{K} & \overline{K}D \\ K_S - \overline{K} & (K_S - \overline{K})D \end{bmatrix} \begin{bmatrix} (\boldsymbol{x}_1^* - \boldsymbol{x}_1) \\ \boldsymbol{\zeta} \end{bmatrix} \\
&\quad -(\boldsymbol{x}_1^* - \boldsymbol{x}_1)^T K_P \boldsymbol{x}_2 - \boldsymbol{\zeta}^T K_S \boldsymbol{x}_2 \\
&= -\boldsymbol{x}_2^T K_D \boldsymbol{x}_2 + \begin{bmatrix} (\boldsymbol{x}_1^* - \boldsymbol{x}_1) \\ \boldsymbol{\zeta} \end{bmatrix}^T \begin{bmatrix} \overline{K} & \overline{K}D \\ K_S - \overline{K} & (K_S - \overline{K})D \end{bmatrix} \begin{bmatrix} (\boldsymbol{x}_1^* - \boldsymbol{x}_1) \\ \boldsymbol{\zeta} \end{bmatrix}
\end{aligned} \tag{12.246}
$$

となる。ここで

$$
\begin{bmatrix} \overline{K} & \overline{K}D \\ K_S - \overline{K} & (K_S - \overline{K})D \end{bmatrix}
$$

が負定対称行列になるようにする。まず，$\overline{K} < 0$，$K_S - \overline{K} = (\overline{K}D)^T$ とし，また $K_S = (I + D)\overline{K} > 0$ になるように $D < -I$ ととる。このとき，上の行列は

$$
\begin{bmatrix} \overline{K} & \overline{K}D \\ (\overline{K}D)^T & \overline{K}D^2 \end{bmatrix}
$$

となり，その第 (1,1) 要素と第 (2,2) 要素は $\overline{K} < 0$，$\overline{K}D^2 < 0$ であるから，この行列が負定となるような $\overline{K} < 0$ と $D < 0$ を選ぶことができる。したがって，$\dot{V}(\boldsymbol{x}, \boldsymbol{\zeta})$ は準負定値関数だが，リアプノフの安定定理では P·SPR·D 制御による閉ループ系の漸近安定性を証明できない。そこで LaSalle の定理を応用する。

さて，集合 $\Omega_c = \{(\boldsymbol{x}, \boldsymbol{\zeta}) \mid V(\boldsymbol{x}, \boldsymbol{\zeta}) \leqq c\}$ を定義し，Ω_c は有界で，Ω_c 内では $\dot{V}(\boldsymbol{x}, \boldsymbol{\zeta}) \leqq 0$ を仮定する（c は $\dot{V}(\boldsymbol{x}, \boldsymbol{\zeta}) \leqq 0$ となる正定数）。また，Ω_E は $\dot{V}(\boldsymbol{x}, \boldsymbol{\zeta}) = 0$ を満たす Ω_c のすべての点からなる集合とすると

$$\Omega_E = \{(\boldsymbol{x}, \boldsymbol{\zeta}) \mid \dot{V}(\boldsymbol{x}, \boldsymbol{\zeta}) = 0,\ (\boldsymbol{x}, \boldsymbol{\zeta}) \in \Omega_c\}$$

である。式(12.246)より $\dot{V}(\boldsymbol{x}, \boldsymbol{\zeta}) = 0$ を満たす $(\boldsymbol{x}, \boldsymbol{\zeta})$ は，$\boldsymbol{x}_2 = \boldsymbol{0}$, $\boldsymbol{x}_1^* - \boldsymbol{x}_1 = \boldsymbol{0}$, $\boldsymbol{\zeta} = \boldsymbol{0}$ となる。ゆえに

$$\Omega_E = \{(\boldsymbol{x}, \boldsymbol{\zeta}) | \boldsymbol{x}_1 = \boldsymbol{x}_1^*,\ \boldsymbol{x}_2 = \boldsymbol{0},\ \boldsymbol{\zeta} = \boldsymbol{0},\ (\boldsymbol{x}, \boldsymbol{\zeta}) \in \Omega_c\}$$

となる。

したがって，Ω_E 内の $(\boldsymbol{x}, \boldsymbol{\zeta})$ は $\boldsymbol{u} = \boldsymbol{u}^* = -G_2(\boldsymbol{x}_1^*, \boldsymbol{0})^{-1}\boldsymbol{f}_2(\boldsymbol{x}_1^*, \boldsymbol{0})$ のときの平衡点 $(\boldsymbol{x}_{1e}, \boldsymbol{x}_{2e}, \boldsymbol{\zeta}_e) = (\boldsymbol{x}_1^*, \boldsymbol{0}, \boldsymbol{0})$ のみであることがわかる。よって，Ω_E 内の最大不変集合 Ω_M は平衡点 $(\boldsymbol{x}_{1e}, \boldsymbol{x}_{2e}, \boldsymbol{\zeta}_e) = (\boldsymbol{x}_1^*, \boldsymbol{0}, \boldsymbol{0})$ となる。それゆえ，LaSalle の不変性原理より Ω_c 内ですべての軌道は Ω_M に収束する。すなわち，$\boldsymbol{x} = (\boldsymbol{x}_1^*, \boldsymbol{0})$ は漸近安定である。 □

【注意 12.9】　一般のラグランジュ系は零状態可検出ではないので，たとえ受動的であっても，$\boldsymbol{u}(t) = -K\boldsymbol{y}(t)$（$K > 0$）によって原点へ収束させることはできない。ラグランジュ系を原点 $(\boldsymbol{x}_1, \boldsymbol{x}_2) = (\boldsymbol{0}, \boldsymbol{0})$ で漸近安定化するためには，$\boldsymbol{x}_1^* = \boldsymbol{0}$ として定理 12.6 を適用しなければならないことに注意しよう。

12.6.5　設定点サーボ問題の P·I·SPR·D 制御[39)]

出力 $\boldsymbol{y}$ が特に一般化座標の速度とは限らない場合には，P·I·SPR·D 制御を考えることができる。このとき，設定点サーボ問題は SPR 要素を利用して，つぎのように定式化される。

$$\Sigma_p : \dot{\boldsymbol{x}}(t) = \boldsymbol{f}(\boldsymbol{x}(t)) + G(\boldsymbol{x}(t))\boldsymbol{u}(t), \quad \boldsymbol{x}(0) = \boldsymbol{x}_0 \tag{12.247}$$

$$\boldsymbol{y}(t) = \boldsymbol{h}(\boldsymbol{x}(t)) \tag{12.248}$$

$$\Sigma_s : \dot{\boldsymbol{z}}(t) = \boldsymbol{y}^* - \boldsymbol{y}(t), \quad \boldsymbol{z}(0) = \boldsymbol{0} \tag{12.249}$$

$$\dot{\boldsymbol{\zeta}}(t) = D\boldsymbol{\zeta}(t) + \boldsymbol{z}(t) + (\boldsymbol{y}^* - \boldsymbol{y}(t)),\ \boldsymbol{\zeta}(0) = \boldsymbol{0},\ D < 0 \tag{12.250}$$

$$\boldsymbol{u}(t) = K_P(\boldsymbol{y}^* - \boldsymbol{y}(t)) + K_I\boldsymbol{z}(t) + K_S\boldsymbol{\zeta}(t) - K_D\dot{\boldsymbol{y}}(t) \tag{12.251}$$

ここで，$\boldsymbol{y}^*$ は制御出力 $\boldsymbol{y}$ の所望値であり，$K_P, K_I, K_S, K_D \in R^{m\times m}$ はす

べて正定行列とする。式 (12.249), (12.250), (12.251) のような制御方式を **P·I·SPR·D 制御**と呼ぶことにしよう。

【定理 12.7】 システム (12.247), (12.248) は受動的で $\boldsymbol{x}^*$-零状態可検出であると仮定する。アフィン非線形システムの P·I·SPR·D 制御による閉ループ系 (12.247)～(12.251) は正定行列 K_P, K_I, K_S, K_D と負定対角行列 D を適当に選ぶことによって，平衡点 $(\boldsymbol{x}_e, \boldsymbol{z}_e, \boldsymbol{\zeta}_e) = (\boldsymbol{x}^*, \boldsymbol{z}^*, \boldsymbol{\zeta}^*)$ において漸近安定である。すなわち，$\boldsymbol{y}(t)$ は $\boldsymbol{y}^*$ へ収束する。ここで $\boldsymbol{x}^*$, $\boldsymbol{z}^*$, $\boldsymbol{\zeta}^*$ は所望制御出力 $\boldsymbol{y}^*$ と制御入力 $\boldsymbol{u}^*$ に対応した所望の平衡状態である。

（証明） システム (12.247), (12.248) の平衡状態は

$$\boldsymbol{0} = \boldsymbol{f}(\boldsymbol{x}_e) + G(\boldsymbol{x}_e)\overline{\boldsymbol{u}}$$

$$\boldsymbol{y}^* = \boldsymbol{h}(\boldsymbol{x}_e)$$

であるから，$\boldsymbol{y} = \boldsymbol{y}^*$ になるためには，$\boldsymbol{x}_e$ と $\overline{\boldsymbol{u}}$ は 12.6.1 項で述べたような $\boldsymbol{x}^*$ と $\boldsymbol{u}^*$ でなければならない。システム (12.247)～(12.251) の平衡状態は

$$\boldsymbol{0} = \boldsymbol{f}(\boldsymbol{x}_e) + G(\boldsymbol{x}_e)\{K_P(\boldsymbol{y}^* - \boldsymbol{y}_e) + K_I\boldsymbol{z}_e + K_S\boldsymbol{\zeta}_e - K_D\dot{\boldsymbol{y}}_e\}$$

$$\boldsymbol{0} = \boldsymbol{y}^* - \boldsymbol{y}_e$$

$$\boldsymbol{0} = D\boldsymbol{\zeta}_e + \boldsymbol{z}_e + (\boldsymbol{y}^* - \boldsymbol{y}_e)$$

$$\boldsymbol{y}_e = \boldsymbol{h}(\boldsymbol{x}_e)$$

であるから，$\boldsymbol{x}_e = \boldsymbol{x}^*$，$\boldsymbol{y}_e = \boldsymbol{y}^*$，$\boldsymbol{z}_e = \boldsymbol{z}^*$，$\boldsymbol{\zeta}_e = \boldsymbol{\zeta}^*$ でなければならない。ここで，$\boldsymbol{z}^*$ と $\boldsymbol{\zeta}^*$ は $K_I\boldsymbol{z}^* + K_S\boldsymbol{\zeta}^* = \boldsymbol{u}^*$，$\boldsymbol{0} = D\boldsymbol{\zeta}^* + \boldsymbol{z}^*$ を満たさなければならない。それゆえ，$\boldsymbol{z}^* = -D(-K_ID + K_S)^{-1}\boldsymbol{u}^*$，$\boldsymbol{\zeta}^* = (-K_ID + K_S)^{-1}\boldsymbol{u}^*$ である。

さて，リアプノフ関数候補として

$$V(\boldsymbol{x}, \boldsymbol{z}, \boldsymbol{\zeta}) = S(\boldsymbol{x}) - \boldsymbol{y}^{*T}\int_0^t \boldsymbol{u}dt + \frac{1}{2}(\boldsymbol{y}^* - \boldsymbol{y})^T K_D(\boldsymbol{y}^* - \boldsymbol{y})$$
$$+\frac{1}{2}\begin{bmatrix}(\boldsymbol{z} - \boldsymbol{z}^*)\\(\boldsymbol{\zeta} - \boldsymbol{\zeta}^*)\end{bmatrix}^T \begin{bmatrix}K_I - \overline{K} & \overline{K}\\ \overline{K}^T & K_S - \overline{K}\end{bmatrix}\begin{bmatrix}(\boldsymbol{z} - \boldsymbol{z}^*)\\(\boldsymbol{\zeta} - \boldsymbol{\zeta}^*)\end{bmatrix}$$

$$
-\begin{bmatrix} \boldsymbol{z}^* \\ \boldsymbol{\zeta}^* \end{bmatrix}^T \begin{bmatrix} \overline{K} & \overline{K}D \\ K_S - \overline{K} & (K_S - \overline{K})D \end{bmatrix} \int_0^t \begin{bmatrix} (\boldsymbol{z} - \boldsymbol{z}^*) \\ (\boldsymbol{\zeta} - \boldsymbol{\zeta}^*) \end{bmatrix} dt
$$
$$
+(\boldsymbol{z}^{*T} K_I + \boldsymbol{\zeta}^{*T} K_S) \int_0^t (\boldsymbol{y}^* - \boldsymbol{y}) dt \qquad (12.252)
$$

を考えよう。ここで $K_I - \overline{K} > 0$，$K_S - \overline{K} > 0$ で，$\begin{bmatrix} K_I - \overline{K} & \overline{K} \\ \overline{K}^T & K_S - \overline{K} \end{bmatrix}$ は正定行列とする。このとき，$V(\boldsymbol{x}, \boldsymbol{z}, \boldsymbol{\zeta})$ は下に有界な関数であることを，定理 12.5 の証明と同様にして示すことができる。

つぎに，その時間微分を式 (12.247)，(12.249)〜(12.251) に沿って計算し，K-Y-P 特性 (12.240)，(12.241) を用いると

$$
\begin{aligned}
&\dot{V}(\boldsymbol{x}, \boldsymbol{z}, \boldsymbol{\zeta}) \\
&= S_{\boldsymbol{x}}(\boldsymbol{x})\{\boldsymbol{f}(\boldsymbol{x}) + G(\boldsymbol{x})\boldsymbol{u}\} - \boldsymbol{y}^{*T}\boldsymbol{u} - (\boldsymbol{y}^* - \boldsymbol{y})^T K_D \dot{\boldsymbol{y}} \\
&\quad + \begin{bmatrix} (\boldsymbol{z} - \boldsymbol{z}^*) \\ (\boldsymbol{\zeta} - \boldsymbol{\zeta}^*) \end{bmatrix}^T \begin{bmatrix} K_I - \overline{K} & \overline{K} \\ \overline{K}^T & K_S - \overline{K} \end{bmatrix} \begin{bmatrix} \dot{\boldsymbol{z}} \\ \dot{\boldsymbol{\zeta}} \end{bmatrix} \\
&\quad - \begin{bmatrix} \boldsymbol{z}^* \\ \boldsymbol{\zeta}^* \end{bmatrix}^T \begin{bmatrix} \overline{K} & \overline{K}D \\ K_S - \overline{K} & (K_S - \overline{K})D \end{bmatrix} \begin{bmatrix} (\boldsymbol{z} - \boldsymbol{z}^*) \\ (\boldsymbol{\zeta} - \boldsymbol{\zeta}^*) \end{bmatrix} \\
&\quad +(\boldsymbol{z}^{*T} K_I + \boldsymbol{\zeta}^{*T} K_S)(\boldsymbol{y}^* - \boldsymbol{y}) \\
&\leqq \boldsymbol{y}^T\boldsymbol{u} - \boldsymbol{y}^{*T}\boldsymbol{u} - (\boldsymbol{y}^* - \boldsymbol{y})^T K_D \dot{\boldsymbol{y}} \\
&\quad + \begin{bmatrix} (\boldsymbol{z} - \boldsymbol{z}^*) \\ (\boldsymbol{\zeta} - \boldsymbol{\zeta}^*) \end{bmatrix}^T \begin{bmatrix} K_I - \overline{K} & \overline{K} \\ \overline{K}^T & K_S - \overline{K} \end{bmatrix} \begin{bmatrix} \boldsymbol{y}^* - \boldsymbol{y} \\ D\boldsymbol{\zeta} + \boldsymbol{z} + (\boldsymbol{y}^* - \boldsymbol{y}) \end{bmatrix} \\
&\quad - \begin{bmatrix} \boldsymbol{z}^* \\ \boldsymbol{\zeta}^* \end{bmatrix}^T \begin{bmatrix} \overline{K} & \overline{K}D \\ K_S - \overline{K} & (K_S - \overline{K})D \end{bmatrix} \begin{bmatrix} (\boldsymbol{z} - \boldsymbol{z}^*) \\ (\boldsymbol{\zeta} - \boldsymbol{\zeta}^*) \end{bmatrix} \\
&\quad +(\boldsymbol{z}^{*T} K_I + \boldsymbol{\zeta}^{*T} K_S)(\boldsymbol{y}^* - \boldsymbol{y}) \\
&= -(\boldsymbol{y}^* - \boldsymbol{y})^T\{K_P(\boldsymbol{y}^* - \boldsymbol{y}) + K_I\boldsymbol{z} + K_S\boldsymbol{\zeta} - K_D\dot{\boldsymbol{y}}\} - (\boldsymbol{y}^* - \boldsymbol{y})^T K_D \dot{\boldsymbol{y}}
\end{aligned}
$$

$$
+\begin{bmatrix}(\boldsymbol{z}-\boldsymbol{z}^*)\\(\boldsymbol{\zeta}-\boldsymbol{\zeta}^*)\end{bmatrix}^T\begin{bmatrix}(K_I-\overline{K})(\boldsymbol{y}^*-\boldsymbol{y})+\overline{K}D\boldsymbol{\zeta}+\overline{K}\boldsymbol{z}+\overline{K}(\boldsymbol{y}^*-\boldsymbol{y})\\\overline{K}^T(\boldsymbol{y}^*-\boldsymbol{y})+(K_S-\overline{K})D\boldsymbol{\zeta}+(K_S-\overline{K})\boldsymbol{z}+(K_S-\overline{K})(\boldsymbol{y}^*-\boldsymbol{y})\end{bmatrix}
$$

$$
-\begin{bmatrix}\boldsymbol{z}^*\\\boldsymbol{\zeta}^*\end{bmatrix}^T\begin{bmatrix}\overline{K} & \overline{K}D\\K_S-\overline{K} & (K_S-\overline{K})D\end{bmatrix}\begin{bmatrix}(\boldsymbol{z}-\boldsymbol{z}^*)\\(\boldsymbol{\zeta}-\boldsymbol{\zeta}^*)\end{bmatrix}
$$

$$
+(\boldsymbol{z}^{*T}K_I+\boldsymbol{\zeta}^{*T}K_S)(\boldsymbol{y}^*-\boldsymbol{y})
$$

$$
=-(\boldsymbol{y}^*-\boldsymbol{y})^T\{K_P(\boldsymbol{y}^*-\boldsymbol{y})+K_I\boldsymbol{z}+K_S\boldsymbol{\zeta}-K_D\dot{\boldsymbol{y}}\}-(\boldsymbol{y}^*-\boldsymbol{y})^TK_D\dot{\boldsymbol{y}}
$$

$$
+\begin{bmatrix}(\boldsymbol{z}-\boldsymbol{z}^*)\\(\boldsymbol{\zeta}-\boldsymbol{\zeta}^*)\end{bmatrix}^T\left\{\begin{bmatrix}\overline{K} & \overline{K}D\\K_S-\overline{K} & (K_S-\overline{K})D\end{bmatrix}\begin{bmatrix}\boldsymbol{z}\\\boldsymbol{\zeta}\end{bmatrix}+\begin{bmatrix}K_I(\boldsymbol{y}^*-\boldsymbol{y})\\K_S(\boldsymbol{y}^*-\boldsymbol{y})\end{bmatrix}\right\}
$$

$$
-\begin{bmatrix}\boldsymbol{z}^*\\\boldsymbol{\zeta}^*\end{bmatrix}^T\begin{bmatrix}\overline{K} & \overline{K}D\\K_S-\overline{K} & (K_S-\overline{K})D\end{bmatrix}\begin{bmatrix}(\boldsymbol{z}-\boldsymbol{z}^*)\\(\boldsymbol{\zeta}-\boldsymbol{\zeta}^*)\end{bmatrix}
$$

$$
+(\boldsymbol{z}^{*T}K_I+\boldsymbol{\zeta}^{*T}K_S)(\boldsymbol{y}^*-\boldsymbol{y})
$$

$$
=-(\boldsymbol{y}^*-\boldsymbol{y})^T\{K_P(\boldsymbol{y}^*-\boldsymbol{y})+K_I\boldsymbol{z}+K_S\boldsymbol{\zeta}-K_D\dot{\boldsymbol{y}}\}-(\boldsymbol{y}^*-\boldsymbol{y})^TK_D\dot{\boldsymbol{y}}
$$

$$
+\begin{bmatrix}(\boldsymbol{z}-\boldsymbol{z}^*)\\(\boldsymbol{\zeta}-\boldsymbol{\zeta}^*)\end{bmatrix}^T\begin{bmatrix}\overline{K} & \overline{K}D\\K_S-\overline{K} & (K_S-\overline{K})D\end{bmatrix}\begin{bmatrix}(\boldsymbol{z}-\boldsymbol{z}^*)\\(\boldsymbol{\zeta}-\boldsymbol{\zeta}^*)\end{bmatrix}
$$

$$
+\begin{bmatrix}(\boldsymbol{z}-\boldsymbol{z}^*)\\(\boldsymbol{\zeta}-\boldsymbol{\zeta}^*)\end{bmatrix}^T\begin{bmatrix}K_I(\boldsymbol{y}^*-\boldsymbol{y})\\K_S(\boldsymbol{y}^*-\boldsymbol{y})\end{bmatrix}+(\boldsymbol{z}^{*T}K_I+\boldsymbol{\zeta}^{*T}K_S)(\boldsymbol{y}^*-\boldsymbol{y})
$$

$$
=-(\boldsymbol{y}^*-\boldsymbol{y})^TK_P(\boldsymbol{y}^*-\boldsymbol{y})
$$

$$
+\begin{bmatrix}(\boldsymbol{z}-\boldsymbol{z}^*)\\(\boldsymbol{\zeta}-\boldsymbol{\zeta}^*)\end{bmatrix}^T\begin{bmatrix}\overline{K} & \overline{K}D\\K_S-\overline{K} & (K_S-\overline{K})D\end{bmatrix}\begin{bmatrix}(\boldsymbol{z}-\boldsymbol{z}^*)\\(\boldsymbol{\zeta}-\boldsymbol{\zeta}^*)\end{bmatrix} \tag{12.253}
$$

となる。ここで，$\begin{bmatrix}\overline{K} & \overline{K}D\\K_S-\overline{K} & (K_S-\overline{K})D\end{bmatrix}$ が負定対称行列になるようにする。まず，$\overline{K}<0$，$K_S-\overline{K}=(\overline{K}D)^T$ とし，また $K_S=(I+D)\overline{K}>0$ になるように $D<-I$ ととる。このとき，上の行列は $\begin{bmatrix}\overline{K} & \overline{K}D\\(\overline{K}D)^T & D\overline{K}D\end{bmatrix}$ となり，その第 (1,1) 要素と第 (2,2) 要素は $\overline{K}<0$，$D\overline{K}D<0$ であるから，この行列が負

定となるような $\overline{K}<0$ と $D<0$ を選ぶことができる。

したがって，$\dot{V}(\boldsymbol{x},\boldsymbol{z},\boldsymbol{\zeta})$ は準負定で，P·I·SPR·D 制御はリアプノフの意味で安定だが，漸近安定かどうかはわからない。そこで，LaSalle の定理を応用する。

さて，集合 $\Omega_c=\{(\boldsymbol{x},\boldsymbol{z},\boldsymbol{\zeta})\mid V(\boldsymbol{x},\boldsymbol{z},\boldsymbol{\zeta})\leqq c\}$ を定義し，Ω_c は有界で，Ω_c 内では $\dot{V}(\boldsymbol{x},\boldsymbol{z},\boldsymbol{\zeta})\leqq 0$ を仮定する（c は $\dot{V}(\boldsymbol{x},\boldsymbol{z},\boldsymbol{\zeta})\leqq 0$ となる正定数）。また，Ω_E は $\dot{V}(\boldsymbol{x},\boldsymbol{z},\boldsymbol{\zeta})=0$ を満たす Ω_c のすべての点からなる集合とすると

$$\Omega_E=\{(\boldsymbol{x},\boldsymbol{z},\boldsymbol{\zeta})\mid \dot{V}(\boldsymbol{x},\boldsymbol{z},\boldsymbol{\zeta})=0,\ (\boldsymbol{x},\boldsymbol{z},\boldsymbol{\zeta})\in\Omega_c\}$$

である。式 (12.253) より，$\dot{V}(\boldsymbol{x},\boldsymbol{z},\boldsymbol{\zeta})=0$ を満たす $(\boldsymbol{x},\boldsymbol{z},\boldsymbol{\zeta})$ は $\boldsymbol{y}=\boldsymbol{y}^*$，$\boldsymbol{z}=\boldsymbol{z}^*$，$\boldsymbol{\zeta}=\boldsymbol{\zeta}^*$ となる。しかし，そのとき式 (12.251) より $\boldsymbol{u}=K_I\boldsymbol{z}^*+K_S\boldsymbol{\zeta}^*=\boldsymbol{u}^*$ となり，システム (12.247), (12.248) の $\boldsymbol{x}^*$-状態可検出性より

$$\Omega_E=\{(\boldsymbol{x},\boldsymbol{z},\boldsymbol{\zeta})|\boldsymbol{x}=\boldsymbol{x}^*,\ \boldsymbol{z}=\boldsymbol{z}^*,\ \boldsymbol{\zeta}=\boldsymbol{\zeta}^*,\ (\boldsymbol{x},\boldsymbol{z},\boldsymbol{\zeta})\in\Omega_c\}$$

となる。したがって，Ω_E 内の $(\boldsymbol{x},\boldsymbol{z},\boldsymbol{\zeta})$ は，式 (12.247), (12.249), (12.250) より $\boldsymbol{u}=\boldsymbol{u}^*$ のときの平衡点 $(\boldsymbol{x}_e,\boldsymbol{z}_e,\boldsymbol{\zeta}_e)=(\boldsymbol{x}^*,\boldsymbol{z}^*,\boldsymbol{\zeta}^*)$ のみであることがわかる。それゆえ，Ω_E 内の最大不変集合 Ω_M は，平衡点 $(\boldsymbol{x}_e,\boldsymbol{z}_e,\boldsymbol{\zeta}_e)=(\boldsymbol{x}^*,\boldsymbol{z}^*,\boldsymbol{\zeta}^*)$ となる。このとき，LaSalle の不変性原理により，Ω_c 内ですべての軌道は Ω_M に収束する。すなわち，$(\boldsymbol{x}_e,\boldsymbol{z}_e,\boldsymbol{\zeta}_e)=(\boldsymbol{x}^*,\boldsymbol{z}^*,\boldsymbol{\zeta}^*)$ は漸近安定で，$\boldsymbol{y}$ は $\boldsymbol{y}^*$ へ収束する。 □

本節では，受動性理論と LaSalle の不変性原理に基づき，まずアフィン非線形システムのレギュレーション問題に対する P·SPR·D 制御による漸近安定化を考えた。つぎに，設定点サーボ問題に対して P·SPR·D 制御と P·I·SPR·D 制御を説明した。これらは新しい一般的な出力フィードバック制御方式であり，制御器の一部として SPR 要素を使用することは，閉ループ系の安定性と収束速度の改善に大きく寄与する。そのほかに，P·SPR·D 制御の設計においては，蓄積エネルギー関数 $S(\boldsymbol{x})$ は陽的にわかる必要はない。他方，多くの既存のリアプノフ安定定理や受動性に基づく設計法は，$S(\boldsymbol{x})$ を具体的に必要としている。また，文献 43), 40) では P·SPR·D 制御による L_2 ゲイン外乱抑制問題も研

究されている。なお，例題としてロボットマニピュレータ[37),40)]，倒立振子[36)]，エラスチックジョイントロボットアーム[39)]，TORA モデル[39)] などに対してシミュレーション実験が行われているので，興味ある読者は参照されたい。

12.7 非線形システムの P·SPR·D 制御の数値計算法

12.7.1 P·SPR·D 制御による安定化制御

制御対象が受動性の仮定を満たさない場合，閉ループ系を漸近安定化する PID 制御器や P·SPR·D 制御器のパラメータ行列を求めることは非常に難しい。ここでは，個別のシステムに対してリアプノフの安定定理に基づき数値計算する一般的な方法の概略を説明する。P·SPR·D 制御に対して述べるが，PID 制御の場合でも同様である。

説明の簡単化のため，レギュレータ問題について考える。制御対象として，非線形システム

$$\dot{\boldsymbol{x}}(t) = \boldsymbol{f}(\boldsymbol{x}(t), \boldsymbol{u}(t)) \tag{12.254}$$

$$\boldsymbol{y}(t) = \boldsymbol{h}(\boldsymbol{x}(t)) \tag{12.255}$$

を考えよう。ただし $\boldsymbol{x} \in R^n$，$\boldsymbol{u} \in R^r$，$\boldsymbol{y} \in R^m$ はそれぞれ状態ベクトル，制御入力，制御出力である。システム (12.254), (12.255) は可安定と仮定する。また，一般性を失うことなく，平衡状態は $(\boldsymbol{x}_e, \boldsymbol{u}_e) = (\boldsymbol{0}, \boldsymbol{0})$ で $\boldsymbol{y}_e = \boldsymbol{0}$ と仮定する。そして，P·SPR·D 制御

$$\dot{\boldsymbol{\zeta}}(t) = D\boldsymbol{\zeta}(t) - \boldsymbol{y}(t), \quad \boldsymbol{\zeta}(0) = \boldsymbol{0}, \quad D < 0 \tag{12.256}$$

$$\boldsymbol{u}(t) = -K_P\boldsymbol{y}(t) + K_S\boldsymbol{\zeta}(t) - K_D\dot{\boldsymbol{y}}(t) \tag{12.257}$$

を考える。ここで D は負定対角行列とする。

それでは，閉ループ系 (12.254)〜(12.257) が漸近安定になるように，パラメータ行列 $K_P, K_S, K_D \in R^{r \times m}$ を決定する問題を定式化しよう。そのために，リアプノフ安定定理を応用する。

式 (12.255) を微分して式 (12.254) を代入すると

$$\dot{\boldsymbol{y}} = \boldsymbol{h}_{\boldsymbol{x}}(\boldsymbol{x})\dot{\boldsymbol{x}} = \boldsymbol{h}_{\boldsymbol{x}}(\boldsymbol{x})\boldsymbol{f}(\boldsymbol{x},\boldsymbol{u}) \tag{12.258}$$

となる。式 (12.258) を式 (12.257) に代入すると

$$\boldsymbol{u}(t) = -K_P\boldsymbol{y}(t) + K_S\boldsymbol{\zeta}(t) - K_D\boldsymbol{h}_{\boldsymbol{x}}(\boldsymbol{x}(t))\boldsymbol{f}(\boldsymbol{x}(t),\boldsymbol{u}(t)) \tag{12.259}$$

となるので，この式を $\boldsymbol{u}$ について解いて

$$\boldsymbol{u}(t) = \boldsymbol{\alpha}(\boldsymbol{x}(t),\boldsymbol{\zeta}(t);K) \tag{12.260}$$

と求められたとする。ただし，$K \triangleq \{K_P, K_S, K_D\}$ とおいた。

式 (12.260) を式 (12.254) に代入し，式 (12.256) をあわせて考えれば，次式を得る。

$$\begin{cases} \dot{\boldsymbol{x}}(t) = \boldsymbol{f}(\boldsymbol{x}(t),\boldsymbol{\alpha}(\boldsymbol{x}(t),\boldsymbol{\zeta}(t);K)) \\ \dot{\boldsymbol{\zeta}}(t) = D\boldsymbol{\zeta}(t) - \boldsymbol{h}(\boldsymbol{x}(t)), \quad \boldsymbol{\zeta}(0) = \boldsymbol{0}, \quad D < 0 \end{cases} \tag{12.261}$$

一般の非線形システムの場合に，このような関数 $\boldsymbol{\alpha}(\boldsymbol{x},\boldsymbol{\zeta};K)$ を求めることは非常に困難であるが，特殊なスカラ系やアフィン非線形システムのときは可能である。例えばアフィン非線形システム

$$\dot{\boldsymbol{x}}(t) = \boldsymbol{f}(\boldsymbol{x}(t)) + G(\boldsymbol{x}(t))\boldsymbol{u}(t) \tag{12.262}$$

$$\boldsymbol{y}(t) = \boldsymbol{h}(\boldsymbol{x}(t)) \tag{12.263}$$

を考え，式 (12.257) に式 (12.263), (12.262) を代入すると

$$\boldsymbol{u} = -K_P\boldsymbol{h}(\boldsymbol{x}) + K_S\boldsymbol{\zeta} - K_D\boldsymbol{h}_{\boldsymbol{x}}(\boldsymbol{x})\big(\boldsymbol{f}(\boldsymbol{x}) + G(\boldsymbol{x})\boldsymbol{u}\big) \tag{12.264}$$

となる。ここで，$\mathrm{rank}\,(I_r + K_D\boldsymbol{h}_{\boldsymbol{x}}(\boldsymbol{x})G(\boldsymbol{x})) = r$ を満たすならば逆行列が存在し，$\boldsymbol{u}$ はつぎのように求まる。

$$\boldsymbol{u} = (I + K_D\boldsymbol{h}_{\boldsymbol{x}}(\boldsymbol{x})G(\boldsymbol{x}))^{-1}\{-K_P\boldsymbol{h}(\boldsymbol{x}) + K_S\boldsymbol{\zeta} - K_D\boldsymbol{h}_{\boldsymbol{x}}(\boldsymbol{x})\boldsymbol{f}(\boldsymbol{x})\} \tag{12.265}$$

記述簡単化のため，式 (12.265) の右辺をつぎのようにおく。

$$\boldsymbol{u}(t) = \boldsymbol{\alpha}(\boldsymbol{x}(t), \boldsymbol{\zeta}(t); K) \tag{12.266}$$

式 (12.266) を式 (12.262) に代入し，SPR 要素をあわせて考えれば，次式を得る。

$$\begin{cases} \dot{\boldsymbol{x}}(t) = \boldsymbol{f}(\boldsymbol{x}(t)) + G(\boldsymbol{x}(t))\boldsymbol{\alpha}(\boldsymbol{x}(t), \boldsymbol{\zeta}(t); K) \\ \dot{\boldsymbol{\zeta}}(t) = D\boldsymbol{\zeta}(t) - \boldsymbol{h}(\boldsymbol{x}(t)), \quad \boldsymbol{\zeta}(0) = \boldsymbol{0}, \quad D < 0 \end{cases} \tag{12.267}$$

【注意 12.10】 微分動作のない P·SPR 制御，PI 制御，P·SPR+I 制御の場合には，関数 $\boldsymbol{\alpha}$ を計算する必要がなく，計算はずっと簡単になる。

さて，拡大システム (12.261) または式 (12.267) に対してリアプノフの安定定理（定理 3.2 を参照）を適用することを考える。正定なリアプノフ関数候補をつぎのように仮定する。

$$\begin{aligned} V(\boldsymbol{x}, \boldsymbol{\zeta}; K) &= \frac{1}{2}\begin{bmatrix} \boldsymbol{x} \\ \boldsymbol{\zeta} \end{bmatrix}^T Q \begin{bmatrix} \boldsymbol{x} \\ \boldsymbol{\zeta} \end{bmatrix} + \frac{1}{2}\boldsymbol{u}^T R \boldsymbol{u} \\ &= \frac{1}{2}\boldsymbol{x}^T Q_1 \boldsymbol{x} + \frac{1}{2}\boldsymbol{\zeta}^T Q_2 \boldsymbol{\zeta} + \frac{1}{2}\boldsymbol{\alpha}(\boldsymbol{x}, \boldsymbol{\zeta}; K)^T R \boldsymbol{\alpha}(\boldsymbol{x}, \boldsymbol{\zeta}; K) \end{aligned} \tag{12.268}$$

ここで，$Q_1 \in R^{n\times n}$，$Q_2 \in R^{m\times m}$，$R \in R^{r\times r}$ は正定行列である。

式 (12.261)（あるいは式 (12.267)）に沿って時間微分 $\dot{V}(\boldsymbol{x}, \boldsymbol{\zeta}; K)$ を計算すると

$$\begin{aligned} \dot{V}(\boldsymbol{x}, \boldsymbol{\zeta}; K) &= \boldsymbol{x}^T Q_1 \dot{\boldsymbol{x}} + \boldsymbol{\zeta}^T Q_2 \dot{\boldsymbol{\zeta}} + \boldsymbol{\alpha}(\boldsymbol{x}, \boldsymbol{\zeta}; K)^T R \dot{\boldsymbol{\alpha}}(\boldsymbol{x}, \boldsymbol{\zeta}; K) \\ &= \boldsymbol{x}^T Q_1 \boldsymbol{f}(\boldsymbol{x}, \boldsymbol{\alpha}(\boldsymbol{x}, \boldsymbol{\zeta}; K)) + \boldsymbol{\zeta}^T Q_2 (D\boldsymbol{\zeta} - \boldsymbol{h}(\boldsymbol{x})) \\ &\quad + \boldsymbol{\alpha}(\boldsymbol{x}, \boldsymbol{\zeta}; K)^T R \dot{\boldsymbol{\alpha}}(\boldsymbol{x}, \boldsymbol{\zeta}; K) \end{aligned} \tag{12.269}$$

となる。ここで，$\dot{\boldsymbol{\alpha}}(\boldsymbol{x}, \boldsymbol{\zeta}; K)$ はつぎのように計算できる。

$$\dot{\boldsymbol{\alpha}}(\boldsymbol{x}, \boldsymbol{\zeta}; K) = \boldsymbol{\alpha}_{\boldsymbol{x}}(\boldsymbol{x}, \boldsymbol{\zeta}; K)\dot{\boldsymbol{x}} + \boldsymbol{\alpha}_{\boldsymbol{\zeta}}(\boldsymbol{x}, \boldsymbol{\zeta}, ; K)\dot{\boldsymbol{\zeta}}$$

$$
\begin{aligned}
&= \boldsymbol{\alpha}_{\boldsymbol{x}}(\boldsymbol{x},\boldsymbol{\zeta};K)\boldsymbol{f}(\boldsymbol{x},\boldsymbol{\alpha}(\boldsymbol{x},\boldsymbol{\zeta};K)) + \boldsymbol{\alpha}_{\boldsymbol{\zeta}}(\boldsymbol{x},\boldsymbol{\zeta};K)(D\boldsymbol{\zeta} - \boldsymbol{h}(\boldsymbol{x}))\\
&\triangleq \boldsymbol{\beta}(\boldsymbol{x},\boldsymbol{\zeta};K) \qquad (12.270)
\end{aligned}
$$

式 (12.270) を式 (12.269) に代入すると，次式を得る。

$$
\begin{aligned}
\dot{V}(\boldsymbol{x},\boldsymbol{\zeta};K) = {} & \boldsymbol{x}^T Q_1 \boldsymbol{f}(\boldsymbol{x},\boldsymbol{\alpha}(\boldsymbol{x},\boldsymbol{\zeta};K)) + \boldsymbol{\zeta}^T Q_2 (D\boldsymbol{\zeta} - \boldsymbol{h}(\boldsymbol{x}))\\
& + \boldsymbol{\alpha}(\boldsymbol{x},\boldsymbol{\zeta};K)^T R \boldsymbol{\beta}(\boldsymbol{x},\boldsymbol{\zeta};K) \qquad (12.271)
\end{aligned}
$$

このとき，次式を満たせば，リアプノフ安定定理より拡大システム (12.261) は漸近安定である。

$$
\dot{V}(\boldsymbol{x},\boldsymbol{\zeta};K) \leqq -\rho(\boldsymbol{x},\boldsymbol{\zeta}) \qquad (12.272)
$$

ただし，$\rho(\boldsymbol{x},\boldsymbol{\zeta})$ は正定値関数である。

12.7.2 制御器パラメータ行列の決定

ここでは，安定化制御を実現するための制御器パラメータ行列の計算方法を述べる。式 (12.272) の右辺を左辺に移項し，関数 F とおくと，式 (12.272) はつぎのように書き直せる。

$$
F(\boldsymbol{x},\boldsymbol{\zeta};K) \leqq 0 \qquad (12.273)
$$

ただし

$$
\begin{aligned}
F(\boldsymbol{x},\boldsymbol{\zeta};K) \triangleq {} & \boldsymbol{x}^T Q_1 \boldsymbol{f}(\boldsymbol{x},\boldsymbol{\alpha}(\boldsymbol{x},\boldsymbol{\zeta};K)) + \boldsymbol{\zeta}^T Q_2 (D\boldsymbol{\zeta} - \boldsymbol{h}(\boldsymbol{x}))\\
& + \boldsymbol{\alpha}(\boldsymbol{x},\boldsymbol{\zeta};K)^T R \boldsymbol{\beta}(\boldsymbol{x},\boldsymbol{\zeta};K) + \rho(\boldsymbol{x},\boldsymbol{\zeta}) \qquad (12.274)
\end{aligned}
$$

である。

条件式 (12.273) の意図するところは，拡大システム (12.267) の解軌道 $(\boldsymbol{x},\boldsymbol{\zeta})$ に沿って，関数 F を負にするようなパラメータ行列 $K \triangleq \{K_P, K_S, K_D\}$ を求めることである。しかし，リアプノフの安定定理は，平衡状態の近傍領域において成立し，一般的には局所的漸近安定の条件式である。

そこで $\boldsymbol{x}, \boldsymbol{\zeta}$ の平衡状態（原点）の近傍領域を $\Omega_{\boldsymbol{x}} \times \Omega_{\boldsymbol{\zeta}}$ とし，つぎのような条件式を考える。

$$F(\boldsymbol{x}, \boldsymbol{\zeta}; K) \leqq 0, \quad \forall(\boldsymbol{x}, \boldsymbol{\zeta}) \in \Omega_{\boldsymbol{x}} \times \Omega_{\boldsymbol{\zeta}} \tag{12.275}$$

このような $\Omega_{\boldsymbol{x}} \times \Omega_{\boldsymbol{\zeta}}$ を漸近安定領域と呼ぶ。式 (12.275) は $\Omega_{\boldsymbol{x}} \times \Omega_{\boldsymbol{\zeta}}$ 内のすべての点 $(\boldsymbol{x}, \boldsymbol{\zeta})$ で不等式 (12.275) を満たす K を求める問題として考えよう。

しかし，一般に不等式 (12.275) を解くことは容易でない。そこで，数値解法により解くことを考える。条件式 (12.275) をつぎのような min-max 問題と考える。

$$\min_{K_P, K_S, K_D} \max_{(\boldsymbol{x}, \boldsymbol{\zeta}) \in \Omega_{\boldsymbol{x}} \times \Omega_{\boldsymbol{\zeta}}} F(\boldsymbol{x}, \boldsymbol{\zeta}; K) \leqq 0 \tag{12.276}$$

このような min-max 問題を考えた理由は，F の $(\boldsymbol{x}, \boldsymbol{\zeta})$ に関する最大値 $\max F$ を最小化し，それが 0 以下になれば，$\Omega_{\boldsymbol{x}} \times \Omega_{\boldsymbol{\zeta}}$ 内すべての点で F は 0 以下となり，条件式 (12.275) を満たす K_P, K_S, K_D が求められるからである。

問題 (12.276) を解くために，関数 F の最大値関数をつぎのようにおく。

$$J(K) \triangleq \max_{(\boldsymbol{x}, \boldsymbol{\zeta}) \in \Omega_{\boldsymbol{x}} \times \Omega_{\boldsymbol{\zeta}}} F(\boldsymbol{x}, \boldsymbol{\zeta}; K) \tag{12.277}$$

問題 (12.276) は最大値関数 $J(K)$ をパラメータ K_P, K_S, K_D に関して最適化する問題として考えられる。そのためには，最大値関数 $J(K)$ の K_P, K_S, K_D に関する勾配が必要となるが，ここで $J(K)$ は最大値関数なので，一般的に微分不可能関数となる。微分不可能関数は，微分不可能点において一般勾配が存在するが，そのすべての要素が増加方向に向いているとは限らない。それゆえ，$J(K)$ の最適化には微分不可能最適化手法[27),32)] を用いる必要がある。ここでは，バンドル法の一種である Mifflin のアルゴリズム[21),27)] を用いて，min-max 問題 (12.276) を解くことを考える。

Mifflin のアルゴリズムにおいて必要となる最大値関数 $J(K)$ の一般勾配の一つの要素は，以下のように計算する。まず，$F(\boldsymbol{x}, \boldsymbol{\zeta}; K)$ の $(\boldsymbol{x}, \boldsymbol{\zeta})$ についての最大化問題 (12.276) はつぎのようにして解く。$(\boldsymbol{x}, \boldsymbol{\zeta})$ の漸近安定領域 $\Omega_{\boldsymbol{x}} \times \Omega_{\boldsymbol{\zeta}}$ を離散化し，その離散点集合

$$\Delta \triangleq \{(\boldsymbol{x}^p, \boldsymbol{\zeta}^p) | (\boldsymbol{x}^p, \boldsymbol{\zeta}^p) \in \Omega_{\boldsymbol{x}} \times \Omega_{\boldsymbol{\zeta}},\ p = 1, 2, \cdots, P\} \tag{12.278}$$

を構成する。ただし $(\boldsymbol{x}^p, \boldsymbol{\zeta}^p)$ は p 番目の点という意味である。そして，式 (12.277) を次式で考える。

$$J(K) \triangleq \max_p \{F(\boldsymbol{x}^p, \boldsymbol{\zeta}^p; K) |\ p = 1, 2, \cdots, P\} \tag{12.279}$$

このように，K を固定したもとで，すべての離散点で $F(\boldsymbol{x}^p, \boldsymbol{\zeta}^p; K)$ を全点比較して，最大解 $(\boldsymbol{x}^*, \boldsymbol{\zeta}^*)$ を求める。

つぎに，一般勾配の一つの要素を計算する。最大値関数の性質より，$J(K)$ に関してつぎの定理が成り立つ[27), 32)]。

【定理 12.8】

(i)　$J(K)$ は局所リプシッツ連続である。

(ii)　$J(K)$ の一般勾配（集合）$\partial^\circ J(K)$ は，次式のように与えられる。ただし，co は凸包を表す。

$$\partial^\circ_{K_P} J(K) = \mathrm{co} \nabla_{K_P} F(\Phi(K); K) \tag{12.280a}$$

$$\partial^\circ_{K_S} J(K) = \mathrm{co} \nabla_{K_S} F(\Phi(K); K) \tag{12.280b}$$

$$\partial^\circ_{K_D} J(K) = \mathrm{co} \nabla_{K_D} F(\Phi(K); K) \tag{12.280c}$$

ここで，$\Phi(K)$ はつぎのような最大解集合である。

$$\Phi(K) \triangleq \{\ (\boldsymbol{x}^*, \boldsymbol{\zeta}^*)\ | F(\boldsymbol{x}^*, \boldsymbol{\zeta}^*; K) = J(K)\} \tag{12.281}$$

（証明）　省略　□

$J(K)$ の一般勾配は式 (12.280a)～(12.280c) で与えられる。したがって，最大値関数 (12.277) つまり式 (12.279) を求め，一般勾配の少なくとも一つの要素

$$\nabla_{K_P} F(\boldsymbol{x}^*, \boldsymbol{\zeta}^*; K) \in \partial^\circ_{K_P} J(K),\ \ (\boldsymbol{x}^*, \boldsymbol{\zeta}^*) \in \Phi(K) \tag{12.282a}$$

$$\nabla_{K_S} F(\boldsymbol{x}^*, \boldsymbol{\zeta}^*; K) \in \partial^\circ_{K_S} J(K),\ \ (\boldsymbol{x}^*, \boldsymbol{\zeta}^*) \in \Phi(K) \tag{12.282b}$$

$$\nabla_{K_D} F(\boldsymbol{x}^*, \boldsymbol{\zeta}^*; K) \in \partial^\circ_{K_D} J(K),\ \ (\boldsymbol{x}^*, \boldsymbol{\zeta}^*) \in \Phi(K) \tag{12.282c}$$

を得ることができる。ここで $(\boldsymbol{x}^*, \boldsymbol{\zeta}^*)$ はある一つの最大解である。

以上の準備のもとで Mifflin のアルゴリズムを適用して min-max 問題 (12.276) を解く。Mifflin のアルゴリズムは一種のバンドル法であり，一般勾配の集合の近似集合 Z を生成し，探索方向 $\boldsymbol{s} \in -N_r(\mathrm{co}\ Z)$ を計算する部分と工夫された直線探索の部分から構成された微分不可能最適化問題に対する最急降下法である。ただし，$N_r Z$ は閉凸集合 Z の要素で，ノルムが最小のものを表す。

Mifflin のアルゴリズムによる降下法は，反復計算として実行できる。$J(K) = 0$ になるまでイテレーションを行えば，一つの安定な P·SPR·D 制御器を得ることができる。本節で述べた計算方法は，PID 制御でも同様にして応用できる。リアプノフ安定定理を満足するように min-max 問題 (12.276) を Mifflin のアルゴリズムを用いて解く手法は，著者らが提案した文献 28) の方法と同じである。

引用・参考文献

1） 有本：ロボットの力学と制御, 朝倉書店 (1990)

2） K. Aström and T. Hägglund: PID Controllers: Theory, Design and Tuning, 2nd ed., ISA (1995)

3） K. J. Åström, K. H. Johansson and Q. G. Wang: Design of Decoupled PID Controllers for MIMO Systems, Proc. of the American Control Conference, pp. 2015–2020, Arlington, Virginia (2001)

4） B. Brogliato, R. Lozano, B. Maschke and O. Egeland: Dissipative systems Analysis and Control — Theory and Applications, Springer-Verlag (2007)

5） S. Boyd, L. EI Ghaouli, E. Feron and V. Balakrishnan: Linear Matrix Inequalities in System and Control Theory, SIAM (1994)

6） 蝦原：LMI によるシステム制御, 森北出版 (2012)

7） 疋田, 小山, 三浦：極配置問題におけるフィードバックゲインの自由度と低ゲインの導出, 計測自動制御学会論文集, Vol. 11, pp. 556–560 (1975)

8） W. K. Ho and Wen Xu: Multivariable PID Controller Design Based on the Direct Nyquist Array Method, Proc. American Control Conference, Philadelphia, pp. 3524–3528 (1998)

9） M. Ishizuka, H. Nukumi and K. Shimizu: A Derivation of Gradients for PID

Controller Optimization of Nonlinear Systems, Proc. of European Control Conference (ECC'95), Vol. 3, Part 2, pp. 2469–2475, Rome (1995)
10) 岩崎：LMI と制御, 昭晃堂 (1994)
11) M. A. Johnson and M. H. Moradi: PID Control: New Identification and Design Methods, Springer-Verlag (2005)
12) 北森：制御対象の部分的知識に基づく制御系の設計法, 計測自動制御学会論文集, Vol. 15, No. 4 (1979)
13) 児玉, 須田：システム制御のためのマトリクス理論, 計測自動制御学会 (1978)
14) H. Kimura: Pole Assignment by Gain Output Feedback, IEEE Trans. Autom. Contr., Vol. AC-20, pp. 509–516 (1975)
15) 木村：線形代数 —— 数理科学の基礎, 東京大学出版会 (2003)
16) H. Kaufman, I. Bar-Kana and K. Sobel: Direct Adaptive Control Algorithms — Theory and Applications, Springer-verlag (1994)
17) H. K. Kahlil: Nonlinear Systems, 3rd ed., Prentice Hall (2002)
18) N. N. Krasovski: Stability of Motion, Stanford Univ. Press (1963)
19) C. Lin, Q-G. Wang and T. H. Lee: An Improvement on Multivariable PID Controller Design via Iterative LMI Approach, Automatica, Vol. 40, pp. 519–525 (2004)
20) R. Logano, B. Brogliato, O. Egeland and B. Maschke: Dissipative Systems Analysis and Control — Theory and Applications, Springer-Verlag (2000)
21) R. Mifflin: An Algorithm for Constrained Optimization with Semismooth Functions, Math. of Operations Research, Vol. 2, pp. 191–207 (1977)
22) G. J. Nazaroff: Stability and Stabilization of Linear Differential Delay Systems, IEEE Trans. Autom. Contr., Vol. 18, No. 6 (1973)
23) J. E. Normey-Rico and E. F. Camacho: Control of Dead-time Processes, Springer (2007)
24) 大塚, 志水：直接勾配降下制御による非線形システムの安定化制御, 計測自動制御学会論文集, Vol. 37, No. 7 (2001)
25) 佐伯：現代制御理論と PID 制御のかかわり合い, 計測と制御, Vol. 37, No. 8 (1998)
26) 重松, 飯野, 神田：2 自由度 PID コントローラのオートチューニング法, 計測と制御, Vol. 27, No. 4 (1998)
27) K. Shimizu, Y. Ishizuka and J. F. Bard: Nondifferentiable and Two-Level Mathematical Programming, Kluwer Academic Publishers (1997)

28) 志水, 伊藤：リアプノフ直接法による非線形システムのニューラル安定化制御器の設計, 計測自動制御学会論文集, Vol. 35, No. 5 (1999)
29) 志水, 傳田：直接勾配降下制御法による PID 制御則の導出と調整, 計測自動制御学会論文集, Vol. 36, No. 6 (2000)
30) 志水, 山口, 本城：PID 制御器の擬似極配置によるパラメータ調整法, 第 1 回制御部門大会, pp. 567–572 (2001)
31) 志水, 本城, 山口：擬似極配置法による PID コントローラ調整法, 計測自動制御学会論文集, Vol. 38, No. 8 (2002)
32) 志水, 相吉：数理計画法, 昭晃堂 (1984)
33) 志水：高ゲイン出力フィードバック定理の一般化と証明, 計測自動制御学会論文集, Vol. 40, No. 2 (2004)
34) 志水, 田村：多変数系の拡張 PID 制御 —— 最小位相性と高ゲインフィードバックに基づく安定化, 計測自動制御学会論文集, Vol. 41, No. 9 (2005)
35) K. Shimizu and K. Tamura: P·quasi-I·D Control for MIMO Systems — Stabilization Based on High Gain Output Feedback, Proc. of 2008 American Control Conference, pp. 4739–4745, Seattle (2008)
36) 志水：アフィン非線形システムの P·SPR·D 制御とその倒立振子への応用 —— 受動性に基づく安定化理論, 計測自動制御学会論文集, Vol. 44, No. 7 (2008)
37) K. Shimizu: P·SPR·D Control for Affine Nonlinear System and Robot Manipulators — Stability Analysis Based on K-Y-P Property and LaSalle's Invariance Principle, Proceedings of 47th IEEE Conference on Decision and Control, pp. 4326–4331, Cancun (2008)
38) K. Shimizu: P·SPR·D and P·SPR·D·I Control for Linear Multi-Variable Systems — Stabilization Based on High Gain Output Feedback, Proc. of 2009 American Control Conference, pp. 4666–4672, St. Louis (2009)
39) K. Shimizu: P·SPR·D Control and P·I·SPR·D Control for Affine Nonlinear Systems — Stabilization Theory Based on Passivity, Proc. of 2009 American Control Conference, pp. 4666–4672, St. Louis (2009)
40) K. Shimizu: P·SPR·D and P·SPR·D+I Control of Robot Manipulators and Redundant Manipulators, in A. Lazinica and H. Kawai, eds.: Robot Manipulators New Achievement, Chapter 33, IN-TECH (2010)
41) 志水, 田村：対称アフィンシステムの設定点サーボ問題 —— PI 制御による実用安定化, システム制御情報学会論文誌, Vol. 21, No. 8 (2008)
42) K. Shimizu and K. Tamura: Set-point Servo Problem for Symmetric Affine

System — Practical Stabilization by PI Control, Proc. of the 17th IFAC World Congress, pp. 11232–11237, Seoul (2008)

43) K. Shimizu: L_2-Gain Disturbance Attenuation by P·SPR·D and P·SPR·D + I Control, Proc. of the 18th IFAC World Congress, WeA26.16, pp. 7503–7510, Milano (2011)

44) K. Shimizu: P·SPR·D Control Design via LMI for Linear MIMO Systems and its Extension to Adaptive Control, Proc. of European Control Conference 2013, Zurich (2013)

45) 須田：PID 制御, 朝倉書店 (1992)

46) 須田, 桑田：PID 制御の最近の話題, 計測と制御, Vol. 36, No. 4, pp. 245–253 (1997)

47) 田口, 土居, 荒木：2 自由度 PID 制御系の最適パラメータ, 計測自動制御学会論文集, Vol. 23, No. 9 (1987)

48) 田村, 志水：PID 制御による多変数系の固有値配置法, システム制御情報学会論文誌, Vol. 19, No. 5 (2006)

49) 田村, 志水：多変数線形システムの PID 制御による安定化 —— 相対次数が 2 以下の場合, システム制御情報学会論文誌, Vol. 20, No. 11 (2007)

50) 田村, 志水：多入力多出力システムの一制御方式（P+quasi-I+D 制御）—— 高ゲイン出力フィードバックに基づく安定化, 計測自動制御学会論文集, Vol. 44, No. 5 (2008)

51) Q-G Wang, Z. Ye, W-J. Cai and C-C. Hang: PID Control for Multivariable Processes, Lecture Notes in Control and Information Sciences, 373, Springer-Verlag (2008)

52) 渡部：むだ時間システムの制御, 計測自動制御学会 (1993)

53) 山口, 志水：PID 制御による漸近安定化制御 —— 最小位相性と高ゲインフィードバックに基づく安定性解析, 電気学会論文誌 C, Vol. 125, No. 5 (2005)

54) J. G. Ziegler and N. B. Nichols: Optimum Settings for Automatic Controllers, Trans. ASME, Vol. 64, pp. 759–768 (1942)

55) F. Zheng, Q-G. Wang and T. H. Lee: On the Design of Multivariable PID Controllers via LMI Approach, Automatica, Vol. 38, pp. 517–526 (2002)

付　　　　録

A.1　代数リカッチ方程式について[14)]

A.1.1　補部分空間と不変部分空間

X の部分空間 S, S' に対し，X の任意の元が $x + x'$（$x \in S$, $x' \in S'$）の形に一意に表されるとき，X を S と S' の直和というが，このことは，X が S, S' で生成され，かつ $S \cap S' = \{0\}$ であることと同等である。このとき S' を S の**補部分空間**（complementary subspace）という。

F は R または C 体を表すとする。部分空間 $S \subset F^n$ の直交補部分空間を

$$S^{\perp} := \{ \, \boldsymbol{y} \in F^n \mid \boldsymbol{y}^* \boldsymbol{x} = \boldsymbol{0}, \ \forall \boldsymbol{x} \in S \, \}$$

で定義する。ここで $*$ は複素共役転置（$\boldsymbol{x}^* = \overline{\boldsymbol{x}}^T$）を表す。

線形変換 A の**核**（kernel）あるいは**零空間**（null space）は

$$\mathrm{Ker}\,(A) = N\,(A) := \{ \, \boldsymbol{x} \in F^n \mid A\boldsymbol{x} = \boldsymbol{0} \, \}$$

で定義する。A の**像**（image）あるいは**値域**（range）は

$$\mathrm{Im}(A) = R(A) := \{ \, \boldsymbol{y} \in F^n \mid \boldsymbol{y} = A\boldsymbol{x}, \ \boldsymbol{x} \in F^n \, \}$$

で定義する。一般に $m \times n$ 行列 U，$n \times n$ 行列 Λ が

$$\mathcal{H}U = U\Lambda$$

を満たすとき，U の列を基底とする部分空間

$$\mathcal{V} = \mathrm{Im}(U) = \{ \, \boldsymbol{y} \in R^m \mid \boldsymbol{y} = U\boldsymbol{x}, \ \boldsymbol{x} \in R^n \, \}$$

は $\mathcal{H}$-不変という。

$$\mathcal{V} = \mathrm{Im} \begin{bmatrix} X_1 \\ X_2 \end{bmatrix}$$

として，$\mathcal{V}$ が $\mathcal{H}$ の n 次元の**不変部分空間**（つまり $\mathcal{H}\mathcal{V} \subset \mathcal{V}$）すなわち $\mathcal{V}$ が $\mathcal{H}$-不変とする。つまり，それは

$$\mathcal{H}\begin{bmatrix} X_1 \\ X_2 \end{bmatrix} = \begin{bmatrix} X_1 \\ X_2 \end{bmatrix}\Lambda$$

なる $\Lambda \in C^{n\times n}$ が存在することである。

A.1.2　代数リカッチ方程式の解の計算方法

ここでは，リカッチ方程式の解の性質や解自体を求める方法について述べる。A, Q, R を $n \times n$ の実行列とし，Q と R を対称行列とする。このとき，つぎの行列方程式は**代数リカッチ方程式**（algebraic Riccati equation），あるいは単に ARE と呼ばれる。

$$A^T P + PA - PRP + Q = O \tag{A.1}$$

代数リカッチ方程式は $2n \times 2n$ の行列

$$\mathcal{H} := \begin{bmatrix} A & -R \\ -Q & -A^T \end{bmatrix} \tag{A.2}$$

に深く関係している。この形式の行列は**ハミルトン行列**（$\mathcal{H}$amiltonian matrix）と呼ばれ，式 (A.1) の解を求めるのに使われる。ここではまず，$\mathcal{H}$ の性質を調べる。そのために

$$J := \begin{bmatrix} O & I \\ I & O \end{bmatrix} \in R^{2n\times 2n}$$

とおくと，Q, R の対称性から

$$J^{-1}\mathcal{H}J = -J\mathcal{H}J = -\mathcal{H}^T$$

が成り立ち，$\mathcal{H}$ は $-\mathcal{H}^T$ に相似である。ゆえに，固有値の集合 $\sigma(\mathcal{H})$ と $\sigma(-\mathcal{H}^T)$ は等しいので，λ が $\mathcal{H}$ の固有値であれば，$-\lambda$ も $\mathcal{H}$ の固有値となる。よって，$\sigma(\mathcal{H})$ は実軸のみならず，虚軸に対しても対称に分布している。

明らかに，代数リカッチ方程式は非線形であるため，その解は一つだけではない。$\mathcal{H}$ の不変部分空間の基底を利用して代数リカッチ方程式 (A.1) の解を構築する方法を考える。ただし，$\sigma(\mathcal{H}|_{\mathcal{V}})$ は部分空間 $\mathcal{V}$ に限定されたときの，写像 $\mathcal{H}$ の固有値集合を表すとする。つまり

$$\{\lambda | \mathcal{H}\boldsymbol{u} = \lambda \boldsymbol{u},\ \boldsymbol{0} \neq \boldsymbol{u} \in \mathcal{V}\}$$

である。すなわち，任意の固有値 $\lambda \in \sigma(\mathcal{H}|_{\mathcal{V}})$ に対応する固有ベクトル $\boldsymbol{u}$ は $\mathcal{V}$ に属する。つぎの定理が成り立つ[10),14)]。

【定理 A.1】 $\mathcal{V} \subset C^{2n}$ は $\mathcal{H}$ の n 次元の不変部分空間とし，$X_1, X_2 \in C^{n\times n}$ は次式を満たす複素行列とする。

$$\mathcal{V} = \mathrm{Im}\begin{bmatrix} X_1 \\ X_2 \end{bmatrix}$$

もし，X_1 が正則であれば，$P := X_2 X_1^{-1}$ は代数リカッチ方程式 (A.1) の解となり，$\sigma(A-RP) = \sigma(\mathcal{H}|_\nu)$ が成り立つ。さらに，解 P は $\mathcal{V}$ の基底の選択に依存しない（これから P の唯一性は明らか）。

逆に，もし $P \in C^{n\times n}$ が代数リカッチ方程式 (A.1) の解であれば，行列 $X_1, X_2 \in C^{n\times n}$ が存在し，X_1 は正則で $P = X_2 X_1^{-1}$ となる。さらに

$$\mathcal{V} = \mathrm{Im}\begin{bmatrix} X_1 \\ X_2 \end{bmatrix}$$

が $\mathcal{H}$ の n 次元の不変部分空間を形成し，かつ $\sigma(A-RP) = \sigma(\mathcal{H}|_\nu)$ が成り立つ。

（証明） ［十分性］ $\mathcal{V}$ は $\mathcal{H}$ の不変部分空間なので

$$\begin{bmatrix} A & -R \\ -Q & -A^T \end{bmatrix}\begin{bmatrix} X_1 \\ X_2 \end{bmatrix} = \begin{bmatrix} X_1 \\ X_2 \end{bmatrix}\Lambda$$

を満たす $\Lambda \in C^{n\times n}$ が存在する。この式に右から X_1^{-1} をかけ，$P = X_2 X_1^{-1}$ を用いると

$$\begin{bmatrix} A & -R \\ -Q & -A^T \end{bmatrix}\begin{bmatrix} I \\ P \end{bmatrix} = \begin{bmatrix} I \\ P \end{bmatrix} X_1 \Lambda X_1^{-1} \tag{A.3}$$

となる。ここで，式 (A.3) に左から $\begin{bmatrix} -P & I \end{bmatrix}$ をかけると

$$\begin{aligned} O &= \begin{bmatrix} -P & I \end{bmatrix}\begin{bmatrix} A & -R \\ -Q & -A^T \end{bmatrix}\begin{bmatrix} I \\ P \end{bmatrix} \\ &= -PA - A^T P + PRP - Q \end{aligned}$$

を得る。それゆえ，P は代数リカッチ方程式 (A.1) の解となる。また，式 (A.3) の上半分は

$$A - RP = X_1 \Lambda X_1^{-1}$$

であるから，$\sigma(A-RP) = \sigma(X_1 \Lambda X_1^{-1}) = \sigma(\Lambda)$ である。定義より Λ は写像 $\mathcal{H}|_\nu$ の行列表現であるので，$\sigma(A-RP) = \sigma(\mathcal{H}|_\nu)$ が成り立つ。$\mathcal{V}$ の任意の基底はある正則な行列 M によって

$$\begin{bmatrix} X_1 \\ X_2 \end{bmatrix} M = \begin{bmatrix} X_1 M \\ X_2 M \end{bmatrix}$$

と表せるが，$(X_2M)(X_1M)^{-1} = X_2X_1^{-1} = P$ となるので，P は基底の選択に依存せず唯一であることがわかる。

［必要性］ $\Lambda = A - RP$ とおき，これに P をかけ，P が代数リカッチ方程式 (A.1) の解であることに注意すると

$$P\Lambda = PA - PRP = -Q - A^T P$$

を得る。これらの関係式をまとめると

$$\begin{bmatrix} A & -R \\ -Q & -A^T \end{bmatrix} \begin{bmatrix} I \\ P \end{bmatrix} = \begin{bmatrix} I \\ P \end{bmatrix} \Lambda$$

となる。したがって，$\begin{bmatrix} I \\ P \end{bmatrix}$ の列が $\mathcal{H}$ の n 次元の不変部分空間を張る。$X_1 := I$，$X_2 := P$ とおけば，X_1 は正則で明らかに $P = X_2X_1^{-1}$ が成り立つ。　□

この定理においては，特に $\sigma(\mathcal{H}|_\nu)$ の特性を定めていない。これに特殊な性質をもたせれば，代数リカッチ方程式の解もさまざまな特性をもつようになる。次項では，$\sigma(\mathcal{H}|_\nu)$ の固有値がすべて複素左半面に指定された場合の代数リカッチ方程式について検討する。

また，上の定理からわかるように，代数リカッチ方程式はハミルトン行列の固有値を取り出すことに対応している。例えば，次項で紹介する代数リカッチ方程式の安定化解は，ハミルトン行列の左半面の固有値を取り出す操作と対応する。

A.1.3　代数リカッチ方程式の安定化解

$A - RP$ の固有値がすべて開左半平面にあるとき，P を代数リカッチ方程式

$$A^TP + PA - PRP + Q = O$$

の**安定化解**と呼ぶ。

$$\mathcal{H} = \begin{bmatrix} A & -R \\ -Q & -A^T \end{bmatrix}$$

が虚軸上に固有値をもたないと仮定する。この場合，$\mathcal{H}$ は $\mathrm{Re(s)} < 0$ と $\mathrm{Re(s)} > 0$ にそれぞれ n 個の固有値をもつ。$\chi_-(\mathcal{H})$ を $\mathcal{H}$ の $\mathrm{Re(s)} < 0$ の固有値に対応する不変

部分空間とする。$\chi_-(\mathcal{H})$ の基底ベクトルを求めてから，横に並べて行列を作り，さらに行列を分割すると

$$\chi_-(\mathcal{H}) = \mathrm{Im}\begin{bmatrix} X_1 \\ X_2 \end{bmatrix} \tag{A.4}$$

を得る。$\mathcal{H}$ の開左半平面上の固有値が実軸に対して対称であること，すなわち，λ が固有値であればその複素共役 $\overline{\lambda}$ も固有値であることから，$X_1, X_2 \in R^{n\times n}$ ととれる。

【補助定理 A.1】 ハミルトン行列 $\mathcal{H} = \begin{bmatrix} A & -R \\ -Q & -A^T \end{bmatrix}$ が虚軸上に固有値をもたないとき，$\chi_-(\mathcal{H})$ と $\mathrm{Im}\begin{bmatrix} O \\ I_n \end{bmatrix}$ がたがいに補部分空間であることは，X_1 が正則であることと等価である。

（証明） 明らかである。 □

補助定理 A.1 より，二つの部分空間

$$\chi_-(\mathcal{H}), \quad \mathrm{Im}\begin{bmatrix} O \\ I \end{bmatrix} \tag{A.5}$$

がたがいに補部分空間であれば，すなわち等価的に X_1 が正則であれば，$P := X_2X_1^{-1}$ は定義できる。このとき，P は基底の選択に依存しないことから，$\mathcal{H}$ によって唯一に決まる。すなわち，$\mathcal{H} \mapsto P$ を関数と考えることができ，$\mathcal{H}$ の固有ベクトルから代数リカッチ方程式 (A.1) の解を求めることを $P = Ric(\mathcal{H})$ と表記する。さらに，関数 Ric の定義域を $\mathrm{dom}(Ric)$ と表す。この定義域はつぎの二つの性質をもつハミルトン行列 $\mathcal{H}$ から構成される。

(i) $\mathcal{H}$ が虚軸上に固有値をもたない。

(ii) $\mathcal{X}_-(\mathcal{H})$ と $\mathrm{Im}\begin{bmatrix} O \\ I \end{bmatrix}$ がたがいに補部分空間である。

上の (i), (ii) が成立することと X_1 が正則であることは等価である。(i), (ii) が成り立つとき $\mathcal{H}$ は**代数リカッチ方程式の定義域**（domain）であるといい，これを $\mathcal{H} \in \mathrm{dom}(Ric)$ と表す。

つぎの定理は，$\mathcal{H} \in \mathrm{dom}(Ric)$ と，代数リカッチ方程式 (A.1) が実対称の安定化解をもつこととの等価性を示す。

【定理 A.2】 $\mathcal{H} \in \mathrm{dom}(Ric)$（$\mathcal{H}$ が虚軸上に固有値をもたず，代数リカッチ方程式

(A.4) の X_1 が正則で，$\mathcal{H}$ は式 (A.4) の定義域である）となるための必要十分条件は，つぎの条件を満たす行列 $P = Ric(\mathcal{H})$ が存在することである。

(1)　P は実対称である。

(2)　P は代数リカッチ方程式

$$A^T P + PA - PRP + Q = O$$

を満たす。

(3)　$A - RP$ は漸近安定である（$\{A, R\}$ は可安定である）。

(証明)　省略。必要性は文献 14) の定理 13.5 を，十分性は文献 10) の定理 6.2 を参照。□

つぎの定理は，R に対する一定の制約のもとで，式 (A.1) の唯一の安定化解が存在するための必要十分条件を与える。

【定理 A.3】　$\mathcal{H}$ は虚軸上に固有値をもたず，R は半正定と仮定する。このとき，$\mathcal{H} \in \mathrm{dom}(Ric)$ の必要十分条件は $\{A, R\}$ が可安定となることである。

(証明)　省略。文献 14) の定理 13.6 を参照。□

さらに，Q, R に特別な構造をもたせるとき，つぎの結果が成り立つ。

【定理 A.4】　$\mathcal{H} \in \mathrm{dom}(Ric)$ の必要十分条件は，$\{A, R\}$ が可安定かつ $\{A, Q\}$ が虚軸上に不可観測なモードをもたないことである。さらに，$\mathcal{H} \in \mathrm{dom}(Ric)$ ならば，$P = Ric(\mathcal{H}) \geqq 0$ となる。また，$P > 0$ となるための必要十分条件は，$\{Q, A\}$ が安定な不可観測モードをもたないことである。

(証明)　省略。文献 14) の定理 13.7 を参照。□

【系 A.1】　$\{A, \sqrt{R}\}$ が可安定，$\{\sqrt{Q}, A\}$ が可検出と仮定する。このとき，代数リカッチ方程式

$$A^T P + PA - PRP + Q = O$$

は唯一の準正定解をもち，しかもこの解は安定解である。

(証明)　省略。文献 14) の系 13.1 を参照。□

A.2 非線形オブザーバ

A.2.1 非線形オブザーバ（状態観測器）

確定的な線形システムの状態観測器としては，Luenberger のオブザーバ[9] がよく知られている。一方で，非線形オブザーバ（非線形システムの状態観測器）に関しては，非線形システム一般を対象とした統一的な設計法がないものの，対象のクラスを限定するなどして，これまでに数多くの研究がなされてきた。アフィン非線形システムに対しては，既存の線形オブザーバを適用しうるように厳密線形化の手法を用いたもの[1),7)] がある。Gauthier ら[3),4)] は拡張された Luenberger オブザーバである指数オブザーバを提案し，Ciccarella ら[2)] は可変ゲインの Luenberger-like なオブザーバを提案している。Tsinias[13)] は，一般非線形システムに対して非線形オブザーバの状態観測誤差が収束するためのリアプノフ-タイプの十分条件を与えている。

さて，システムの状態方程式は既知であると仮定しよう。もしシステムの真の初期状態がわかれば，それ以後の時刻では，システムのシミュレータ（オブザーバ）から真の状態が計算できる。この初歩的な事実に基づき，測定システムの出力とオブザーバの出力の間の 2 乗誤差を最小化するようにオブザーバの初期状態を修正することによって，状態観測器を構成することができる。

ここでは，勾配降下法を応用して，オブザーバの状態が真のシステムの状態に向かって修正されるように出力の 2 乗誤差を減少させる新しい非線形オブザーバ（勾配降下非線形オブザーバ）について述べる。勾配降下非線形オブザーバは，状態に関する出力の相対次数を考慮することで改良できる。

つぎの非線形システム（プラント）を考える。

$$\dot{\boldsymbol{x}}(t) = \boldsymbol{f}(\boldsymbol{x}(t), u(t)), \quad \boldsymbol{x}(0) = \boldsymbol{x}_0 \tag{A.6}$$

$$y(t) = h(\boldsymbol{x}(t)) \tag{A.7}$$

ここで，$\boldsymbol{x}(t) \in R^n$ は状態ベクトル，$u(t) \in R$ は入力，$y(t) \in R$ は測定可能な出力である。$\boldsymbol{f} : R^n \times R \to R^n$，$h : R^n \to R$ はともに $\boldsymbol{x}$, u に関して連続微分可能である。

非線形オブザーバは，一般的に以下のような形で構成される。

$$\dot{\widehat{\boldsymbol{x}}}(t) = \boldsymbol{f}(\widehat{\boldsymbol{x}}(t), u(t)) + \boldsymbol{p}(y(t) - \widehat{y}(t)), \quad \widehat{\boldsymbol{x}}(0) = \widehat{\boldsymbol{x}}_0 \tag{A.8}$$

$$\widehat{y}(t) = h(\widehat{\boldsymbol{x}}(t)) \tag{A.9}$$

ただし，$\widehat{\boldsymbol{x}}(t)$ はオブザーバの状態ベクトル（推定状態），$\widehat{y}(t)$ はオブザーバの出力，そ

して $\boldsymbol{p}(y(t)-\widehat{y}(t))$ は誤差情報 $y(t)-\widehat{y}(t)$ に基づく修正関数である。ここで，$\boldsymbol{p}$ は単なるゲインベクトルではなく，$\boldsymbol{p}(\cdot)$ は誤差 $y-\widehat{y}$ の一般関数であることに注意する。

さて，オブザーバの評価関数（2 乗誤差関数）をつぎのように定義する。

$$E(\widehat{y}(t);y(t))=\frac{1}{2}(y(t)-\widehat{y}(t))^2 \tag{A.10}$$

文献 11) で勾配降下法に基づくつぎのようなオブザーバが提案された。

$$\dot{\widehat{\boldsymbol{x}}}(t)=\boldsymbol{f}(\widehat{\boldsymbol{x}}(t),u(t))-\mathcal{L}\nabla_{\widehat{\boldsymbol{x}}(t)}E(\widehat{y}(t);y(t)),\quad \widehat{\boldsymbol{x}}(0)=\widehat{\boldsymbol{x}}_0 \tag{A.11}$$

$$\widehat{y}(t)=h(\widehat{\boldsymbol{x}}(t)) \tag{A.12}$$

ここで $\nabla_{\widehat{\boldsymbol{x}}(t)}E(\widehat{y}(t);y(t))$ は $E(\widehat{y}(t);y(t))$ の $\widehat{\boldsymbol{x}}(t)$ に関する勾配で，$\mathcal{L}\in R^{n\times n}$ は比例係数行列である。しかし，通常は $\mathcal{L}$ は $\mathrm{diag}[\alpha_1,\alpha_2,\cdots,\alpha_n]$（$\alpha_i>0$）に選ばれる。このオブザーバを**勾配降下非線形オブザーバ**（gradient descent nonlinear observer）[12] と呼ぼう。このオブザーバは時変ゲインのオブザーバともみなせる。

この非線形オブザーバは，推定状態 $\widehat{\boldsymbol{x}}(t)$ を評価関数 $E(\widehat{y}(t);y(t))$ が減少する方向へ修正する。ここでは，修正関数 $\boldsymbol{p}(y(t)-\widehat{y}(t))$ が負勾配に比例した値

$$-\mathcal{L}\nabla_{\widehat{\boldsymbol{x}}(t)}E(\widehat{y}(t);y(t))=\mathcal{L}\frac{\partial h(\widehat{\boldsymbol{x}}(t))}{\partial\widehat{\boldsymbol{x}}(t)}^T(y(t)-\widehat{y}(t)) \tag{A.13}$$

にとられている。勾配降下非線形オブザーバは，具体的につぎのように与えられる。

$$\dot{\widehat{x}}_i(t)=f_i(\widehat{\boldsymbol{x}}(t),u(t))+\alpha_i\frac{\partial h(\widehat{\boldsymbol{x}}(t))}{\partial\widehat{x}_i(t)}(y(t)-\widehat{y}(t)),\quad i=1,\cdots,n \tag{A.14}$$

$$\widehat{y}(t)=h(\widehat{\boldsymbol{x}}(t)) \tag{A.15}$$

ところで，式 (A.14) からわかるように，もし $h(\widehat{\boldsymbol{x}})$ が $\widehat{x}_i$ を含んでいなければ誤差情報 $y(t)-\widehat{y}(t)$ は $x_i(t)$ の推定に直接的には寄与せず，必ずしも効率の良い状態観測器ではない。

そこで，以下のような工夫をする。$y^{(l)}(t)$ は $y(t)$ の t に関する l 次導関数を示す。すなわち，$y^{(l)}(t)$ は $\boldsymbol{x}(t)$ と t の関数であり，$h(\boldsymbol{x}(t))$ を t に関して l 回微分することで得られる。このとき y の x_k に対する相対次数を，以下のように定義する。

【定義 A.1】（出力 y の状態 x_k に対する相対次数）　q_k（$k=1,\cdots,n$）でつぎの関係を満足するものを，出力 y の状態 x_k に対する相対次数という。

$$\frac{\partial y^{(l)}(t)}{\partial x_k(t)}=0,\quad l=0,1,2,\cdots,q_k \tag{A.16a}$$

$$\frac{\partial y^{(q_k)}(t)}{\partial x_k(t)}\neq 0 \tag{A.16b}$$

定義 A.1 の意味を考える。もし $h(\boldsymbol{x})$ が x_k を陽に含むなら，$\partial y/\partial x_k \neq 0$ であり，かつ y の x_k に対する相対次数は 0 になる。つぎに $h(\boldsymbol{x})$ が x_k を含まないような y を考える。y を t で微分すると，次式を得る。

$$\dot{y} = \frac{\partial h(\boldsymbol{x})}{\partial \boldsymbol{x}}\dot{\boldsymbol{x}} = \frac{\partial h(\boldsymbol{x})}{\partial \boldsymbol{x}}\boldsymbol{f}(\boldsymbol{x}, u)$$

もし，この方程式が x_k を含むなら，$\partial \dot{y}/\partial x_k \neq 0$ となり，y の x_k に対する相対次数は 1 になる。それゆえ，$\dot{y}$ は x_k の陽関数であり，つぎのように記述される。

$$\dot{y} = \beta_k^1(x_k, \boldsymbol{x}_{\overline{k}}, u)$$

ここで，$\boldsymbol{x}_{\overline{k}} \triangleq (x_1, \cdots, x_{k-1}, x_{k+1}, \cdots, x_n)$ とする。

もしこの方程式が x_k を含まないならば，$\dot{y}$ は $\boldsymbol{x}_{\overline{k}}$ だけの関数になり，つぎのように表せる。

$$\dot{y} = \alpha_k^1(\boldsymbol{x}_{\overline{k}}, u)$$

上式を t で微分すると，次式を得る。

$$\begin{aligned}\ddot{y} &= \frac{\partial \alpha_k^1(\boldsymbol{x}_{\overline{k}}, u)}{\partial \boldsymbol{x}}\dot{\boldsymbol{x}} \\ &= \sum_{l=1, l\neq k}^{n} \frac{\partial \alpha_k^1(\boldsymbol{x}_{\overline{k}}, u)}{\partial x_l} f_l(\boldsymbol{x}, u) + \frac{\partial \alpha_k^1(\boldsymbol{x}_{\overline{k}}, u)}{\partial u}\dot{u}\end{aligned}$$

もしこの方程式が x_k を含むならば，$\partial \ddot{y}/\partial x_k \neq 0$ で，y の x_k に対する相対次数は 2 になる。ゆえに $\ddot{y}$ は確かに x_k の関数であり，つぎのように表せる。

$$\ddot{y} = \beta_k^2(x_k, \boldsymbol{x}_{\overline{k}}, u, \dot{u})$$

同様の過程を繰り返すと，$y^{(q_k)}$（y を t で q_k 回微分した q_k 次導関数）のつぎのような表現を得る。ここで，q_k は y の x_k に対する相対次数である。

$$y^{(q_k)} = \beta_k^{q_k}(x_k, \boldsymbol{x}_{\overline{k}}, u, \dot{u}, \cdots, u^{(q_k-1)}), \quad k = 1, \cdots, n$$

さて，つぎのような連立方程式系を考えよう。

$$Y^{(q)} = \mathcal{B}^q(\boldsymbol{x}, \mathcal{U}) \tag{A.17}$$

ここで

$$\begin{aligned}Y^{(q)} &\triangleq \left(y^{(q_1)}, \ \cdots, \ y^{(q_n)} \right) \\ \mathcal{B}^q(\boldsymbol{x}, \mathcal{U}) &\triangleq \left(\beta_1^{q_1}(x_1, \boldsymbol{x}_{\overline{1}}, u, \cdots, u^{(q_1-1)}), \ \cdots, \ \beta_n^{q_n}(x_n, \boldsymbol{x}_{\overline{n}}, u, \cdots, u^{(q_n-1)})\right)\end{aligned}$$

である。また，$\mathcal{U}$ は $\boldsymbol{u}$ のすべての高次導関数の合成ベクトルを意味する。もし，階数条件が満たされていれば，連立方程式 (A.17) は $\boldsymbol{x}$ について解くことができる。陰関数定理により逆関数が存在し，状態 $\boldsymbol{x}$ はつぎのように可解である。

$$\boldsymbol{x} = \boldsymbol{\eta}(y^{(q_1)}, \cdots, y^{(q_n)}, \mathcal{U}) \tag{A.18}$$

より正確にいうと，もしヤコビ行列がほとんどすべての $\boldsymbol{x} \in R^n$ について

$$\mathrm{rank}\frac{\partial \mathcal{B}^q(\boldsymbol{x}, \mathcal{U})^T}{\partial \boldsymbol{x}} = n$$

を満たすならば，プラント (A.6), (A.7) は可観測といわれる（すなわち連立方程式 (A.17) は $\boldsymbol{x}$ について可解である)。

以上の準備のもとで，式 (A.10) の代わりに評価関数をつぎのように定める。

$$\begin{aligned} E(\widehat{y}(t); y(t)) &= \frac{1}{2}\sum_{k=1}^{n} w_k \left\{ y^{(q_k)}(t) - \widehat{y}^{(q_k)}(t) \right\}^2 \\ &= \frac{1}{2}\sum_{k=1}^{n} w_k \left\{ y^{(q_k)}(t) - \beta_k^{q_k}(\widehat{x}_k(t), \widehat{\boldsymbol{x}}_{\overline{k}}(t), \mathcal{U}(t)) \right\}^2 \end{aligned} \tag{A.19}$$

この $E(\widehat{y}(t); y(t))$ の勾配は

$$\begin{aligned} \frac{\partial E(\widehat{y}(t); y(t))}{\partial \widehat{x}_i(t)} = & -\sum_{k=1}^{n} w_k \frac{\partial \beta_k^{q_k}(\widehat{x}_k(t), \widehat{\boldsymbol{x}}_{\overline{k}}(t), \mathcal{U}(t))}{\partial \widehat{x}_i(t)} \Big\{ y^{(q_k)}(t) \\ & - \beta_k^{q_k}(\widehat{x}_k(t), \widehat{\boldsymbol{x}}_{\overline{k}}(t), \mathcal{U}(t)) \Big\}, \quad i = 1, \cdots, n \end{aligned} \tag{A.20}$$

と得られる。ここで $\displaystyle\sum_{k=1}^{n}$ は異なる q_k についてのみ（つまり，$q_k \neq q_i$ についてのみ）とられる。

勾配 $\partial E(\widehat{y}(t); y(t))/\partial \widehat{x}_i(t)$ を用いて，勾配降下非線形オブザーバ (A.11), (A.12) は

$$\begin{aligned} \dot{\widehat{x}}_i(t) = & f_i(\widehat{\boldsymbol{x}}(t), u(t)) + \alpha_i \sum_{k=1}^{n} w_k \frac{\partial \beta_k^{q_k}(\widehat{x}_k(t), \widehat{\boldsymbol{x}}_{\overline{k}}(t), \mathcal{U}(t))}{\partial \widehat{x}_i(t)} \Big\{ y^{(q_k)}(t) \\ & - \beta_k^{q_k}(\widehat{x}_k(t), \widehat{\boldsymbol{x}}_{\overline{k}}(t), \mathcal{U}(t)) \Big\}, \quad \alpha_i > 0 \end{aligned} \tag{A.21}$$

$$\widehat{x}_i(0) = \widehat{x}_{i0}, \quad i = 1, \cdots, n$$

$$\widehat{y}(t) = h(\widehat{\boldsymbol{x}}(t)) \tag{A.22}$$

と与えられる。われわれはこれを**改良型勾配降下非線形オブザーバ**（改良型 GDNLO）と呼ぶことにする。改良型勾配降下オブザーバは，勾配降下法により評価関数 (A.19) を減少させることによって

$$\widehat{y}^{(q_k)}(t) \to y^{(q_k)}(t), \quad k = 1, \cdots, n$$

を達成させるように働く。

A.2.2 オブザーバの収束性

上述のオブザーバが状態オブザーバの機能をもっているかどうかを確認するためには，評価関数 $E(\widehat{y}(t); y(t))$ が零に収束するときに，対象システムの状態 $\boldsymbol{x}(t)$ がオブザーバの状態 $\widehat{\boldsymbol{x}}(t)$ に収束することを証明しなければならない。

一般の非線形システムに対するオブザーバの収束性の証明は，たいへん難しい。文献 2), 3), 5), 7) でもアフィン非線形システムを厳密線形化した場合のみが論じられている。Tsinias[13)] は一般非線形システムのためのオブザーバの収束定理を与えている。

非線形オブザーバの収束性を考えるとき，まず困難なことは誤差系の表現式を得ることである。本手法では，$\widehat{\boldsymbol{x}}(t) = \boldsymbol{x}(t) + \boldsymbol{e}(t)$ とおいて勾配降下非線形オブザーバを $\boldsymbol{x}(t)$ のまわりでテーラー展開し，誤差系を線形項 + 2 次以上の項で表現する。そのあとで Gronwall の不等式を一般化した Bihari-タイプの不等式（文献 8) の Theorem 1.3.1）を用いて，誤差の評価と収束を調べる。

勾配降下非線形オブザーバは，式 (A.10)〜(A.13) よりつぎのようなものであった。

$$\dot{\widehat{\boldsymbol{x}}}(t) = \boldsymbol{f}(\widehat{\boldsymbol{x}}(t), u(t)) + \mathcal{L}h_{\widehat{\boldsymbol{x}}}(\widehat{\boldsymbol{x}}(t))^T(h(\boldsymbol{x}(t)) - h(\widehat{\boldsymbol{x}}(t))) \tag{A.23}$$

$\widehat{\boldsymbol{x}}(t) = \boldsymbol{x}(t) + \boldsymbol{e}(t)$ とおいて $\boldsymbol{x}(t)$ のまわりでテーラー展開し，線形項 + 2 次以上の項として表現すると

$$\begin{aligned}
\dot{\widehat{\boldsymbol{x}}} &= \dot{\boldsymbol{x}} + \dot{\boldsymbol{e}} \\
&= \boldsymbol{f}(\boldsymbol{x} + \boldsymbol{e}, u) + \mathcal{L}h_{\widehat{\boldsymbol{x}}}(\boldsymbol{x} + \boldsymbol{e})^T\{h(\boldsymbol{x}) - h(\boldsymbol{x} + \boldsymbol{e})\} \\
&= \boldsymbol{f}(\boldsymbol{x}, u) + \boldsymbol{f}_{\widehat{\boldsymbol{x}}}(\boldsymbol{x}, u)\boldsymbol{e} + \boldsymbol{g}_1(\boldsymbol{e}; \boldsymbol{x}, u) - \mathcal{L}h_{\widehat{\boldsymbol{x}}}(\boldsymbol{x})^T h_{\widehat{\boldsymbol{x}}}(\boldsymbol{x})\boldsymbol{e} + \boldsymbol{g}_2(\boldsymbol{e}; \boldsymbol{x}) \\
&= \boldsymbol{f}(\boldsymbol{x}, u) + \left(\boldsymbol{f}_{\widehat{\boldsymbol{x}}}(\boldsymbol{x}, u) - \mathcal{L}h_{\widehat{\boldsymbol{x}}}(\boldsymbol{x})^T h_{\widehat{\boldsymbol{x}}}(\boldsymbol{x})\right)\boldsymbol{e} + \boldsymbol{g}(\boldsymbol{e}; \boldsymbol{x}, u)
\end{aligned}$$

となる。ここで $\boldsymbol{g}(\boldsymbol{e}; \boldsymbol{x}, u) = \boldsymbol{g}_1(\boldsymbol{e}; \boldsymbol{x}, u) + \boldsymbol{g}_2(\boldsymbol{e}; \boldsymbol{x})$ は $\boldsymbol{e}$ の 2 次以上の項を表す。$\dot{\boldsymbol{x}} = \boldsymbol{f}(\boldsymbol{x}, u)$ を考慮すると，上式は誤差系の式

$$\begin{aligned}
\dot{\boldsymbol{e}}(t) = &\left\{\boldsymbol{f}_{\widehat{\boldsymbol{x}}}(\boldsymbol{x}(t), u(t)) - \mathcal{L}h_{\widehat{\boldsymbol{x}}}(\boldsymbol{x}(t))^T h_{\widehat{\boldsymbol{x}}}(\boldsymbol{x}(t))\right\}\boldsymbol{e}(t) \\
&+\boldsymbol{g}(\boldsymbol{e}(t); \boldsymbol{x}(t), u(t))
\end{aligned} \tag{A.24}$$

となる。ここで

$$D(t) \triangleq \boldsymbol{f}_{\widehat{\boldsymbol{x}}}(\boldsymbol{x}(t), u(t)) - \mathcal{L}h_{\widehat{\boldsymbol{x}}}(\boldsymbol{x}(t))^T h_{\widehat{\boldsymbol{x}}}(\boldsymbol{x}(t)) \tag{A.25}$$

とおくと

$$\dot{\boldsymbol{e}}(t) = D(t)\boldsymbol{e}(t) + \boldsymbol{g}(\boldsymbol{e}(t); \boldsymbol{x}(t), u(t)) \tag{A.26}$$

となる。$\dot{\boldsymbol{e}}(t) = D(t)\boldsymbol{e}(t)$ の遷移行列を $\Phi(t,\tau)$ とおくと，式 (A.26) の解は

$$\boldsymbol{e}(t) = \Phi(t,0)\boldsymbol{e}(0) + \int_0^t \Phi(t,\tau)\boldsymbol{g}(\boldsymbol{e}(\tau); \boldsymbol{x}(\tau), u(\tau))d\tau \tag{A.27}$$

となる。

【仮定 A.1】　$\mathcal{L}$ を適当に選ぶと

$$\|\Phi(t,t_0)\| \leqq \sigma\, exp^{-\omega(t-t_0)}$$

なる $\omega > 0$，$\sigma > 0$ が存在する。すなわち，$D(t)$ は一様漸近安定行列である。

【仮定 A.2】　$\|\boldsymbol{g}(\boldsymbol{e}(t); \boldsymbol{x}(t), u(t))\| \leqq \beta(t)\,\|\boldsymbol{e}(t)\|^{1+\delta}$ なる定数 $\delta > 0$ と，非負のスカラ関数 $\beta(t)$ が存在する。

【仮定 A.3】　$\displaystyle\int_0^\infty \beta(t)\,exp^{-\delta\omega t}dt < \infty$

つぎの定理が成り立つ。

【定理 A.5】　勾配降下非線形オブザーバの誤差系 (A.24) において，仮定 A.1〜A.3 が成り立つとする。このとき，推定誤差 $\boldsymbol{e}(t)$ のノルムは上に有界で，次式が成り立つ。

$$\|\boldsymbol{e}(t)\| \leqq \left[(\sigma\,\|\boldsymbol{e}(0)\|)^{-\delta} - \delta\int_0^t \sigma\beta(\tau)\,exp^{-\delta\omega\tau}d\tau\right]^{-\frac{1}{\delta}} exp^{-\omega t} \tag{A.28}$$

さらに

$$\|\boldsymbol{e}(0)\| < \frac{1}{\sigma}\left(\delta\int_0^\infty \sigma\beta(\tau)\,exp^{-\delta\omega\tau}d\tau\right)^{-\frac{1}{\delta}}$$

ならば，誤差系 (A.24) は指数漸近安定であり，$t \to \infty$ のとき $\boldsymbol{e}(t) \to 0$ に収束する。

（証明）　仮定 A.1, A.2 を考慮して積分方程式 (A.27) のノルムをとると

$$\|\boldsymbol{e}(t)\| \leqq \sigma\,exp^{-\omega t}\,\|\boldsymbol{e}(0)\| + \int_0^t \sigma\,exp^{-\omega(t-\tau)}\beta(\tau)\,\|\boldsymbol{e}(\tau)\|^{1+\delta}\,d\tau \tag{A.29}$$

となる。両辺を $exp^{-\omega t}$ で割ると

$$exp^{\omega t}\,\|\boldsymbol{e}(t)\| \leqq \sigma\,\|\boldsymbol{e}(0)\| + \int_0^t \sigma\beta(\tau)\,exp^{-\delta\omega\tau}\left(exp^{\omega\tau}\,\|\boldsymbol{e}(\tau)\|\right)^{1+\delta}d\tau \tag{A.30}$$

となる。ここで Bihari-タイプ不等式を応用すると

$$exp^{\omega t}\left\|\boldsymbol{e}(t)\right\| \leqq F^{-1}\left(F\left(\sigma\left\|\boldsymbol{e}(0)\right\|\right)+\int_0^t \sigma\beta(\tau)exp^{-\delta\omega\tau}d\tau\right) \tag{A.31}$$

を得る。ここで

$$F(p)=\int\frac{dp}{p^{1+\delta}}=-\frac{1}{\delta}p^{-\delta}$$

である。また逆関数は

$$F^{-1}(p)=(-\delta p)^{-\frac{1}{\delta}}$$

である。ゆえに式 (A.31) はつぎのようになる。

$$\begin{aligned} exp^{\omega t}\left\|\boldsymbol{e}(t)\right\| &\leqq F^{-1}\left(-\frac{1}{\delta}\left(\sigma\left\|\boldsymbol{e}(0)\right\|\right)^{-\delta}+\int_0^t \sigma\beta(\tau)exp^{-\delta\omega\tau}d\tau\right) \\ &=\left[-\delta\left\{-\frac{1}{\delta}\left(\sigma\left\|\boldsymbol{e}(0)\right\|\right)^{-\delta}+\int_0^t \sigma\beta(\tau)exp^{-\delta\omega\tau}d\tau\right\}\right]^{-\frac{1}{\delta}} \\ &=\left[\left(\sigma\left\|\boldsymbol{e}(0)\right\|\right)^{-\delta}-\delta\int_0^t \sigma\beta(\tau)exp^{-\delta\omega\tau}d\tau\right]^{-\frac{1}{\delta}} \end{aligned}$$

それゆえ

$$\left\|\boldsymbol{e}(t)\right\| \leqq \left[\left(\sigma\left\|\boldsymbol{e}(0)\right\|\right)^{-\delta}-\delta\int_0^t \sigma\beta(\tau)exp^{-\delta\omega\tau}d\tau\right]^{-\frac{1}{\delta}} exp^{-\omega t} \tag{A.32}$$

である。これで定理の前半部分 (A.28) が証明された。

つぎに，$t\to\infty$ のとき $\left\|\boldsymbol{e}(t)\right\|$ の値はどうなるかを吟味する。

$$\left[\left(\sigma\left\|\boldsymbol{e}(0)\right\|\right)^{-\delta}-\delta\int_0^t \sigma\beta(\tau)exp^{-\delta\omega\tau}d\tau\right]^{-\frac{1}{\delta}} \geqq 0$$

が成り立ち，これは実数だから

$$\left(\sigma\left\|\boldsymbol{e}(0)\right\|\right)^{-\delta}-\delta\int_0^t \sigma\beta(\tau)exp^{-\delta\omega\tau}d\tau>0, \quad \forall t>0 \tag{A.33}$$

でなければならない。明らかに

$$\int_0^t \sigma\beta(\tau)exp^{-\delta\omega\tau}d\tau<\int_0^\infty \sigma\beta(\tau)exp^{-\delta\omega\tau}d\tau$$

が成り立つ。それゆえもし

$$(\sigma \|\boldsymbol{e}(0)\|)^{-\delta} - \delta \int_0^\infty \sigma\beta(\tau)\, exp^{-\delta\omega\tau} d\tau > 0 \tag{A.34}$$

が成り立つならば，式 (A.32)（つまり式 (A.28)）が成り立つ（十分性）。

式 (A.34) は変形するとつぎのようになる。

$$\sigma \|\boldsymbol{e}(0)\| < \left(\delta \int_0^\infty \sigma\beta(\tau)\, exp^{-\delta\omega\tau} d\tau\right)^{-\frac{1}{\delta}}$$

つまり，つぎの不等式が成り立つ。

$$\|\boldsymbol{e}(0)\| < \frac{1}{\sigma}\left(\delta \int_0^\infty \sigma\beta(\tau)\, exp^{-\delta\omega\tau} d\tau\right)^{-\frac{1}{\delta}} \tag{A.35}$$

以上より，もし式 (A.35) が成立するならば，式 (A.28) の右辺の $exp^{-\omega t}$ の係数部分（つまり式 (A.33)）は有界であり，$t \to \infty$ のとき $\|\boldsymbol{e}(t)\| \to 0$ となる。　□

一方，線形近似した誤差系は，式 (A.24) より

$$\begin{aligned}\dot{\boldsymbol{e}}(t) &= D(t)\boldsymbol{e}(t)\\ &= \left\{\boldsymbol{f}_{\widehat{\boldsymbol{x}}}(\boldsymbol{x}(t), u(t)) - \mathcal{L}h_{\widehat{\boldsymbol{x}}}(\boldsymbol{x}(t))^T h_{\widehat{\boldsymbol{x}}}(\boldsymbol{x}(t))\right\}\boldsymbol{e}(t)\end{aligned} \tag{A.36}$$

である。このときもし $\|\Phi(t, t_0)\| \leqq \sigma\, exp^{-\omega(t-t_0)}$ なる $\omega > 0$，$\sigma > 0$ が存在する（$D(t)$ が一様漸近安定行列）ならば，零解 $\boldsymbol{e} = \boldsymbol{0}$ が指数的に一様漸近安定である[6)]。

ところで，一般的に線形化システムが漸近安定ならば，元の非線形システムも局所的に漸近安定である[6)]。それゆえ，$D(t)$ が一様漸近安定ならば，われわれの非線形オブザーバが局所的に一様漸近安定であることは明らかだが，定理 A.5 は非線形オブザーバの安定領域と推定誤差の評価を行っている。

以上のことから，われわれの非線形オブザーバのデザインにあたっては，$D(t) = \boldsymbol{f}_{\widehat{\boldsymbol{x}}}(\boldsymbol{x}(t), u(t)) - \mathcal{L}h_{\widehat{\boldsymbol{x}}}(\boldsymbol{x}(t))^T h_{\widehat{\boldsymbol{x}}}(\boldsymbol{x}(t))$ が一様漸近安定になるように，$\mathcal{L}$ を適当に設定しなければならない。勾配降下非線形オブザーバ (A.11), (A.12) では，比例係数行列 $\mathcal{L}$ は通常は対角行列と考えて議論していたが，一般には $\mathcal{L}$ は任意の行列 $[\alpha_{ij}]$ をとることができる。そのとき

$$D(t) = \boldsymbol{f}_{\widehat{\boldsymbol{x}}}(\boldsymbol{x}(t), u(t)) - \mathcal{L}h_{\widehat{\boldsymbol{x}}}(\boldsymbol{x}(t))^T h_{\widehat{\boldsymbol{x}}}(\boldsymbol{x}(t))$$

を一様漸近安定化できる条件は，$\{\boldsymbol{f}_{\widehat{\boldsymbol{x}}}(\boldsymbol{x}(t), u(t)), h_{\widehat{\boldsymbol{x}}}(\boldsymbol{x}(t))^T h_{\widehat{\boldsymbol{x}}}(\boldsymbol{x}(t))\}$ が一様可検出であることである。

改良型勾配降下非線形オブザーバの安定性も，複雑にはなるが，同様に証明できる。

さまざまなシステム（van del Pol 方程式，Volterra モデル，Lorenz モデル，エラスティックジョイントマニピュレータなど）に対するシミュレーション結果では，勾

配降下非線形オブザーバは優れた収束性をもつ状態推定器として機能することが確認された[12]。また，このオブザーバの原理を線形システムに適用しても，十分良い収束性が観察された。

引用・参考文献

1) W. T. Baumann and W. J. Rugh: Feedback Control of Nonlinear Systems by Extended Linearization, IEEE Trans. Autom. Contr., Vol. 31, No. 1, pp. 40–60 (1986)
2) G. Ciccarella, M. Dallamora and A. Germani: A Luenberger-like Observer for Nonlinear Systems, Int. J. Control, Vol. 57, No. 3, pp. 537–556 (1993)
3) J. P. Gauthier, H. Hammouri and S. Othman: A Simple Observer for Nonlinear Systems Applications to Bioreactors, IEEE Trans. Autom. Contr., Vol. 37, No. 6, pp. 875–880 (1992)
4) J. P. Gauthier and J. A. K. Kupka: Observability and Observers for Nonlinear Systems, SIAM J. Contr. Optimiz., Vol. 32, No. 4, pp. 975–994 (1994)
5) A. Isidori: Nonlinear Control Systems, 3rd edition, Springer-Verlag (1993)
6) T. Kailath: Linear System, Prentice Hall (1980)
7) A. J. Krener and A. Isidori: Linearization by output injection and nonlinear observers, Sys. Contr., Lett.3, pp. 47–52 (1983)
8) V. Lakshmikantham, S. Leela and A. A. Martynyuk: Stability Analysis of Nonlinear Systems, Marcel Dekker (1989)
9) D. G. Luenberger: Observing the State of Linear System, IEEE Trans. Mil. Electron, Mil-8, pp. 74–80 (1964)
10) 劉 著, 計測自動制御学会 編：線形ロバスト制御, コロナ社 (2002)
11) 志水, 鈴木, 田中：勾配降下法による非線形オブザーバ（非線形システムの状態観測器）, 電子情報通信学会論文誌 A, J83-A 巻, 6 号 (2000)
12) K. Shimizu: Nonlinear State Observers by Gradient Descent Method, Proc. 9th IEEE Int. J Conference on Control Applications (CCA), pp. 616–622 (2000)
13) J. Tsinias: Observer Design for Nonlinear Systems, Systems & Control Letters, Vol. 13, pp. 135–142 (1989)
14) K. Zhou, I. Doyle, K. Glover 著, 劉, 羅 訳：ロバスト最適制御, コロナ社 (1997)

索　　　　引

—— 著者略歴 ——

1962 年　慶應義塾大学工学部計測工学科卒業
1964 年　慶應義塾大学大学院修士課程修了（計測工学専攻）
1967 年　ケース工科大学大学院博士課程修了（システム工学専攻）
1967 年　Ph.D.（ケース工科大学）
1972 年　慶應義塾大学助教授
1980 年　慶應義塾大学教授
2005 年　慶應義塾大学名誉教授

フィードバック制御理論 ——安定化と最適化——
Feedback Control Theory ——Stabilization & Optimization——

2013 年 11 月 1 日　初版第 1 刷発行

検印省略	著　者	志水清孝（しみずきよたか）
	発 行 者	株式会社　コロナ社
		代 表 者　牛来真也
	印 刷 所	三美印刷株式会社

112–0011　東京都文京区千石 4–46–10
発行所　株式会社　コロナ社
CORONA PUBLISHING CO., LTD.
Tokyo Japan
振替 00140–8–14844・電話(03)3941–3131(代)
ホームページ http://www.coronasha.co.jp

ISBN 978–4–339–03208–6（新宅）（製本：牧製本印刷）G

Printed in Japan